联合资助　四川省林业和草原局
四川省林业科学研究院
森林和湿地生态恢复与保育四川省重点实验室

名誉主编：胡锦矗　王酉之
科学顾问：魏辅文　吴　毅

四川兽类志

下册

刘少英　主编

中国农业出版社
北京

下册目录 Contents

啮齿目

RODENTIA Bowdich，1821

Rodentia Bowdich, 1821. An analy. nat. classif. Mammalia for use stud. trav., Paris, J. Smith,
7: 51.

啮齿类通过在分类学和表型的多样性，组成了世界上有胎盘哺乳类最具特色的目。根据Wilson and Reeder（2005）*The Mammal Species of the World*的分类系统，全世界有啮齿类2 277种，大约占全世界已描述哺乳类的40%，是现有哺乳动物中最大的1个目（Wilson and Reeder，2005）。而按照*Handbook of the Mammals of the world*（Wilson et al.，2016，2017）第六卷和第七卷的记载，全世界啮齿目动物含34科507属2 476种。它们是最成功的适应者，在所有大陆（南极洲除外）的几乎所有生态系统中，从热带荒原到北极冻原，从热带、温带到北方森林，它们都成功建立种群。甚至在几乎所有孤立岛屿上它们均成功定居，在苏门答腊岛及巽他群岛，它们成功跨越华莱士线（Wallace's Line）和莱德克线（Lydekker's Line），进入澳大利亚（新西兰及一些太平洋岛屿没有土著种）。有研究表明，它们的成功扩散和适应与广泛的食性，特异的头骨和牙齿特征（Hunter and Jernvall，1995；Jernvall，1995），小型到中型的体型，以及较短的个体发育时间和世代（Spradling et al.，2001）有很大关系。啮齿类循环反复的适应进化和惊人的多样性，为科学家对其系统发育关系的研究带来了巨大的困难。

起源与演化　鼠类牙齿的显著特征包括没有犬齿、臼齿具复杂的咀嚼面。具有这样特征的古生物有2个类群，一是出现于三叠纪晚期的似哺乳类爬行动物——三列齿兽；二是出现于侏罗纪中期的多尖齿兽类，取代了三列齿兽。多尖齿兽在地球上存在了1 000万年，并与7 000万年前出现的真兽亚纲兽类并存了相当长的时间。多尖齿兽后来被有胎盘啮齿类取代。值得注意的是，有胎盘类啮齿动物好像是多系起源（Wilson et al.，2016）。

啮齿目RODENTIA被放入单齿中目SIMPLICIDENTATA，和啮齿目平行的还有1个化石目：混齿目MIXODONTIA。混齿目仅含1个化石科：宽臼齿兽科Eurymyidae。宽臼齿兽科被认为是基干啮齿类，是出现于古新世的一类近似啮齿类的哺乳动物，具有1对终生生长的门齿，犬齿虚位，齿式1.0.2–3.3/1.0.2.3 = 24–26，部分种类和现代松鼠类有相同的齿式。也有人认为它是兔形目的远古种类（Simpson，1945），因为它的头骨轮廓很像兔类，但因为仅有1对上颌门齿，最终还是被放入啮齿类中。最早的化石是发现于安徽潜山古新世早中期地层宽臼齿兽科的1种晓鼠*Heomys* sp.未定种（上湖期），稍晚发现的东方晓鼠*Heomys oriental*（农山期），以及发现于湖北的麦氏江汉鼠*Hanomys malcolmi*（农山期）（丁素因等，2011）。在古新世晚期地层，安徽还发现中华臼齿兽属*Sinomylus*，新疆还发现台子臼齿兽属*Taizimylus*，内蒙古及蒙古发现始臼齿兽属*Eomylus*和古臼齿兽属*Palaeomylus*等古啮齿动物化石（丁素因等，2011）。

李传夔和邱铸鼎（2019）归纳了啮齿类的3种起源假说，第一种假说是起源于灵长类，该假说以Wood（1965）为代表，他在研究古近纪副鼠科Paramydiae的特征时，发现与当时划入灵长类的*Plesiadapis*很相似，均有突出的吻部，伸长的门齿，显著的虚位，排列紧密的牙齿。支持该观点的还有McKenna（1961），他在研究美国蒙大拿州上古新世*Paramys*属的1颗颊齿时，发现其与灵长类的祖先很接近。第二种假说是啮齿类起源于palaeoryctoids（古鼩类），典型代表是Szalay（1977，1985），他根据根骨和距骨的形态发现，最早的啮型动物化石和palaeoryctoids很相似。第三种假说是啮齿类起源于宽臼齿兽Eurymyloids。代表人物是我国科学家李传夔，他于1977年在安徽潜山中古新世地层发现晓鼠*Heomys*（属于混齿目宽臼齿兽科），认为其非常接近啮齿类的祖先类型。1987年，李传夔再次强调晓鼠虽然有很多特化特征，不大可能是啮齿类的直接祖先，但有理由相信宽臼齿兽科Eurymylidae尚未发现的某属种会是啮齿类的直系祖先（Li et al.，1987）。第一种假说被认为可能是食性趋同的结果，两者之间不一定有亲缘关系；第二种假说被认为是相对整个单齿中目的起源的一种观点，不是具体的啮齿类；因此，第三种假说得到大多数人的认可（李传夔和邱铸鼎，2019）。

古新世和始新世的交界期，真正的啮齿目物种开始出现。最早的属于啮齿目的化石是出现于我国内蒙古及蒙古古新世晚期（6 000万年前），属于斑鼠科Alagomyidae的*Tribosphenomys minutus*、*T. secundus*，*Neimengomys qii*等化石种，它们被认为是啮齿目最古老的类群，因此，亚洲被认为是啮齿目的起源中心（丁素因等，2011）。斑鼠科是最原始的啮齿类，具有类似松鼠类的头骨结构，以支撑发达的颞肌，附着于颧弓的咬肌则相对退化。到始新世早期，啮齿目化石已经非常丰富，在我国发现的8个科23属化石，全属于化石类，还没有发现现生类群。另外，湖南衡东发现的属于早始新地层梳趾鼠超科Ctenodactyloidea的钟建鼠*Cocomys*也很古老，距今5 500万年，所以，我国及其亚洲邻近区域是啮齿类的起源和演化中心之一。北美洲最早的啮齿目化石是松鼠型亚目化石科——壮鼠科Ischyromyidae的待明副鼠*Acritoparamys*，时代也是始新世早期，距今5 600万年，因此，北美洲可能是另外一个辐射演化中心（李传夔和邱铸鼎，2019）。我国化石啮齿类种类繁多，到目前为止，记述有29科268属约656种，约是现生啮齿类的2.7倍（李传夔和邱铸鼎，2019）。

形态特征　啮齿目动物最典型的特征是只有1对上颌门齿和1对下颌门齿，且终生生长。上、下颌门齿只有唇面有釉质，由于唇面和舌面的坚硬程度不一致，磨损速度有差异，使得上下颌门齿均呈凿状。啮齿类均无犬齿，前白齿0～2枚，白齿均为3枚。齿式1.0.0-2.3/1.0.0-2.3 = 16-24。白齿咀嚼面均有复杂的脊、环或棱柱，以便碾磨粗糙的食物。

啮齿类的进化、多样性和生态适应与其头骨、下颌及肌肉系统的形态差异密切相关。最早的啮齿动物化石具有松鼠的头骨形态，属于松鼠亚目的山河狸*Aplodontiarufa*是最接近原始啮齿类的现代种类，其头骨形态和肌肉系统逐步多样化，呈现出现代啮齿动物的多样性。

分类学讨论　啮齿目和兔形目一直被认为是亲缘关系最近的两个姊妹群。它们曾经被放入同一个大目Glires中。然后将啮齿类作为单齿中目SIMPLICIDENTATA类群，兔类放入重齿中目DUPLICIDENTATA（Alston，1876；Brandt，1855；Gregory，1910；Thomas，1896；Tullberg，1899）。后来，2个分类阶元分别被作为目，但仍然作为亲缘关系最近的分类阶元被放入同一超目或者"同生群"（cohort）（Landry，1974；Luckett and Hartenberger，1985；Simpson，1945）。直到现在，啮齿目和兔形目的亲缘关系最近这一观点，仍然被形态学和分子系统学所证实（Ade，1999；Amrine-Madsen et al.，2003；Martin，1999；Meng et al.，2003；Murphy et al.，2001；Waddell and Shelley，2003）。关于亚目的分类最经典和被人熟知的是Brandt（1855）的分类系统，他根据Waterhouse（1839）提出的颧弓附着的咬肌形态分类法，将啮齿目分为松鼠亚目SCIUROMORPHA、豪猪亚目HYSTRICOMORPHA和鼠形亚目MYOMORPHA。但自此以后，亚目分类争论了150多年。最有影响力的啮齿类分类系统是Simpson（1945）的分类系统，他把啮齿类划分为3个亚目，15个超科，37个科。另一个具代表性的分类系统是McKenna和Bell（1997）的分类系统，他们把啮齿类分为5个亚目（SCIUROMORPHA、MYOMORPHA、SCIURAVIDA、ANOMALUROMORPHA、HYSTRICOGNATHA），7个下目，11个超科，29个化石科和23个现生科。Musser 和 Carleton（1993）把啮齿目划分为2个亚目：松鼠型亚目 SCIUROGNATHI 和豪猪型亚目 HYSTRICOGNATHI；Nowak（1999）把啮齿类分为2个亚目，与 Musser 和 Carleton（1993）一致，但其把前者再划分为7个下目，后者划分为4个下目，共29个科。Musser 和 Carleton（2005）则将啮齿目划分为5个亚目：SCIUROMORPHA、CASTORIMORPHA、MYOMORPHA、ANOMALUROMORPHA、HYSTRICOMORPHA。可见，到目前为止，啮齿目高级分类阶元仍然没有取得一致意见。基于31个核基因构建的系统发育关系显示，啮齿目分为3个大的进化支，被分别命名为鼠相关进化支（Mouse-related clade）、松鼠相关进化支（Squirrel-related clade）、豚鼠相关进化支（Cavy-related clade），对应8个亚目（后页进化树图）。Wilson 等（2016，2017）在 *Handbook of the Mammals of the World*（第六卷和第七卷）中仍然将啮齿目划分为5个亚目。鼠相关进化支包括了3个亚目：河狸亚目、鳞尾松鼠亚目、鼠型亚目。松鼠相关进化支包括1个亚目：松鼠亚目。豚鼠相关进化支包括了17个科，全部归入豪猪亚目。

我国啮齿动物种类是随着世界研究方法的进步和研究的不断深入而变化的。最早总结我国哺乳类的专著：*The Mammals of China and Mongolia*（Allen，1940）记录了我国啮齿目动物111种；Ellerman 和 Morrison-Scott（1951）记录我国有啮齿目动物98种；我国兽类学的先驱和领导者寿振黄先生（1962）在我国出版的第一部全国性兽类专著《中国经济动物志　兽类》中，描述我国啮齿目动物56种。黄文几等（1995）在《中国啮齿类》一书中，记录我国有啮齿目动物210种。王应祥（2003）系统整理了前人对我国哺乳动物的研究成果，梳理了我国哺乳动物的种和亚种级分类单元及其分布，认为我国有啮齿目动物206种。根据 Wilson 和 Reeder（2005）的分类系统，我国有啮齿目4个亚目（松鼠亚目、河狸亚目、豪猪亚目、鼠形亚目），9个科（松鼠科、河狸科、豪猪科、睡鼠科、刺山鼠科、鼹形鼠科、跳鼠科、仓鼠科、鼠科），192种。根据 Wilson 等（2016，2017）的分类系统，我国有啮齿目动物210种。蒋志刚等（2015）认为我国有啮齿动物213种；蒋志刚等（2017）确认我国有啮齿目动物9科78属220种。2019年至2022年5月，我国啮齿类又不断有新种、新记录被发现，一些物种的分类地位得到澄清，不少亚种被提升为种，据魏辅文等（2021）的最新统计，中国有啮齿类235种。此后，又有3种我国兽类新种被描述；截至2022年5月底，中国现生啮齿动物总计238种（魏辅文等，2022）。

我国啮齿目研究自2005年以来（即 Wilson 和 Reeder 等出版 *The mammals of the World* 第3版之后）取得了长足进展。一系列新种被描述，包括松鼠科、刺山鼠科、鼠科和田鼠科的物种，共19种；一些亚种被提升为种级分类单元；一些中国新记录被发现。

2005年以来我国命名的啮齿目新种

新种名	命名人	命名时间（年）	模式产地
凉山沟牙田鼠 *Proedromys liangshanensis*	刘少英等	2007	四川美姑
林芝松田鼠 *Neodon linzhiensis*	刘少英等	2012	西藏林芝
聂拉木松田鼠 *Neodon nyalamensis*	刘少英等	2017	西藏聂拉木
墨脱松田鼠 *Neodon medogensis*	刘少英等	2017	西藏墨脱
小猪尾鼠 *Typhlomys nanus*	程峰等	2017	云南禄劝
小黑姬鼠 *Apodemus nigrus*	葛德艳等	2019	贵州梵净山

（续）

新种名	命名人	命名时间（年）	模式产地
小社鼠 *N. gladiusmaculus*	葛德艳等	2018	西藏米林
金阳绒鼠 *Eothenomys jinyangensis*	刘少英等	2018	四川金阳
美姑绒鼠 *Eothenomys meiguensis*	刘少英等	2018	四川美姑
螺髻山绒鼠 *Eothenomys luojishanensis*	刘少英等	2018	四川普格
石棉绒鼠 *Eothenomys shimianensis*	刘少英等	2018	四川石棉
冯氏白腹鼠 *Niviventer fengi*	葛德艳等	2021	西藏吉隆
高黎贡比氏鼯鼠 *Biswamoyopterus gaoligongensis*	李权等	2021	云南高黎贡山
黄山猪尾鼠 *Typhlomys huangshanensis*	Hu et al.	2021	安徽黄山
西藏绒毛鼯鼠 *Eupetaurus tibetensis*	Jackson et al.	2021	西藏日喀则江孜
云南绒毛鼯鼠 *Eupetaurus nivamons*	李权等	2021	云南贡山
木里鼢鼠 *Eospalax muliensis*	张涛等	2022	四川木里
白帝猪尾鼠 *Typhlomys fengjieensis*	普英婷等	2022	重庆奉节
岷山花鼠 *Tamiops minshanica*	刘少英等	2022	四川平武

2005年以来我国啮齿目动物亚种提升为种的物种

种类	原地位	时间（年）	研究者
海南社鼠 *Niviventer lotipes*	*Niviventer confucianus lotipes*	2008	李玉春等
川西绒鼠 *Eothenomys tarquinius*	*Eothenomys chinensis tarquinius*	2012	刘少英等
康定绒鼠 *Eothenomys hintoni*	*Eothenomys custos hintoni*	2012	刘少英等
德钦绒鼠 *Eothenomys wardi*	*Eothenomys chinensis wardi*	2014	曾涛等
丽江绒鼠 *Eothenomys fidelis*	*Eothenomys miletus* 的同物异名	2018	刘少英等
大猪尾鼠 *Typhlomys daluoshanensis*	*Typhlomys cinereus daluoshanensis*	2017	程峰等
华南针毛鼠 *Niviventer huang*	*Niviventer fulvescens* 的同物异名	2014	Balakirev et al.
福建绒鼠 *Eothenomys colurnus*	*Eothenomys melanogaster colurnus*	2018	刘少英等
片马白腹鼠 *Niviventer pianmaensis*	*Niviventer andersoni pianmaensis*	2018	葛德艳等
湄公河白腹鼠 *Niviventer mekongis*	*Rattus blythi mekongis*	2020	葛德艳等

关于四川的啮齿动物，Allen（1940）记述四川有啮齿动物38种（重庆除外）；胡锦矗和王酉之（1984）记录四川有啮齿动物53种；王酉之和胡锦矗（1999）记录四川有啮齿动物66种；王应祥（2003）记述四川有啮齿动物59种；胡锦矗和胡杰（2007b）列出四川啮齿类68种。与胡锦矗和胡杰（2007b）相比，本书中订正去掉了侧纹岩松鼠 *Rupestes forresti*、岢岚绒鼠 *Caryomys inez*、昭通绒鼠 *Eothenomys olitor*、大绒鼠 *Eothenomys miletus*、西南绒鼠 *Eothenomys custos*、锡金松田鼠 *Neodon sikimensis*、斯氏鼢鼠 *Eospalax smithii*、褐尾鼠 *Niviventer cremoriventer*、灰腹鼠 *Niviventer eha*、中亚鼠 *Rattus pycteris* 共10种；增加了霜背大鼯鼠 *Petaurista philippensis*、橙色小鼯鼠 *Petaurista sybilla*、黑缘齿鼠 *Rattus andamanensis*、白齿硕鼠 *Berylmys mackenziei* 4种，加上近年来命名的7个新种：凉山沟牙田鼠 *Proedromys liangshanensis*、金阳绒鼠 *Eothenomys jinyangensis*、

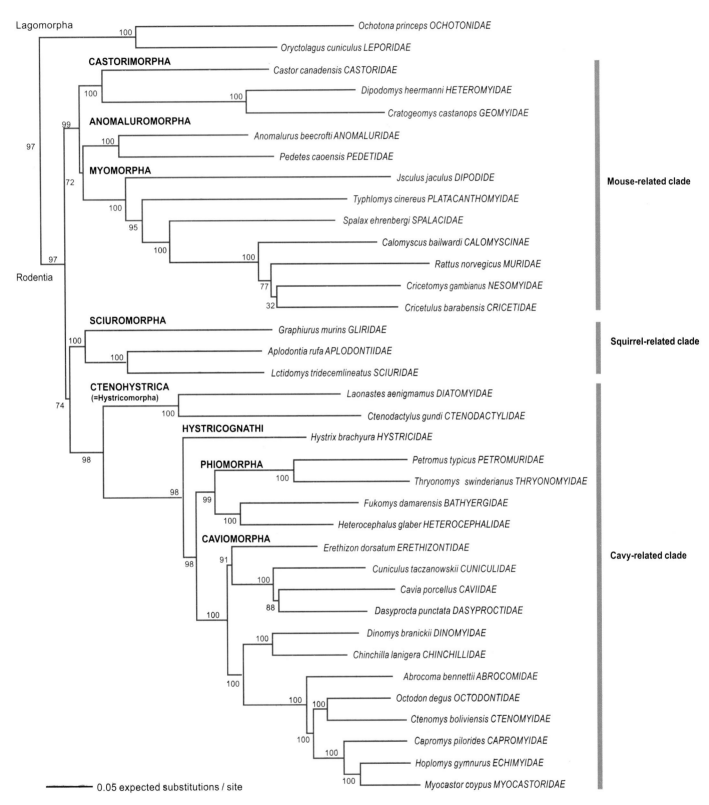

基于31个基因（包括线粒体、外显子、非编码基因，共计39099核苷酸碱基）的啮齿目进化树［最大似然法（ML）］

引自：Wilson et al., 2016（unpublished data from N. Upham, J. Esselstyn and W. Jetz）

美姑绒鼠*Eothenomys meiguensis*、螺髻山绒鼠*Eothenomys luojishanensis*、石棉绒鼠*Eothenomys shimianensis*、岷山花鼠*Tamiops minshanica*、木里鼢鼠*Eospalax muliensis*；川西绒鼠*Eothenomys tarquinius*、康定绒鼠*Eothenomys hintoni* 2个亚种被提升为种；发现的4种四川新纪录：丽江绒鼠 *Eothenomys fidelis*、云南绒鼠*Eothenomys eleusis*、小黑姬鼠*Apodemus nigrus*、海南社鼠*Niviventer lotipes*；总计四川啮齿目有9科75种。其中一些物种的学名根据最新研究结果进行了变更，变化原因见总论。

四川分布的啮齿目分科检索表

1.下颌腹面观呈U形，体表覆盖硬刺 ································ 豪猪科 Hystricidae

　下颌腹面观为V形，体表覆盖毛 ································ 2

2.整条尾密被长毛，蓬松状 ································ 3

　尾没有或者仅局部被长毛，尾毛不蓬松 ································ 4

3.头骨眶后突长而尖 ································ 松鼠科 Sciuridae

　无眶后突 ································ 睡鼠科 Gliridae

4.眼极小，完全被毛覆盖，视力很弱 ································ 鼹形鼠科 Spalacidae

　眼正常，视力正常 ································ 5

5.骨腭在第1上臼齿间有大孔 ································ 刺山鼠科 Platacanthomyidae

　骨腭在第1上臼齿间无大孔 ································ 6

6.后足延长，适于跳跃 ································ 7

　后足正常，不适于跳跃 ································ 8

7.后足延长显著，明显长于颅全长 ································ 林跳鼠科 Zapodidae

　后足略延长，约等于颅全长 ································ 蹶鼠科 Sicistidae

8.第1和第2上臼齿咀嚼面为3列 ································ 鼠科 Muridae

　第1和第2上臼齿咀嚼面为系列三角形，或者分为2列 ································ 仓鼠科 Cricetidae

二十七、睡鼠科 Gliridae Thomas，1896

Gilini Muirhead, 1819, Mazology [sic], 4: 33. in D. Brewster, ed.. Edinburgh Encycl., Vol, 13: 393-480 (模式属：*Glis* Brisson,1762).

Myosidae Gray, 1821. London Med. Reposit., 15: 303 (模式属：*Myoxus* Zimmermann,1780).

Myoxidae Waterhouse, 1839. Mag. Nat. Hist., new Ser., 3: 184.

Gliridae Thomas, 1896. Proc. Zool. Soc. Lond., 1016 (模式属：*Glis* Brisson, 1762).

Muscardinidae Palmer, 1899. Science, new Ser., 10(247): 413 (模式属：*Muscardinus* Kaup, 1829).

起源与演化　睡鼠科是现生啮齿目中最古老的科之一，最早的化石记录为始新世早期，距今约5 000万年。最早的科名是Myoxidae Gray，1821。Simpson（1945）认为应该用Gliridae Thomas，1896。原因是Myoxidae的模式属为*Myoxus* Zimmermann，1780，而Gliridae的模式属为*Glis* Brisson，1762。前者晚于后者，*Myoxus*是*Glis*的同物异名。但Hopwood（1947）认为，*Glis* Brisson，1762是个无效名，因为，尽管它是于1762年提出的，稍晚于林奈的《自然系统》（书中提出双名法）出版的1758年，但*Glis*不是按照"双名法"的命名规范提出的。所以，应该用Myoxidae Gray，1821作为睡鼠科的科名。为了解决争议，国际动物命名法规委员会1998年作出裁定，将Gliridae作为睡鼠科的科名，这才平息争议。

睡鼠被认为是已经灭绝的松鼠型啮齿动物壮鼠科Ischyromydiae的后裔。壮鼠科动物最早发现于古新世早期北美洲的地层中。始新世时，壮鼠科动物广布北美洲、亚洲、欧洲、非洲。早始新世分布于北美洲和欧洲的壮鼠科Microparamyinae亚科啮齿类，被认为是睡鼠科动物的直接祖先，时间是5 000万年前，该结论得到分子系统学的支持，Montgelard等（2002）通过线粒体基因计算睡鼠和其他类群的分歧时间是4 600万年前。最早的睡鼠化石是*Eogliura vuswildi*，发现于始新世早期法国一地层，距今5 000万年；有长且呈毛刷状的尾，骨骼结构和现在的睡鼠高度一致，被认为是树栖动物，以果实、种子和其他植物材料为食，就像它现在的近亲一样。

始新世和渐新世交汇期（3 350万年前），欧洲的"大裂谷"（Grande Coupure）地质事件造成睡鼠科动物的第1次灭绝和迁移。随后，睡鼠科在渐新世和中新世继续繁盛，到中新世早期发展到至少15个属（Hartenberger，1994）。至中新世晚中期（1 500万年前），由于气候变干，气温下降造成睡鼠科动物大规模灭绝。欧洲梵尼期（Vallesian crisis）（中新世，1 000万年前）睡鼠科物种多样性再次严重下降。这一时期，睡鼠科动物迁徙到亚洲、欧洲和非洲建立种群，其现今格局基本成型。

我国睡鼠科化石很少，在内蒙古和江苏泗阳的中新世地层先后发现的，均属于Dryomyuinae亚科。

睡鼠科现存9属29种，分属3个亚科。其中5属为单属单种。非洲睡鼠亚科Graphiurinae的唯一属——非洲睡鼠属*Graphiurus*包括15种，占睡鼠科所有种数量的一半多。睡鼠科动物分布于古北界和非洲热带多样的生境，包括高山草甸，热带和亚热带森林，非洲热带稀疏草原，喀斯特地貌，西伯利亚干草原和荒漠。该类群的动物有一个共同的特点：当环境恶劣时它们变得不活跃，或进入冬眠，因此得名"睡鼠"。

　　形态特征　睡鼠外形上很像松鼠。体长65～216 mm，尾长38～191 mm，尾长通常为体长的80%左右。尾通常多毛且在尾端形成毛刷，但鼠尾睡鼠、荒漠睡鼠和四川毛尾睡鼠尾毛较稀疏。研究表明，尾多毛的种类多为地栖种类，鼠尾睡鼠是树栖和地栖双栖种类，纯树栖的只有四川毛尾睡鼠。大多数睡鼠的眼周有宽窄不等的黑色条纹，从耳基部向前延伸到唇部，形成黑色的眼罩。睡鼠都有1对大眼睛，耳圆。前足等于或略短于后足长；前足4指，后足5趾；指（趾）垫裸露；爪短，尖锐而弯曲。

　　睡鼠类的头骨光滑，没有明显的眶后脊、眶间脊和颞脊。睡鼠吻较长，前颌骨向前延伸到门齿。森林栖居的睡鼠门齿孔短，在干旱区生活的睡鼠门齿孔长。亚洲和欧洲的睡鼠颧板宽，非洲睡鼠窄。臼齿属于低冠型，齿式1.0.1.3/1.0.1.3 = 20。雌体乳房4对（胸部1对，肱1对，鼠蹊部2对）。

　　分类学讨论　睡鼠的系统地位一直存在争议，自从Blainville（1816）提出啮齿目亚目分类以来，睡鼠放入哪个亚目一直没有取得一致意见。Waterhouse（1839）第1次提出将头骨的解剖结构，尤其是咀嚼肌的形态，作为划分亚目分类单元的主要参考指标。Brandt（1855）把啮齿目划分为4个亚目（松鼠亚目、豪猪亚目、鼠形亚目、兔形亚目），并根据咀嚼肌的形态，将睡鼠放入鼠形亚目；但他同时强调，他更愿意认为睡鼠应该是介于松鼠亚目和鼠形亚目之间的类群。Tullberg（1899）将啮齿目划分为松鼠亚目和豪猪亚目，并根据下颌关节突的形态，置睡鼠科于松鼠亚目。Ellerman（1940）、Simpson（1945）、Wood（1965）、Wahlert（1993）等人均将睡鼠科置于鼠形亚目，他们支持Waterhouse（1839）提出的头骨的解剖结构是划分亚目的主要依据的观点。但古生物学家和一些解剖学家却不认同这一观点，他们根据颈总动脉的分布、牙釉质的亚显微结构、听骨的解剖特点和古生物学特征等，把睡鼠科放入松鼠亚目（Hartenberger，1971；Bugge，1985；Lavocat and Parent，1985；Vianey-Liaud，1994）。Musser和Carleton（2005）综合分子和形态证据，将啮齿目划分为5个亚目（松鼠亚目、河狸亚目、鳞尾鼠亚目、豪猪亚目、鼠形亚目），并将睡鼠科放入松鼠亚目，该亚目还包括松鼠类和山河狸科物种。该分类系统后来得到分子系统学的支持（Huchon et al.，2007；Nunome et al.，2007；Fabre et al.，2013）。

　　睡鼠科分为3个亚科：睡鼠亚科Glirinae、林睡鼠亚科Leithiinae、非洲睡鼠亚科Graphiurinae。睡鼠亚科有2属2种，分别分布于日本和亚洲西南部；林睡鼠亚科包括6属，其中3属为单型属，另外3属各包含3种，分布于欧亚大陆。非洲睡鼠亚科仅有1属——*Graphiurus*，包含15种，全部分布于非洲。但Ognev（1947）曾经将睡鼠科（原文为Myoxidae）划分为4个亚科：睡鼠亚科Myoxinae、荒漠睡鼠亚科Seleviniinae、刺山鼠亚科Platacanthomyinae、猪尾鼠亚科Typhlomyinae。Ellerman和Morrison-Scott（1951）将睡鼠科（原文使用Muscardinidae作科名）划分为3个亚科：睡鼠亚科Muscardiniae、荒漠睡鼠亚科、刺山鼠亚科。

　　睡鼠科在中国有2属2种，分别是：四川毛尾睡鼠*Chaetocauda sichuanensis*，属于林睡鼠亚科，单属单种，四川特有；林睡鼠*Dryomys nitedula*，也属于林睡鼠亚科。林睡鼠属全世界有3种：林睡鼠分布于欧洲、中东地区，如德国、瑞士、奥地利、捷克、波兰、乌克兰、立陶宛、俄罗斯、意大利、匈牙利、斯洛文尼亚、克罗地亚、波斯尼亚、罗马尼亚、土耳其、叙利亚、伊朗、阿富汗、乌兹别克斯坦、塔吉克斯坦、哈萨克斯坦、我国新疆等地；另外2个种分别分布于土耳其、东亚地区。

四川仅有四川毛尾睡鼠，是王酉之于1985年发表的新属新种。

83. 毛尾睡鼠属 *Chaetocauda* Wang，1985

Chaetocauda Wang, 1985. 兽类学报, 5: 67-75 (模式产地：四川王朗国家级自然保护区); Corbet and Hill, 1986. World List Mamm. Spec., 2nd ed., 210; 王酉之和胡锦矗, 1999. 四川兽类原色图鉴, 247; Nowak, 1999. Walker's mamm. World, 6th ed., Vol. 2: 1632; 王应祥, 2003. 中国哺乳动物种和亚种分类名录与分布大全, 214; Musser and Carleton, 2005. Mamm. Spec. World, 3rd ed., 830; Wilson, et al., 2016. Hand. Mamm. World, Vol. 6: 884.

鉴别特征　眼具黑色眼圈，耳长，向前可盖住眼；尾较粗，端部呈棒状，覆盖密毛，外观不见环鳞。眶间宽大，为基长的1/5；门齿孔特长，为颅全长的19%，其后缘接近上前白齿齿槽的1/2；硬腭呈方形；下颌骨纤细，冠状突细长；齿隙的弯曲度较浅；上颌门齿表面具纵沟，切缘V形；臼齿冠面结构简单，咀嚼面具1～2条横脊；腭骨中部明显隆起，后缘马蹄形。

地理分布　毛尾睡鼠属全世界只有1种，即四川毛尾睡鼠*Chaetocauda sichuanensis*，仅分布于四川王朗自然保护区和九寨沟自然保护区。

分类学讨论　毛尾睡鼠属成立后很快就得到全世界大多数哺乳动物学家承认（Corbet and Hill，1987；Nowak，1999；王应祥，2003；Musser and Carleton，2005）。但Musser和Carleton（1993）认为该属是睡鼠属*Dryomys*的同物异名。虽然世界性专著*Handbook of the Mammals of the World* Vol. 6（Wilson et al.，2016）承认毛尾睡鼠属独立属地位，但是认为仍然需要深入研究。

（147）四川毛尾睡鼠 *Chaetocauda sichuanensis* Wang，1985

英文名　Sichuan Dormouse

Chaetocauda sichuanensis Wang, 1985. 兽类学报, 5: 67-75; Corbet and Hill, 1986. World List Mamm. Spec., 2nd ed., 210; 王酉之和胡锦矗, 1999. 四川兽类原色图鉴, 247; Nowak, 1999. Walker's Mamm. World, 6th ed., Vol. 2: 1632; 王应祥, 2003. 中国哺乳动物科和亚种分类名录与分布大全, 214; Musser and Carleton, 2005. Mamm. Spec. World, 3rd ed., 830; Wilson, 2016. Hand. Mamm. World, Vol. 6: 884.

Dryomys sichuanensis Musser and Carleton, 1993. In Wilson. Mamm. Spec. World, 2nd ed., 766.

鉴别特征　同属特征。

形态

外形：本种在睡鼠中个体中等偏小，体重25～36 g；成体体长83～91 mm，尾长92～112 mm，后足长19～24 mm，耳高12～18.5 mm。须很多，每边32～35根，最短约4 mm，最长约35 mm，长须一般为棕色，部分短须白色，一些须基部棕色，尖部白色。前足仅4指，拇指退化，在着生拇指的地方有2个大的掌垫。第2、3和4指几乎等长，第5指略短。除拇指位置有2枚掌垫外，在掌的后外侧有1枚掌垫，在指根部有3枚掌垫，共计6枚掌垫，很特别。后足5趾，第1趾最短，第2～5趾等长，为第1趾的2倍左右。趾垫6枚。前、后足爪均白色，半透明，中等发达。

毛色：皮毛相对厚实，背面整体灰色，带淡褐色色调。眼周黑褐色，黑褐色带向吻部略延伸至须着生区域，形成1条明显的黑带。鼻尖色略淡，呈棕灰色。额部至尾基的整个背面毛色基本一致；夹杂有柱状毛。耳较大，但也有耳小的个体。毛稀少，颜色呈淡褐色。肩部有时有黄白色斑块。腹面毛基灰色，毛尖黄白色，背腹毛色有明显界限，但界限不平直。前、后足背面灰褐色，两侧毛白色，刚毛状，有些个体前、后足毛全白色。前、后足腹面无毛。尾部覆盖密毛，尾端形成小毛束。尾背腹颜色一致，棕灰色。

头骨：脑颅背面较隆突，最高点在顶骨区域。鼻骨前面宽，后面窄，但最后面1/4呈方形，宽2 mm，插入额骨前缘，止于上颌骨颧突的后缘。额骨前端和后端宽，中间向内收缩，形成眼眶内壁。眶间宽较大，成体眶间宽为4.4～4.7 mm。眶上缘有较锋利的脊。颞脊不明显。额骨上有前、后2对半透明的圆形区域，该处额骨厚度变薄。额骨后缘与顶骨的骨缝呈斜线。顶骨形状不规则，背面隆起，侧面向两侧扩展。顶间骨形状不规则，略呈椭圆形，前后长约3.5 mm，左右宽9 mm。枕髁较小，鳞骨与听泡之间以及听泡与侧枕骨之间的纵脊均不明显。听泡较大，浑圆。颧弓纤细。头骨腹面门齿孔长而宽，其后缘超过上前白齿齿槽的1/2，最宽处2.3 mm，约为吻部宽的一半。硬腭平整，无小孔。腭骨两侧有孔。腭骨后缘呈弧形，与翼骨相连，翼骨细弱。基蝶骨棒状，中部扩展与翼骨及鳞骨连接。前蝶骨前端左右各有一大孔。翼蝶骨形状不规则，后缘与鳞骨、上缘与额骨、侧面和翼骨及上颌骨连接，在鳞骨颧突下方向后与听泡接触。腹侧面有2个明显的神经孔。下颌骨冠状突小、尖，弧形，向后上方延伸；关节突相对较长；角突很特别，末端呈一弧形，上缘向外扩展，下缘向内扩张，形成一个略呈矩形的面。

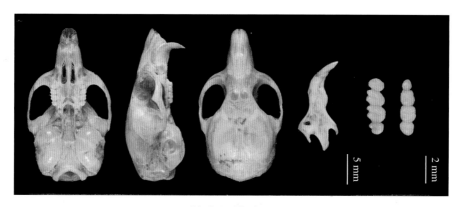

四川毛尾睡鼠头骨图

牙齿：齿式1.0.1.3/1.0.1.3 = 20。上颌门齿垂直向下，略往内弯，唇面各有1条明显的深沟，橘色。上前白齿1枚，较小，略呈方形；第1和第2白齿等大，咀嚼面带状齿尖，唇侧有2个尖齿突，舌侧齿尖不显；第3上白齿比第1和第2上白齿小，比前白齿大，唇侧也有2个齿尖，舌侧圆弧形。

下颌门齿较细，尖，弧形前伸，唇面橘色。下前臼齿1枚，近圆形，小，第1和第2臼齿大，咀嚼面略呈方形，具带状齿尖，内侧和外侧均有2个明显的齿尖；第3下臼齿比第1和第2下臼齿小，但比前臼齿大。

量衡度（衡：g；量：mm）

外形：

编号	性别	年龄	体重	体长	尾长	后足长	耳高	采集地点
SCCDC79018	♂	成	25	91	92	18.5	18.5	四川王朗国家级自然保护区
SCCDC79019	♀	成	36	90	102	19.0	17.0	四川王朗国家级自然保护区
SAF98079	♂	成	25	87	112	19.0	18.0	四川王朗国家级自然保护区
SAF06373	♀	成	—	83	105	19.0	16.0	四川王朗国家级自然保护区
SAF02199	♀	亚成	—	61	88	18.0	16.0	四川九寨沟国家级自然保护区

头骨：

编号	颅全长	基长	颧宽	眶间宽	后头宽	听泡长	上臼齿列长	下臼齿列长
SCCDC79018	27.20	23.20	15.30	4.70	12.80	8.90	3.50	3.80
SCCDC79019	26.30	22.70	15.10	4.60	12.40	8.80	3.50	3.70
SAF98079	25.15	22.52	13.60	4.37	11.60	—	3.52	3.84
SAF06373	24.41	21.02	—	4.39	—	8.65	3.65	3.81
SAF02199	22.08	17.57	11.79	4.42	11.68	8.35	3.02	3.69

生态学资料　四川毛尾睡鼠数量十分稀少。王酉之1985年发表时，有2号模式系列标本。多年以来，采集到的标本仍然非常少，仅四川省林业科学研究院采集到3号标本，全球共5号标本。标本记录其生活在海拔2 480～3 000 m，植被类型包括针阔叶混交林和暗针叶林。林下箭竹植物丰富，其他灌木也较多；森林郁闭度0.7～0.9，灌丛盖度约60%，地被物苔藓丰富，草本植物不多，盖度约30%。其生态学资料除王酉之（1985）有一定描述外，近年来为空白。据王酉之（1985）记载，该种生活于亚高山针阔混交林的河谷两岸。筑窝于小树枝上，似鸟巢状。窝直径12 cm，共3层，外层为小树枝弯曲成的骨架，其外附以苔藓植物，中层较厚，被红桦树皮层层包绕；内层为细干草筑成的窝，底部较厚，2～3 cm。开口于一侧，直径约3 cm。窝距地面3～3.5 m。5月雌鼠有孕，每胎4仔。主要为夜间活动，白日偶然在树上觅取嫩叶或下地活动。胃内容物为绿色植物及淀粉的混合食糜。

地理分布　仅分布于四川的王朗国家级自然保护区和邻近的九寨沟国家级自然保护区。

分省（自治区、直辖市）地图——四川省

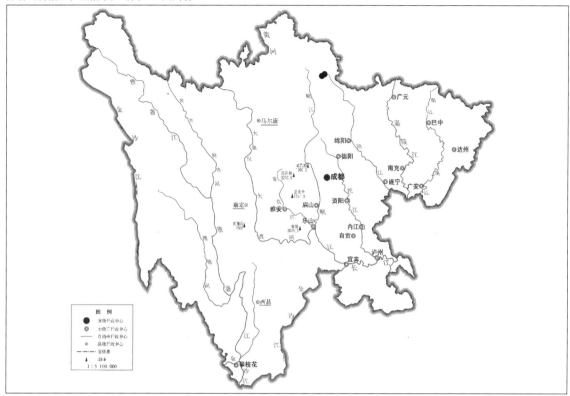

审图号：GS (2019) 3333号

自然资源部 监制

四川毛尾睡鼠在四川的分布
注：红点为物种分布位点。

分类学讨论 四川毛尾睡鼠发表后，其种级地位没有争议。

二十八、松鼠科 Sciuridae Gray, 1821

Sciuridae Gray, 1821. Lond. Med. Repos., Vol. 15, pat, 1, 304 (模式属: *Sciurus* Linnaeus, 1758).

松鼠科 Sciuridae 隶属于哺乳纲 MAMMALIA、啮齿目 RODENTIA。除澳大利亚、马达加斯加、南美洲南部及沙漠地区如埃及、阿拉伯半岛之外，该科动物的栖息地遍布世界各地，是一类世界广布性动物。

起源与演化 松鼠科动物含昼行性的松鼠类和夜行性的鼯鼠类两大类型。

最早的松鼠化石发现于北美洲始新世晚期（3 600万年前）。该化石最原始的特征主要表现在吻短及下颌肌肉系统的结构上，与后续发现于北美洲渐新世早期至中新世早期（2 300万～3 300万年前）地层的 *Protosciurus* 关联较大，后者具有松鼠类典型的咬肌系统，此后与 *Protosciurus* 相近的化石类群为 *Miosciurus*（2 300万年前），*Miosciurus* 被认为是与分化为树松鼠、地松鼠祖先较近的一个类群。现生 *Sciurus* 化石最早发现于中新世时期（约1 600万年前）的地层。广布于东南亚地区的树松鼠如 *Dremomys*、*Callosciurus* 及 *Tamiops* 等化石则大多发现于早更新世至中更新世时期地层。地松鼠主要生活于非洲，但亚洲西南部也有，化石记录显示 *Heteroxerus* 发现于欧洲渐新世至晚中新世时期（500万～2 600万年前）地层，*Aragoxerus* 见于西班牙早中新世（1 600万～2 300万年前），*Atlantoxerus* 见于亚欧大陆早中新世至早上新世（300万～2 300万年前）及非洲中新世中期以前（1 600万年前）地层。分布于欧洲地中海东南部的 *Tamias* 化石则发现于早中新世至早上新世时期地层，岩松鼠的化石在亚洲记录的起止时间为中新世晚期（1 200万年前）间断性地延续至今。

最早的鼯鼠类化石发现于北美洲始新世晚期（3 600万年前）地层，稍早于最早的松鼠化石，但因其化石样本仅为牙齿，其分类结论也受到一定程度的质疑。其后发现分布于欧洲早渐新世地层的鼯鼠类化石则得到广泛认可。古生物学研究结果认为鼯鼠在早中新世时期已达多个属级分化，其中的一些属在后续演化中灭绝，而另外一些属及发现于中新世中期与晚期的属则演化为现代鼯鼠的祖先。比如现生的 *Petaurista* 与晚中新世至上新世（200万～1 100万年前）的一些化石类群较为相似，而目前分布于东南亚一带的 *Hylopetes*，其化石则发现于欧洲早中新世至早上新世时期（300万～2 300万年前）地层。

松鼠、鼯鼠的祖先在其后续的演化过程中，随着气候的变化及各大陆板块间陆桥的变迁而广泛地扩散。

形态特征 昼行性的松鼠类按生活方式的区别可分为树栖、半树栖、地栖3种类型，其中树栖种类占大多数。依成年个体体型大小又可分为大、中、小3种体型，其中中等体型种类较多。树栖类型大多具有身体修长、尾长及爪锐利等特征以适于攀爬及在树枝上灵活运动与保持平衡，地栖类型则大多具有身体粗壮、尾短及爪粗壮、发达等特征。

夜行性的鼯鼠类按不同的种类成体体型差异较大，大型种类的成年个体头体长超过600mm，小型种类成年个体头体长仅为100mm左右。但尽管个体体型大小差异显著，因高度适应树栖生活、能依托翼膜完成滑翔运动及夜行性等共同的生活习性，相对松鼠类动物而言，鼯鼠类动物在外形上的共性主要体现在：头圆，吻短，眼大，耳郭显著，前足4指（拇指退化消失），第2、5指较短，第4指最长，第3指次之；后足5趾，拇趾最短，第4趾最长，第5趾较中间3趾稍短，爪发达、锐利强大，利于攀爬，身体两侧具翼膜，翼膜可通过四肢外展及翼膜外缘软骨条的支撑作用得以展开以完成滑翔运动过程。尾呈圆柱形或扁平状，尾长接近或超过头体长，尾毛发达、蓬松，滑翔运动中起着平衡及舵的作用。鼯鼠类动物在头骨上的共性主要体现在：头骨吻部较短；鼻骨前端稍隆起；颧板位置相对较低且稍向前倾斜；眶间区稍凹陷；眶上突发达，呈三角形或尖刺状且尖端下弯；眼眶大；听泡显著；枕骨不向后倾斜延伸。齿式：1.0.2.3/1.0.1.3 = 22。

　　分类学讨论　Pocock（1923）基于阴茎形态学的研究结果认为松鼠类动物与鼯鼠类动物具有显著的区别而各自为独立的科。Bruijn 和 Unay（1989）基于渐新世时期松鼠与鼯鼠化石牙齿结构上的差异，也将松鼠、鼯鼠分别归为独立的松鼠科与鼯鼠科，并认为松鼠科与鼯鼠科不具有共同的原始祖先。

　　Ellerman（1940）虽然将所有的松鼠类动物均置于松鼠科中，但仍然根据身体两侧前后肢之间有无翼膜而首先将它们分为鼯鼠群（Pteromys Group）和松鼠群（Sciurus Group），并基于颧板及颊齿的结构特点认为鼯鼠群较松鼠群更原始。Ellerman 和 Morrison-Scott（1951）同样将具翼膜的类群归为飞松鼠各属。Corbet 和 Hill（1992）接受鼯鼠科 Pteromyidae、松鼠科 Sciuridae 的分类观点。虽然 Hoffmann 等（1993）、黄文几等（1995）、王应祥（2003）均将所有的松鼠类动物置于松鼠科 Sciuridae 中，但松鼠和鼯鼠仍然是分别作为松鼠亚科 Sciurinae 和鼯鼠亚科 Petauristinae 2个独立分开的类群。

　　诸如上述有关松鼠类动物的分类观点，虽然有科与亚科的差别，但共同之处是均将松鼠、鼯鼠分别作为2个不同的类群。

　　随着分子生物学研究的发展，基于分子水平的研究在探讨动物的进化、遗传距离、类群间的亲缘关系等方面开展了越来越多的工作，这些工作对分类学的研究起了极大的推动作用，但有些在分类学方面的结果与传统分类系统结果有较大的差异。其中松鼠、鼯鼠分类体系上最具代表性的结果是 Mercer 和 Roth（2003）、Steppan 等（2004）等人将所有的松鼠、鼯鼠均归入松鼠科 Sciuridae，松鼠科内含5个亚科，鼯鼠类作为鼯鼠族 Ptermoyini 与松鼠族 Sciurini 共同组成松鼠科5个亚科之一的松鼠亚科 Sciurinae，并认为鼯鼠类是树栖类松鼠的二次起源，该结论与化石研究结果（Bruijn and Unay，1989）及其他传统分类学如 Ellerman（1940）等认为鼯鼠类较松鼠类更原始的结论相悖。基于该研究结果，近年来一些分类学名录或书籍，如 *Mammal Species of the World* 第3版（Wilson and Reeder，2005）、《中国兽类野外手册》（Smith 和解焱，2009）及魏辅文等（2022）则采用了新的分类体系：把所有松鼠及鼯鼠均列入松鼠科 Sciuridae，科下分为5个亚科——Ratufinae、Sciurinae、Callosciurinae、Xerinae、Sciurillinae，其中前4个亚科在中国均有分布，而在传统分类学中一直被视为独立科（或亚科）的鼯鼠归为松鼠科 Sciuridae 中松鼠亚科 Sciurinae 内的一个族——鼯鼠族 Pteromyini。

　　综上所述，松鼠与鼯鼠在分类归属问题上仍存在较大的分歧，本志根据最新研究成果，将鼯鼠类作为松鼠亚科成员。

　　关于四川松鼠类动物包含的属、种数量有过如下报道：6属7种（胡锦矗和王酉之，1984）；6属7种（黄文几等，1995）；6属8种（王酉之和胡锦矗，1999）；6属8种（王应祥，2003）；6属8

种（Smith 和解焱，2009）；6属7种（蒋志刚等，2015）。上述各结论的差异主要体现在侧纹岩松鼠 *Rupestes forresti* 的分类地位及该种在四川境内是否有分布的争议上。本书在撰写过程中查阅到《四川哺乳动物原色图鉴》（王酉之和胡锦矗，1999）记录有该种，且在书中配有标本照片，其中头骨照片上显示编号为01936，查阅到该号标本藏于四川省疾病预防控制中心，但标本采集地为云南剑川。但在其他单位如四川省林业科学研究院、四川大学、西华师范大学、重庆自然博物馆等均未发现有采集于四川境内的侧纹岩松鼠，综合文献、标本查阅等结果，本书认为该种在四川境内无分布。

综上所述，本书认为四川分布的松鼠类动物有6属7种，加上2022年刘少英等发表的新种——岷山花鼠，四川总计有6属8种。

四川分布的松鼠类动物

属		种	
中文名	学名	中文名	学名
丽松鼠属	*Callosciurus*	赤腹松鼠	*C. erythraeus*
长吻松鼠属	*Dremomys*	珀氏长吻松鼠	*D. pernyi*
		红腿长吻松鼠	*D. pyrrhomerus*
花松鼠属	*Tamiops*	隐纹花鼠	*T. swinhoei*
		岷山花鼠	*T. minshanica*
旱獭属	*Marmota*	喜马拉雅旱獭	*M. himalayana*
岩松鼠属	*Sciurotamias*	岩松鼠	*S. davidianus*
花鼠属	*Tamias*	花鼠	*T. sibiricus*

关于四川鼯鼠类动物包含的属、种数量有过如下报道：4属7种（胡锦矗和王酉之，1984）；4属7种（黄文几等，1995）；6属9种（王酉之和胡锦矗，1999）；4属8种（王应祥，2003）；4属9种（Smith 和解焱，2009）；5属10种（蒋志刚等，2015）。本书综合文献、标本查阅的结果，本书认为四川分布的鼯鼠类动物有6属11种。

不同学者记录的四川分布的鼯鼠类动物

属	种	胡锦矗和王酉之, 1984	黄文几等, 1995	王酉之和胡锦矗, 1999	王应祥 2003	Smith 和解焱, 2009	蒋志刚等, 2015	本志考据
沟牙鼯鼠属 *Aeretes*	沟牙鼯鼠 *A. melanopterus*	有	有	有	有	有	有	有
毛耳飞鼠属 *Belomys*	毛耳飞鼠 *B. pearsonii*			有				有
鼯鼠属 *Petaurista*	红白鼯鼠 *P. alborufus*	有	有	有	有	有	有	有
	灰头鼯鼠 *P. caniceps*	有	有	有	有	有	有	有
	红背鼯鼠 *P. petaurista*	有	有	有				有
	橙色小鼯鼠 *P. sybilla*				有	有	有	有
	霜背大鼯鼠 *P. philippensis*					有	有	有
	灰鼯鼠 *P. xanthotis*	有	有	有	有	有	有	有

（续）

属	种	胡锦矗和王 酉之，1984	黄文几等， 1995	王酉之和胡 锦矗，1999	王应祥 2003	Smith 和解 焱，2009	蒋志刚等， 2015	本志 考据
飞鼠属 *Pteromys*	小飞鼠 *P. volans*	有	有	有			有	有
复齿鼯鼠属 *Trogopterus*	复齿鼯鼠 *T. xanthipes*	有	有	有	有	有	有	有
箭尾飞鼠属 *Hylopetes*	黑白飞鼠 *H. alboniger*			有	有	有	有	有

四川分布的松鼠科分属检索表

1. 身体两侧无翼膜，昼行性 ……………………………………………………………………………… 2

　身体两侧有翼膜，夜行性 ……………………………………………………………………………… 7

2. 体型正常，外耳郭发达，尾长显著大于头体长之半 ……………………………………………………… 3

　体型粗壮，外耳郭不发达，尾长显著小于头体长之半 ………………………… 旱獭属 *Marmota*

3. 体形较小，成体头体长小于170mm，体背部具明显明暗相间的纵行条纹 …………………………… 4

　体形较大，成体头体长大于170mm，体背部无明显明暗相间的纵行条纹 …………………………… 5

　耳具簇毛，脑颅部侧面观明显隆起呈圆凸状 ………………………………… 花松鼠属 *Tamiops*

　耳无簇毛，脑颅部侧面观不明显隆起呈圆弧形状 …………………………… 花鼠属 *Tamias*

5. 吻短、宽，鼻骨长小于眶间宽，腹部毛色变化较大 ………………………… 丽松鼠属 *Callosciurus*

　吻长，鼻骨长大于（或等于）眶间宽，腹部毛色变化较小 ……………………………………………… 6

6. 脑颅部侧面观明显隆起，鼻骨后缘向外侧斜行，左右上颊齿列近似平行，肛区通常呈橙红色或锈红色…………

　………………………………………………………………………… 长吻松鼠属 *Dremomys*

　脑颅部侧面观无明显隆起，鼻骨后缘略呈弧状，左右上颊齿列略呈弧形，肛区通常呈白或淡黄色

　………………………………………………………………………… 岩松鼠属 *Sciurotamias*

7. 耳基部前、后无发达的簇毛，第4上前白齿大小及齿冠面与其他白齿近似无显著差异 ……………… 8

　耳基部前、后具发达的簇毛，第4上前白齿发达，齿冠面结构复杂且大于第1上白齿 …………… 11

8. 成体头体长大于250mm，颅全长大于50mm，白齿咀嚼面的齿脊或齿突结构较复杂 ……………… 9

　成体头体长小于250mm，颅全长小于50mm，白齿咀嚼面的齿脊或齿突结构较简单 ……………… 10

9. 尾呈扁圆状，上颌门齿较宽且其唇面中央有1条纵沟 …………………………… 沟牙鼯鼠属 *Aeretes*

　尾呈圆柱状，上颌门齿较窄且其唇面中央无纵沟 ……………………………… 鼯鼠属 *Petaurista*

10. 体色较暗，皮膜以黑色为主，尾基毛色略浅，呈灰色，后足掌完全裸露，第3上白齿齿冠面前、后缘之间仅具

　　1横脊 ……………………………………………………………………… 箭尾飞鼠属 *Hylopetes*

　　体色较浅，皮膜以灰色或棕色为主，全尾同为黄褐色，后足跟部被密毛，第3上白齿冠面前、后缘之间具

　　2横脊 ……………………………………………………………………………… 飞鼠属 *Pteromys*

11. 体型较小，成体头体长小于250mm，后足长小于40mm ………………………… 毛耳飞鼠属 *Belomys*

　　体型较大，成体头体长大于250mm，后足长大于40mm ………………………… 复齿鼯鼠属 *Trogopterus*

84. 丽松鼠属 *Callosciurus* Gray，1867

Callosciurus Gray, 1867, Ann. Mag. Nat. Hist., (Ser. 3), 20: 277（模式种：*Sciurus rafflesii* Vigors and Horsfield, 1828= *Sciurus prevostii* Desmarest, 1822）.

Baginia Gray, 1867. Ann. Mag. Nat. Hist., 20: 279（模式种：*Sciurus notatus* Boddaert, 1785）.

Erythrosciurus Gray, 1867. Ann. Mag. Nat. Hist., 20: 285（模式种：*Sciurus ferrugineus* F. Cuvier, 1829）.

Heterosciurus Trouessart, 1880. Le Naturaliste, I: 292（模式种：*Sciurus erythraeus* Pallas, 1779）.

Tomeutes Thomas, 1915. Ann. Mag. Nat. Hist., 15: 385（模式种：*Sciurus lokroides* Hodgson, 1836）.

鉴别特征　体背面无条纹，吻短、宽，鼻骨长小于眶间宽，听泡中仅有1片骨质隔膜，下颌冠状突呈镰刀状。

形态　树栖型松鼠，体型在松鼠类动物中属中型。耳壳发达，无簇毛。乳头2对（腹部1对、鼠蹊部1对）。

毛色：体背面以橄榄棕色为主，背面及侧面无纵纹。腹面以赤色、栗红色为主，但有橙红色、橙黄色等诸多变化，其中个别种类腹部还存在黑白相间的条纹。尾长接近体长；尾毛发达，蓬松；尾色近似体背毛色，尾梢黑色或白色或间杂。

头骨：整体更显粗壮、短宽，吻部、鼻骨均相对较短，鼻骨后端与前颌骨后缘近似平齐；眶间宽大于鼻骨长，额中部凹陷，眶上突发达，脑颅顶部不显著凸圆，颧弓较宽，听泡中仅有1片骨质隔膜。下颌冠状突呈镰刀状。阴茎骨由两部分组成：杆状结构和刀片状结构。

牙齿：齿式 1.0.2.3/1.0.1.3 = 22。第3上前臼齿较小，呈柱状，紧贴于第4上臼齿内侧；第4上臼齿及3颗臼齿齿冠面一般都具1条纵脊和两条横脊，第3臼齿的后横脊退化。

生态学资料　见各种的论述。

地理分布　在四川境内广泛分布于四川盆地及盆地周边山区，国内主要分布于长江以南各地。国外主要分布于东南亚地区。

分类学讨论　Moore和Tate（1965）认为该属在中国境内有分布的有4种（*C. phayrei*、*C. erythraeus*、*C. pygerythrus*、*C. inornatus*）。Corbet和Hill（1992）在接受该结论的基础上，将Moore和Tate（1965）列为*C. flavimanus quinquestriatus*的类群提升为种*C. quinquestriatus*，故该属有5种分布于中国境内，Wilson和Reeder（2005）、Thorington等（2012）、Wilson等（2016）均接受该结论。王应祥（2003）认为该属在中国除上述5种外，还有*C. caniceps*及*C. atrodorsalis*，但Corbet和Hill（1992）、Wilson和Reeder（2005）等均将*C. atrodorsalis*列为*C. erythraeus*的同物异名。关于*C. caniceps*，虽然Moore和Tate（1965）、Corbet和Hill（1992）、Wilson和Reeder（2005）及Thorington等（2012）均认为该种在中国境内无分布，但黄文几等（1995）、王应祥（2003）、蒋志刚等（2015）均将该种列为国内有分布的类群。本书作者在撰写过程中查询了相关原始文献（Bonhote，1901），并将国内仅有的2号命名为*C. caniceps*的标本（馆藏于中国科学院昆明动物研究所标本馆，采集信息购买于云南弥勒供销社）与原始文献所描记的鉴别特征比对，确定该两号标本不属于*C. caniceps*，故该属有5种分布于中国境内，其中四川境内1种。

(148) 赤腹松鼠 *Callosciurus erythraeus*（Pallas，1779）

别名　赤腹丽松鼠、红腹松鼠、刁林子

英文名　Pallas's Squirrel

Sciurus erythraeus Pallas, 1779. Nov. Sp. Quad. Glir. Ord., 377（模式产地：印度阿萨姆）.

Sciurus flavimanus I. Geoffroy, 1831. In Belanger, Voy. Indes Orient. I: 148（模式产地：越南）.

Sciurus atrodorsalis Gray, 1842. Ann. Mag. Nat. Hist., 10: 263（模式产地：缅甸）.

Sciurus castaneoventris Gray, 1842. Ann. Mag. Nat. Hist., 10: 263（模式产地：海南）.

Sciurus styani Thomas, 1894. Ann. Mag. Nat. Hist., 13: 363（模式产地：上海和杭州之间）.

Sciurus thaiwanensis Bonhote, 1901. Ann. Mag. Nat. Hist., 7: 165（模式产地：中国台湾）.

Sciurus tsingtanensis Hilzheimer, 1905. Zool. Anz., 29: 298（模式产地：浙江宁波）.

Callosciurus crumpi Wroughton, 1916. Jour. Bombay Nat. Hist. Soc., 24: 425（模式产地：印度锡金）.

Callosciurus caniceps canigenus Howell, 1927. Journal Wash. Acad. Sci., 17: 81（模式产地：浙江）.

Callosciurus erythraeus. Thomas and Wroughton, 1916. Jour. Bombay Nat. Hist. Soc., 24: 224-239.

鉴别特征　背部橄榄（浅棕黄）色，腹部无明暗相间的条纹，以栗红色为主，但也具赤色、橙黄色及浅黄白等变化；尾毛蓬松，尾部更显宽阔，尾长略短于头体长。

形态

外形：体型中等。吻较短，耳小且趋于圆形；尾长近似或略短于头体长，尾毛蓬松；四肢发达；指（趾）端具锐爪。

毛色：吻、下颌呈棕灰（略黄）色，耳郭、眼眶棕黄色，脸颊、体背、体侧面和四肢外侧面呈深橄榄黄（灰）色。体腹面毛色与具体栖息环境及季节不同而有差异，总体趋势是随纬度的增加毛色逐渐由深变浅，前后足背面橄榄（棕黑）色至深黑色。尾毛毛色与体背毛色近似，尾后半部具黑色相间环纹，尾稍毛色有黄褐色、白色及黑色等变化。

头骨：脑盒圆形略凸，略显膨大。吻短，鼻骨短粗、前端下弯，其后端超出前颌骨后端或几乎在同一水平线；鼻骨长小于眶间宽，前额眶间部宽且略凹。眶上突尖锐、发达、下弯，颧弓平直，中部具三角形凸起。门齿孔短小，远离上前臼齿前缘水平线，腭骨后缘中央略凸且与第3上臼齿后

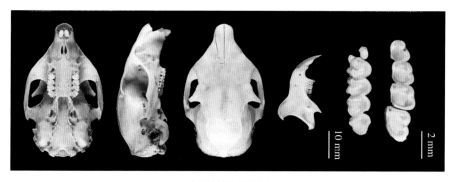

赤腹松鼠头骨图

缘连线近似平齐，听泡整体不显著增大，但更显突出。

牙齿：齿式1.0.2.3/1.0.1.3 = 22。左、右颊齿外侧略呈弧形；第3上前臼齿很小，呈圆柱状；第4上前臼齿大小与臼齿相似。

量衡度（衡：g；量：mm）

外形：

编号	性别	体重	体长	尾长	后足长	耳高	采集地点
SPDPCCNJ13	♂	305	225	135	49.5	20.5	四川宁南
SPDPCCNJ03	♀	306	210	165	42.0	22.0	四川宁南
SPDPCCNJ16	♂	227	192	183	47.5	22.0	四川宁南

头骨：

编号	性别	颅全长	基长	颅高	颧宽	眶间宽	上齿列长	上臼齿列长	下颌骨长	下齿列长	下臼齿列长
SAFCFSS001	—	53.68	46.24	22.32	33.28	20.58	25.33	7.13	37.66	23.27	8.14
SAFCCSS002	—	52.77	44.43	21.59	32.37	19.14	25.34	7.61	37.13	23.37	7.92
SAFCCSS003	—	51.56	43.60	21.86	32.12	19.13	24.58	7.44	35.93	23.28	8.08
SAFCCSS004	—	54.89	46.00	22.96	33.71	20.50	25.83	7.76	37.59	23.55	8.12
SAFCCSS005	—	52.88	43.90	21.94	32.21	19.19	24.52	7.35	35.73	22.38	7.89
SAFCCSS006	—	54.71	46.65	23.67	31.78	20.28	25.59	7.45	37.71	23.36	8.11
SAFCCSS007	—	53.96	45.25	23.00	32.87	18.58	25.39	7.07	37.72	23.45	7.81
SAFCCSS008	—	53.12	45.68	21.76	32.73	20.02	25.17	7.05	37.04	22.71	7.65
SAFCCSS009	—	51.66	43.32	22.33	31.83	19.68	24.57	7.58	35.62	22.60	8.02
SAFCCSS010	—	54.53	46.01	22.54	33.77	19.86	25.62	7.41	37.15	23.08	8.00
SAFCCSS011	—	51.30	43.08	20.90	31.22	18.18	24.25	7.45	35.71	22.24	8.01
SAFCCSS012	—	52.79	44.82	21.17	31.89	18.57	24.91	7.54	37.41	23.45	8.36
SAFCCSS013	—	54.38	46.86	22.46	34.18	19.99	26.06	7.58	38.15	23.88	8.13
SAFCCSS014	—	53.14	45.02	21.57	31.92	19.20	25.07	7.43	34.50	21.53	8.55
SAFCCSS015	—	51.49	43.35	22.03	31.01	17.75	24.20	7.33	34.61	21.26	7.75
SPDPCCNJ13	♂	51.24	44.25	21.76	31.01	17.94	24.26	7.07	36.97	23.14	8.16
SPDPCCNJ03	♀	52.32	44.45	21.19	31.16	17.93	25.03	7.29	36.54	23.12	7.93
SPDPCCNJ16	♂	49.26	41.34	21.16	29.15	16.28	23.35	6.89	33.24	21.88	7.63

生态学资料 典型的树栖类型松鼠，主要生活于热带季雨林及亚热带森林（雨林、季雨林、常绿阔叶林、次生林）环境，以阔叶林为主，为林区的优势物种。常用枯枝纤维、树叶及杂草筑巢于树洞、树梢或枝丫处。晨昏活动频繁，善于在树枝间跳跃、攀爬，偶尔也下到地面活动。杂食性，主要以植物果实、种子、嫩芽、花等为食，也吃昆虫、鸟卵、雏鸟及小型爬行类（如石龙子）等。天敌大多为灵猫等小型食肉类。

地理分布 在四川境内广泛分布于四川盆地及盆地周边山区，国内还分布于西藏、云南、重庆、贵州、广西、湖南、江西、香港、广东、海南、台湾、浙江、上海、福建、江苏、安徽、河南、湖北、陕西。国外分布于印度、缅甸、泰国、中南半岛、马来半岛等地。

分省（自治区、直辖市）地图——四川省

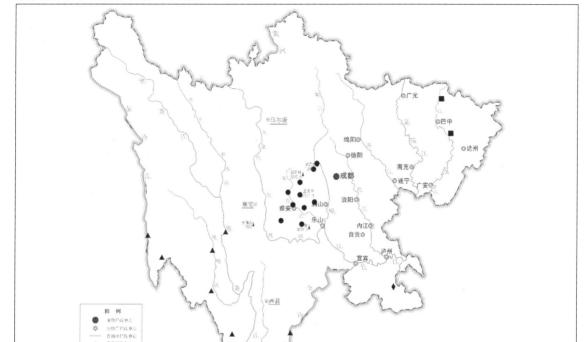

审图号：GS（2019）3333号

自然资源部 监制

赤腹松鼠在四川的分布

注：红圆点为川东亚种的分布位点，红三角形为横断山亚种的分布位点，
红正方形为大巴山亚种的分布位点，红菱形为武陵山亚种的分布位点。

分类学讨论 赤腹松鼠广布于东南亚地区，中国境内主要分布于长江以南各地。Ellerman（1940）、Ellerman和Morrison-Scott（1951）、Moore和Tate（1965）等将*C. erythraeus*列为独立的有效种，Corbet和Hill（1992）将*C. flavimanus*归入*C. erythraeus*。王应祥（2003）、Wilson和Reeder（2005）、Smith和解焱（2009）、Thorington等（2012）、Wilson等（2016）等人均接受该结论。关于该类群的亚种分化一直存在不少分歧，Wilson等（2016）汇总为26个亚种。国内学者关于该种在中国境内的亚种分化主要有：李树深和王应祥（1981）描述了新亚种*C. e. wuliangshanensis*，彭鸿绶和王应祥（1981）描述了新亚种*C. e. gongshanensis*，许维岸和陈服官（1989）描述了3个新亚种*C. e. dabashanensis*、*C. e. qinlingensis*、*C. e. wulingshanensis*，但王应祥（2003）将*C. e. qinlingensis*列为*C. caniceps qinlingensis*。李松等（2006）描记了赤腹松鼠昭通亚种*C. e. zhaotongensis*。综上所述，关于该种的亚种分化一直以来都在不断地探讨过程中。本书在综合现有研究结论的基础上，认为中国含17个亚种，其中四川境内4个亚种。

四川分布的赤腹松鼠*Callosciurus erythraeus*分亚种检索表

1.耳背毛色与体背毛色相近，尾端具黑色区域···2
　耳背毛色与体背毛色不相近，尾端无黑色区域····························赤腹松鼠横断山亚种*C. e. gloveri*

2. 腹部黄灰（白）色 ··· 赤腹松鼠大巴山亚种 *C. e. dabashanensis*

　腹部栗红色 ··· 3

3. 耳橄榄黄褐色，尾稍黑色区域10 ～ 20 mm长 ····················· 赤腹松鼠川东亚种 *C. e. bonhotei*

　耳棕（橙）黄色，尾稍黑色区域50 ～ 70 mm长 ·············· 赤腹松鼠武陵山亚种 *C. e. wulingshanensis*

①赤腹松鼠川东亚种 *Callosciurus erythraeus bonhotei*（Robinson and Wroughton，1911）

Sciurus castaneiventris bonhotei Robinson and Wroughton, 1911. Jour. Fed. Malay St. Mus., 4: 234（模式产地：四川
　青城山）.

　　形态　耳色同背色，背部橄榄黄色，腹部栗红色，无前胸楔形纹及腹部中央纹，尾部颜色与背部近似，足背淡黑色。

　　地理分布　在四川境内分布于成都、彭州、都江堰、崇州、宝兴、邛崃、洪雅、汉源、峨眉山一等地，国内还分布于贵州赤水、湖北西部一带。

②赤腹松鼠横断山亚种 *Callosciurus erythraeus gloveri* Thomas，1921

Callosciurus erythraeus gloveri Thomas, 1921. Jour. Bombay Nat. Hist. Soc., 27, 3: 502（模式产地：四川）.

　　形态　耳深棕褐色；背部淡橄榄灰色，中央区域稍暗；腹部亮橙棕色，无腹中央纹；尾部橄榄灰色；足趾微黑，足背同背部毛色。

　　地理分布　在四川境内分布于西部地区（得荣、巴塘、理塘、雅江、乡城、木里、盐源），国内还分布于云南西北部（德钦、中甸）、西藏东南部（芒康）。

③赤腹松鼠大巴山亚种 *Callosciurus erythraeus dabashanensis* Xu and Chen，1989

Callosciurus erythraeus dabashanensis Xu and Chen, 1989. Acta. Theriol. Sinica, 9(4): 289-302（模式产地：四川万源）.

　　形态　耳缘黄褐色，背部橄榄黄褐色，腹部黄灰色，尾部末端具一长30 ～ 50 mm的黑色尾端区域，足背橄榄灰褐色。

　　地理分布　在四川境内分布于万源、平昌等县。该类群分布范围可概述为大巴山中段南坡、长江以北地区，西至嘉陵江，东缘不过汉江的半高山地区。

④赤腹松鼠武陵山亚种 *Callosciurus erythraeus wulingshanensis* Xu and Chcn，1989

Callosciurus erythraeus wulingshanensis Xu and Chen, 1989. Acta. Theriol. Sinica, 9(4): 289-302（模式产地：重庆
　黔江）.

　　形态　耳棕黄色或橙黄色；背部暗橄榄（黄）褐色，腹部栗红色；尾呈橄榄棕黄色或赤黄色、尾端具长50 ～ 70 mm的黑色尾端区域；足背黑色。

地理分布　在四川境内分布于叙永一带，国内还分布于重庆的黔江、酉阳、秀山和湖北的利川、咸丰等地。

85. 长吻松鼠属 *Dremomys* Heude，1898

Dremomys Heude, 1898. Mem. l' Hist. Nat. Emp. Chinois, 4(2): 54（模式种：*Sciurus pernyi* Milne-Edwards, 1867）.

Zetis Thomas, 1908. Jour. Bombay Nat. Hist. Soc., 18: 245（模式种：*Sciurus rufigenis* Blanford, 1878）.

鉴别特征　鼻骨长大于（或等于）眶间宽，脑颅后部明显下弯，体背部无条纹，尾基部、腿部呈锈红色或橙黄色。

形态　体型大、小、中都有，营树栖或半树栖生活方式。吻长，耳无簇毛，耳后斑具黄白色、灰白色至橙褐色变化。体背面无纵纹，毛色主要为橄榄色；腹面毛色主要为灰白色或淡橙黄色。该属不同种类在大腿、脸颊部、尾基和尾腹面等区域有毛色斑块变化。尾长略短于头体长，尾毛蓬松程度不如赤腹松鼠；阴茎骨由柄（轴）和薄片两部分组成；后足足底大部分裸露；雌性乳头3对（胸部1对、鼠蹊部2对）。

颅骨长宽显著大于其他类群。吻部狭长，从基部向前显著变窄；鼻骨前端远超出门齿唇面，后端止于前颌骨后缘之前，鼻骨长大于眶间宽。眶上突尖细、下弯，眶间区略凹陷，脑颅部侧面观较圆凸，后部显著下弯。门齿孔小且远离第3上前臼齿水平连线，颚后缘稍超出第3上臼齿水平连线，颧弓根位置较低，听泡腔中具一骨质横隔；下颌冠状突尖细、倾斜，弯曲如镰刀状。

齿式1.0.2.3/1.0.1.3 = 22。第3上前臼齿小，呈圆柱状且与第4上前臼齿及其他臼齿等高，其余颊齿齿冠面大小近似（第3上臼齿稍小），颊齿齿列近似平行排列。

生态学资料　见种级论述。

地理分布　在四川境内广布于盆周山地及盆地的深丘地带，国内还分布于西藏、云南、陕西、甘肃、重庆、贵州、广西、广东、湖南、湖北、安徽、福建、台湾、江西、浙江、海南。国外分布于自印度东北部经尼泊尔达中南半岛至加里曼丹岛一带。

分类学讨论　Heude（1898）以*Dremomys*为属名，将该类群从*Sciurus*中独立出来，Thomas（1908）虽以*Zetis*命名该属，并做了详细的讨论，但后续又将该属命名为*Dremomys*（Thomas，1916），Pocock（1923）、Ellerman（1940）等后续学者均将该类群作为独立的属。关于属内的物种分化，Ellerman（1940）、Allen（1940）、Ellerman和Morrison-Scott（1951）、Moore和Tate（1965）、Corbet和Hill（1992）均有不同的观点，分歧主要集中在*D. rufigenis*、*D. pyrrhomerus*和*D. gularis*是否为有效种。王应祥（2003）、Wilson和Reeder（2005）等均认为这3种为有效种，李松（2008）从分子水平论证了中国境内*D. pernyi*、*D. rufigenis*、*D. lokriah*、*D. pyrrhomerus*和*D. gularis* 5种长吻松鼠种的有效性，Smith和解焱（2009）、Thorington等（2012）认为上述5种长吻松鼠在中国均有分布；Wilson等（2016）将*D. everetti*（Thomas，1890）另列为*Sundasciurus everetti*（Thomas，1890）。故该属目前含5种，中国境内均有分布，其中分布于四川境内的有2种：珀氏长吻松鼠*D. pernyi*和红腿长吻松鼠*D. pyrrhomerus*。

四川分布的长吻松鼠属分种检索表

大腿外侧无锈红色毛斑，尾腹面浅黄或棕色··珀氏长吻松鼠 *D. pernyi*

大腿外侧有锈红色毛斑，尾腹面锈红色··红腿长吻松鼠 *D. pyrrhomerus*

（149）珀氏长吻松鼠 *Dremomys pernyi*（Milne-Edwards，1867）

别名 柏（泊）氏长吻松鼠、中国长吻松鼠、长吻松鼠、刁林子、刁铃、老鼠

英文名 Perny's Long-nosed Squirrel

Sciurus pernyi Milne-Edwards, 1867. Rev. Mag. Zool., 230, pl. 19（模式产地：四川宝兴）.

Dremomys pernyi flavior Allen, 1912. Proc. Biol. Soc. Wash., 25: 178（模式产地：云南蒙自）.

Dremomys senex Allen, 1912. Mem. Mus. Harvard, 40(4): 229（模式产地：湖北宜昌）.

Dremomys pernyi griselda Thomas, 1916. Ann. Mag. Nat. Hist., 17: 392（模式产地：四川）.

Dremomys pernyi modestus Thomas, 1916. Ann. Mag. Nat. Hist., 17: 393（模式产地：贵州绥阳）.

Dremomys pernyi chintalis Thomas, 1916. Ann. Mag. Nat. Hist., 17: 394（模式产地：安徽）.

Dremomys pernyi calidior Thomas, 1916. Ann. Mag. Nat. Hist., 17: 394（模式产地：福建）.

Dremomys pernyi howelli Thomas, 1922. Ann. Mag. Nat. Hist., 10: 401（模式产地：云南腾冲）.

Dremomys pernyi mentosus Thomas, 1922. Ann. Mag. Nat. Hist., 10: 401（模式产地：缅甸）.

Dremomys pernyi lichiensis Thomas, 1922. Ann. Mag. Nat. Hist., 10: 403（模式产地：云南丽江）.

Dremomys rufigenis lentus Howell, 1928. Jour. Wash. Acad. Nat. Sci., 17: 80（模式产地：四川汶川）.

Dremomys pernyi Heude, 1898. Mem. 1' Hist. Nat. Emp. Chin, 4(2): 54.

鉴别特征 鼻骨长大于眶间宽，耳背锈（棕）红色，身体腹面（喉部、腹部）白色，尾腹面浅黄色或棕色，肛门区域、尾基腹面红（橙）褐色。

形态

外形：体型中等。尾长稍短于头体长，尾毛蓬松程度较赤腹松鼠小。

毛色：眼周淡棕黄色；耳郭棕黄色，耳后斑浅棕黄色或黄白色；吻后部区域淡黄色，两颊无红色，喉部白色或淡黄色且延至胸部区域。体背、体侧及四肢外侧橄榄棕褐（略染黄）色，背中部具黑色长毛，腹毛白色或淡黄色，臀部无斑块。尾基部近似体背毛色，尾毛末端白色，次末端黑色，毛基棕黄色，具黑色毛环；尾腹面浅棕黄色，基部及近肛周区域锈（棕）红色，其余区域浅黄色或淡棕黄（灰）色；尾稍有暗棕色、黑色等变化。前、后足背与体背颜色相近，后足背更显棕黄。

头骨：吻部相对狭、长，脑颅部相对圆、凸。鼻骨长大于眶间宽，鼻骨前端显著超出门齿唇面；后端略止于前颌骨后缘之前。眶上突细小且向下弯，门齿孔小，腭后缘中央略凸且超出第3臼齿后缘水平连线，听泡小，听泡间距较大。

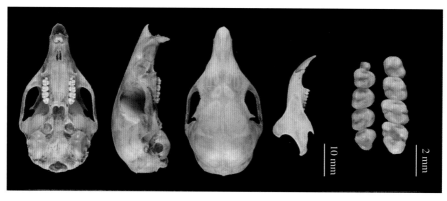

珀氏长吻松鼠头骨图

牙齿：齿式 1.0.2.3/1.0.1.3 = 22。第 3 上前臼齿较小，圆柱状，位置略偏齿列内侧，左、右颊齿列略呈平行排列。

量衡度（衡：g；量：mm）

外形：

编号	性别	体重	体长	尾长	后足长	耳高	采集地点
SAF07710	♂	180	175	140	40	25	西藏察隅
SAF05497	♀	195	189	160	42	22	四川丹巴
SAF04066	—	—	195	155	50	25	四川峨边
SAF05579	♂	310	195	170	49	22	四川青川
SPDPCCXM1116	♂	182	185	150	40	20	四川木里
SPDPCCDL46	♂	200	191	190	42	21	四川丹巴
SPDPCCF2	♂	215	201	154	45	23	重庆奉节
SPDPCCXM1194	♀	130	164	151	38	21	四川木里
SPDPCCH314	♀	220	195	193	40	22	四川黑水

头骨：

编号	性别	颅全长	基长	颅高	颧宽	眶间宽	上齿列长	上臼齿列长	下颌骨长	下齿列长	下臼齿列长
SAF07710	♂	48.38	39.85	20.86	24.96	13.37	22.29	5.97	32.04	20.21	6.41
SAF05497	♀	49.91	41.47	20.27	26.26	13.88	22.52	6.07	33.33	20.13	6.68
SAF04066	—	52.25	44.11	21.60	29.01	14.20	25.01	6.30	36.28	22.90	6.95
SAF05579	♂	55.63	46.58	20.64	28.20	14.24	25.68	6.50	38.11	23.64	6.88
SAFPW001	—	—	—	—	26.25	13.20	23.13	6.30	34.60	21.22	6.92
SPDPCCXM1116	♂	49.52	41.78	21.47	26.73	14.46	22.94	6.10	34.17	21.22	6.69
SPDPCCDL46	♂	51.74	42.89	20.81	27.06	14.15	23.57	6.16	35.13	21.79	6.63
SPDPCCF2	♂	54.99	46.29	21.63	28.42	14.91	25.03	6.15	37.10	23.00	6.75
SPDPCCXM1194	♀	49.01	40.16	20.00	25.40	12.82	22.39	6.30	33.57	20.58	6.60
SPDPCCH314	♀	49.45	41.51	20.31	26.42	14.25	22.60	5.93	33.87	21.25	6.35

生态学资料 栖息于亚热带森林及灌丛生境，营地栖、半地栖生活；晨昏活动活跃，多在林下层或倒伏的树干周围活动，大多在树洞中构筑巢穴；食物以植物的种子、果实及嫩叶、芽等为主，也吃昆虫等。天敌主要是鼬科及灵猫科动物。

地理分布 在四川境内分布于盆地周围山地及盆地中的深丘地带，国内还分布于西藏、云南、贵州、重庆、陕西、甘肃、湖南、湖北、广西、广东、江西、安徽、浙江、福建、台湾。国外为边缘分布，主要分布于印度东北部、缅甸北部、越南北部。

分省（自治区、直辖市）地图——四川省

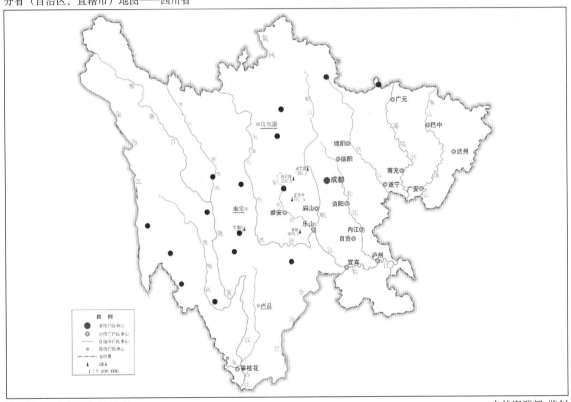

审图号：GS（2019）3333号 自然资源部 监制

珀氏长吻松鼠在四川的分布
注：红点为分布位点。

分类学讨论 有关该种在分类学方面的争论主要集中在亚种分化上，Allen（1940）将其列为6个亚种：*D. p. pernyi*（Milne-Edwards, 1867）；*D. p. flavior* Allen, 1912；*D. p. howelli* Thomas, 1922；*D. p. senex* Allen, 1912；*D. p. modestus* Thomas, 1916；*D. p. calidior* Thomas, 1916。Ellerman（1940）在上述6个亚种的基础上，另加 *D. p. griselda* Thomas, 1916；*D. p. chintalis* Thomas, 1916；*D. p. lichiensis* Thomas, 1922；*D. p. mentosus* Thomas, 1922；*D. p. imus* Thomas, 1922 等5个亚种，共计11个亚种。Ellerman 和 Morrison-Scott（1951）仅列为3个亚种：*D. p. pernyi*；*D. p. owstoni* Thomas, 1908；*D. p. imus*。Moore 和 Tate（1965）也列为6个亚种，但与 Allen（1940）6个亚种结论的不同在于否认了 *D. p. modestus* 而增加了 *D. p. owstoni*。可见珀氏长吻松鼠亚种分化还没有一个统一意见，但四川只有指名亚种。

①珀氏长吻松鼠指名亚种 *Dremomys pernyi pernyi* Milne-Edwards, 1867

Sciurus pernyi Milne-Edwards, 1867. Rev. Mag. Zool., 230, pl. 19（模式产地：四川宝兴）.

Dremomys pernyi griselda Thomas, 1916. Ann. Mag. Nat. Hist., 17: 392（模式产地：四川）.

形态 背部毛色浅淡，呈橄榄棕灰色；腹部灰白色，尾腹面灰白（或淡黄白）色；耳后斑棕黄色。

地理分布 在四川境内分布于道孚、巴塘、雅江、稻城、宝兴、木里等西部山地，国内还分布于甘肃南部和陕西南部。

(150) 红腿长吻松鼠 *Dremomys pyrrhomerus*（Thomas, 1895）

别名 红黑长吻松鼠

英文名 Red-hipped Squirrel

Sciurus pyrrhomerus Thomas, 1895. Ann. Mag. Nat. Hist., 16: 242（模式产地：湖北宜昌）.

Zetis pyrrhomerus Thomas, 1908. Jour. Bombay Nat. Hist. Soc., 18: 248.

鉴别特征 大腿外侧有锈红色斑块，尾腹面锈红色。

形态

外形：体型较本属其他种类相对更大，尾长稍短于头体长。

毛色：脸颊部、颈侧棕（橙）色，耳后斑赭黄色，喉部黄白色；身体背面（头额、背部及足背面）主要为暗橄榄黑色（四川林业科学院标本为暗橄榄棕色），背中央区域稍深，体侧橄榄棕黄色，身体腹面淡黄（灰）白色。尾背面基部近似体背毛色，其余部分：毛末端黄白色，次末端黑色，毛基浅棕色，尾腹面锈红色，尾稍显淡棕黑。

头骨：头骨相对较大且宽，脑颅部侧面观更显圆凸。鼻骨前端显著超出门齿唇面、后端止于前颌骨后缘之前。吻相对更长，眶上突短、尖细、下弯，颧骨发达，额部低平稍凹，听泡相对较小。

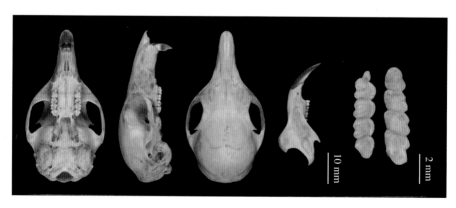

红腿长吻松鼠头骨图

牙齿：齿式 1.0.2.3/1.0.1.3 = 22。第3上前臼齿小，圆柱状；第4上前臼齿与后续臼齿大小相似，左、右颊齿近似平行排列。

量衡度（衡：g；量：mm）

外形：

编号	性别	体重	体长	尾长	后足长	耳高	采集地点
SAF05664	♀	268	189	114	49	23	四川叙永

头骨：

编号	性别	颅全长	基长	颅高	颧宽	眶间宽	上齿列长	上臼齿列长	下颌骨长	下齿列长	下臼齿列长
SAF05664	♀	56.68	49.14	21.03	31.01	16.37	26.29	6.66	38.81	23.93	7.32

生态学资料 主要生活于海拔 1 000 m 左右的热带、亚热带森林环境，营半树栖半地栖生活，巢穴多选择石洞、缝隙或树洞中。杂食性，主要以植物的果实、种子及嫩枝叶等为食，也吃昆虫和其他小动物。

地理分布 在四川境内分布于川东南山地，国内还分布于云南、重庆、贵州、广西、广东、湖南、湖北、江西、福建、安徽、海南。国外为边缘分布，分布于越南北部。

分省（自治区、直辖市）地图——四川省

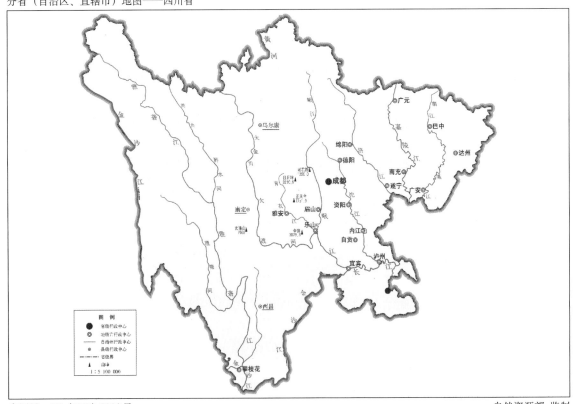

审图号：GS（2019）3333号 　　　　　　　　　　　　　　　　　　　　自然资源部 监制

红腿长吻松鼠在四川的分布
注：红点为物种的分布位点。

分类学讨论　Allen（1940）、Ellerman（1940）、Ellerman 和 Morrrison-Scott（1951）均将该类群列为 *D. rufigenis pyrrhomerus*；Moore 和 Tate（1965）将该类群列为 *D. pyrrhomerus*，李建雄（1988）从形态学（毛色、头骨、肩胛骨、肱骨、阴茎骨及背毛髓质和角质鳞片的比较等）特征论证了该类群种的地位的有效性；但黄文几等（1995）、Corbet 和 Hill（1992）仍将其列为 *D. r. pyrrhomerus*；王应祥（2003）、Wilson 和 Reeder（2005）将该类群列为 *D. pyrrhomerus*，李松等（2008）结合外形特征及分子水平数据进一步论证了该类群为独立的有效种，后续 Smith 和 解焱（2009）、Thorington 等（2012）、Wilson 等（2016）等人均将该类群列为 *D. pyrrhomerus*。

关于该种的亚种分化，Moore 和 Tate（1965）列为3个亚种：*D. p. pyrrhomerus*、*D. p. riudonensis*、*D. p. gularis*，将 *D. p. melli* 列为 *D. p. riudonensis* 的同物异名。李建雄（1988）认为该种在中国境内有3个亚种分化：*D. p. pyrrhomerus*、*D. p. riudonensis*、*D. p. melli*，王应祥（2003）、Smith 和 解焱（2009）接受该结论。但 Thorington 等（2012）认为仅分化为2个亚种：*D. p. pyrrhomerus* 分布于大陆，*D. p. riudonensis* 分布于海南，Wilson 等（2016）沿用该结论。经标本查看及综合文献资料，本书认为该种有3个亚种，在四川境内仅有1个亚种：

红腿长吻松鼠指名亚种　*Dremomys pyrrhomerus pyrrhomerus* Thomas，1895
Sciurus pyrrhomerus Thomas, 1895. Ann. Mag. N. H., 16: 242（模式产地：湖北宜昌）.

形态　脸颊部淡黄色，耳后斑淡棕黄色，背部橄榄黑褐色，腹部灰白色，股外侧具锈红色斑块，内侧及肛区淡棕黄色，尾腹面锈红色。

地理分布　在四川主要分布于叙永，国内其他地方主要分布于重庆、湖北、贵州。

86. 花松鼠属　*Tamiops* J. Allen，1906

Tamiops J. Allen, 1906. Bull. Amer. Mus. Nat. Hist., 22: 475（模式种：*Tamiops macclellandi hainanus* J. Allen, 1906 = *T. maritimus hainanus* J. Allen, 1906）.

鉴别特征　体型小。耳具簇毛，体背部具明暗相间的纵纹。

形态　小型树栖性松鼠。该属不同种类皮毛颜色变化较大。体背部具明暗相间的纵纹，脸部的浅色条纹从吻背部向后延至眼下，耳具白色簇毛；后足跟约1/4被毛、其余部分裸露；前、后足指（趾）基部各有一肉垫。尾长略短于头体长，尾毛较短，乳头3对。

头骨小，吻部相对细长，鼻骨长短于眶间宽，额骨中后部显著隆凸，脑盒圆，颧板更显倾斜。

齿式 1.0.2.3/1.0.1.3 = 22。门齿唇面浅橙黄色，第3上前臼齿较小，圆柱状，紧贴于第4上前臼齿前端稍偏内侧。

生态学资料　见种级论述。

地理分布　广布四川境内，国内还分布于南方各省份，向北分布至甘肃、河北、北京一带。国外主要分布于尼泊尔、印度、中南半岛、马来半岛等地。

分类学讨论　Allen（1940）将该类群列为独立的属，Ellerman（1940）、Ellerman 和 Morrison-

Scott（1951）将该类群作为*Callosciurus*的亚属，Moore和Tate（1965）将*T. mcclellandi*、*T. rodolphii*、*T. maritimus*、*T. swinhoei*作为有效种列入独立的*Tamiops*中，Corbet和Hill（1992）、黄文几等（1995）、王应祥（2003）、Wilson和Reeder（2005）、Smith和解焱（2009）、Thorington等（2012）、Wilson等（2016）均接受该结论。

四川花松鼠属有2个种，一个是1871年根据宝兴标本命名的隐纹花鼠*T. swinhoei*，另一个是Liu等（2022）发表的新种——岷山花鼠*T. minshanica*。

四川分布的花松鼠属分种检索表

听泡小，长平均7.3 mm，宽约5 mm；额部和头顶灰色或橄榄色 ……………………………… 隐纹花鼠*T. swinhoei*

听泡大，长平均8.5 mm，宽超过6 mm；额部和头顶亮红棕色 ……………………………… 岷山花鼠*T. minshanica*

（151）隐纹花鼠 *Tamiops swinhoei*（Milne-Edwards，1874）

别名　隐纹花松鼠、黄腹花松鼠、花松鼠、豹鼠、金花鼠

英文名　Swinhoe's Striped Squirrel

Sciurus mcclellandii var. *swinhoei* Milne-Edwards, 1874. Rech. Mamm., 308（模式产地：四川宝兴）.

Tamiops sauteri Allen, 1911. Bull. Amer. Mus. Nat. Hist., 30: 339（模式产地：中国台湾）.

Tamiops vestitus Miller, 1915. Proc. Biol. Soc. Wash., 28: 115（模式产地：北京）.

Tamiops clarkei Thomas, 1920. Ann. Mag. Nat. Hist., 5: 304（模式产地：云南）.

Tamiops spencei Thomas, 1921. Jour. Bombay Nat. Hist. Soc., 27(3): 503（模式产地：缅甸）.

鉴别特征　耳端具簇毛；体侧浅纹暗白色，相对短而窄，向前止于肩部，不与脸颊部眼下浅色纵纹相连。

形态

外形：该种在花松鼠属中体型最大，皮毛也更长且浓密，尾长近似但稍短于头体长。

毛色：眼眶黄白色，耳郭略黄，耳簇毛基部黑色而上端白色，脸颊部具浅色条纹，头顶、背部和臀部橄榄灰黄（棕褐）色。体侧较背部稍淡，背部中央脊纹黑褐色，两边各具灰褐色与黄白色相间的纵纹；最外侧纵纹暗色不明显，最外侧浅纹较其他种类更淡且更宽，且不与脸颊部纵纹相连。腹面整体呈淡灰黄色，毛基灰色。前、后足背及外侧与体背毛色相似，内侧近似身体腹部毛色；前足掌裸露，后足跖部裸露；爪尖端浅白色，基部黑色。尾背面大部分呈棕黄黑色，腹面棕黄色，尾末梢具黑色长毛。

头骨：吻部相对短、尖，眼眶宽大；鼻骨前端超出门齿齿冠面、后端与前颌骨后端近似平齐；脑颅侧面观呈圆、凸状；门齿孔小，眶间部相对宽平，后部稍凸，眶上突细、短，颚后缘中央略凸且稍超出第3上臼齿后缘连线。

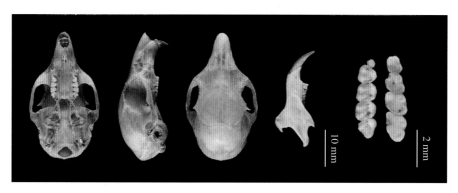

隐纹花鼠头骨图

牙齿：齿式1.0.2.3/1.0.1.3 = 22。下颌门齿相对细、长，第3上前臼齿相对较小；圆柱状；第4上前臼齿齿冠面略小于后续臼齿齿冠面，颊齿外侧略呈弧形。

量衡度（衡：g；量：mm）

外形：

编号	性别	体重	体长	尾长	后足长	耳高	采集地点
SAF181491	♀	85	136	101	33.0	13.0	四川平武
SAF181596	♂	94	140	105	32.0	16.0	四川平武
SAF181730	♂	85	122	105	33.0	17.0	四川平武
SAF09282	♀	85	150	105	34.0	15.0	四川宝兴
SAF02261	♀	—	131	102	33.0	15.0	四川平武
SAF19766	♂	81	143	105	34.0	13.0	四川平武
SAF19631	♀	98	150	120	35.0	17.0	四川平武
SAFSRHY001	—		157	136	39.0	18.0	四川平武
SAF02135	♀	—	148	170	37.0	16.0	四川九寨沟
SPDPCCH5971	♀	—	131	96	34.5	19.0	四川黑水
SPDPCCTB6084	♂	75	141	65	26.0	15.0	四川若尔盖
SPDPCCH59173	♀	—	135	106	34.5	18.5	四川黑水
SPDPCCT155	♀	68	142	95	25.0	15.0	四川若尔盖
SPDPCCT045	♀	—	130	91	28.0	14.0	四川若尔盖
SPDPCCT019	♂	85	135	100	27.0	—	四川若尔盖

头骨：

编号	性别	颅全长	基长	颅高	颧宽	眶间宽	上齿列长	上臼齿列长	下颌骨长	下齿列长	下臼齿列长
SAF181491	♀	37.00	30.10	15.10	21.43	12.51	16.75	4.64	25.04	15.58	5.00
SAF181596	♂	37.11	30.62	17.33	22.08	13.15	16.93	4.50	25.25	15.60	4.69
SAF181730	♂	36.14	30.49	15.71	21.46	12.95	16.67	4.83	25.06	15.44	5.00
SAF09282	♀	39.33	32.59	16.82	23.73	13.46	17.99	4.84	26.50	16.12	5.27
SAF02261	♀	40.08	33.01	17.21	23.14	12.37	18.27	5.17	27.10	16.81	5.57
SAF19766	♂	38.60	31.63	16.92	21.52	12.40	17.66	5.29	26.13	16.36	5.71
SAF19631	♀	40.32	32.75	16.47	23.57	13.34	18.37	5.27	26.85	16.75	5.65

(续)

编号	性别	颅全长	基长	颅高	颧宽	眶间宽	上齿列长	上臼齿列长	下颌骨长	下齿列长	下臼齿列长
SAFSRHY001	—	40.05	32.54	17.19	22.46	12.12	18.42	5.40	26.95	16.68	5.65
SAF02135	♀	37.97	—	16.16	22.89	12.92	17.39	6.28	25.46	15.54	6.53
SPDPCCH5971	♀	36.31	29.25	16.11	21.95	12.19	16.26	4.62	23.48	14.97	4.96
SPDPCCTB6084	♂	37.01	30.47	16.44	21.32	13.28	16.94	4.74	25.23	15.71	4.92
SPDPCCH59173	♀	37.26	31.15	16.49	23.29	12.92	16.45	4.39	24.77	15.12	4.74
SPDPCCT155	♀	35.98	29.40	17.20	21.26	12.83	16.68	4.84	24.33	15.32	5.03
SPDPCCT045	♀	36.73	29.65	16.79	21.89	13.67	17.01	4.86	24.23	15.39	5.11
SPDPCCT019	♂	—	—	—	—	13.46	17.35	4.79	25.53	15.70	4.84

生态学资料　生活于各种森林环境，但以亚热带森林为主，主要包括亚热带和温带山地常绿阔叶林、针叶林或灌丛。晨昏为活动高峰期，常到林缘附近的耕地活动，大多喜聚群活动。巢穴大多选择树洞、树根或高大乔木的树杈处。喜食松子、栗子、杉子等各类坚果，食物成分以植物的嫩枝叶、种子、果实等为主，也吃昆虫。冬毛、夏毛差异较大，总体而言冬毛毛色较浅，夏毛毛色较深。

地理分布　主要分布于中国境内，广布四川，在国内还分布于南方各省份，向北分布于甘肃、河北、北京一带。国外主要分布于印度东北部、越南北部、缅甸北部等地。

分省（自治区、直辖市）地图——四川省

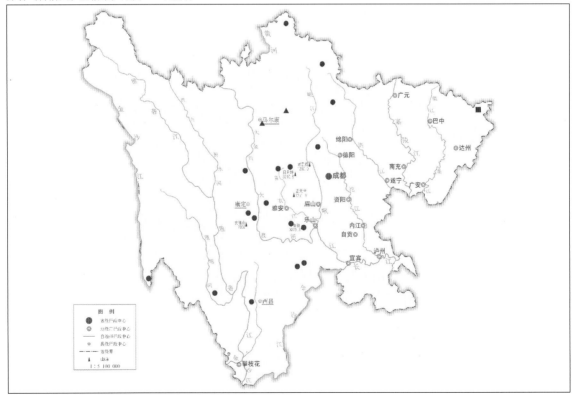

审图号：GS (2019) 3333号　　　　　　　　　　　　　　　　　　　　　　自然资源部 监制

隐纹花鼠在四川的分布

注：红圆点为指名亚种的分布位点，红三角形为马尔康亚种的分布位点，红正方形为北京亚种的分布位点。

分类学讨论　Allen（1940）认为该种含5个亚种，但Ellerman（1940）将该种列为单型种 *Calloscirus swinhoei*，而将前述或后续学者列为该类群亚种的物种列入 *Callosciurus* 所含的亚属 *Tamiops* 中，有的被列为独立种，有的则列为明纹花鼠的亚种。Ellerman和Morrison-Scott（1951）将该种列入 *Callosciurus* 的亚属 *Tamiops* 中，并列出种下的11个亚种。Moore和Tate（1965）将该种列为 *Tamiops swinhoei*，含2个亚种——*T. s. swinhoei* 及 *T. s. vestitus*。Corbet和Hill（1992）将 *T. s. chingpingensis* Lu 和Qyan，1965及 *T. s. vestitus* 列为有效亚种，并认为Moore和Tate（1965）列为 *T. s. swinhoei* 同物异名的3个亚种（*T. s. olivaceus*、*T. s. clarkei*、*T. s. spencei*）在毛色上存在显著区别。黄文几等（1995）、王应祥（2003）、Smith和解焱（2009）就该种在中国境内的分化有6～8个亚种持不同意见，李松（2007）认为该种具8个亚种分化；Thorington等（2012）认为该种含4个亚种：*T. s. swinhoei*、*T. s. vestitus*、*T. s. olivaceus*、*T. s. spencei*，前2个亚种分布于中国境内；Wilson等（2016）沿用该结论。

　　综上所述，关于该种的亚种分化问题，不同学者观点不一。本书沿用李松（2007）结论，认为四川境内有3个亚种。

四川分布的隐纹花鼠 *Tamiops swinhoei* 分亚种检索表

1.体背部橄榄灰色，外侧浅纹黄（白）色 ···2

　体背部橄榄棕色，外侧浅纹淡赭色 ··· 隐纹花鼠指名亚种 *T. s. swinhoei*

2.内侧深色纹棕色，内侧浅纹棕黄色，腹部赭黄色 ······································ 隐纹花鼠马尔康亚种 *T. s. markamensis*

　内侧深纹淡褐色，内侧浅纹黄白色，腹部黄白色 ·· 隐纹花鼠北京亚种 *T. s. vestitus*

①隐纹花鼠指名亚种 *Tamiops swinhoei swinhoei* Milne-Edwards，1874

Sciurus mcclellandii var. *swinhoei* Milne-Edwards, 1874. Rech. Mamm., 308（模式产地：四川宝兴）.

形态　身体背面毛色整体以暗橄榄棕色为主，夹杂浅赭色或黄白色的毛尖；体背部具5条深色纹，中央及内侧深色纹相对较宽，前部偏黑色，后部渐转为深橄榄棕色，外侧深纹较短；背中央纹与内侧深色纹之间区域呈橄榄黄色，外侧浅纹淡赭色。身体腹面毛色整体以黄色为主，喉、胸部赭黄色，腹部黄白色。

地理分布　在四川境内主要分布于宝兴、洪雅、峨眉、马边、西昌、康定、得荣、木里、丹巴、平武、九寨、若尔盖，国内还分布于云南西北部（中甸）。

②隐纹花鼠马尔康亚种 *Tamiops swinhoei markamensis* Li and Wang，2006

Tamiops swinhoei markamensis Li and Wang, 2006. Zool. Stud., 45(2): 181（模式产地：四川马尔康）.

形态　体背部橄榄灰色，背中央线黑色，向后延伸接近尾基部；内、外侧深色纹棕色，但外侧纹较浅，与体侧颜色相近似；内、外侧浅纹棕黄（白）色，但外侧浅纹更淡。体侧灰色，腹部赭黄色，毛基蓝灰色，喉、胸部颜色较腹部深。前、后足背赭黄色，夹杂黑色毛。尾背腹赭黄色，背面夹杂黑毛。

地理分布　分布于四川马尔康、黑水。

③隐纹花鼠北京亚种 *Tamiops swinhoei vestitus* Miller，1915

Tamiops vestitus Miller, 1915. Proc. Biol. Soc. Wash., 28: 115（模式产地：北京）.

形态 身体背面整体呈淡橄榄灰色，腹部黄白色，背中央纹黑褐色；内侧深纹淡褐色，外侧深纹不显著，外侧浅纹黄（白）色。

地理分布 在四川境内分布于川东北部（万源），国内还分布于重庆、湖北、河南、陕西、甘肃、宁夏、河北、山西至北京一带。

（152）岷山花鼠 *Tamiops minshanica* Liu SY，Tang MK，Murphy RW，Chen SD and Li.，2022

英文名 Minshan Mountain Striped squirrel

Tamiops minshanica Liu SY, Tang MK, Murphy RW, Chen SD and Li., 2022. Zootaxa, 5116(3): 301-333.

鉴别特征 体型介于隐纹花鼠和倭花鼠之间。整体色调偏棕色，额部和头顶亮棕色明显，腹部锈色，耳背的毛束纯白色。夏季，身体背面有5条黑色条纹，中间3条黑色条纹明显，最外侧1对黑色条纹有些模糊，仅比背面毛色略深；冬季，背面仅有1条明显的黑色条纹，位于中央，外侧4条深色条纹均不明显。与5条黑色条纹相间的4条淡色（棕白色）条纹则各季节均一样明显。听泡很大，多大于8.5 mm。

形态

外形：体长122～140 mm，尾长94～105 mm，后足长32～33 mm，耳高16～18 mm。前后足均有5指（趾），前足第1指（趾）极短，几乎退化。第2指（趾）和第5指（趾）约等长，长约7.5 mm（不包括爪）。第3指（趾）和第4指（趾）约等长，长约9 mm。夏季爪较短，第3指（趾）的爪（最长）约4 mm；冬季爪变长，约6 mm。后足第1指（趾）最短，长约4 mm，第3、4、5指（趾）约等长，接近10 mm，第5指（趾）比第1指（趾）长，约8.5 mm。每边约25根须，最短须约6 mm，最长须约40 mm。

毛色：整个色调夏毛和冬毛基本一致。整体上，背面毛色较鲜亮，棕色色调显著。背纹夏季和冬季差别较大。夏季背面有5条黑色条纹，中间3条黑色，两边的1对深色条纹黑褐色；最中间的黑色条纹最长，起于肩部（耳后20 mm），直达尾根；侧面1对起于耳后约25 mm，直至臀部背面（离尾根约20 mm）；最外侧1对深色条纹很短，长约45 mm。在5条深色条纹间有4条淡色条纹，棕白色，中间1对棕色稍明显，外侧1对黄白色色调略显。冬毛仅被中央1条黑色条纹，侧面1对深色条纹呈棕褐色；再外侧1对深色条纹更淡，呈淡棕褐色，与腹侧灰棕色毛略有区别；4条淡色条纹和夏毛一致。额部和头顶毛色呈亮棕色，冬季和夏季一致。耳短，前部覆盖棕黄色短毛，边缘黑色；耳后有一纯色的毛束。鼻部中央有1条竖向黑色条纹，脸颊纹较淡，起于鼻部竖向条纹两侧，黄白色，经脸部、颊部，止于耳下缘。冬毛和夏毛一致。耳后下方有一棕色斑块，与脸颊纹相接。眼眶周围有黄白色或者棕黄色眼圈。背侧面毛色灰棕色，夏季和冬季一致。身体腹面毛基黑灰色，毛尖锈棕色，中央最明显，两侧于背面过渡，无明显分界线。尾毛略长，背腹扁平；尾背面毛色分为3段：根部棕褐色，中央黑色，肩部黄棕色，所以尾背面黑色色调显著；尾腹面毛基灰色，肩部棕黄色。指背面毛灰白色，腕掌部背面灰黑色，两边灰白色；后足趾背面灰棕色，跗跖部背面远端和侧面均为棕白色或者灰白色，中央灰棕色。爪黑色，远端白色。前足腹面指垫5枚，后足腹面趾垫6枚，淡黄色。

头骨：头骨背面隆突，最高点位于额骨、顶骨交界区域。鼻骨尖细，眶间宽阔；鼻骨前宽后窄，前端弧形，1/2处加速缩小，末端平直，与两侧的前颌骨后端止于同一水平线，位于上颌骨颧突的起点。额骨宽阔，前端从内向外分别与鼻骨、前颌骨、上颌骨、泪骨相接；中间稍缢缩，向后再略扩大，形成眶后突，眶后突很短。额骨在眼眶内构成眶内壁的主体，在眼眶上缘，形成一薄的骨质边；在后缘与额骨相接，接缝平直，外缘与鳞骨相接，接缝和与额骨的骨缝处于同一平面，有的个体略靠前。额骨相对较长，占整个颅全长的42%。顶骨稍短，占颅全长约38%，呈弧形，构成脑颅的主体，侧面与鳞骨相接，后端与顶间骨及上枕骨相接。成年后，顶间骨与顶骨之间的界限不清，相互融合。顶骨与上枕骨接触处形成一弧形的脊。枕区、上枕骨和侧枕骨成年后融合，枕面几乎垂直，枕髁小。侧枕骨外侧与鳞骨接触处形成一纵脊，不甚发达，止于听泡后缘上方。侧面，前颌骨较短，构成吻部侧面的主体，着生门齿；在臼齿齿槽前与上颌骨相接，接缝向上后方延伸，至上颌骨颧突的起点。上颌骨上缘向外扩展，构成颧板，颧板背面形成颧突，颧突较薄，构成颧弓的前外侧面；上颌骨腹侧面构成齿槽，着生上臼齿列。颧骨较粗大，长，前外侧与上颌骨颧突相接，前内侧与泪骨相接，泪骨窄，略呈三角形。鳞骨形状不规则，背侧面与顶骨相接，前上方与额骨相接，前下方与翼蝶骨相接；后方与侧枕骨相接，后侧面与听泡相接；中间向外侧突出，形成颧突，鳞骨颧突较粗壮，向前延伸与颧骨内外相贴。翼蝶骨较大，位于鳞骨前下方，构成眼眶后壁，背面与鳞骨相接，前缘与额骨相接，在鳞骨颧突下方向后延伸与听泡前缘相接；在腹面与上颌骨相接。眶蝶骨小，位于翼蝶骨前方下缘，构成眼窝最底部，有大的神经孔。听泡浑圆，大，长度超过8.5 mm，比任何其他花松鼠大。外侧有短的骨质外耳道。腹面，门齿孔小而窄，由前颌骨围成，仅后缘是上颌骨。硬腭整体呈弧形，大部分有上颌骨构成，后缘中部由腭骨构成，腭骨起于第2上臼齿前内侧，后缘略向后突出，侧面向后延伸与翼骨相接。翼骨很薄。基蝶骨长方形，位于两翼骨之间，前面是前蝶骨。

下颌骨相对较粗大，冠状突向后弧形，末端尖，比关节突略高。关节突粗长，关节面较大，末端略向内。角突宽、短，呈方形，下缘略向内收。

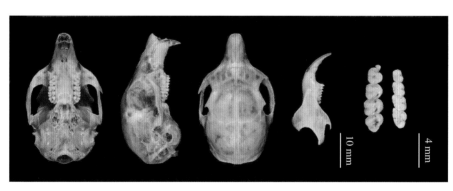

岷山花鼠头骨图

牙齿：上颌门齿较尖细，唇面橘色。上前臼齿2枚，第1枚很小，位于臼齿列前内侧，圆形。第2前臼齿臼齿化，咀嚼面有3个明显的尖，分别为前尖、后尖和次尖；还有前附尖和齿带。上臼齿3枚，第1和第2上臼齿几乎等大，第3上臼齿略小，形状几乎一致，和第2上前臼齿一样。

下颌门齿长而尖，唇面橘色。下前臼齿1枚，咀嚼面方形，内、外各有2个齿尖。上臼齿3枚，前2枚咀嚼面略呈四边形，第3枚略呈三角形，内侧有2个大的齿尖，外侧有3个齿尖，中间齿带成年后磨损严重。

量衡度（衡：g；量：mm）

外形：

编号	性别	体重	头体长	尾长	后足长	耳长	采集地点
SAF181491	♀	85	136	101	33	16	四川王朗国家级自然保护区
SAF181270	♂	73	135	94	33	18	四川王朗国家级自然保护区
SAF181730	♂	85	122	105	33	17	四川王朗国家级自然保护区
SAF181596	♂	94	140	105	32	16	四川王朗国家级自然保护区

头骨：

编号	颅全长	基长	颧宽	眶间宽	颅高	听泡长	上齿列长	下齿列长	下颌骨长
SAF181491	37.01	30.20	21.49	12.69	5.42	8.49	16.81	15.60	25.01
SAF181270	37.38	30.68	20.53	12.77	5.14	8.87	16.69	15.32	24.64
SAF181730	36.34	30.75	21.59	12.98	5.20	8.71	16.66	15.45	25.05
SAF181596	37.15	30.99	22.24	13.12	5.51	8.54	16.97	15.64	25.34

生态学资料　分布于海拔 2 600 ～ 3 600 m 针阔混交林、针叶林。为典型树栖生活，很少下地，只有喝水时下到溪水边。广义植食性，喜食果实和种子。

地理分布　仅分布于王朗国家级自然保护区，为四川特有种。

分省（自治区、直辖市）地图——四川省

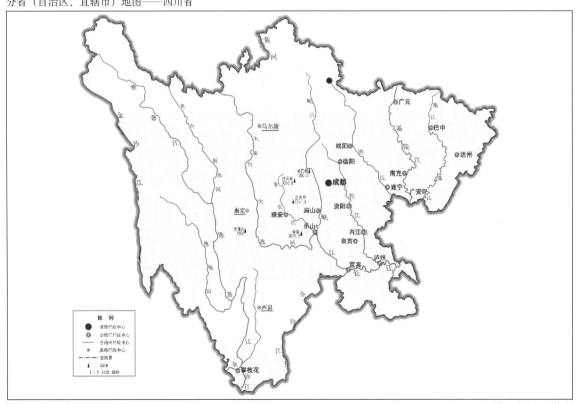

审图号：GS (2019) 3333 号　　　　　　　　　　　　　　　　　　自然资源部 监制

岷山花鼠在四川的分布

注：红点为物种的分布位点。

分类学讨论 岷山花鼠是Liu等（2022）命名的新种。花松鼠属*Tamiops*以前仅4个种，包括隐纹花鼠*T. swinhoei*、倭花鼠*T. maritimus*、明纹花鼠*T. mcclellandii*、越南花鼠*T. rodolphii*。前三者在我国有分布，越南花鼠分布于东南亚。隐纹花鼠分布广，在国内分布于北京、山西、陕西、四川、云南、贵州、西藏、甘肃。国外分布于越南、缅甸。有很多亚种。但总体上花松鼠属主要分布于亚洲南部。岷山花鼠是该属的第5个种，分布区域狭窄，周边均无分布，需要重点研究和保护。

87. 旱獭属 *Marmota* Blumenbach，1779

Marmota Blumenbach, 1779. Hand. Naturgesch., I: 79(模式种: *Mus marmot* Linnaeus, 1758).

Arctomys Schreber, 1780. Saugeth., pls. 207-211, text 4: 721-743(模式种: *Arctomys marmota* = *Mus marmota* Linnaeus, 1758).

Lagomys Storr, 1780. Prodr. Meth. Mamm. 39. Renaming of *Arctomys*.

Lipura Illiger, 1811. Prodr. Syst. Mamm. et Avium, 95(模式种: *Mus monax*).

Marmotops Pocock, 1922. Proc. Zool. Soc., 1200(模式种: *Mus monax*).

鉴别特征 体型大且粗壮。成体头体长大于350 mm，尾长等于或小于头体长之半。

形态 地栖洞穴生活类型。身体粗壮结实，耳短、圆，尾短、略扁平，四肢粗壮，爪粗硬、发达。前肢4趾（第1趾退化，中趾最长），后肢5趾。乳头4～6对。

头骨粗壮发达，呈三角形。鼻骨前端与门齿唇面近似平齐，后端明显超出前颌骨后缘；颧弓发达，眶上突发达，几乎横向伸出并朝下弯曲；眶上突基部前缘具缺刻，颚后缘超出第3臼齿后缘连线；脑颅低平，脑颅后面枕部几乎呈垂直状；人字脊发达，矢状脊发达，前部分叉与眶上突后缘基部相连，听泡不大。

齿式1.0.2.3/1.0.1.3 = 22。门齿发达，唇面呈浅黄色，左、右上颊齿列略呈平行排列。第1上前臼齿齿冠面约占第2上前臼齿面一半，相对大小明显大于其他种类的松鼠，臼齿齿冠面具有2列横脊，第3臼齿最大。

生态学资料 见种级论述。

地理分布 在四川境内主要分布于川西、川西北高原高寒草原地区，国内还分布于西藏、云南、新疆、甘肃、青海、内蒙古等地。国外还分布于尼泊尔、印度。

分类学讨论 该属首次由Frisch（1775）年命名为*Marmota* Frisch, 1775。Allen（1940）沿用该学名，但Ellerman（1940）认为该属学名为*Marmota* Blumenbach，1779。1954年国际动物命名法委员会（International Commission on Zoological Nomenclature）第258号决议确定该属拉丁学名为*Marmota* Blumenbach, 1779，模式种为*Marmota marmot*（Linnaeus, 1758），后续学者均接受该结论。

Allen（1940）认为中国及蒙古境内含3种。Ellerman（1940）认为世界范围内共16种，而Ellerman和Morrison-Scott（1951）列为3种，Wilson和Reeder（2005）列为14种，Thorington等（2012）及Wilson等（2016）均列为15种。关于该属在中国境内的分化，黄文几等（1995）、王应祥（2003）、Smith和解焱（2009）均列为4种，其中分布于四川境内的仅1种：喜马拉雅旱獭*Marmota himalayana*（Hodgson，1841）。

(153) 喜马拉雅旱獭 *Marmota himalayana* (Hodgson，1841)

别名　土狗、雪猪、雪里猪、他拿

英文名　Himalayan Marmot

Arclornys himalayanus Hodgson, 1841. Jour. Asiat. Soc. Bengal, 10: 777 (模式产地：尼泊尔).

Arctomys hemachalanus Hodgson, 1843. Jour. Asiat. Soc. Bengal, 12: 410 (模式产地：尼泊尔).

Arctomys tibetanus Gray, 1847. Cat. Hodgsons Coll. Brit. Mas., 24.

Arctomys tataricus Jameson, 1847. L' Institut, 15: 384.

Arctomys robustus Milne-Edwards, 1872. Nouv. Arch. Mus. Bull., 7: 92 (模式产地：四川宝兴).

Arctomys hodgsoni Blanford, 1879. Yark and Miss. Mamm., 35 (模式产地：尼泊尔).

鉴别特征　鼻上部棕黑色，耳黄褐色；背部浅（或米）黄色夹杂不规则的黑色毛斑，腹部米黄色或亮棕色；尾长短于头体长一半。

形态

外形：大型、地栖型种类。吻短，体型粗壮、矮胖，耳短圆、不明显，尾短，一般为头体长的1/5～1/4，尾毛不蓬松；前、后肢指（趾）端具锐爪。

毛色：吻周浅黄色，颏部黄白色；鼻两侧锈棕色，鼻上部黑或棕黑色，向后延至眼间区域及两耳间区域；眼后部至耳基区域具棕黄色纹，脸颊部浅黄褐色；耳郭黄色，耳后具少量橘黄色毛斑。体背部棕黄褐色，夹杂黑色细毛斑，腹部毛色近似背部毛色，但棕黄色调更深。前、后足背浅棕黄色，近指（趾）端部渐呈褐色。尾毛不蓬松，尾背面近似体背毛色，近端部转为褐色；尾腹面前半区域黄褐色，后半区域渐转为褐色。

头骨：粗壮、发达，背面观整体呈三角形，侧面观呈扁平状。鼻骨前缘下弯且与门齿唇面近似平齐，后端明显超出前颌骨后缘；颧弓粗壮发达，眶上突发达，向两侧近似水平伸出且下弯，眶上突基部前方具缺刻；颚后缘超出第3臼齿后缘水平连线，中央具尖凸，矢状脊发达，向前分叉后，分别与眶上突后缘基部相连，枕区近似垂直，枕骨大孔更显扁平，上半缘呈椭圆形。

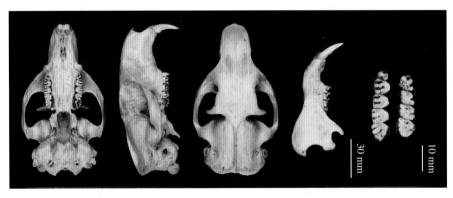

喜马拉雅旱獭头骨图

牙齿：齿式1.0.2.3/1.0.1.3＝22。门齿发达，第3上前臼齿齿冠面明显大于第4上前臼齿齿冠面之半，占比明显大于其他种类松鼠。第1、2上臼齿齿冠面大小近似，但均小于第3上臼齿齿冠面。下臼齿外侧均具2个发达的齿突。

量衡度（衡：g；量：mm）

外形：

编号	性别	体重	体长	尾长	后足长	耳高	采集地点
SAFHZS001	♂	5 200	490	120	70	25	四川稻城

头骨：

编号	性别	颅全长	基长	颅高	颧宽	眶间宽	上齿列长	上臼齿列长	下颌骨长	下齿列长	下臼齿列长
SAFHZS001	♂	109.96	103.69	44.39	66.46	26.56	61.39	16.99	91.61	56.64	17.06

生态学资料　为典型的高山草甸、草原洞穴啮齿类。栖息于海拔3 000 m以上的高寒草原草甸区域，食物以草根、茎、种子为主，也吃其他植物的嫩枝叶等。喜群居，挖掘家族型洞穴系统，洞穴又分为冬用洞、夏用洞、临时洞3种。有冬眠习性。喜马拉雅旱獭为青藏高原区域鼠疫的主要传染源。

地理分布　在四川境内分布于四川西部及西北部高原高寒草原区域，国内还分布于西藏、云南、青海、甘肃、新疆。

分省（自治区、直辖市）地图——四川省

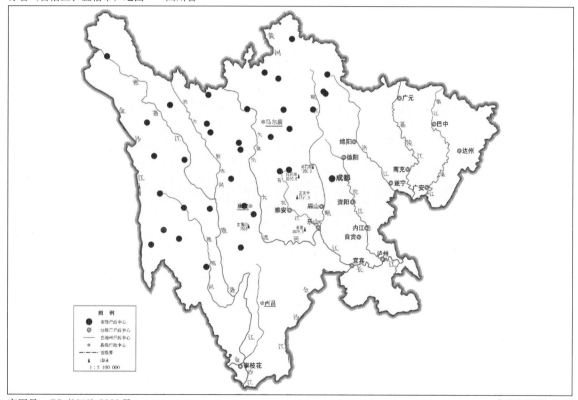

审图号：GS (2019) 3333号　　　　　　　　　　　　　　　　　　　　自然资源部 监制

喜马拉雅旱獭在四川的分布

注：红点为物种的分布位点。

分类学讨论　该种首次命名为 *Arclornys himalayanus* Hodgson，1841，模式产地为尼泊尔。Allen

（1940）、Ellerman（1940）均列为*Marmota himalayanus*（Hodgson，1841）；Ellerman 和 Morrison-Scott（1951）、Corbet（1978）将该类群列为*Marmota bobak himalayanus*（Hodgson，1841），黄文几（1995）、王应祥（2003）、Wilson 和 Reeder（2005）、Smith 和解焱（2009）、Thorington 等（2012）、Wilson 等（2016）均列为*Marmota himalayanus*（Hodgson，1841）。

该种含2个亚种，中国境内均有分布，其中四川境内分布有1个亚种——喜马拉雅旱獭川西亚种*Marmota himalayanus robustus* Milne-Edwards，1871。

喜马拉雅旱獭川西亚种 *Marmota himalayanus robustus*（Milne-Edwards，1871）

Arctomys robustus Milne-Edwards, 1871. Nouv. Arch. Mus. Bull., 7: 92（模式产地：四川宝兴）。

形态 耳郭赤褐色，鼻上部至两眼间区域黑色明显，背部浅黄色夹杂黑色，腹部浅橙黄色，尾背面毛色近似体背毛色，尾梢黑色。

地理分布 在四川境内主要分布于川西及川西北地区，国内还分布于云南、青海（柴达木盆地除外）等地。

88. 岩松鼠属 *Sciurotamias* Miller，1901

Sciurotamias Miller, 1901. Proc. Biol. Soc. Wash., 14: 23(模式种: *Sciurus davidianus* Milne-Edwards, 1867)。

鉴别特征 身体背部无明暗相间的纵行条纹，侧面无浅白色纵纹，腹部通常呈白色或淡黄色；鼻骨长大于眶间宽且鼻骨后缘略呈弧状，左右上颊齿列呈弧形。

形态 体型中等的地栖类松鼠，具颊囊。外部形态特征与其他体型大小相近的树栖类松鼠相似。

毛色：眼眶浅黄白色至淡黄褐色，耳后具白（略黄）色毛斑；体背面呈暗灰色，带黄褐色。腹面橙黄色或浅黄褐色。尾长，尾毛蓬松，尾背面基部近似体背毛色，其余部分：毛末端黄白，次末端棕黑，毛基黄褐色；尾腹面中央黄褐色。前、后足背面毛色似体背面，前足拇指退化，具扁甲，后足底被毛，无长形掌垫。乳头3对：胸部1对、鼠蹊部2对。

头骨：吻部相对较长，门齿向后倾斜；脑颅部不特别隆起，侧面观相对较扁平；鳞状骨较高。颧弓中央凸起不明显，位置较低且略位于眶上凸之前，没有明显的颞脊，听泡内有3片骨质隔膜。

牙齿：齿式1.0.2.3/1.0.1.3 = 22。左、右颊齿齿列呈弧形，第3上前臼齿栓状，位于眼眶前缘之后。

生态学资料 见种级论述。

地理分布 四川境内分布详见亚种论述，国内还分布于辽宁、河北、北京、天津、河南、山西、陕西、甘肃、宁夏、云南、贵州、湖北、安徽、广西、重庆等地。

分类学讨论 Ellerman（1940）、Ellerman 和 Morrison-Scott（1951）、Moore 和 Tate（1965）、Corbet 和 Hill（1992）、王应祥（2003）、Wilson 和 Reeder（2005）、Smith 和解焱（2009）、Thorington 等（2012）、Wilson 等（2016）等人或者将*Rupestes*列为岩松鼠属*Sciurotamias*的亚属，或者取消*Rupestes*亚属而将*Sciurotamias forresti*（Thomas，1922）与*Sciurotamias davidianus*（Milne-Edwards，1867）列为岩松鼠属*Sciurotamias*的2个种。如 Moore 和 Tate（1965）基于形态特征方面的特征

（头骨、听泡内骨质隔膜数量以及上颌门齿等方面的性状）而将 *Rupestes*、*Sciurotamias* 分别列为 *Sciurotamias* 的亚属，而 Wilson 和 Reeder（2005）则将 *S. davidianus*、*S. forresti* 列入 *Sciurotamias*。Smith 和解焱（2009）虽然也将 *S. davidianus* 和 *S. forresti* 列为 *Sciurotamias* 的 2 个有效种，但同时也明确指出了该 2 种在阴茎骨形态学上存在显著差异。综合 *Sciurotamias* 与 *Rupestes* 在上颊齿齿列、毛色及阴茎骨形态学上的显著性差异等特征，本书将该类群列为单型属——岩松鼠属 *Sciurotamias*，仅含岩松鼠 *Sciurotamias davidianus* Milne-Edwards，1867 这 1 种。

（154）岩松鼠 *Sciurotamias davidianus*（Milne-Edwards，1867）

别名 石老鼠、石松鼠、岩鼠

英文名 Pere David's Rock Squirrel

Sciurus davidianus Milne-Edwards, 1867. Rev. et Mag. De Zool., 2, 19: 196（模式产地：北京）.

Sciurotamias davidianus. Miller, 1901. Proc. Biol. Soc. Wash., 14: 23.

鉴别特征 同属级描述。

形态

外形：体型中等，地栖生活为主。

毛色：同属级描述。

头骨：同属级描述。

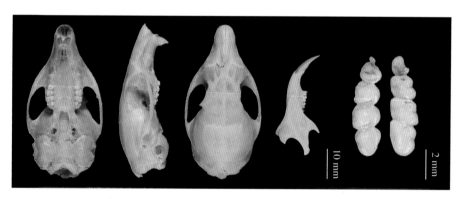

岩松鼠头骨图

牙齿：同属级描述。

量衡度（衡：g；量：mm）

外形：

编号	性别	体重	体长	尾长	后足长	耳高	采集地点
SAF05111	♂	185	222	150	55	30	四川茂县
SAF02149	♂	—	220	122	46	21	四川九寨沟
SAF02136	♂	—	158	120	46	25	四川九寨沟
SAF02145	♂	—	204	127	51	25	四川九寨沟
SAF02203	—	—	201	125	46	23	四川九寨沟
SAF02235	—	—	170	128	46	19	四川九寨沟

（续）

编号	性别	体重	体长	尾长	后足长	耳高	采集地点
SAF02221	—	—	210	125	51	26	四川九寨沟
SAF02222	—	—	169	115	50	23	四川九寨沟

头骨：

编号	性别	颅全长	基长	颅高	颧宽	眶间宽	上齿列长	上臼齿列长	下颌骨长	下齿列长	下臼齿列长
SAF05111	♂	55.77	46.96	18.84	28.67	12.22	25.73	7.23	36.50	22.68	7.24
SAF02149	♂	53.67	45.98	18.87	27.62	11.38	25.05	6.76	33.95	21.67	6.85
SAF02136	♂	46.90	—	18.06	24.96	10.50	22.57	6.81	31.23	20.48	7.17
SAF02145	♂	54.85	45.16	19.31	28.90	11.97	25.33	6.88	35.06	21.99	6.98
SAF02203	—	53.88	44.56	18.56	29.16	11.73	24.52	6.89	34.90	21.73	6.91
SAF02235	—	47.94	39.10	17.44	—	11.23	22.03	7.09	31.26	20.53	7.51
SAF02221	—	53.72	43.85	19.13	28.20	11.09	24.53	6.81	35.19	22.30	9.01
SAF02222	—	47.10	38.93	17.56	25.22	10.23	21.74	5.79	30.83	20.60	6.96

生态学资料 地栖生活为主，喜好在灌丛及小乔木等生境活动，行动敏捷，善攀爬，常筑巢于岩石缝隙深处或灌丛中。食物主要为植物种子、果实、嫩芽等，偏好松子、玉米，也吃昆虫等小型动物，繁殖期大多在4—10月，每胎大多产2~3仔。

地理分布 同属级描述。

分省（自治区、直辖市）地图——四川省

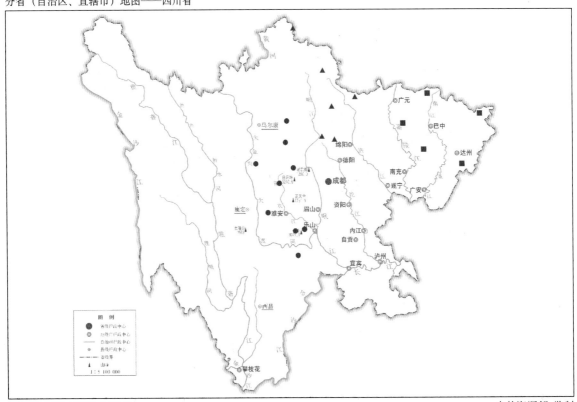

审图号：GS (2019) 3333 号　　　　　　　　　　　　　　　自然资源部 监制

岩松鼠在四川的分布

注：红圆点为川西亚种的分布位点，红三角形为指名亚种的分布位点，红正方形为湖北亚种的分布位点。

分类学讨论 本类群作为一个独立有效的物种地位是确定的，长期以来的争论主要在于该种的亚种分化。Allen（1940）将 *S. d. davidianus*、*S. d. saltitans*、*S. d. consobrinus* 列为 *S. davidianus* 的 3 个亚种。Ellerman（1940）则列为 *S. d. davidianus*、*S. d. thayeri*、*S. d. consobrinus*、*S. d. owstoni* 4 个亚种。Ellerman 和 Morrison-Scott（1951）沿用 Allen（1940）的结论，并将 *S. d. thayeri*、*S. d. owstoni* 分别列为 *S. d. consobrinus*、*S. d. saltitans* 的同物异名。Moore 和 Tate（1965）将 *S. d. saltitans* 列为 *S. d. consobrinus* 的同物异名，认为该种仅含 2 个亚种：*S. d. davidianus* 和 *S. d. consobrinus*。黄文几等（1995）、王应祥（2003）、Smith 和解焱（2009）、Thorington 等（2012）、Wilson 等（2016）均接受 Allen（1940）的结论。该 3 个亚种在四川境内均有分布。

四川分布的岩松鼠 Sciurotamias davidianus 分亚种检索表

1. 整个腹部灰白色，略带黄色 ···································· 岩松鼠指名亚种 *S. d. davidianus*

  腹部呈赭黄色 ··2

2. 腹部赭黄色较浅，后足颜色与背部相同 ·························· 岩松鼠湖北亚种 *S. d. saltitans*

  腹部赭黄色较深，后足颜色为黑色 ······························ 岩松鼠川西亚种 *S. d. consobrinus*

①岩松鼠指名亚种 *Sciurotamias davidianus davidianus*（Milne-Edwards，1867）

Sciurus davidianus Milne-Elwards, 1867. Rev. Zool. Paris, ig: 196（模式产地：北京）.

Dremomys latro Heude, 1898. Mem. 1' Hist. Nat. Emp. Chin., 4, 2: 55（模式产地：山东）.

形态 腹部以灰白色为主，略染浅黄色。

地理分布 在四川境内分布于若尔盖、九寨、青川、安县、茂县、平武，国内还分布于辽宁、北京、河北、天津、河南、山西、陕西、甘肃、宁夏等地。

②岩松鼠湖北亚种 *Sciurotamias davidianus saltitans*（Heude，1898）

Dremomys saltitans Heude, 1898. Mem. 1' Hist. Nat. Emp. Chin., 4, 2: 55（模式产地：湖北）.

Sciurotamias owsloui J. Allen, 1909. Bull. Amer. Mus. Nat. Hist., 26: 428（模式产地：陕西太白山）.

形态 腹部淡黄褐色，后足背面毛色近似体背毛色。

地理分布 在四川境内分布于芝溪、仪陇、万县、达县、南江，国内还分布于贵州东北部、重庆东部、湖北、安徽。

③岩松鼠川西亚种 *Sciurotamias davidianus consobrinus*（Milne-Edwards，1868）

Sciurus consobrinus Milne-Edwards, 1868. Rech. d' Hist. Nat. Mamm., 305（模式产地：四川宝兴）.

Dremomys collaris Heude, 1808. Mem. 1' Hist. Nat. Emp. Chin., 4, 2: 55.

Sciurotamias davidanus (sic) *thayeri* Allen, 1912. Mem. Mus. Comp. Zool., 40: 231（模式产地：四川）.

形态　腹部黄褐色，后足黑色。

地理分布　在四川境内分布于峨眉、峨边、洪雅、天全、宝兴、丹巴、黑水、汶川、理县，国内还分布于贵州西北部、云南东北部。

89. 花鼠属 *Tamias* Illiger，1811

Tamias Illiger, 1811. Prod. Syst. Mamm. et Avium., 83(模式种: *Sciurus striatus* Linnaeus, 1758).

Eutamias Trouessart, 1880. Cat. Mamm. Viv. et Foss. Rodentia. In Bull. Soc. Etudes Sci. d' Angers, 10: 86. Valid as a
　　subgenus (*Sciurus striatus asiaticus* Gmelin, 1788).

鉴别特征　体型小。耳无簇毛，体背部具5条明显的棕黑（或黑）色的纵纹。

形态　耳无簇毛，具浅色耳后斑；具颊囊。成体头体长小于170 mm，尾长显著大于头体长一半；体背部具5条明显的棕黑（或黑）色的纵行条纹。乳头4对。

头骨：头骨小，吻部相对较长且向前逐渐变窄；鼻骨后端略止于前颌骨后端前缘，鼻骨长大于眶间宽；脑颅部侧面观不明显隆起，呈扁圆弧形。

牙齿：齿式1.0.2.3/1.0.1.3 = 22。上颌门齿唇面橘黄色，左、右上颊齿列呈弧形排列，下颊齿从前向后依次渐大，第3下臼齿相对更长。

地理分布　在四川境内主要分布于川西北山地，国内还分布于黑龙江、吉林、辽宁、内蒙古、新疆、陕西、甘肃、宁夏、青海、河北、北京、天津、河南、山西、陕西。国外广布于古北界和新北界。该属全世界记载25种，中国1种。

分类学讨论　Allen（1940）将该属列为*Eutamias* Trouessart，1880。Ellerman（1940）将该属列为*Tamias* Illiger，1811，含3个亚属：*Eutamias* Trouessart，1880；*Neotamias* Howell，1927；*Tamias* Illiger，1811。Ellerman和Morrison-Scott（1951）将该类群列为*Tamias* Illiger，1811，且认为分布于古北界的亚属为*Eutamias*，仅含1种：*Tamias sibiricus*（Laxmann，1769）。Corbet和Hill（1992）、王应祥（2003）、Wilson和Reeder（2005）、Smith和解焱（2009）、Thorington等（2012）、Wilson等（2016）均将该类群列为*Tamias* Illiger，1811。

(155) 花鼠 *Tamias sibiricus*（Laxmann，1769）

别名　五道眉

英文名　Siberian Chipmunk

Sciurus sibiricus Laxmann, 1769. Sibirische Briefe, 69（模式产地：西伯利亚西部）.

Sciurus striatusasiaticus Gmelin, 1788. Syst. Nat., 150（模式产地：西伯利亚东部）.

Eutamias albogularis J. Allen, 1909. Bull. Amer. Mus. Nat. Hist., 26: 429（模式产地：陕西太白山）.

Tamias sibiricus Ellerman, 1940. Fam. Gen. Liv. Rod., Vol. I: 435.

鉴别特征　同属级描述。

形态

外形：体小型。皮毛相对其他小型松鼠（如花松鼠属Tamiops）更粗糙，尾长近似但短于头体长。

毛色：口鼻、额、脸颊及两耳间呈棕黄（褐）色，耳郭黄褐色，眼至耳之间及口鼻部至耳下方区域各具1条深色纹，喉部白（黄白）色。身体背部灰黄色，具5条纵向黑色纹，中央纵纹最长，两侧稍短，依次被棕黄（褐）色或灰（黄）白色浅纹隔开。腹部白色或浅黄色。尾背面棕褐色，散布白色毛尖，次末端黑色；尾腹面棕黄（褐）色。前、后足背棕黄色。

头骨：与树栖类型松鼠脑颅圆、凸不同，花鼠的脑颅侧面观呈相对扁平，更显地栖类型特征。吻鼻部相对花松鼠类更显细长，鼻骨前端超出门齿齿冠面，后端略止于前颌骨后端之前；眶上突细长且下弯，基部前方具缺刻，眶下孔圆形。门齿孔小且远离颊齿前缘水平连线，颚后缘超出第3臼齿后缘水平连线且中央稍凸，听泡正常。

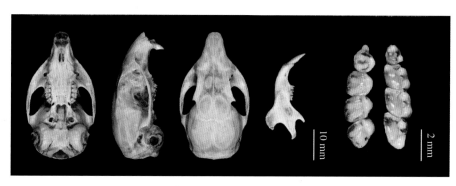

花鼠头骨图

牙齿：同属级描述。

量衡度（衡：g；量：mm）

外形：

编号	性别	体重	体长	尾长	后足长	耳高	采集地点
SAF02186	—	—	188	78（断）	40	20	四川九寨沟
SAF02197	♂	—	136	112	38	22	四川九寨沟
SAF20252	—	—	135	120	36	18	四川平武
SAF20247	—	—	142	125	35	20	四川平武
SAFHS001	♂	—	157	136	39	18	四川平武
SAF01137	♀	88	144	130	39	22	四川松潘
SAF01133	♂	130	145	120	40	22	四川松潘
SAF02182	♂	—	161	112	40	20	四川九寨沟
SAF02197	♂	—	136	112	38	22	四川九寨沟

头骨：

编号	性别	颅全长	基长	颅高	颧宽	眶间宽	上齿列长	上臼齿列长	下颌骨长	下齿列长	下臼齿列长
SAF02186	—	42.99	35.10	16.23	22.72	9.74	19.86	5.12	28.39	17.78	5.20
SAF02197	♂	38.40	32.15	15.23	20.20	9.36	18.53	5.28	25.39	16.74	5.63
SAF20252	—	38.92	33.56	14.91	21.25	9.71	18.85	5.08	26.18	16.81	5.22

（续）

编号	性别	颅全长	基长	颅高	颧宽	眶间宽	上齿列长	上臼齿列长	下颌骨长	下齿列长	下臼齿列长
SAF20247	—	40.41	34.20	15.73	22.14	10.16	19.55	5.28	26.70	17.24	5.37
SAFHS001	♂	41.91	35.52	15.59	22.77	10.50	19.82	5.20	27.02	17.19	5.39
SAF01137	♀	39.06	32.05	15.35	21.96	9.59	18.60	5.48	25.84	16.71	5.61
SAF01133	♂	37.59	30.06	16.78	20.72	11.24	17.00	4.85	—	—	—
SAF02182	♂	40.69	33.98	15.62	21.96	10.57	19.45	5.53	26.91	17.46	5.37
SAF02197	♂	38.48	—	15.16	20.32	9.80	18.93	5.49	25.53	16.86	5.59

生态学资料　主要生活于亚高山针叶林或半荒漠矮灌丛。昼行性，早晨为其活动高峰期，以地面活动为主，但也爬树。巢穴大多近树根部。食物以松子及植物的嫩枝叶等为主，也吃蘑菇、花及昆虫；能利用颊囊搬运食物，具储食过冬特性。有冬眠习性。为流行性乙型脑炎等传染病病原的自然携带者。

地理分布　在国内的分布同属级描述。国外广布于古北界（欧洲北部经俄罗斯西伯利亚至萨哈林岛及朝鲜和日本北部）。

分省（自治区、直辖市）地图——四川省

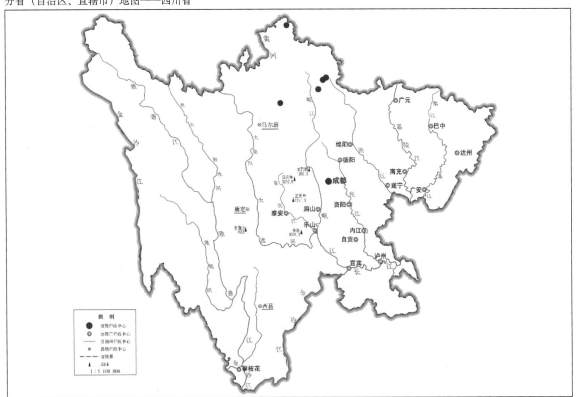

审图号：GS（2019）3333号　　　　　　　　　　　　　　　　　　　自然资源部　监制

花鼠在四川的分布
注：红点为物种的分布位点。

分类学讨论　Allen（1940）将该种列为 *Eutamias sibiricus*（Laxmann，1769），含4个亚种。Ellerman（1940）将该种列为 *Tamias sibiricus*（Laxmann，1769），含12个亚种。Ellerman 和 Morrison-

Scott（1951）将该种列为 *Tamias sibiricus*（Laxmann，1769），含9个亚种。Thorington等（2012）及 Wilson 等（2016）均将该种列为 *Tamias sibiricus*（Laxmann，1769），含9个亚种，其中中国境内含5个亚种。

国内学者关于该种在中国境内的亚种分化研究：黄文几等（1995）列为 *Eutamias sibiricus*（Laxmann，1769）含6个亚种，王应祥（2003）列为5个亚种，Smith 和解焱（2009）列为6个亚种。

综上所述，关于该种的亚种分化问题不同学者观点不一。本书沿用王应祥（2003）的结论，认为中国境内含5个亚种，其中分布于四川境内的仅1个亚种——花鼠秦岭亚种 *Tamias sibiricus albogularis*（Allen，1909）。

花鼠秦岭亚种 *Tamias sibiricus albogularis*（J. Allen，1909）

Eutamias albogularis Allen，1909. Bull. Amer. Mus. Nat. Hist., 26: 429（模式产地：陕西太白山）。

Eutamias asiaticus umbrosus Howell，1927. Jour. Wash. Acad. Sci., 17: 80（模式产地：甘肃）。

形态　身体两侧及臀部毛色较其他亚种更深，呈暗橄榄土黄色。

地理分布　在四川境内主要分布于若尔盖、黑水、松潘、平武、九寨一带，国内还分布于陕西、甘肃、宁夏、青海。

90. 沟牙鼯鼠属 *Aeretes* Allen，1940

Pteromys Milne-Edwards，1867. Ann. Des Sci. Nat., Zool., Ser. 5, Vol. 8, p. 375.（模式种：*Pteromys rnelanopterus* Milne-Edwards，1867）。

Petaurista Allen，1925. Amer. Mus. Nov., 163: 15.（*Petaurista melanopterus*）。

Aeretes Allen，1940. Mamm. Chin. Mong., 745 [模式种：*Aeretes rnelanopterus*（Milne-Edwards，1867）]。

鉴别特征　在鼯鼠科中体型中等。尾发达、蓬松，呈扁圆形。上颌门齿宽大且唇面具纵沟。

形态　为中国特有类群。在鼯鼠科中体型中等。尾长近似或稍大于头体长。头部整体以棕灰色为主，吻鼻部棕黄白色或暗棕灰褐色，脸颊及喉部浅灰色，颏部具一栗色小斑块；眼眶、耳基及耳后斑稍深、呈锈棕色，耳郭发达、边缘棕白色。额部棕灰色。身体背部整体呈棕（黄）灰色、杂以淡黄（沙黄）色、灰色及黑色，身体腹部污（黄）白色，自喉下经腹中部至鼠蹊部前具一淡棕黄色纵纹，向两侧扩展逐渐转为浅锈棕色。翼膜背面黑褐（至锈棕）色、外侧边缘呈棕黄（灰）色。尾毛发达、蓬松，略向两侧分列生长，使得尾整体呈扁圆形；尾背面毛色似体背毛色但更显棕黄色，腹面稍深显深棕褐色，尾梢黑褐色。前后足背棕黑色，后足趾基部具5个紧靠的趾垫、足掌内侧边缘具一相对长且宽的趾垫，后足掌被白色毛。乳头3对，胸部1对、腹部2对。

头骨粗壮，吻部相对较短、钝；鼻骨前端下弯、后端稍超出前颌骨后端。眶间区较窄且稍凹陷，眶上突发达且向两侧平直伸展、下弯；眶上突后方的颞脊明显且向后延伸至枕骨，额顶部相对较平，腭后缘超出第3上臼齿后缘水平连线且中央稍凸；颧弓平直、位于颊齿水平线之上。听泡发达，前方内侧凹陷相对明显，使得听泡内侧中央更似向内突出，左右听泡间距较大。

齿式1.0.2.3/1.0.1.3 = 22。上颌门齿较其他种类显著更宽，齿冠面棕红色且具一纵沟。第3上前臼齿较小、呈柱状，紧贴于第4上前臼齿前方内侧，但侧面观第4上前臼齿并未完全遮挡住第3上前臼齿，第4上前臼齿与第1、2上臼齿齿冠面大小相近，第3上臼齿齿冠面稍小。

生态学资料　同种级论述。

地理分布　分布于北京、河北、四川、甘肃。

分类学讨论　Milne-Edwards（1867）将该属的模式种列入*Pteromys*并命名为*Pteromys melanopterus* Milne-Edwards，1867；Allen（1925）将该种列为*Petaurista melanopterus*（Milne-Edwards，1867）；Howell（1927）将该种列为*Petaurista sulcatus*（Milne-Edwards，1867）。Allen（1940）设立*Aëretes*属，并将该种列为*A. melanopterus*（Milne-Edwards，1867）作为该属的模式种。

单型属，只有沟牙鼯鼠*Aëretes melanopterus*（Milne-Edwards，1867）1种，为中国特有种。

(156) 沟牙鼯鼠 *Aeretes melanopterus*（Milne-Edwards，1867）

别名　黑翼鼯鼠、沟齿鼯鼠、飞鼠、麻催生子

英文名　Northern Chinese Flying Squirrel

Pteromys melanopterus Milne-Edwards, 1867. Ann. Sci. Nat. Zool., 8: 375（模式产地：河北）.

Petaurista melanopterus Allen, 1925. Amer. Mus. Nov., 163: 15.

Petaurista sulcatus Howell, 1927. Jour. Wash. Acad. Sci., 17: 82（模式产地：北京）.

Aëretes melanopterus Allen, 1940. Mamm. Chin. Mong., 745.

鉴别特征　同属级描述。

形态

外形：同属级描述。

毛色：同属级描述。

头骨：同属级描述。

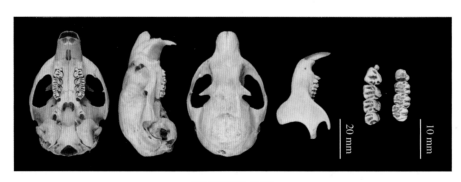

沟牙鼯鼠头骨图

牙齿：同属级描述。

量衡度（衡：g；量：mm）

外形：

编号	性别	体重	体长	尾长	后足长	耳高	采集地点
SPDPCCH179776	♀	—	334	354	64.7	41	四川黑水
SPDPCCD7779	—	850	315	304	59.5	38	四川丹巴
SPDPCCH60367	♀	—	352	362	44.2	63	四川黑水

头骨：

编号	性别	颅全长	基长	颅高	颧宽	眶间宽	上齿列长	上臼齿列长	下颌骨长	下齿列长	下臼齿列长
SAF07984	—	60.75	51.22	28.94	40.40	12.63	28.62	9.54	42.59	27.09	11.08
SPDPCCH179776	♀	64.66	56.18	26.50	43.32	14.36	29.99	9.70	43.26	28.00	10.60
SPDPCCD7779	—	61.08	51.63	26.61	40.14	14.14	28.47	8.37	41.23	26.82	9.95
SPDPCCH60367	—	64.83	55.24	27.45	43.60	14.93	30.27	9.96	44.37	28.44	10.69
SPDPCCH120780	♀	65.50	57.31	27.41	44.34	14.23	31.50	9.31	46.32	29.91	9.99

生态学资料　种群数量稀少，主要生活于海拔2 500～3 000m的针叶林、针阔混交林等山地或亚高山森林环境，通常以树皮及毛发等为材料，筑巢于高大乔木的树洞中，巢穴离地10～20m，食物主要为植物的果实、种子、嫩枝、叶、花、芽及蘑菇等，也吃昆虫。每年换毛2次，繁殖1次，每胎产1～2仔。

地理分布　在四川境内主要分布于丹巴、黑水、理县、平武，国内还分布于甘肃、河北、北京。

分省（自治区、直辖市）地图——四川省

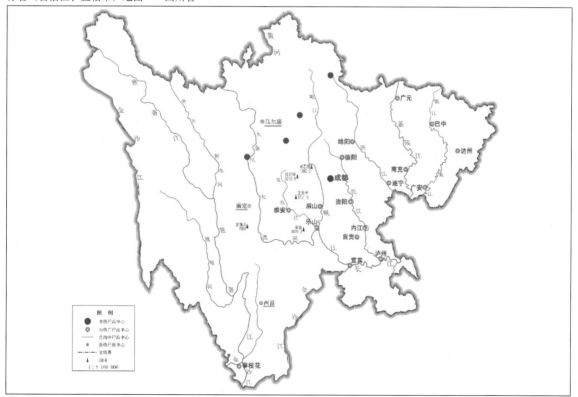

审图号：GS（2019）3333号　　　　　　　　　　　　　　　　　　自然资源部 监制

沟牙鼯鼠在四川的分布
注：红点为物种的分布位点。

分类学讨论　Allen（1940）将该种列为 *Aeretes melanopterus*（Milne-Edwards，1867），单型种，同时将 *Pteromys melanopterus*、*Petaurista rnelanopterus* 及 *Petaurista sulcatus* 均列为该种的同物异名。王酉之等（1966）描记了该种分布于四川境内的新亚种 *Aëretes melanopterus sichuanensis* Wang，Tu et Wang，1966。

沟牙鼯鼠四川亚种 *A. m. sichuanensis* Wang，Tu and Wang，1966

Aëretes melanopterus sichuanensis Wang, Tu and Wang, 1966. Acta. Zootaxon. Sinica, 3(1): 85-86（模式产地：四川黑水）.

形态　体型较大，体背面深黄褐色、沙棕色调不明显，腹部暗黄白色（染红棕色调）。

地理分布　在四川境内主要分布于丹巴、黑水、理县、平武，国内还分布于甘肃。

91. 毛耳飞鼠属 *Belomys* Thomas，1908

Belomys Thomas, 1908. Ann. Mag. Nat. Hist., I: 2(模式种: *Sciuropterus pearsonii* Gray, 1842).

鉴别特征　在鼯鼠科中属小型鼯鼠。耳具簇毛，背部赤褐色，第4上前白齿齿冠面大于第1上白齿齿冠面，成体头体长不超过250mm。

形态

毛色：身体被毛柔软、密厚。耳背暗棕色，耳基橙棕色且具发达的黑色簇毛。吻鼻部暗棕色，眼眶深棕色，颊部灰棕（或浅棕褐）色，头顶及身体背面以棕（红）褐色为主（有些个体略带浅赤黄色），毛基暗棕灰色。体腹面淡棕黄或淡锈褐色，中央区域较两侧稍浅。翼膜背面棕（黑）褐色，前端边缘锈（红）褐色；中后段边缘暗棕灰色，腹面与身体腹部毛色近似但稍深，背腹交界处边缘毛密、浅黄白色。肛区较腹部稍淡，略呈黄白色。尾略呈扁平状且稍短于头体长（约为体长的5/6），尾毛蓬松，尾背面栗褐色或棕（灰）褐色，尾腹面基部（占尾长的1/4～1/3）淡黄（灰）褐色，其余部分呈棕色至栗褐色。前、后足被毛，暗褐色或黄褐色，爪发达、锐利。阴茎骨短而宽。

头骨：脑颅吻部相对较窄、长；眶间区较窄且稍微凹陷，眶上突短而尖，基部前方稍凹；颞脊稍直，后延渐转微弱；额及脑颅部略显隆起，颧骨中央部位具凸起，枕骨大孔近圆形。鼻骨前端宽不显著，稍呈圆凸状；鼻骨长大于眶间宽且后端稍超出前颌骨后端。颧弓整体呈水平状，其中央凸起与尖细的眶上突末端几乎在同一垂直面上。门齿孔细小且远离前白齿前缘水平连线。颚后缘中央具凸起且超出第3臼齿后缘水平连线。听泡相对大但略显扁平。下颌冠状突相对较发达。

牙齿：齿式1.0.2.3/1.0.1.3 = 22。颊齿为低冠齿；第3上前白齿较小，柱状且齿冠尖细，紧贴于第4上前白齿前方内侧，侧面观被第4上前白齿挡住不可见。第4上前白齿及3颗白齿齿冠面结构的齿脊、齿沟及齿尖等相对更复杂，第4上前白齿齿冠面稍大于第1上白齿齿冠面；第1、2、3白齿齿冠面相近，但从前向后依次渐小。

生态学资料　同种级论述。

地理分布　国内主要分布于四川、云南、贵州、广西、广东、海南、台湾；国外主要分布于尼泊尔、印度（锡金）、不丹、缅甸、泰国、老挝、越南等地。

分类学讨论　为单型属。Thomas（1908c）以*Belomys pearsonii*（Gray，1842）为模式种设立毛耳飞鼠属*Belomys*，Allen（1940）、Ellerman（1940）、Ellerman和Morrison-Scott（1951）等均接受该结论。Corbet和Hill（1992）基于颊齿齿冠面相似的特性将该种列为*Trogopterus pearsonii*（Gray，1842）。但除此之外，多数学者仍接受毛耳飞鼠属为独立的属（黄文几等，1995；Thorington et al.，2002；王应祥，2003；Wilson and Reeder，2005；Smith和解焱，2009；Thorington et al.，2012）。Thorington等（2002）认为*Trogopterus*与*Belomys*亲缘关系最近。

（157）毛耳飞鼠 *Belomys pearsonii*（Gray，1842）

别名　皮氏飞鼠、严耳飞鼠、毛足飞鼠、飞鼠、麻催生子

英文名　Hairy-footed Flying Squirrel

Sciuropterus pearsonii Gray, 1842. Ann. Mag. Nat. Hist., 10: 263（模式产地：印度）.

Sciuropterus villosus Blyth, 1847. Jour. Asiat. Soc. Bengal, 16: 866.（模式产地：印度阿萨姆）.

Sciuropterus kaleensis Swinhoe, 1862. Proc. Zool. Soc., 359（模式产地：中国台湾）.

Pteromys pearsonii Anderson, 1878. Anat. Zool. Res. Western Yunnan, 293（模式产地：云南）.

Belomys pearsonii Thomas, 1908. Ann. Mag. Nat. Hist., I: 2.

鉴别特征　同属级描述。

形态

外形：同属级描述。

毛色：同属级描述。

头骨：同属级描述。

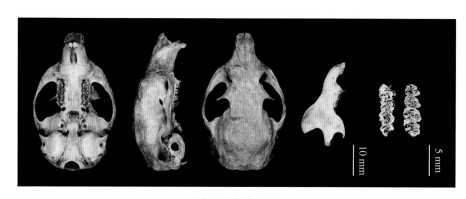

毛耳飞鼠头骨图

牙齿：同属级描述。

生态学资料　种群数量稀少，主要生活于常绿阔叶林等热带、亚热带原始森林环境。巢穴顶部具有防雨功能的遮盖结构，整个巢穴从外到内依次分为外、中、内3层，最外层为枯树枝，中层为相对粗糙的干枯树枝的长纤维，内层为纤细柔软的纤维层。经常成对活动，每年产1胎，繁殖期在4—8月，每胎2～4仔，食物以植物的果实、种子、嫩叶、花、芽等为主。

地理分布　同属级描述。

分省（自治区、直辖市）地图——四川省

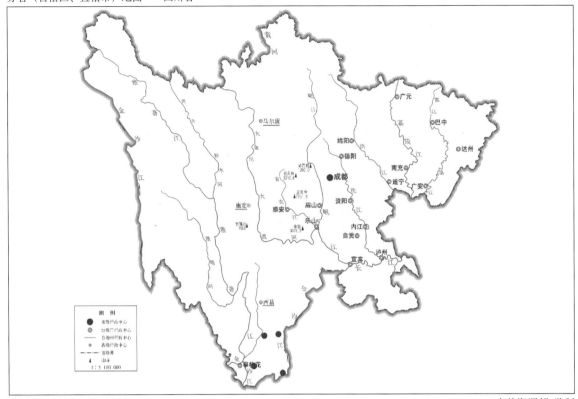

审图号：GS (2019) 3333号 自然资源部 监制

毛耳飞鼠在四川的分布
注：红点为物种的分布位点。

分类学讨论　因毛耳飞鼠颊齿齿冠面结构与复齿鼯鼠属 *Trogopterus* 相近，Corbet 和 Hill（1992）将该种归入复齿鼯鼠属并列为 *T. pearsonii*（Gray，1842）。但该种除颊齿齿冠面结构及发达的耳簇毛与复齿鼯鼠属相近之外，其他特征（特别是成体体型大小）差异显著；虽该 2 属在中国西南地区重叠分布，但云南、贵州一线基本属于复齿鼯鼠属分布的最南线，复齿鼯鼠属分布地向东北延伸经湖北、河南可达河北、北京一线，向北则可达青海、甘肃、陕西一带；而云南、贵州、四川一线为毛耳飞鼠属在国内分布的最北缘，向东则可延伸至广东、海南、台湾一带。寿振黄（1966）首次报道该种发现于海南，黄文几等（1995）、Thorington 等（2002）、王应祥（2003）、Wilson 和 Reeder（2005）、Smith 和解焱（2009）、Thorington 等（2012）等均将毛耳飞鼠 *Belomys pearsonii*（Gray，1842）作为独立的有效种。王酉之和胡锦矗（1999）报道了该类群在四川宁南的分布。作者团队查看标本发现，重庆自然博物馆馆藏的 1 号采自大凉山的鉴定为小飞鼠 *Pteromys Volans*（Linnaeus，1758）的标本（标本号：15107，无头骨）应为 *Belomys pearsonii* Thomas，1908。

该种目前报道共 4 个亚种，其中国内分布 3 个亚种，四川境内 1 个亚种。

毛耳飞鼠越北亚种 *Belomys pearsoni blandus* Osgood，1932

Belomys pearsoni blandus Osgood, 1932. Field Mus. Nat. Hist. Zool., 18, 2: 269（模式产地：越南）.

形态　背部深棕褐（黄）色，腹部淡棕黄（褐）色。

地理分布　在四川境内分布于宁南、德昌、攀枝花等地。在国内还分布于云南、贵州、广西、海南、广东等地。在国外分布于越南、老挝、泰国。

92. 鼯鼠属 *Petaurista* Link，1795

Petaurista Link, 1795. Zool. Beytr., I(2): 52, 78(模式种: *Sciurus petaurista* Pallas, 1766).

鉴别特征　耳无簇毛；尾圆柱状，长度与头体长近似；眶上突后缘向两侧水平伸出，与脑颅纵轴近似垂直，眶间区凹陷；上颌门齿窄，唇面无纵沟，上颊齿舌面后侧常具一显著凹折。本属所含种类相对较多，不同种类个体体型差异较大，个体较大的种类成体体长超过600mm，体型较小的种类成体体长不及400mm。乳头3对。

形态

毛色：不同种类毛色差异显著，体背面毛色从较浅的灰褐色、黄褐色等逐渐加深至赤褐色、黑褐色、暗栗色乃至黑色等。有些种类背部还具有大型浅色斑块或呈散布状的浅色乃至白色的毛尖（束）等。体腹面以浅色为主，包括有灰白色、黄白色、黄灰色或橘黄色等变化类型。尾呈圆柱状，尾长通常近似或略大于头体长。

头骨：吻相对短、脑颅相对较宽。鼻骨后缘与前颌骨后缘近似平齐。眶上突发达，呈三角形，其后缘向两侧水平伸出，与脑颅纵轴近似垂直；眶上突尖端与颧弓中央上缘凸起近似位于同一垂直平面，眶间区凹陷。门齿孔相对较短小，其后缘远离第3上前臼齿前缘水平连线，颚后缘位于第3上臼齿后缘水平连线之后。

牙齿：齿式1.0.2.3/1.0.1.3 = 22。门齿相对较窄，唇面呈橙红色；第3上前臼齿位于第4上前臼齿前方内侧，从齿列侧面观可见，虽然第3上前臼齿较其后续的其他颊齿仍更小，但与其他颊齿大小的相对比例较其他属的明显更大；除第3上前臼齿外，其他颊齿的舌侧均具凹褶，齿冠面大小相近，但总体上从前向后逐渐变小。

生态学资料　同各种的分述。

地理分布　在国内分布于陕西、甘肃、青海、西藏、云南、四川、重庆、贵州、广西、广东、湖南、湖北、海南、福建、台湾等地。国外分布于西起斯里兰卡、巴基斯坦、印度，向东经尼泊尔、不丹、印度（锡金）、缅甸等国至中南半岛及苏门答腊岛、爪哇岛、加里曼丹岛和马来西亚一带。

分类学讨论　鼯鼠属全世界记载16种，中国记录10种，其中四川有6种。鼯鼠属自设立以来其属级分类地位稳定，但对属内所含物种分歧较大，分别有5 ~ 17种记载（Allen，1940；Ellerman，1940；Ellerman and Morrison-Scott，1951；Corbet and Hill，1992；Hoffmann et al.，1993；Wilson and Reeder，2005；Thorington et al.，2012；Wilson et al.，2016），国内学者关于该属在中国境内的物种分化也有7 ~ 12种记载（黄文几等，1995；张荣祖等，1997；王应祥，2003；Smith 和 解焱，2009；蒋志刚等，2015）。关于该属在四川境内的分化，黄文几等（1995）记载有红白鼯鼠*Petaurista alborufus*（Milne-Edwards，1870）、棕足鼯鼠*P. clarkei*（Thomas，1922）[该学名为灰头鼯鼠*P. caniceps*（Gray，1842）的同物异名]、红背鼯鼠*P. petaurista*（Pallas，1766）及灰

鼯鼠 *P. xanthotis*（Milne-Edwards，1872）；张荣祖等（1997）记载有红白鼯鼠 *P. alborufus*（Milne-Edwards，1870）、小鼯鼠 *P. elegans*（Muller，1840）、红背鼯鼠 *P. petaurista*（Pallas，1766）、灰鼯鼠 *P. xanthotis*（Milne-Edwards，1872）；王应祥（2003）记载有红白鼯鼠 *P. alborufus*（Milne-Edwards，1870）、灰头鼯鼠 *P. caniceps*（Gray，1842）、霜背大鼯鼠 *P. philippensis*（Elliot，1839）、橙色小鼯鼠 *P. sybilla* Thomas et Wroughton，1916 及灰鼯鼠 *P. xanthotis*（Milne-Edwards，1872）；Smith 和解焱（2009）记载有红白鼯鼠 *P. alborufus*（Milne-Edwards，1870）、灰头鼯鼠 *P. caniceps*（Gray，1842）、红背鼯鼠 *P. petaurista*（Pallas，1766）、霜背大鼯鼠 *P. philippensis*（Elliot，1839）及灰鼯鼠 *P. xanthotis*（Milne-Edwards，1872）；蒋志刚等（2015）记载有红白鼯鼠 *P. alborufus*（Milne-Edwards，1870）、灰头鼯鼠 *P. caniceps*（Gray，1842）、红背鼯鼠 *P. petaurista*（Pallas，1766）、霜背大鼯鼠 *P. philippensis*（Elliot，1839）、橙色小鼯鼠 *P. sybilla* Thomas et Wroughton，1916 及灰鼯鼠 *P. xanthotis*（Milne-Edwards，1872）；胡锦矗和王酉之（1984）记述了红白鼯鼠 *P. alborufus*（Milne-Edwards，1870）和灰鼯鼠 *P. xanthotis*（Milne-Edwards，1872）2 种；王酉之和胡锦矗（1999）记述了红白鼯鼠 *P. alborufus*（Milne-Edwards，1870）、灰头鼯鼠 *P. caniceps*（Gray，1842）、大（红背）鼯鼠 *P. petaurista*（Pallas，1766）及灰鼯鼠 *P. xanthotis*（Milne-Edwards，1872）4 种。

　　上述结果显示，国内学者大多数认可分布于四川境内的鼯鼠属种类包括：红白鼯鼠 *P. alborufus*（Milne-Edwards，1870）、红背鼯鼠 *P. petaurista*（Pallas，1766）、霜背大鼯鼠 *P. philippensis*（Elliot，1839）、灰鼯鼠 *P. xanthotis*（Milne-Edwards，1872）。

　　具有争论的类群主要集中在 *P. elegans*、*P. caniceps*、*P. sybilla*，关于这些类群，Ellerman（1940）列出 *P. elegans*、*P. punctatus sybilla*、*P. caniceps*；Ellerman 和 Morrison-Scott（1951）将上述其他类群均列为 *P. elegans* 的亚种。Corbet 和 Hill（1992）将 *P. elegans*、*P. sybilla*、*P. caniceps* 均列为有效种，王应祥（2003）沿用该结论；Wilson 和 Reeder（2005）、Thorington 等（2012）仅将 *P. elegans* 列为有效种，其他类群均列为亚种或同物异名。综合上述观点及 Li 和 Yu（2013）的研究结果，本书观点为 *P. elegans*、*P. sybilla*、*P. caniceps* 均为有效种。

　　综上所述，鼯鼠属在四川境内共有 6 种：红白鼯鼠 *P. alborufus*、灰头鼯鼠 *P. caniceps*、红背鼯鼠 *P. petaurista*、霜背大鼯鼠 *P. philippensis*、橙色小鼯鼠 *P. sybilla*、灰鼯鼠 *P. xanthotis*。

四川分布的鼯鼠属 *Petaurista* 分种检索表

1. 体型较小，成体头体长一般小于 350mm ┄┄┄┄┄┄┄┄┄┄┄┄┄┄┄┄┄┄┄┄┄┄┄┄┄┄┄┄┄┄ 2
   体型较大，成体头体长一般大于 350mm ┄┄┄┄┄┄┄┄┄┄┄┄┄┄┄┄┄┄┄┄┄┄┄┄┄┄┄┄┄┄ 3
2. 头部棕灰色，腹部灰白色 ┄┄┄┄┄┄┄┄┄┄┄┄┄┄┄┄┄┄┄┄┄┄┄┄┄┄┄ 灰头鼯鼠 *P. caniceps*
   头部棕褐色，腹部浅橘黄色 ┄┄┄┄┄┄┄┄┄┄┄┄┄┄┄┄┄┄┄┄┄┄┄┄┄ 橙色小鼯鼠 *P. sybilla*
3. 身体背面（头部、背部或腰部区域）呈白色或具白色毛尖、斑块等 ┄┄┄┄┄┄┄┄┄┄┄┄┄┄ 4
   身体背面（头部、背部或腰部区域）不具上述特征 ┄┄┄┄┄┄┄┄┄┄┄┄┄┄┄┄┄┄┄┄┄┄┄ 5
4. 头部白色，身体背面无散布状白色毛尖，腰部区域具斑块状白色或黄白色毛斑 ┄┄┄┄┄┄ 红白鼯鼠 *P. alborufus*
   头部非白色，但头部及身体背面散布浓密的白色毛尖，使得身体背面呈霜花状，腰部区域无块状白色或黄白色
   毛斑 ┄┄┄┄┄┄┄┄┄┄┄┄┄┄┄┄┄┄┄┄┄┄┄┄┄┄┄┄┄┄┄┄┄┄┄┄┄┄ 霜背大鼯鼠 *P. philippensis*

5.体背面棕红（橙红）色，耳后斑无或不明显 ·· 红背鼯鼠 *P. petaurista*

   体背面灰黄色，耳后斑明显（橙黄色）······································· 灰鼯鼠 *P. xanthotis*

（158）红白鼯鼠 *Petaurista alborufus*（Milne-Edwards，1870）

别名 白面鼯鼠、白头鼯鼠、白额鼯鼠、红催生、飞生鸟、飞鼠、寒号鸟

英文名 Red and White Giant Flying Squirrel

Pteromys alborufus Milne-Edwards, 1870. Compt. Rend. Acad. Sci. Paris, 70: 342（模式产地：四川宝兴）.

Pteromys alborusus(sic)leucocephalus Hilzheimer, 1906. Zool. Anz., 29: 298（模式产地：西藏）.

Petaurista alborufus castaneus Thomas, 1923. Ann. Mag. Nat. Hist., 12: 172（模式产地：湖北宜昌）.

Petaurista alborufus ochraspis Thomas, 1923. Ann. Mag. Nat. Hist., 12: 172（模式产地：云南丽江）.

Petaurista alborufus Thomas, 1911. Proc. Zool. Soci. Lond., 689.

鉴别特征 鼯鼠属中体型较大者。头白，体背部栗红（赤褐）色，腰背部具白色或黄白色毛斑，尾基部具浅色毛环。

形态

外形：鼯鼠属中体型较大，成体头体长一般大于420mm。身体被毛稠密、柔软；尾毛蓬松，扁圆形，尾长稍长于头体长。四肢发达，指（趾）端具锐爪，善于攀爬。

毛色：眼眶棕（赤）褐色，头部（包括口鼻部、喉部及脸颊部等）白色且延至颈侧及翼膜前缘，脸颊部区域具栗色毛斑，耳背部灰白色；基部浅棕褐色，耳后斑毛色近似眼眶毛色但更鲜艳，体背部栗红（褐）色，腰部区域具大块浅色（白色、黄白色）斑，从背部向两侧延伸毛色逐渐加深；腹部浅橙棕（赤褐）色，翼膜背面栗红色，至边缘逐渐转为浅赤褐色，腹面橙黄（褐）色为主；尾基部橙褐色（背面具一白色毛纹），至尾梢逐渐转为深栗色。前、后足背棕（黑）色，指（趾）端具黑灰色略扁呈镰刀状的爪，足掌裸露、外侧边缘被毛，乳头3对。

头骨：头骨发达、坚实。吻部更显短粗，眶间区凹陷明显；鼻骨前端下弯且超出门齿唇面，后端与前颌骨后缘近似平齐或略超出。颧弓发达，上缘眶上突发达且略呈三角形，颞脊发达，颚后缘位于第3上白齿后缘水平连线之后，听泡发达。

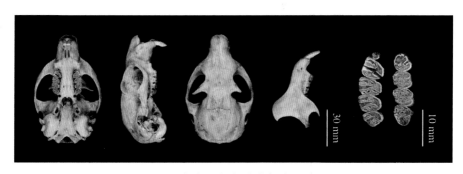

红白鼯鼠头骨形态图

牙齿：齿式 1.0.2.3/1.0.1.3 = 22。门齿较窄、唇面橘黄色。第3上前白齿小、圆柱状，位于第4

上前白齿前方靠内侧；第4上前白齿、第1上白齿、第2上白齿齿冠面大小近似；第3上白齿明显变小，第4上前白齿及各白齿后内角均具较明显凹褶但从前向后逐渐缩小。

量衡度（衡：g；量：mm）

外形：

编号	体重	体长	尾长	后足长	耳高	采集地点
SAFHBWS001	1 250	385	510	85	46	四川金阳
SCCDC050063	2 755	500	540	80	53	四川盐边

头骨：

编号	颅全长	基长	颅高	颧宽	眶间宽	上齿列长	上臼齿列长	下颌骨长	下齿列长	下臼齿列长
SAFHBWS001	76.17	65.96	34.11	51.51	17.61	37.47	12.54	53.96	35.16	15.07

生态学资料　生活于热带、亚热带常绿阔叶林、针阔混交林生境；筑巢于高大树木的树洞、树冠层枝丫处或悬崖石洞、缝隙中。常单独活动，每年繁殖1次，每胎产1～3仔。春、秋季各换毛1次。食物主要包括植物的果实、种子、嫩枝、叶等。

地理分布　在四川境内分布于四川盆地东部、南部、北部等盆地边缘和山地区域，国内还分布于云南、重庆、贵州、广西、湖南、湖北、陕西、甘肃、台湾。国外分布于缅甸（与中国接壤地区）。

分省（自治区、直辖市）地图——四川省

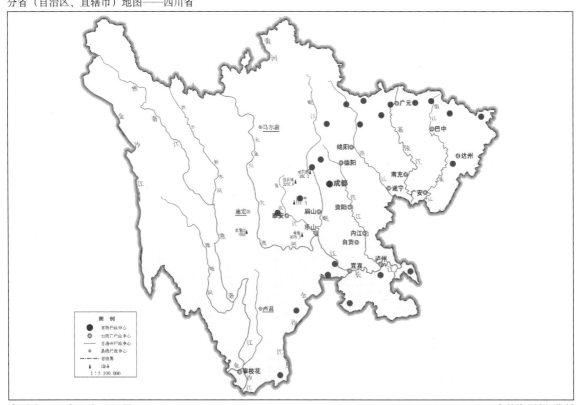

审图号：GS（2019）3333号　　　　　　　　　　　　　　　　　　　　　自然资源部　监制

红白鼯鼠在四川的分布
注：红点为物种的分布位点。

分类学讨论 红白鼯鼠以其显著的特征，自确立其种级分类地位以来被后续学者广泛接受。但关于该种的亚种分化存在较大争论，除指名亚种 *Petaurista alborufus alborufus* 外，后续还相继被命名了6个亚种：*Pteromys alborusus*（sic）*leucocephalus* Hilzheimer，1906；*Petaurista alborufuslena* Thomas，1907；*Petaurista alborufus candidulus* Wroughton，1911；*Petaurista alborufus barroni* Kloss，1916；*Petaurista alborufus castaneus* Thomas，1923；*Petaurista alborufus ochraspis* Thomas，1923。Allen（1940）列举了3个亚种：*Petaurista alborufus*、*Petaurista alborufus castaneus*、*Petaurista alborufus ochraspis*，但他同时强调了即便是采自同一采集地的标本，个体间也存在毛色差异的现象，因而他认为Thomas（1923c）描记的亚种基于的标本量太少，所述特征可能不足以作为亚种间的鉴别特征。Ellerman 和 Morrison-Scott（1951）将 *Petaurista alborufus castaneus*、*Petaurista alborufus ochraspis*、*Pteromys alborusus*（sic）*leucoce phalus* 均列为 *Petaurista alborufus* 的同物异名。Corbet 和 Hill（1992）认为根据 *Petaurista alborufus candidulus*、*Petaurista alborufus barroni* 的特征，2亚种应该归入 *Petaurista petaurista*。黄文几等（1995）关于该种的亚种分化沿用 Allen（1940）的结论，而将 *Petaurista alborufus lena* 列为独立种 *Petaurista lena*，并认为 *Petaurista lena* 与 *Petaurista alborufus* 亲缘关系最近。但 Oshida（2000，2004）认为，*Petaurista lena* 与 *Petaurista petaurista melanotus*（Gray，1837）亲缘关系最近。王应祥（2003）将该种的亚种分化列为 *Petaurista alborufus alborufus* 及 *Petaurista alborufuslena*。Thorington 等（2012）将该种的亚种分化列为：*Petaurista alborufus*、*Petaurista alborufus*（sic）*leucocephalus*、*Petaurista alborufuslena*、*Petaurista alborufus castaneus*、*Petaurista alborufus ochraspis*。Wilson 等（2016）将该种的亚种分化列为：*Petaurista alborufus alborufus*、*Petaurista alborufus candidula*、*Petaurista alborufus castanea*、*Petaurista alborufus*（sic）*leucocephala*、*Petaurista alborufus ochraspis*。

鉴于上述争论及有关该物种标本数量稀少的现状，相关讨论有待后续收集到更多的标本进行。本书暂沿用王应祥（2003）的结论：该种在国内有2个亚种分化，其中四川境内有1个亚种：*Petaurista alborufus alborufus*（Milne-Edwards，1870）。

红白鼯鼠指名亚种 *Petaurista alborufus alborufus*（Milne-Edwards，1870）

Pteromys alborufus Milne-Edwards，1870. Compt. Rend. Acad. Sci. Paris，70: 342（模式产地：四川宝兴）.

Pteromys alborusus（sic）*leucocephalus* Hilzheimer，1906. Zool. Anz.，29: 298（模式产地：西藏）.

Petaurista alborufus castaneus Thomas，1923. Ann. Mag. Nat. Hist.，12: 172（模式产地：湖北宜昌）.

Petaurista alborufus ochraspis Thomas，1923. Ann. Mag. Nat. Hist.，12: 172（模式产地：云南丽江）.

形态 体型较大，成体头体长超过450mm。体背面红褐色，腹面浅橙色，尾橙褐色。

地理分布 分布于四川盆地东、南及北部等盆地边缘山地区域。

(159) 灰头鼯鼠 *Petaurista caniceps*（Gray，1842）

别名 灰头小鼯鼠、克氏鼯鼠、棕足鼯鼠

英文名 Grey-headed Flying Squirrel

Sciuropterus caniceps Gray, 1842. Ann. Mag. Nat. Hist., 10: 262 (模式产地：尼泊尔).

Sciuropterus senex Hodgson, 1844. Jour. Asiat. Soc. Bengal, 13: 68 (模式产地：尼泊尔).

Petaurista clarkei Thomas, 1922. Annals Mag. Nat. Hist., 10: 391-406 (模式产地：云南28°N澜沧江河谷)；彭鸿绶，等，1962. 动物学报，14: 121；陆长坤，等，1965. 动物分类学报，2(4): 287；黄文几，等，1995. 中国啮齿类，58.

Petaurista caniceps Ellerman, 1940. Fam. Gen. Liv. Rod., Vol. I: 288.

鉴别特征　在鼯鼠属中属体型中等偏小者。额部呈棕灰色，身体背面无白色毛束斑，腹部灰白色。

形态

外形：成体头体长通常小于350mm；身体被毛柔软，尾稍长于头体长，圆柱状，指（趾）端具锐利的爪，善于攀爬。

毛色：头部、颈部主要为棕灰褐色，喉部白色，额部棕灰色，耳郭黑色，耳后斑橘黄色。身体背面无白色束状毛斑，体背部棕褐色；翼膜栗褐色，翼膜边缘浅棕灰色；胸、腹淡棕（略黄）色；足背棕红色；尾基部淡棕色，中段以后渐呈棕褐色且杂有黑褐色毛，尾梢黑色。

头骨：吻短，鼻骨前端略超出门齿唇面且下弯，鼻骨后端略超出前颌骨后端；眶间区凹陷，脑颅部稍显圆凸，颚后缘位于第3上臼齿后缘水平连线之后且中央稍凸，听泡发达。

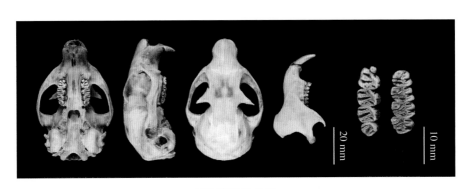

灰头鼯鼠头骨图

牙齿：齿式1.0.2.3/1.0.1.3 = 22。第3上前臼齿圆柱状，位于第4上前臼齿前方内侧；第4上前臼齿齿冠面呈臼齿状、大小与后续臼齿齿冠面近似；臼齿齿冠结构相对简单，内侧具1条纵脊，外侧有2条横脊。

量衡度（衡：g；量：mm）

外形：

编号	体重	体长	尾长	后足长	耳高	采集地点
SAF182111	208	203	165	45	22	四川南江
SAFHTWS001	—	320	330	60	29	湖北武陵山

头骨：

编号	颅全长	基长	颅高	颧宽	眶间宽	上齿列长	上臼齿列长	下颌骨长	下齿列长	下臼齿列长
SAF182111	68.72	59.76	29.13	45.86	16.95	32.91	10.46	46.89	30.95	11.79
SAFHTWS001	61.47	52.20	27.72	37.90	15.09	29.36	9.26	42.21	27.26	10.06

生态学资料 生活于海拔 1 000 ～ 4 000m 的亚热带常绿阔叶林、针阔混交林生境，常在高大树木的树杈、树洞或岩洞中筑巢。植食性为主，食物主要包括植物的果实、种子、嫩枝、叶等。

　　地理分布 在四川境内分布于九寨、青川、平武、南江，国内还分布于西藏、云南、贵州、重庆、广西、湖南、湖北、陕西、甘肃。国外分布于尼泊尔、不丹、印度、缅甸。

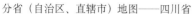

分省（自治区、直辖市）地图——四川省

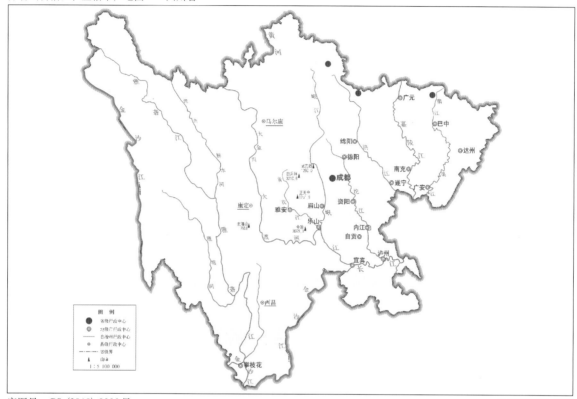

审图号：GS（2019）3333 号 自然资源部 监制

灰头鼯鼠在四川的分布
注：红点为物种的分布位点。

　　分类学讨论 Gray（1842）首次将该类群命名为 *Sciuropterus caniceps*；Thomas（1922a）描记了中国境内（云南）新种 *Petaurista clarkei* Thomas, 1922；Ellerman（1940）将上述 2 种均作为独立的有效种列入鼯鼠属；Ellerman 和 Morrison-Scott（1951）则将该 2 种均列为 *P. elegans*（Muller, 1839）的亚种；彭鸿绶等（1962）、陆长坤等（1965）、黄文几等（1995）均以 *P. clarkei* 记载该类群在中国境内的分布；Corbet 和 Hill（1992）将 *P. caniceps* 列为有效种，而将 *P. clarkei*、*S. gorkhali* Lindsay, 1929 及 *S. senex* Hodgson, 1844 均列为 *P. caniceps* 的同物异名，而 Wilson 和 Reeder（2005）则将上述名称均归为 *P. elegans* 的同物异名。除 Ellerman（1940）、Corbet 和 Hill（1992）及 Wilson 和 Reeder（2005）外，王应祥（2003）、Smith 和解焱（2009）、Thorington 等（2012）及 Wilson 等（2016）等人均接受 *P. caniceps* 为有效种；Li 等（2013）结合分子数据进一步论证了该种的有效性。

　　关于该种的亚种分化，王应祥（2003）列出 *P. c. clarkei*、*P. c. gorkhali* 2 个亚种，同时认为分布于广西、湖南，湖北、陕西、甘肃的类群也可能属于不同的亚种，Smith 和解焱（2009）接受该观点，另外还列出 *P. c. sybilla*。但 *P. c. sybilla* 应为独立的有效种（Corbet and Hill, 1992；王应祥，2003；Li等，2013），而 *P. clarkei*、*S. gorkhali* 均为 *P. caniceps* 的同物异名（Corbet and Hill，1992），Thorington等（2012）认为尚无亚种分化，但Wilson等（2016）认为该种含4个亚种：*P. c. caniceps*、*P. c. clarkei*、*S. c. gorkhali*、*P. c. sybilla*，其中分布于四川境内的是 *P. c. clarkei*。鉴于上述争论的不同结果及该类群标本量少的现状，本书暂不讨论该种的亚种分化。

（160）霜背大鼯鼠 *Petaurista philippensis*（Elliot，1839）

别名 灰背大鼯鼠、菲律宾鼯鼠

英文名 Indian Giant Flying Squirrel

Pteromys philippensis Elliot, 1839. Madras Jour. Litt. and Sci., 10: 217（模式产地：印度）.

Pteromy soral Tickell, 1842. Calcutta Jour. Nat. Hist., 2: 401, pl. XI（模式产地：印度）.

Pteromy sgriseiventer Gray, 1843. List Mamm., 133.

Petaurista cinderella Wroughton, 1911. Jour. Bombay Nat. Hist. Soc., 20, 4: 1014, 1018（模式产地：印度）.

Petaurista philippensis Ellerman, 1940. Fam. Gen. Liv. Rod., Vol. I: 286.

鉴别特征 体型较大，身体背面深栗色至黑色，从头顶至几乎整个背部有浓密的白色毛尖。

形态

外形：成体头体长一般大于450mm，在鼯鼠类中属于个体较大的种类。尾圆柱状，略长于头体长；四肢发达，善于攀爬。

毛色：吻白，额部稍暗，脸颊至耳下方黄灰夹杂栗褐色；耳基前缘栗红色，耳郭棕褐色。体背部毛色以深栗色至黑色为主基调，白色毛尖从头部散布至臀部，腹部以黄褐色为主，夹杂浅棕色或淡橙色。翼膜背腹面黑色或栗黑色，前、后缘黑色。前、后足背黑色。尾栗褐色，至后半段渐转为黑色。

头骨：头骨粗壮、发达，吻较短；鼻骨前端宽且稍超出门齿唇面，后端平直且位于前颌骨后端之前；额部（眶间区）凹陷明显，眶上突发达，颚后缘位于第3上臼齿后缘水平连线之后且中央稍凸，听泡发达。

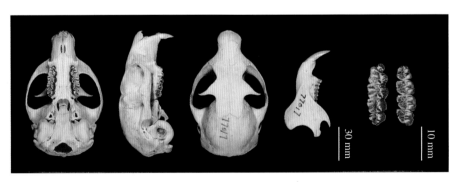

霜背大鼯鼠头骨图

牙齿：齿式1.0.2.3/1.0.1.3 = 22。第3上前臼齿小，圆柱状，更靠近颊齿齿列内侧缘；第4上前臼齿原尖发达，第1上臼齿、第2上臼齿、第3上臼齿齿冠面逐渐依次缩小。

生态学资料　生活于热带雨林、季雨林及亚热带常绿阔叶林，通常筑巢于高大乔木的树洞或树杈处，食物以植物的果实、种子、嫩枝叶及花等为主，也吃昆虫。

地理分布　在四川境内分布于宁南、雷波、珙县、筠连、高县、古蔺，国内还分布于陕西、湖南及云南等地。国外分布于印度、缅甸、越南、老挝、泰国、柬埔寨、斯里兰卡。

分省（自治区、直辖市）地图——四川省

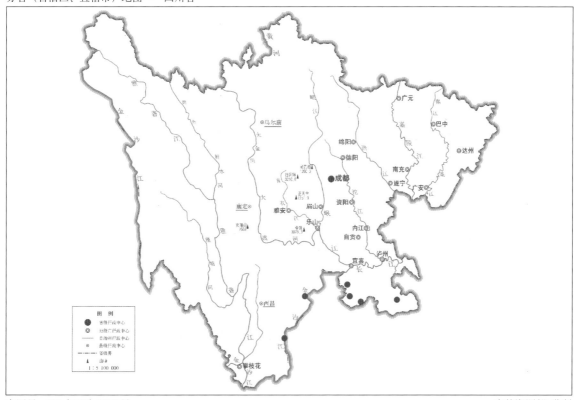

审图号：GS（2019）3333号　　　　　　　　　　　　　　　　　　　自然资源部 监制

霜背大鼯鼠在四川的分布
注：红点为物种的分布位点。

分类学讨论　该类群首次以*Pteromys philippensis* Elliot，1839命名为有效种，Ellerman（1940）认为该类群属于鼯鼠属，并列为*Petaurista philippensis*（Elliot，1839），种下含4亚种分化；Ellerman和Morrison-Scott（1951）将该类群作为*Petaurista petaurista*的亚种，并列为*Petaurista philippensis philppensis*（Elliot，1839）；但Corbet和Hill（1992）、王应祥（2003）、Wilson和Reeder（2005）、Smith和解焱（2009）、Thorington等（2012）、Wilson等（2016）等人均恢复该类群种的分类地位并将该类群列为*Petaurista philippensis*（Elliot，1839）；此后将该类群作为一个独立的有效种得到广泛认可。但关于该种的亚种分化，特别是该种在中国境内的亚种分化结论差异较大，王应祥（2003）认为分2个亚种：*Petaurista philippensis lylei* Bonhote，1900，分布于云南西部、西南部、南部及四川西南部；*Petaurista philippensis miloni* Bourret，1942，分布于云南东南部。但Corbet和Hill（1992）列举*Petaurista philippensis lylei*原始记录分布于泰国；Thorington等（2012）认为*Petaurista philippensis lylei*仅分布于泰国西北部；Wilson等（2016）则认为*Petaurista philippensis lylei*的分布范围包含了上述3结论。关于*Petaurista philippensis miloni*，该类群原始记录为*Petaurista* *lylei miloni* Bourret，1942，分布于越南凉山；Corbet 和 Hill（1992）认为 *Petaurista philippensis miloni* 及 *Petaurista philippensis badiatus* 均属于 *Petaurista philippensis annamensis* Thomas，1914，分布于越南及中国南部；但 Thorington 等（2012）认为 *Petaurista philippensis annamensis* 仅分布于越南南部、老挝及柬埔寨，Wilson 等（2016）也将 *Petaurista philippensis annamensis* 列为仅分布于越南的属于该种的 5 个亚种之一，而未将 *Petaurista philippensis miloni* 列为该种的有效亚种。Smith 和解焱（2009）认为该种在中国境内有 5 亚种分化：分布于台湾的 *Petaurista philippensis grandis*；分布于海南的 *Petaurista philippensis hainana*；分布于云南西北部的 *Petaurista philippensis nigra*；分布于四川、甘肃、陕西、河南、湖北、湖南、广西、广东的 *Petaurista philippensis rubicundus* Howell，1927；分布于云南的 *Petaurista philippensis yunanensis*（Anderson，1878）。该 5 亚种中，Oshida（2000，2004）、Yu 等（2006）基于分子数据的分析结果认为，*Petaurista philippensis grandis* 属于 *Petaurista petaurista*；Yu 等（2006）基于分子数据的分析结果认为，*Petaurista philippensis hainana* 达到种级分化水平。*Petaurista philippensis nigra* 的原始描记为 *Petaurista albiventer nigra* Wang，1981。Corbet 和 Hill（1992）、Wilson 和 Reeder（2005）均将 *Petaurista philippensis yunanensis* 列为 *Petaurista philippensis* 的同物异名。Thorington 等（2012）认为该种含 10 个亚种，涉及中国境内的亚种分化，继续沿用 Smith 和解焱（2009）的结论。Wilson 等（2016）则认为是 5 个亚种，分布于中国境内的为 *Petaurista philippensis lylei* Bonhote，1900；而 *Petaurista philippensis cineraceus* Blyth，1847 也可能分布于中国境内（西藏东部）。但 Corbet 和 Hill（1992）及 Thorington 等（2012）认为该 2 个亚种均不分布于中国境内。

上述争论反映了霜背大鼯鼠的亚种分化存在较大异议。本书暂以该种在四川境内的亚种为四川亚种 *Petaurista philippensis rubicundus* Howell，1927 为结论。

霜背大鼯鼠四川亚种 *Petaurista philippensis rubicundus* Howell，1927

Petaurista rubicundus Howell, 1927. Jour. Wash. Acad. Sci., 17: 82（模式产地：四川马边）.

形态　脸颊、颏部、颈背部、喉部为鲜艳的红褐色，腹部浅亮红褐色，翼膜边缘与喉部毛色近似，尾梢黑色，前后足背部暗红褐色。

地理分布　分布于四川南部、西南部山区。

（161）橙色小鼯鼠 *Petaurista sybilla* Thomas and Wroughton，1916

别名　纯色小鼯鼠

英文名　Small Orange-backed Flying Squirrel

Petaurista sybilla Thomas and Wroughton, 1916. Jour. Bombay Nat. Hist. Soc., 24, 3: 424（模式产地：缅甸）.

鉴别特征　体型中等偏小，头部棕褐色，腹部浅橘黄色，足背橘黄色。

形态

外形：成体头体长一般小于 350mm，在鼯鼠属种类中体型偏小。尾呈圆柱状，稍长于头体长，指（趾）端具锐爪，善于攀爬。

毛色：脸颊至耳下方棕黄褐色，眼周棕黑，鼻端棕灰色，额部暗棕（褐）色，耳郭棕褐色，耳基后部锈（棕）红色，颏部稍暗，具一棕黑色斑，喉部棕黄色。体背部棕褐色，中央区域稍深；翼膜前缘同背色，边缘橙红色；腹部浅橘黄色。前后足背橘黄色；尾基部同背色，其余部分橙（褐）色，尾稍黑色。

头骨：头骨发达；鼻骨前端下弯且略超出门齿唇面，后端略超出前颌骨后端，眶间区凹陷明显，眶上突发达，略向后伸出且下弯，尖端稍位于颧弓凸水平位置之后。颚后缘近似平直且位于第3上臼齿后缘水平连线之后，听泡发达。

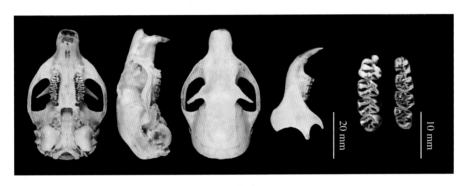

橙色小鼯鼠头骨图

牙齿：1.0.2.3/1.0.1.3 = 22。第3上前臼齿圆柱状且位于第4上前臼齿前方中央，侧面观约1/2超出第4上前臼齿前缘，第4上前臼齿、第1上臼齿、第2上臼齿大小近似，但总体趋势依次缩小，第3上臼齿最小。

量衡度（衡：g；量：mm）

外形：

编号	性别	体重	体长	尾长	后足长	耳高	采集地点
SAF20158	♂	706	317	375	62	45	四川屏山
SAF20132	♂	—	325	330	58	40	四川邛崃

头骨：

编号	性别	颅全长	基长	颅高	颧宽	眶间宽	上齿列长	上臼齿列长	下颌骨长	下齿列长	下臼齿列长
SAF20158	♂	64.13	55.33	27.27	40.09	14.03	31.31	9.89	43.67	29.82	11.21
SAF20132	♂	63.68	54.82	27.28	41.61	13.98	30.72	9.60	43.27	28.89	11.18

生态学资料　生活于热带雨林、季雨林及亚热带常绿阔叶林，通常在高大乔木的树洞或树杈处筑巢。食物以植物的果实、种子、嫩枝叶及花等为主。

地理分布　在四川境内分布于屏山、宜宾、邛崃，国内还分布于云南、重庆、贵州、湖北。国外分布于印度、缅甸等地。

分省（自治区、直辖市）地图——四川省

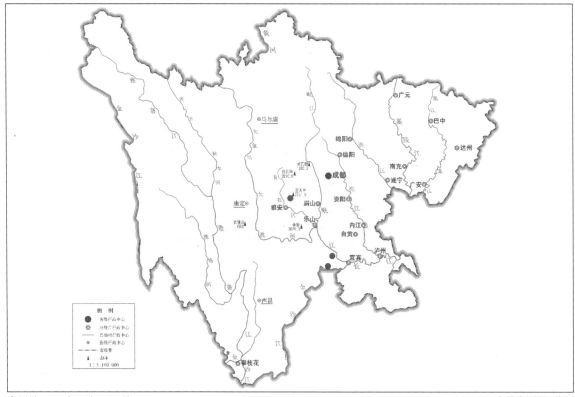

审图号：GS（2019）3333号   自然资源部 监制

橙色小鼯鼠在四川的分布
注：红点为物种的分布位点。

分类学讨论　该类群首次以*Petaurista sybilla* Thomas et Wroughton，1916列为有效种，Ellerman（1940）将该类群作为亚种列为*P. punctatus sybilla* Thomas，1916；Ellerman和Morrison-Scott（1951）将该类群列为*P. elegans sybilla* Thomas，1916；但Corbet和Hill（1992）、王应祥（2003）恢复了该类群的种级分类地位，并列为*P. sybilla* Thomas和Wroughton，1916；Wilson和Reeder（2005）、Thorington等（2012）将该类群列为*P. elegans*的同物异名或亚种；而Smith和解焱（2009）及Wilson等（2016）则将该类群列为*P. caniceps sybilla* Thomas et Wroughton，1916。Li等（2013）基于分子数据的研究结果支持该类群为一有效种。目前尚无亚种分化报道。

(162) 红背鼯鼠 *Petaurista petaurista*（Pallas，1766）

别名　赤鼯鼠、大鼯鼠、棕鼯鼠、普通大鼯鼠、大飞鼠、红色巨飞鼠、大赤鼯鼠

英文名　Red Giant Flying Squirrel

Sciurus petaurista Pallas，1766. Misc. Zool.，54（模式产地：爪哇岛）.

Petaurista petaurista Link，1795. Beitrdge zur Naturgeschichte. Band 1, Stuck 2.

鉴别特征　体背面无白斑，棕黑或黑色纵纹等各种毛色混杂，总体呈棕红或橙红色；尾毛色与体背部相近，尾圆柱形且长于头体长。

形态

外形：在鼯鼠科中体型中等；尾略长于头体长，尾圆柱状。

毛色：吻鼻部、眼周及耳郭暗棕（黑）色，下颏部具一暗棕色毛斑。身体背面（包括头顶、颈背、肩背部等区域）呈棕（橙）红色或亮栗（棕）红色；身体腹面（胸、腹部）淡棕红（黄）色。翼膜及股膜背面与体背颜色近似，翼膜及股膜腹面浅橙棕色。前、后足背橙棕色，前足具3个掌垫、4个指垫；后足具1个掌垫、4个趾垫。尾毛与身体背部毛色近似，有些个体近尾梢区域逐渐转为黑褐色。乳头3对。

头骨：头骨发达、强健，脑颅部圆凸；鼻骨后缘稍超出前颌骨后缘，呈V形，眶间区略凹陷；门齿孔小，颚后缘超出第3上臼齿后缘水平连线且中央凸。

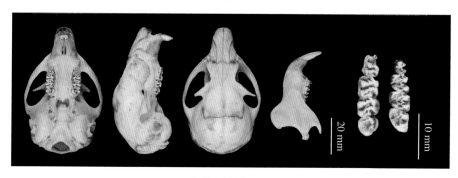

红背鼯鼠头骨图

牙齿：齿式1.0.2.3/1.0.1.3 = 22。第3上前臼齿小，圆柱状；第4上前臼齿、第1上臼齿、第2上臼齿、第3上臼齿齿冠面逐渐依次缩小。

量衡度（衡：g；量：mm）

外形：

编号	性别	体重	体长	尾长	后足长	耳高	采集地点
SAF221447	♂	466	263	340	62	36	湖北

头骨：

编号	性别	颅全长	基长	颅高	颧宽	眶间宽	上齿列长	上臼齿列长	下颌骨长	下齿列长	下臼齿列长
SAF221447	♂	57.66	48.77	26.92	36.58	10.88	28.12	9.36	39.06	26.69	10.36

生态学资料　生活于海拔1 500～2 000m的亚热带常绿阔叶林或针阔混交林，常在高大乔木的树杈、树洞或悬崖峭壁的石洞（缝隙）中筑巢，滑翔能力强。食物以植物的果实、种子、嫩枝叶、花及树皮等为主，也吃昆虫；有储藏食物过冬的报道。每年在4—7月产仔，每胎2～5仔。春、秋季各换毛1次。

地理分布　在四川境内分布于遂宁、汶川等地，国内还分布于广东、广西、福建、台湾等地。国外分布于中南半岛、马来半岛、加里曼丹岛等地。

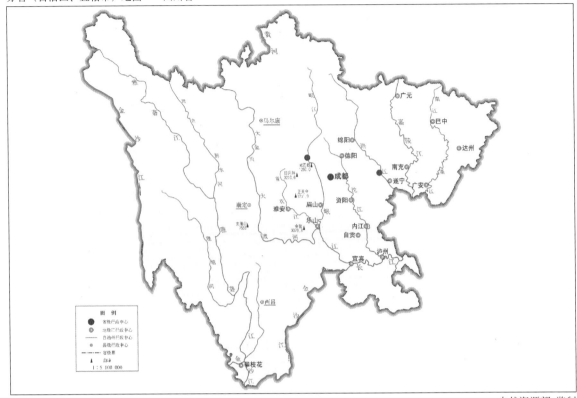

审图号：GS (2019) 3333号　　　　　　　　　　　　　　　　　　自然资源部 监制

红背鼯鼠在四川的分布
注：红点为物种的分布位点。

　　分类学讨论　该类群首次以学名 *Sciurus petaurista* Pallas，1766列为有效种，Allen（1940）认为中国境内含2亚种：*Petaurista petaurista rufipes* Allen，1925，描记标本采自福建；*P. petaurista rubicundus* Howell，1927，描记标本采自四川。但Corbet和Hill（1992）、Wilson和Reeder（2005）均将后者列为 *P. philippensis*（Elliot，1839）的亚种或同物异名。Ellerman（1940）列出了包含 *P. petaurista rufipes* 在内分布于马来半岛、苏门答腊岛、加里曼丹岛等地的10个亚种。Ellerman 和Morrison-Scott（1951）列出了包含 *P. petaurista petaurista* 在内的17个亚种分化，但其中如 *P. petaurista albiventer*、*P. petaurista philippensis*、*P. petaurista yunnensis*、*P. petaurista hainana*、*P. petaurista grandis* 等在后续的研究结果中被列为种或作为其他种的亚种或同物异名（Corbet and Hill，1992；Wilson and Reeder，2005）。Corbet和Hill（1992）认为该种含10个亚种分化，其中分布于中国境内的仅有 *P. petaurista rufipes*。黄文几等（1995）认为该种在中国境内有3个亚种：*P. petaurista rufipes*、*P. petaurista rubicundus*、*P. petaurista grandis*。王应祥（2003）认为仅含1个亚种 *P. petaurista rufipes*，但分布于广西大明山的类群有可能是新亚种，将 *P. petaurista rubicundus* 及 *P. petaurista grandis* 分别列为 *P. sybilla rubicundus* Howell，1927及 *P. albiventer grandis* Swinhoei，1862。Smith和解焱（2009）认为该种在中国境内的亚种分化为 *P. petaurista rufipes* 及 *P. petaurista albiventer*，但Yu等（2006）认为 *P. petaurista albiventer* 已达种级分化水平。Thorington等（2012）认为该种具18个亚种分化，其中2个亚种 *P. petaurista rufipes*、*P. petaurista melanotus*（Gray，

1837）分布于中国境内，但 Ellerman（1940）认为后者不在中国境内而是分布于马来半岛，Corbet 和 Hill（1992）则将后者列为 *P. petaurista* 的同物异名。Oshida（2000，2004）、Yu 等（2006）基于分子数据研究结果，恢复了 *P. petaurista grandis*（Swinhoe，1862）作为 *P. petaurista* 亚种的分类地位。

综上所述，该种在四川境内分布的为福建亚种 *P. petaurista rufipes* Allen，1925。

福建亚种 *Petaurista petaurista rufipes* Allen，1925

Petaurista petaurista rufipes Allen, 1925. Amer. Mus. Nov., 163: 13（模式产地：福建）.

形态 体背面棕（橙）红色；颈部及背部中央区域稍暗，腹部浅橙（赭）褐色，至翼膜边缘逐渐转为黄褐色；尾与体背颜色近似。

地理分布 同种级描述。

(163) 灰鼯鼠 *Petaurista xanthotis*（Milne-Edwards，1872）

别名 山地鼯鼠、黄耳（斑）鼯鼠、高地鼯鼠、催生子、大鼯鼠、大飞鼠

英文名 Chinese Giant Flying Squirrel

Pteromys xanthotis Milne-Edwards, 1872. Rech. Mamm., 301（模式产地：四川宝兴）.

Pteromys filchnerinae Matschie, 1907. Mammalia. In Wissenschaftliche Ergebnisse der Exped. Fikhner to China and Tibet, Berlin Mittler, 208（模式产地：甘肃）.

Pteromys buechneri Matschie, 1907. Mammalia, in Wissenschaftliche Ergebnisse der Exped. Fikhner to China and Tibet, Berlin Mittler, 210（模式产地：甘肃）.

Petaurista xanthotis Lyon, 1907. Smithsonian Misc. Coll., 50: 133.

鉴别特征 体背部灰黄色，耳基部具鲜艳橘黄色毛斑，足背毛暗褐色。

形态

外形：体型在本属中为中等。成体头体长一般大于350mm。尾长稍短于头体长，略扁圆形。

毛色：唇部、吻侧毛色浅棕灰白；头额、脸颊部浅灰（黄）色；眼眶淡棕黄色，耳郭发达，耳基外侧鲜黄褐色，耳后具橘黄色耳后斑；喉部灰（略黄）白。体背部灰黄褐色；腹部浅黄白色。体侧及翼膜背面橘（橙）黄色，翼膜边缘黄色稍深。前、后足背棕色，后足背部毛更深，显棕黑色，足掌部被毛。尾背面毛色近似体背毛色，但基部稍淡；尾腹面基部显淡棕色，其余部分也与体背毛色近似但更浅淡；尾末梢区域显黑色但毛尖棕黄色。乳头3对，胸部1对，腹部2对。

头骨：吻相对短、钝，头骨粗壮；鼻骨前端略下弯且超出门齿唇面，后端与前颌骨后端近似平齐。眶间区凹陷，眶上突呈三角形但相对细长且下弯，眶上凸基部前端具缺刻。颚后缘位于第3上白齿后缘水平连线之后，中央稍凸。听泡间距较大，听泡发达；后头乳突发达。

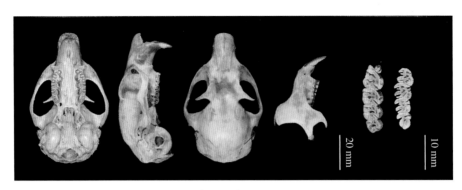

灰鼯鼠头骨图

牙齿：齿式1.0.2.3/1.0.1.3 = 22。第3上前臼齿圆柱状，位于第4上前臼齿前方靠内侧，侧面观可见，第4上前臼齿、第1上臼齿、第2上臼齿大小近似，第3上臼齿最小，颊齿齿冠面结构复杂，第3上臼齿内角凹褶明显小于前3颗颊齿的后内角凹褶。

量衡度（衡：g；量：mm）

外形：

编号	性别	体长	尾长	后足长	耳高	采集地点
SPDPCCH5977774	♀	312	377	76	49	四川黑水县
SPDPCCH59134	♂	337	342	63	44	四川黑水县

头骨：

编号	性别	颅全长	基长	颅高	颧宽	眶间宽	上齿列长	上臼齿列长	下颌骨长	下齿列长	下臼齿列长
SAF07986	—	69.61	—	29.84	44.00	16.02	33.39	11.12	46.43	31.51	12.56
SPDPCCH5977774	♀	72.21	59.32	28.45	45.01	15.17	34.42	11.45	47.21	32.57	13.45
SPDPCCH5988759	—	72.69	61.53	28.72	44.94	14.99	35.18	12.01	48.42	33.27	12.93
SPDPCCH59134	♂	69.20	58.17	28.15	44.68	14.83	34.18	11.56	45.63	32.76	12.37

生态学资料　适应高海拔（2 500m以上）生境的鼯鼠种类，主要栖息于针叶林或针阔混交林环境，巢穴圆球状，筑于树洞或高大乔木的树杈处。晨昏活动频繁，滑翔能力强，善于攀爬，最大滑翔距离上百米。以植物的果实、种子、嫩枝叶、芽等为食，其中松树、杉树果实为其食物的主要组成部分。一般每年6—7月进入繁殖期，每胎产2～4仔。每年换毛2次。

地理分布　中国特有种。在四川境内分布于马尔康、黑水、邛崃，国内还分布于云南、陕西、甘肃、青海、西藏。

分省（自治区、直辖市）地图——四川省

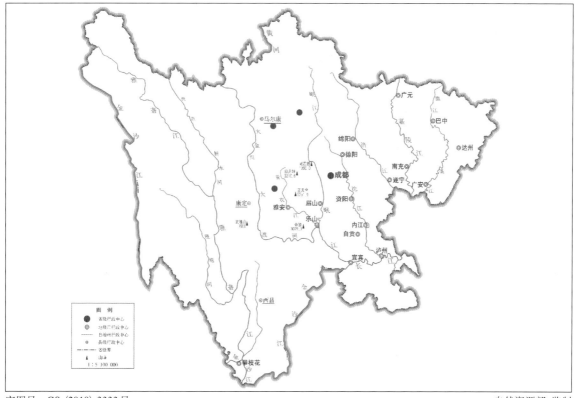

审图号：GS (2019) 3333号   自然资源部 监制

灰鼯鼠在四川的分布
注：红点为物种的分布位点。

分类学讨论 Milne-Edwards（1872）将该类群列为 *Pteromys* 的有效种并命名为 *Pteromys xanthotis* Milne-Edwards，1872。但 Allen（1940）及 Ellerman（1940）将该类群列入鼯鼠属，并命名为 *Petaurista xanthotis*（Milne-Edwards，1872）；Ellerman 和 Morrison-Scott（1951）将该类群作为亚种列为 *Petaurista leucogenys xanthotis*（Milne-Edwards，1872）；而 Corbet 和 Hill（1992）认为该类群脸颊部缺乏 *Petaurista leucogenys*（Temminck，1827）的典型特征，否认了该亚种结论。后续学者如 Corbet 和 Hill（1992）、黄文几等（1995）、王应祥（2003）、Wilson 和 Reeder（2005）、Smith 和解焱（2009）、Thorington 等（2012）、Wilson 等（2016）等人均将该类群列为 *Petaurista xanthotis*（Milne-Edwards，1872）恢复了该类群种的分类地位。

93. 复齿鼯鼠属 *Trogopterus* Heude，1898

Trogopterus Heude, 1898. Mem. l' Hist. Nat. Chinois, 4, I: 46-47（模 式 种：*Pteromys xanthipes* Milne-Edwards, 1867）.

鉴别特征 在鼯鼠种中属中等体型，成体头体长300～350mm。具发达的耳簇毛。颊齿中第4上前白齿最大，且齿冠面的齿尖及凹褶等结构最复杂。背部赤褐色，腹部白色，前后足背面橙（黄）褐色。

形态　中型鼯鼠种类，成体头体长300～350mm。尾长近似但稍长于头体长。乳头3对，胸部1对，腹部2对。

毛色：口鼻部橘黄褐（棕）色，颏部具一浅赤褐色毛斑。眼眶暗（赤）褐色，耳郭内侧黄褐色，耳背面边缘棕黑色，耳基部具发达的棕黑（褐）色簇毛，耳前侧具橘黄色毛斑。头额部棕（赭）灰色；颈背部较体背部更显棕黄色，体背部呈棕黄（赭黄褐）色，体腹面以灰白色为主；胸部区域略呈浅橙黄色，翼膜背面较体背部毛色稍深（赤黄褐色）；腹面由内侧区域的浅黄白色向外侧区域渐转为浅棕黄色，边缘棕灰白（略染棕黄）色。尾圆柱（略扁平）状，尾毛蓬松；尾背面棕灰褐（略黄）色，尾腹面近尾基部浅黄褐色，其余大部为黑褐色；尾稍略呈黑色。前、后足背面橙（黄）褐色，后足底部内侧跖垫卵圆形、裸露。

头骨：头骨粗壮发达，吻部相对短。鼻骨前宽，拱起且超出门齿唇面；后端稍窄且略超出前颌骨后端。眶间区较窄且凹陷，眶上突发达、尖锐且基部前方具缺刻；眶上突基部沿眼眶边缘稍隆起。颚后缘中央稍凸且超出第3臼齿后缘水平连线，颧弓相对较低且平直；脑颅后部下弯明显。听泡显著但不特别膨大。下颌冠状突发达，角突斜向内下方伸展明显。

牙齿：齿式1.0.2.3/1.0.1.3 = 22。门齿狭窄，第3上前臼齿小且位于第4上前臼齿前方内侧，侧面观不可见；第4上前臼齿发达且明显大于第1上臼齿，且齿冠面的齿尖及凹褶等结构最复杂；第1上臼齿、第2上臼齿大小相近，第3上臼齿略小，臼齿冠面次尖发达且大小近似原尖，齿冠面复杂且不规则；第1上臼齿、第2上臼齿唇面中部及第3上臼齿内后角均具一较深的凹褶。

地理分布　中国特有属，仅有1种。在四川境内分布于平武、安县、邛崃、崇州、都江堰、美姑，国内还分布于辽宁、北京、河北、河南、山西、湖北、陕西、甘肃、青海、西藏、云南、重庆、贵州等地。

分类学讨论　Heude（1898）以 *Pteromys xanthipes* Milne-Edwards，1867为模式种，设立复齿鼯鼠属 *Trogopterus*，包含2种：*T. xanthipes*（Milne-Edwards，1867）、*T. pearsonii*（Gray，1842）。但 Thomas（1908）以 *Sciuropterus pearsonii* Gray，1842为模式种，设立毛耳飞鼠属 *Belomys*，本属仅含 *T. xanthipes* 1种。Allen（1940）、Ellerman（1940）、Ellerman 和 Morrison-Scott（1951）、Corbet（1978）等均接受该结论。虽 Corbet 和 Hill（1992）又将 *T. pearsonii* 列入 *Trogopterus* 中，但黄文几等（1995）、张荣祖等（1997）、王应祥（2003）、Wilson 和 Reeder（2005）、Smith 和 解焱（2009）、Thorington 等（2012）等均认为该属为单型属，仅含1种：复齿鼯鼠 *T. xanthipes*（Milne-Edwards，1867）。

(164) 复齿鼯鼠 *Trogopterus xanthipes*（Milne-Edwards，1867）

别名　飞鼠、松猫子、橙足鼯鼠、催生子、寒号鸟、寒号虫、寒塔拉虫、黄脚复齿鼯鼠

英文名　Complex-toothed Flying Squirrel

Pteromys xanthipes Milne-Edwards, 1867. Ann. Sci. Nat. Zool., 8: 376（模式产地：河北）。

Trogopterus mordax Thomas, 1914. Jour. Bombay Nat. Hist. Soc., 23, 2: 230（模式产地：湖北宜昌）。

Trogopterus himalaicus Thomas, 1914. Jour. Bombay Nat. Hist. Soc., 23, 2: 231（模式产地：西藏春丕河谷）。

Trogopterus edithae Thomas, 1923. Ann. Mag. Nat. Hist., 11: 658（模式产地：云南丽江）。

Trogopterus minax Thomas, 1923. Ann. Mag. Nat. Hist., 11: 660（模式产地：四川）。

Trogopterus xanthipes Heude, 1898. Mém. l' Hist. Nat. Emp. Chin., 4(3, 4): 113-211.

鉴别特征　同属级描述。

形态

外形：同属级描述。

毛色：同属级描述。

头骨：同属级描述。

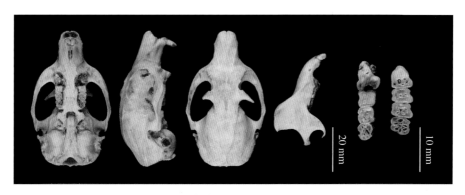

复齿鼯鼠头骨图

牙齿：同属级描述。

量衡度（衡：g；量：mm）

外形：

编号	性别	体重	体长	尾长	后足长	耳高	采集地点
SAF20943	♂	645	287	268	61	24	四川平武
SAF02023	—	285	255	262	55	22	四川安县
SAF06150	♀	700	187	179	52	35	四川美姑

头骨：

编号	性别	颅全长	基长	颅高	颧宽	眶间宽	上齿列长	上臼齿列长	下颌骨长	下齿列长	下臼齿列长
SAFCZ2016005	—	60.30	53.23	24.28	36.94	9.92	31.12	10.17	40.65	28.10	10.69
SAF20943	♂	60.03	52.79	26.34	36.23	9.85	31.43	10.05	43.62	29.74	10.82
SAFCZ2016004	—	60.83	52.28	25.03	36.63	11.06	30.52	9.96	40.17	27.08	10.10
SAF02023	—	59.21	51.13	23.85	34.29	9.64	30.66	11.02	39.17	27.28	11.62
SAF06150	♀	—	—	—	36.05	11.16	29.44	10.05	40.39	28.05	10.24

生态学资料　栖于温带针叶林或针阔混交林生境，大多以树叶、薹草类及兽毛等在险峻的悬崖峭壁上的石洞或岩石缝隙中筑椭圆形巢穴。复齿鼯鼠不在巢穴内排便，而是选择在巢穴附近的其他地方。巢穴位置一般在山崖的中部，雄性巢穴开口直对洞口，雌性巢穴开口在侧面，昼伏夜出。食物组成包括柏树（侧柏）、松树、栎树等的种子、嫩枝叶、树皮及果实等，其中侧柏是其主要组成部分。繁殖期洞内有储食现象。善滑翔，常常单独活动。成年个体每年换毛2次：春季自2月开始，秋季自7月开始。繁殖期一般在每年年末至次年年初，每胎产1～4仔，妊娠期60天左右，哺乳期近3个月。

地理分布　同属级描述。

分省（自治区、直辖市）地图——四川省

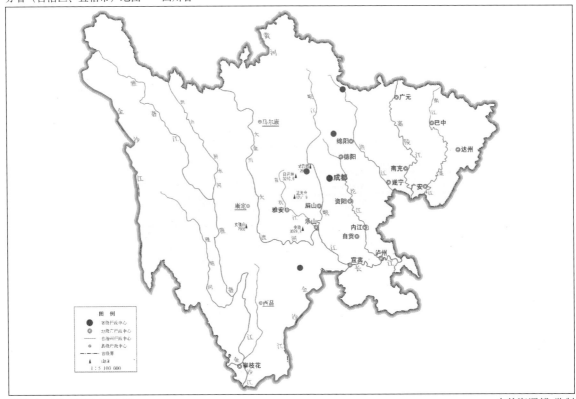

审图号：GS（2019）3333号　　　　　　　　　　　　　　　自然资源部　监制

复齿鼯鼠在四川的分布
注：红点为物种的分布位点。

分类学讨论　该类群首次被命名为 *Pteromys xanthipes* Milne-Edwards，1867。Heude（1898）以该种为模式种设立复齿鼯鼠属 *Trogopterus*，该种学名变更为 *Trogopterus xanthipes*（Milne-Edwards，1867），该结论一直沿用至今。关于亚种分化，Ellerman（1940）将该种列为5个亚种：*T. x. xanthipes*（Milne-Edwards，1867）、*T. x. mordax* Thomas，1914、*T. x. himalaicus* Thomas，1914、*T. x. edithae* Thomas，1923、*T. x. minax* Thomas，1923。Allen（1940）将该种列为3个亚种：*T. x. xanthipes*（Milne-Edwards，1867）、*T. x. mordax* Thomas，1914、*T. x. edithae* Thomas，1923。Ellerman 和 Morrison-Scott（1951）、Corbet（1978）均依据本种不同产地个体间毛色无明显变化的特征，认为该种无亚种分化。王廷正和许文贤（1992）列出复齿鼯鼠亚种分化检索表。罗蓉等（1993）认为贵州的复齿鼯鼠应为 *T. x. mordax*。黄文几等（1995）共列出4个亚种：*T. x. xanthipes*、*T. x. mordax*、*T. x. himalaicus*、*T. x. edithae*。但陈卫等（2002）认为北京的复齿鼯鼠无法依据已有的亚种检索表得到合理的鉴定，且已有的亚种间特征差异混乱，故仍采用本种无亚种分化的结论。王应祥（2003）、Smith 和解焱（2009）、Thorington 等（2012）、Wilson 等（2016）均认为无亚种分化。

94. 飞鼠属 *Pteromys* G. Cuvier，1800

Pteromys G. Cuvier, 1800. Lecons Anat. Comp. I, tab. I（模式种：*Sciurus volans*）.

Sciuropterus F. Cuvier, 1824. Dents des Mamm., 255（模式种：*Sciurus volans*）。

鉴别特征 在鼯鼠科中属小体型，成体头体长小于250mm。背面棕黄（褐）色，翼膜前缘棕黄色，后缘浅淡近污白色，门齿孔相对较长，第3上白齿齿冠面前后缘之间具2个明显横脊。

形态 个体在鼯鼠科中属于小型种类，成体头体长小于250mm。

毛色：身体被毛柔软、细密，毛色随季节有一定的变化。夏季：脸颊部灰黄色，眼周棕黑色，耳郭浅棕色，无耳簇毛；身体背面棕黄（褐）色，腹面灰白色，胸部稍显浅棕黄色；翼膜前缘棕黄色，后缘浅淡近污白色，翼膜背、腹面与体背、腹面颜色近似；尾毛蓬松、扁平、棕褐色，前、后足背棕（黑）褐色。冬季毛色整体相对浅淡。乳头4对。

头骨：吻部相对短；鼻骨总体呈前宽后窄，后缘与前颌骨后缘近平齐；眼眶较大，脑颅部相对宽大，侧面观呈圆弧形，眶间区（额部）凹陷，颧弓相对平直，略朝向下前方；颧板更显倾斜，眶下孔发达，眶上突尖端更向后方倾斜，基部前缘具一明显缺刻。门齿孔相对较长，听泡发达，下颌骨角突较宽。

牙齿：齿式1.0.2.3/1.0.1.3 = 22。第3上前白齿小且位于第4上前白齿前方，第4上前白齿与第1上白齿大小相近，但总体上逐渐变小；第3上白齿最小，白齿齿冠面前后缘之间具2个明显横脊，第3上白齿相对更长。

地理分布 在国内分布于黑龙江、辽宁、吉林、内蒙古、河北、北京、河南、陕西、山西、四川、甘肃、青海、宁夏、新疆；国外广布于古北区森林环境，从芬兰北部到波罗的海东岸，乌拉尔山及阿尔泰山南部，俄罗斯东部，朝鲜半岛及日本。

该属全世界记录2种，中国记录1种。

分类学讨论 G. Cuvier（1800）以*Sciurus volans*（Linnaeus，1758）为模式种设立*Pteromys*属。F. Cuvier（1825）以同一模式种设立*Sciuropterus*属，但Ellerman（1940）仍将*Pteromys*作为本属的学名，Simpson（1945）认为*Pteromys*是*Petaurista*的同物异名，而接受*Sciuropterus*作为本属的学名，Ellerman和Morrison-Scott（1951）重新确立了*Pteromys*的有效性。该结论得到后续学者的广泛认可（Corbet，1978；Corbet and Hill，1992；Hoffmann et al.，1993；黄文几等，1995；张荣祖等，1997；王应祥，2003；Wilson and Reeder，2005；Smith和解焱，2009；Thorington et al.，2012）。

本属分布于中国境内的种类为小飞鼠*Pteromys volans*（Linnaeus，1758）。

（165）小飞鼠 *Pteromys volans*（Linnaeus，1758）

别名 小催生、飞鼠、飞老鼠

英文名 Siberian Flying Squirrel

Sciurus volans Linnaeus, 1758. Syst. Nat., 10th ed., I: 64（模式产地：芬兰）。

Pteromys russicus Tiedemann, 1808. Zoologie, I: 451（模式产地：芬兰）。

Pteromys sibiricus Desmarest, 1822. Mammalogie, 2: 342. Substitute for *volans*.

Pteromys vulgaris Wagner, 1842. Schreb. Saugeth. Suppl., 3: 228. Substitute for *volans*.

Pteromys buchneri Satunin, 1903. Ann. Mus. St. Petersb., 7: 549（模式产地：甘肃）。

Sciuropterus wulengshanensis Mori, 1939. Rept. 1st Exp., 5(2): 590（模式产地：黑龙江）。

Pteromys volans G. Cuvier, 1800. Leçons d'anatomie comparée. Baudouin, Paris, Vol. 1.

鉴别特征　体型小的鼯鼠类，成体头体长一般不超过200mm。体背部灰黄（褐）色，腹部灰白（略黄），尾扁平，呈羽状。

形态

外形：小型鼯鼠类，成体头体长一般不超过200mm。尾长约为头体长的2/3，尾略扁，呈羽状。

毛色：头部整体以浅淡色调为主，脸颊部灰黄色，眼眶棕黑色，耳浅棕色。体背部棕灰黄（褐）色，腹部灰白色、胸部稍显浅棕（黄）白色。翼膜背、腹面与体背、腹面颜色近似，边缘略显橙色。尾毛背面中央棕（橙）色，两侧浅橙（黄）色，尾腹面中央棕（褐）色稍深。前、后足背与体背颜色近似但棕色略深，爪灰白色。乳头4对。

头骨：脑颅部相对宽大，侧面观较圆、凸。吻短，鼻骨前端不显宽但稍隆起，后端与前颌骨后端近似平齐；额区稍凹，眶上突基部前具缺刻，眶上突尖端更向后倾斜；颧骨相对较为水平；听泡圆凸，呈多瓣状；枕骨大孔呈三角椭圆形；下颌角突较宽。

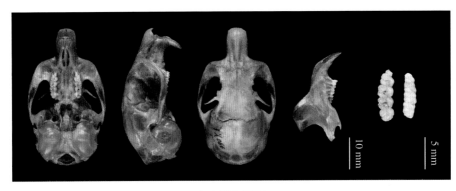

小飞鼠头骨图

牙齿：齿式1.0.2.3/1.0.1.3 = 22。第3上前臼齿圆柱状，位于第4上前臼齿前方靠内侧，侧面观可见；第4上前臼齿、第1上臼齿、第2上臼齿大小近似，第3上臼齿最小，其齿冠面前后缘之间具2条横脊，颊齿齿冠面结构复杂。

量衡度（量：mm）

头骨：

编号	颧宽	眶间宽	上齿列长	上臼齿列长	下颌骨长	下齿列长	下臼齿列
SPDPCCDB82	21.32	6.76	15.33	4.56	21.37	14.08	4.94

生态学资料　主要栖息于针叶林及针阔混交林生境，常在树洞内筑巢，巢高离地一般为4 ~ 5m，也有利用鸟类废弃的巢穴为巢的报道。晨昏活动频繁，善于攀爬，滑翔能力强。食物以植物的果实、种子、嫩枝叶、芽等为食，也吃蘑菇。通常每年繁殖1胎，每胎产仔2 ~ 4只。每年换毛2次，4月开始换夏毛，6月开始换冬毛。天敌主要为树栖的鼬类、猫类及猛禽类。

地理分布　在四川境内分布于川西及川北的丹巴、黑水一带，国内还分布于黑龙江、辽宁、吉林、内蒙古、河北、北京、河南、陕西、山西、甘肃、青海、宁夏、新疆。国外分布区域从芬兰向

分省（自治区、直辖市）地图——四川省

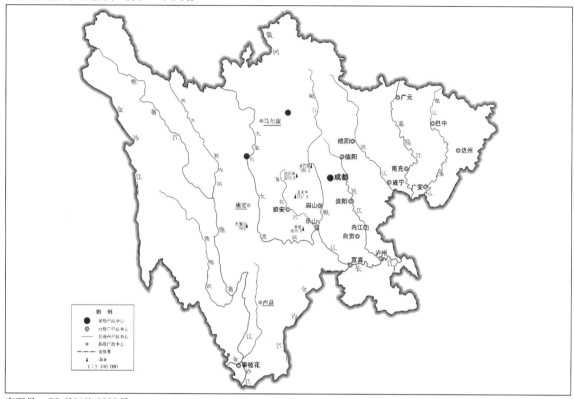

审图号：GS (2019) 3333号

自然资源部 监制

小飞鼠在四川的分布
注：红点为物种的分布位点。

东，横贯欧亚大陆北部，经俄罗斯东部达日本、朝鲜半岛。

分类学讨论　该类群首次被命名为 *Sciurus volans* Linnaeus，1758，G. Cuvier（1800）以该种为模式种设立飞鼠属 *Pteromys*，该种学名变更为 *Pteromys volans*（Linnaeus，1758），该结论一直沿用至今。关于小飞鼠的亚种分化，Ellerman（1940）将该种列为9亚种：*P. v. volans*（Linnaeus，1758）；*P. v. ognevi* Stroganov，1936；*P. v. gubari* Ognev，1935；*P. v. turovi* Ognev，1929；*P. v. betulinus* Serebrennikov，1930；*P. v. incanus* Miller，1918；*P. v. athene*（Thomas，1907）；*P. v. aluco*（Thomas，1907）；*P. v. arsenjevi* Ognev，1935；Ellerman 和 Morrison-Scott（1951）将 Ellerman（1940）所列的9个亚种及 *P. buechneri* Satunin，1903 和 *P. orii*（Kuroda，1921）全部列为 *P. volans* 的亚种，另增加2个亚种——*P. v. wulungshanensis*（Mori，1939）及 *P. v. anadyrensis* Ognev，1940，共计13个亚种。Corbet（1978）将上述亚种中的 *P. v. aluco*、*P. v. arsenjevi*、*P. v. betulinus*、*P. v. gubari*、*P. v. incanus*、*P. v. ognevi*、*P. v. turovi*、*P. v. wulungshanensis*、*P. v. anadyrensis* 均列入指名亚种 *P. v. volans*，认为该种仅含4亚种，即 *P. v. volans*、*P. v. athene*、*P. v. orii*、*P. v. buechneri*；Thorington 等（2012）及 Wilson 等（2016）均沿用该结论，其中分布于中国境内的为 *P. v. buechneri*（还分布于朝鲜半岛）。关于中国境内的亚种分化，Allen（1940）列为2个亚种：*P. v. buechneri*、*P. v. wulungshanensis*。黄文几等（1995）在此基础上增加1个亚种，共列为3个亚种：*P. v. buechneri*、*P. v. wulungshanensis*、*P. v. turovi*。王应祥（2003）又增加了 *P. v. arsenjevi*，共计4个亚种，Smith 和解焱（2009）沿用该

结论。本书采用 Corbet（1978）、Thorington 等（2012）Wilson 等（2016）的结论，认为中国境内含 1 个亚种 *P. v. buechneri* Satunin，1903，分布于四川境内的即为该亚种。

甘肃亚种 *Pteromys volans buechneri* Satunin，1903

Pteromys volans buechneri Satunin, 1903. Ann. Mus. St. Petersb., 7: 549（模式产地：甘肃）.

形态 尾背、腹面棕（黑）褐色。

地理分布 在四川境内分布于川西及川北的丹巴、黑水一带，国内还分布于黑龙江、吉林、辽宁、北京、河北、内蒙古、山西、新疆、河南、甘肃、宁夏、青海、陕西。

95. 箭尾飞鼠属 *Hylopetes* Thomas，1908

Hylopetes Thomas, 1908. Ann. Mag. Nat. Hist., I: 6（模式种：*Sciuropterus everetti* Thomas, 1895）.

Eoglaucomys Howell, 1915. Proc. Biol. Soc. Wash., 28: 109（模式种：*Sciuropterus fimbriatus* Gray, 1837）.

鉴别特征 小型鼯鼠类。门齿孔短、小，颧板较低且略向前倾斜，颊齿齿冠面具整齐的横脊和纵脊，第 3 上白齿仅具一横齿脊。

形态 小型鼯鼠类。本属内的不同种体型差异显著，体型较大的种类成体体长接近 300mm，体型较小的种类成体体长一般不超过 200mm。

身体被毛柔软。背面以灰褐色为主，有黄褐色、赤褐色、黑褐色等变化。腹面有灰白色、黄白色或黄灰色的变化。尾相对较宽，扁平，呈羽状，尾背、腹面颜色相近，尾梢略黑。乳头 3 对。

门齿孔短、小，颧板较低；眶前孔明显，眶上突发达（较小种类稍短）；额部稍凹，听泡正常。

齿式 1.0.2.3/1.0.1.3 = 22。第 3 上前白齿细小、圆柱状，位于第 4 上前白齿前方内侧；其余上颊齿齿冠面具整齐的横脊和纵脊；下颊齿中，第 4 下前白齿最小，从前向后逐渐增大，第 3 下白齿最长。

地理分布 在国内分布于云南、贵州、四川、广西、浙江、海南等地；国外的分布区域：从喜马拉雅山区经中南半岛至大巽他群岛。

该属全世界记录 9 种，中国记录 2 种，其中四川记录 1 种。

分类学讨论 Thomas（1908）将 *Hylopetes* 列为 *Sciuropterus* 的亚属，但 Pocock（1923）基于阴茎形态学的研究结果，将 *Hylopetes* 提升为属。后续的形态及分子生物学研究结果均支持该类群作为分布于自喜马拉雅东部至东南亚地区一个独立的有效属，与分布于喜马拉雅西部地区的 *Eoglaucomys* A. H. Howell，1915 明确地区分开（Nowak，1999；Oshida et al.，2004；Thorington et al.，1996）。但关于该属内的种级分化，基于头骨、牙齿及外部形态特征等方面的依据，不同的分类学家观点不一（Allen，1940；Corbet and Hill，1992；Ellerman，1940；Ellerman and Morrison-Scott，1951；Hoffmann et al.，1993；Nowak，1999；Thorington and Hoffmann，2005；Thorington et al.，2012），其中，最多的有 13 种（Ellerman，1940），最少的有 9 种（Thorington and Hoffmann，2005；Thorington et al.，2012；Wilson et al.，2016）。本书依最新研究结论，认为该属共含 9 种，中国境内分布 2 种，其中四川境内分布 1 种，为黑白飞鼠 *H. alboniger*。

（166）黑白飞鼠 *Hylopetes alboniger*（Hodgson，1836）

别名　黑白林飞鼠、箭尾黑白飞鼠、黑白鼯鼠

英文名　Particolored Flying Squirrel

Sciuropterus alboniger Hodgson, 1836. Jour. Asiat. Soc. Bengal, 5: 231（模式产地：尼泊尔）.

Sciuroptera turnbulli Gray, 1837. Proc. Zool. Soc., 68（模式产地：印度）.

Pteromys leachii Gray, 1837. Mag. Nat. Hist., 1: 584.

Pteromys (*Hylopetes*) *alboniger orinus* Allen, 1940. Mamm. Chin. Mong., 2: 723（模式产地：云南丽江）.

Hylopetes alboniger Thomas, 1908. Ann. Mag. Nat. Hist., Ⅰ: 6.

鉴别特征　成体体长介于175～250mm；喉部至脸颊部区域白色"半颈圈"明显，背部深灰褐色，腹部灰（白）色，尾呈扁平状。

形态

外形：小型鼯鼠种类中体型相对较大的种类，尾长稍短但近似于头体长。成体体型较本属中的海南小飞鼠及飞鼠属*Pteromys*中的小飞鼠*P. volan*（Linnaeus，1758）大，但较复齿鼯鼠*Trogopterus xanthipes*（Milne-Edwards，1867）小。

毛色：脸颊、喉、颏部白色至黄白色，向上延伸经颊部至眼下；眼眶黑（褐）色；耳郭长圆形，具灰白色耳后斑。体背面自头顶至臀部皮毛基部黑褐色，表面具棕（灰）褐色毛尖；腹部浅灰白色，鼠蹊部渐呈灰色。翼膜背面与体背颜色近似但稍深，呈黑褐色，腕部后方翼膜边缘约30mm呈白色，翼膜腹面渐转为污白色，翼膜边缘白色。前、后足背近似体背毛色，指（趾）灰白色；前足掌裸露，掌垫2个，指垫3个；后足跖部裸露但跖部外侧有白色短毛，掌垫1个、趾垫4个。尾扁平呈羽状，尾背面较体背毛色浅，呈灰（黑）褐色；尾腹面整体呈灰（黑）褐色，或两侧显灰黑色而中央呈灰白色，后半段至尾梢渐呈黑色。雌性乳头3对。

头骨：吻部相对较长，鼻骨较平直，后端略超出前颌骨后端；额区稍凹，眶上突发达，基部前方具缺刻，门齿孔小，远离上颊齿前缘水平连线；颚后缘超出第3上白齿后缘水平连线，听泡相对较发达，枕骨大孔呈三角状的椭圆形，下颌骨冠状突相对更细长。

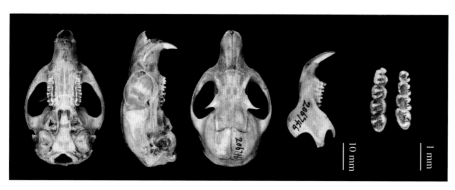

黑白飞鼠头骨图

牙齿：齿式1.0.2.3/1.0.1.3 = 22。第3上前臼齿相对较小且呈圆柱状，位于第4上前臼齿前方靠内侧，第3上臼齿齿冠面仅具1个横脊，左、右颊齿齿列略呈平行排列。

量衡度（衡：g；量：mm）

外形：

编号	性别	体重	体长	尾长	后足长	耳高	采集地点
SCCDC051025	♀	298	229	196	42	35	四川盐边
SCCDC050007	♀	251	299	198	40	38	四川盐边

头骨：

编号	性别	颅全长	基长	颅高	颧宽	眶间宽	上齿列长	上臼齿列长	下颌骨长	下齿列长	下臼齿列长
SCCDC050007	♀	50.75	42.46	21.42	30.12	10.68	23.52	7.55	34.13	21.58	7.69
SCCDC050534	—	47.26	41.19	19.20	30.79	10.84	22.92	7.33	32.64	20.97	7.59

生态学资料 主要生活于海拔1 500～4 500m的中、高海拔的亚热带阔叶林或针阔混交林生境，特别是近山中溪流边以栎树林或核桃林为主的林中，常与鼯鼠属 *Petaurista* 的物种生活在同一生境，在树洞中筑巢，食物以植物果实、种子、嫩枝、叶、花等为主，有储食行为。繁殖季节在每年的4月末至6月中旬，每胎产1～3仔。树栖食肉类为其主要天敌。

地理分布 在四川境内分布于盐边、米易、德昌一带，国内还分布于云南、贵州、广西、浙江、海南。国外分布于尼泊尔、印度、缅甸、泰国、老挝、柬埔寨、越南。

分省（自治区、直辖市）地图——四川省

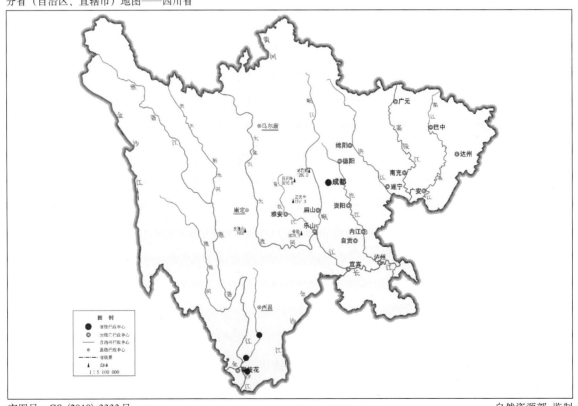

审图号：GS (2019) 3333号　　　　　　　　　　　　　　　　　　　自然资源部 监制

黑白飞鼠在四川的分布
注：红点为物种的分布位点。

分类学讨论　Hodgson（1836）首次将该种命名为*Sciuropterus alboniger*，Thomas（1908），将该种置于*Sciuropterus*的箭尾飞鼠亚属*Hylopetes*中；Allen（1940）认为该种仍属于箭尾飞鼠亚属，但将该亚属另归入飞鼠属*Pteromys*中；Ellerman（1940）将箭尾飞鼠亚属提升为独立的属，并将该种列为*Hylopetes alboniger*（Hodgson，1836），迄今关于该种的分类地位后续学者均接受该结论。

目前该种有4个亚种报道，分布于国内的有3个亚种，其中四川境内分布1个亚种：黑白飞鼠丽江亚种*H. a. orinus* G. Allen，1940。

黑白飞鼠丽江亚种　*Hylopetes alboniger orinus*（Allen，1940）

Pteromys alboniger Anderson, 1878. Anat. Zool. Rese. Western. Yunnan, 298.

Hylopetes alboniger Thomas, 1923. Ann. Mag. Nat. Hist., 9, Ⅱ : 658.

Pteromys (Hylopetes) alboniger orinus Allen, 1940. Mamm. Chin. Mong., 723.

Pteromys (Hylopetes) alboniger Allen, 1925. Amer. Mus. Nov., 163: 15.

形态　体型较大。前额、头顶、颈背及背部毛色暗棕黄色，毛尖略带暗黄色或浅黄褐色，使得整个体背面显暗黄褐色。耳背棕黑色。前臂前端边缘毛尖白色，翼膜背面两侧区域黑色，但腕部后端边缘有一小段狭窄的白色区域。身体腹面整体呈浅黄白色，下颌、喉部至毛基均白色，其他区域毛基暗灰色，腹部区域呈浅黄褐色。前、后足背黑灰色，后趾白色。尾背以棕黑色为主基调，尾基部更显棕灰色，向后至尾梢逐渐加深，使得尾部中、后部区域整体更显棕黑色；尾腹面近基部前半段浅棕（黄）灰色，中部渐深呈棕褐色，尾梢淡棕黑（褐）色。

地理分布　在四川境内分布于盐边、米易、德昌一带，国内还分布于云南（西北部除外）、贵州、广西、浙江等地。

二十九、蹶鼠科 Sicistidae J. Allen，1901

Sminthi Brandt, 1855. Mem. Acad. Imp. Sci. St. -Petersbourg, 9（模式属：*Sminthus* Nordmann, 1840）.

Sminthinae Murray, 1886. Geogr. Distr. Mamm. Lond., 360.

Sicistinae J. Allen, 1901. Proc. Biol. Soc. Wash., 14:185（模式属：*Sicista* Gray, 1827）.

起源与演化　蹶鼠属 *Sicista* 是该家族中唯一现存的属，是啮齿动物中最古老的属之一。现有的蹶鼠属物种仅分布于亚洲和欧洲，尽管北美洲也有蹶鼠属的化石物种和密切相关的属。

蹶鼠类化石于渐新世几乎在亚洲、欧洲同时出现，北美洲稍晚。最古老的化石包括我国内蒙古阿左旗渐新世中期发现的3属6种蹶鼠化石（翟毓沛，1986；黄学诗，1992），包括副蹶鼠属的中亚副蹶鼠 *Plesiosminthus asiae-centralis*、党河副蹶鼠 *P. tangingoli*、小副蹶鼠 *P. parvulus*，戈壁蹶鼠属的邱氏戈壁蹶鼠 *Gobiosminthus qiui* 及1个未定种；沙漠蹶鼠属的童氏沙漠蹶鼠 *Shamosminthus tongi*。甘肃党河的晚渐新世地层也发现了中亚副蹶鼠、党河副蹶鼠、小副蹶鼠，还发现了兰州异蹶鼠 *Heterosmithus lanzhouensis*、黄河间齿鼠 *Litodonomys huangheensis*。党河的中新世地层还发现了中间异蹶鼠 *H. intermedius* 和溪水间齿鼠 *L. xishuiensis*（王伴月等，2003），在青海西宁早中新世地层中发现了黄水副蹶鼠 *P. huangshuiensis*、西宁副蹶鼠 *P. xinignensis* 及拉脊山副蹶鼠 *P. lahjeensis* 化石（李传夔和邱铸鼎，1980）。欧洲发现副蹶鼠属3种，地层为渐新世；北美洲发现副蹶鼠属1种，时间是中新世早期。由于欧亚大陆是一个整体，同时出现蹶鼠类化石不难理解。北美洲稍晚，从时序看，蹶鼠科物种应该起源于欧亚大陆。

Martin（1994）、Kimura（2013）和 Zhang 等（2013）分析的古生物学证据支持了亚洲生物群通过白令陆桥进入北美洲的多重扩散事件的想法。亚洲的兽类似乎已经两次扩散到欧洲，此后欧洲生物群显然独立于亚洲生物群发展。以上概述的化石证据与 Csekesz 等（2019）以及 Pisano 等（2015）进行的系统发育分析相结合，支持中新世早期的蹶鼠属为中亚起源，并随后传播到欧洲和北美洲这一观点。

形态特征　蹶鼠科为小型鼠类。尾较长，具半缠绕能力，约为体长的1.5倍，尾端无毛簇。后肢长约为前肢长的2倍。后足长小于头体长的1/3，且短于颅全长，不适于跳跃。顶间骨宽仅为长的2倍左右；颚骨后缘中部凸出，并远超过白齿后缘连线。

分类学讨论　蹶鼠科是2013年由 Lebedev 等根据形态学研究和分子数据的系统分析，由蹶鼠亚科提升为独立科的。

蹶鼠科鼠类是跳鼠总科中的3类之一，其他的是林跳鼠科 Zapodidae 和跳鼠科 Dipodidae。与其他两支系不同，蹶鼠科鼠类没有明显的后肢特化，而是四足行走、非跳跃性动物，不习惯仅使用后肢跳跃，但却是敏捷的攀爬者。

对蹶鼠科 Sicistidae 或 Sminthidae 名称的使用，不同学者持不同意见。一些欧美国家和中国的学者使用 Sicistidae（Wilson and Reeder, 2005；Smith 和解焱，2009；Zhang et al., 2013；程继龙等，2021），而大部分俄罗斯的学者使用 Sminthidae（Shenbrot et al., 2008；Lebedev et al., 2013；

Pisano et al.，2015；Michaux and Shenbrot，2017）。由于模式属 *Sicista* Gray，1827是蹶鼠属有效的首异名，因此，本书接受蹶鼠科使用 Sicistidae 作为名称的观点。

Howell（1929）将蹶鼠属 *Sicista* 归属于林跳鼠科 Zapodidae 中。J. Allen（1901）认为成立蹶鼠亚科 Sicistinae 为跳鼠科的1个亚科，包含蹶鼠属1个属。Allen（1940）、Ellerman 和 Morrison-Scott（1951）同意J. Allen（1901）的观点。Walker等（1975）认为蹶鼠属为林跳鼠科中的1个属，包含 *S. betulins*、*S. caucasica*、*S. caudatus*、*S. concolor*、*S. napaea* 和 *S. subtilis* 6个种。Honacki 等（1982）认为蹶鼠属为跳鼠科中的1个属，包含 *S. betulins*、*S. caucasica*、*S. caudatus*、*S. concolor*、*S. kluchorica*、*S. napaea*、*S. pseudonapaea*、*S. subtilis*、*S. tianshanica* 9个种。胡锦矗和王酉之（1984）、潘清华等（2007）指出 *S. concolor* 应归属于林跳鼠科。谭邦杰（1992）认为蹶鼠属为跳鼠科林跳鼠亚科中的1个属，包含 *S. subtilis*、*S. napaea*、*S. subtilis*、*S. pseudonapaea*、*S. betulins*、*S. concolor*、*S. caudata* 7个种。Wilson 和 Reeder（1993）仍将蹶鼠属归属于林跳鼠科。王酉之和胡锦矗（1999）认为林跳鼠亚科在四川分布有中国蹶鼠 *S. concolor* 和四川林跳鼠 *Eozapussetchuanus* 2种。Musser 和 Carleton（2005）同意 Wilson 和 Reeder（1993）的分类学观点。Wilson 等（2017）将蹶鼠亚科提升为1个独立的科级分类单元。该科只有1个属——蹶鼠属，目前较为认可的是，中国分布有4种蹶鼠。分别为长尾蹶鼠 *S. caudata*、中国蹶鼠 *S. concolor*、天山蹶鼠 *S. tianschanica*、草原蹶鼠 *S. subtilis*（马勇等，2012；蒋志刚等，2015；Michaux and Shenbrot，2017）。按照 Wilson 等（2017）的观点，蹶鼠属包括14种，中国确认有3种，另有2种推测分布于中国，包括长尾蹶鼠 *S. caudata*、中国蹶鼠 *S. concolor*、天山蹶鼠 *S. tianshanica*、灰蹶鼠 *S. pseudonapaen*、草原蹶鼠 *S. subtilis*。程继龙等（2021）认为上述5种均分布于我国。

96. 蹶鼠属 *Sicista* Gray，1827

Sicista Gray, 1827. In Griffith et al. Ani. King., 5: 228（模式种：*Mus subtilis* Pallas, 1773）.

Sminthus Nordmann, 1840. In Demidoff. Voy. Russie, 3: 49（模式种：*Sminthus loriger* Nathusius, 1840）.

鉴别特征　见科的描述。

（167）中国蹶鼠 *Sicista concolor*（Büchner，1892）

别名　单色蹶鼠、天山蹶鼠

英文名　Chinese Birc Mouse

Sminthus concolor Buechner, 1892. Mel. Biol. Acad. St. Petersbourg, 13: 267; Bull. Acad. Imp. Sci. St. Petersbourg, 3: 107（模式产地：青海西宁）.

Sicista concolor Thomas, 1912. Ann. Mag. Nat. Hist., 10: 401.

Sicista weigoldi Jacobi, 1923. Abh. Mus. Dresden, 16, 1: 15（模式产地：四川松潘）.

鉴别特征　较小体型的跳鼠。后肢和后足均较短，不适于跳跃，后足长短于颅长。上颌门齿橘黄色，无纵沟；白齿咀嚼面具齿突结构。背部暗黄褐色间杂有黑毛；沿脊柱没有黑色纵条纹。尾端无毛簇。

形态

外形：体型较小的跳鼠，似小家鼠，体重6～12 g；体长51～76 mm；尾细而均匀，尾长86～139 mm，约为体长1.5倍；后足长17～20 mm，略长于前足，后肢比前肢长。耳高10～19 mm，耳小，耳基部不呈管状。每边20多根须，最长须约30 mm；较长者中、下部为黑色，中、上部灰白色，较短者几乎为灰白色。

后肢较短，后足长小于颅全长，不适于跳跃。前足有5指，前足第1指极短、指甲不明显；第5指较短，第2、3、4指较长，且第3、4指约等长。后足具5趾，中间3趾的距骨不愈合，两侧趾正常；第1趾最短，第5趾略长，其余3趾最长，也略等长。前足掌垫5枚，后足趾垫5枚。乳头4对：2对在胸部，2对在腹部。

毛色：吻及上唇污白色。体背毛色暗黄褐色间杂有黑毛，成体颜色偏金黄色。背中部色深，两侧较淡；沿脊柱无黑色纵脊纹暗区，耳朵颜色偏灰黑色。腹毛灰白色或污白色；背腹间色泽无明显界线。尾双色，上侧与背毛色相似，下侧较淡。背和前足有白色短毛，足掌裸露。

头骨：颅全长18.51～21.15 mm，颚长9.1 mm，颚宽9.3 mm，基底长16.53～18.73 mm，颅高6.67～7.52 mm，颧宽7.98～8.54 mm，眶间宽3.84～4.24 mm，下颌骨长11.16～12.99 mm。

头骨脑颅部近似圆形，侧面观呈弧形，头骨吻较短。鼻骨前端略超出前颌骨和上颌门齿，短而狭窄，其后端达眼眶前缘水平线，但远被前颌骨后端所超越。额骨有2个前后排列的小凸起且凸起之间有横缝。而顶骨却明显外凸似圆球。额骨侧面和顶骨前侧面形成眼眶的内壁。顶间骨横置于脑后，宽约为长的2倍；顶间骨与顶骨之间、额骨与顶骨之间骨缝明显且略平行。眶前孔大，上部细窄，下部宽大，眶间无明显眶上脊。枕骨大孔横向椭圆形，上枕骨、侧枕骨、枕髁不明显。颧骨、颧弓很纤细。

头骨腹面基枕骨略大形如梯形，基蝶骨和前蝶骨长方形；门齿孔长，中间的鼻中隔完整。颚骨后缘中部突出，并远超过白齿后缘连线。颚骨与硬腭骨缝不明显。下颌骨冠状突、关节突和角突均尖细向后三叉斜出，中间轻薄。

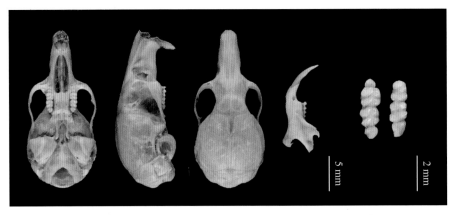

中国蹶鼠头骨图

牙齿：上齿列长8.32～9.38 mm，下齿列长7.19～8.66 mm。上颌门齿细长，垂直向下，上颌门齿唇面橘黄色无纵沟，外露部分长约3 mm。上颌两列牙齿略平行排列，前臼齿小，呈圆柱状。第1、2上臼齿发达，具4个齿尖，内、外侧各有一深凹褶。第3臼齿很小，圆形。下颌门齿白色，第1、2下臼齿等大，第3下臼齿略小，圆柱状。臼齿咀嚼面多具齿突结构，中间略凹，少量咀嚼面光滑少凹褶。

量衡度（衡：g；量：mm）

外形：

编号	性别	体重	体长	尾长	后足长	耳长	采集地点
SAF181416	♀	6	54	125	18	11.0	四川平武
SAF181417	♂	7	53	131	20	13.0	四川平武
SAF191318	—	—	58	112	17	10.0	四川平武
SAF191014	—	—	62	134	19	13.0	四川美姑
SAF191178	—	—	76	136	17	19.0	四川平武
SAF06183	♂	12	62	138	20	15.0	四川平武
SAF07057	♂	10	62	139	20	13.0	四川平武
SAF07059	♀	10	64	133	20	14.5	四川平武
SAF16161	♂	11	68	111	17	14.0	四川黑水

头骨：

编号	颅全长	基长	颧宽	眶间宽	颅高	上齿列长	下颌骨长	下齿列长
SAF181416	18.51	17.20	不全	3.84	7.24	8.32	11.16	7.21
SAF181417	19.07	16.53	8.30	3.97	7.43	8.51	11.66	7.76
SAF20318	20.12	17.85	8.54	4.23	7.27	8.97	12.15	8.12
SAF20014	20.87	18.66	8.25	4.21	7.52	9.38	12.31	8.08
SAF20178	20.08	18.73	—	4.24	7.40	9.29	12.99	8.26
SAF06183	20.35	18.17	8.22	4.01	7.36	9.31	12.44	8.36
SAF07057	20.40	18.55	8.42	4.16	7.45	9.08	12.47	8.20
SAF07059	—	—	8.57	4.12	6.92	9.32	12.08	7.93
SAF16161	21.15	18.67	8.19	4.02	7.50	9.24	12.98	8.66

生态学资料 栖息于海拔2 500～3 950 m高山和亚高山针叶林、针阔混交林、沿河灌丛、草甸和山地草原区阴坡的高草丛中。主要在黄昏和夜间活动，擅攀缘。杂食性，主要以昆虫和其他无脊椎动物、植物绿色部分、种子或根茎等为食。每年繁殖1次，6—7月间产仔，每胎3～6仔。

地理分布 分布于四川西北和西南部，如平武、松潘、九寨沟、青川、彭州、美姑、宝兴、崇州、小金等地，国内在新疆西部、青海、云南北部、甘肃、陕西都有发现。国外见于巴基斯坦、印度。

分省（自治区、直辖市）地图——四川省

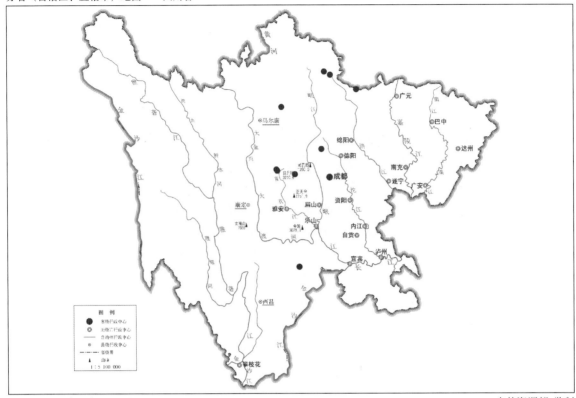

审图号：GS（2019）3333号

自然资源部 监制

中国蹶鼠在四川的分布
注：红点为物种的分布位点。

分类学讨论 中国蹶鼠*Sicista concolor*于1892年由Buchner建种。Thomas（1912）在甘肃临潭采集到2号雌性标本。Howell（1929）在原满洲一面坡采集到1号亚成体，Allen（1940）对*Sicista concolor*分布范围的东延提出质疑，同时认为*S. weigoldi*是中国蹶鼠的同物异名。Ellerman和Morrison-Scott（1951）指出*Sicista concolor*包含*S. c. concolor*、*S. c. flavus*、*S. c. leathemi*和*S. c. tianschanica* 4个亚种。Corbet（1978）认为*Sicista concolor*包含*S. c. concolor*、*S. c. caucasica*、*S. c. caudata*、*S. c. leathemi*和*S. c. tianschanica* 5个亚种。王酉之（1982）将*Sicista concolor*归为林跳鼠科Zapodidae中，为独立种。谭邦杰（1992）认为*Sicista concolor*只包含*S. c. tianschanicus* 1个亚种。Wilson和Reeder（1993）仍将*Sicista*属归属于林跳鼠科Zapodidae，包含*S. c. flavus*、*S. c. leathemi*和*S. c. weigoldi* 3个亚种。Musser和Carleton（2005）同意Wilson和Reeder（1993）的分类观点。Smith和解焱（2009）确定*Sicista concolor*独立种的分类地位，但未提及亚种的分化。Wilson等（2017）同样确定*Sicista concolor*为独立种。Csekész等（2019）通过对线粒体DNA控制区域和细胞色素b基因与*IRBP*基因序列的联合体内遗传学分析，结合Zhang等（2013）在新疆北部采集到的1个标本，认为*Sicista concolor*包含3个亚种：*S. c. concolor* Büchner，1892分布在中国青海东部、甘肃和陕西西南部；*S. c. leathemi* Thomas，1893分布在克什米尔—巴基斯坦北部和印度西北部，可能分布在新疆西南部的塔什库尔干自然保护区，但没有标本证实。在中国四川西北和云南西北部分布有中国蹶鼠四川亚种*S. c. weigoldi* Jacobi，1923。

中国蹶鼠四川亚种 *Sicista concolor weigoldi* Jacobi，1923

Sicista concolor weigoldi Jacobi, 1923. Abh. Mus. Dresden, 16, 1: 15（模式产地：四川松潘）.

鉴别特征　体背毛暗褐色，背中部色深，两侧较淡。尾上面同体被色，下面污灰色调。

生态学资料　同种级描述。

地理分布　分布于四川平武王朗、青川、彭州、美姑、宝兴、崇州、小金、松潘、九寨沟。

三十、林跳鼠科 Zapodidae Coues，1875

Zapodidae Couse, 1875. Bull. U. S. Geol. Geog. Surv. Terr. Ser. 2, 5(3): 253(模式属: *Zapus* Caues, 1875).

起源与演化　跳鼠起源于中亚地区中始新世的晓鼷鼠 *Heosminthus* 和中华鼷鼠 *Sinosminthus*。具有现代分类意义的跳鼠科概念在1904年才形成，并首次使用Dipodoidea作为总科名称（Weber，1904）。该科化石在中新世晚期地层才有发现，估计进化中心应在亚洲。中国内蒙古通尔层中的原跳鼠 *Protalactage* 是该科化石的最早记录。稍后，最晚在华北中新世的地层中发现副跳鼠 *Paraeactage*、异鼷鼠 *Heterosminthus* 等化石。在西藏喜马拉雅山的吉隆盆地中，发现了喜马拉雅跳鼠 *Himaeayactaga*。第四纪时，可能由于动物群生态环境的不同，跳鼠化石发现不多。

根据形态特征、栖息地环境及生活习性差异可将跳鼠总科归纳为3个生态类型：鼷鼠类、林跳鼠类和荒漠跳鼠类。其中，鼷鼠类分布于欧亚大陆纬度较高的森林和草原地带，林跳鼠类间断分布于北美大陆和中国青藏高原东部及东北部的林地，而荒漠跳鼠类主要分布于古北界荒漠、半荒漠地区（Smith和解焱，2009）。跳鼠早期的多样化在始新世至渐新世的原喜马拉雅或毗邻地区发生（Pisano et al.，2015），随着晚渐新世图尔盖海峡的闭合、白令陆桥的形成、中中新世以来全球气候干冷化以及上新世以来的欧亚内陆荒漠化等一系列重大地史事件的出现，鼷鼠类和林跳鼠类逐步向北美大陆扩散，荒漠跳鼠类则在古北界荒漠带开始了辐射演化（Zhang et al.，2013；Pisano et al.，2015）。

跳鼠总科分为林跳鼠科Zapodidae、鼷鼠科Sicistdae和跳鼠科Dipodidae 3科6亚科的分类体系是目前国际上较为广泛接受的分类观点（Lebedev et al.，2013；Pisano et al.，2015；Michaux and shenbrot，2017；程继龙等，2021）。

林跳鼠科是分布于北方大陆的一个小科，在1875年由Couse命名。全世界计有3属5种，其中 *Zapus* 属3种，全部分布于北美洲（美国和加拿大）；*Napaeozapus* 属1种，分布于美国东部。中国有1属1种，即林跳鼠属 *Eozapus* 的四川林跳鼠 *Eozapus setchuanus*。林跳鼠属是中国中部的特有属，很可能是中国跳鼠的前身。根据在内蒙古发现的一枚中新世早期的林跳鼠属牙齿化石，科学家们认为这是林跳鼠科在亚洲发源的证据（Wilson et al.，2017）。

形态特征　林跳鼠科物种体型小，鼠形，体长63 ~ 100 mm。上唇正中分为两瓣，髭毛较头略长。上颌门齿红色，具纵沟，白齿咀嚼面无齿突结构。后足具5趾，中3趾跖骨不愈合，侧趾发育正常。后肢较长，约为前肢长的2倍，长后足明显大于颅全长，适于跳跃。尾细长，约为体长的1.5倍，尾端无毛簇。背中央从额到尾杂有大量的黑毛而成暗色区。顶间骨宽为长的3 ~ 4倍；颚骨后缘中部略凸出，其后缘仅略超过白齿后缘连线。

分类学讨论　Allen（1940）认为林跳鼠科包含鼷鼠亚科Sicistinae和林跳鼠亚科Zapodinae 2个亚科，林跳鼠亚科包含分布于亚洲的林跳鼠属和分布在北美洲的 *Zapus* 和 *Napaeozapus* 2个属。Ellerman和Morrison-Scott（1951）则认为林跳鼠亚科应为跳鼠科Dipodinae的1个亚科，仅包含1个属，其分类地位与鼷鼠科相同，但同时指出其广泛分布，形态上与跳鼠科其他物种存在较为明显的差异。Walker等（1975）不认同Ellerman和Morrison-Scott（1951）的观点，将林跳鼠科独立于跳鼠科之外，包含4属11种（包含蹶鼠属和林跳鼠属2个属）。Honacki等（1982）指出林跳鼠科应为独立的科级分类单元，包含林跳鼠属、蹶鼠属 *Sicista*、*Napaeozapus*、*Zapus* 4个属。胡锦矗和王酉之（1984）认为林跳鼠科包含蹶鼠亚科和林跳鼠亚科2个亚科，我国共分布2属4种，其中四川分布有2亚科（各1属1种），为中国蹶鼠 *Sicista concolor* 和四川林跳鼠。谭邦杰（1992）认为林跳鼠科包含蹶鼠亚科、林跳鼠亚科、跳鼠亚科、心颅跳鼠亚科 Cardiocraniinae 和长耳跳鼠亚科 Euchoretinae 5个亚科，林跳鼠亚科包含 *Zapus*、林跳鼠属和 *Napaeozapus* 3个属。Wilson 和 Reeder（1993）仍将林跳鼠亚科作为跳鼠科的1个亚科，但仍然包含 *Zapus*、*Eozapus*、*Napaeozapus* 3个属。王酉之和胡锦矗（1999）认为林跳鼠科是独立科，在四川分布有中国蹶鼠 *Sicista concolor* 和四川林跳鼠2种。Musser 和 Carleton（2005）同意 Wilson 和 Reeder（1993）的观点。Smith 和解焱（2009）认为林跳鼠科为独立科，包含蹶鼠亚科、林跳鼠亚科、跳鼠亚科、心颅跳鼠亚科、长耳跳鼠亚科和五指跳鼠亚科 Allactaginae 6个亚科。蒋志刚等（2015，2017）同意 Smith 和解焱（2009）对跳鼠科的分类调整。Wilson 等（2017）认为林跳鼠科是个独立的科级分类单元。基于染色体数据，Vorontsov 和 Malygina（1973）主张将跳鼠类群分为林跳鼠科、蹶鼠科和跳鼠科（包括心颅跳鼠亚科、长耳跳鼠亚科、五趾跳鼠亚科 Allactaginae 和跳鼠亚科）。Lebedev 等（2013）基于4个核基因位点重建了跳鼠总科的系统发育关系，支持了 Vorontsov 和 Malygina（1973）的观点，程继龙等（2021）也认同该观点，即林跳鼠科是独立的科。

97. 林跳鼠属 *Eozapus* Preble，1899

Eozapus Preble, 1899. North American Fauna, 15: 1-41（模式种：*Zapus setchuanus* Pousargues, 1896）; Klingener D, 1963. Jour. Mamm., 44(2): 248-260; Krutzsch, 1954. North America Jumping Mice (genus *Zapus*)(4): 349-472; Wilson and Reeder, 2005. Mamm. Spec. World, 3rd ed., 871-893; 王应祥, 2003. 中国哺乳动物种和亚种分类名录与分布大全, 215-216; 胡锦矗, 等, 2007. 哺乳动物学, 199-200.

鉴别特征　见科的描述。本属只有1个种，即四川林跳鼠 *Eozapus setchuanus*。

(168) 四川林跳鼠 *Eozapus setchuanus* (Pousargues，1896)

别名　僵老鼠、四川林晓跳鼠、森林跳鼠、中国林跳鼠、晓跳鼠等
英文名　Szechuan Jumping Mouse

Zapus setchuanus Pousargues, 1896. Bull. Mus. d' Hist. Nat., Paris, 2: 13（模式产地：四川康定）.

Zapus(Eozapus)setchuanus Preble, 1899. North Amer. Fauna, 15: 37.

Eozapus setchuanus Vinogradov, 1925. Proc. Zool. Soc. Lond., 577.

Zapus setchuanus vicinus Thomas, 1912. Ann. Mag. Nat. Hist., 10: 402（模式产地：甘肃临潭）.

鉴别特征　较小体型的跳鼠，后肢特长，适于跳跃，后足长明显大于颅全长。尾更长，约为后足长的4倍。体背呈锈棕黄色，背中央部有纵走暗褐黄色区域。上颌门齿红色，具纵沟，臼齿咀嚼面无齿突结构。

形态

外形：体型小，体重9～25 g。成体体长61～100 mm；尾长113～151 mm，约为体长的1.5倍。后肢发达；后足长而细（25～32 mm），长于颅全长，便于跳跃。耳高11～17 mm，较小，耳基部不呈管状。体具刺状毛。上唇正中分为两瓣，髭毛较头略长。每边20根左右须，须长短兼半，最长者约26 mm；基本为棕褐色，少量灰白色。

前足正常，第1指特短，仅呈圆形的结突状。后足具5趾，中间3趾的跖骨不愈合；第1趾短，仅达第5趾之基部；第2、4趾约等长；第3趾最长，足掌裸露。前足掌垫5枚，后足趾微凸不明显。

毛色：口鼻部为淡褐色，鼻垫以上具棕黄色环。自前额经两眼及眼下、两耳之间直至尾基具1条宽的暗黄褐色或棕褐色带，该区两侧为明亮的锈棕色。背腹间有明显的界线。腹面（包括胸部和腹部）有一Y形的深棕色条纹，条纹后端达到腹部后端（甘肃亚种 *E. s. vicinus* 无此条纹）。后足踝部及其周围为淡棕黄色至淡褐色。尾覆被稀疏短毛，上、下二色，上面暗褐色，下面除基段1/5为淡橘黄色外，余为纯白色。尾端有白色尾梢，或有黑褐色的小毛束。四足纯白色。

头骨：颅全长19～24 mm，颅高7.76～9.14 mm，基底长17.48～20.12 mm，下颌骨长11.71～13.92 mm；颧宽9.20～12.33 mm，眶间宽3.41～4.1 mm，颚长8.2 mm。头骨颅面略呈弧形，最高点位于额骨和顶骨交界区域。吻细长，鼻骨前端远超出上颌门齿前缘。额骨为菱形，向前、向后切入鼻骨和顶骨，中间被骨缝分成4个小块，前2块小，后2块大。顶骨上部略拱起，向后倾斜；顶骨前方至吻端几乎平直。额骨和顶骨形成眼眶的内壁。顶间骨宽，宽度为其长度的3～4倍。

侧面前颌骨和上颌骨较大，之间紧密相连。眶间部甚宽，眶前孔大，颧骨细长；颧弓前部与颧板相连，上面观呈角状，后部纤细。颧板窄，处于眶下孔的下位；眶下孔扩大，适于神经及肌肉通过，前端向前延伸与泪骨相连。上枕骨、侧枕骨、听泡之间的纵脊弱，枕髁小，听泡小。

头骨腹面基枕骨略大，呈梯形，基蝶骨和前蝶骨长方形；门齿孔短而窄，中间的鼻中隔完整。腭骨后缘中部略为突出，其位置仅及或略超过臼齿后缘连线。颚骨与软腭骨缝不明显。下颌骨冠状突、关节突和角突均尖细向后三叉斜出。

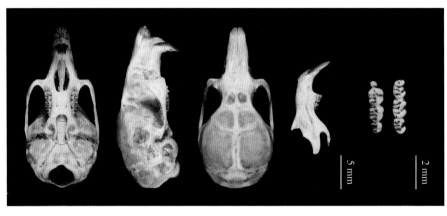

四川林跳鼠头骨图

牙齿：齿式1.0.0.3/ 1.0.0.3 = 16。上颌门齿橘红色，几乎垂直向下，中央略偏外侧具明显的深凹纵沟。上齿列长8.89～10.39 mm，下齿列长7.32～8.87 mm。上颊齿列长3.41～4.29 mm，下颊齿列长3.43～4.16 mm。

门齿孔短而窄，呈梨形，其后缘达第1臼齿，臼齿咬合面明显地凹入。臼齿咀嚼面无齿突结构。第1上前臼齿圆形，冠面具4个小而相等的齿尖。第1上臼齿较第2上臼齿为大，具完整的3条横脊和3条纵行齿尖；其前内缘的前1/3具一凹褶，将该齿分出一前内小叶，外侧具5个突出小横叶；第2、第4小叶较高，余较低。第2上臼齿与第1上臼齿相同，唯独没有前内侧小叶；有所退化，尤以外侧为甚。第1、2上臼齿第3横脊后具附加横脊。第3上臼齿小，仅为第2上臼齿的2/3~3/4大，具2条板状横脊，内侧具沟，外侧仅为4个小叶状突起。有些个体突起或横脊不明显。

下臼齿均具明显的4个内侧小叶状突。第1下臼齿略大，前缘具1个凹褶，外侧具2个凹槽。第2、3下臼齿仅具一内侧凹褶。

量衡度（衡：g；量：mm）

指名亚种外形：

编号	性别	体重	体长	尾长	后足长	耳长	采集地点
SAF11706	♀	24	87	121	28	12	四川康定
SAF11715	♂	20	89	105	27	14	四川康定
SAF11698	♀	24	80	116	28	15	四川康定
SAF071080	♂	18	80	135	25	15	四川德格
SAF04507	♂	25	81	123	29	18	四川理塘
SAF11711	♂	18	80	124	28	12	四川康定
SAF11718	♀	22	90	130	29	14	四川康定
SAF11704	♂	20	80	121	28	12	四川康定

甘肃亚种外形：

编号	性别	体重	体长	尾长	后足长	耳长	采集地点
SAF91196	♂	—	70	137	32	13	四川平武
SAF06351	—	—	67	122	27	11	四川平武
SAF06352	—	—	72	151	31	13	四川平武
SAF06319	♀	14	63	135	28	12	四川平武
SAF20721	♂	21	83	140	27	12	四川九寨沟
SAF06364	—	—	65	129	28	12	四川平武
SAF181458	♀	15	71	132	30	15	四川平武
SAF09534	♀	14	76	—	29	15	四川小金
SAF09497	♂	20	92	132	30	17	四川小金

指名亚种头骨：

编号	颅全长	基底长	额宽	眶间宽	颅高	上齿列长	上颊齿列	下颌骨长	下齿列长	下颊齿列
SAF11706	23.04	19.20	12.14	3.63	8.95	10.27	4.02	13.52	8.84	3.83
SAF11715	21.94	18.61	11.03	3.77	8.08	9.85	3.76	13.30	8.26	3.43
SAF11698	22.31	18.89	11.62	3.45	8.57	9.70	3.46	13.05	8.16	3.46
SAF071080	22.47	18.85	11.21	3.56	8.32	9.96	3.58	13.30	8.61	3.63
SAF04507	23.73	18.22	—	3.97	9.38	10.89	4.14	14.05	9.31	4.03
SAF11711	22.07	16.64	10.30	4.30	8.29	10.25	3.95	12.63	8.29	3.75
SAF11718	23.08	17.27	—	3.84	8.45	10.41	3.98	13.20	8.59	3.80
SAF11704	22.36	16.90	—	3.98	8.41	10.09	3.98	13.69	8.86	3.78

甘肃亚种头骨：

编号	颅全长	基底长	颧宽	眶间宽	颅高	上齿列长	上颊齿列	下颌骨长	下齿列长	下颊齿列
SAF91196	23.96	20.12	12.33	3.98	9.14	10.39	4.29	13.92	8.87	3.46
SAF06351	19.86	17.48	10.26	3.41	7.76	8.89	3.41	11.71	7.32	3.68
SAF06352	20.76	18.86	10.97	3.93	8.85	9.85	3.42	13.53	8.71	3.81
SAF06319	20.72	18.02	9.53	3.76	8.56	9.31	3.61	12.35	8.24	3.44
SAF20721	24.09	18.10	—	3.97	8.21	10.44	3.92	14.07	9.07	3.61
SAF06364	22.12	16.77	10.26	3.99	8.27	9.55	3.71	12.24	7.96	3.57
SAF181458	20.83	15.5	10.29	3.63	8.05	9.37	3.98	12.53	8.00	3.66
SAF09534	20.65	17.86	9.29	3.84	7.82	9.47	3.83	12.51	8.13	3.89
SAF09497	22.15	18.16	11.30	3.71	8.62	10.26	4.07	13.14	8.76	4.16

生态学资料 栖息于海拔2 400～4 100 m高山森林、灌丛、草甸草原和采伐迹地，喜欢在高山地带林中溪旁附近活动。通常能挖掘洞穴或利用别的动物的弃洞作为隐匿场所。主要在夜间活动，以浆果、种子、真菌和小型无脊椎动物为食。无储食习性。善跳跃，一次能跳2 m远，其尾在奔跳时起平衡作用。

地理分布 我国的特有种。主要见于四川，分布于川北及川西北亚高山林区，川南亦有分布，如德格、石渠、康定（贡嘎山）、理塘、炉霍、九寨沟、平武（王朗）、松潘、小金、若尔盖、黑

分省（自治区、直辖市）地图——四川省

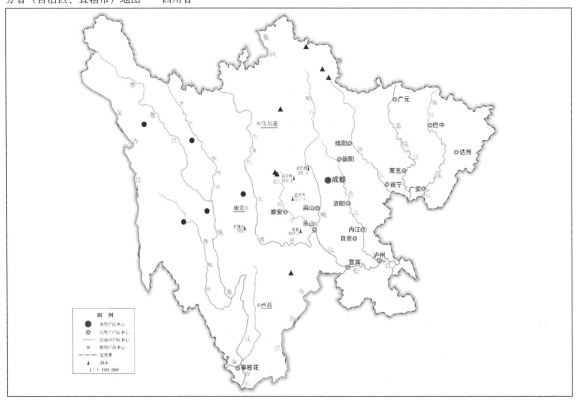

审图号：GS (2019) 3333号

自然资源部 监制

四川林跳鼠在四川的分布

注：红圆点为指名亚种的分布位点，红三角形为甘肃亚种的分布位点。

水、理县、汶川、美姑等地。

国内还主要分布于青藏高原东北部和东部。如宁夏，青海门源、同德、班玛、久治、治多、杂多、泽库、循化，甘肃岷县、临潭、卓尼、舟曲，云南中甸、维西，陕西的南部山区。

分类学讨论 基于生物地理学和形态学上的主要特征，四川林跳鼠 *Eozapus setchuanus* 包含2个亚种：指名亚种 *E. s. setchuanus*（Pousargues，1896）和甘肃亚种 *E. s. vicinus*（Thomas，1912）。指名亚种主要分布在四川西北和云南西北部等高山地带，模式产地为四川康定。甘肃亚种主要分布在甘肃南部、青海东南部和陕西南部及四川岷山和邛崃山系（谭邦杰，1992；王应祥，2003），模式产地为甘肃临潭。

四川林跳鼠分类及其亚种分类地位较为稳定，国内外学者均认为这个种为1种2亚种，并指出指名亚种和甘肃亚种外形上最明显的区别是，指名亚种胸部和腹部中央有一狭窄的棕黄色或浅黄色的纵纹，而甘肃亚种体腹面纯白色（Allen，1940），中间无纵纹。Fan等（2009）发现四川林跳鼠2个亚种之间不形成稳定的单系。

四川林跳鼠 Eozapus setchuanus 分亚种检索表

胸部和腹部中央有一狭窄的棕黄色或浅黄色的纵纹·····················四川林跳鼠指名亚种 *E. s. setchuanus*

胸部和腹部中央没有暗色条纹，纯白色······························四川林跳鼠甘肃亚种 *E. s. vicinus*

①四川林跳鼠指名亚种 *Eozapus setchuanus setchuanus*（Pousargues，1896）

Zapus setchuanus Pousargues, 1896. Bull. Mus. d' Hist. Nat., Paris, 2: 13（模式产地：四川康定）.

鉴别特征 后肢特长，适于跳跃，后足长约为前足长的3倍。尾长，约为后足长的4倍。体背呈锈棕黄色，背中央部有纵走暗褐黄色区域。上颌门齿红色，具纵沟，臼齿咀嚼面无齿突结构。胸部和腹部有一深棕色的Y形条纹。

形态 同种级描述。

地理分布 分布于四川西部甘孜，国内还分布于云南。

②四川林跳鼠甘肃亚种 *Eozapus setchuanus vicinus*（Thomas，1912）

Zapus setchuanus vicinus Thomas, 1912. Ann. Mag. Nat. Hist., 10: 402（模式产地：甘肃临潭）.

鉴别特征 除胸部、腹部毛色纯白外，其余特征和指名亚种基本一致。

形态 除胸部、腹部毛为纯白色外，其余特征同种级描述。

地理分布 在四川分布于岷山和邛崃山，国内还分布于甘肃、宁夏、青海、陕西。

三十一、刺山鼠科 Platacanthomyidae Alston，1876

Platacanthomyinae Alston, 1876. Proc. Zool. Soc. Lond. 1876: 81(模式属: *Platacanthomy* Blyth, 1859).

Platacanthomyidae Miller and Gidley, 1918. Jour. Wash. Acad. Sci., 8: 437.

Typhlomyinae Ognev, 1947. Mamm. USSR Adj. Count. Rodentia. Akademiya Nauk SSSR, 6: 373(模式属: *Typhlomys* Milne-Edwards, 1877).

刺山鼠科是一小而独特的科，为一类貌似睡鼠的小型啮齿动物，现仅存2属（刺山鼠属 *Platacanthomys* 和猪尾鼠属 *Typhlomys*）7种（中国6种）。这些啮齿动物因貌似睡鼠（睡鼠科 Gliridae），导致这2个科的物种经常被放到一起。然而，刺山鼠科的牙齿数目为16枚，区别于睡鼠的20枚，齿列之间的上腭有大孔以及独特的尾（尾的2/3处有像试管刷一样的尾梢长毛）。前足第5趾特化成一个带有指甲的雏形拇指。分布于古北区和印度—马来地区的热带和亚热带山地森林。

起源与演化 截至2020年，刺山鼠科有2属5种，是所有哺乳动物科研究最为贫乏的类群。其中猪尾鼠属 *Typhlomys* 包括沙巴猪尾鼠 *Typhlomys chapensis*、中国猪尾鼠 *Typhlomys cinereus*、小猪尾鼠 *Typhlomys nanus*、大猪尾鼠 *Typhlomys daloushanensis* 4个物种；刺山鼠属 *Platacanthomys* 包括马拉巴尔多刺猪尾鼠 *Platacanthomys lasiurus* 1个物种，分布于印度西南山区森林中（Cheng et al., 2017；蒋志刚等，2021）。2021年，Hu等发表黄山猪尾鼠 *Typhlomys huangshanensis*；2022年Pu等发表白帝猪尾鼠 *Typhlomys fengjieensis*。这样，全世界的猪尾鼠属增加到6个种，中国均有分布，越南分布有沙巴猪尾鼠。

刺山鼠属 *Platacanthomys* 和猪尾鼠属 *Typhlomys* 一直是分类学争论的主题，因为它们与睡鼠解剖特征不寻常的相似：引人注目的耳、尾毛长和白齿表面特征导致了一些分类学家把这些属与睡鼠（睡鼠科）作为一组。虽然这2个属差距甚远，外貌明显不同，但许多骨骼证据支持这2个属比其他任何现存的啮齿动物有更近的亲缘关系的假说。

刺山鼠科和鼠科的分支分子系统发育时间差异在4 000万～4 500万年前的中始新世，虽然没有可归因于从始新世或渐新世开始的证据，但最早的已知猪尾鼠化石来自早期灭绝的 *Neocometes* 属中新世沉积物（1 700万～1 800万年前）。*Neocometes* 属的分布区域比现存的任一种猪尾鼠属都要广。归于 *Neocometes* 属的化石是罕见的，但它们在横跨欧亚大陆的广泛地理范围内被发现（从今天的西班牙到韩国）。古生物学家基于白齿形态假设 *Neocometes* 属与猪尾鼠属 *Typhlomys* 的关系比刺山鼠属 *Platacanthomys* 更近。属于现存的刺山鼠属 *Platacanthomys* 和猪尾鼠属 *Typhlomys* 最古老的化石来自中国南方的晚中新世地层。

刺山鼠属 *Patacanthomys* 被认为是单型属，19世纪它首次被描述。猪尾鼠属 *Typhlomys* 分布更广泛，已被确认的包括6个种。来自中国和越南的新增标本和数据重塑了研究者对猪尾鼠属多样性的理解，包括对沙巴猪尾鼠（以前当作猪尾鼠沙巴亚种 *T. cinereus chapensis*）、大猪尾鼠（原猪尾鼠大娄山亚种 *T. cinereus daloushanensis*）种级地位的确认，并发现1个新种——小猪尾鼠（*T. nanus*）。2021年和2022年，2个猪尾鼠新种被相继发现（Hu et al., 2021；Pu et al., 2022）。基于DNA序列和形态学的证据证明猪尾鼠属 *Typhlomys* 的6个物种很容易被鉴定，其中一些物种相互间已隔离数百万年。刺山鼠属也可能含有比目前公认的更多的物种，但分子和形态学分类修订数据还未见报道。如果刺山鼠属是像其他生活在热带和亚热带山地森林小型哺乳动物类群一样研究不足，那么几乎可以肯定的是，包括分子数据的修正工作在内的研究工作会导致这个科内的物种多样性增加。

形态特征　猪尾鼠颊齿长方形，大小从前往后依次递减，中等高冠。上臼齿单面高冠（舌侧明显比唇侧高）。齿尖不发育，咀嚼面由一些齿脊和齿谷组成。刺山鼠科2个属外部形态特征并不相同。然而刺山鼠属和猪尾鼠属腹毛苍白色，耳大；尾长，呈刷状，尖端有浓密的（有时是白色的）毛。它们是小型啮齿动物，有点像睡鼠，头体长70～140 mm，尾长76～135 mm。马拉巴尔多刺猪尾鼠与猪尾鼠属的6个物种相比身体更长，体更重但尾更短。也许这2个属之间最显著的区别在于背毛。刺山鼠属背毛浅棕色并散布有白色毛尖和扁平刺，所有猪尾鼠属物种背毛柔软呈深灰色，无刺。猪尾鼠属物种的眼睛非常小（沙巴猪尾鼠眼睛直径约1 mm），比马拉巴尔多刺猪尾鼠及其他树栖啮齿动物甚至大多数蝙蝠小得多，这一特征使得一些研究人员将它们称为"盲鼠"。沙巴猪尾鼠的眼睛组织学检查显示，其视网膜和视觉相关神经元退化，支持猪尾鼠属物种视力有限这一观点。

刺山鼠属和猪尾鼠属尽管在外形上有差异，但独特的头骨和臼齿有力地支持了这2个属属于同一进化谱系的假设。它们的3颗臼齿平行的扁平排列和倾斜的脊，有点类似于睡鼠（睡鼠科）或滑毛地鼠（*Gymnuromys roberti*，Nesomyidae科）的脊，包括已灭绝和现存物种的形态评估表明，这些相似的属趋同进化。在刺山鼠中，第3臼齿明显小于前两枚。刺山鼠沿袭典型鼠科Muridae物种齿式1.0.0.3/1.0.0.3 = 16。相对较大的脑颅和短的吻使它们看起来像睡鼠。刺山鼠的听泡没有隔膜，因而比真正的睡鼠小得多。

马拉巴尔多刺猪尾鼠缺乏盲肠是另一个与睡鼠类似的解剖结构。中国猪尾鼠有短的盲肠（约25 mm），其他猪尾鼠属物种的消化道尚未检查。马拉巴尔多刺猪尾鼠乳房2对，中国猪尾鼠乳房4对。刺山鼠有相对较长的尾及适于树栖生活的爪。除马拉巴尔多刺猪尾鼠的拇趾具爪，这2属前足有4个爪和带有指甲的拇指，后足具5趾。

分类学讨论　现生猪尾鼠外形和习性类似于睡鼠科动物，牙齿咀嚼面和睡鼠一样，由一系列齿脊组成，因此，部分动物学者把2属现生猪尾鼠与*Dryomys*属、*Glirulus*属、*Glis*属一起归入睡鼠科（Gliridae、Muscardinidae 或者 Myoxidae）（Ognev，1947；Ellerman and Morrison-Scott，1951）。但由于猪尾鼠类没有前白齿，其齿式与鼠科和仓鼠科动物一样，加之现生猪尾鼠属*Typhlomys*的外形又类似鼠形类动物，一些学者置其于鼠科Muridae中（Corbet，1978；Nowak et al.，1983）；另一些学者将其置于仓鼠科Cricetidae（Schaub and Zapfe，1953；Fahlbusch，1966；Chaline et al.，1977）。Miller和Gidley（1918）认为猪尾鼠应代表独立的科，Simpson（1945）亦认同这一观点。Jansa等（2009）通过*GHR*和*IRBP* 2个核基因构建的系统发育树证实了刺山鼠科是独立科，其系统地位位于鼹形鼠科和跳鼠科之间。

地理分布　猪尾鼠全世界有2属7种。刺山鼠属只有1个物种，仅分布于印度；猪尾鼠属有6个物种，中国均有分布。其中沙巴猪尾鼠分布于中国西南部（云南西南部红河以西）、越南西北部；中华猪尾鼠分布于福建、江西、浙江、安徽、广西；大猪尾鼠分布于中国中部甘肃东南部、陕西南部、四川东北部及东南部、重庆、湖北西部、贵州北部；小猪尾鼠分布于中国西南地区（云南）；黄山猪尾鼠仅分布于安徽；白帝猪尾鼠仅分布于重庆大巴山系。四川仅分布有大猪尾鼠1个物种。

98. 猪尾鼠属 *Typhlomys* Milne-Edwards，1877

Typhlomys Milne-Edwards, 1877. Bull. Soc. Philom. Paris, 6, 12: 9(模式种：*Typhlomys cinereus* Milne-Edwards, 1877).

鉴别特征　鼠形小啮齿动物。齿式 1.0.0.3/1.0.0.3 = 16；齿列之间的上腭有大孔；尾端 2/3 有像试管刷一样的长毛。3 枚白齿从前向后逐渐减小。前足第 5 指（趾）特化成带有指（趾）甲的拇指（趾）雏形。

形态　鼠形小啮齿动物。眼小；尾长，尾端末 2/3 有像试管刷一样的长毛；前足第 5 指（趾）特化成一带有指（趾）甲的雏形拇指（趾）。

生态学资料　栖息于海拔 300～3 000 m 的亚热带森林；洞栖型，以叶、茎、果实和种子为食。研究表明，中国猪尾鼠、沙巴猪尾鼠、大猪尾鼠、小猪尾鼠 4 个物种都具有发送和接受超声波功能（He et al.，2021）。

地理分布　分布于越南北部、中国南方地区。

分类学讨论　猪尾鼠属隶属于啮齿目刺山鼠科，是一类小型哺乳动物，因其眼睛小而又被称为"盲鼠"，模式种中国猪尾鼠 *Typhlomys cinereus* 产于福建挂墩山，王应祥等（1996）认为包括 5 个亚种，沙巴亚种被俄罗斯学者 Abramov 等（2014）提升为种，更名为 *Typhlomys chapensis*。程峰等（2017）通过分子生物学及形态学研究，发现猪尾鼠属 1 个新种——小猪尾鼠 *Typhlomys nanus*，并将大娄山亚种提升为种，更名为大猪尾鼠 *Typhlomys daloushanensis*；苏伟婷等（2020）通过核型和分子系统学方法进一步证实了这一发现，并揭示云南、贵州、广西的喀斯特地区可能还存在未知的分类单元。Hu 等（2021）、Pu 等（2022）分别发表黄山猪尾鼠和白帝猪尾鼠，目前该属共有 6 个物种，中国均有分布。

四川仅分布有大猪尾鼠 1 个物种。

(169) 大猪尾鼠 *Typhlomys daloushanensis* Wang and Li，1996

英文名　Dalou Mountains Tree Mouse

Typhlomys cinereus daloushanensis Wang and Li, 1996. 兽类学报，16(1): 54-66（模式产地：重庆金佛山）.

Typhlomys daloushanensis Cheng, et al., 2017. Jour. Mamm., 98: 731-743; 苏伟婷，等，2020. 兽类学报，40(3): 239-248; Wilson et al., 2017. Hand. Mamm. World, Vol. 7, Rodentia Ⅱ: 107.

鉴别特征　前足第 5 指（趾）特化为一带指（趾）甲的拇指（趾）。个体较其他猪尾鼠物种大，体长 75～92 mm。尾较长，为体长的 124%～145%。体背鼠灰色；腹面毛基灰色，毛尖灰白色；背腹毛色界线明显。耳大，几乎裸露无毛。前足背白色，后足背色深。尾端形成试管刷状毛。

形态

外形：体型相对较大，体长 75～92 mm（平均 84.4 mm），尾长 93～126 mm（平均 112 mm），颅全长约 24 mm。胡须多而密，斜向两边分开，胡须从前到后逐渐增长；眼极小；耳大而薄。体背覆以细密绒毛；尾长为体长的124%～145%，端部1/3起有逐渐变长而蓬松的细毛直至尾端，细毛呈灰白色；尾端毛最长13 mm，呈试管刷状伸向体后，颇似猪尾。后足较细长。

毛色：唇面橙红色，耳灰黑色。体、背色一致，为鼠灰色。腹面毛尖灰白色（叙永）至灰黄色（合江、青川），毛基灰色；背腹毛色界线较明显。尾灰黑色，背侧深于腹侧，整个尾部具明显鳞状环纹；尾试管刷状毛从近基部至尾端逐渐增长。前足背白色，后足背色泽比前足背深。

头骨：额部低平，脑颅较隆突；颧宽较宽，眶间宽亦宽，两侧颧弓几呈平行状；颧宽（12.60～13.58 mm）略大于后头宽（10.80～11.19 mm）；上颌2齿列间的硬腭上具门齿孔、前腭孔、腭孔3对，前腭孔长宽明显。听泡较小。

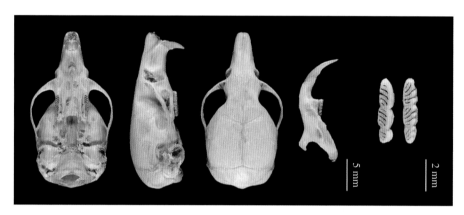

大猪尾鼠头骨图

牙齿：齿式1.0.0.3/1.0.0.3 = 16。门齿较细小，唇面橙黄色。臼齿冠面方形，第1上臼齿最大，直至第3臼齿依次减小。臼齿均具板状斜行横脊；上、下臼齿由4～5条齿沟将臼齿溢裂为5～6条横脊，一般首、尾2条齿沟未贯穿齿缘，第2、3条齿沟贯穿齿外缘；第2、3上臼齿由于逐渐变小，齿沟变得不甚清楚，同一个体上、下臼齿齿脊数较恒定，不同个体齿沟数不同。老年个体由于牙齿磨损严重齿沟不明显。

量衡度（衡：g；量：mm）

外形：

编号	体重	体长	尾长	后足长	耳高	采集地点
SAF19837	19	87	126	23	16	四川叙永
SAF19838	17	80	110	22	16	四川叙永
SAF19845	21	88	115	23	16	四川叙永
SAF08585	27	75	93	21	17	四川青川
SAF16142	22	92	116	24	14	四川合江

头骨：

编号	颅全长	基长	颧宽	眶间宽	颅高	上齿列长	下齿列长	下颌骨长
SAF19837	—	—	—	4.61	—	11.68	11.13	12.49
SAF19845	24.37	22.61	13.58	5.09	9.18	12.41	11.37	12.78
SAF08585	24.00	21.50	12.60	5.20	9.00	3.90	4.34	—

生态学资料　栖息于海拔900～1 370 m的农耕地附近，有稀疏乔木的灌丛和有稀疏乔木的竹林环境。夜行性。大猪尾鼠有使用超声波回声定位的功能。

地理分布　在四川分布于青川（刘洋等，2007）、合江、叙永等川东北、川东南中山地区，国内还分布于重庆、甘肃、贵州、湖北、湖南、陕西。

分省（自治区、直辖市）地图——四川省

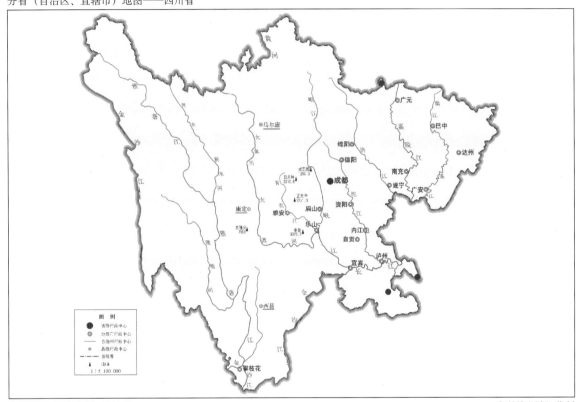

审图号：GS（2019）3333号　　　　　　　　　　　　　　　　自然资源部　监制

大猪尾鼠在四川的分布
注：红点为物种的分布位点。

分类学讨论　大猪尾鼠由Cheng等（2017）将原来中国猪尾鼠大娄山亚种提升为种，苏伟婷等（2020）基于核型和分子系统学方法证实了大猪尾鼠作为独立种的有效性。在叙永采集的猪尾鼠标本细胞色素b基因构建的系统发育关系与大猪尾鼠聚在一起。

三十二、鼹形鼠科 Spalacidae Gray，1821

Spalacidae Gray, 1821. Lond. Med. Repos., 15(1): 303(模式属：*Spalax* Guldenstaedt, 1770).

　　起源与演化　　鼹形鼠科是个古老的动物类群，最早的竹鼠亚科化石发现于我国甘肃西部晚渐新世的沙拉果勒和布拉克。种类包括 *Tachyoryctoides obrutschewi*、*T. intermedius*、*T. pachygnathus*（翟毓沛，1986）。在咸海北部的相同时代还发现 *Aralomys* 属的几种化石（李传夔和邱铸鼎，1980；翟毓沛，1986）。青海西宁和甘肃西部也发现中新世 *Tachyoryctoides* 属化石 *T. kokonorensis*。在我国南方的江苏泗阳中新世地层还发现竹鼠科一未定种化石（李传夔等，1983）。竹鼠亚科还出现另外2个更新世化石属 *Pararhizomys* 和 *Brachyrhizomys*，包括3种。鼢鼠类最早的化石是中新世早期至上新世的原鼢鼠属 *Prosiphneus* 的系列化石，包括10个化石种，分布地点包括甘肃、山西、内蒙古等地。到更新世，现生鼢鼠类 *Myospalax* 也出现不少化石种（8个）（古脊椎动物研究所高等脊椎动物研究室，1960）。可见，鼹形鼠科拥有繁荣的祖先类群，在中新世和上新世时最为繁荣，但是现生种仅包含8个属，说明鼹形鼠科在整个演化历史过程中，经历了复杂的演化历程。这不仅与鼹形鼠科类群自身的迁移和形态分化有关，还与全球的环境变化密切相关。关于鼹形鼠科的起源和演化，前人主要从两个方面来分析，一是形态上的研究，主要是集中于对各个类群化石的丰富度和形态特点的分析，以及利用化石形态特点进行系统发育关系的推断（Hugueney and Mein，1993；Sen and Sarica，2011；Flynn，2009；López-Antoñanzas et al.，2013）。López-Antoñanzas（2013）对竹鼠亚科的化石进行了统计，认为竹鼠亚科最早出现于晚渐新世（距今2 400万年），并根据化石形态特点构建了化石和现生种的系统发育树。二是通过分子生物学来研究鼹形鼠科内部3个亚科之间的系统发育关系。基于分子生物学的研究，鼹形鼠科作为单系群的观点被广泛接受（De Bry and Sagel，2001；Flynn，2009；Gogolevskaya et al.，2010；Michaux and Catzeflis，2000）。而对于鼹形鼠科内3个亚科的系统发育关系还不确定，存在很多的争议。Norris 等（2004）用2个线粒体基因（*Cytb*、*12SrRNA*）进行推断，认为3个亚科是单系群，并且鼢鼠亚科和鼹形鼠亚科是后分化出的姊妹群，它们的祖先和竹鼠亚科为姊妹群。但 Jansa 等（2009）基于2个核基因（*IRBP*、*GHR*）分别构建的系统发育树，均证明鼹形鼠亚科在最基部，然后和鼢鼠亚科及竹鼠亚科的姊妹群构成姊妹群。Steppan 等（2004）使用4个核基因（*GHR*、*BRCA1*、*RAG1*、*c-myc*）时得到类似的结果。Lin 等（2014）也支持这个观点，认为竹鼠亚科和鼢鼠亚科的亲缘关系更接近。

　　对鼹形鼠科在四川的历史分布区域格局的变更与环境和地理关系的研究较少，López-Antoñanzas 等（2015）认为竹鼠类群主要受亚洲季风的影响，在晚中新世（距今1 050万年）之后由于亚洲季风的减弱，造成竹鼠栖息地的减少，使竹鼠大量灭绝并转向地下生活。

　　He 等（2020）对鼹形鼠科全球化石分布记录进行系统整理，并利用分子数据对鼹形鼠科的起源、分化时间以及扩散历史进行追溯，结果表明：鼹形鼠科可能于距今2 500万年左右起源于亚洲南部并分化出4个支系：竹鼠亚科 Rhizomyinae、拟速掘鼠亚科 Tachyoryctoidinae（已灭绝）、鼹形鼠亚科 Spacinae、鼢鼠亚科 Myosplacinae。竹鼠亚科从中新世中期到更新世多次经过非洲—欧亚陆桥扩散到非洲北部。已灭绝的拟速掘鼠亚科在渐新世晚期到中新世晚期局限于东亚和中亚地区。鼹形鼠亚科从渐新世晚期开始便保留在地中海附近地区，只呈现出小面积的北扩趋势。分布在亚洲中西部的鼢鼠亚科从中新世晚期开始出现缓慢的东扩和北扩现象，现已扩张到中国北部和俄罗斯东南地区。总体看来，鼹形鼠科基本的分布格局在中新世晚期就已经形成。分布区局限在极端气候环境下温度变化相对较小的区域。与地松鼠、兔科动物等类群在中新世晚期到第四纪期间分布范围的快速扩张和鼠兔科、鼯鼠科等在同一时期分布范围的快速缩减不同，鼹形鼠科的分布区大小变化较为缓慢。这可能与其严格的地栖生活有关，这一特性减缓了其长距离迁移的进程。

形态特征　中国分布的鼢鼠亚科和竹鼠亚科的生物学特征不尽相同。鼢鼠主要栖息在温带广大的平原与高原，土质较松软的草原与农田地带。竹鼠亚科栖息于亚洲南部的热带与亚热带森林、灌丛和竹林中，主要栖息于竹林及有竹林的混交林中，有时也见于灌丛及草坡上，是植食性动物，喜食竹子的根、茎。

鼹形鼠科的竹鼠亚科和鼢鼠亚科共同的形态学特征是营地下生活，四肢短粗有力，爪发达，尤其是前足爪特别发达，适挖掘；视觉退化，眼小，完全为皮肤覆盖；外耳退化；尾短，略长于后足。

关于头骨，鼢鼠和竹鼠有区别，鼢鼠的头骨前窄后宽，人字脊在颧弓后缘水平，与颧弓形成头骨最宽处。竹鼠的头骨粗大，矢状脊和人字脊比较明显，头骨的后部和人字脊处呈一个斜面。鼹形鼠科头骨门齿特别粗大，臼齿无齿根。以植物的地下部分为食，因储食和挖掘复杂的洞系，挖的地道范围广阔，它们用强有力的门齿挖洞，用吻部把地道壁压实。

分类学讨论　现生的鼹形鼠科种群并不繁盛，多数分类学家认为鼹形鼠科的各个亚科并不是同一个祖先进化而来的，把它们归为1个科的原因是现生种形态特征的相似性（Topachevskii，1976），因此存在很多争议。分布于中国的鼹形鼠科的分类主要是竹鼠和鼢鼠的讨论，主要有以下几个方面的争议。

第一种观点，认为竹鼠和鼢鼠作为亚科属于鼠科Muridae：Alston（1876）、Thomas（1896）、Ellerman（1940，1941）、Bobrinsky等（1944）认为应将鼢鼠和竹鼠归为鼠科，鼢鼠亚科、仓鼠亚科、鼹形鼠亚科和竹鼠亚科并列，支持这一分类的有Reig（1980）、Nowak和Paradiso（1983）、Carleton和Musser（1984）、Corbet和Hill（1991）、Lawrence（1991）、Musser和Carleton（1993）、McKenna和Bell（1997）等。

第二种观点，鼢鼠和竹鼠独立成科：Simpson（1945）将鼢鼠归入仓鼠科的鼢鼠族，而鼹形鼠和竹鼠则独立成科；Pavlinov和Rossolimo（1987）将现生鼢鼠归为1个独立的科Myospalacidae，包含1属3种。

第三种观点，认为竹鼠和鼢鼠作为亚科隶属于仓鼠科Cricetidae：Chaline等（1977）、罗泽珣等（2000）、王应祥（2003）认为应将鼢鼠归入仓鼠科鼢鼠亚科，与仓鼠亚科和鼹形鼠亚科并列，但是鼠科、竹鼠科单列为科；Gromov和Baranova（1981）、Gromov和Erbajeva（1995）、Pavlinov等（1995）认为均应归入仓鼠科Cricetidae下的鼢鼠亚科Myospalacinae。

第四种观点，把竹鼠亚科和鼢鼠亚科归入鼹形鼠科：Miller和Gidley（1918）、Allen（1940）认为应将鼢鼠归入鼹形鼠科中；Ognev（1947）、Bannikov（1954）、Wilson和Reeder（2005）认为鼢鼠和竹鼠应属于鼹形鼠科，而且将鼢鼠亚科与竹鼠亚科、鼹形鼠亚科、速掘鼠亚科并列。基于分子生物学的研究，鼹形鼠科作为单系群的观点被广泛接受（DeBry and Sagel，2001；Flynn，

2009；Gogolevskaya et al.，2010；Michaux and Catzeflis，2000）。Norris 等（2004）通过线粒体12S rRNA基因和 *Cytb* 基因序列的分析，认为应将鼢鼠亚科与鼹形鼠亚科和竹鼠亚科合并称为鼹形鼠科；Jansa 和 Weksler（2004）则通过对16个亚科80种的 *IRBP* 基因的分析，认为鼢鼠、鼹形鼠和竹鼠都属于鼹形鼠科。

目前，将鼢鼠和竹鼠归入鼹形鼠科这一观点因其研究手段更新、研究相对更深入、取样范围更广，因而更有说服力，被较多的国内外学者所接纳。这些分子生物学证据表明，这4个亚科为一单系类群，是鼠类其他已知成员的姊妹群，起源较早，或许是鼠科内最早起源的类群之一，可能在中晚渐新世就已经起源（Steppan et al.，2004）。本书支持将竹鼠亚科和鼢鼠亚科归入鼹形鼠科的观点。

按照最新的分类系统（Wilson et al.，2017），鼹形鼠科下辖3个亚科，分别为鼢鼠亚科 Myospalacinae、竹鼠亚科 Rhizomyibae 和鼹形鼠亚科 Spalacinae，7属28种，分布于亚洲和非洲北部。中国有前2个亚科，4属12种。加上2022年3月发表的新种木里鼢鼠 *Eospalax muliensis*（Zhang et al.，2022），我国共有鼹形鼠科13种，其中四川有5种。

四川分布的鼹形鼠科分亚科检索表

个体小，最大体长不超过260 mm，鼻骨前端超过前颌骨最前端，栖息于草原或开阔地 …… 鼢鼠亚科 Myospalacinae
个体大，除小竹鼠外，一半体长在260 mm以上，鼻骨前端不超过前颌骨最前端，栖息于竹林 ……………………
……………………………………………………………………………………………… 竹鼠亚科 Rhizomyinae

（一）竹鼠亚科 Rhizomyinae Winge，1887

Rhizomyini Winge, 1887. Jordfundne og nulevende Gnavere(Rodentia)fra Lagoa Santa, Minas Geraes, Brasillien. Med. Udsiget over Gnavernes indbyrdes Slaegtskab. Copenhagen, Museo Lummdii, 1(3): 109(模式属：*Rhizomys* Gray, 1831).

形态特征　竹鼠体型粗短，眼、耳均退化，外耳几乎不可见，隐藏于毛发之中；四肢较短，尾较短，爪短且功能强大，特别是前爪，是掘土的利器；头骨粗大，矢状脊和人字脊比较明显，头骨的后部和人字脊处呈一个斜面；听泡扁而平；颧弓较粗而且向外弯，眶下孔的宽度一般大于高度，下端几乎呈直线。上、下颌门齿皆粗大；齿式 1.0.0.3/1.0.0.3 = 16。上臼齿在幼体时有明显的釉质凹褶，成体时因牙齿磨损使这些凹褶成为孤点的珐琅齿环。

生态学资料　竹鼠生活于热带或者亚热带地区，主要为热带阔叶林、山坡稀树灌丛等地区。主要栖息于竹林和竹林混交林中，但有时候在灌丛和草丛中也能观察到。竹鼠是典型的穴居动物，其取食、休息及繁育后代主要在洞内，很少在洞外地表活动。

洞系由洞口、取食道、趋避道、窝及"厕所"组成。土丘与洞口：土丘是竹鼠在不断掘洞时推出的泥土，多覆盖着不同程度的枯枝落叶；土丘有新旧之分，新的土丘表明竹鼠活动频繁，为经常活动而推土的结果。每个洞系周围有4～10个土丘，土丘下为洞口，但有的洞口常被小竹鼠所挖出的泥土掩蔽而不易被发现（何晓瑞等，1991）。取食道：为竹鼠觅食的通道，其中小竹鼠基本上沿地表挖掘，由于植物根的深浅不同以及地形土质差异，中华竹鼠的穴道地表近于平行（何晓瑞，1984）。窝及"厕所"：窝筑在取食道上，也有新旧之分，从筑窝材料可明显区分，新窝材料较新鲜，且附近有新鲜粪粒。窝是小竹鼠休息、睡觉、产仔、哺幼的场所，有时也在窝里啃咬食物。筑窝材料均就地取材，常因地而异。产仔哺幼窝材料较精细，粗糙物质少；它的"厕所"就在窝边，竹鼠不随处乱拉，在取食道上基本看不到粪便。只在厕所里有大量的长椭圆形棕褐色粪粒，较干燥，基本无臭味。趋避道是竹鼠受惊时或者被敌害追捕时躲藏的安全洞道，一般只有1条，和取食道同时挖。

竹鼠喜食竹子的根和茎，但有时也取食其他植物的根茎或者枝叶，比如草根、草秆、甘蔗、玉米等植物。据Nowak和Paradiso（1983）记载，在印度、尼泊尔，小竹鼠生活在茶园中，嗜食茶叶，对茶叶危害很大。在一般情况下，竹鼠过独居生活，各有自己的洞系，只有在发情交配季节互相追逐，寻求配偶，此时可见雌、雄同在一个洞系内。Nowak和Paradiso（1983）报道，小竹鼠在饲养条件下，活动频繁的时间在早晨及晚上。在上午、中午和下午对其投食，它们都吃，所投食物主要为马铃薯、甘薯、甘蔗、香蕉、蔬菜等。

分类学讨论　正如前面的讨论一样，竹鼠类曾经作为独立科存在，在这样的分类系统中，竹鼠科一般分为2个亚科：竹鼠亚科Rhizomyinae和非洲根鼠亚科Tachyoryctinae。竹鼠亚科地位确立后，亚科下分为2个族：竹鼠族Rhizomyini和非洲根鼠族Tachyoyctini。前者包括2个属，全世界有4种；后者包括1个属，全世界有2种。中国仅有竹鼠族，有2属4种，其中四川仅有竹鼠属*Rhizomys*。

99. 竹鼠属　*Rhizomys* Gray，1831

Rhizomys Gray, 1831. Proc. Zool. Soc. Lond., part I. 1830-1831: 95(模式种: *Rhizomys sinensis* Gray, 1831).

鉴别特征　体型粗短，眼、耳均退化，耳壳小，隐于毛中。尾短，裸露无毛或仅被稀疏的短毛；四肢短健，爪短强而略扁平；头骨粗大，有显著的矢状脊和人字脊；听泡扁平；上、下颌门齿皆粗大，上臼齿有釉质齿环。

形态　该属个体较大，体重1～4 kg；体型粗短，体长210～480 mm；眼、耳均退化，耳壳较小，隐于毛发中；尾短，长度在50～200 mm，裸露无毛或仅被稀疏的短毛；四肢短健，爪短而略平整。

头骨粗大，有显著的矢状脊和人字脊，头骨的后端在人字脊处成一斜面；颧弓粗而向外弯，眶下孔的下缘几乎呈直线形，宽度一般均大于高度；听泡扁平。

齿式1.0.0.3/1.0.0.3 = 16。上、下颌门齿宽而粗大，上颌门齿几乎垂直，齿端指向后方。臼齿有齿根，第1臼齿最小，第2臼齿最大。上臼齿在幼体时有明显的釉质凹褶，成体因牙齿磨损这些凹褶成为孤点的釉质齿环。

生态学资料　该属动物多栖息于竹林及有竹林的混交林中，有时也见于灌丛及草坡上，是植食性动物，喜食竹子的根、茎。营地下生活，挖掘洞道穴居，洞系包括洞道、窝巢、躲避敌害的盲洞和便所。除银星竹鼠外，中华竹鼠和大竹鼠的洞系比较复杂，迂回曲折。中华竹鼠每个洞系有4～7个洞口，大竹鼠有1～6个洞口，而银星竹鼠只有1～2个洞口，洞系相对比较简单。孕期22

天，寿命约为4年。

地理分布 该属有3个种分布于我国的华中、华南、西南等地，其中四川迄今发现2种。国外分布于泰国、老挝、缅甸、越南、马来西亚等地。

四川分布的竹鼠属*Rhizomys*分种检索表

生体背面杂有许多尖端白色的粗毛；尾较长，长于100mm。头骨背面眶上脊和颞脊在老年时位于顶骨后端才愈合

为中央纵脊···银星竹鼠*R. pruinosus*

毛呈丝状，发亮，呈褐色或金黄色，没有粗毛；尾较短，不超过100mm。眶上脊和颞脊在成年时就在眼眶后愈合

为中央纵脊···中华竹鼠*R. sinensis*

(170) 银星竹鼠 *Rhizomys pruinosus* Blyth，1851

英文名 Hoary Bamboo Rat

Rhizomys pruinosus Blyth, 1851. Jour. Asiat. Soc. Bengal, 20: 519 (模式产地：印度卡西山乞拉朋齐).

Rhizomys latouchei Thomas, 1915. Jour. Nat. Hist., 16: 465-81 (模式产地：广东汕头).

Rhizomys pannosus Thomas, 1915. Jour. Nat. Hist., 16: 465-81 (模式产地：泰国南部Chantabun).

Rhizomys senex Thomas O, 1915. Jour. Nat. Hist., 16: 465-81 (模式产地：印度阿萨姆钱塔蓬).

Rhizomys umbriceps Thomas, 1916. Ann. Mag. Hist., 18(107): 445-446 (模式产地：马来西亚).

鉴别特征 成体体重一般为1.1 ~ 2.7 kg。整体颜色较深，体背灰色调显著，夹杂很多长的柱状毛，柱状毛毛基灰色，中段黑色，毛尖银白色，使背面像被一层白霜所覆盖。银星竹鼠的头骨和中华竹鼠的头骨的显著区别在于：即使老年个体，银星竹鼠头骨的两条颞脊在顶骨最后端才愈合为中央纵脊（矢状脊），成年及以下年龄个体不愈合成中央纵脊。中华竹鼠头骨的两条颞脊在成年时，在顶骨的前端即愈合为中央纵脊（矢状脊），老年时，在额骨后端就愈合为矢状脊。银星竹鼠尾长显著长于中华竹鼠，中华竹鼠的尾长一般短于100 mm，而银星竹鼠尾长大于120 mm。

形态

外形：成体体重1.1 ~ 2.7 kg，体长295 ~ 365 mm，尾长123 ~ 137 mm，后足长48 ~ 55 mm，耳高20 ~ 24 mm。吻钝，眼小，耳隐于毛内，尾裸露无毛。须粗硬，每边约25根，短须灰白色，长须灰黑色，最短约10 mm，最长者约55 mm。前、后足均具5指（趾），前足第1指最短，长约4 mm，具很短的爪，接近指甲。第2指和第4指等长，约11 mm（不包括爪），爪较长，约4.5 mm。第3指最长，约13 mm，爪亦最长，约5.5 mm。第5指比第1指长，约8 mm，爪宽短。后足第1趾短，长5.5 mm，第2和第3趾等长，约13.5 mm，第4趾长约12 mm，第5趾比第1趾长，约9.5 mm，且略粗。前足掌垫5枚，靠桡尺骨远端（掌根部）的一对最大。后足趾垫6枚，靠脚跟部的一对最大。爪黄棕色。乳头胸部2对，鼠蹊部3对。

毛色：背面整体呈灰色或者灰黑色色调。有两种毛：绒毛和柱状毛。绒毛整体灰色，柱状毛毛基灰色，中段黑色，尖部银白色。背部灰黑色色调就是由于柱状毛中段的黑色所致，"白霜"由银白色毛尖所致。鼻端裸露，鼻周有时毛色较深。额部和体背同色，有时略深。眼眶黑褐色。耳短

小，隐于毛中，覆盖褐色短毛。身体腹面毛色比背面略浅，绒毛少，柱状毛多，但很短，基部灰色，毛尖灰白色，或者灰褐色。有的个体腹毛很稀疏。尾裸露无毛，灰黑色或者灰褐色。前足腕掌骨背面毛较多，灰黑色；爪背面毛较少，灰褐色。后足背面整体均是灰褐色。

头骨：颅骨粗壮，背面因颞脊向中央靠拢而高耸，使得脑颅最高点位于顶骨前部。鼻骨远不达上颌门齿唇面，2个鼻骨整体呈三角形，鼻骨后端中间尖，略超出前颌骨后端或在同一水平线上。额骨短，前宽后窄，整体略呈三角形。额骨侧面形成眼眶内壁前缘。额骨背面后段因凸起的眶上脊使得中央下凹。眶上脊向后延伸形成颞脊，老年时，颞脊在顶骨最后端融合为矢状脊。成年及之前年龄段颞脊在后端相互靠近，但不融合。泪骨薄片状，位于眼眶前缘眶前孔内壁处，背面不出露。顶骨在成年后很窄，前窄后略宽，整体呈长三角形，位于脑颅顶部中央，背中央有2条脊，老年时在后端融合为纵脊。顶骨侧面和磷骨以弯曲的曲线相接，幼年时较宽。顶间骨在幼年时为梯形，很小。成年后因颞脊和人字脊高耸，顶间骨与顶骨、磷骨和上枕骨的界限不清。枕区，上枕骨很大，成年时和侧枕骨愈合，骨缝不清，其背面与顶骨和磷骨相接处形成明显的人字脊。人字脊在上枕骨背面中央向前呈弧形。使得枕面在上枕骨背面中央略凹。枕髁向后突出。侧枕骨外侧下方形成宽阔的颈突，略向后突出，与听泡贴合。基枕骨整体呈梯形。头骨侧面，前颌骨背面向后延伸，末端宽，和额骨前端相接。侧面和上颌骨相接。前颌骨腹面在门齿孔中央的侧面和上颌骨相接，侧面和上颌骨的接缝呈圆弧形，前颌骨前端着生上颌门齿；上颌骨侧面前端构成吻部的一部分，上前方形成一个明显的孔（眶前孔），颧板窄。上颌骨颧突宽大，占整个颧弓的一半长。颧骨前端宽，后端窄，后端与磷骨颧突呈背腹贴合。磷骨宽大，构成脑颅背侧面的主体，磷骨颧突的根部很宽大，远端较细，向前侧面弯。翼蝶骨较大，形状极不规则，位于磷骨前腹面，前部上端与额骨相接，前部下段与上颌骨相接，在磷骨颧突下面向后与听泡相接，翼蝶骨前腹面与上颌骨的齿槽相接。眶蝶骨位于眼眶的最底部，形状不规则，很小。听泡在幼年时相对鼓胀，老年时变得扁平，上端形成扁圆形骨质外耳道。腹面，门齿孔短而窄。门齿孔后缘两侧的上颌骨向腹面形成锋利的纵脊。硬腭窄，长，中央有纵脊，老年时纵脊高而锋利。腭骨短，三角形。翼骨薄片状，腹面向后延伸，呈一棒状，末端圆锤状。下颌骨粗壮，冠状突薄而尖，向后倾斜。关节突低，髁面圆形。关节突外侧有一比关节突略低的凸起，为下颌门齿齿囊。角突圆弧形，不显著游离。下颌骨侧面供咀嚼肌附着的面很宽大，显示咬肌强大。

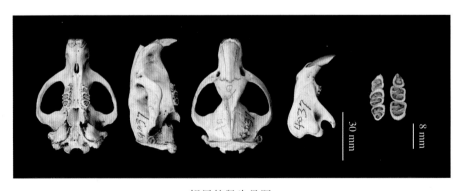

银星竹鼠头骨图

牙齿：上颌门齿十分粗大，唇面深橘色，臼齿3枚，第2枚最大，第1和第3约等大。高冠，咀嚼面有5～6道横脊。下颌门齿很长，很粗，唇面深橘色。下臼齿3枚，第1枚最小，咀嚼面三角形，有4～5道横脊；第2下臼齿和第3下臼齿咀嚼面略呈方形，第3下臼齿最大，2枚牙齿各有4～5道横脊。

量衡度（衡：g；量：mm）

外形：

编号	性别	年龄	体重	体长	尾长	后足长	耳高	采集地点
SAF230012	♂	成体	2 084	365	123	52	24	四川盐边
SAF230013	♀	成体	2 691	355	128	52	23	四川盐边
SAF230014	♀	成体	1 323	312	127	48	21	四川盐边
SAF230005	♀	成体	1 636	315	137	58	23	重庆酉阳
SAF230006	♀	成体	1 107	295	131	51	22	重庆酉阳
SAF230007	♀	亚成体	770	295	136	55	20	重庆酉阳
SAF230008	♀	亚成体	920	270	125	53	20	重庆酉阳

头骨：

编号	颅全长	基长	颧宽	眶间宽	颅高	上齿列长	下齿列长	下颌骨长
SAF230012	74.95	71.17	55.57	11.86	34.82	47.74	37.99	54.77
SAF230013	73.83	71.06	52.38	13.24	31.58	45.61	37.04	53.15
SAF230014	72.94	68.32	51.17	11.87	33.29	46.32	36.70	52.75
SAF230005	72.45	69.07	53.82	11.37	33.31	44.27	38.91	53.56
SAF230006	70.99	67.42	50.51	9.51	32.86	42.89	35.75	52.52
SAF230007	65.58	62.80	47.65	11.36	29.17	40.97	34.32	46.26
SAF230008	63.53	60.25	45.95	11.10	29.18	39.02	33.48	45.82

生态学资料　银星竹鼠多栖息于芒草、棕叶芦、野甘蔗丛生的河谷地、草坡、稀树灌木林以及常绿阔叶林中竹子丛生的地方。多在比较松软的山坡、谷地上筑洞。1个洞系一般只有1个洞口，洞口多有从洞内刨出的土壤阻塞。洞系简单，只包括若干洞道、1个窝巢、1个盲洞和1个便所。窝巢直径12～32 cm，常堆积一些干草、芒草、竹之类的食物，是进食休息的场所。除繁殖期外，通常1个洞穴只住1只银星竹鼠。主要在夜间活动，以地面采食为主，啃食或拖入洞中啃食多种芒草、竹子的根和茎部，尤喜食多种芒草，故又名草馏。银星竹鼠四季都能繁殖，一般在春季发情，妊娠期最少22天，4—6月产仔。每胎1～5产仔，一般2、3仔。寿命约为4年。

地理分布　在四川分布于攀枝花、凉山，国内还分布于福建、广东、广西、贵州、云南等省份。国外分布在印度、缅甸、越南、老挝、柬埔寨、泰国等地。

分省（自治区、直辖市）地图——四川省

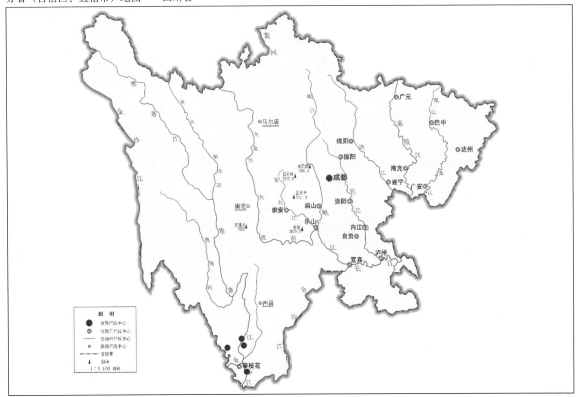

审图号：GS (2019) 3333号   自然资源部 监制

银星竹鼠在四川的分布
注：红点为物种的分布位点。

分类学讨论 银星竹鼠的模式产地在印度卡西山一个名为乞拉朋齐的村庄，1851年，Blyth将其命名为*Rhizomys pruinosus*。但在1915年，Thomas将分布于乞拉朋齐以东的种命名为*Rhizomys senex*；相比于乞拉朋齐的种，这个种的体型更大，牙齿更重，毛的长度、颜色和柔软度与前一种类似。1915年，Thomas认为采自广东汕头的标本的头骨比银星竹鼠更加粗短，所以将其命名为*Rhizomys latouchei*。另外，Thomas还命名了1个新种，该种的门齿和犬齿与模式产地的银星竹鼠有细微的区别。1916年，Thomas又命名了1个新种*Rhizomys umbriceps*，这4个种后来都被作为银星竹鼠的亚种。

我国银星竹鼠包括2个亚种。一个是模式产地在广东汕头的银星竹鼠拉式亚种*Rhizomys pruinosus latouchei*，Thomas于1915年命名，分布于广东、安徽、福建等地。另一个是银星竹鼠云南亚种*Rhizomys pruinosus senex*，模式产地在印度卡西山，分布于我国的云南、四川。

银星竹鼠云南亚种 *Rhizomys pruinosus senex* Thomas，1915
Rhizomys senex Thomas, 1915. Ann. Mag. Nat. Hist., Ser. 8, 18: 324.

鉴别特征 被毛的毛尖银白色。牙齿齿列很粗。个体小，基长约67 mm。腹毛和背毛基本一致，但银白色的尖很短，所以颜色更淡或者灰白色。

地理分布　同种的分布。

（171）中华竹鼠 *Rhizomys sinensis* Gray，1831

英文名　Chinese Bamboo Rat

Rhizomys sinensis Gray, 1831. Proc. Zool. Soc. Lond., part I. 1830-1831: 95（模式产地：广州）.

Rhizomys chinensis Swinhoei, 1870. Proc. Zool. Soc. Lond., 637（模式产地：广西）.

Rhizomys vestitus Milne-Edwards, 1871. Nouv. Arch. Mus. d' Hist. Nat. Paris, 7, Bull., 92（模式产地：四川宝兴）.

Rhizomys davidi Thomas, 1911. Proc. Zool. Soc. Lond., 81(1): 179（模式产地：福建挂墩山）.

Rhizomys wardi Thomas, 1921. Jour. Bombay Nat. Hist. Soc., 27: 504（模式产地：缅甸克钦）.

鉴别特征　较大的啮齿类，体长一般在 210～380 mm。尾较短，尾长一般不超过 100 mm。体毛柔密而厚，很少有粗毛，毛丝状发亮，呈褐色或淡金黄色。两颊不呈锈色。头骨眶上脊在眼眶背面前缘即汇合成中央纵脊（矢状脊）。

形态

外形：身体较小，粗短呈圆筒状。头圆而大。眼不发达，耳壳圆短，被毛覆盖。门齿发达。四肢短，前爪尖锐。尾短小，几乎完全裸露无毛。

毛色：体毛密厚柔软，为棕黑色；毛基呈灰色，毛尖发亮，呈淡灰褐色、粉红褐色或者粉红灰色；头部毛短，为浅灰色；腹面的颜色比背面淡，常有白色的横纹和斑点；前、后足的爪坚硬呈橄榄褐色。老年个体背部呈棕黄色，年幼者呈灰黑色。

头骨：颅骨粗大，呈三角形；颧弓甚为宽展，约为颅全长的 3/4，是竹鼠属物种中颧骨宽指数最大的一种。颧弓几乎呈等边三角形。吻较宽，约为颅长的 1/4。眶前孔位于颧板背面，其长轴是左右横向的，孔的内侧宽于外侧。矢状脊和人字脊均较发达，幼体的矢状脊和人字脊的隆起都不高。鼻骨前宽后窄，前端不达上颌门齿前缘；额骨前宽后窄，眶上脊明显，向后与顶骨的颞脊相接继续向后，在顶骨后相互靠拢，老年时形成中央矢状脊，并与人字脊相连。顶骨小，局限在脑颅后部中央。顶间骨不明显，成年后与顶骨愈合。头骨枕部形成一个斜坡状，上枕骨发达，背面形成人字脊。侧枕骨向侧下方延伸，形成宽阔的颈突，枕髁向后突出。头骨侧面、前颌骨背面粗大，后端和鼻骨骨缝平齐，腹面较尖。侧面与上颌骨之间的骨缝呈弧形。上颌骨粗大，背面前缘形成眶前孔，向侧面突出，形成粗壮且较长的颧突，腹面为臼齿齿槽，着生臼齿列。颧骨宽、短，后下缘与

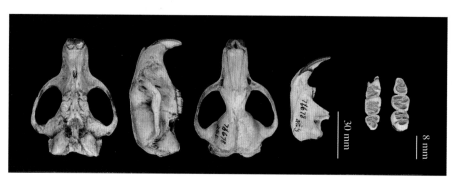

中华竹鼠头骨图

鳞骨颧突上下贴合。鳞骨宽大，越到老年越宽，构成脑颅侧面的主体；鳞骨颧突基部很宽。翼蝶骨略成四边形，位于鳞骨的腹侧和上颌骨背侧之间。眶蝶骨位于眼眶最底部。侧枕骨和鳞骨之间是巨大的听骨，形状不规则，略呈三角形，后面形成枕区斜坡的一部分。上方为骨质外耳道。头骨腹面，门齿孔较窄而短；腭骨小，略呈三角形。翼骨直立，较薄。下颌骨粗壮，冠状突较细，高，弧形向后上方延伸。关节突低矮，关节面圆弧形，较大，在关节突外侧有一略低的凸起，是下颌门齿的齿囊。角突宽，圆弧形，不显著游离。

牙齿：门齿较为粗大，上颌门齿呈深橙色，垂直向下。上齿隙明显长于上颊齿列。左、右上颊齿列前段相距较后端的窄，左、右下颊齿列则相反。上颊齿列从第1上臼齿到咀嚼面呈凸弧形，而下颊齿列咀嚼面从前至后呈凹弧形，上下相配合。在上颊齿列中，以第2上臼齿的前端最高，而下颊齿是第1上臼齿的前端最高。齿冠面具两外侧及一内侧深凹褶，但磨损后的牙齿凹褶都呈孤立的齿环。

量衡度（衡：g；量：mm）

外形：

编号	性别	年龄	体重	体长	尾长	后足长	耳高	采集地点
SAF230001	♀	成体	1 100	320	73	50	20	四川天全
SAF230002	♀	成体	1 800	310	82	55	21	四川天全
SAF230003	♀	成体	1 200	305	70	50	20	四川天全
SAF230004	♀	成体	1 530	340	87	53	23	四川北川

头骨：

编号	颅全长	基长	颧宽	眶间宽	颅高	上齿列长	下齿列长	下颌骨长
SAF230001	—	—	—	10.32	—	44.32	36.29	51.92
SAF230002	79.59	75.09	59.87	10.07	37.88	50.82	41.56	58.04
SAF230003	73.46	68.64	53.21	9.49	32.65	45.32	37.96	52.19
SAF230004	73.93	69.39	57.02	9.17	34.18	47.38	37.63	53.49

生态学资料　中华竹鼠通常栖息于海拔1 000 ～ 2 500 m的山间竹林、马尾松以及山地阳坡草丛的下面，营地下生活。洞多筑在阔叶林竹林坡地地势微微倾斜、石头不多且土壤深厚的地方。洞口位于竹林不太密集且不易被水淹没的地方，洞道复杂，迂回曲折，常常贯通在竹根下的土壤里；洞道长一般11 ～ 44.5 m，宽17 ～ 23 cm，高16 ～ 22 cm。洞内包括3个部分：取食道、避难所和巢穴。取食道距地表20 ～ 30 cm，且沿地表平行分支，常有4 ～ 7个分支；分支越多、洞道越长说明居住的时间越久；避难所在洞底深达150 cm处，是逃避敌害的安全洞；巢穴筑在近土丘和避难所的取食洞道上，为竹鼠住所和产仔育幼场所（何晓瑞，1984）。每一洞系有4 ～ 7个土丘，近圆锥形，直径50 ～ 80 cm，高20 ～ 40 cm；有竹鼠生活的洞系，洞口封闭，其上以土丘盖住，仅在交配时开放，时间短暂。竹鼠昼夜活动，但白天躲在洞里，一般在晚上或者清晨出洞寻水或者另挖新洞。一天中断断续续地活动和休息，活动会避开一天中最炎热的时间（葛有清和瞿明成，1988）。竹鼠繁殖能力强，在南方一年四季都能繁殖，每胎产3 ～ 8仔。野生中华竹鼠7 ～ 8个月就能达到性成熟。野生的竹鼠有终身配对的习性。

地理分布　在四川分布于中部、北部、东北部、东南部，国内还分布于陕西、甘肃、安徽、浙江、湖北、湖南、福建、广东、广西、贵州、云南。国外分布于缅甸北部。

分省（自治区、直辖市）地图——四川省

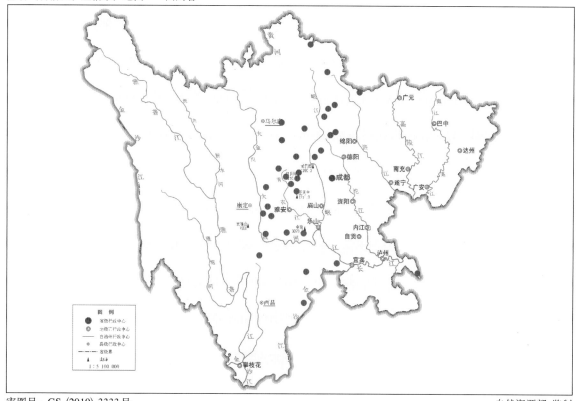

审图号：GS（2019）3333号　　　　　　　　　　　　　　　　　　自然资源部　监制

中华竹鼠在四川的分布
注：红点为物种的分布位点。

分类学讨论　Gray（1831）根据采自广东广州的标本定立本种。Corbet 和 Hill 在1992年进行了修订。Allen（1940）和Ellerman（1961）对中华竹鼠的外形、分类、分布和生态学进行了准确的描述。Allen（1940）将中华竹鼠分为4个亚种：指名亚种*Rhizomys sinensis sinensis*、四川亚种*Rhizomys sinensis vestitus*、福建亚种*Rhizomys sinensis davidi*、缅甸亚种*Rhizomys sinensis wardi*。Ellerman 和Morrison-Scott（1951）同意Allen（1940）的意见。Dao 和Cao（1990）将采自越南北部的*R. reductus*作为中华竹鼠的亚种。王应祥（2003）把缅甸亚种作为1个独立种；在中华竹鼠下包括其他3个亚种及1个新亚种，此新亚种即中华竹鼠滇西亚种*Rhizomys sinensis pediculus*。潘清华等（2007）又把四川亚种作为独立种，没有提及其他亚种。不过，这些划分均未提供详细的证据，鉴于此，魏辅文等（2021）仍然将中华竹鼠的四川亚种和缅甸亚种作为亚种对待，遵循Allen（1940）、Ellerman 和Morrison-Scott（1951）的意见：四川分布的为四川亚种。

中华竹鼠四川亚种 *Rhizomys sinensis vestitus* Milne-Edwards，1871

Rhizomys vestitus Milne-Edwards, 1871. Nouv. Arch. Mus. d' Hist. Nat. Paris, 7 Bull., 92（模式产地：四川宝兴）.

鉴别特征　个体较大。头骨颅全长大约75 mm。背部毛丝状，颜色整体上为棕灰色色调，毛基灰黑色，中间段浅灰色，尖部略带粉红棕色。

地理分布　同种的分布。

（二）鼢鼠亚科 Myospalacinae Lilljeborg，1866

Myospalacini Lilljeborg, 1866. Kongl. Akad. Boktryckeriet, 25(模式属：*Myospalax* Laxmann, 1769).

Siphneinae Gill, 1872. Smithsonian Misc. Coll., 11: 20(模式属：*Siphneus* Brants, 1827).

Myotalpinae Miller, 1896. North American Fauna, 12: 8(模式属：*Myotalpa* Kerr, 1792).

形态特征　鼢鼠体型粗壮，外形似圆柱状；头、颈、胸、腹各部无明显的区别。头宽扁，吻钝，眼小。外耳郭不发达，仅有环绕外耳孔的圆筒状皮褶，隐于皮毛之下。鼻宽扁，与面部成一平面，鼻前方有发达的鼻垫。四肢短粗健壮，蜷缩在躯干的下方，前脚及前爪极发达。第2、3、4爪极长，利于挖掘。尾细短。

头骨前窄后宽。人字脊在颧弓后缘水平，与颧宽形成头骨最宽处。门齿粗长，其后缘伸向上（下）颌骨臼齿的前（后）方。臼齿无齿根，咀嚼面呈左右交错的三角形齿。齿式1.0.0.3/1.0.0.3 = 16。

生态学资料　鼢鼠亚科是高度特化为地下穴道生活的啮齿动物。世世代代生活在地下，很少到地上活动，不易被人发现，就是在它们分布很集中的地方，也常常只能看到它们在地表堆积的一个个小土丘；它们在地下的生活范围很广，地下穴道纵横交错，生活能力很强。以植物地下根、茎为食，是农、牧、林业生产的一大鼠害。它们与地下生活和地上生活的啮齿类在形态构造和生活习性上差异较大，是一支高度特异化、分布很广的自然类群。鼢鼠主要栖息在温带广大的平原与高原地区，以及土质较松软的草原与农田地带。

地理分布　鼢鼠的化石在中国新生代后期地层中分布较广，种类多，数量大，有助于新生代地层的鉴定。鼢鼠仅分布于亚洲，即俄罗斯西西伯利亚与东西伯利亚的南部、蒙古的东部、朝鲜、中国。在中国分布很广，如黑龙江、吉林、辽宁、内蒙古、河北、河南、山东、安徽、山西、陕西、宁夏、甘肃、青海、四川、湖北等省份都有分布。

分类学讨论　鼢鼠的高阶元分类是个长期争论的问题，到目前为止仍没有较为一致的意见，总结起来主要有以下几种观点：

第1种为鼠科的鼢鼠亚科：Alston（1876）、Thomas（1896）、Ellerman（1940，1941）认为应将鼢鼠归为鼠科鼢鼠亚科，与仓鼠亚科、鼹形鼠亚科和竹鼠亚科并列，支持这一分类的有Reig（1980）、Carleton和Musser（1984）、Corbet和Hill（1991）、Lawrence（1991）、Musser和Carleton（1993）、McKenna和Bell（1997）等。

第2种为仓鼠科的鼢鼠亚科：Chaline等（1977）、罗泽珣等（2000）、王应祥（2003）认为应将鼢鼠归入仓鼠科鼢鼠亚科，与仓鼠亚科和鼹形鼠亚科并列，而鼠科、竹鼠科单列为科。Gromov和Baranova（1981）、Gromov和Erbajeva（1995）、Pavlinov等（1995）认为是仓鼠科Cricetidae之下的鼢鼠亚科Myospalacinae。

第3种为仓鼠科仓鼠亚科：Simpson（1945）将鼢鼠归入仓鼠科仓鼠亚科鼢鼠族，而鼹形鼠、竹鼠、鼠均为独立的科；Michaux和Catzeflis（2001）对鼠科中14个亚科33属33种的核蛋白编码基因 *LCAT* 和血浆 vWF 因子的分析结果显示，*Myospalax* 和 *Phodopus* 关系较为接近，都属于 Cricetine 支系（这一支系还包括 *Cricetulus* 和 *Mesocricetus*），因而将 *Myospalax* 作为 Myospalacini 族归入 Cricetinae 亚科中。这样的安排与 Winge 等（1941）对鼢鼠的分类是一致的。

第4种为鼢鼠科：Pavlinov 和 Rossolimo（1987）将现生鼢鼠归为1个独立的科 Myospalacidae，包含1属3种。

第5种为鼹形鼠科的鼢鼠亚科：Miller 和 Gidley（1918）和 Allen（1940）认为应将鼢鼠归入鼹形鼠科中；Ognev（1947）、Bannikov（1954）、Wilson 和 Reeder（2005）认为鼢鼠应属鼹形鼠科鼢鼠亚科，与竹鼠亚科、鼹形鼠亚科、速掘鼠亚科并列；Norris 等（2004）通过对鼠科18个亚科34属44种的线粒体 12S rRNA 基因和 *Cytb* 基因序列的分析，也认为应将鼢鼠亚科从鼠科中单列出来，与鼹形鼠亚科和竹鼠亚科合称鼹形鼠科 Spalacidae；Jansa 和 Weksler（2004）则通过对16个亚科80种的 *IRBP* 基因分析，认为鼢鼠与鼹形鼠、竹鼠关系最为接近。Zhou 等（2008）根据线粒体 12S rRNA 基因和 *Cytb* 基因全序列遗传距离分析结果认为，鼢鼠类应该与竹鼠亚科、仓鼠亚科和鼠亚科具有同等的系统地位，是一个亚科级分类阶元。

目前，将鼢鼠归入鼹形鼠科这一观点，因其研究手段更新、研究相对更深入、取样范围更广而更有说服力，从而被较多的国外学者所接纳。这些分子生物学证据（Jansa and Weksler，2004；Norris et al.，2004）表明，这4个亚科为一个单系类群，是鼠类（Muroid）其他已知成员的姊妹群，起源较早，或许是鼠科内最早起源的类群之一，可能在中晚渐新世就已经起源。

系统进化方面，根据出土的化石，Young（1927）、Teilhard 和 Young（1931）、Teilhard 和 Leroy（1942）、刘东生等（1985）、Zheng（1994）先后对鼢鼠类的进化进行了研究。Zheng（1994）认为所有的鼢鼠都是由化石的凸颅鼢鼠类 *Plesiodipus* 进化而来的，大约在600万年由凸颅的 *Myotalpavus* 开始分化出化石的平颅鼢鼠类 *Episiphneus*、凸颅鼢鼠类 *Pliosiphneus* 以及凹颅鼢鼠类 *Chardina* 3支，现代的凸颅鼢鼠类和平颅鼢鼠类分别大约在距今330万年和距今200万年开始出现。凹颅鼢鼠类大约在450万年前出现，并在65万～70万年前灭绝。

鼢鼠亚科包含1个属还是2个属，古生物学家和动物学家意见不一，对该类群所包括的物种数意见也不统一，主要是对一些物种的有效性一直存有争议，特别是针对平颅鼢鼠类中的草原鼢鼠和东北鼢鼠，凸颅鼢鼠类中的高原鼢鼠、甘肃鼢鼠、斯氏鼢鼠和秦岭鼢鼠的物种地位争论不休。

综观这些学者对鼢鼠类的系统学研究，基本都是根据形态特征特别是头骨的特征进行的，结果存在争议。Zhou 和 Zhou（2008）基于线粒体 12S rRNA 基因和 *Cytb* 基因序列的系统发生树，支持现存鼢鼠类是1个单系的观点，它首先分化为凸颅鼢鼠属和平颅鼢鼠属2个分支，凸颅鼢鼠物种分化的时间早于平颅鼢鼠。中国现存鼢鼠类分为凸颅鼢鼠属 *Eospalax* 和平颅鼢鼠属 *Myospalax*，其中凸颅鼢鼠属包括中华鼢鼠、罗氏鼢鼠、斯氏鼢鼠、甘肃鼢鼠、木里鼢鼠、高原鼢鼠、秦岭鼢鼠7种，平颅鼢鼠属含2种，即草原鼢鼠和东北鼢鼠。

根据最新的分类系统（Wilson et al.，2017），全世界鼢鼠亚科有2属12种。中国有2属8种，2个属为平颅鼢鼠属 *Myospalax*、凸颅鼢鼠属 *Eospalax*。其中四川仅有凸颅鼢鼠属2种（高原鼢鼠和罗氏鼢鼠）；加上新发表的木里鼢鼠*Eospalax muliensis*，目前四川有鼢鼠亚科物种3种。周材权等（2004）发表四川新记录：秦岭鼢鼠，属误订。

100. 凸颅鼢鼠属 *Eospalax* Allen，1940

Eospalax G. Allen, 1940. Mamm. Chin. Mong., 921(模式种：*Myospalax fontanierii* Milne-Edwards, 1867).

四川分布的凸颅鼢鼠属*Eospalax*分种检索表

1.体型大，尾毛稀少，皮肤裸露，鼻垫椭圆形 ……………………………………………… 高原鼢鼠*E. baileyi*

  体型小，尾毛密，皮肤不裸露，鼻垫僧帽 ………………………………………………………………… 2

2.个体较大，体长超过165 mm，尾较长，超过50 mm，最短在45 mm以上 ………………… 木里鼢鼠*E. muliensis*

  个体较小，体长平均150 mm，尾短，平均36 mm，最长不超过42 mm ……………… 罗氏鼢鼠*E. rothchildi*

（172）高原鼢鼠 *Eospalax baileyi*（Thomas，1911）

英文名 **Plateau zokor**

Myospalax baileyi Thomas, 1911. Ann. Mag. Nat. Hist., 8(48): 727-728（模式产地：四川雅江至康定之间的Rama Song）; 樊乃昌和施银柱，1982. 兽类学报，2: 183-196; Zhou, et Zhou, 2008. Integ. Zool., 3, 290-298.

Myospalax fontanieri baileyi Howell, 1929. Mamm. Chin. Coll. Uni. Stat. Nat. Mus., 75: 55; G. Allen, 1940. Mamm. Chin. Mong., 931- 932; Ellerman and Morrison-Scott, 1951. Check. Palaea. Ind. Mamm., 650; 李保国和陈服官，1989. 动物学报，35(1): 89-97.

鉴别特征 鼻骨后端呈钝锥状，无缺刻，且超过前颌骨后端；鼻骨近中部明显扩大。门齿孔包围在前颌骨范围内。第3上白齿较大，内侧具有两个凹角。下颌骨冠状突与关节突之间凹陷较深，从侧面观呈V形。尾被以密厚短毛。可用高原鼢鼠的顶脊划分年龄组。

形态

外形：体粗圆，体长160 ~ 235 mm，体重173 ~ 490 g。吻短，眼小；耳壳退化为环绕耳孔的皮褶，不突出于被毛外。尾短，其长超过后足长，并覆以密毛。四肢较短粗，前、后足上面覆以短毛；前足掌的后部具毛，前部和指无毛，后足掌无毛；前足的第2 ~ 4指（趾）爪发达，特别是中指（趾）爪最长，后足指（趾）爪明显小而短。

毛色：体背面棕灰色；腹面石板色，带有很浅的黄褐色。头冠较暗；吻端具一小白斑。前、后足均呈白色；尾甚短，略长于后足，呈白色。尾被以密厚短毛。

头骨：脑颅背面呈一斜坡状，从鼻骨至顶骨中央略下凹。鼻骨长，超过颅全长的1/3，前端宽而平坦。额骨前后宽，中间缢缩。顶骨较窄，位于脑颅中央。颞脊左右几乎平行。顶间骨略呈梯形，前宽后窄，鳞骨宽阔。人字脊很发达，人字脊左右宽是脑颅最宽处。上枕骨从人字脊起逐渐向后弯下。鼻骨后端呈钝锥状，无缺刻，且超越前颌骨后端。颚骨后缘在第2上白齿内侧凹角水平线上，后缘中间有一发达的尖突。下颌骨冠状突与关节突之间凹陷较深，从侧面观呈V形。角突游离部分向上外侧。

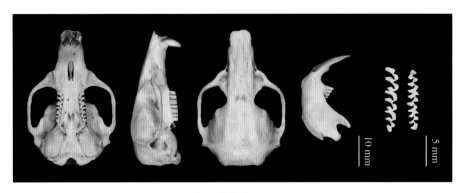

高原鼢鼠头骨图

牙齿：门齿孔包围在前颌骨范围内。第3上臼齿较大，内侧具有2个凹角。

量衡度（衡：g；量：mm）

外形：

编号	性别	体长	尾长	后足长	采集地点
SAFR07001	♂	185	36	29	四川若尔盖
SAFR07002	♂	207	42	34	四川若尔盖
SAFR07003	♀	177	37	34	四川若尔盖
SAFR07005	♂	172	38	31	四川若尔盖
SAFR07006	♀	163	45	30	四川若尔盖
SAFR07007	♀	102	61	35	四川若尔盖
SAFR090701	♀	185	38	—	四川若尔盖
SAFR090702	♂	143	32	—	四川若尔盖
SAFR090703	♀	199	41	—	四川若尔盖
SAFR090705	♀	160	38	—	四川若尔盖
SAFR090706	♂	198	49	—	四川若尔盖

头骨：

编号	颅全长	基长	颧宽	眶间宽	听泡长	上齿列长	下齿列长	下颌骨长
SAFR07001	41.87	38.47	30.73	8.40	9.07	27.18	16.11	27.70
SAFR07002	—	—	—	8.27	9.13	28.63	16.97	29.04
SAFR07003	43.75	40.84	31.35	8.75	8.54	28.93	16.17	29.32
SAFR07005	39.88	36.31	—	8.98	7.49	25.96	15.05	25.67
SAFR07006	43.90	40.96	31.81	9.12	7.64	29.03	17.03	29.94
SAFR07007	42.30	38.81	31.58	8.92	8.32	27.56	16.35	27.89
SAFR090701	43.00	39.83	32.15	8.26	8.64	28.62	16.43	27.58
SAFR090702	—	—	24.27	8.94	8.24	24.35	14.90	25.42
SAFR090703	42.70	40.17	32.31	8.65	8.06	27.95	16.91	28.20
SAFR090705	42.03	38.35	31.33	8.36	8.36	27.62	16.23	27.48
SAFR090706	48.50	45.07	37.01	9.31	8.59	31.64	17.86	29.54

生态学资料　高原鼢鼠营地下生活，主要栖息在海拔1 400 m以上的山地、森林、森林草原、草甸草原和农田地带，啃食牧草根系。在高原地区地表解冻后（4月初至12月），通常昼夜挖掘和抛出土壤，在地表形成许多土丘。洞道复杂，长达几十米，离地面12 ～ 14 cm，洞径约8 cm，巢穴距地面深160 cm以上；土丘一般直径为30 ～ 60 cm，高14 ～ 20 cm。洞道由住室、粮仓和便所构成；住室较深，为洞道扩大部分，内有由枯草茎、叶做成的窝室。粮仓里的食物大多数是就地取食，与栖所附近所见粮食作物一致，常见食物有豆类、小麦、青稞、马铃薯等。夜间活动较白天频繁，每天有两个高峰：一次是在日出，另一次通常是在半夜。在较炎热的夏季几乎不在白天进行挖掘活动。每年繁殖期4—7月，每年繁殖1次，每胎产2 ～ 8仔。无冬眠现象。有藏食习性。

地理分布　在四川分布于甘孜与阿坝，即川西高原地带，国内还分布于甘肃南部、青海东部，即祁连山以南陇西高原、甘南高原、青海高原地带。

分省（自治区、直辖市）地图——四川省

审图号：GS（2019）3333号　　　　　　　　　　　　　　　　　　　　自然资源部 监制

高原鼢鼠在四川的分布
注：红点为物种的分布位点。

分类学讨论　Thomas（1911）依F. M. Bailey采自四川Rama-Song（康定附近）一雌性成体标本命名为*Myospalax baileyi*。Lönnberg（1926）依Anderson在青海湖东侧采到的1对鼢鼠标本，认为它们与*M. baileyi*很相似，但也有区别，后头宽较小，第3上臼齿有一较大的后伸叶，而定名为*M. kukunoriensis*。Allen（1940）认为青海湖东侧与中华鼢鼠甘肃亚种分布范围的西部边界靠近，将其定名为*M. fontanieri bailey*。Ellermann和Morrison-scott（1951）将其定名为*M. fontanieri kukunoriensis*。

国内学者除了禹瀚将青海湖南畔的标本称为中华鼢鼠 *M. epsilanus* 外，多混称其为原鼢鼠或中华鼢鼠 *M.fontanieri*（禹瀚，1958；张效武，1960；张洁等，1963；梁杰荣等，1978；张孚允等，1980）。

　　樊乃昌观察了采自青海附近海晏、门源、湟源、天骏等地的20号标本，以及青海其他地区和甘肃、四川大量标本，认定与Thomas描述的大致相同。故认为 *M. kukunoriensis*、*M. fontanieri bailey* 和 *M. fontanieri kukunoriensis* 都应视为 *U. bailey* 的同物异名。1981年，樊乃昌将其提升为独立种。2007年，吴攀文等从毛髓质指数方面与中华鼢鼠进行了比较，认为高原鼢鼠具独立种地位。Zhou 和Zhou（2008）通过分子学方法证明了高原鼢鼠独立成种。

（173）罗氏鼢鼠 *Eospalax rothschildi*（Thomas，1911）

英文名　Rothschild's Zokor

Myospalax rothschildi Thomas, 1911. Ann. Mag. Nat. Hist., 8(48): 722（模式产地：甘肃临潭）; Howell, 1929. Mamm. Chin. Coll. Uni. Stat. Nat. Mus., 75: 55; Allen, 1940. Mamm. Chin. Mong., 931-932; Ellerman and Morrisonscott, 1951. Check. Palaea. Ind. Mamm., 651; Corbet, 1978. Mamm. Palaea. Reg., 93; 樊乃昌和施银柱，1982. 兽类学报，2: 183-196.

Myospalax minor Lönnberg, 1926. Arkiv för Zoologi, 18A, 21: 6（模式产地：甘肃南部岷山山系）.

鉴别特征　体型小于其他鼢鼠。额无闪烁白斑。爪纤细。背面毛尖有显著的棕褐色色调，尾覆有密毛。头骨小，门齿也较细；鼻骨前端显得宽阔，鼻骨长约为颅全长的40%。听泡相对较小。

形态

外形：尾较短，其长度略超过后足长。尾长与体长之比皆小于其他种鼢鼠。

毛色：毛色较深。背毛黄褐色至深灰褐色，毛尖锈红色，腹毛比背毛色淡，为灰褐色。少数个体亚成体毛似灰黑色，老体锈红色，毛尖稍浓。额头具形态多样的细小白斑或无白斑，整体颜色较淡；鼻垫与上唇周围为污白色。大多数尾部背面灰色，腹面为污白色。少数个体尾毛污黄色。足背面密毛，呈白色。

头骨：颅骨较其他鼢鼠高。脑颅顶部平，或者弧形，不像高原鼢鼠整体呈一斜坡状。吻鼻部背面平坦，前端宽阔；鼻骨长，为颅全长的40%左右。颅骨在人字脊后面逐渐倾斜。脑颅背部隆起。枕骨后面呈弧形。左、右颞脊平行，不汇合。人字脊不甚发达。门齿孔约一半或全部位于前颌骨包围中，听泡相对较小。颧弓纤细。眶前孔近半圆形，眶后脊较发达。下颌显得粗壮，冠状突最高，

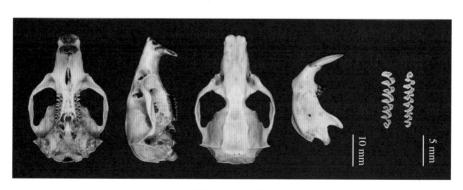

罗氏鼢鼠头骨图

角突向外。咀嚼肌附着面平坦。

牙齿：上、下颌门齿唇面橘色。牙齿细小，一般上齿列不超过10 mm。门齿孔仅一段在前颌骨范围内。第3上臼齿形状无规律，多数个体第3上臼齿外侧为二凹角，内侧二凹角，有些个体的内侧第2凹角较小、浅。

量衡度（衡：g；量：mm）

外形：

编号	性别	体重	体长	尾长	后足长	采集地点
CWNUWY090701	♀	—	166	27	—	四川万源
CWNUWY090702	♀	—	152	36	—	四川万源
CWNUZP090701	♀	—	162	42	—	陕西镇坪
CWNUZP090702	♀	—	161	37	—	陕西镇坪
SAF21121	♂	87	145	32	24	四川万源
SAF21122	♂	79	137	35	24	四川万源
SAF21123	♂	123	155	38	27	四川万源
SAF21124	♀	104	147	34	25	四川万源
SAF21125	♀	132	148	43	27	四川万源

头骨：

编号	颅全长	基长	颧宽	眶间距	听泡长	上齿列长	下齿列长	下颌骨长
CWNUWY090701	35.62	32.17	27.14	5.91	7.54	22.97	13.79	22.42
CWNUWY090702	33.68	31.17	23.18	6.93	7.45	22.03	15.41	21.99
CWNUZP090701	36.41	33.81	24.05	6.47	8.26	23.84	15.20	23.54
CWNUZP090702	34.94	32.12	25.88	5.88	8.03	22.81	14.05	24.66
CWNUC65036	30.62	28.12	—	7.56	7.55	19.07	—	—
CWNUY65086	37.59	35.43	27.92	6.62	8.04	25.52	—	—
CWNUY65089	33.62	30.48	22.89	7.19	7.73	21.90	16.17	25.44
CWNUY65090	35.79	33.42	25.65	6.65	7.99	23.78	15.18	22.96
CWNUY65091	35.42	33.15	25.74	6.56	7.86	23.47	14.42	24.26

生态学资料 主要栖息在山地、丘陵、土壤疏松的林地、草甸、农田地带。据岚皋县生漆研究所对林场苗圃的调查，罗氏鼢鼠的最大栖息密度达145只/hm²，2年生漆树苗被害率达48.6%。对松树、漆树科、豆科作物的根系及天麻、党参、羌活等药材危害严重。

常年营地下生活，很少外出。洞道很长，挖出的土沿洞道形成很多小土丘，洞道复杂，其全长可达11 m。采食道距地表1～6 cm，交通道距地表30～50 cm，居住窝距地表60～80 cm，在地表无典型的挖掘洞道时形成的土丘。洞内有巢室和多个粮仓，位于深达0.5 m处。该种每年繁殖1次，繁殖期在3—6月，每胎产1～3仔。

地理分布 在四川分布于万源，国内还分布于陕西南部、甘肃南部、湖北西部大巴山区和神农架地区。

分省（自治区、直辖市）地图——四川省

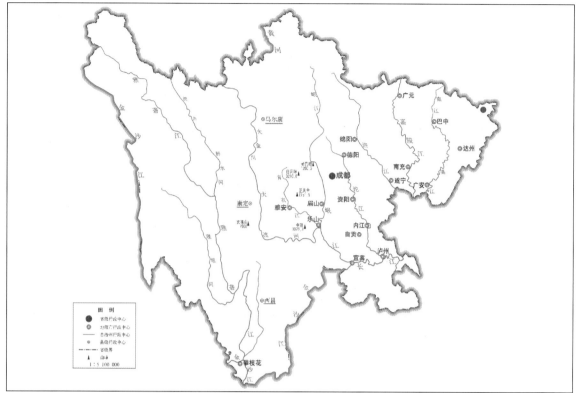

审图号：GS（2019）3333号　　　　　　　　自然资源部　监制

罗氏鼢鼠在四川的分布
注：红点为物种的分布位点。

分类学讨论　Thomas（1911）依据 J. Smith 采自甘肃临潭东南海拔 3 400 m 处一雄体标本定立本种。其主要特征是体型小，前爪细小，尾较短（47 mm）。门齿细小，第 3 上臼齿内侧有二四角。Howell（1929）在临潭又获得了 9 只地模标本。Lonnberg（1926）将采自甘南岷山的 4 号标本定立为新种 *Myospalax minor*。Lonnberg 认为其与模式标本不同处是体型小，尾较短，颧弓细长不扩展，后头宽较窄，上齿列小，第 3 上臼齿的次级凹角不规律。李保国和陈服官（1989）观察了大量来自镇平、镇巴、平利、临潭的标本，认为这些形态的不同属于不同年龄、性别或个体变异。所以 *M. minor* 应是 *M. rothschildi* 的同物异名，有 2 个亚种，即指名亚种 *M. r. rothschildi* 和湖北亚种 *M. r. hubeiensis*。

四川分布的为湖北亚种。

罗氏鼢鼠湖北亚种 *Eospalax rothschildi hubeiensis* Li and Chen，1989

Eospalax rothschildi hubeiensis Li and Chen, 1989. 动物学报, 35(1): 89-95（模式产地：陕西镇坪）.

鉴别特征　和指名亚种相比，个体稍大，尾相对较长。体重平均 195 g，体长平均 177 mm，尾长平均 41 mm，后足长平均 26 mm，颅全长平均 42 mm。眶上脊、顶脊很明显，顶脊在人字脊处向内收缩；鼻骨末端具浅 V 形缺刻；颧弓宽阔。

形态　同种级描述。

地理分布　在四川省内分布于大巴山区，国内还分布于陕西镇坪。

（174）木里鼢鼠 *Eospalax muliensis* Zhang，Chen and Shi，2022

英文名　Muli Zokor

Eospalax muliensis Zhang, Chen and Shi, 2022. Zool. Res., 43(3): 331-342（模式产地：四川木里）.

鉴别特征　个体小，平均体长 165 mm。颅全长平均 40.5 mm。尾较长，平均 52 mm，密生绒毛；鼻垫三叶状；吻部细弱，近长方形；鼻骨小，后缘横向；脑穹隆突，颞脊不明显，前端平行，人字脊在侧面才明显；枕脊发达，向后延伸明显，与枕髁几乎形成平面；1/3 的门齿孔有上颌骨围成，2/3 门齿孔由前颌骨围成；腭骨窝大；第 3 上白齿外侧有 2 个凹角。

形态

外形：个体体长平均 165 mm，极个别个体体长超过 200 mm。尾长平均 52 mm。后足长平均 28 mm。无明显外耳郭。前爪强大，适于掘土；前足第 3 指（趾）的爪最长、最大。第 2 和第 4 指（趾）爪等长，约为第 3 指（趾）的 2/3；第 5 指（趾）爪粗壮，长度约为第 3 指（趾）的一半；前足第 1 指很短。

毛色：整个背面毛色一致，为黑灰棕色，毛尖淡肉桂色。腹部毛色略淡。绝大多数成年个体额部无白斑，一些幼体有白斑。唇和口鼻部白色或灰白色，围绕有短的白毛。眼很小，无明显外耳郭。尾密生短毛，基部 2/3 灰棕色，末端 1/3 白色。前、后足背面覆盖白色短毛。

头骨：脑颅较隆突，最高点位于顶骨前缘。鼻部较宽阔；鼻骨前端宽，后端窄，前端两侧弧形，2/3 处显著缩小，末端与额骨的接缝呈锯齿状，插入鼻骨前缘，短于前颌骨后缘。额骨前端和后端宽，中间窄；前端中央与鼻骨相接，前端外侧分别与前颌骨及上颌骨颧突相接。眶上脊较明显，在老年时相互靠近，但没有发现融合成中央纵脊的情况。额骨后缘与顶骨的骨缝多呈 V 形，或者弧形，其接缝为弯弯曲曲的曲线。顶骨不规则，两顶骨背中线相接处较窄，外侧宽，外侧 1/2 处以后显著向外扩展。顶骨后端骨缝呈弧形，顶间骨界线不明显。枕区，上枕骨宽大，侧面与鳞骨接触处形成高的纵脊（矢状脊），向下止于听泡背面后端；背面存在人字脊，但并不太发达。侧枕骨小，与听泡接触处形成一弱的纵脊，末形成乳突。枕髁较发达，基枕骨宽而短。侧面前颌骨与上颌骨的骨缝弧形，前颌骨背面后端向后延伸，长于鼻骨。泪骨退化。上颌骨前上方形成眶前孔，颧板较宽阔，上颌骨颧突发达，长度占整个颧弓的 3/4；颧骨纤细。鳞骨较长，前外侧形成不明显的眶后突，

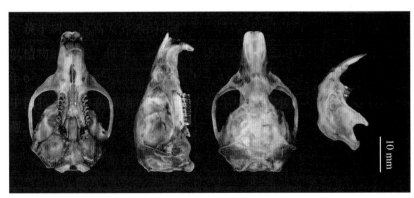

木里鼢鼠头骨图

上侧面形成颧突。听泡2室，后上方室小，扁平，前下室较圆，鼓胀。头骨腹面，1/3的门齿孔由上颌骨围成，2/3门齿孔由前颌骨围成，硬腭两边有明显的沟，腭骨前段呈梯形，后缘中央向后略突出，侧面分为内外支，内支与翼骨相接，外支短，与上颌骨齿槽后端内侧贴合。翼骨短，直立。不与听泡相接触。下颌骨略弯曲，冠状突较弱，尖，向后略弯曲。关节突较长，顶端髁面圆，角突下缘宽阔，游离部分很小，向外侧扩展。

牙齿：上颌门齿垂直向下，略向内弯，唇面橘色。臼齿外侧角突很长且尖，内侧角突通常圆弧形，第1上臼齿由5个齿环构成，第1个齿环略呈矩形或者圆弧形，封闭；第2和第3齿环弧形，封闭；第4和第5齿环相通，该齿外侧有3个尖的角突，内侧有3个圆弧形角突。第2上臼齿由4个齿环构成，前面第1个和后面内侧齿环（第3个）较大，外侧2个（第2和第4个）小；前2个齿环封闭，后2个齿环内侧相通；该齿外侧有3个尖的角突，内侧有2个圆弧形角突。第3上臼齿由前面一个弧形齿环和后缘一个开口朝外的C形齿环构成，该齿外侧有3个角突，但外侧最后一个角突钝。内侧有2个圆弧形角突。

下颌门齿锉状，唇面橘色；第1下臼齿最后横齿环前面有3个略呈三角形的齿环，前面还有个形状不甚规则、略呈弧形的齿环，该齿环与最前面内侧的齿环相通；后面2个齿环封闭，该齿外侧有4个较尖的齿突，外侧有3个齿突，较钝。第2下臼齿最后面横齿环前面内外侧各有个三角形的封闭齿环，前面有个大的横跨内外的略呈平行四边形的齿环，该齿内侧和外侧各有3个角突，外侧的略钝。第3下臼齿最前面有个横跨内外形状不规则的大齿环，后外侧有个小的圆弧形封闭齿环，后面还有个开口向内的C形齿环；该齿内侧有3个尖的角突，外侧有3个圆弧形的角突，前外侧第1个角突较尖。

量衡度（衡：g；量：mm）

外形：

编号	性别	体重	体长	尾长	后足长	采集时间（年-月）	采集地点
KIZ-ML002	♂	136	170	—	—	2020-10	四川木里
KIZ-ML003	♂	159	170	—	—	2020-10	四川木里
KIZ-ML001	♀	118	160	—	—	2020-10	四川木里
KIZ-ML009	♀	126	145	—	—	2020-10	四川木里
KIZ-ML004	♀	148	175	—	—	2020-10	四川木里
KIZ-SC2110383	♀	123	150	54.0	28	2021-10	四川木里
KIZ-SC2110384	♂	280	204	70.0	32	2021-10	四川木里
KIZ-SC2110385	♀	133	172	56.5	28	2021-10	四川木里
KIZ-SC2110386	♀	145	174	52.5	27	2021-10	四川木里
KIZ-SC2110450	♀	144	165	45.0	25	2021-10	四川木里
KIZ-SC2110451	♀	186	174	45.0	28	2021-10	四川木里
KIZ-SC2110452	♀	167	168	47.0	28	2021-10	四川木里

注：表格数据由施鹏团队提供。

头骨：

编号	颅全长	基长	颧宽	眶间宽	上臼齿长	颅高	听泡长	下颌骨长	下臼齿列长
KIZ-ML002	41.35	38.56	26.22	6.94	8.93	15.53	8.34	25.36	9.49
KIZ-ML003	40.65	38.07	27.48	6.70	8.87	16.47	8.37	24.79	8.87

编号	颅全长	基长	颧宽	眶间宽	上臼齿长	颅高	听泡长	下颌骨长	下臼齿列长
KIZ-ML001	38.01	35.55	23.57	6.68	8.64	15.35	7.87	23.65	9.01
KIZ-ML009	38.66	—	24.30	7.15	8.38	15.64	8.46	23.81	8.84
KIZ-ML004	40.63	38.82	26.38	7.07	8.83	16.17	8.12	24.75	9.67
KIZ-SC2110383	38.84	35.91	24.57	7.64	8.73	16.68	8.66	23.63	9.01
KIZ-SC2110384	45.52	43.34	30.60	6.61	10.26	17.09	9.13	28.48	10.34
KIZ-SC2110385	39.41	37.46	25.58	7.27	9.11	15.84	8.33	24.75	9.63
KIZ-SC2110386	40.39	37.69	26.50	7.34	9.06	16.41	7.87	25.46	9.84
KIZ-SC2110450	40.02	37.26	26.48	6.78	9.02	16.10	7.92	24.51	9.46
KIZ-SC2110451	42.17	39.66	27.87	7.49	8.87	17.80	8.87	25.94	9.91
KIZ-SC2110452	39.86	37.74	24.88	7.26	8.33	16.14	8.45	25.74	8.81

注：表格数据由施鹏团队提供。

地理分布 目前仅分布于模式产地四川木里。

分省（自治区、直辖市）地图——四川省

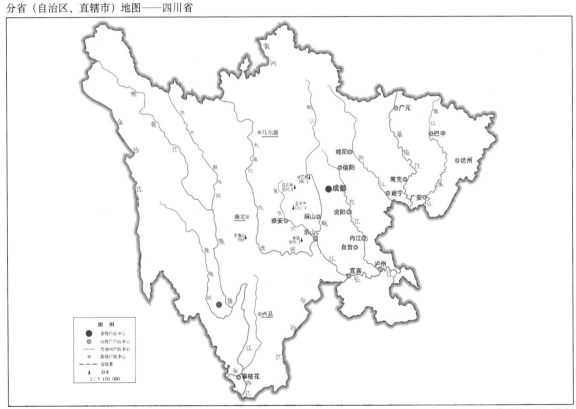

审图号：GS (2019) 3333 号　　　　　　　　　　　　　　　　　　自然资源部 监制

木里鼢鼠在四川的分布
注：红点为物种的分布位点。

分类学讨论 该种是2022年施鹏团队发表的新种。该种个体相对较小，仅比罗氏鼢鼠略大，比斯氏鼢鼠略小。是现存突颅鼢鼠属中最早分化的物种，距今420万年左右。木里鼢鼠的系统地位和高原鼢鼠—斯氏鼢鼠组成的姊妹群构成姊妹群（Zhang et al., 2022）。

三十三、仓鼠科 Cricetidae Fischer，1817

Cricetinorum Fischer, 1817. Mem. Soc. Imp. Nat. Moscow., 5: 410(模式属: *Criectus* Leske, 1779).

Cricetinae Murray, 1866. Ann. Mag. Nat. Hist., 17: 358(模式属: *Criectus* Leske, 1779).

起源与演化　仓鼠科的演化地质历史跨越3 000万年，由于仓鼠类在亚洲、欧洲和北美洲之间反复来回迁徙，整个进程被打断。可以确定的是，仓鼠类在很晚才扩展到中美洲和南美洲。关于仓鼠类的演化历史仍然没有明确的定论，北美洲的研究者主要是对墨西哥—美国的化石展开研究，以期找到仓鼠科演化的脉络；欧洲的研究者则把主要精力投入到对渐新世至更新世期间化石的清理中。亚洲和非洲研究者给出的信息相对较少。粗略来看，中新世和上新世的分界期（距今530万年）时，仓鼠科各个支系的分化已经完成；到距今300万年左右，仓鼠科各属的分化已经完成；至50万年时，现生的所有种可能已经形成。

仓鼠科化石在始新世至中新世非常多，但难以将它们放入仓鼠科的演化树中。比如，在中国、蒙古和北美洲发现了大量该时期的、接近仓鼠类的化石，如*Pappocricetodon*、*Eucricetodon*、*Selenomys*、*Cricetops*等（王伴月，1978，2007；童永生，1992；Mckenna and Bell，1997；黄学诗，2004；李茜，2012），有人将它们分别放入Pappocricetodontinae、Eucricetodontinae、Heterocriceto-dontiniae 3个化石亚科，从命名就可以看出，它们的有些特征和仓鼠类接近，但和现生仓鼠类有区别。尤其在北美洲渐新世地层中发现的*Leidymys*及*Paciculus*化石被放入仓鼠亚科，整体形态上接近仓鼠类。但它们有豪猪—松鼠类的颧骨，不定型的眶下孔，上颌门齿有1层齿质，下颌门齿前面有釉质。这些特征和上新世后期明确属于仓鼠的化石特征不一致。确认属于仓鼠类化石的记录发现于欧洲和埃及的渐新世地层，确认属于现生仓鼠类的化石发现于中新世晚期至更新世（Wilson et al.，2017）。我国北方有大量始新世中期的祖仓鼠属*Pappocricetodon*化石，其可能是仓鼠类的直系祖先，被放入仓鼠科。一般认为，Mein（1965）发现于西班牙中新世中晚期地层（700万年前）的化石属*Rotundomys*被认为是最早的仓鼠类，被放入仓鼠亚科Cricetiniae。中国内蒙古上新世的*Nannocricetus*被认为是仓鼠类化石种和现生种的过渡类群。

田鼠类（䶄类）的地质历史非常复杂，其不仅种类多样，而且还涉及2个大的地理单元：欧亚大陆及北美洲。田鼠型仓鼠类（Microtoid cricetids）被认为是田鼠类的祖先。分布于中国北部的，距今1 800万～1 700万年，具有个体小、低冠齿特征的*Primoprimus*属化石被认为是田鼠类系统演化起点的第1个化石属。田鼠类的繁盛推测与中新世早期青藏高原隆升事件伴随的欧亚大陆的干旱气候形成、中纬度高原景观的出现以及古特提斯海的退缩有关。*Primoprimus*属的直接后裔被认为是欧洲中新世晚期出现的*Microtocricetus*，它更接近现代田鼠类的特征：高冠齿、牙齿咀嚼面呈三角形、白齿棱柱状且终生生长。在中新世晚期至上新世早期，出现了大量非常接近现生田鼠类的类群，包括*Microtoscoptes*、*Trilophomys*、*Pannonicola*、*Anatolomys*、*Baranomys*、*Microtodon*等化石属。但仍然无法判定它们谁是现生田鼠类的直接祖先。一种被大多人接受的观点是，发现于我国北方的亚细亚原模鼠*Promimomys*化石属（发现于我国安徽淮南大居山上新世早期地层）是田鼠类的直系祖先，它分布于亚洲北部的晚中新世，后迅速扩展到北美洲和欧洲；它的后代是在早上新世分布于欧亚大陆和北美洲的 *Mimomys* 属种类。这些化石种在欧亚大陆，演化出了田鼠属、水䶄属等现生田鼠类，在北美洲则通过中间过渡类群 *Dolomys* 属演化出了麝鼠族 Ondatrini 及 *Phenacomys* 属等类群（Repenning，1987；金昌柱和张颖奇，2005；张颖奇等，2011）。Neumann 等（2006）基于线粒体基因估算仓鼠类是 700 万~1200 万年前起源的；Wang 等（2022）基于外显子组估算田鼠亚科于 1670 万年前起源于欧洲，900 万年前从欧洲北部迁移到横断山系，然后再一次适应辐射。Kohli 等（2014）基于分子生物学研究，得出红背䶄族起源于距今 400 万年左右的结论。

形态特征　仓鼠科物种体型多数是小型种类，也有中型的个别种类，如麝鼠 *Ondatra zibethica*，体长平均 266（220~300）mm，颅全长 62.7（60.2~67.3）mm。

仓鼠类主要为地栖。少数种类在地下生活（如鼹形田鼠 *Ellobius tancrei*，被毛柔软，天鹅绒状；眼小，外耳壳退化；仅在耳孔外有一圈皮褶，稍隆起，但隐于毛被之下。尾短，四肢较宽）。还有少数种类半水栖，如麝鼠，为了在水中保温，毛被绒毛特别厚。尾基部圆柱形，尾侧扁，在水中挥动尾部，使身体向前游动；粗硕的体形，蓬松的针毛，使身体排开同体积水的面积大，增加了浮力。后足趾间有微蹼及密实流苏状毛，在水中向后划水，加速游泳的速度。

仓鼠类头骨颧弓前部宽，呈板状，眶下孔呈 V 形，上部较宽，供咬肌穿过，下部较窄，为神经通道。齿式 1.0.0.3/1.0.0.3 = 16。臼齿咀嚼面有 2 纵行圆形齿突，成对排列，如仓鼠亚科 Cricetinae 的种类；或齿突呈三角形齿环，交错排列，如䶄亚科 Arvicolinae 的种类。但是，不管咀嚼面上的齿突或齿环呈什么式样，均排列成 2 纵列。2 纵行齿突是仓鼠科的重要鉴别特征。

有的种类有齿根（如䶄属 *Myodes*），比较古老；有的白齿无齿根，比较年轻。

分类学讨论　仓鼠科是最早被科学描记的类群之一，在林奈的《自然系统》（第 1 版）中就描述了 3 个仓鼠科物种，分别是挪威棕色䶄 *Lemmus lemmus*、水䶄 *Arvicola amphibius*、原仓鼠 *Cricetus cricetus*。在后来的版本中，麝鼠 *Ondatra zibethicus* 和黑田鼠 *Microtus agrestis* 也被描记。在仓鼠科的研究历程中，它一直伴随着和鼠科理不清的系统关系。20 世纪最著名的 2 个分类系统——Simpson（1945）、McKenna 和 Bell（1997）对仓鼠类的处理就不一致，前者把仓鼠科独立成科，后者把仓鼠类（包括化石类）作为鼠科的亚科。其主要原因是在分子系统学诞生前，分类学的主要任务和依据是寻找形态学的相似性并推测它们的系统关系。其中牙齿的形态是决定性因素。仓鼠类和鼠类的牙齿是非常相似的，所以往往被放入同一个科中。

仓鼠科分布于欧亚大陆、美洲大陆。在冈瓦纳大陆（南美洲除外）没有分布，即非洲大陆、印度南部大陆及东南亚的大部分区域、澳大利亚没有分布，南极洲也未见其踪迹。因此，把仓鼠科定义为"劳亚大陆辐射演化"类群。仓鼠科属于啮齿目鼠形亚目 MYOMORPHA、鼠超科 Muroidea。但仓鼠科的分类有很多争议。主要有两种观点，一些人将仓鼠科独立成科；一些人将仓鼠类作为亚科放入鼠科中。主张仓鼠科为鼠科的亚科的主要有：Ellerman（1941）、Ognev（1950）、胡锦矗和王酉之（1984）、Corbet 和 Hill（1986，1992）、Musser 和 Carleton（1993）、Nowak（1999）。主张仓鼠科独立成科的主要有 Allen（1940）、Simpson（1945）、Ellerman 和 Morrison-Scott（1951）、Walker 等（1975）、Corbet（1978）、Honacki 等（1982）、盛和林等（1985）、罗泽珣等（2000）、Musser 和 Carleton（2005）等。主张仓鼠科独立成科的人在亚科设置上也有很多不同意见。Allen

（1940）认为包括仓鼠亚科、沙鼠亚科Gerbillinae和田鼠亚科Microtinae；Simpson（1945）认为包括仓鼠亚科、马达加斯加鼠亚科Neosomyinae、鬃毛鼠亚科、田鼠亚科和沙鼠亚科；Ellerman和Morrison-Scott（1951）认为包括仓鼠亚科，田鼠亚科和沙鼠亚科3个亚科；Walker等（1975）认为包括5个亚科，分别为仓鼠亚科、马达加斯加鼠亚科、鬃毛鼠亚科、田鼠亚科和沙鼠亚科；Corbet（1978）认为仓鼠科有鼢鼠亚科Myospalacinae、仓鼠亚科、田鼠亚科、沙鼠亚科4个科；Honacki等（1982）认为仓鼠科包括12个亚科，分别为Cricetomyinae、Dendromurinae、Lophiomyinae、Neotominae、Nesomyinae、Otomyinae、Petromyscinae、Platacanthomyinae、Sigmodontinae、仓鼠亚科、沙鼠亚科、鼢鼠亚科，却不包括田鼠类（独立成科）；盛和林等（1985）认为仓鼠科包括7个亚科，分别为非洲仓鼠亚科Hesperomyinae、仓鼠亚科、田鼠亚科、沙鼠亚科、鼢鼠亚科、马达加斯加鼠亚科、鬃毛鼠亚科；罗泽珣等（2000）在《中国动物志 兽纲 第五卷 啮齿目（下册）仓鼠科》中将仓鼠科作为独立科，包括4个亚科，分别为仓鼠亚科、田鼠亚科、鼢鼠亚科、沙鼠亚科；Musser和Carleton（2005）认为仓鼠科包括䶄亚科Arvicolinae、仓鼠亚科Crecitinae、棉鼠亚科Sigmodontinae、美洲林鼠亚科Neotominae、鬃毛鼠亚科Lophiomyinae、美洲攀鼠亚科Tylomyinae 6个亚科，全世界共有130属681种。最新的世界性专著*Handbook of the mammals of the World*（Vol.7，Rodents II）（Wilson et al.，2017）中将仓鼠科列为独立科，并包括仓鼠亚科、美洲林鼠亚科、䶄亚科、棉鼠亚科、美洲攀鼠亚科5个亚科，将沙鼠亚科和鬃毛鼠亚科放入鼠科。可见，承认仓鼠科为独立科的科学家直到现在对该科包括多少亚科仍未有定论。分子系统学为解决物种之间的系统发育关系提供了全新的视角，仓鼠类的分子系统学研究不但证实了仓鼠类的单系群，而且证实了仓鼠类包含现今5个主要支系（亚科）。进一步证实了仓鼠科和鼠科是姊妹群，加上马岛鼠科Nesomyidae及丽仓鼠科Calomyscidae构成了鼠超科中的一个单系——Eumuroida单系（Steppan et al.，2004）。这一结果被普遍接受。Steppan和Shrenk（2017）基于5个核基因和1个线粒体基因，构建了鼠超科900个物种的系统发育树，进一步证实了仓鼠科是独立科，且包括5个亚科（参见鼠科的概述）。仓鼠科内，分子系统学研究结果支持仓鼠亚科和䶄亚科有较近的亲缘关系，美洲的3个亚科构成另外一个单系群，并和仓鼠亚科及䶄亚科的单系群形成姊妹关系，两者的分化时间约为1 470万年（Steppan and Shrenk，2017），不过，不同亚科之间的系统关系还没有得到彻底解决（两大支的支持率中等）。

仓鼠亚科是唯一的仅分布于古北界的亚科；䶄亚科分布于欧亚大陆和北美洲，属于北半球分布种类；其余3个亚科分布于新大陆：北美洲林鼠亚科主要分布于北美洲；美洲攀鼠亚科主要分布于中美洲；棉鼠亚科主要分布于南美洲。有意思的是，仓鼠亚科作为最古老的亚科（起源于1 300万年前），种类却最少，只有18种；而棉鼠亚科演化时间最短，不到500万年，但却是世界最大的啮齿动物亚科，拥有430多个现生种。

仓鼠科是啮齿动物第2大科，截至2016年年底，全世界有142属765种；1 600年以来灭绝了15种。仓鼠科约占现生哺乳动物种数的15%，新热带界1/3的现生哺乳动物为仓鼠科物种。

其中仓鼠亚科和䶄亚科在中国有分布，其余亚科不分布于中国。

仓鼠亚科全世界有7属18种。中国分布有6属16种。䶄亚科全世界有10族29属155种（截至2016年年底），中国有6个族17属62种。

中国分布的仓鼠科分亚科检索表

白齿由两纵列瘤状齿突组成，有颊囊···仓鼠亚科Cricetinae

白齿由两纵列三角形齿突组成，无颊囊···䶄亚科Arvicolinae

（一）䶄亚科 Arvicolinae Gray，1821

Arvicolinae Gray, 1821. Lond. Med. Repos., 15: 303 (模式属：*Arvicola* Lacepede, 1799); Musser and Carleton, 1993. In Wilson. Mamm. Spec. World, 2nd ed., 501; 王应祥, 2003. 中国哺乳动物种和亚种分类名录与分布大全, 173: Musser and Carleton, 2005. In Wilson. Mamm. Spec. World, 3rd ed., 956; Liu, et al., 2017. Jour. Mamm., 98(1): 166-182.

Arvicolina Wing, 1887. Med. Uds. Gnav. Indb. Slaeg., 1(1): 1-178(模式属：*Arvicola* Lacepede, 1799).

Microtidae Cope, 1891. Syll. Lect. Geo. Pale. Part 3. Pale. Vert, 1-90(模式属：*Microtus* Schrank, 1798); Honacki, 1982. Mamm. Spec. World, 478; 王酉之和胡锦矗, 1999: 226.

Microtinae Miller, 1896. North Amer. Faun., 8 (模式属：*Microtus* schrank, 1798); Hinton, 1926. Monog. Voles Lemm., 88: Allen, 1940. Mamm. Chin. Mong., 793; Corbet, 1978. Mamm. Palaea. Reg., 94; Simpson, 1945. Bull. Amer. Mus. Nat. Hist., Vol. 85: 86; 胡锦矗和王酉之, 1984. 四川资源动物志 第二卷 兽类, 254; 罗泽珣, 等, 2000. 中国动物志 兽纲 第六卷 啮齿目(下册) 仓鼠科, 178.

　　田鼠类，又称䶄类，其起源和演化历史在仓鼠科概论中已述及。田鼠类是啮齿类演化速率最快的类群之一，种类繁多。田鼠类是全北界草原和荒漠生态系统的重要成员，和人类关系密切，很多物种是自然疫源疾病的携带者，对人类经济活动造成巨大负面影响（Hansson and Nilsson，1975）。

　　形态特征　䶄亚科为中小型啮齿类。最小的成体体长约75 mm，最大的麝鼠有300 mm左右。尾通常较短，均短于体长；有些很短，短于后足长；有的较长，长于体长一半；但大多数的尾短于体长一半。白齿咀嚼面由一系列左右排列的三角形齿环组成，属于高冠齿。没有犬齿和前白齿；齿式1.0.0.3/1.0.0.3 = 16。

　　生态学资料　䶄亚科物种的生活景观类型较多样，森林、草原、灌丛、湿地、荒漠、流石滩等原生生境及农田、人工林、次生灌草丛都有其活动踪迹。从气候带来看。从南亚热带至苔原带均有其分布。主要营地表生活，掘洞栖居。少数种类营地下生活（鼹形田鼠类）；一些营水生，陆地繁殖（麝鼠和水䶄）。广义草食性。

　　地理分布　主要分布于北半球，欧亚大陆的古北界和北美洲（新北界）是主要分布区域。广泛分布于全北界的温带和寒温带草原。在亚洲，田鼠类广泛南侵。在我国，南至广东、福建有分布；在横断山系南侵到越南北部，最南约为北纬18.5°（Shenbrot and Krasnov，2005）。在中美洲，分布最南的田鼠类动物在北纬15°左右（Musser and Carleton，2005；Shenbrot and Krasnov，2005）。只有极少数种类扩散至非洲北部（如社田鼠 *Microtus socialis* 分布至利比亚东北部）。我国除海南、广西、上海尚无记录外，其他各省份均有田鼠科动物分布。

分类学讨论　䶄亚科Arvicolinae名称的使用，不同学者有不同意见，一些学者用Arvicolinae（Corbet et al.，1987；Corbet and Hill，1992；Musser and Carleton，1993，2005），另有一些学者用Microtinae（Allen，1941；Ellerman，1941；Ellerman and Morrison-Scott，1951；Corbet，1978；罗泽珣等，2000）。用Microtinae的学者认为，该名称已经使用了100多年，习惯了，没有必要改，且《国际动物命名法规》（第3版）也允许使用习惯名称。但从严格的命名法规角度看，Arvicolinae命名在先（Gray，1821），Microtinae在后（Miller，1896），用Arvicolinae更符合法规要求，因此逐步被接受。

最早对䶄亚科进行系统性研究的是Miller（1896）（他用的名称为Microtinae），他将䶄亚科分为2个超属组（supergeneric group）——旅鼠组（Lemmi）和田鼠组（Microti）。Hinton（1926）沿用Miller（1896）的分类法。Simpson（1945）在 *The Principles of Classification and a Classification of Mammals* 中规范了哺乳动物不同分类阶元的命名方法，正式采用族的概念，族的结尾规范用"-ini"。"族"是一个分类阶元，介于亚科和属之间，通常一个族包括1个至多个属。Simpson（1945）把䶄亚科分为3个族，把Miller（1896）的田鼠组改成田鼠族Microtini，旅鼠组改成旅鼠族Lemmini，把Weber（1928）命名的鼹形田鼠组（Ellobii）改成鼹形田鼠族Ellobiini。Kretzoi（1955）把䶄亚科分为5个族，分别为䶄族Arvicolini、麝鼠族Ondatrini、田鼠族、兔尾鼠族Lagurini和环颈䶄族Dicrostonychini。Hooper和Hart（1962）把䶄亚科分为8个族，分别为旅鼠族、麝鼠族、田鼠族、环颈䶄族、红背䶄族Clethrionomyini、长爪䶄族Prometheomyini、圆尾麝鼠族Neofibrini、鼹形田鼠族。Kretzoi（1969）把自己于1955年定的5个族修改为麝鼠族、田鼠族、兔尾鼠族、第纳尔田鼠族Pliomyini、红背䶄族Myodini（= Clethrionomyini）和环颈䶄族6个族，合并䶄族和田鼠族2个族为田鼠族。Musser和Carleton（2005）综合其他人的意见，把䶄亚科分为10个族：旅鼠族、麝鼠族、䶄族、兔尾鼠族、鼹形田鼠族、第纳尔田鼠族、红背䶄族、环颈䶄族。Liu等（2017）通过分子系统学研究发现，水䶄属 *Arvicola* 不属于传统的田鼠族成员，建议将田鼠类改为田鼠族Micortini。中国有5个族，分别为田鼠族、䶄族、旅鼠族、兔尾鼠族、鼹形田鼠族。

按照目前的分类系统，四川仅有红背䶄族和田鼠族。

红背䶄族　Myodini Hooper and Hart，1962

Myodini Kretzoi, 1969. Vertebrata Hungarica (Budapest), 111: 55-193; Shenbort and Krasnov, 2005. Altas Geogr. Distr. Arvicoline Rod. World, 16; Musser and Carleton, 2005. In Wilson. Mamm. Spec. World, 3rd ed., 958; Wilson, et al., 2017. Hand. Mamm. World, 7: 208; Tang, et al., 2018. Zootaxa, 4429(1): 1-51.

Clethrionomyini Hooper and Hart, 1962. Misc. Pub. Mus. Zool., Univ. Mich., 120: 62; Gromov and Polyakov, 1977. Fauna USSR, 3, pt. 8, Mammals, 177; Musser and Carleton, 1993. In Wilson. Mamm. Spec. World, 2nd ed., 507.

红背䶄族有时又被称为森林田鼠族。族名也有争议，有学者使用Myodini，有的则使用Clethrionomyini。前者词源来源于 *Myodes* 属，后者来源于 *Clethrionomys* 属，2个属的中文都是䶄属，所包含的物种也一致，甚至所用的模式种都一致（都是红背䶄，最早的名称是 *Mus rutilus*

Pallas，1779），由于前者由Pallas于1811年命名，后者由Tilesius于1855年命名，按照命名法规，红背䶄族的族名定为Myodini更合适。红背䶄族广布古北界和东洋界，其与最近的共同祖先的分化时间估计在400万年前（Kohli et al.，2014），可见该族物种在较短的时间内发生快速分化，该族的分类和系统发育关系存在不少争论。Hooper和Hart（1962）建立䶄族Clethrionomyini时，包括䶄属Clethrionomys、东方绒鼠属Anteliomys、绒鼠属Eothenomys、冻原䶄属Aschizomys、高山䶄属Alticola、长腿䶄属Hyperacrius、巴尔干高山䶄属Dolomys、树䶄属Phenacomys；Kretzoi（1969）建立红背䶄族时仅含䶄属，Gromov和Polyakov（1977）认为该族由䶄属、高山䶄属、绒鼠属、长腿䶄属、巴尔干高山䶄属Dolomys和树䶄属组成；Musser和Carleton（1993）将䶄属、高山䶄属、绒鼠属、长腿䶄属和原䶄属Phaulomys划入该族，2005年他们对该族组成进行了修订，用绒䶄属替换原䶄属；Shenbort和Krasnov（2005）认为该族包含高山䶄属、䶄属、绒鼠属、雪䶄属Dinaromys和长腿䶄属；Wilson等（2017）认为包含高山䶄属、䶄属、绒䶄属、绒鼠属、冻原䶄属、东亚䶄属和长腿䶄属。红背䶄族所含物种数也存在分歧，Gromov和Polyakov（1977）认为有36种（其中6种为化石种），Musser和Carleton（1993，2005）先后认为有32种和36种，Shenbort和Krasnov（2005）、Wilson等（2017）分别认为有33种和36种。

我国红背䶄族分布4属21种（Musser and Carleton，2005），其中绒䶄属为中国特有属，绒鼠属以中国为分布中心，少数种分布区扩展至印度、缅甸、泰国；䶄属、高山䶄属主要分布于中国中部、北部及西部（罗泽珣等，2000）。

但对于红背䶄族究竟有多少属，仍然没有统一意见。Blanford于1881年以Arvicola stoliczkanus作为属模，建立了高山䶄属，该属物种头骨的腭骨后缘截然中断，不形成纵脊，与绒鼠属、䶄属头骨结构相似。红背䶄族内不同世系形态的快速改变，导致了高山䶄属这一适应高山和干旱生境类群的形成（Kohli et al.，2014）。高山䶄属形态方面的比较研究较为深入，但由于部分类群采样困难和形态不稳定，分布于亚洲中部高山岩石环境的高山䶄仍是红背䶄族中进化关系和生活史被人知之甚少的类群之一。高山䶄属进化支在中上新世的早期与䶄属分离，高山䶄亚属间的系统发生时间可追溯到上新世中期末和上新世晚期初（Lebedev et al.，2007）。Musser和Carleton（2005）认为该属有指名亚属、平颅高山䶄亚属Platycranius、冻原䶄亚属Aschizomys共3亚属12种，分别是白尾高山䶄A. albicaudus、银色高山䶄A. argentatus、戈壁阿尔泰高山䶄A. barakshin、西伯利亚高山䶄A. lemminus、大耳高山䶄A. macrotis、克什米尔高山䶄A. montosa、贝加尔湖高山䶄A. olchonensis、劳氏高山䶄A. roylei、蒙古高山䶄A. semicanus、斯氏高山䶄A. stoliczkanus、平颅高山䶄A. strelzowi和图瓦高山䶄A. tuvinicus。

高山䶄属主要系统分类问题：

一是非单系起源。至今高山䶄属的种系发生并不清楚，线粒体基因研究结果显示，高山䶄属与䶄属指名亚属物种聚在同一进化支，且高山䶄属冻原䶄亚属物种与该属其他物种不在同一进化支（Cook et al.，2004；Lebedev et al.，2007）。高山䶄属的冻原䶄亚属、指名亚属、䶄属指名亚属物种间形态相似性较高，可参考的形态鉴别特征有限（Tang et al.，2018）。

二是冻原䶄亚属的分类地位。该亚属根据分布于西伯利亚极寒区域类群的牙齿形态特征设立，一般认为冻原䶄亚属包含西伯利亚高山䶄和大耳高山䶄，然而有时前者被当成后者的亚种，或者一些学者同时承认这2个种，但只把西伯利亚高山䶄作为冻原䶄亚属的唯一种。大耳高山䶄与其他高

山䶄很相似，其上颌第3臼齿外侧第1凹陷角与第2凹陷等深，同内侧凹陷角相接的特征与其他高山
䶄种类差异明显（罗泽珣等，2000）；马勇等（1987）指出，有些高山䶄标本的上颌第3臼齿也具有
上述特征，使大耳高山䶄的鉴定特征受到质疑。同时，大耳高山䶄的归属也有争论，一些学者将其和
西伯利亚高山䶄归入独立的冻原䶄属，或将采自西伯利亚东北部的西伯利亚高山䶄列为大耳高山䶄的亚
种；Hinton（1926）把西伯利亚高山䶄归入䶄属；Ellerman 和 Morrison-Scott（1951）同意此观点，但又
指出其更接近绒鼠属物种；Wilson 等（2017）认为冻原䶄属有效，只含西伯利亚高山䶄1种，把大耳高
山䶄列入䶄属。可见，冻原䶄亚属以及大耳高山䶄、西伯利亚高山䶄的分类地位及种间关系仍不明确。

三是库蒙高山䶄与斯氏高山䶄的关系。1880年，Thomas 根据采自印度 Kumaon 的标本命名库
蒙高山䶄，指出其与 *A. stoliczkanus* 的主要区别是上颌第3臼齿的后叶尾突发达、相当于上颌第3
臼齿齿长的一半，后叶尾内侧笔直；上颌第3臼齿外侧有2个等大的小齿突与内侧较大的第1个齿
突相对。Hinton（1926）认为该种与斯氏高山䶄有区别，保留其种级地位；Ellerman 和 Morrison-
Scott（1951）、Ellerman（1961）认为库蒙高山䶄独立成种依据不充分，将其作为斯氏高山䶄的亚
种；Corbet（1978）沿用 Ellerman 等人的意见；罗泽珣等（2000）依据臼齿特征，支持库蒙高山䶄为
有效种。斯氏高山䶄是高山䶄属的模式种，种级分类地位稳定，库蒙高山䶄与其分布区多有重叠，二
者的关系有待澄清。

分子系统发育研究让冻原䶄亚属的归属问题更加明晰。Cook 等（2004）、Lebedev 等（2007）
基于 *Cytb* 基因的研究结果显示，大耳高山䶄、西伯利亚高山䶄与䶄属指名亚属物种位于同一进
化支，导致䶄属非单系起源，线粒体基因研究结果与传统形态分类结果相悖（Kohli et al.，2014；
Bodrov et al.，2016；Tang et al.，2018）。基于核基因的分子系统发育研究结果显示，冻原䶄亚属物
种与高山䶄属其他物种聚在同一进化支形成单系（Kohli et al.，2014；Bodrov et al.，2016），这与
依据形态特征的分类观点一致，支持冻原䶄亚属地位有效，但 Wilson 等（2017）将其列为独立属。

现在普遍认为，高山䶄属包含2亚属12种，其中，指名亚属含白尾高山䶄、银色高山䶄、戈壁
阿尔泰高山䶄、克什米尔高山䶄、贝加尔湖高山䶄、劳氏高山䶄、蒙古高山䶄、斯氏高山䶄、平颅
高山䶄、图瓦高山䶄，共10种；冻原䶄亚属含西伯利亚高山䶄和大耳高山䶄2种。

䶄属作为稳定的全北区及东洋区分布类群，自19世纪中期以来，基于形态特征的研究，对其
分类地位和物种组成认识相对清楚，Musser 和 Carleton（2005）认为该属含12种，分别为日本红
背䶄 *Myodes andersoni*、加州䶄 *M. californicus*、灰棕背䶄 *M. centralis*、加氏䶄 *M. gapperi*、欧䶄
M. glareolus、今泉红背䶄 *M. imaizumii*、朝鲜红背䶄 *M. regulus*、北海道红背䶄 *M. rex*、棕背䶄 *M.
rufocanus*、红背䶄 *M. rutilus*、山西䶄 *M. shanseius*、史密斯红背䶄 *M. smithii*。

䶄属主要系统分类问题：

一是非单系起源。关于䶄属、高山䶄属基于线粒体和核基因的分子系统发育研究发现，高山䶄
属嵌入䶄属之中导致了䶄属的非单系起源，并提出合并高山䶄属、绒鼠属、原䶄属至䶄属中（Cook
et al.，2004），或归并部分物种至原䶄属中（Luo et al.，2004），或归并部分物种至 *Craseomys* 并提
升其为属级分类阶元等多种解决方案（Lebedev et al.，2007；Abramson and Lissovsky，2012；Kohli
et al.，2014；Tang et al.，2018）。

二是 *Craseomys* 和 *Phaulomys* 的分类关系。基于头骨特征和臼齿齿根发育很晚，Miller（1900）

建立*Craseomys*亚属，把棕背䶄与其他䶄属物种相区分，Thomas（1905）依据史密斯红背䶄的白齿齿根发育极晚等特征，建立原䶄亚属*Phaulomys*，此后*Craseomys*和*Phaulomys*的分类地位一直有争议。Cook等（2004）、Lebedev等（2007）、Buzan等（2008）的研究指出，对䶄属界线的认知需要更正，因为与其紧密相关的*Aschizomys*、*Craseomys*、*Phaulomys*之间的相关关系以及分类等级混乱，Abramson和Lissovsky（2012）、Wilson等（2017）使用*Craseomys*作为与䶄属并列的属级分类阶元。这些问题仍待解决。

红背䶄族的绒䶄属和绒鼠属的地位已经得到很好解决（Liu et al.，2012；Zeng et al.，2013；Liu et al.，2018）（参见红背䶄族系统进化树图）。

为了解决上述争议，Tang等（2018）基于分子、形态和几何形态学数据，对整个红背䶄族开展了研究。结果显示，红背䶄族包括6个属，分别是高山䶄属*Alticola* Blanford，1881；绒䶄属*Caryomys* Thomas，1911；东亚䶄属*Craseomys* Miller，1900；绒鼠属*Eothenomys* Miller，1896；䶄属*Myodes* Pallas，1811；长腿䶄属*Hyperacrius* Miller，1896。6个属共有45种。

该研究还解决了一些种级争议，如山西䶄*Myodes shansius*是棕背䶄的亚种，库蒙高山䶄是斯氏高山䶄的同物异名等。

根据该分类系统，中国红背䶄族有5属30种，没有长腿䶄属，其中四川仅有绒䶄属*Caryomys*和绒鼠属*Eothenomys*。

四川分布的红背䶄族分属检索表

白齿的三角形齿环常闭合，下颌第1白齿和下颌第2白齿左右角突交错排列 ···················· 绒䶄属*Caryomys*
下白齿咀嚼面左右角突相对且相互贯通··· 绒鼠属*Eothenomys*

101. 绒䶄属 *Caryomys* Thomas，1911

Caryomys Thomas, 1911. Abstr. Proc. Zool. Soc. Lond., 4; Thomas, 1911. Proc. Zool. Soc. Lond., 175(模式种：*Microtus inez* Thomas, 1908); Hinton, 1923. Ann. Mag. Nat. Hist., 9(1): 146; Allen, 1924. Amer. Mus. Nov., 133; Allen, 1940. Mamm. Chin. Mong., 804-840(*Caryomys* as subgenus of *Eothenomys*); 马勇，等，1996. 动物分类学报，21(4): 493-497; 王应祥，2000. *Caryomys*. In 罗泽珣，等. 中国动物志 兽纲 第六卷 啮齿目（下册）仓鼠科，462; Liu, et al., 2012. Zool. Sci., 29(9): 610-622; Zeng, et al., 2013. Zootaxa, 3682(1): 85-104; Liu, et al., 2018. Zool. Jour. Linn. Soc., XX, 1-30.

鉴别特征 小型啮齿类。成体体长70～100 mm，尾长短于体长。腭骨后缘截然中断，形成一横骨板，不与后面的翼骨相连，不形成中央纵脊。白齿咀嚼面由系列三角形齿环组成，与绒鼠属物种第1下白齿左右三角形齿环在内侧相互融通不同，绒䶄属物种第1下白齿为左右交错排列的三角形封闭齿环。

形态 体长一般不超过100 mm，尾长与体长之比在30%～60%。外形与绒鼠属*Eothenomys*接近，毛色总体为黑灰色，毛呈绒毛状，毛向不明显，老年个体毛尖呈棕褐色。身体腹面灰色至灰白色，比背面略淡。尾通常上下同色，或腹面略淡。腭骨后缘截然中断，呈一横板状，不与后面的翼

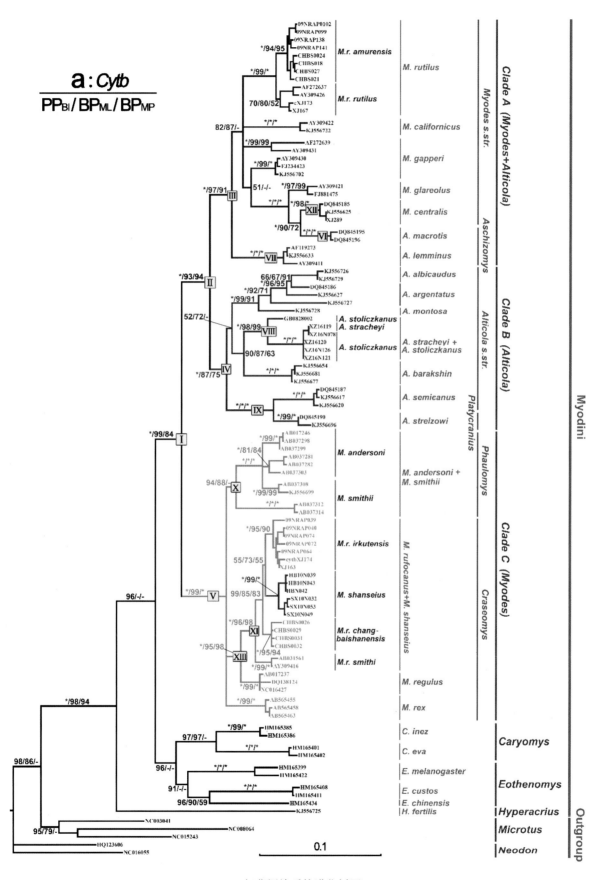

红背鼾族系统进化树图
（引自 Tang et al., 2018）

骨相连，中央不形成纵脊。臼齿咀嚼面由系列三角形齿环构成，第1下臼齿左右三角形齿环各自封闭、交错排列。臼齿无齿根，终生生长。

生态学资料 该属物种分布海拔高或纬度高，在四川分布海拔一般在3 000 m以上。分布生境以亚高山针叶林、高山灌丛为主，微生境为土壤疏松、肥沃、地被物丰富的环境，尤其偏好林下腐殖质厚、苔藓盖度高、相对潮湿的原始暗针叶林，在暗针叶林林窗灌丛植被盖度较高、腐殖质厚、杂草盖度大的生境有较大的种群密度，往往和间颅鼠兔、食虫类等物种同域分布。在陕西、山西、甘肃、宁夏等纬度相对较高的省份分布海拔略低，活动于1 500 m以上的适宜生境；在大巴山系（包括重庆和湖北部分区域）分布于2 000 m以上的原始针阔叶混交林中。

地理分布 中国特有属。在四川分布于平武、汶川、宝兴、康定、马尔康、黑水、若尔盖等地，国内还分布于重庆、青海、甘肃、宁夏、山西、陕西、湖北。

分类学讨论 绒䶄属Caryomys于1911年订立为田鼠属Microtus的1个亚属，其模式种为1908年描述的岢岚田鼠Microtus inez。1923年，Hinton在大英博物馆研究Thomas 提供给他的中国福建和云南至缅甸边境采集的100多号绒鼠类标本时，认为绒䶄属是独立属，但1926年他又否定了绒䶄属的有效性，认为其模式种岢岚田鼠是棕背䶄山西亚种Clethrionomys rufocanus shanseius的幼体。Allen（1940）将Caryomys作为绒鼠属Eothenomys的亚属，此后多数学者接受这一观点。Ellerman（1941）、Ellerman和Morrison-Scott（1951）接受Hinton（1926）的观点，将Caryomys的成员C. eva和C. inez作为棕背䶄山西亚种的同物异名，Gromov和Polyakov（1977）同意这一意见。马勇（1996）认为Caryomys类群的染色体（2n = 54）不同于绒鼠属（2n = 56），故又将Caryomys提升为有效属，王应祥（2000）同意这一意见。Liu等（2012）、Liu等（2018）基于线粒体基因和部分核基因构建的系统发育树均支持绒䶄属是独立属，Wilson等（2017）也将绒䶄属视为独立有效属。

绒䶄属包括岢岚绒䶄Caryomys inez和甘肃绒䶄Caryomys eva，共2种，但此前岢岚绒䶄和甘肃绒䶄很长时间被放入绒鼠属，自绒䶄属属级地位被恢复后，上述2物种列入绒䶄属基本无争议，后来进一步得到分子系统学的证实（Liu et al., 2012; Zeng et al., 2013; Liu et al., 2018）。该属在四川只分布甘肃绒䶄1种。

(175) 甘肃绒䶄 Caryomys eva（Thomas，1911）

别名 甘肃绒鼠、洮州绒鼠、洮州绒䶄

英文名 Taozhou Oriental Vole

Microtus (Caryomys) eva Thomas, 1911. Abstr. Proc. Zool. Soc. Lond., 90: 4; Thomas, 1911. Proc. Zool. Soc. Lond., 158 -180（模式产地：甘肃临潭）.

Microtus alcinous Thomas, 1911. Abstr. Proc. Zool. Soc. Lond., 31: 50; Thomas, 1912. Proc. Zool. Soc. Lond., 140.

Craseomys aquilus Allen, 1912. Mem. Mus. Comp. Zool., 40: 216（模式产地：湖北Showlungtan）.

Caryomys eva Hinton, 1923. Ann. Mag. Nat. Hist., 9(11): 146; 马勇，等，1996. 动物分类学报，21(4): 439-497; 王应祥，2000. *Caryomys*. In 罗泽珣，等. 中国动物志 兽纲 第六卷 啮齿目（下册） 仓鼠科，464; Liu, et al., 2012. Zool. Sci., 29(9): 610-622; Zeng, et al., 2013. Zootaxa, 3682(1): 85-104; Wilson, et al., 2017. Hand. Mamm. World, Vol. 7. Rodentia II: 308; Liu, et al., 2018. Zool. Jour. Linn. Soc., XX, 1-30.

Eothenomys eva Allen, 1940. Mamm. Chin. Mong., 832; Corbet, 1978. Mamm. Palaea. Reg., 102; Corbet and Hill, 1980. World List Mamm. Spec., 160; 胡锦矗和王酉之, 1984. 四川资源动物志　第二卷　兽类, 256; Corbet, 1992. Mamm. Indomalay. Reg., 403.

Eothenomys eva alcinous Allen, 1940. Mamm. Chin. Mong., 839-840.

Caryomys eva alcinous 王应祥, 2000. In 罗泽珣, 等. 中国动物志　兽纲　第六卷　啮齿目(下册)　仓鼠科, 741-743.

鉴别特征　在绒鼯属中个体小，平均体长89 mm，尾长长于体长一半。毛呈绒毛状，毛向不明显。腭骨后缘截然中断，成一横骨板，无中央纵脊。臼齿咀嚼面由一系列三角形齿环构成，第1下臼齿内、外三角形齿环交错排列，各自封闭。第3上臼齿相对较短、较简单。

形态

外形：个体小，平均体长89 mm（73～98 mm），小于岢岚绒鼯。尾较长，平均52 mm（43～61 mm），超过体长一半。也有少数个体（尤其是在宁夏、陕西、甘肃等与岢岚绒鼯同域分布区域）的尾长略短于体长一半，比如在宁夏六盘山采集到体长88 mm，尾长仅43 mm的个体，分子上确系甘肃绒鼯；后足长平均16.4 mm（15～19 mm）；耳高平均12 mm（10～13 mm）。须较多，每边25～30根，最短的须约3 mm，最长者约28 mm；须多数白色，一些须根部黑色，尖部白色。前、后足均具5指（趾），前足第1指极短，长约1.1 mm，具指甲，前足其余各指具爪；第2指和第4指约等长，长约3 mm（不包括爪）；第3指最长，长约3.2 mm，第5指较短，长约1.8 mm。后足各趾均具爪，第1趾最短，长约1.3 mm（不包括爪）；第2～4趾约等长，长约3.8 mm；第5指略短，长约2.4 mm。前、后足爪约等长，前足第3指爪2.7 mm，后足第3趾爪长约2.8 mm，爪白色。前足掌垫5枚，靠腕掌部近端的2枚较大；后足趾垫6枚，靠第5趾腹面的最大，其余约等大。

毛色：身体背面从吻端至尾根毛色一致，毛基灰色，毛尖棕褐色；亚成体、刚成年的个体颜色较深，灰色较浓。腹面毛基灰色，毛尖灰白色至淡黄棕色；背腹界限较明显。尾的毛色上、下一色，一些个体尾腹面颜色略淡，一些个体呈稍明显的背、腹两色。调查发现，不同区域或同一区域不同年份采集的甘肃绒鼯的身体颜色变异较大，如1999年在崇州灯杆坪采集到一组甘肃绒鼯标本，背部毛色呈非常鲜艳的红棕色，腹部黄棕色显著，尾红色，前、后足背面也是红色。而2003年、2007年在同一地点再次采集到甘肃绒鼯标本，其颜色和1999年的差异很大，体背毛色变为灰暗色，可见该种毛色很不稳定。

耳略突出毛外，或和体毛等高，边缘覆盖较长的毛，和体背毛色一致。前、后足背面黄白色或灰黑色。爪白色。

头骨：脑颅平直，最高点为额骨前端，有的个体最高点位于额骨后段。鼻骨前端与前颌骨前端等长；鼻骨前端宽，向后逐渐缩小，末端圆弧形，或锉状。大多数个体鼻骨显得较短，后端与额骨的骨缝与左右上颌骨颧突前缘的连线齐平，有些个体稍长，超过左右上颌骨颧突前缘的连线。额骨前端和后端宽，中部渐窄，构成眼眶内壁；前缘内侧分别与鼻骨和前颌骨相接，与前颌骨的骨缝呈长的折线，外侧与上颌骨相接，骨缝为弯曲而平滑的曲线。成年和老年个体有弱的眶上脊，亚成体和刚成年个体眶间平滑。额骨后缘与顶骨之间的骨缝呈一直的斜线或弧线；在外侧与鳞骨相接。顶骨形状不规则，外侧宽，中后部向侧面显著扩展。顶间骨前后长约3.5 mm，左右宽约7.5 mm，与枕骨的骨缝呈弧形，与顶骨的骨缝较平直，中央显著前突。枕区垂直向下，枕髁后突明显。侧枕骨与听泡之间的纵脊明显，但乳突不明显；听泡与鳞骨之间的纵脊较明显，垂直向下，止于听泡上方中部。眼眶前缘有一窄的泪骨，紧贴上颌骨颧突内侧，眼眶内侧中部鳞骨向框内突，但不显著。侧面颧弓较纤细。腹面门齿孔较宽短，长约4.5 mm，宽约1.2 mm，中间的鼻中隔完整。硬腭上有很多小孔，腭骨上有1对大的神经孔；腭骨后缘截然中断，成一横骨板，两侧向后延伸。翼骨薄，向后止于听泡前缘内侧。听泡相对较大，略呈三角形。

下颌骨中等发达，冠状突薄而短小，关节突长，末端向内收；角突宽、短，末端略向外扩展。

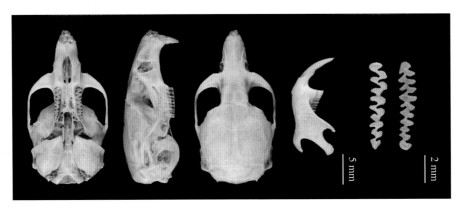

甘肃绒鼩头骨图

牙齿：上颌门齿垂直向下，唇面橘色；有些个体唇面中央似有沟。第1上臼齿最前面具一横齿环，其后内侧和外侧各有2个封闭的三角形齿环，该齿内侧和外侧各有3个角突；第2上臼齿最前面具一横齿环，其后内侧有1个、外侧有2个封闭的三角形齿环，该齿内侧2个角突，外侧3个角突；第3上臼齿最前面有一横齿环，其后内侧和外侧各有1个三角形齿环，不封闭，内、外齿环内侧彼此相通，后面有一J形齿环，J形齿环显得较宽、短，而岢岚绒鼩的显得细长，该齿内侧和外侧各有3个角突。

下颌门齿细长，唇面橘色。第1下臼齿前部内、外侧各有2个三角形齿环，最前面还有1个三叶型齿环，后部为一横齿环，该齿内侧5个角突，外侧4个角突；第2下臼齿前部内、外侧各有2个齿环，最前面的齿环不封闭，中间1对齿环封闭，有些个体齿环均不封闭，内侧和外侧齿环大面积贯通，使得内、外齿环构成2个大的横齿环；最后面有一横齿环；该齿内、外侧各有3个角突。第3下臼齿由前后3个齿环叠排组成，最前面齿环呈三角形，后面2个齿环呈略弯曲的四边形，该齿内、外侧均有3个角突；外侧角突很小。

量衡度（衡：g；量：mm）

外形：

编号	性别	体重	体长	尾长	后足长	耳高	采集地点
SAF08462	♀	20	74	52	17.0	12.0	四川夹金山
SAF08460	♂	18	83	55	17.0	12.0	四川夹金山
SAF09637	♀	48	123	27	15.0	—	四川夹金山
SAF09638	♂	18	97	52	16.0	12.0	四川夹金山

（续）

编号	性别	体重	体长	尾长	后足长	耳高	采集地点
SAF16035	♂	20	105	断	17.0	13.0	四川大川
SAF14310	♂	24	100	49	16.0	12.0	四川卧龙
SAF15172	♂	20	92	53	17.0	10.0	四川大川
SAF16053	♀	23	102	56	17.0	11.0	四川大川河
SAF16058	♂	24	97	57	17.0	12.0	四川大川
SAF16228	♀	27	102	0	17.0	13.0	四川黑水
SAF16159	♂	22	90	41	15.0	13.0	四川黑水
SAF14148	♂	25	95	51	16.0	13.5	四川黄龙四沟
SAF14171	♀	24	90	52	16.0	11.0	四川黄龙四沟
SAF06198	—	—	—	—	—	—	四川九寨沟藏马龙里沟干瀑布
SAF06370	—	—	—	—	—	—	四川王朗
SAF02005	—	—	—	52	18.0	9.0	四川安县千佛山
SAF05137	—	—	—	—	—	—	四川彭州九峰山
SAF03111	♂	—	92	54	15.5	12.5	四川鞍子河灯杆坪

头骨：

编号	颅全长	基长	颧宽	眶间宽	乳突宽	颅高	听泡长	上齿列长	上臼齿冠长	下齿列长	下臼齿冠长	下颌骨长
SAF08462	23.55	20.95	13.22	4.26	7.47	8.49	5.81	13.29	5.51	7.05	5.36	11.67
SAF08460	23.37	20.94	13.02	4.15	7.57	8.53	5.81	13.42	5.88	7.06	5.15	11.41
SAF09637	23.73	20.96	13.14	4.21	6.52	8.34	5.69	13.84	5.73	7.16	5.74	11.58
SAF09638	23.61	20.68	12.80	4.07	7.73	8.53	6.21	13.44	5.67	6.87	5.49	11.57
SAF16035	24.20	22.40	14.86	4.26	8.01	9.01	6.62	14.41	5.95	7.93	5.40	—
SAF14310	23.75	21.78	13.47	4.04	7.97	8.44	5.88	13.76	5.44	7.38	5.00	12.33
SAF15172	24.27	21.72	13.22	4.24	7.67	8.58	6.56	13.81	5.45	7.09	5.49	12.12
SAF16053	24.38	22.37	13.98	4.09	7.83	7.86	6.33	14.22	5.84	7.59	5.56	12.77
SAF16058	25.15	23.11	13.78	4.22	8.06	8.65	7.10	14.24	5.63	7.56	5.82	12.38
SAF16228	23.85	21.87	13.26	4.06	7.49	8.30	6.93	13.95	5.88	7.82	5.75	12.59
SAF16159	23.48	21.31	12.73	3.96	7.59	8.53	6.52	13.30	5.69	7.60	5.23	11.57
SAF14148	23.78	21.75	13.11	4.15	6.99	8.91	6.62	13.35	5.53	7.23	5.07	12.26
SAF14171	23.05	21.30	12.87	3.99	7.22	8.24	6.37	13.38	5.37	7.26	4.86	11.57
SAF06198	22.77	20.78	12.58	4.10	7.36	8.65	6.22	13.36	5.69	7.29	5.56	11.70
SAF06370	23.13	20.98	13.25	4.14	7.22	8.16	5.99	13.29	5.60	7.27	5.56	11.71
SAF02005	23.13	21.36	13.61	4.34	8.36	8.74	6.18	13.86	5.84	7.55	5.69	12.28
SAF05137	24.46	22.37	14.12	4.23	7.90	8.75	6.70	14.34	5.91	7.74	5.85	12.75
SAF03111	24.17	22.17	13.74	4.10	7.72	8.42	6.29	14.20	5.75	7.76	5.69	12.84

生态学资料 分布于岷山、邛崃山海拔2 500 m以上的高山灌丛、暗针叶林、针阔混交林生境，

集中分布于海拔 3 000 m 区段，在川北大巴山分布海拔可降至 2 000 m。微生境为土壤疏松肥沃、腐殖质厚的潮湿生境。草食性，繁殖高峰期6—8月，每胎产2～7仔。浅表性洞穴，掘洞能力不强。

地理分布　中国特有种。在四川分布于岷山山系、邛崃山系的东部（最西仅至理县）以及大巴山系的高海拔地段，如平武、九寨沟、若尔盖、松潘、黑水、安州、茂县、北川、崇州、彭州、宝兴、芦山、理县、汶川、青川、万源、南江等地，国内还分布于甘肃（岷山）、陕西（秦岭）、宁夏（六盘山）、青海（循化地区）、重庆、湖北（大巴山山系的高海拔地段）。

分省（自治区、直辖市）地图——四川省

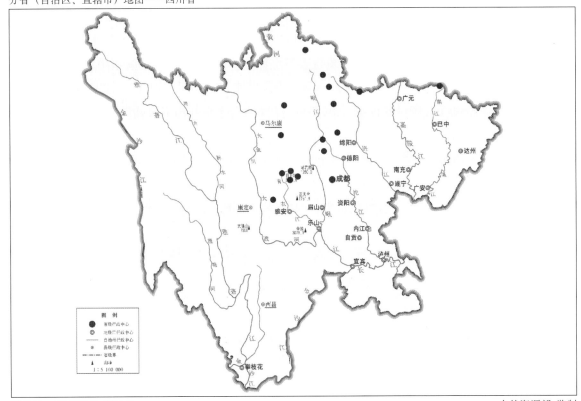

审图号：GS (2019) 3333号　　　　　　　　　　　　　　　　　　　自然资源部　监制

甘肃绒鼠在四川的分布
注：红点为物种的分布位点。

分类学讨论　甘肃绒鼩的种级分类地位一直以来得到分类学家的普遍认可，只是因绒鼩属分类地位的变更而先后放入田鼠属、绒鼠属等不同的属（Thomas，1911a；Allen，1940）。近来的分子系统学证实了绒鼩属的独立属地位，因此甘肃绒鼠作为绒鼩属的有效种基本没有争议（Liu et al.，2012；Zeng et al.，2013；Liu et al.，2018）。

一般认为甘肃绒鼩有2个亚种——指名亚种 *Caryomys eva eva*、四川亚种 *Caryomys eva alcinous*。在湖北神农架林区命名的 *Craseomys aquilus* 是指名亚种的同物异名。指名亚种模式产地为甘肃临潭，四川亚种模式产地在茂县，*Craseomys aquilus* 模式产地为湖北神农架。本书作者团队在3个模式产地均采集了大量标本，还在其他数十个地点采集到甘肃绒鼠标本。指名亚种和四川亚种的主要区别是颜色，四川亚种颜色更深，腹面灰白色。指名亚种棕褐色调显著，腹面淡黄色，但对比3个地模标本发现颜色不稳定，老年个体体毛棕褐色明显，年轻个体深灰色调显著；不同区域、同一区域不同时间的标本颜色也存在较大差异。因此，通过颜色不同划分亚种不可靠，所示甘肃绒鼱没有亚种分化。

102. 绒鼠属 *Eothenomys* Miller，1896

Eothenomys Miller, 1896. North Amer. Faun., 12: 45(模式种: *Arvicola melanogaster* Milne-Edwards, 1871); Hinton,
  1923. Ann. Mag. Nat. Hist. (9): 11, 145; Hinton, 1926. Monog. Vole. Lemm., 43; Allen, 1940. Mamm. Chin.
  Mong., 804; 胡锦矗和王酉之, 1984. 四川资源动物志 第二卷 兽类, 255; Musser and Carleton, 1993. In
  Wilson. Mamm. Spec. World, 2nd ed., 513; 王应祥, 2000. In 罗泽珣, 等. 中国动物志 兽纲 第六卷 啮齿目
  (下册) 仓鼠科, 388; Musser and Carleton, 2005. In Wilson. Mamm. Spec. World, 3rd ed., 975.

Anteliomys Miller, 1896. North Amer. Faun., 12: 47(模式种: *Microtus chinensis* Thomas, 1891); Hinton, 1923. Ann.
  Mag. Nat. Hist. (9): 146.

Ermites Liu, et al., 2012. Zool. Sci., 29(9): 610-622(模式种: *Eothenomys tarquinius* Liu et al., 2012); Zeng, et al.,
  2013. Zootaxa 3682(1): 85-104; Liu, et al., 2018. Zool. Jour. Linn. Soc., XX, 1-30.

鉴别特征 绒鼠属头骨腹面腭骨后缘截然中断，形成一横骨板，不形成中央纵脊；臼齿咀嚼面由系列三角形齿环组成；第1下臼齿左右三角形齿环相互融通；属于中小型啮齿类，成体体长为80～130 mm，尾长短于体长，一些种类长于体长一半，还有一些种类短于体长一半。

形态 绒鼠属动物是分布于亚热带森林的一类中、小型啮齿动物。体毛颜色一般较深，毛基黑灰色，毛尖棕黑色至灰棕色。尾长短于体长，最大不达体长的75%，一半以上的种类尾长不到体长的一半。臼齿咀嚼面由一系列三角形齿环组成，该特征和其他田鼠类一致；区别于很多其他田鼠类的重要特征是头骨腹面的腭骨后缘截然中断，不与后面的翼骨相连，不形成中央纵脊。该特征和鼱类 *Myodes*、高山鼱类 *Alticola*、绒鼱类 *Caryomys* 一致。绒鼠类的臼齿没有齿根，终生生长，而鼱类有齿根；绒鼠类臼齿列粗壮，而高山鼱类的臼齿列很细弱；绒鼠类第1下臼齿的左右三角形齿环相互融通，而绒鼱类第1下臼齿左右三角形齿环交错排列。

生态学资料 绒鼠属主要分布于我国南方山地森林。分布的海拔跨度很大，从300 m到3 700 m均有分布。分布的植被类型多样，灌丛、农田、茶园、竹林、草丛、人工林、次生林、针阔叶混交林、针叶林等均有分布。它们栖息地的共同特点是土壤肥沃、疏松、腐殖质较厚、地被物丰富（杂草、枯枝落叶等）。掘洞能力弱，多为浅表性洞穴，深度很少超过20 cm。洞穴结构简单，功能区分不明显。草食性。在低纬度和低海拔区域每年有2个繁殖高峰期，全年均可繁殖；高海拔和高纬度区域，每年只有1次繁殖高峰期，胎仔数通常较少，每胎一般1～3仔。

地理分布 绒鼠属主要分布于我国，且主要分布于长江以南。长江以北地区仅包括四川盆周山地、甘肃南部、陕西南部、秦岭南坡、大巴山；长江以南的区域包括四川南部、重庆、贵州、湖南、湖北、安徽、福建、江西、广东；在横断山系，包括云南、西藏的察隅地区等。在国外边缘性分布于印度、缅甸、越南。

分类学讨论 1896年，Miller 在 *Genera and Subgenera of Voles and Lemmings* 中，将田鼠属分成12个亚属。其中，将其他科学家认为是独立属的9个属置于田鼠属之下，另外命名了3个新亚

属——绒鼠亚属 *Eothenomys*、东方绒鼠亚属 *Anteliomys*、*Pedomys* 亚属（仅产于北美洲）。绒鼠亚属是以法国传教士 David 采集于四川宝兴的黑腹绒鼠 *Arvicola melanogaster* Milne-Ed-wards，1871 作为模式建立的，该亚属只有黑腹绒鼠 1 种；东方绒鼠亚属则是以 A. E. Pratt 采集于乐山的中华绒鼠 *Microtus chinensis* Thomas，1891 为模式建立的，该亚属也仅有中华绒鼠 1 种；而绒鼠属的其他种类都是在这之后逐渐被发现的。1908 年，Malcolm P. Anderson 在山西岢岚采集了山西绒鼠 *Microtus inez* Thomas。Thomas 于 1911 年以此为模式建立了新亚属——绒䶄亚属 *Caryomys*。1923 年，Hinton 在大英博物馆研究 Thomas 提供给他的、在中国福建和云南至缅甸边境采集的相近种类的标本时，认为 *Eothenomys*、*Caryomys*、*Anteliomys* 均是独立的属。Allen 在 *The Mammals of China and Mongolia* 中将 *Caryomys*、*Anteliomys* 作为 *Eothenomys* 的亚属。该观点在很长时间内得到广泛承认。

关于绒鼠属的属下分类系统，长期以来各学者意见纷纭。Hinton（1923）第 1 次将 *Eothenomys*、*Anteliomys* 和 *Caryomys* 全部提升为独立属。Allen（1940）第 1 次把 *Anteliomys* 和 *Caryomys* 属作为亚属并入 *Eothenomys* 属，故 Allen 认为绒鼠属有 3 个亚属——*Eothenomys*、*Anteliomys*、*Caryomys*。Ellerman 和 Morrison-Scott（1951）只同意将 *Anteliomys* 属作为亚属并入 *Eothenomys* 属，因此认为 *Eothenomy* 有 2 个亚属（*Eothenomys*、*Anteliomys*）。我国学者大多同意 Allen（1940）的意见。Corbet（1978）、Corbet 和 Hill（1991）、Nowak（1983）还把 Hinton（1926）列入 *Evotomys* 属（= 䶄属 *Myodes*）的棕背䶄 *E. rufocanus* 的亚种 *E. r. shaneius*、*E. r. regulus*、*E. r. smithii*，以及冻原䶄属 *Aschizomys*（多数人认为是 *Altocola* 的亚属）、原䶄属 *Phaulomys*（多数人认为是 *Myodes* 的亚属）等包含的所有种全部并入绒鼠属 *Eothenomys*（作为亚种或独立种）。马勇和姜建青（1996）把 *Caryomys* 从绒鼠属的亚属提升为属。由此可见，绒鼠属及其近似类群在属级和亚属级阶元的分类上相当混乱而复杂，各学者的观点颇不一致。

总之，在亚属级分类上主要有两派意见：一派认为有 3 个亚属，分别为 *Eothenomys* 亚属、*Anteliomys* 亚属和 *Caryomys* 亚属，持该论点的为绝大多数；另一派认为只有前 2 个亚属，持该论点的主要有 Ellerman 和 Morisson-Scott（1951）、马勇和姜建青（1996）、罗泽珣等（2000）、王应祥（2002）等。只有 Gromov 和 Polyakov（1977）仍然认为 *Eothenomys*、*Anteliomys*、*Caryomys* 均是独立属，即 *Eothenomys* 没有亚属分化；叶晓堤等（2002）也认为他们的研究不排除恢复 *Anteliomys* 为独立属的可能性。

在绒鼠属的种级分类阶元上亦有许多争论。曾被命名为该属动物的种类多达 20 种，但没有一个人同时承认这 20 种。如 Allen（1938）认为，*Eothenomys* 属共有 9 个种；Ellerman（1941）认为 *Eothenomys* 属共计 4 个种（很多种都作为 *E. melanogaster* 的亚种）；Tate（1941）认为 *Eothenomys* 有 12 种；Ellerman 和 Morrison-Scott（1951）认为 *Eothenomys* 属有 5 种；Corbet（1978）认为有 11 种；Corbet 和 Hill（1987）认为有 11 种；Honacki（1982）认为有 12 种；Wilson 和 Reeder（1993）认为有 9 种；Nowaki（1999）认为有 11 种；黄文几等（1995）认为有 10 种；盛和林（1999）认为有 9 种；罗泽珣等（2000）认为有 9 种，但和盛和林的 9 种不一样；汪松（2001）认为有 9 种，但和盛和林、罗泽珣的观点都不一样；王应祥（2002）认为有 10 种。

总之，在种级分类上主要争议集中在：*E. shaneius*、*E. regulus*、*E. lemminus*、*E. andersoni*、

E. smithii、*E. wardi*、*E. fidelis*、*E. eva*、*E. inez* 9个种。争论最大的是前5种，后2种是 *Caryomys* 亚属（或属）没有异议，承认其亚属地位，则属于 *Eothenomys* 成员；承认其独立属地位，则不属于 *Eothenomys* 成员，至于 *E. wardi* 和 *E. fidelis*，都承认其属于 *Eothenomys* 成员，主要分歧在于有的专家认为是独立种，有的认为是亚种或同物异名。

Corbet（1978）是坚持将分布于日本、朝鲜、俄罗斯白令海峡等地，被全世界大多数科学家认为属于 *Myodes* 属的种类列入 *Eothenomys* 属的人之一，他认为绒鼠属有11种。

绒鼠属*Eothenomys*种类及不同研究者的意见

	E-MS	A	C	C-H	H	W	N	罗	汪	盛	王	黄
E. olter	✓	✓	✓	✓	✓	✓	✓	✓	✓	✓	✓	✓
E. proditor	✓	✓	✓	✓	✓	✓	✓	✓	✓	✓	✓	✓
E. custus	✓	✓	✓	✓	✓	✓	✓	✓	✓	✓	✓	✓
E. chinensis	✓	✓	✓	✓	✓	✓	✓	✓	✓	✓	✓	✓
E. wardi	E.cs	E.cs	E.cs			c.sy	✓	✓			✓	
E. eleusis	m.s	✓	m.s		m.sy	m.sy						✓
E. melanogaster	✓	✓	✓	✓	✓	✓	✓	✓	✓	✓	✓	✓
E. miletus	m.s		m.s		m.sy	m.sy	✓	✓	✓	✓	✓	✓
E. cachinus	m.s	✓	m.s			m.sy		✓				
E. smithii	C.s		✓	✓	✓	Ph.		C.s				
E. eva	C.sy	✓	✓	✓	✓	✓	✓	Ca.	✓	✓	Ca.	✓
E. inez	C.sy	✓	✓	✓	✓	✓	✓	Ca.		✓	Ca.	✓
E. shaneius	C.s	C.s	✓	✓	✓	✓	✓	C.s	✓	✓	✓	✓
E. regulus	C.s	C.s	✓	✓	✓	✓	✓	C.s	✓		✓	
E. lemminus	Cl.		✓	✓	✓	Al.		✓				
E. fidelis	m.sy	m.sy	m.sy		m.sy	m.sy		m.sy			✓	
E. andersoni	C.sy		Cl.	Cl.	✓	Ph.						
总计	5	9	11	11	12	9	11	9	9	9	10	10

注：E-M为Ellerman and Morrison-scott（1951）；A为Allen（1938）；C为Corbet（1978）；C-H为Corbet and Hill（1987）；H为Honacki（1982）；W为Wilson（1993）；N为Nowaki（1999）；罗为罗泽珣（2000）；汪为汪松（2001）；盛为盛和林（1999）；王为王应祥（2003）；黄为黄文几（1995）。表中：m.s为*E.malanogaster* subspecies；Cl.为*Clethrionomys*；C.s为*Clethrionomys rufocanus* subspecies；C.sy为*Clethrionomys rufocanus* 的同物异名（synonym）；m.sy为*E.malanogaster* 同物异名；E.cs为*E.chinensis* subspecies；c.sy为*E.chinensis*同物异名；Al.为*Alticola*；Ph.为*Phaulomys*；Ca.为*Caryomys*。

王应祥（2000）在《中国动物志 兽纲 第六卷 啮齿目（下册） 仓鼠科》（罗泽珣主编）中对中国绒鼠属动物进行了详细的研究和总结（该书的观点目前比较被大多数中国学者接受），他认为，*Eothenomys* 属有2个亚属（*Eothenomys* 和 *Anteliomys*），共有9个种。

2012年，刘少英等通过采集的超过1 000号、几乎覆盖绒鼠类绝大多数种类的标本，扩增了 *Cytb* 和 *CO1* 两个线粒体基因，构建了系统发育树，并开展了形态学统计分析。该研究的主要成果包括：证实绒䶄属 *Caryomys* 是独立属；发现了1个新亚属——川西绒鼠亚属 *Ermites*；系统树上，原

西南绒鼠康定亚种 *Eothenomys custos hintoni* 是独立种，且位于新亚属中，给予中文名"康定绒鼠"，拉丁学名 *Eothenomys hintoni*；原中华绒鼠康定亚种 *Eothenomys chinensis tarquinius* 是独立种，也属于新亚属成员，给予中文名"川西绒鼠"，拉丁学名 *Eothenomys tarquinius*；发现了新亚属内的2个新分类单元，但未描述；在东方绒鼠亚属 *Anteliomys* 中，证实中华绒鼠、西南绒鼠、昭通绒鼠、玉龙绒鼠是独立种，在指名亚属中，证明黑腹绒鼠是独立种。但该文没有解决德钦绒鼠（没有采集到标本）、大绒鼠、云南绒鼠、丽江绒鼠、克钦绒鼠的分类地位（Liu et al.，2012）。

2014年，曾涛等采集到了德钦绒鼠，扩增了 *Ctyb* 和 *CO1* 基因，构建了系统发育树，开展了形态学分析，解剖了阴茎形态。结果显示：德钦绒鼠 *Eothenomys wardi* 是独立种，和西南绒鼠有很近的亲缘关系，和中华绒鼠系统关系较远，原来作为中华绒鼠的亚种是错误的（Zeng et al.，2013）。

2018年，刘少英等在原来采集标本基础上，进一步对中国绒鼠类开展了系统采集，尤其针对指名亚属，采集了几乎所有亚种的地模标本。测定了3个核基因和2个线粒体基因，开展了形态学、阴茎形态学研究。基本解决了绒鼠属的分类学问题。

主要结论：指名亚属中，黑腹绒鼠福建亚种 *Eothenomys melanogaster colurnus* 是独立种，为最早分化出来的指名亚属物种；黑腹绒鼠滇西亚种 *Eothenomys malenogaster libonotes* 及大绒鼠贡山亚种 *Eothenomys miletus confinii* 均是克钦绒鼠的同物异名；丽江绒鼠 *Eothenomys fidelis*、云南绒鼠、大绒鼠、克钦绒鼠均是独立种；发表4个绒鼠属新种。分别是指名亚属的石棉绒鼠 *Eothenomys shimianensis*、川西绒鼠亚属的金阳绒鼠 *Eothenomys jinyanensis*、美姑绒鼠 *Eothenomys meiguensis*、螺髻山绒鼠 *Eothenomys luojishanensis*。另外发现丽江绒鼠分布于四川的攀枝花、木里、雅江、米易等地。另外一个重要结论是：绒鼠属种内牙齿变异普遍存在，尤其在分布区的边界变异明显。因此，按照传统的形态鉴定往往得出错误结论，这也是绒鼠类的分类和分布问题长期混乱的重要原因之一。

最近，开展了绒鼠属的简化基因组测序，构建了稳定的物种树（结果即将发表），本书中根据这一结果对物种分布进行了适当调整。这样，绒鼠属 *Eothenomys* 包括3亚属17种，全部分布于中国。而四川绒鼠属3个亚属均有分布，种类包括：指名亚属的云南绒鼠、丽江绒鼠、黑腹绒鼠、石棉绒鼠；东方绒鼠亚属的中华绒鼠、玉龙绒鼠；川西绒鼠亚属的金阳绒鼠、康定绒鼠、螺髻山绒鼠、美姑绒鼠、川西绒鼠，共计11种。四川是中国绒鼠属分布最多的省份。

四川分布的绒鼠属 Eothenomys 分种检索表

1. 第1上白齿舌侧有4个角突：绒鼠属指名亚属 *Eothenomys* ·· 2
   第1上白齿舌侧有3个角突 ·· 5

2. 个体大，成体体长平均大于108 mm ·· 丽江绒鼠 *E. fidelis*
   个体小，成体体长平均小于108 mm ·· 3

3. 尾长平均超过体长的45% ·· 滇绒鼠 *E. eleusis*
   尾长小于体长的45% ·· 4

4. 第3上白齿内侧一般有4个角突，尾长平均大于体长的40% ····················· 石棉绒鼠 *E. shimianensis*
   第3上白齿内侧通常有3个角突，尾长平均为体长的38%左右 ··············· 黑腹绒鼠 *E. melanogaster*

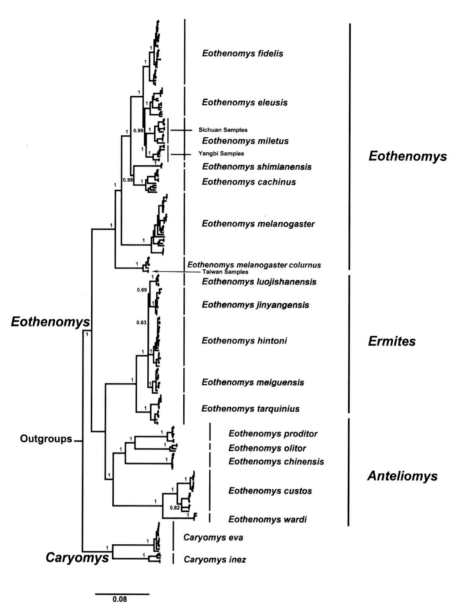

中国绒鼠属系统发育树

（引自 Liu et al., 2018）

5. 尾长平均大于或等于体长的 50%，种内第 3 上臼齿变化较大，体长平均小于 115 mm，颅全长平均小于 27.5 mm：

川西绒鼠亚属 *Ermites* ·· 6

尾长小于体长的 50%，种内第 3 上臼齿形态稳定；如果尾长大于体长的 50%，则个体很大，平均体长超过

120 mm，颅全长平均大于 29 mm；如果尾长为体长的 50% 左右，则仅分布于梅里雪山：东方绒鼠亚属

Anteliomys ·· 10

6. 体长平均大于 100 mm ··· 7

体长平均小于 100 mm ··· 9

7. 体长平均大于 110 mm，尾长平均为体长的 60% 左右 ·················· 川西绒鼠 *E. tarquinius*

体长平均小于 105 mm ··· 8

8.尾较长，平均超过体长的55% ··· 康定绒鼠 *E. hintoni*

尾较短，平均为体长的50%左右 ·· 螺髻山绒鼠 *E. luojishanensis*

9.60%以上的个体的第3上白齿舌侧或者唇侧有6个角突；阴茎头短小，小于等于3.8 mm ·························

··· 金阳绒鼠 *E. jinyangensis*

60%以上个体的第3上白齿舌侧或者唇侧只有4～5个角突；阴茎头长大，超过4.2 mm ·····················

··· 美姑绒鼠 *E. meiguensis*

10.个体大，成体体长平均超过120 mm，颅全长平均29 mm，尾长长于体长的50%············ 中华绒鼠 *E. chinensis*

个体小，体长不超过110 mm ·· 玉龙绒鼠 *E. proditor*

（176）中华绒鼠 *Eothenomys chinensis*（Thomas，1891）

别名　中国绒鼠

英文名　Sichuan Chinese Vole

Microtus chinensis Thomas, 1891. Ann. Mag. Nat. Hist., 8: 117（模式产地：四川乐山）.

Microtus (Anteliomys) chinensis Miller, 1896. North Amer. Faun., 12: 47; Thomas, 1911. Proc. Zool. Soc. Lond., 175.

Anteliomys chinensis Hinton, 1923. Ann. Mag. Nat. Hist. (9), 11: 146; Hinton, 1926. Vole. Lemm., I: 286.

Eothenomys (Anteliomys) chinensis Allen, 1940. Mamm. Chin. Mong., 823; Ellerman and Morrison-Scott, 1951.
Check. Palaea. Ind. Mamm., 667; Corbet, 1978. Mamm. Palaea. Reg., 101; 胡锦矗和王酉之，1984. 四川资源动
物志　第二卷　兽类, 260; Musser and Carleton, 1993. In Wilson. Mamm. Spec. World, 2nd ed., 513; 王酉之和
胡锦矗，1999. 四川兽类原色图鉴, 229; 王应祥，2000. In 罗泽珣，等. 中国动物志　兽纲　第六卷　啮齿目
（下册）　仓鼠科, 417; 王应祥，2003. 中国哺乳动物种和亚种分类名录与分布大全, 179; Musser and Carleton,
2005. In Wilson. Mamm. Spec. World, 979; Liu, et al., 2012. Zool. Sci., 29(9): 610-622; Wilson et al., 2017. Hand.
Mamm. World, Vol. 7, Rodentia Ⅱ: 309; Liu, et al., 2018. Zool. Jour. Linn. Soc., XX, 1-30.

鉴别特征　头骨的腭骨后缘截然中断，形成一横骨板，不形成中央纵脊。第1下白齿左右三角
形中间彼此贯通。第1上白齿内侧3个角突，外侧3个角突；第3上白齿内侧4～5个角突，外侧
3～4个角突。个体很大，平均体长超过120 mm；尾长大于体长的50%。

形态

外形：个体是绒鼠属中最大的。体长109～134 mm（平均122 mm），尾长57～71 mm（平均
64 mm），后足长21～25 mm（平均22.4 mm），耳高15～20 mm（平均16.5 mm）；绝大多数个体
的尾长超过体长一半，部分个体尾长超过体长的60%，平均为52.2%。须多，每边约30根，最短
须长5 mm，最长者35 mm，但长须不多；一半为白色，另外一半为灰色。前、后足均有5指（趾）；
前足第1指为指甲，其余各指（趾）均为爪。前足第1指很短，长约2 mm，第5指也较短，长5 mm
左右；然后是第2指比第5指略长，第3指和第4指最长，两者等长；后足第1趾最短，长约5 mm，
第5趾长于第1趾，其余3趾等长。掌垫5个，跖垫6个，均很发达。尾尖具一短而细的端束毛。

毛色：上体暗褐色或暗棕褐色调，毛基黑色，毛尖棕褐色。从吻部至尾根毛色一致。耳突出毛
外，耳缘覆盖灰色短毛，靠近耳道毛很少，黄白色；而背面靠耳缘覆盖灰色短毛，中部毛很少，耳

基部毛长。尾背、腹二色，界线明显，背面黑褐色，腹面灰白色，但尾尖部背、腹毛色一致。身体的背、腹毛色界限不清，侧面靠背方毛色和背面一致，靠近腹面则逐步变成腹部毛色。腹部毛基黑色，毛尖灰白色。从喉部至肛门区域毛色一致。颏部有时颜色较深，黑灰色。前、后足背面毛色灰白色（包括腕掌部和跗跖部），腹面靠腕掌部和跗跖部毛灰黑色，前部无毛。爪黄白色。

头骨：头骨粗壮而坚实。脑颅背面略呈弧形，最高点位于眼眶部分。鼻骨前宽后窄，1/2处突然加速变细；末端平直，插入额骨前方，向后超过上颌骨颧突前缘。额骨前端和后端宽，中间窄，中间侧面为眼眶内壁；额骨背面下凹，眶上脊较明显。额骨和顶骨之间的骨缝不太规则，略呈弧形。顶骨两侧颞脊明显，颞脊外侧供肌肉附着。颞脊向后延伸，和鳞骨与听泡之间的纵脊相连（由鳞骨末端形成）。顶骨形状不规则，后段向两侧扩展。顶间骨前后长较大，左右宽为前后长的2倍，形状略呈矩形。侧枕骨和听泡之间的纵脊（由侧枕骨构成）很弱，但在最下面听泡的后内侧形成一悬锥（乳突）。听泡与鳞骨之间的纵脊发达。侧面前颌骨形状不规则，着生门齿，背面向后略超过鼻骨长，与额骨相接，后侧面与上颌骨颧突相接。上颌骨着生颊齿，前侧面形成宽大的颧板，颧突长大，构成颧弓的50%以上，颧骨短，前端与上颌骨颧突斜向连接，后端与鳞骨颧突相接。颧弓整体强大。鳞骨狭长，前端达眼窝后缘，后端抵听泡中部，后端末向侧面突起，形成纵脊。中部向侧面形成颧突。翼蝶骨宽阔，构成眼窝后侧内壁，在鳞骨颧突下面向后延伸，与听泡接触。眶蝶骨位于眼窝底部，小，有大的神经孔。腹面门齿孔短而宽，一半由前颌骨围成，一半由上颌骨围成，中央鼻中隔完整。硬腭光滑，在两侧各有一沟槽，到腭骨两侧形成凹陷并穿孔。腭骨后缘无明显的中央纵脊，但腭骨后缘中央向后略突出，腭骨窝很明显，腭骨两侧向后延伸，与翼骨相接。腭骨后侧面与上颌骨共同构成一个较大的窝，主体由腭骨构成。翼骨短小，薄片状，略弯曲，向后延伸，止于听泡前内侧。听泡发达，浑圆，外耳道在侧后方。基蝶骨长，中央下凹，前蝶骨棒状。

下颌骨粗壮，关节突和角突长，冠状突短小而薄；关节突向内收，角突向外扩展。

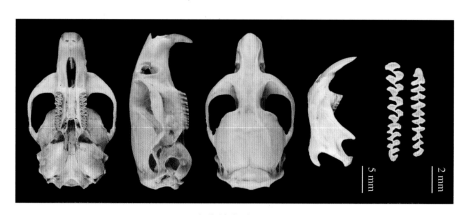

中华绒鼠头骨图

牙齿：上颌门齿垂直向下，唇面橘色，唇面外侧有一明显的纵向棱。第1上白齿第1横齿环后有4个三角形齿环，第1内侧齿环和第1外侧齿环封闭，而后面内侧和外侧齿环内部相互融通，不封闭，该齿内侧和外侧均有3个角突；第2上白齿一横齿环后内侧有1个封闭三角形齿环，外侧有2个封闭三角形齿环，该齿内侧2个角突，外侧3个角突；第3上白齿内侧有5个角突，外侧有4个角突，左右三角形齿环在内侧相互融通，通常没有封闭齿环。部分个体第3上白齿外侧有5个角突。下颌门齿粗壮，唇面橘色。第1下臼齿左右三角形齿环在内侧相互融通，该齿内侧通常有6个角突，外侧有4个角突；第2下臼齿左右三角形齿环内部融通，形成前后重叠排列的三横齿环，该齿内侧和外侧均有3个角突；第3下臼齿第1齿环三角形，第2、3齿环呈斜排列的矩形，该齿内侧和外侧均有3个角突。

量衡度（衡：g；量：mm）

外形：

编号	性别	体重	体长	尾长	后足长	耳高	采集地点
SAF06146	♂	53	123	65	22.0	16.0	四川美姑
SAF06148	♀	50	132	67	22.5	16.5	四川美姑
SAF06147	♀	52	120	63	21.0	15.0	四川美姑
SAF06153	♂	54	125	63	22.5	17.0	四川美姑
SAF06154	♀	54	117	64	22.0	16.0	四川美姑
SAF06156	♀	54	120	66	21.0	16.0	四川美姑
SAF06157	♀	54	122	63	22.0	16.5	四川美姑
SAF06162	♀	58	124	64	23.0	16.5	四川美姑
SAF06184	♂	54	120	68	24.0	15.0	四川美姑
SAF06186	♀	55	124	64	22.0	16.0	四川美姑
SAF06187	♂	56	124	64	22.0	17.0	四川美姑
SAF06190	♀	60	117	65	21.0	16.0	四川美姑
SAF06193	♂	54	110	63	22.0	16.0	四川美姑
SAF06194	♂	54	125	62	23.0	16.0	四川美姑
SAF06195	♂	54	130	66	24.0	17.5	四川美姑

头骨：

编号	颅全长	基长	髁齿长	颧宽	眶间宽	颅高	听泡长	下臼齿列	上臼齿列	下颌
SAF06146	30.60	28.92	30.60	18.36	4.00	11.52	8.30	7.44	7.08	17.56
SAF06148	30.70	28.80	30.62	16.84	3.80	11.34	8.18	6.78	6.70	17.76
SAF06147	29.40	27.44	29.28	16.76	3.90	10.94	7.56	6.82	7.14	17.56
SAF06153	29.96	28.24	29.96	17.14	4.18	11.56	8.08	6.84	7.08	17.94
SAF06154	31.14	29.24	31.10	17.86	4.26	10.88	8.60	7.06	7.14	17.84
SAF06156	30.68	28.70	30.68	—	4.38	11.66	8.86	6.66	6.76	17.20
SAF06157	30.78	29.14	30.78	17.62	3.86	11.22	8.00	6.84	6.74	18.16
SAF06162	31.34	29.44	31.34	17.70	3.56	11.62	8.22	6.84	6.80	18.20
SAF06184	30.14	28.16	30.04	17.28	3.66	11.20	7.46	6.88	6.44	17.32
SAF06186	30.92	28.74	30.22	17.32	3.94	11.48	7.88	7.26	7.26	17.22
SAF06187	30.22	28.58	30.22	17.56	4.20	11.14	7.86	6.72	6.84	17.82
SAF06190	30.78	28.58	30.60	17.42	4.08	11.72	7.84	6.70	6.78	18.32
SAF06193	30.28	28.28	30.28	17.66	4.04	11.50	7.80	6.86	6.72	17.86
SAF06194	30.20	28.30	30.14	17.42	4.24	11.38	7.64	6.64	7.18	17.98
SAF06195	30.04	28.62	30.04	17.34	3.92	11.36	8.52	7.00	7.00	17.92

生态学资料　中华绒鼠是高山分布的大型绒鼠类。分布海拔一般在 3 000 m 以上，生境为原始针叶林，树种包括冷杉和云杉。在 30 年以上的人工针叶林内也有分布。该种分布生境土壤肥沃，湿度大，地表苔藓层厚，腐殖质厚，土壤松软；林下多为箭竹，其他灌木主要是高山杜鹃。

地理分布　四川特有种。在四川仅分布于长江以南的凉山山系，包括马边、峨边、美姑、越西、雷波等县。分布区域狭窄。

分省（自治区、直辖市）地图——四川省

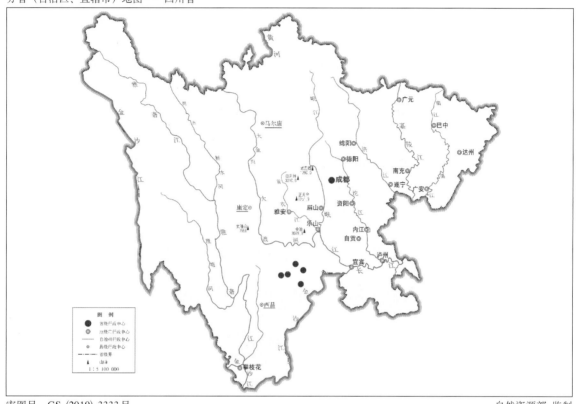

审图号：GS (2019) 3333 号　　　　　　　　　　　　　　　　　　　　自然资源部 监制

中华绒鼠在四川的分布
注：红点为物种的分布位点。

分类学讨论　中华绒鼠属于东方绒鼠亚属 *Anteliomys*。该种种级地位稳定，自被描述以来，得到所有分类学家承认。但亚种分类变动较大。以前，包括 3 个亚种，分别为指名亚种 *Eothenomys chinensis chinensis*、川西亚种 *Eothenomys chinensis tarquinius*、德钦亚种 *Eothenomys chinensis wardi*。这样的分类一直得到绝大多数科学家承认，没有被怀疑；但也没有被深入研究，原因是标本采集困难，很少有人采集到所有亚种的标本。刘少英等通过分子系统学和形态学研究，发现中华绒鼠川西亚种和中华绒鼠属于不同的亚属，中华绒鼠属于 *Anteliomys* 亚属，中华绒鼠川西亚种属于 1 个新亚属，且是独立种，并以该种为模式，建立川西绒鼠新亚属 *Ermites* (Liu et al., 2012)；曾涛等通过分子系统学研究，发现中华绒鼠德钦亚种为独立种，且和西南绒鼠 *Eothenomys custos* 有很近的亲缘关系。这样，中华绒鼠就成为单型种，没有亚种分化。

（177）云南绒鼠 *Eothenomys eleusis*（Thomas，1911）

别名 滇绒鼠

英文名 Yunnan Chinese Vole

Microtus melanogaster eleusis Thomas, 1911. Abstr. Proc. Zool. Soc. Lond., 50; Thomas, 1912. Proc. Zool. Soc. Lond., 139（模式产地：云南昭通）.

Eothenomys melanogaster eleusis Hinton, 1923. Ann. Mag. Nat. Hist. (9), 11: 149; Hinton, 1926. Vole. Lemm., I: 286; Ellerman, et al., 1951. Check. Palaea. Ind. Mamm., 668; Musser and Carleton, 1993. In Wilson. Mamm. Spec. World, 2nd ed., 514; Musser and Carleton, 2005. In Wilson. Mamm. Spec. World, 3rd ed., 979.

Eothenomys eleusis Allen, 1940. Mamm. Chin. Mong., II : 815-818; 胡锦矗和王酉之，1984. 四川资源动物志 第二卷 兽类，259; 李崇云，等，1987. 云南南部红河地区兽类考察报告，1-30; 王应祥，2000. In 罗泽珣，等. 中国动物志 兽纲 第六卷 啮齿目（下册） 仓鼠科，427; 王应祥，2003. 中国哺乳动物种和亚种分类名录与分布大全，177; Liu, et al., 2012. Zool. Sci., 29(9): 610-622; Liu, et al., 2018. Zool. Jour. Linn. Soc., XX, 1-30.

鉴别特征 头骨的腭骨后缘截然中断，形成一横骨板。第1下臼齿左右三角形齿环相互贯通；第1上臼齿内侧有4个角突，外侧有3个角突；第3上臼齿内侧有4个角突，外侧有3个角突。个体小，平均体长95 mm，是指名亚属中个体最小的种类；尾长平均为体长的45%，是指名亚属中尾长比例最大的种类之一，仅次于克钦绒鼠。

形态

外形：体型较小，体长86～108 mm（平均95 mm）。尾相对较长，尾长35～52 mm（平均43 mm），尾长为体长的45%，在指名亚属中仅次于克钦绒鼠。吻部短；须多，25根左右，大多数为白色，有些长须近端黑色，远端白色。眼圆而小。耳呈椭圆形。前后足具5趾（指），爪尖锐，黄白色，前足短于后足。前足第1指很小，具指甲；第2、3、4指等长，第5指略短，略为第1指的2倍长；后足第1～5趾均为爪，第1趾最短，第5趾也很短，但略长于第1趾；第2、3、4趾几乎等长。足背毛较短，腕掌部和跗跖部腹面无毛。前足掌垫5枚，后足趾垫6枚；尾毛短，具环状鳞片，尾端具毛丛。

毛色：上体由吻端至尾基带黑灰褐色调，毛基黑灰色，毛尖黄褐色或灰褐色。耳毛极短，远端和耳背面均为灰褐色或茶褐色。身体背、腹颜色无明显界线，腹面从颏部至肛门毛色一致，铁灰色调，毛基黑色，毛尖灰白色。尾上、下两色，背面灰褐色，和体背毛色一致，腹面灰白色和腹面毛色一致。尾背腹毛色无明显界线；足背淡茶褐色，该颜色在前足起于腕掌部，在后足起于胫腓骨的远端。

头骨：脑颅较为低平，整个脑颅的最高点位于鼻骨后端与额骨交界处。吻部较短，不及颅全长的1/3。鼻骨前宽后窄，末端平齐，止于上颌骨颧突前缘连线的稍后方。额骨前端和后端宽，中间窄，侧面形成眼眶内壁，眶间脊不明显，额骨后缘与顶骨的接缝略呈弧形。泪骨薄片状，小，位于眼眶前缘，顶部出露一窄的边。顶骨形态不规则，侧面向外显著扩展，顶间骨略呈椭圆形，前缘中间向前突出；侧面前颌骨构成吻端侧面主体，着生门齿，在侧面门齿孔中部与上颌骨相接，背面向后延伸，超过鼻骨的末端。上颌骨形状不规则，前侧面形成宽阔的颧板；上颌骨颧突长且大，占整个颧弓的一半长。颧骨短小，前方与上颌骨颧突上、下相接，后端与鳞骨颧突相接。鳞骨狭窄而长，后端和听泡相接，后端末向侧面突起形成纵脊，前端达眼眶中部；下缘与翼蝶骨相接，中间向侧面突出形成颧突。翼蝶骨宽阔，构成眼窝后缘内壁，在鳞骨颧突下方向后延伸，抵达听泡前缘。眶蝶骨位于眼窝底部，有大的神经孔。头骨腹面门齿孔狭长，中间鼻中隔完整。硬腭上有很多小孔，主要由上颌骨构成，后段由腭骨构成。腭骨后缘截然中断，形成一横骨板，不形成中央纵脊；腭骨后缘两侧向后延伸，与翼骨相接；腭骨窝明显；腭骨前端左右各有1个大孔。翼骨较薄，直立，后段止于听泡前缘内侧。基蝶骨长条形，中央下凹，前蝶骨棒状。下颌骨短，冠状突小、尖，先后弯曲，关节突厚实，角突略向外延伸。

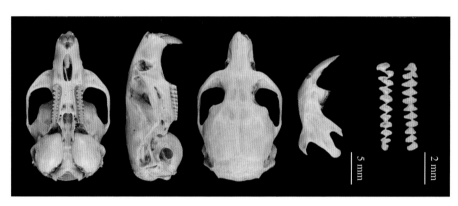

云南绒鼠头骨图

牙齿：上颌门齿弧形向下，末端向内略弯曲，唇面橘色；上臼齿列较粗壮，咀嚼面由三角形齿环组成。第1上臼齿内侧有4个角突，外侧3个角突，该齿前面4个三角形齿环均封闭，内侧和外侧各2个；后面的内侧和外侧齿环相互融通。第2上臼齿内外侧均有3个角突，该齿仅有第1个齿环封闭，后面内侧和外侧均有2个齿环，且内侧的和外侧的齿环内部融通。第3上臼齿内侧有4个角突，外侧有3个角突，有些个体外侧似有第4个角突，但呈弧形；该齿也只有最前面的齿环封闭；后面的齿环内部相互融通。

第1下臼齿内外三角形齿环内部相互融通，该齿内侧有6个角突，外侧有5个角突，最前面的第1个角突有时较圆。第2下臼齿和第3下臼齿内侧和外侧均有3个角突，这2颗臼齿内、外三角形齿环彼此融通。

量衡度（衡：g；量：mm）

外形：

编号	性别	体重	体长	尾长	后足长	耳高	采集时间（年）	采集地点
SAF19843	♂	29	108	44	17	11	2019	四川叙永
SAF19844	♂	29	105	42	17	11	2019	四川叙永
SAF19852	♀	30	105	43	17	11	2019	四川叙永

头骨：

编号	颅全长	基长	髁齿长	额宽	眶间宽	颅高	听泡长	上臼齿列	下臼齿列	下颌长
SAF19844	—	23.45	—	15.31	4.53	9.45	7.83	6.10	6.22	17.65
SAF19852	25.81	24.51	25.79	15.74	4.52	9.80	7.41	6.05	5.95	18.05

生态学资料　云南绒鼠是中低海拔物种。从全国来看，最低海拔发现于1 100 m（贵州梵净山），在四川的最低海拔为1 300 m。竹林、灌丛、低盖度的针阔叶混交林都是其栖息生境。从微生境来看，和其他绒鼠类似，需要湿润，土壤肥沃、疏松，有较厚的腐殖质，杂草盖度一般在50%以上的环境。洞穴为浅表性，一般离地面2～3 cm，最深不超过25 cm，这种情况往往是冬季随着树根往下掘洞而成。繁殖高峰期为6—9月，平均胎仔数2只。

地理分布　中国特有种。在四川分布于长江以南的叙永（采集到标本），推测在筠连、珙县、兴文、合江等县海拔1 300 m以上的区域有分布；国内还分布于长江以南，以乌江两岸及其源头地区为主要分布区，包括云南、重庆、贵州、湖北，湖南的张家界可能有分布。

分省（自治区、直辖市）地图——四川省

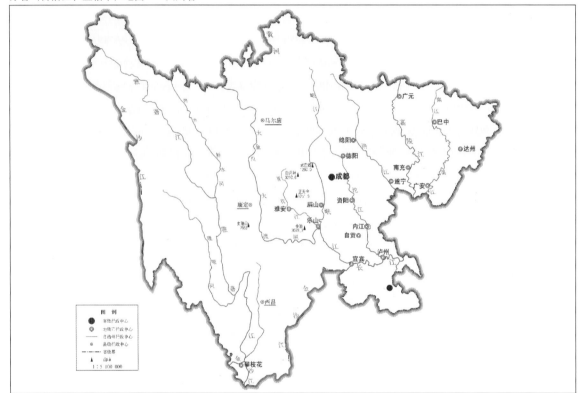

审图号：GS (2019) 3333号　　　　　　　　　　　　　　　　　　　　自然资源部 监制

云南绒鼠在四川的分布
注：红点为物种的分布位点。

分类学讨论　云南绒鼠属于指名亚属*Eothenomys*，最早作为黑腹绒鼠的亚种发表。Allen（1940）第1次将其作为独立种。但大多数外国动物学家，包括Corbet和Hill（1992）、Nowak（1986）、Musser和Carleton（1993，2005）、Wilson等（2016）均不承认其独立种地位。但我国科学家大多数同意其独立种地位（胡锦矗和王酉之，1984；王应祥，2000，2003；潘清华等，2007）。刘少英等通过线粒体和核基因构建的分子系统发育树及形态学研究，最终确立云南绒鼠的独立种地位（Liu et al.，2018）。

该种有2个亚种——指名亚种*Eothenomys eleusis eleusis*和湖北亚种*E. e. aurora*。四川分布的为湖北亚种。

云南绒鼠湖北亚种 *Eothenomys eleusis aurora* Allen，1912

Microtus（*Eothenomys*）*auroa* G. Allen, 1912. Mem. Mus. Comp. Zool. Harvard Coll., 40: 211（模式产地：湖北
长阳）.

Eothenomys melanogastrer auroa Hiton, 1923. Ann. Mag. Nat. Hist. (9), 2: 149; Hinton, 1926. Monogr. Vole Lemm., I:
286; Ellerman and Morrison-Scott, 1951. Check. Palaea. Ind. Mamm., 668.

Eothenomys miletus auroa Allen, 1940. Mamm. Chin. Mong., II: 814; 王酉之和胡锦矗，1984. 四川资源动物志　第
二卷　兽类，259.

Eothenomys eleusis auroa 王应祥，2000. In 罗泽珣. 中国动物志　兽纲　第六卷　啮齿目（下册）　仓鼠科，431;
王应祥，2003. 中国哺乳动物种和亚种分类名录与分布大全，177; Liu, et al., 2018. Zool. Jour. Linn. Soc., XX,
1-30.

鉴别特征　头骨和牙齿与指名亚种形态一致，但尾长变异范围很大，总体短于指名亚种。

形态　见种的描述。

地理分布　在四川仅分布于长江以南，发现于叙永画稿溪自然保护区，国内还分布于湖北、贵
州、重庆。

分类学讨论　该种是 Allen 根据湖北长阳标本命名的种级分类单元 *Microtus*（*Eothenomys*）
auroa，即作为田鼠属、绒鼠亚属的独立种。Hinton（1923，1926）将其作为黑腹绒鼠的亚种。Allen
（1940）将其作为大绒鼠 *Eothenomys miletus* 的亚种，胡锦矗和王酉之（1984）同意这一变更。王应
祥（2000）在《中国动物志兽纲　第六卷》中，根据该亚种的头骨长小于 26.5 mm 的特征，将其归
入云南绒鼠的亚种。Liu 等（2018）通过分子系统学研究证实了王应祥（2000）的归并是正确的。

(178) 丽江绒鼠 *Eothenomys fidelis* Hinton，1923

英文名　Lijiang Chinese Vole

Eothenomys fidelis Hinton, 1923. Ann. Mag. Nat. Hist. (9), II: 150（模式产地：云南丽江）; Hinton, 1926. Monogr.
Vole Lemm., I: 290; 王应祥，2003. 中国哺乳动物种和亚种分类名录与分布大全，178; Liu, et al., 2018. Zool.
Jour. Linn. Soc., 186(2): 569-598.

Microtus (*Eothenomys*) *fidelis* Allen, 1924. Amer. Mus. Nov., 133: 4.

Eothenomys melanogaster fidelis Osgood, 1932. Field Mus. zubl. Zool. Ser., 18(10): 323.

鉴别特征　头骨的腭骨后缘截然中断，形成一横骨板。第 1 下臼齿左右三角形齿环相互贯通；
第 1 上臼齿内侧有 4 个角突，外侧有 3 个角突；第 3 上臼齿内侧有 4 个角突，外侧有 3 个角突。模式
产地（云南丽江）的个体很大，平均体长达到 110 mm；四川的个体相对较小，体长 96 ~ 112 mm。
尾较短，平均为体长的 40%。

形态

外形：个体较大，体长 96 ~ 125 mm，平均 108 mm；尾长 32 ~ 46 mm，平均 42 mm；后足长
16 ~ 20 mm，平均 17.6 mm；耳长 10 ~ 14 mm，平均 12 mm。吻部较短、钝；须多，大都白色；

眼小，耳呈椭圆状。被毛短。前、后足具5指（趾），爪较尖锐。前足第1指极小，具指甲；第2指略长于第1指；第3指为前足最长的指；第4指长于第2指；第5指短于第4指。后足较前足大，第1趾最短，第5趾也很短，略长于第1趾，第2、3、4趾几乎等长。尾长为体长的40%。

毛色： 身体背面棕色调显著，是绒鼠属中色调最鲜艳的种类。毛基灰色，毛尖褐色。从头顶至尾基毛色一致。但鼻两侧颜色较深。耳突出毛外，耳前缘覆盖短、密的褐色毛，背面毛呈绒毛状。尾明显双色，背面灰黑色，腹面灰白色，背、腹界线明显，尾尖有小毛束。身体腹面、颏部和喉部毛短，毛基灰色，毛尖灰白色。胸部至肛门区毛色一致，毛基灰色，毛尖淡黄棕色。前足背面灰色，后足背面灰黄色。

头骨： 脑颅背面略呈弧形，最高点位于鼻骨和额骨交界区域。鼻骨前端宽阔，后端狭窄，1/2处缢缩加速，末端锯齿状，嵌入额骨前端，止于上颌骨颧突前缘稍后。额骨前段和后段宽，中间缢缩，侧面为眼眶内壁；额骨背面中央略下凹，眶上脊较明显，向后延伸贯通颞脊、顶脊，并与听泡与鳞骨之间的纵脊相连。泪骨位于眼眶前缘内侧，大部分附着于上颌骨颧突内侧，少部分与额骨相接。额骨与顶骨之间的骨缝不规则。顶骨形态不规则，后段显著向外扩展。顶间骨略呈扁菱形，前端中央尖，向前突。侧枕骨和听泡之间的纵脊很弱，但向下形成一悬锥，止于听泡后侧。鳞骨和听泡之间的纵脊发达。侧面前颌骨构成吻部的一半左右，与上颌骨在门齿孔中段侧面相接，背面向后延伸，比鼻骨略长，前颌骨着生门齿。上颌骨着生颊齿，前侧面形成宽阔的颧板，颧突发达，占颧弓长的2/3。鳞骨狭长，后端抵达听泡后室前缘，并向侧面突出形成纵脊，背面与顶骨相接，并向前伸，与额骨后侧面相接；鳞骨颧突较小。颧骨短小，前缘与上颌骨颧突斜向衔接，后端与鳞骨颧突相接。翼蝶骨宽大，背面与鳞骨相接，前缘与额骨相接，前下缘与眶蝶骨相接，在鳞骨颧突下方向后延伸，抵达听泡前室前缘。眶蝶骨小，位于眼窝最深处，周围分别是翼蝶骨、额骨和上颌骨，其中央有大孔。头骨腹面，门齿孔较明显，中央鼻中隔完整。硬腭较平坦，由上颌骨和腭骨共同构成，上有大小不等的孔，在腭骨前侧方各有一个大的神经孔。腭骨后缘截然中断，中央不形成纵脊；两边的腭骨窝浅；侧面向后延伸与翼骨相接。翼骨略呈弧形，薄，直立，后端与听泡前内侧相接。听泡分2室，一室位于后上方，鳞骨和侧枕骨之间，另一室位于前下方，浑圆，为听泡。外耳孔大，开口于侧后方。基蝶骨长条形，中央下凹，前蝶骨棒状。下颌骨的关节突长，冠状突和角突短。关节突向内收，角突向外扩展。

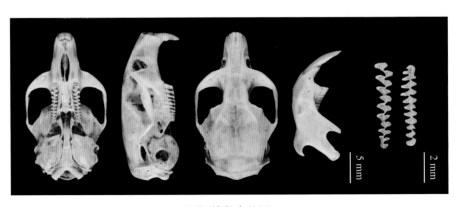

丽江绒鼠头骨图

牙齿：上颌门齿垂直向下，唇面橘色。第1上臼齿内侧4个角突，外侧3个角突；该齿第1横齿环后内侧2个封闭三角形齿环，外侧1个封闭三角形齿环；内侧最后的三角形齿环和外侧最后的三角形齿环内侧相互融通。第2上臼齿内侧和外侧均有3个角突，该齿第1横齿环后内侧的2个三角形齿环和外侧的2个三角形齿环相互融通。第3上臼齿内侧有4个角突，外侧有3个角突；内外齿环相互融通，没有封闭齿环。下颌门齿较大强大，唇面橘色。第1下臼齿内侧有5个角突，外侧有4个角突，最前面内侧有一凹，该齿左右三角形齿环彼此融通。第2下臼齿形成前后叠排3个横齿环（左右三角形完全融通），该齿内侧和外侧均有3个角突。第3下臼齿内侧和外侧均有3个角突，第1齿环不规则，第2、3齿环略呈斜向的矩形。

量衡度（衡：g；量：mm）

外形：

编号	性别	体重	体长	尾长	后足长	耳高	采集地点
SAF08433	♀	32	112	42	17	12	四川九龙
SAF08434	♂	32	115	41	17.5	12	四川九龙
SAF08436	♀	30	107	42	17	12	四川九龙
SAF05009	♂	40	110	43	18	13	四川雅江
SAF05039	♂	34	112	37	18	10	四川雅江
SAF04008	♂	31	90	51	18	13	四川木里
SAF04009	♀	27	89	41	16	13	四川木里
SAF07015	♀	33	115	46	16	13	四川木里
SAF07017	♂	24	96	41	19	13	四川木里
SAF07018	♂	27	105	40	18	14	四川木里
SAF07019	♀	39	115	46	18	12	四川木里
SAF12067	♂	30	98	40	18	12	四川木里
SAF12073	♂	28	105	32	17	11	四川木里
SAF12081	♂	34	105	42	17	12	四川木里
SAF12085	♂	38	110	42	19	13	四川木里

头骨：

编号	颅全长	基长	髁齿长	额宽	眶间宽	颅高	听泡长	上臼齿列	下臼齿列	下颌长
SAF08433	25.66	24.34	25.58	14.75	4.23	9.94	6.43	6.25	6.43	18.08
SAF08434	26.05	24.4	25.98	14.98	4.36	9.84	6.69	6.29	6.31	18.07
SAF08436	25.88	24.41	25.76	14.97	4.52	9.52	6.72	6.23	6.18	18.41
SAF05009	25.86	24.37	25.74	14.76	4.58	9.92	6.77	6.16	6.20	17.98
SAF05039	25.96	24.74	25.92	14.64	4.45	9.70	6.98	6.15	6.10	17.33
SAF04008	24.38	23.14	24.38	13.98	4.37	9.37	6.26	5.88	6.12	17.10
SAF04009	26.63	25.25	26.63	14.72	4.40	10.05	6.67	6.26	6.11	18.50
SAF07015	24.37	22.43	23.93	13.28	4.25	9.21	6.24	5.72	5.94	16.74
SAF07017	24.91	23.53	24.78	13.28	4.31	9.40	6.18	5.61	5.72	16.73
SAF07018	25.92	24.55	25.72	14.87	4.25	9.65	6.33	6.16	6.21	18.00

（续）

编号	颅全长	基长	髁齿长	颧宽	眶间宽	颅高	听泡长	上臼齿列	下臼齿列	下颌长
SAF07019	25.86	24.48	25.80	15.02	4.32	9.84	6.82	6.07	6.22	17.75
SAF12067	26.06	24.02	25.99	14.27	4.32	9.40	6.30	6.22	6.17	17.16
SAF12073	24.92	23.23	24.66	14.28	4.42	8.86	6.26	5.96	5.86	16.70
SAF12081	25.52	24.16	25.43	14.44	4.60	9.83	6.56	6.09	6.00	17.55
SAF12085	26.75	25.41	26.71	15.30	4.61	10.33	6.66	6.08	6.18	18.43

生态学资料　分布于中高海拔区域，一般在2 300 m以上。在米易白坡山自然保护区分布的海拔最低在2 368 m。生境为针叶林，林下竹类较丰富，土壤肥沃、疏松，腐殖质厚。在木里，采集于海拔2 200 m以上的原始针叶林、河边灌丛、黄背栎灌丛等生境，微生境土壤肥沃、松软，腐殖质厚。有时在多石的生境也能采集到标本。草食性。

地理分布　中国特有种。在四川仅分布于攀枝花、木里、九龙、雅江，国内还分布于云南的丽江、大理等地区。

分省（自治区、直辖市）地图——四川省

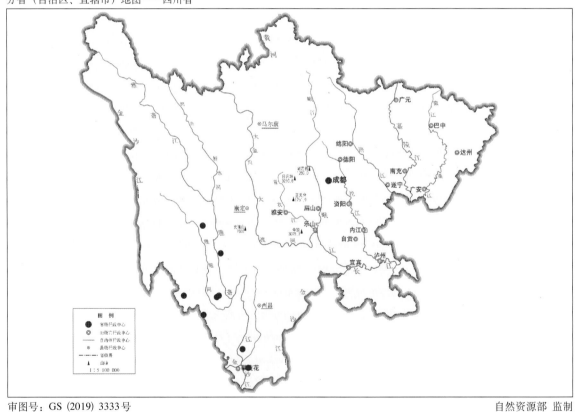

审图号：GS (2019) 3333 号　　　　　　　　　　　　　　　　　　　　　　自然资源部　监制

丽江绒鼠在四川的分布
注：红点为物种的分布位点。

分类学讨论　该种属于指名亚属 *Eothenomys*。丽江绒鼠命名后，很快被作为黑腹绒鼠的亚种（Osgood，1932）。Allen（1940）将其作为大绒鼠的同物异名。Ellerman 和 Morrison-Scott（1951）

将大绒鼠作为黑腹绒鼠的亚种，并将丽江绒鼠作为该亚种的同物异名。Corbet（1978）、Musser 和 Carleton（1993，2005）均将丽江绒鼠作为黑腹绒鼠的同物异名。王应祥（2000）将丽江绒鼠作为大绒鼠的同物异名，但2003年更改看法，将其作为独立种。刘少英等通过形态对比与分子系统发育研究确认丽江绒鼠为独立种（Liu et al.，2018）。四川原没有丽江绒鼠分布。在四川木里，很早就有大绒鼠 *Eothenomys miletus* 的记载（Allen，1940）。Liu 等（2018）通过分子系统学研究，发现分布于木里、九龙、攀枝花、雅江等地的个体较大的绒鼠和云南丽江产的丽江绒鼠聚在同一大支，且两者有一定的遗传分化，形成各自的小支，形态上两者也分开，但两者之间的遗传距离很小，故认为是同一种，并据此发表四川新记录（刘少英等，2020）。对丽江绒鼠尚未开展亚种分化研究。事实上，四川的丽江绒鼠应该是另外一个亚种。目前作为单型种。

（179）康定绒鼠 *Eothenomys hintoni* Osgood，1932

英文名 **Kangding Chinese Vole**

Eothenomys (Antelioniys) custos hintoni Osgood, 1932. Field Mus. Nat. Hist. PubL Zool. Ser., 32(18): 321（模式产地：四川康定西南部）; Allen, 1940. Mamm. Chin. Mong., 828; Ellerman and Morrison-Scott, 1951. Check. Palaea. Ind. Mamm., 670; Corbet, 1978. Mamm. Palaea. Reg., 101; 胡锦矗和王酉之, 1984. 四川资源动物志 第二卷 兽类, 261; Corbet and Hill, 1992. Mamm. Indomalay. Reg., 168; Musser and Carleton, 1993. In Wilson. Mamm. Spec. World, 2nd ed., 513; 王应祥, 2000. In 罗泽珣, 等. 中国动物志 兽纲 第六卷 啮齿目(下册) 仓鼠科, 413; 王应祥, 2003. 中国哺乳动物种和亚种分类名录与分布大全, 180; Musser and Carleton, 2005. In Wilson. Mamm. Spec. World, 3rd ed., 979.

Eothenomys hintoni Liu, et al., 2012. Zool. Sci., 29(9): 610-622; Wilson et al., 2017. Hand. Mamm. World, Vol. 7, Rodentia II: 310; Liu, et al., 2018. Zool. Jour. Linn. Soc., XX, 1-30.

鉴别特征 头骨的腭骨后缘截然中断，形成一横骨板，不形成中央纵脊。第1下臼齿咀嚼面左右三角形齿环在内侧彼此融通；第1上臼齿内侧和外侧均有3个角突；第3上臼齿内侧通常有5个角突，外侧4个角突。但也有变化，分别有内4外4、内5外5等。个体中等，平均98 mm，尾长平均54 mm，尾长为体长的55%左右。是绒鼠属中尾长超过体长一半的少数种之一。

形态

外形：个体中等，成体体长92～105 mm（平均98 mm），尾长50～60 mm（平均54 mm），后足长16～19 mm（平均18 mm），耳高13～15 mm（平均14 mm）。尾长为体长的55%，是绒鼠属中4个尾长显著长于体长一半的物种（另外3种分别是川西绒鼠、中华绒鼠、克钦绒鼠）。整体上，毛呈绒毛状。耳小，略突出毛外。须多而短，一半左右为黑色，一半为白色。前、后足均具5指（趾）。前足第1指具指甲，该指很短；第3、4指等长，且最长；第5指比第3、4指略短，第2指短于第5指。后足第1、5趾略等长；其余3趾等长，且长于第1、5趾。前足掌垫5枚，后足趾垫6枚。爪黄白色。

毛色：背面从吻部至尾根颜色一致，整体呈灰棕色调。毛基黑色，毛尖棕褐色。耳前后边沿棕黑色。尾呈不明显的上、下两色，背面棕黑色，腹面略淡，无明显界线。身体腹面略淡，背腹颜色没有明显的界线；腹面整体具棕灰色调。毛基黑色，毛尖淡棕黄色。腹部中央区域棕黄色调明显。

前足背面棕黑色；后足背面棕黄色，两边棕黑色。颜色总体比川西绒鼠更深暗。

头骨：头骨总体上比川西绒鼠小，颅面略呈弧形，颅骨最高点位于额骨和顶骨之间的区域。鼻骨前面宽阔，向后逐步缩小，1/2处加速缩小；末端尖，止于上颌骨颧突前缘连线的稍后侧。额骨前面和后面宽，中间窄，1/2处显著内缩。眶间眶上脊明显。额骨与顶骨之间的接缝略呈弧形；顶骨形状不规则，后段显著向外扩展。顶间骨略呈长卵圆形，前面中间向前突出。泪骨位于眼眶最前面，贴于上颌骨颧突内侧，并与额骨前外侧接触。枕区侧枕骨和听泡后室之间有一较弱的纵脊，末端形成乳突；鳞骨和听泡后室之间有一较发达的纵脊（由鳞骨后缘形成），止于听泡上方。枕髁较大，向后突出。基枕骨宽阔，腹面中央有脊；侧面前颌骨构成吻部侧面的主体，在门齿孔中部侧面与上颌骨相连；背面向后延伸，末端超过鼻骨后端。前颌骨着生门齿。上颌骨前侧面形成宽阔的颧板，颧突发达，向后延伸构成整个颧弓的2/3。腹面构成坚固的齿槽，着生颊齿。鳞骨长、较窄。背面与顶骨和顶间骨相接，向前继续延伸，与额骨后侧面相接；后端与听泡后室相接，并向外突出，形成纵脊；腹面与翼蝶骨相接。鳞骨颧突较小。颧骨短小，前方与上颌骨颧突斜向连接，后端与鳞骨颧突相接。翼蝶骨宽阔，背面与鳞骨相接，前方与顶骨侧面相接；下缘与上颌骨相接。在鳞骨颧突下方，向后延伸，抵达听泡前室前端。眶蝶骨小，位于眼窝的最深处，中央有大的神经孔。腹面，门齿孔短而宽，后端不达左右臼齿列前缘的连线。门齿孔中央鼻中隔完整，前段为犁骨，较宽；后段由上颌骨构成，较窄。上颌骨与腭骨构成的硬腭上有很多小孔。腭骨较特别，腭骨后缘截然中断，两侧的孔很大，使得腭骨中央形成一独立的平台，不与两侧相接，其两侧向后延伸，与翼骨相接。翼骨细弱，薄，直立，向后延伸，止于听泡前端。听泡2室，一室位于鳞骨和侧枕骨之间，另一室位于前下方，较圆，鼓胀，为听泡。下颌骨相对纤细，冠状突尖长，很细，关节突较长，角突略向外扩展。

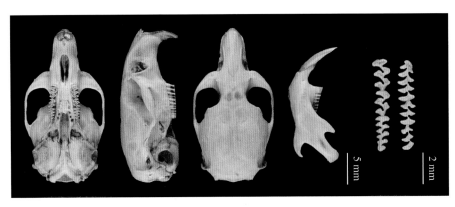

康定绒鼠头骨图

牙齿：上颌门齿垂直向下，末端略向内弯；唇面橘色。第1上臼齿第1横齿环后有4个封闭三角形齿环，内外各两个，此臼齿内侧和外侧均有3个角突。第2上臼齿第1横齿环后内侧有1个近方形的齿环，外侧有2个三角形齿环，该齿内侧2个角突，外侧3个角突。第3上臼齿通常具5个内侧角突、4个外侧角突，但也有内侧5个、外侧5个，内侧4个、外侧4个等变化，该臼齿一般只有2个封闭的三角形齿环，其余相互融通。

下颌门齿较长，唇面橘色。第1下臼齿咀嚼面左右三角形齿环内侧彼此融通，该齿内侧有5个角突，外侧有4个角突；第2下臼齿左右齿环内侧彼此融通，该齿有3个内侧和外侧齿突；第3下臼齿为斜向内侧的3横列组成，内侧和外侧均有3个角突。

量衡度（衡：g；量：mm）

外形：

编号	性别	体重	体长	尾长	后足长	耳高	采集地点
SAF081081	♀	27	98	56	18	14	四川康定
SAF081082	♂	27	96	60	18	15	四川康定
SAF081066	♂	29	95	58	18	15	四川康定
SAF081068	♀	23	93	52	16	15	四川康定
SAF081071	♂	27	105	55	19	15	四川康定
SAF081072	♀	24	96	55	18	14	四川康定
SAF15024	♂	23	100	52	19	13	四川九龙
SAF081083	♂	22	92	52	18	13	四川九龙
SAF081084	♂	24	100	56	18	14	四川九龙
SAF081116	♂	28	102	59	19	14	四川九龙
SAF06406	♂	24	105	54	19	17	四川九龙

头骨：

编号	颅全长	基长	髁齿长	颧宽	眶间宽	颅高	听泡长	上臼齿列	下臼齿列	下颌长
SAF081081	24.74	23.38	24.74	13.17	4.04	7.98	6.14	5.04	5.28	16.23
SAF081082	24.18	22.78	24.12	13.56	4.20	9.66	6.70	5.10	5.36	15.77
SAF081066	24.56	23.24	24.48	13.28	4.14	8.34	7.18	4.90	5.24	17.38
SAF081068	23.20	21.40	22.94	12.92	3.84	8.00	5.88	5.06	5.32	17.14
SAF081071	24.68	23.12	24.74	13.34	4.28	9.68	6.92	5.08	5.10	16.81
SAF081072	24.30	22.92	24.26	13.20	3.96	8.92	5.82	5.00	5.04	16.79
SAF15125	24.37	22.84	24.15	14.26	4.26	9.28	6.50	5.47	5.60	15.32
SAF15126	24.78	23.22	24.72	14.33	3.90	8.67	6.50	5.32	5.35	16.13
SAF15127	24.34	22.70	24.20	13.49	4.27	9.18	6.35	5.42	5.47	16.57
SAF15128	24.17	22.70	24.12	13.74	4.18	9.22	6.00	5.42	5.47	16.69
SAF15024	24.25	22.68	23.94	13.44	4.29	9.15	6.74	5.59	5.63	16.17
SAF081083	23.52	21.90	23.30	12.62	4.14	9.42	6.04	4.70	4.62	15.85
SAF081084	23.70	21.80	23.38	13.20	4.12	9.90	6.26	4.96	5.28	16.69
SAF081116	25.36	23.94	25.24	14.12	3.96	9.88	6.94	5.64	5.72	15.86
SAF06406	25.62	24.00	25.34	14.23	3.94	9.88	6.78	5.64	5.78	17.10

生态学资料 康定绒鼠是高海拔暗针叶林特有种，最低栖息海拔2 800 m。分布于原始、腐殖质厚、苔藓和枯枝落叶丰富的、以冷杉和云杉为建群种的林下。植食性。

地理分布 中国特有种。仅分布于四川九龙、康定、冕宁。

分省（自治区、直辖市）地图——四川省

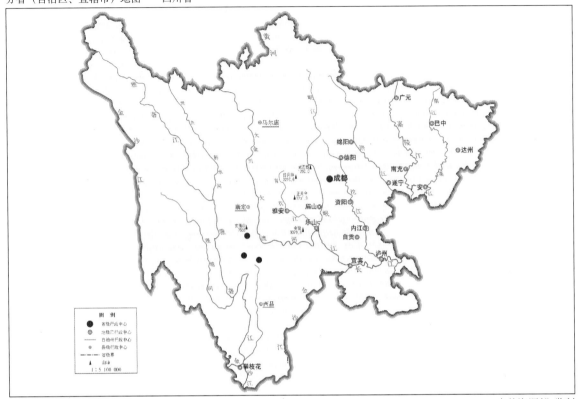

审图号：GS（2019）3333号　　　　　　　　　　　　　　　自然资源部 监制

康定绒鼠在四川的分布
注：红点为物种的分布位点。

分类学讨论　康定绒鼠属于川西绒鼠亚属*Ermites*。该种最早发表时为西南绒鼠的亚种，发表后得到很多科学家的承认（Allen，1940；Ellerman，1941；Ellerman and Morrison-Scott，1951；Corbet，1978；Musser and Carleton，1993，2005），其亚种地位稳定。但该种发表后，一直没有再被记录过，或者采集过。直到80多年后，四川省林业科学研究院再次采集到标本；刘少英等通过分子系统学研究证实它属于另外1个新亚属，为独立种，后得到承认（Wilson et al.，2017）。该种属于十分珍稀的种类，标本很少，分布区域狭窄。

（180）金阳绒鼠 *Eothenomys jinyangensis* Liu，2018

英文名　Jinyang Chinese Vole

Eothenomys jinyangensis Liu, 2018. Zool. Jour. Linn. Soc., XX, 1-30（模式产地：四川金阳百草坡自然保护区）.

鉴别特征　头骨的腭骨后缘截然中断，形成一横骨板。第1下臼齿咀嚼面左右三角形内侧相互融通，第1上臼齿内侧和外侧均有3个角突。个体较小，通常短于100 mm，平均体长92 mm。后足长短于19 mm。尾长约为体长的48%，接近体长一半，有时稍长于体长50%。背面灰色，背、腹没有明显的界线。超过55%个体的第3上臼齿内侧或者外侧有6个角突。

形态

外形：个体较小，成体体长 80 ～ 108 mm（平均 92 mm），尾长 40 ～ 51 mm（平均 45.8 mm），后足长 16 ～ 19 mm（平均 17 mm），耳高 12 ～ 16 mm（平均 13.9 mm）。毛呈绒毛状。须多而长，每边约 25 根须，最短者约 5 mm，最长者达到 25 mm；一半为白色，一半为黑色。前、后足均有 5 指（趾），前足第 1 指为指甲，该指很短；第 2、5 指等长，为第 1 指的 3 倍；第 3、4 指等长，长于第 2、5 指。后足第 1 趾最短，但显著长于前足第 1 指；第 5 趾长于第 1 趾，约为第 1 指的 1.5 倍；其余 3 趾等长，长于第 5 趾。

毛色：身体背面从额部至尾基部颜色一致，整体为棕褐色调；毛基黑色，毛尖棕褐色。着生须的区域颜色略淡。耳较大，突出毛外，耳缘的前面和后面均覆盖棕褐色短毛，颜色和体背颜色一致。背、腹颜色逐渐过渡，没有明显界线。腹面从颏部至肛门颜色基本一致，毛基黑色，毛尖黄棕色；喉部颜色稍淡，灰白色较显著；胸腹部黄棕色调更明显。尾呈不明显的双色，背面棕黑色，腹面略淡。前、后足背面灰棕色，后足的两边黑棕色。前足掌垫 5 枚，后足趾垫 6 枚，爪黄白色。雌性具 2 对乳房：胸部 1 对，鼠蹊部 1 对。

头骨：相对较小，吻部尖。颅面弧形。最高点位于顶骨中部。鼻骨前端宽，后端窄，从前往后均匀缩小，末端平直，止于两上颌骨颧突前缘连线稍后面。额骨前端和后端宽，中间窄，中段构成眼眶的内壁。无眶上脊；额骨与顶骨的接缝呈弧形。顶骨形状不规则，后端向两侧扩展。顶间骨左右宽是前后长的 2.5 倍，显得很扁，前部中央向前突出。泪骨位于眼眶最前缘的内侧，出露的边很窄，贴于上颌骨颧突内侧。枕区侧枕骨和鳞骨之间有一弱的纵脊，向下形成乳突。鳞骨和听骨后室之间有一较明显的纵脊（由鳞骨构成），止于听泡上部。枕髁向后突出，基枕骨宽大，中央有纵脊；侧面前颌骨构成吻部侧面的主体，背面向后延伸，比鼻骨略长。上颌骨前侧面形成宽阔的颧板，颧突发达，占整个颧弓的 2/3。颧骨很细，前端与上颌骨颧突斜向相接，后端与鳞骨颧突相连。鳞骨狭窄，背面与顶骨相接，与顶间骨接触很短。前背面与额骨后侧面相接，腹面与翼蝶骨相接。鳞骨颧突较细。翼蝶骨宽，背面与鳞骨相接，前端在眼窝内与额骨相接，腹面与上颌骨相接。在鳞骨颧突下方，向后延伸，与听泡相接。头骨腹面门齿孔较宽，后端不达两白齿列前缘的连线。硬腭较平坦，由上颌骨和腭骨构成，上有很多小孔。腭骨两边各有一大孔；腭骨后缘截然中断，形成一横骨板，其两侧向后延伸，并与翼骨相连，腭骨窝较浅，上有 3 ～ 4 个小孔。翼骨薄，直立，弧形，向后伸止于听泡前内

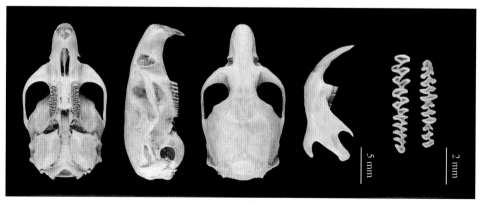

金阳绒鼠头骨图

侧。听骨2室，后上方1室，位于鳞骨和侧枕骨之间，前下方1室，圆鼓，为听泡。

下颌骨较细弱，关节突较长，冠状突和角突都较短小。角突略向外延伸。

牙齿：上颌门齿垂直向下，末端略向内弯，唇面橘色。第1上臼齿第1横齿环后，内外侧各有2个三角形齿环，但只有2个三角形齿环封闭，后面1对左右三角形内侧相互融通。该臼齿内侧和外侧均有3个角突。第2上臼齿前横页后，内侧有1个封闭三角形齿环，外侧有2个封闭的三角形齿环，该臼齿内侧有2个角突，外侧有3个角突。第3上臼齿变化大，有49%的个体内侧有6个、外侧有5个角突；有7%的个体外侧有6个、内侧有5个角突；39%的个体内侧和外侧均有5个角突；5%的个体内侧有4个、外侧有5个角突。

下颌门齿较长，很细，唇面橘色。第1下臼齿咀嚼面左右三角形内侧相互融通，该臼齿内侧通常有6个角突，外侧有4个角突；第2下臼齿内侧二和外侧三角形齿环相互融通，形成三横列，该齿内侧和外侧均有3个角突。第3下臼齿内侧和外侧均有3个角突，第1齿环呈三角形，第2和第3齿环呈斜向的长方形齿环。

量衡度（衡：g；量：mm）

外形：

编号	性别	体重	体长	尾长	后足长	耳高	采集地点
SAF08127	♂	25	108	45	17	12	四川金阳
SAF08128	♂	20	106	47	16	12	四川金阳
SAF08129	♂	20	97	44	16	13	四川金阳
SAF08130	♂	20	92	42	17	13	四川金阳
SAF08151	♀	25	96	46	19	16	四川金阳
SAF08156	♂	22	90	51	18	16	四川金阳
SAF08157	♂	21	96	54	19	16	四川金阳
SAF08160	♀	19	86	47	19	16	四川金阳
SAF08178	♂	23	97	40	16	13	四川金阳
SAF08179	♂	20	97	42	16	13	四川金阳
SAF08184	♂	22	100	50	16	13	四川金阳
SAF08218	♂	18	95	43	17	13	四川金阳
SAF08219	♀	18	90	41	18	13	四川金阳
SAF08227	♀	20	92	47	16	15	四川金阳
SAF08229	♂	20	97	48	16	14	四川金阳

头骨：

编号	颅全长	基长	髁齿长	颧宽	眶间宽	颅高	听泡长	上臼齿列	下臼齿列	下颌长
SAF08127	22.90	21.50	22.76	12.64	4.00	9.54	6.28	4.96	4.84	14.79
SAF08128	22.80	21.36	22.72	12.12	3.54	8.80	6.18	4.80	4.92	14.55
SAF08129	22.20	20.90	22.40	12.36	3.74	9.12	6.36	4.60	4.80	14.84
SAF08130	22.00	21.38	21.84	11.24	3.62	8.64	6.08	4.82	4.62	14.67
SAF08151	23.86	22.54	23.88	12.76	3.68	8.86	6.52	4.72	4.72	14.63
SAF08156	23.62	21.88	23.30	13.80	4.10	8.90	6.58	4.62	5.08	14.67

（续）

编号	颅全长	基长	髁齿长	颧宽	眶间宽	颅高	听泡长	上臼齿列	下臼齿列	下颌长
SAF08157	23.22	21.64	23.22	12.58	3.74	9.08	6.38	4.98	5.10	15.67
SAF08160	21.78	20.00	21.00	11.42	4.02	9.54	5.44	4.84	4.68	15.35
SAF08178	24.40	22.46	24.06	13.20	3.70	8.62	5.84	5.20	5.24	15.25
SAF08179	22.70	21.20	22.62	11.94	3.42	8.66	6.08	5.04	5.10	14.45
SAF08184	23.48	22.22	23.46	13.84	3.74	9.30	5.80	5.10	4.92	15.75
SAF08218	22.38	20.66	22.16	11.88	3.72	8.22	5.74	4.66	4.62	13.99
SAF08219	23.32	21.88	23.42	12.52	3.56	8.86	6.46	4.92	4.94	15.59
SAF08227	22.90	21.38	22.80	12.16	3.64	8.82	6.28	4.92	5.00	14.75
SAF08229	22.76	21.60	22.70	12.70	3.72	9.22	6.12	4.66	4.92	15.13

　　生态学资料　该种分布于高海拔湿地生境。生活环境为草本沼泽。草本植物以禾本科植物为主，高度在1.5 m以上，盖度达到90%。分布海拔3 000 m以上，环境中有稀疏的云杉植株。草食性。

　　地理分布　中国特有种，仅分布于四川金阳。

分省（自治区、直辖市）地图——四川省

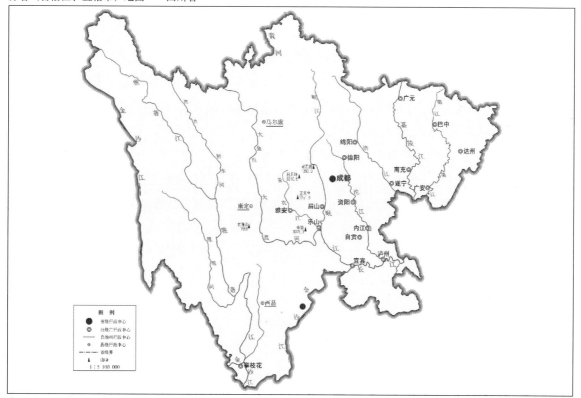

审图号：GS（2019）3333号　　　　　　　　　　　　　　　　　　　　　　　自然资源部　监制

金阳绒鼠在四川的分布
注：红点为物种的分布位点。

　　分类学讨论　金阳绒鼠属于川西绒鼠亚属 *Ermites*。该种是刘少英等在2018年发表的新种。

（181）螺髻山绒鼠 *Eothenomys luojishanensis* Liu，2018

英文名　Luojishan Chinese Vole

Eothenomys luojishanensis Liu, 2018. Zool. Jour. Linn. Soc., XX, 1-30（模式产地：四川普格螺髻山）.

鉴别特征　腭骨后缘截然中断，形成一横骨板，不形成中央纵脊。第1下臼齿咀嚼面左右三角形齿环在内侧相互融通；第1上臼齿内侧和外侧均有3个角突；第3上臼齿通常内侧具5个角突，外侧有4个角突。个体比金阳绒鼠和美姑绒鼠大，平均体长101 mm；尾长相对金阳绒鼠和美姑绒鼠更长，为体长的51%。

形态

外形：个体中等，比金阳绒鼠和美姑绒鼠略大。体长95～108 mm（平均101 mm），尾长47～57 mm（平均51.4 mm），后足长17～18 mm（平均17.8 mm），耳高12～15 mm（平均13.3 mm）。尾长占比比金阳和美姑绒鼠略大，平均为体长的51%。眼小，耳短。须不多，每边20根左右，最短4 mm，最长25 mm，绝大多数为白色。前、后足均具5指（趾）。前足第1指具指甲，该指很短，包括指甲仅1.5 mm长；第2指和第5指等长，有时第2指比第5指略长，是第1指的3倍；第3、4指等长，且长于第2、5指。后足第1趾最短，但并不十分明显，仅比第5趾略短；其余3趾等长。爪锐利，黄白色；前足掌垫5枚，后足趾垫6枚。

毛色：整个背面棕褐色色调显著，从吻部至尾根部一致。毛基黑色，毛尖棕褐色。耳毛较少，短，棕褐色。尾上、下两色，背面棕黑色，腹面较淡。身体腹面从颏部到肛门区域颜色基本一致，淡棕褐色，背、腹毛色逐渐过渡，无明显界线。腹部的棕褐色调稍明显。前足腕掌部毛灰色，指背面颜色棕褐色；后足跗跖部颜色棕褐色，趾背面颜色也是棕褐色。

头骨：颅面呈弧形，脑颅最高点位于顶骨中央部位；脑颅显得宽阔，吻部狭窄。鼻骨前端宽，向后变窄，后1/2收缩明显；末端平直，插入额骨前端中央，插入较深，接近上颌骨两颧突后缘的连线。额骨前段和后段宽，中间益缩，侧面为眶内壁；后段比前段更宽，眶间无眶上脊。额骨与顶骨之间的骨缝略呈弧形。顶骨不规则，后段向外侧扩展。顶间骨较窄，前后长3.5 mm，左右宽7.8 mm，略呈卵圆形。泪骨位于眼眶前沿内侧，贴于上颌骨颧突后缘，露出一个很窄的边。枕区侧枕骨和听泡之间的纵脊弱，末端游离，呈乳突；鳞骨和听泡之间的纵脊也很弱（由鳞骨构成），止于听泡上方中部。枕髁向后突出，基枕骨宽，腹部中线上有纵脊。侧面前颌骨构成吻部侧面的主体，背面向后延伸，末端和鼻骨等长。前颌骨着生门齿。上颌骨形状复杂，前侧面形成宽阔的颧板，在背面形成长的颧突，上颌骨颧突的长度占整个颧弓长的2/3。颧骨窄、短，与上颌骨颧突呈斜线上下贴合，后端与鳞骨颧突相接。鳞骨长，较窄，背面从前向后分别与额骨、顶骨和顶间骨相接；前部下缘与翼蝶骨相接；鳞骨颧突较短小。翼蝶骨宽，背面与鳞骨相接，腹面与上颌骨相接，前缘在眼窝内与额骨相接；在鳞骨颧突下方向后延伸，与听泡相接。头骨腹面门齿孔较宽、短，鼻中隔完整，硬腭上很少有小孔，腭骨上小孔密，腭骨后缘截然中断，为一横骨板，两侧各有一大的凹陷（腭骨窝）并穿孔；后缘两侧向后延伸，与翼骨相接。翼骨纤细，弧形，向后延伸止于听泡前内侧。听骨2室，后上方1室，位于侧枕骨和鳞骨之间，较小；前下缘1室，较圆鼓，为听泡。下颌骨中等发达，冠状突尖长，角突短而尖，关节突长，略向内弯，角突向外扩展。

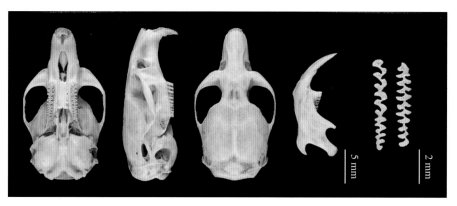

螺髻山绒鼠头骨图

牙齿：上颌门齿垂直向下，唇面橘色。第1上臼齿内侧和外侧均有3个角突；该齿第1横齿环后左右三角形齿环彼此融通，没有封闭三角形齿环。第2上臼齿内侧有2个角突，外侧有3个角突；该齿第1横齿环后内侧有1个封闭三角形齿环，外侧有2个封闭三角形齿环。第3上臼齿有一定变化，80%个体的上臼齿内侧有5个角突，外侧有4个角突，另外20%个体外侧和内侧均有5个角突；该臼齿第1横齿环下仅有2个封闭三角形齿环，其余的不封闭。

下颌门齿外露较长，唇面橘色。第1下臼齿左右三角形齿环内侧相互融通，该齿通常具6个内侧突，4个外侧突。第2下臼齿内侧和外侧均有3个角突，呈3个大的封闭三角形，前后重叠，横跨内外。第3下臼齿内侧和外侧均有3个角突，第1齿环为向内斜的三角形，后2个齿环为向内斜的矩形。

量衡度（衡：g；量：mm）

外形：

编号	性别	体重	体长	尾长	后足长	耳高	采集地点
SAF081183	♀	30	108	55	18	13	四川普格
SAF081184	♀	24	97	57	18	13	四川普格
SAF081186	♂	22	96	53	18	13	四川普格
SAF081188	♀	24	103	53	18	15	四川普格
SAF081198	♀	32	106	50	18	15	四川普格
SAF16095	♀	22	100	46	17	12	四川普格
SAF16092	♀	21	95	47	17	13	四川普格
SAF16093	♀	21	100	48	17	12	四川普格
SAF081199	♀	24	102	54	18	14	四川普格

头骨：

编号	颅全长	基长	髁齿长	颧宽	眶间宽	颅高	听泡长	上臼齿列	下臼齿列	下颌
SAF081183	25.07	23.70	25.03	13.36	4.16	9.07	6.50	5.20	5.50	17.91
SAF081184	23.98	22.57	23.60	13.13	4.10	8.71	6.36	5.10	5.20	16.90
SAF081186	23.32	21.36	22.86	12.48	3.96	8.71	6.02	4.80	4.80	16.44
SAF081188	24.17	22.21	23.96	12.76	3.83	8.58	5.99	5.10	5.10	16.67
SAF081198	25.06	23.50	25.00	13.82	4.47	9.30	6.50	5.20	5.30	17.17

(续)

编号	颅全长	基长	髁齿长	颧宽	眶间宽	颅高	听泡长	上臼齿列	下臼齿列	下颌
SAF16095	23.46	22.49	23.46	13.56	3.94	8.51	6.60	5.26	5.38	16.51
SAF16092	23.07	21.59	22.93	13.24	3.99	8.64	6.78	5.38	5.28	16.09
SAF16093	23.71	21.69	23.16	13.43	4.07	8.19	6.59	5.32	5.48	16.23
SAF081199	23.80	22.41	23.54	13.13	4.02	8.60	6.50	5.00	4.90	17.03

生态学资料 属于高海拔分布的绒鼠，仅分布于 3 000 m 以上的暗针叶林带。分布于云杉和冷杉分布区，林下苔藓层厚，土壤肥沃、疏松，腐殖质厚。草食性。

地理分布 中国特有种，仅分布于四川。在四川仅分布于德昌和昭觉之间的螺髻山脉。

分省（自治区、直辖市）地图——四川省

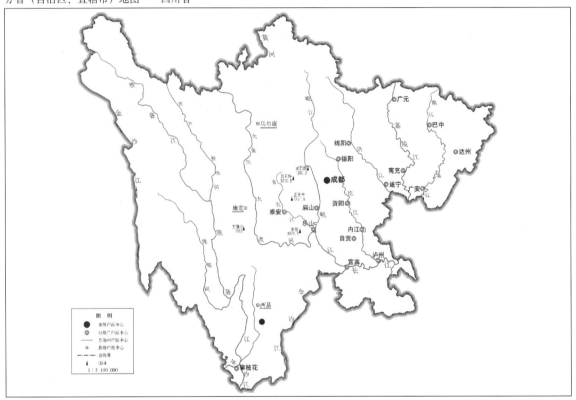

审图号：GS（2019）3333 号 　　　　　　　　　　　　　　　　　　　　　自然资源部 监制

螺髻山绒鼠在四川的分布
注：红点为物种的分布位点。

分类学讨论 属于川西绒鼠亚属 *Ermites*。该种为刘少英等在 2018 年发表的新种，分布区域狭窄，种群数量少，值得优先保护。

（182）美姑绒鼠 *Eothenomys meiguensis* Liu，2018

英文名 **Meigu Chinese Vole**

Eothenomys meiguensis Liu, 2018. Zool. Jour. Linn. Soc., XX, 1-30（模式产地：四川美姑大风顶国家级自然保护区）.

鉴别特征 头骨的腭骨后缘截然中断，形成一横骨板，不形成纵脊。第1下臼齿咀嚼面左右三角形齿环在内侧相互融通。第1上臼齿内侧和外侧均有3个角突。第3上臼齿通常为内侧5个角突，外侧4个角突，但变化较大，一些标本的第3上臼齿内侧有4个角突，外侧有4个角突；一些标本第3上臼齿内侧有5个角突，外侧有5个角突等。个体中等，体长平均96 mm，尾长约为体长的48%，接近体长一半。

形态

外形：总体上是一种颜色偏棕色调的绒鼠，背腹颜色的分界线比较明显。一些个体背面灰色色调较重，背腹毛色界线不甚明显。个体中等，体长79 ~ 103 mm（平均96 mm），尾长36 ~ 51 mm（平均46 mm），后足长16 ~ 18 mm（平均17.4 mm），耳高11 ~ 14 mm（平均12.8 mm）。尾长平均接近体长一半，介于43% ~ 53%。须较多，每边约20根，须长6 ~ 24 mm，大多数须根部黑色，尖部白色；一些须全黑色，一些短须全白色。前、后足均具5指（趾）。前足第1指具指甲，且很短；第5指也较短，约为第1指的3倍长；第3指最长；第2、4指等长，比第3指略短。后足第1趾最短，但显著长于前足第1指；后足第5趾也较短，约为第1趾的1.5倍；其余3趾等长，约为第5趾的1.5倍。爪尖锐，黄白色。前足掌垫5枚，后足趾垫6枚。

毛色：身体背面整体具棕褐色色调，毛基黑色，毛尖棕褐色，从吻部到尾基部一致。耳覆盖棕褐色短毛，略突出毛外，相对较短。尾呈不明显双色，背面棕褐色，腹面较淡，背、腹无明显界线。一些个体（尤其是亚成体和刚成年个体）毛色灰色调较重，尾背面也是灰色为主。身体背、腹毛色界线较明显，腹面毛色较淡，毛基灰色，毛尖黄白色，腹部中央黄棕色调明显；从颏部至肛门毛色基本一致。

头骨：脑颅背面呈弧形，尤其鼻骨前端向下弧度明显，脑颅最高点位于额骨和顶骨之间的区域。鼻骨前端宽，后面窄，尤其在一半左右收窄加快；末端尖，圆弧形，插入额骨前缘中央，止于两上颌骨颧突前缘连线稍后方。额骨前端和后端宽，中间窄，背面中央下凹，形成一浅的凹槽；额骨中央两侧靠后部显著内收，侧面是眼眶的内壁；额骨和顶骨之间的骨缝为典型的圆弧形。顶骨形状不规则，后端显著向两侧扩展；顶间骨略呈卵圆形，左右宽为前后长的3倍左右，前缘中央向前突出。枕区侧枕骨与听骨后室之间有一很弱的纵脊，末端形成悬垂状的乳突。鳞骨和听骨后室之间有1条较显著的纵脊（由鳞骨后缘构成），止于听泡上方。枕骨大孔较大，枕髁向后突出，基枕骨宽，腹中线上有突起。侧面，前颌骨构成吻部侧面主体，背面向后显著超过鼻骨长。上颌骨前侧面形成宽大的颧板，背面颧突很长，构成眼窝前外侧的主体，占整个颧弓长的2/3以上。颧骨窄、短，前端与上颌骨颧突呈斜向上下贴合，后端与鳞骨颧突相接。鳞骨较长，从前向后分别与额骨、顶骨

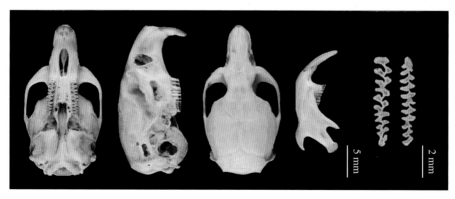

美姑绒鼠头骨图

和顶间骨相接，腹面与翼蝶骨相接，颧突较短小。翼蝶骨宽，背面与鳞骨相接，前端在眼窝内与额骨相接，腹面与上颌骨相接；在鳞骨颧突下方向后延伸，与听泡接触。眶蝶骨位于眼窝最深处，中央为神经孔。头骨腹面门齿孔相对较长，其后端接近两臼齿前缘连线。腭骨后缘截然中断，形成一横骨板，不形成中央纵脊，其后缘两侧向后延伸，并与翼骨相连。腭骨窝深，底部网状。硬腭平坦，由上颌骨和腭骨构成，腭骨上有少量小孔，两边各有一较大的孔，硬腭的其余部分没有小孔。翼骨呈弧形向后延伸，止于听泡前内侧。听骨2室，后上方1室，位于侧枕骨和鳞骨之间；前下方1室，卵圆形，鼓胀，为听泡。基蝶骨长条形，中央下凹，前蝶骨棒状。下颌骨较细弱，关节突较长，角突和冠状突都较短，角突向两侧略扩张，冠状突很薄。

牙齿：上颌门齿垂直向下，唇面橘色。第1上臼齿内侧和外侧均有3个角突，该齿咀嚼面左右三角形均不闭合，有窄缝彼此相通，有的个体融合程度较大。第2上臼齿第1横齿环后内侧有1个三角形齿环，外侧有2个三角形齿环；该齿内侧有2个角突，外侧有3个角突，一些个体内侧齿环与外侧第1齿环相互融通，不封闭。有57%的个体的第3上臼齿内测有5个角突，外侧有4个角突；32%个体第3上臼齿内侧有5个角突，外侧有5个角突；10.8%的个体内侧或者外侧有6个角突。

第1下臼齿左右三角形齿环的咀嚼面在内侧彼此融通，该齿内侧有5个角突，外侧有4个角突；第2下臼齿左右三角形齿环彼此融通，使该齿为3个横列，内侧和外侧均有3个角突。第3下臼齿第1齿环略呈三角形，后2个齿环略呈向内斜向的矩形，该齿内侧和外侧均有3个角突。

量衡度（衡：g；量：mm）

外形：

编号	性别	体重	体长	尾长	后足长	耳高	采集地点
SFA06059	♀	22	99	46	17	12	四川美姑
SAF06108	♂	23	95	49	18	13	四川美姑
SAF06124	♀	26	100	51	17	13	四川美姑
SAF06125	♂	26	103	44	18	12	四川美姑
SAF06140	♂	24	93	49	17	12	四川美姑
SAF06068	—	14	79	36	16	11	四川美姑
SAF06165	♂	17	83	43	17	13	四川美姑
SAF07044	♂	25	97	50	18	14	四川美姑
SAF07045	♀	25	97	47	17	13	四川美姑
SAF07056	♀	27	94	41	18	13	四川美姑
SAF16126	♂	22	100	50	18	14	四川美姑
SAF16100	♂	22	100	49	18	13	四川美姑
SAF16116	♂	23	100	46	18	13	四川美姑
SAF07100	♀	25	100	46	16	13	四川美姑

头骨：

编号	颅全长	基长	髁齿长	颧宽	眶间宽	颅高	听泡长	上臼齿列	下臼齿列	下颌
SFA06059	22.84	20.86	22.44	13.40	3.86	8.70	6.06	5.26	5.38	15.05
SAF06108	23.12	21.12	23.22	13.86	4.06	8.80	6.16	4.78	4.82	15.41
SAF06124	24.40	22.88	24.10	13.04	3.34	9.22	6.28	4.84	5.06	15.83
SAF06125	23.64	22.30	23.72	13.32	3.92	8.84	6.22	4.98	5.12	15.75
SAF06140	23.74	22.22	23.4	13.4	3.66	8.50	6.28	5.08	5.12	15.57

（续）

编号	颅全长	基长	髁齿长	颧宽	眶间宽	颅高	听泡长	上臼齿列	下臼齿列	下颌
SAF06068	19.88	18.84	19.80	10.88	3.86	7.66	5.56	4.82	4.88	14.31
SAF06165	22.62	20.48	22.10	12.16	3.72	7.26	5.90	4.72	4.72	14.21
SAF07044	23.76	22.16	23.46	13.38	4.00	9.28	6.50	5.24	5.34	15.53
SAF07045	23.10	21.46	23.00	13.20	3.82	7.22	5.86	5.38	5.30	15.63
SAF07056	23.76	22.16	23.46	13.44	4.00	9.28	6.50	5.24	5.34	15.53
SAF16126	23.48	22.26	23.42	13.61	3.84	8.76	6.75	5.35	5.45	14.51
SAF16100	23.59	22.25	23.30	13.31	3.95	8.69	6.55	5.30	5.44	16.35
SAF16116	23.16	21.84	22.87	13.26	3.81	8.49	6.35	7.17	5.18	15.96
SAF07100	22.56	21.14	22.40	12.50	3.74	7.88	6.30	5.06	5.08	16.44

生态学资料　美姑绒鼠为高海拔种类，栖息地平均海拔超过3 000 m，微生境为原始针叶林，林下灌木主要是箭竹，地表潮湿、苔藓层很厚、土壤肥沃的区域。在30年以上的人工针叶林也发现有分布。草食性。和中华绒鼠同区域分布。一些个体既像中华绒鼠（个体大），也像美姑绒鼠（尾短，接近体长之半），所以，怀疑它们之间存在种间杂交。

地理分布　中国特有种，仅分布于四川。在四川分布于美姑、马边、昭觉、普格、越西、冕宁、石棉。

分省（自治区、直辖市）地图——四川省

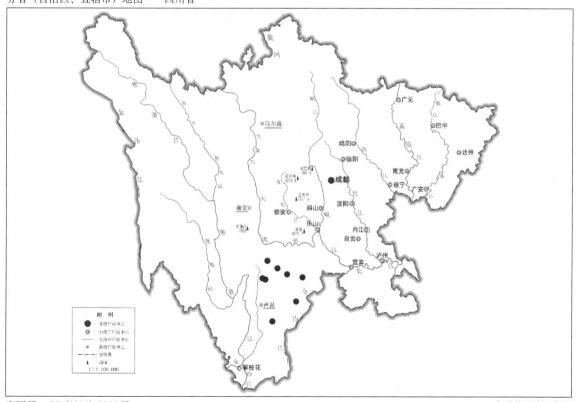

审图号：GS（2019）3333号　　　　　　　　　　　　　　　　　　　　自然资源部 监制

美姑绒鼠在四川的分布
注：红点为物种的分布位点。

分类学讨论　美姑绒鼠为刘少英等在2018年描述的新种，属于川西绒鼠亚属 *Ermites*。和金阳绒鼠在形态上有少量重叠。外显子组和金阳绒鼠明显分开，但简化基因组有混淆。

（183）黑腹绒鼠 *Eothenomys melanogaster*（Milne-Edwards，1871）

英文名　Pere David's Chinese Vole

Arvicola melanogaster Milne-Edwards, 1871. In David. Nouv. Arch. Mus. d' Hist. Nat. Paris, 7: 93(注脚)（模式产地：四川宝兴）.

Microtus melanogaster Blanford, 1891. Fauna, Brit. Ind. Mamm., 434.

Microtus (Eothenomys) melanogaster Miller, 1896. North Amer. Faun., 12: 46.

Microtus (Eothenomys) mucronatus Allen, 1912. Mem. Mus. Comp. Zool., 40: 214（模式产地：四川西部）.

Eothenomys melanogaster Hinton, 1923. Ann. Mag. Nat. Hist. (9), 11: 149; Hinton, 1926. Monogr. Vole. Lemm., Vol. 1: 285; Allen, 1940. Mamm. Chin. Mong., 806; Ellerman and Morrison-Scott, 1951. Check. Palaea. Ind. Mamm., 668; Corbet, 1978. Mamm. Palaea. Reg., 101; 胡锦矗和王酉之，1984. 四川资源动物志　第二卷　兽类，257; Musser and Carleton, 1993. In Wilson. Mamm. Spec. World, 2nd ed., 514; 王酉之和胡锦矗，1999. 四川兽类原色图鉴，226; 王应祥，2000. In 罗泽珣，等. 中国动物志　兽纲　第六卷　啮齿目（下册）　仓鼠科，399; 王应祥，2003. 中国哺乳动物种和亚种分类名录与分布大全，176; Musser and Carleton, 2005. In Wilson. Mammal. Spec. World, 3rd ed., 979; Liu, et al., 2012. Zool. Sci., 29(9): 610-622; Wilson et al., 2017. Hand. Mamm. World, Vol. 7, Rodentia II: 308; Liu, et al., 2018. Zool. Jour. Linn. Soc., XX, 1-30.

Eothenomys melanogaster chenduensis Wang et Li, 2000. In 罗泽珣，等，中国动物志　兽纲　第六卷　啮齿目（下册）　仓鼠科，447（模式产地：成都望江楼公园）.

鉴别特征　头骨的腭骨后缘截然中断，形成一横骨板，不形成纵脊。第1下臼齿左右三角形相互贯通；第1上臼齿内侧有4个角突，外侧有3个角突；第3上臼齿内侧和外侧通常有3个角突，但在邛崃山系有变化，第3上臼齿为内侧有4个角突，外侧有3个角突。尾长平均不到体长的40%，属于绒鼠属中较短的。

形态

外形：颜色最深的一种绒鼠。成体体长85～112mm（平均98mm），尾长25～47mm（平均37mm），后足长14～19mm（平均16mm），耳高7～13mm（平均11mm）。尾长平均为体长的37%，但也有超过40%的个体，尤其是夹金山种群，最大的达到47%，平均也在40%以上。须短，较多，每边20根左右，最长者约20mm；大多灰白色，也有黑色的。前、后足均有5指（趾），前足第1指具指甲，极短；第5指也短，约为第1指3倍长；第3指最长；第2、4指约等长，均长于第5指。后足第1趾最短，第5趾长于第1指，其余3趾等长，也是最长的。前足掌垫5枚，后足趾垫6枚。有白化个体存在。

毛色：身体背面灰黑色，从吻端到尾根颜色一致。耳也覆盖灰黑色短毛。尾几乎上、下一色，为灰黑色，尾端有小毛束。身体腹面仅比背面略淡，也为黑灰色；且从颏部至肛门颜色一致。前、后足背面则颜色较淡，呈棕黄色，与体背形成鲜明对比。爪黄白色。黑腹绒鼠颜色变异较大，一般幼体、亚成体和刚成年个体颜色较深，黑色色调更重，但老年个体棕色色调更浓。

头骨：头骨颅面略呈弧形，最高点位于鼻骨和额骨交界区域。鼻骨前面宽阔，向后逐渐变窄；末端呈弧形，插入额骨前端，止于上颌骨颧突前缘连线稍后方。额骨前段和后段宽，中间缢缩，形成眼眶的内壁。眶间无明显眶上脊，但在眼眶的后缘（即鳞骨形成的眼眶后壁上方）有锋利的脊。额骨与顶骨之间的骨缝背部很规则，略呈弧形。顶骨形状不规则，后段向两侧扩展。顶间骨前后长较小（3 mm），左右宽较大（8 mm），前面中央向前突出，整体扁卵圆形。侧枕骨和听泡之间的纵脊很弱，往下形成一乳突，止于听泡后缘，听泡和鳞骨之间的纵脊较发达，止于听泡上缘。颧弓很纤细。头骨腹面，门齿孔短，中间的鼻中隔完整。硬腭的前段有少量小孔。腭骨上小孔密集，两边有大的凹陷和穿孔。腭骨后缘截然中断，形成一横骨板，不形成纵脊，其后缘两侧向后延伸，并与翼骨相连。翼骨纤细，止于听泡前内侧。下颌骨的冠状突和角突短小，冠状突很薄。关节突较长，末端略向内弯曲，角突向外侧略延伸。

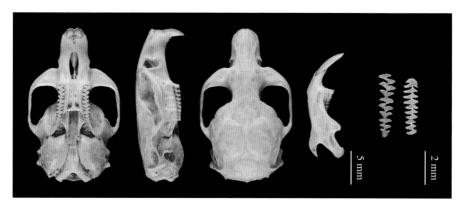

黑腹绒鼠头骨图

牙齿：上颌门齿垂直向下，唇面橘色。第1上臼齿内侧4个角突，外侧3个角突；该齿第1横齿环后面内侧和外侧均有2个三角形齿环，但只有第1内侧和第1外侧齿环封闭，第2内侧和第2外侧齿环相互融通，封闭不严。第2上臼齿内侧2个角突，外侧3个角突；该齿第1横齿环后面内侧有1个三角形齿环，外侧有2个三角形齿环，外侧第1个三角形齿环封闭，内侧和外侧第2个三角形齿环有时封闭不严，相互融通。第3上臼齿内侧和外侧均有3个角突，这是形态上区别于其他绒鼠的主要鉴定特征之一；但该齿也有一定变化，尤其在分布区的交界区域；有时也有内侧4个角突的情况；该齿第1个横齿环下面的内外三角形齿环彼此融通。

下颌门齿较细弱，唇面橘色。第1下臼齿最后齿环前面的内侧和外侧三角形相互融通；该齿内侧通常有5个角突，外侧4个角突，但也有内侧4个角突的情况。第2下臼齿呈3个前后重叠排列的三角形齿环构成，该齿内侧和外侧均有3个角突。第3下臼齿内侧和外侧也有3个角突，该齿第1个齿环略呈三角形，后面2个齿环略呈长方形向内斜。

量衡度（衡：g；量：mm）

外形：

编号	性别	体重	体长	尾长	后足长	耳高	采集地点
SAF93051	♂	—	96	32.0	14.0	9	四川茂县
SAF93057	♂	—	99	39.0	14.0	11	四川茂县

(续)

编号	性别	体重	体长	尾长	后足长	耳高	采集地点
SAF93145	♂	—	85	36.0	15.0	9	四川茂县
SAF93059	—	—	100	34.0	16.0	12	四川安县
SAF04156	♂	24	99	38.0	16.0	13	四川南江
SAF04157	♂	20	94	28.5	16.5	13	四川南江
SAF00002	♀	—	99	37.0	15.5	10	四川彭州
SAF97012	♂	—	95	37.0	15.0	10	重庆开州
SAF97015	♂	—	85	39.0	14.0	10	重庆开州
SAF061021	♂	—	112	39.0	19.0	10	四川天全
SAF061014	♂	—	102	42.0	19.0	10	四川天全
SAF08602	♂	24	102	41.0	16.0	12	四川宝兴
SAF08601	♂	22	98	38.0	15.0	11	四川宝兴
SAF11058	♀	24	101	37.0	15.0	10	四川茂县
SAF10056	♀	28	104	39.0	16.5	11	四川绵竹

头骨：

编号	颅全长	基长	髁齿长	颧宽	眶间宽	颅高	听泡长	上臼齿列	下臼齿列	下颌
SAF93051	25.06	23.62	24.98	16.22	4.56	8.52	8.08	6.14	6.00	16.18
SAF93057	24.84	22.54	23.86	14.08	4.26	10.06	8.00	6.08	6.10	16.82
SAF93145	25.00	24.12	24.56	14.90	4.38	9.68	7.10	5.82	5.68	16.80
SAF93059	24.70	23.24	24.68	15.08	4.68	10.00	8.60	5.94	5.82	16.64
SAF04156	25.00	23.84	24.98	15.00	4.52	9.76	7.32	6.18	5.74	16.58
SAF04157	24.52	23.34	24.52	14.86	4.32	9.08	7.32	5.80	5.80	16.32
SAF00002	23.86	22.30	23.82	14.32	4.44	9.40	7.08	6.00	5.80	15.66
SAF97012	23.42	21.40	23.40	13.80	4.80	9.04	6.14	5.60	5.46	16.33
SAF97015	21.76	20.40	21.68	13.24	4.42	8.76	6.88	5.34	5.30	15.50
SAF93065	25.06	23.54	24.96	14.54	4.42	8.90	6.48	5.70	5.94	15.82
SAF93066	25.00	23.40	24.84	14.20	4.00	8.30	6.50	5.76	5.78	16.22
SAF08602	23.74	22.51	23.55	12.98	4.31	8.93	6.21	5.81	5.53	16.22
SAF08601	23.52	22.19	23.25	13.25	4.57	9.04	6.26	5.81	5.69	16.22
SAF11058	24.04	22.50	23.74	13.62	4.11	8.87	6.37	5.72	5.70	16.79
SAF10056	24.53	23.05	24.42	13.52	3.91	9.41	6.57	5.57	5.75	16.80

生态学资料　黑腹绒鼠分布的海拔一般在1 500 m以下，以次生灌丛、草丛、人工林、竹林等为主要栖息地。在人工幼林、次生灌丛中可以达到很高的密度，上夹率可达40%。草食性，取食各种杂草，也啃食8年以下的人工幼林，喜欢啃食银杏、杉木、柳杉，在次生灌丛中，啃食泡桐、灯台、绣球等乔木幼树及灌丛树种。也啃食油松、华山松幼树。1年有2个繁殖高峰期，分别是4—6月及8—9月。胎仔数平均2只。

地理分布　在四川，分布于盆周山地，在成都平原也有零星分布，曾经在望江公园捕获到。其分布海拔一般不超过 1 500 m。在川北，大巴山系有分布。采集标本的地区包括宝兴、芦山、天全、荥经、泸定、成都、彭州、崇州、绵竹、茂县、北川、平武、松潘、安县、青川、南江、万源。

国内还分布于甘肃、陕西、重庆、湖北。

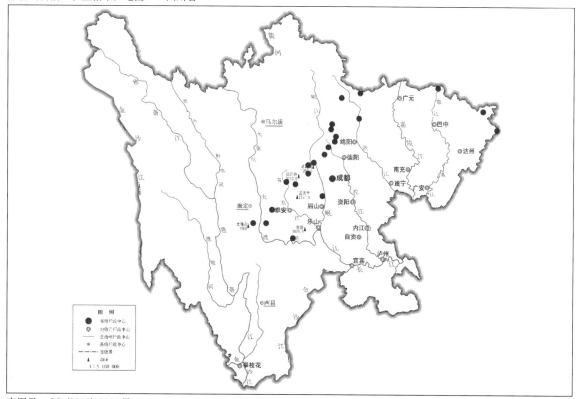

黑腹绒鼠在四川的分布
注：红点为物种的分布位点。

分类学讨论　黑腹绒鼠曾被命名了很多亚种，包括 *Eothenomys melanogaster chenduensis*、*E. m. colurnus*、*E. m. kanoi*、*E. m. libonotus*、*E. m. mucronatus*。分子系统学研究（Liu et al.，2018）表明 *E. m. colurnus* 是独立种，给予中文名福建绒鼠，拉丁学名 *Eothenomys colurnus*；*E. m. kanoi*（分布于台湾）是福建绒鼠的同物异名；*E. m. libonotus* 是克钦绒鼠的同物异名；而 *E. m. chenduensis* 和 *E. m. mucronatus* 是黑腹绒鼠的同物异名。值得注意的是，在云南及长江以南的重庆武隆、酉阳和贵州部分区域、云南的很多区域均记录有黑腹绒鼠分布。四川的长江以南的很多县也记录有黑腹绒鼠分布。分子系统学研究证实它们均是其他种的牙齿变异。黑腹绒鼠只分布于大渡河以东，长江以北的区域，以四川盆地为中心，呈环形分布。在大渡河西岸，黑腹绒鼠仅在泸定有分布，研究认为是大渡河改道形成的分布格局。黑腹绒鼠没有亚种分化。

（184）玉龙绒鼠 *Eothenomys proditor* Hinton，1923

英文名　Yulong Chinese Vole

Eothenomys proditor Hinton, 1923, Ann. Mag. Nat. Hist. (9), 11: 152（模式产地：云南丽江玉龙雪山）; Hinton, 1926.

Monogr. Vole. Lemm., Vol. 1: 291; Allen, 1940. Mamm. Chin. Mong., 820; Ellerman and Morrison-Scott, 1951. Check. Palaea. Ind. Mamm., 669; Corbet, 1978. Mamm. Palaea. Reg., 101; Corbet and Hill, 1980. World List Mamm. Spec., 160; Honacki, et al., 1982. Mamm. Spec. World, 1st ed., 487; Corbet and Hill, 1992. Mamm. Spec. Indomalay. Reg., 401; Musser and Carleton, 1993. In Wilson. Mamm. Spec. World, 2nd ed., 514; 王酉之和胡锦矗, 1999. 四川兽类原色图鉴, 230; 王应祥, 2000. In 罗泽珣, 等. 中国动物志 兽纲 第六卷 啮齿目（下册） 仓鼠科, 399; 王应祥, 2003. 中国哺乳动物种和亚种分类名录与分布大全, 179; Musser and Carleton, 2005. In Wilson. Mamm. Spec. World, 3rd ed., 979; Liu, et al., 2012. Zool. Sci., 29(9): 610-622; Wilson et al., 2017. Hand. Mamm. World, Vol. 7, Rodentia II: 309; Liu, et al., 2018. Zool. Jour. Linn. Soc., XX, 1-30.

Microtus (*Eothenomys*) *proditor* Allen, 1924. Amer. Mus. Nov., 133: 4.

鉴别特征 头骨的腭骨后缘截然中断，形成一横骨板，不形成中央纵脊。第1下臼齿咀嚼面左右三角形齿环彼此贯通，不封闭，该齿内侧有 5 ~ 6 个角突，外侧 4 个角突。第1上臼齿内侧和外侧均为 3 个角突；第2上臼齿内侧 2 个角突，外侧 3 个角突；第3上臼齿内侧通常 3 个角突，四川标本第3上臼齿有 50% 个体具 4 个内侧突，第3上臼齿外侧有 3 个或 4 个角突。个体中等，体长平均接近 100 mm，尾长约为体长的 37%。

形态

外形：体型中等偏大、尾短的绒鼠。成体体长 90 ~ 110 mm（平均 97 mm），尾长 35 ~ 40 mm（平均 36 mm）；后足长 19 ~ 20 mm（平均 19.2 mm），耳高 11 ~ 13 mm（平均 12 mm）。被毛较短，细绒而厚密。须多而短，每边约 28 根，大多数为黑色，少量白色。前、后足均具 5 指（趾），爪较尖锐。前足第 1 指具指甲，极短；第 2、5 指等长，为第 1 指的 3.5 倍；第 3、4 指等长，且最长。后足第 1 趾和第 5 趾等长，其余 3 趾等长，长于第 1、5 趾。前足掌垫 5 枚，后足趾垫 6 枚。

毛色：背面从吻端至尾根颜色一致，毛基黑色，毛尖灰棕色。背部中央灰黑色调更明显，而侧面棕色色调较浓。耳略突出毛外，覆盖灰棕色短毛，和体背毛色一致。尾明显双色，背面灰黑色，腹面灰白色，背、腹毛色界线明显。身体腹面颏部至喉部毛基灰色，毛尖灰白色，鼠蹊部颜色和喉部一致。胸部至腹部毛基灰色，毛尖淡灰棕色。身体背腹毛色界线不明显。

头骨：头骨颅面为较明显的弧形，最高点位于额骨后缘。鼻骨前宽后窄，逐步缩小；末端平直，嵌入额骨前缘，止于上颌骨颧突中部。额骨前后宽中间窄，形成眼眶内壁。眶上脊存在，但不

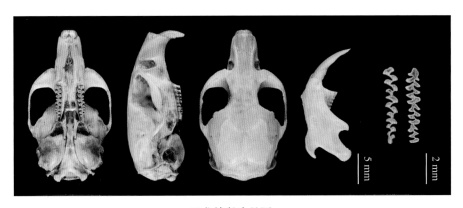

玉龙绒鼠头骨图

显；颞脊和顶脊存在，也不显。额骨与顶骨的骨缝呈弧形。顶骨形状不规则，后段向外扩展。顶间骨前后长较大。前缘呈三角形。侧枕骨和听泡之间的纵脊不明显，其下方形成悬锥。鳞骨和听泡之间的纵脊较明显。颧弓相对纤细。头骨腹面门齿孔相对较长，后端接近臼齿列前端，鼻间隔完整。硬腭上小孔众多，腭骨上小孔更密集。腭骨两侧有大的凹陷和穿孔；腭骨后缘截然中断，形成一横骨板，额骨后缘两侧向后延伸，并与翼骨相连。翼骨细弱。下颌骨冠状突、关节突和角突均相对较长。关节突内收，角突向外扩展。

牙齿：上颌门齿垂直向下，唇面橘色。第1上臼齿内侧和外侧均有3个角突；该齿第1横齿环后左右三角形相互融通，不封闭。第2上臼齿内侧2个角突，外侧3个角突；该齿第1横齿环后内侧1个齿环，外侧2个齿环，外侧第1齿环和内侧齿环相互融通，外侧第2齿环封闭。第3上臼齿有些变化，有的内侧3个角突，外侧4个角突，有的内侧和外侧均有4个角突，有的内侧有4个角突，外侧有3个角突。第1下臼齿左右三角形齿环相互融通，该齿内侧有5个角突，外侧有4个角突，内侧最前端有一下凹，似有第6个角突。第2下臼齿内侧和外侧均有3个角突，该齿最后面横齿环前左右三角形齿环相互融通。第3下臼齿内侧和外侧均有3个角突，内侧和外侧齿环相互融通，形状不规则。

量衡度（衡：g；量：mm）

外形：

编号	性别	体重	体长	尾长	后足长	耳高	采集地点
SAF07003	♀	30	110	35	19	12	四川木里
SAF07005	♀	30	90	35	19	12	四川木里
SAF07006	♂	29	95	40	19	13	四川木里
SAF07007	♂	24	90	35	20	12	四川木里
SAF07008	♂	25	100	35	19	11	四川木里
SAF04335	♂	30	96	38	15	12	云南丽江
SAF04336	♀	28	95	38	15	12	云南丽江

头骨：

编号	颅全长	基长	髁齿长	颧宽	眶间宽	颅高	听泡长	上臼齿列	下臼齿列	下颌
SAF07003	26.06	24.70	26.00	15.00	4.42	10.22	6.82	6.12	6.32	15.76
SAF07005	24.94	23.08	24.34	—	4.02	9.58	6.70	5.58	5.70	14.86
SAF07006	—	—	—	—	—	—	7.00	6.12	6.30	14.52
SAF07007	24.62	—	—	14.18	4.48	10.20	6.76	5.44	5.44	14.20
SAF07008	—	—	—	—	4.32	9.76	—	5.74	5.76	14.62
SAF04335	27.46	26.34	27.22	16.18	4.62	11.00	7.00	6.70	6.70	—
SAF04336	—	—	—	15.32	4.68	10.56	6.90	6.38	6.54	14.72

生态学资料 该种在四川仅发现于海拔3 000 m以上的区域。生境主要为原始针叶林、栎类灌丛。微生境草本植物较多，土壤疏松，腐殖质有一定厚度。草食性。

地理分布 我国特有种，在四川分布于木里、盐池，国内还分布于云南。

分省（自治区、直辖市）地图——四川省

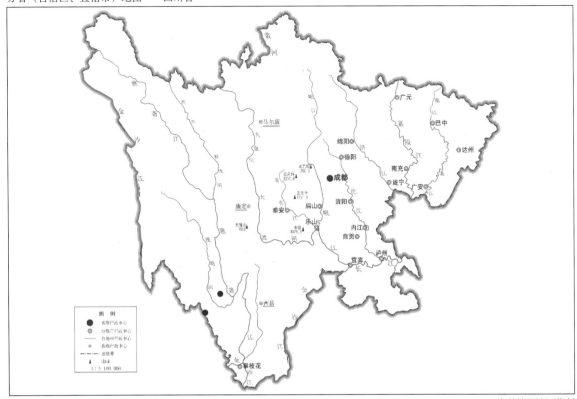

审图号：GS（2019）3333号   自然资源部 监制

玉龙绒鼠在四川的分布
注：红点为物种的分布位点。

分类学讨论　玉龙绒鼠自发表以来，一直得到承认，种级地位没有异议。Liu等（2012）基于 *Cytb* 和 *CO1* 的分子系统发育研究，发现玉龙绒鼠和昭通绒鼠 *Eothenomys olitor* 有很近的亲缘关系，互为姊妹群。基于 3 个核基因（*IRBP*、*G6pd*、*ETS2*）和 2 个线粒体基因（*Cytb*、*CO1*）的研究结果和前面的结果一致（Liu et al., 2018）。但形态上，玉龙绒鼠和西南绒鼠 *Eothenomys custos* 有较大的相似性，它们个体大小相近，尾长和体长的比例接近；玉龙绒鼠有 50% 的个体的第 3 上臼齿内侧有 4 个角突，西南绒鼠有 15% 的个体有相同的特征。两者总体上还是能区分的：西南绒鼠 85% 的个体第 3 上臼齿内侧有 5 个角突，有 70% 的个体第 2 上臼齿后内侧有第 3 角突，使该齿内侧和外侧均有 3 个角突，但所有的玉龙绒鼠的第 2 上臼齿均是内侧 2 个角突，外侧 3 个角突；西南绒鼠第 1 下臼齿均是内侧 5 个角突，外侧 4 个角突，但玉龙绒鼠的第 1 下臼齿有 40% 的个体内侧有 6 个角突。这些特征足以将西南绒鼠和玉龙绒鼠分开。王应祥（2000）根据在云南宁蒗县泸沽湖畔采集的标本，命名西南绒鼠宁蒗亚种 *Eothenomys custos ninglangensis*。其鉴定特征：第 3 上臼齿内侧只有 4 个角突，鼻骨前端未达上颌骨的上缘最前端；第 2 上臼齿无任何第 3 后内角突的痕迹；尾长明显短于体长一半，仅为体长的 1/3；下体主要为灰白色。该定名系列标本包括采集于四川木里和盐源的标本。本书作者团队也在四川木里采集了大量和"西南绒鼠宁蒗亚种"特征完全一致的标本，经分子系统学研究发现，全部是玉龙绒鼠。因此，西南绒鼠宁蒗亚种应改为玉龙绒鼠宁蒗亚种 *Eothenomys proditor ninglangensis*。该亚种和玉龙绒鼠指名亚种确有稳定差异，亚种成立。这样，玉龙绒鼠有

2个亚种，四川的为宁蒗亚种。

玉龙绒鼠宁蒗亚种 *Eothenomys proditor ninglangensis* Wang et Li，2000

Eothenomys proditor nignlangensis Wang et Li，2000. 中国动物志 兽类 第六卷 啮齿目（下册）仓鼠科，414.

鉴别特征 上颌第3上臼齿具有4个内侧角突，鼻骨前端未达到上颌骨最前缘，上颌第3上臼齿无第3后内角突，尾较短，27～42 mm，约为体长的1/3。

形态 同种的描述。

地理分布 在四川记录于木里、盐源。

分类学讨论 亚种是王应祥等（2000）发表的新亚种，最初描述为西南绒鼠宁蒗亚种 *Eothenomys custos ninglangensis*，Liu等（2012，2018）经分子系统学研究确认是玉龙绒鼠的亚种。

（185）石棉绒鼠 *Eothenomys shimianensis* Liu，2018

英文名 Shimian Chinese Vole

Eothenomys shimianensis Liu，2018. Zool. Jour. Linn. Soc., XX, 1-30（模式产地：四川石棉栗子坪国家级自然保护区）.

鉴别特征 头骨的腭骨后缘截然中断，形成一横骨板，不形成纵脊。第1下臼齿咀嚼面左右三角形齿环在中间彼此贯通。第1上臼齿内侧有4个角突，外侧有3个角突。第2上臼齿内侧和外侧均有3个角突；第3上臼齿内侧有4～5个角突，外侧有3～4个角突。个体中等，体长平均100 mm，尾长约为体长的42%。

形态

外形：个体中等，体长94～112 mm（平均102 mm），尾长36～49 mm（平均43 mm），后足长15～21 mm（平均16.9 mm），耳长10～14 mm（平均11.8 mm）。吻部较短而钝；眼小，耳呈椭圆状。须短，每边约25根，最短者约5 mm，最长者约24 mm；短须灰色，长须（大于15 mm）基部灰色，尖部白色。前、后足均具5指（趾），前足第1指极短，具指甲，长度仅1.5 mm（包括指甲）；第2指也较短，具爪，包括爪长3 mm左右；第5指比第2指长，第4指比第5指长，第3指最长。后足第1趾最短，第5趾约为第1趾的1.5倍长，其余3趾等长，长于第5趾。尾短，不及体长一半，大约为体长的42%（比例略大于大绒鼠 *Eothenomys miletus*）；尾毛较短，尾尖具1束毛丛。

毛色：被毛细柔而厚密。从吻部到尾根部毛色一致，整体上为棕褐色，毛基黑色，毛尖棕褐色。耳颜色较深，黑褐色，突出毛外。尾双色，背面为黑褐色，腹面略淡。身体侧面靠腹部颜色略淡，腹面毛色淡棕褐色，背、腹毛色没有明显界线。颏部毛色较深，黑褐色；后部至肛门区域毛色基本一致。前足背面毛色较深，黑褐色；后足背面毛色略浅，灰褐色。爪黄白色。掌垫5枚，趾垫6枚。

头骨：头骨颅面呈弧形，最高点位于鼻骨和额骨交界处。鼻骨前端宽，向后逐渐缩小；末端圆弧形，嵌入上额骨前缘中间，末端止于上颌骨两侧颧突前缘之间连线后，后延较长。额骨前端宽，向后往中间缢缩，后1/3再次向两侧扩展，但后段比最前的1/3窄。额骨和顶骨之间的骨缝也成弧形，但相对较尖。顶骨前缘、中缝、后缘（即与顶间骨的接缝）均较平直，唯外缘不规则，后端向外扩展。顶间骨较宽阔，左右宽是前后长的2倍多一点，略呈矩形。侧枕骨和听泡之间的纵脊很弱，而鳞骨和听泡之间的纵脊很发达。颧骨较宽，但鳞骨的颧突细弱。头骨腹面门齿孔宽、短；硬腭上有不少小孔。腭骨上的小孔更密集，腭骨两边有大的凹陷及穿孔；腭骨后缘截然中断，形成一横骨板，其后缘两侧向后延伸，并与翼骨相接。翼骨细弱，向后止于听泡前内侧。听泡相对小，形状不规则。下颌骨冠状突较薄，关节突长，末端略向内弯，角突向外侧扩张。

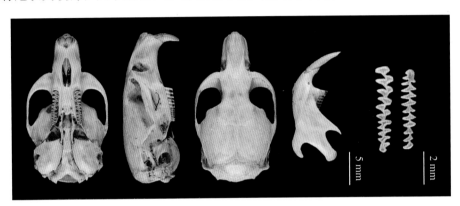

石棉绒鼠头骨图

牙齿：上颌门齿垂直向下，唇面橘色。第1上臼齿内侧有4个角突，外侧有3个角突；该齿第1横齿环下内侧有2个封闭的三角形齿环，外侧有1个封闭的三角形齿环，最后一个齿环也成三角形，但较大，横跨内侧和外侧。第2上臼齿内侧和外侧均有3个角突，该齿第1横齿环下左右三角形内侧相互融通，没有封闭三角形齿环。第3上臼齿内侧通常4个角突，外侧3个角突，但内侧第4角突有时不很明显；该齿第1横齿环后左右三角形齿环也相互融通。下颌门齿向前上方延伸，较长，唇面橘色。第1下臼齿左右三角形齿环内部相互融通，不封闭；该齿通常内侧有5个角突，外侧有4个角突，有些个体最前面内侧似有1个角突，但不明显。第2下臼齿内侧和外侧均有3个角突，该齿似3个前后重叠的大三角形齿环，横跨内侧和外侧。第3下臼齿内侧和外侧均有3个角突，第1齿环三角形，第2、3齿环略呈矩形，向内倾斜。

量衡度（衡：g；量：mm）

外形：

编号	性别	体重	体长	尾长	后足长	耳高	采集地点
SAF15110	♂	29	95	37	17	12	四川石棉
SAF15111	♂	22	92	38	16	11	四川石棉
SAF04591	♂	36	98	38	16	11	四川布拖
SAF04592	♂	34	100	36	16	11	四川布拖
SAF04598	♂	33	103	46	17	10.5	四川布拖
SAF95002	♂	—	100	48	16	13	四川昭觉
SAF95003	♀	—	112	42	17	12	四川昭觉
SAF95025	♀	—	94	46	17	10	四川昭觉
SAF95026	♂	—	110	40	21	10	四川昭觉

（续）

编号	性别	体重	体长	尾长	后足长	耳高	采集地点
SAF95071	♂	—	97	40	14	12	四川昭觉
SAF95104	♂	—	106	45	15	13	四川昭觉
SAF07222	♂	22	100	45	18	13	四川金阳
SAF07260	♀	20	97	41	17	12	四川金阳
SAF07254	♂	25	100	43	17	12	四川金阳
SAF16087	♀	25	94	45	18	11	四川普格

头骨：

编号	颅全长	基长	髁齿长	颧宽	眶间宽	颅高	听泡长	上臼齿列	下臼齿列	下颌
SAF15110	25.21	23.97	25.18	14.26	4.44	9.64	6.56	5.77	5.71	17.51
SAF15111	23.47	22.49	23.44	13.35	4.11	8.79	6.44	5.50	5.45	16.05
SAF04591	24.62	22.80	24.46	14.30	3.78	8.74	7.82	6.14	6.14	15.39
SAF04592	23.10	21.78	22.68	13.60	4.68	9.10	6.70	5.88	5.66	16.07
SAF04598	23.14	21.70	22.82	14.36	4.32	9.00	6.18	6.16	5.64	16.85
SAF95002	25.30	23.90	25.12	14.00	4.30	8.50	7.70	6.10	6.10	15.75
SAF95003	22.30	21.36	22.12	13.40	4.90	9.40	7.00	5.70	5.50	15.29
SAF95025	25.40	23.40	25.12	15.50	4.30	9.40	7.20	6.60	6.10	15.85
SAF95026	25.10	23.30	24.62	14.90	4.70	8.90	6.80	6.10	6.00	15.87
SAF95071	23.30	21.34	23.12	13.80	4.10	8.50	6.90	5.70	5.60	15.15
SAF95104	24.10	22.30	23.86	13.50	4.30	9.70	6.80	5.90	6.10	15.48
SAF07222	24.16	23.02	24.08	13.71	4.77	8.84	6.44	5.54	5.40	16.72
SAF07260	23.21	21.76	23.14	12.40	4.31	8.13	5.95	5.40	5.42	16.00
SAF07254	24.04	22.70	23.85	13.68	4.12	8.48	6.16	5.36	5.40	16.59
SAF16087	24.85	23.86	24.68	13.83	4.26	8.98	6.80	5.63	5.63	17.21

生态学资料　石棉绒鼠分布的最低海拔1 200 m，生境类型较多样性，包括弃耕地、次生阔叶林、灌丛、灌丛丰富的人工幼林、草丛等生境；有一个共同特点是土壤肥沃、疏松，地面杂草盖度较大。草食性。

地理分布　石棉绒鼠为中国特有种，仅分布于四川。在四川分布于长江以南，大渡河以西、雅砻江以东的三角形地带内，包括九龙、越西、马边、峨边、美姑、金阳、布拖、昭觉、冕宁、喜德、甘洛、沐川、屏山。

分类学讨论　石棉绒鼠是2018年刘少英等描述的新种，模式产地为四川石棉（Liu et al., 2018）。最早发现该种仅分布于石棉、九龙等非常狭窄的区域。该种的线粒体系统发育显示，与克钦绒鼠有很近的亲缘关系。分布于四川凉山山系的外形与之接近的标本在线粒体系统树上和大绒鼠 *Eothenomys miletus* 有很近的亲缘关系，且遗传距离小，因此被认为是大绒鼠。但基于简化基因组的系统发育重建结果显示，石棉绒鼠位于指名亚属的中间位置，单独形成一个进化支，分布于越西、美姑、布拖、金阳等凉山山系的地方，所有分布于四川原来被认为是大绒鼠的样本在简化基因组上

分省（自治区、直辖市）地图——四川省

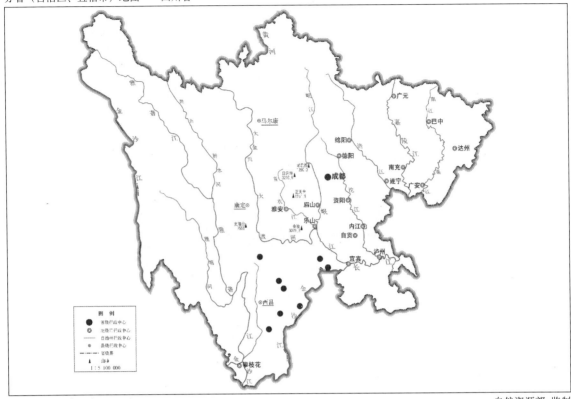

审图号：GS (2019) 3333 号　　　　　　　　　　　　　　　　自然资源部 监制

石棉绒鼠在四川的分布
注：红点为物种的分布位点。

和石棉绒鼠聚在同一支，所以，原分布于凉山山系的被认为是大绒鼠的应该更正为石棉绒鼠。石棉绒鼠与大绒鼠和云南绒鼠等形成的进化支构成姊妹群。因此，四川没有大绒鼠分布。

(186) 川西绒鼠 *Eothenomys tarquinius*（Thomas，1922）

英文名 Southwestern Sichuan Chinese Vole

Microtus (Anteliomys) chinensis tarquinius Thomas, 1922. Ann. Mag. Nat. Hist., 9: 517（模式产地：四川汉源）.

Anteliomys chinensis tarquinius Hinton, 1926. Monogr. Vole Lemm., Vol. 1: 296; Ellerman, 1941. Fam. Gen. Liv. Rod., Vol. II: 577.

Eothenomys chinensis tarquinius Allen, 1940. Mamm. Chin. Mong., 826; Ellerman and Morrison-Scott, 1951. Check. Palaea. Ind. Mamm., 669; 胡锦矗和王酉之，1984. 四川资源动物志　第二卷　兽类，260; Musser and Carleton, 1993. In Wilson. Mamm. Spec. World, 2nd ed., 513; 王应祥，2000. In 罗泽珣，等. 中国动物志　兽纲　第六卷　啮齿目（下册）　仓鼠科，423; 王应祥，2003. 中国哺乳动物种和亚种分类名录与分布大全，179; Musser and Carleton, 2005. In Wilson. Mamm. Spec. World, 3rd ed., 979.

Eothenomys tarquinius Liu, et al., 2012. Zool. Sci., 29(9): 610-622; Wilson et al., 2017. Hand. Mamm. World, Vol. 7, Rodentia II: 310; Liu, et al., 2018. Zool. Jour. Linn. Soc., XX, 1-30; 唐明坤，等，2021. 兽类学报，41(1): 71-81.

鉴别特征　头骨腹面，腭骨后缘截然中断，为一横骨板，不形成纵脊。第1下臼齿咀嚼面左右三角形齿环内部相互融通。第1上臼齿内侧和外侧均有3个角突。第3上臼齿通常是内侧有5个角突，外侧有4个角突，但也有内侧5个角突，外侧5个角突；内侧4个角突，外侧4个角突，内侧4个角突，外侧5个角突等变化。个体大，成体体长平均112 mm，尾很长，平均达到体长的60%，是绒鼠属中最大的。

形态

外形：个体相对大，体长100 ~ 122 mm（平均112 mm）。尾很长，达59 ~ 75 mm（平均68 mm）；尾长平均为体长的60%，是绒鼠属中比例最大者。耳短，稍露出毛外，耳长平均15 mm。后足较大，平均达22 mm。须多，每边约30根；须绝大多数为白色，一些近端黑色，远端白色。前、后足均5指（趾）。前足第1指具指甲，其余4指具爪；第1指很短，第3、4指几乎等长，第2指略短，第5指比第2指更短。后足比前足长，5趾，全部为爪；后足第1趾和第5趾几乎等长，是最短的；其余3指等长，长于第1、5趾。前足掌垫5枚，后足趾垫6枚。

毛色：背面从额部至尾基部颜色一致，棕褐色调，毛基灰黑色，毛尖棕褐色；须着生的区域灰白色；耳背面和前面的毛很短，颜色和体背一致。背、腹界线不明显，腹面从颏部至肛门颜色基本一致，颜色整体比背面淡，为灰白棕色调，胸部棕色的色调稍浓；整个腹面毛基灰黑色，尖部棕白色；前、后足背面棕白色，爪黄白色；前、后足腹面裸露，后足跗跖部近端覆盖灰黑色短毛。尾背、腹两色，背面灰棕色，腹面灰白色。

头骨：颅面呈弧形，脑颅最高点位于顶骨中部。鼻骨前宽后窄，末端呈弧形，止于上颌骨左右颧突前缘连线后侧。额骨前后宽，中间窄，中段构成眼眶内壁，眶间脊不明显，额骨后缘与顶骨接缝不规则。顶骨形状不规则，后缘向两侧扩展与鳞骨相接。顶间骨长卵圆形，前面中部向前突。上枕骨中央有一弱纵脊，侧枕骨与听泡相接处有一纵脊；鳞骨和听泡的接缝处纵脊较显著，止于听泡上方。颧弓强大。头骨腹面门齿孔短而较宽。腭骨后缘截然中断，不形成中脊，其后缘两侧向后延伸，并与翼骨相连。腭骨前端两边各有一大孔。硬腭上有少量小孔。听泡较圆。下颌骨的冠状突较短而薄，关节突和角突相对较长。关节突的远端向内弯曲，而角突的远端向外扩张。

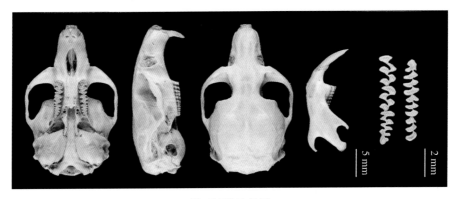

川西绒鼠头骨图

牙齿：上颌门齿垂直向下，末端向内略弯曲，唇面橘色。第1上臼齿由5个封闭三角形齿环组成，该齿内侧和外侧均有3个角突。第2上臼齿由4个封闭三角形齿环组成，该齿内侧2个角突，外侧3个角突。第3上臼齿仅有2个封闭三角形齿环，其余齿环的内侧相互融通。该齿内侧通常有5个角突，外侧通常有4个或者5个角突。但该齿有变化，角突数有内4外4、内4外5等几种变化，不稳定。

下颌门齿外露较长，唇面橘色。第1下臼齿左右三角形齿环内侧彼此融通，该齿通常有5个内侧角突，4个外侧角突。第2下臼齿内侧和外侧均有3个角突，左右齿环内侧彼此融通。第3下臼齿为3横列，内侧和外侧均有3个角突。

量衡度（衡：g；量：mm）

外形：

馆藏号	性别	体重	体长	尾长	后足长	耳高	采集时间（年）	采集地点
SAF06802	♀	32	110	68	19	14	2006	四川天全
SAF06804	♀	39	105	70	20	17	2006	四川天全
SAF12651	♂	24	110	62	21	15	2012	四川天全
SAF12620	♀	42	110	71	22	15	2012	四川天全
SAF12625	♂	34	111	76	22	16	2012	四川天全
SAF12637	♂	30	100	75	22	16	2012	四川天全
SAF06805	♂	38	118	65	20	14	2006	四川天全
SAF06808	♀	40	117	65	23	16	2006	四川天全
SAF06809	♀	28	111	68	23	14	2006	四川天全
SAF06810	♀	30	107	67	23	16	2006	四川天全
SAF06811	♂	26	103	68	22	16	2006	四川天全
SAF06823	♂	40	121	75	23	14	2006	四川天全
SAF06825	♂	34	110	67	22	16	2006	四川天全
SAF06833	♀	39	115	68	23	14	2006	四川天全
SAF06842	♀	36	122	66	22	16	2006	四川天全

头骨：

编号	颅全长	基长	髁齿长	颧宽	眶间宽	颅高	听泡长	上臼齿列	下臼齿列	下颌长
SAF06802	27.46	25.22	26.94	14.92	4.04	9.34	7.52	5.84	5.88	17.90
SAF06804	27.56	25.42	27.22	14.72	4.12	9.06	7.36	6.92	6.94	17.80
SAF12651	27.06	25.55	27.06	15.86	4.03	9.93	8.11	6.39	6.52	18.22
SAF12620	27.64	26.41	27.57	15.67	4.31	10.34	7.75	6.49	6.39	18.20
SAF12625	27.88	26.38	27.87	15.88	4.46	10.21	7.48	6.40	6.50	18.08
SAF12637	27.32	25.59	27.24	16.03	4.40	10.24	7.69	6.39	6.32	17.28
SAF06805	28.04	26.10	27.82	15.26	4.18	9.20	7.56	6.24	6.36	17.06
SAF06808	28.40	26.66	28.32	15.26	4.00	9.52	7.30	5.92	6.28	18.28
SAF06809	26.84	24.68	26.48	13.94	4.32	10.36	7.70	6.00	5.96	17.70
SAF06810	26.78	24.88	26.48	14.22	4.12	10.68	7.94	5.50	5.54	19.46
SAF06811	26.10	24.06	25.66	13.58	4.28	10.14	6.96	6.28	5.44	17.40
SAF06823	27.24	25.28	27.10	15.00	4.16	10.54	7.82	5.90	6.10	16.76
SAF06825	26.18	23.94	25.64	13.38	4.18	9.28	6.98	6.38	5.38	18.08
SAF06833	28.32	26.64	27.20	15.30	4.04	10.52	7.60	6.18	6.18	18.76
SAF06842	27.50	25.82	27.46	15.00	4.00	10.00	7.44	5.72	5.76	17.30

生态学资料　川西绒鼠分布海拔较高，在 2 400 m 以上。分布生境主要为亚高山灌丛、草丛。在杜鹃林、箭竹林内种群数量较大。草食性。

地理分布　川西绒鼠为中国特有种，仅分布于四川。在四川采集到标本的地方包括汉源、荥经、天全、泸定、洪雅、宝兴、卧龙。

分省（自治区、直辖市）地图——四川省

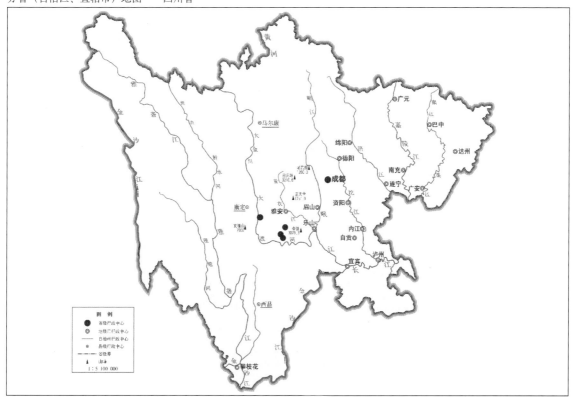

审图号：GS (2019) 3333 号　　　　　　　　　　　　　　　　　　　　　　自然资源部 监制

川西绒鼠在四川的分布
注：红点为物种的分布位点。

分类学讨论　川西绒鼠原为中华绒鼠的康定亚种，模式产地记录于康定东南。经仔细研读原文、核对地点，发现模式产地应为汉源泥巴山区域。该亚种发表后很多科学家均接受这一安排。主要依据是该亚种个体很大，接近中华绒鼠；尾也很长，超过中华绒鼠体长和尾长的比例；牙齿结构也基本相同，因此，其分类地位没有被质疑（Hinton，1926；Allen，1940；Ellerman，1941；Ellerman and Morrison-Scott，1951；Corbet，1978；胡锦矗和王酉之，1984；Musser and Carleton，1993，2005；王应祥，2000，2003）。刘少英等通过对中国绒鼠类的广泛采集，于2012年和2018年分别用线粒体基因，线粒体基因加核基因构建了分子系统发育树，并开展了经典形态学和阴茎形态学研究，结果显示，原中华绒鼠康定亚种为独立种，且属于不同的进化支，建议中文名为川西绒鼠，拉丁学名为*Eothenomys tarquinius*，并以川西绒鼠为模式种成立了新亚属——川西绒鼠亚属*Ermites*（Liu et al.，2012，2018）。该分类变动得到承认（蒋自刚等，2015，2017；Wilson et al.，2017）。

田鼠族 Microtini Simpson，1945

Microti Miller, 1896. North Amer. Faun., 12: 45; Hinton, 1926. Monog. Voles Lemm., 1-488.

Microtini Simpson, 1945. Amer. Mus. Nat. Hist., 85: 87; Gromov and Polyakov, 1977. Fauna of the USSR, Vol. 3, pt. 8, Mammals, 297; Musser and Carleton, 1993. In Wilson. Mamm. Spec. World, 2nd ed., 501; Liu, et al., Jour. Mamm., 98(1): 166-182.

Arvicolini Kretzoi, 1955. Acta. Geol. Hung., 3(4):347-355; Musser and Carleton, 2005. In Wilson. Mamm. Spec. World, 3rd ed., 956.

田鼠族是 Miller 于 1896 年命名的"超组"（Super Group）——Micorti。Simpson 于 1945 年规范了族的命名规则，田鼠族更名为 Microtini。

关于田鼠族的族名也有争议。Musser 和 Carleton（2005）用鼵族 Arvicolini 作为田鼠类的族名。因为该族中，*Arvicola* 属是最早被命名的（Lacepede，1799）。Liu 等（2017）用 2 个线粒体基因（*Cytb* 和 *CO1*）构建的系统发育树显示，*Arvicola* 属不属于田鼠族，建议用 Microtini 取代 Arvicolini 作族名。本书用 Microtini 作为田鼠类的族名。

田鼠族包含多少属和种的争议也很大，Miller（1896）建立 Microti 组时，认为包含 4 个属，分别为石楠田鼠属 *Phenacomys*、鼵属 *Evotomys*（＝*Myodes*）、麝鼠属 *Fiber*（＝*Ondatra*）和田鼠属 *Microtus*，其中田鼠属包括 12 个亚属，分别为 *Eothenomys*、*Anteliomys*、*Lagurus*、*Alticola*、*Hyperacrius*、*Phaiomys*、*Pedomys*、*Pitymys*、*Chilotus*、*Microtus*、*Arvicola* 和 *Neofiber*，这些亚属后来绝大多数被提升为属。Simpson（1945）认为田鼠族包括 16 个现生属和 11 个灭绝属。Kretzoi（1969）认为田鼠族包括 26 个属（包括灭绝属）；Shenbrot 和 Krasnov（2005）认为田鼠族仅有 6 属。Musser 和 Carleton（2005）认为田鼠族含 10 属，包括水鼵属 *Arvicola*、帕米尔田鼠属 *Blanfordimys*、雪田鼠属 *Chionomys*、毛足田鼠属 *Lasiopodomys*、艾草田鼠属 *Lemmiscus*、田鼠属 *Microtus*、松田鼠属 *Neodon*、白尾松田鼠属 *Phaiomys*、沟牙田鼠属 *Proedromys*、川西田鼠属 *Volemys*，共有 81 种。Pavlinov 和 Lissovsky（2012）认为田鼠族包括 12 属，除 Musser 和 Carleton（2005）的 10 属外，还包括东方田鼠属 *Alexandromys*（另外 1 个属未提及）。按照 Musser 和 Carleton（2005）的意见，田鼠族在中国有 7 属 24 种，分别是水鼵属 1 种、毛足田鼠属 3 种、田鼠属 12 种、松田鼠属 4 种、白尾松田鼠属 1 种、沟牙田鼠属 1 种、川西田鼠属 2 种。Galewski 等（2006）分别用线粒体细胞色素 b（*Cytb*）和生长激素受体基因（*GHR*）构建了鼵亚科的系统发育树，结果显示，*Cytb* 系统树中水鼵属不属于田鼠族，而 *GHR* 构建的系统树，田鼠族包括水鼵属。Abramson 等（2009）用 2 个核基因（*GHR* 和 LCAT）构建的系统发育树和 Galewski 等（2006）用 *GHR* 构建的系统树结果一致。Bužan 等（2008）测定了鼵亚科 69 个种的 *Cytb* 基因，并构建了系统发育树，发现水鼵属不属于田鼠族。Liu 等（2017）用 2 个线粒体基因（*Cytb* 和 *CO1*）（使用了田鼠族可获得的所有序列）构建的系统发育树，肯定了雪田鼠属、毛足田鼠属、东方田鼠属、田鼠属、松田鼠属、沟牙田鼠属、川西田鼠属属于田鼠族。加上有研究证实属于田鼠族的艾草田鼠属（Modi，1996），田鼠族全世界总计 8 属，中国有

6属26种。

　　该研究在属级方面的变动：*Phaiomys*被修订为松田鼠属*Neodon*的同物异名，*Blanfordimys*是*Microtus*的同物异名；增加了东方田鼠属，证实原田鼠属的东方田鼠亚属*Alexandromys*应该为独立属；证实白尾松田鼠*Phaiomys leucurus*、青海田鼠*Lasiopodomys fuscus*是松田鼠属成员；修订了克氏田鼠*Microtus clarkei*的分类地位，它应属于松田鼠属（Liu et al., 2017）。近年来，发表了田鼠族新种4种，分别是凉山沟牙田鼠*Proedromys liangshanensis*、林芝松田鼠*Neodon linzhiensis*、墨脱松田鼠*Neodon medogensis*、聂拉木松田鼠*Neodon nyalamensis*（Liu et al., 2012, 2017）。

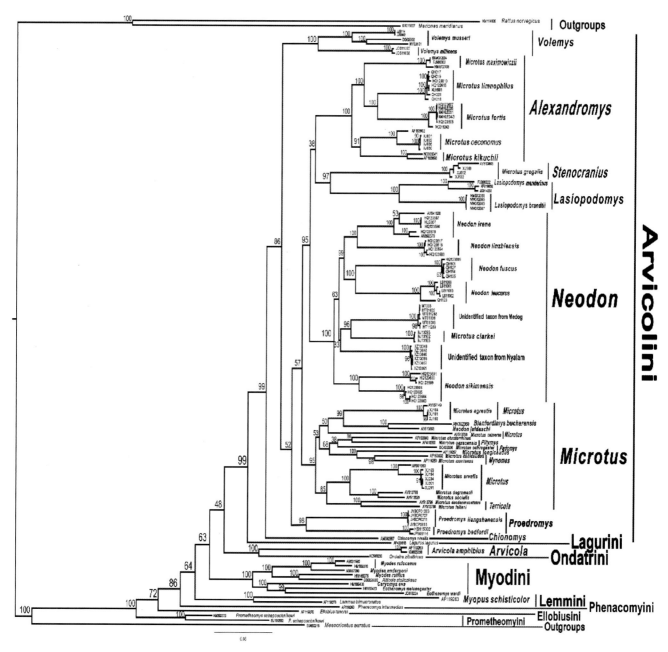

田鼠族系统发育树
（引自 Liu et al., 2017）

四川分布的䶄亚科田鼠族分属检索表

1.上颌门齿唇面有明显的纵沟 ··· 沟牙田鼠属 *Proedromys*

上颌门齿唇面无明显的纵沟 ·· 2

2.尾长平均大于或等于体长的50%，第1下臼齿内侧仅有5个角突 ····················· 川西田鼠属 *Volemys*

尾长通常短于体长的50%，如果大于体长的50%，则第1下臼齿内侧有6个角突 ····················· 4

4.不分布于青藏高原腹地或周边的高海拔区域；或仅出现于帕米尔高原。如果出现在青藏高原，则第1下臼齿最

后横齿环前有4个封闭三角形，且该齿外侧只有3个角突 ······················· 东方田鼠属 *Alexandromys*

集中分布于青藏高原腹地（帕米尔高原除外）及其周边的高海拔区域（大于2 500 m）。如果第1下臼齿外侧只

有3个角突，则第1下臼齿最后横齿环前仅有3个封闭三角形 ······················· 松田鼠属 *Neodon*

103. 东方田鼠属 *Alexandromys* Ognev，1914

Alexandromys Ognev, 1914. Moskva Dnev. Zool. otd. obsc. Liub. Jest. T. ii, 109（模 式 种：*Microtus pellicens* Thomas，

1911）; Pavlinov and Lissovsky, 2012. Mamm. Rus. Taxon. Geog. Ref., 258; Wilson, 2017. Hand. Mamm. World,

Vol. 7, Rodentia II: 327; Liu, et al., 2018. 98(1): 166-182; 刘少英，等，2020. 兽类学报，40(3): 290-301.

鉴别特征　东方田鼠属在头骨和牙齿特征上与田鼠属基本一致，腭骨后缘与翼骨相连，中央形成纵脊，纵脊两边形腭骨窝。臼齿咀嚼面由一些三角形齿环构成。第1下臼齿最后横齿环前有4～5个封闭三角形。尾长大于体长的35%。东方田鼠属与田鼠属的区别在于：田鼠属第1下臼齿横齿环前有5个或3个封闭三角形；尾长短于体长的35%。

形态　形态上东方田鼠属与田鼠属没有大的区别。个体在田鼠亚科中属于中等，成体体长80～150 mm。颜色通常较深，体背黑棕色至灰棕色，腹面较淡，背、腹颜色没有明显界线。尾相对较长，不同种平均37%～44%。头骨与田鼠属物种差别不大，腭骨后缘与翼骨相连，形成中央纵脊，纵脊两边各有一个腭骨窝。牙齿咀嚼面由一系列三角形齿环组成。第1下臼齿有4～5个封闭三角形齿环。与田鼠属比较，田鼠属第1下臼齿绝大多数种有5个封闭齿环，在我国只有帕米尔田鼠第1下臼齿仅有3个封闭齿环。从属角度来看，与田鼠属的区别是：东方田鼠属尾相对较长，平均大于体长的35%，而田鼠属物种则小于35%。

生态学资料　东方田鼠属在我国主要分布于古北界，只有东方田鼠 *Alexandromys fortis* 有1个亚种分布于东洋界。其生境较多样，包括高原灌丛、草甸、湿地、农田、次生林等。呈聚集性分布；在适宜生境，种群数量可能很大，密度高。如根田鼠，在新疆的草本沼泽湿地，上夹率可达50%。草食性。东方田鼠在洞庭湖周围爆发时每亩耕地内可达上百只。

地理分布　主要分布于东亚，包括俄罗斯的东部，蒙古东部，中国东部（含台湾）、北部及青藏高原，日本。只有根田鼠 *Microtus oeconomus* 1个种分布超出这个范围，为在古北界广泛分布、向东跨过白令海峡、分布于美国西部和加拿大西南部。

分类学讨论　*Alexandromys* 是Ognev在1914年以乌苏里田鼠 *Microtus pelliceus* 为属模建立的新属，Allen（1940）将 *Alexandromys* 作为田鼠属的同物异名。Ellerman（1941）、Ognev（1950）、

Ellerman和Morrison-Scott（1951）、Corbet（1978）同意Allen（1940）的安排。Zagorodnyuk（1991）把*Alexandromys*作为田鼠属的亚属，并把产于我国的很多田鼠种类放入该亚属。其亚属地位逐渐被承认（Musser和Carleton，1993，2005）。

　　Conroy和Cook（2000）扩增田鼠属24种78个个体，构建的系统发育树显示亚洲种类及根田鼠构成单系，该属的主要成员均是*Alexandromys*亚属成员。Jaarola等（2004）选择*Cytb*基因为标记，扩征了81个田鼠属个体，分别代表10种欧洲种类、8种欧亚种类、6种亚洲种类和1种全北界广布种，并下载了同属序列构建了系统树，得到7个进化支，对应7个不同的亚属。但不同亚属的支持率差异很大，*Microtus*亚属支持率较高，非参数自举检验值为94；*Alexandromys*亚属包括*Pallasiinus*亚属形成独立一支，但支持率不高，非参数自举检验值为89。Galewski等（2006）从鼨亚科角度测定了不同族代表类群的*Cytb*和GHR，进行了系统发育分析，结果显示，*Alexandromys*亚属得到很强的支持。Bannikova等（2010）测定了亚洲田鼠属*Microtus Ctyb*序列，构建了系统发育树，对比了形态和古生物学数据，结果表明，亚洲的*Alexandromys*亚属得到强烈支持。Pavlinov和Lissovsky（2012）根据上述研究成果，将*Alexandromys*亚属提升为属。Liu等（2017）基于线粒体基因*Cytb*和*CO1*构建了整个鼨亚科的系统发育关系，结果显示，*Alexandromys*和田鼠属并不构成姊妹群，从而确认*Alexandromys*亚属确实应该提升为属，由于它们主要分布于亚洲东部，建议属名为东方田鼠属。该属全世界有12种，中国有5种，其中台湾田鼠*Alexandromys kikuchii*和柴达木根田鼠*A. limnophilus*为中国特有种，而蒙古田鼠*A. mongolicus*是否分布于我国存疑。四川仅有柴达木根田鼠。

(187) 柴达木根田鼠 *Alexandromys limnophilus* (Buchner，1889)

别名　经营田鼠

英文名　Lacustrine Vole

Microtus limnophilus Buchner, 1889. Wiss. Res. Przewalski Cent. Asien. Reis. Zool. Th. I. Saugeth, 1（模式产地：青海柴达木盆地）; Malygin, et al., 1990. *Zoologicheskii Zhurnal*, 69(4): 115-127; Allen, 1940. Mamm. Chin. Mongo., 851; Musser and Carleton, 1993. Mamm. Spec. World, 2nd ed., 514; 王应祥，2003. 中国哺乳动物种和亚种分类名录与分布大全, 177; Musser and Carleton, 2005. Mamm. Spec. World, 3rd ed., 1004; Martínková and Moravec, 2012. Folia Zoologica, 61: 254-267; Liu, et al., 2017. Jour. Mamm., 98(1): 166-182; Wilson, et al., 2017. Hand. Mamm. World, Vol. 7, Rodentia II: 308.

Microtus limnophilus flaviventris Satunin, 1902. Neue Nagetiere aus den Materilien der grossen russischen Expiditionen nach Centralasien. Annuaire Musee Zoologique de L' Academie Imperiale des Sciences de St. -Petersbourg, 7: 549-587（模式产地：甘肃Tschortentan寺）.

Microtus malcolmi Thomas, 1911. Abstr. Proc. Zool. Soc. Lond., 1-7.

Microtus oeconomus limnophilus Ellerman and Morrison-Scott, 1951. Check. Palaea. Ind. Mamm., 706; Corbet, 1978. Mamm. Palaea. Reg., 115; Corbet and Hill, 1992. Mamm. Indomal. Reg., 403; 罗泽珣，等，2000. 中国动物志　兽纲　第六卷（下册）　仓鼠科, 199.

Microtus limnphilus malygini Courant, 1999. Animal Biology and pathology, 322: 473-480（模式产地：蒙古西南部阿勒泰山地）.

Alexandromys limnophilus Liu, et al., 2017. Jour. Mamm., 980: 166-182.

鉴别特征　头骨的腭骨后缘与翼骨相连，形成中央纵脊，纵脊两边有腭骨窝。第1下白齿左右三角形交错排列，该齿有4个封闭三角形；该特征在东方田鼠属中仅根田鼠具有，和其他种类不同。其他种类均有5个封闭三角形。第3上白齿内侧有4个角突。个体中等，体长平均100 mm，尾长约为体长的35%。

形态

外形：个体中等，平均体长100 m（80～117 mm），尾长平均38 mm（34～48 mm），后足长17 mm（15～18.5 mm），耳高平均13 mm（12～15 mm）。须较多，短，每边约25根，最短者约3 mm，最长者约20 mm；颜色一部分为灰棕色，一部分为棕白色。前、后足均具5指（趾）。前足第1指极短，具指甲，长度约1 mm；第2、3、4指几乎等长（这在田鼠类中少见）长约3 mm（不包括爪），第5指较短，长约2.5 mm。后足各趾均具爪，第1趾最短，长约2 mm；第2、3、4趾等长，长约4.5 mm；第5趾略短，长约3 mm。爪淡黄色。

毛色：背部毛色整体一致，从吻端到尾根没有变化。毛基灰黑色，毛尖棕褐色。有明显的毛向，不呈绒毛状；夹杂很多稍长的柱状毛。耳略露出毛外，前缘覆盖短、密的棕褐色毛，边缘略呈黑色。耳背毛较少，绒毛状。尾上、下两色，背面棕褐色，腹面灰白色；身体背、腹界线比较清楚，背面的棕褐色部分较窄，但一些个体模糊；腹面从颏部至肛门区域颜色基本一致，毛基灰色，毛尖淡黄白色，背、腹界线不太清楚。前足背面灰棕色，腹面桡尺骨末端毛多，淡黄棕色，腕掌部及指腹面裸露，灰黑色；后足背面毛基灰色，毛尖灰白色。跗跖部腹面具毛，灰棕色；趾部背面有毛覆盖；跗跖部腹面前端及趾腹面无毛，灰黑色。

头骨：头骨背面呈较缓的弧形，最高点位于顶骨部分。鼻骨前端和上枕骨下弯比较显著；鼻骨不达上颌门齿唇面；鼻骨在1/2处向后显著缩小，后端尖，插入额骨前端中央，止于上颌骨左右颧突的中央。额骨中央显著缢缩，眶上脊明显；老年时向中间靠拢，但很少有愈合的情况。颞脊较明显，向后延伸，和鳞骨与听泡之间的纵脊上端相连。整个脑颅显得棱角分明。额骨和顶骨之间的骨缝呈弯弯曲曲的斜线。顶骨形状不规则，后端向侧面显著扩展；顶间骨略呈梯形，前后长显得较大，约4 mm，左右宽约7.5 mm。听泡与侧枕骨之间存在纵脊，向下形成乳突，止于听泡后缘靠外侧；听泡与鳞骨之间的纵脊中等发达，在老年个体则很明显，止于听泡上缘中央。颧弓相对纤细，

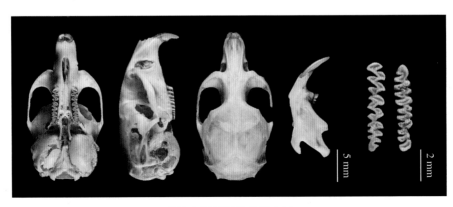

柴达木根田鼠头骨形态图

颧骨较窄。头骨腹面门齿孔中等发达。上颌骨和腭骨形成的硬腭上有2条纵沟，硬腭有少量小孔，在不同个体间有变化。腭骨后缘与翼骨相连，中央形成纵脊，纵脊两边腭骨窝明显。腭骨窝的壁上有很多穿孔，前后排列。翼骨较薄，止于听泡前缘内侧。听泡较发达。下颌骨中等发达，冠状突很薄，关节突略向内收，角突向外扩展较显著。

牙齿：上颌门齿呈凿状，近乎垂直朝下，其前齿面呈灰杏黄色。第1上臼齿第1横齿环后面内外侧各有2个封闭的三角形齿环，4个齿环几乎等大；该齿内侧和外侧均有3个角突。第2上臼齿第1横齿环后面内侧有1个较大的封闭三角形齿环，外侧有2个稍小的封闭三角形齿环；该齿内侧有2个角突，外侧有3个角突。第3上臼齿第1横齿环后面内侧有一个大的三角形封闭齿环，外侧有2个小得多的三角形封闭齿环，后面还有一个开口向内的大的C形齿环；该齿内侧有4个角突，外侧有3个角突。第1下臼齿最后横齿环前面内侧和外侧均有2个封闭的三角形齿环，该齿封闭三角形齿环数量为4个，和根田鼠*Microtus oeconomus*一致，但少于东方田鼠亚属其他种，其他种均为5个；该齿前面还有个大的开口向内的C形齿环；该齿内侧有5个角突，外侧仅有3个角突。第2下臼齿最后横齿环前面内侧和外侧均有2个封闭的三角形齿环，内侧的大，外侧的稍小，该齿内侧和外侧均有3个角突。第3下臼齿有前后叠拼的3个齿环构成，从前往后依次变大。该齿内侧和外侧均有3个角突，但外侧最前面的角突不明显。

量衡度（衡：g；量：mm）

外形：

编号	性别	体重	体长	尾长	后足长	耳高	采集地点
SAF12264	♀	32	102	39	18.0	13	青海玉树
SAF12261	♂	46	117	48	18.0	14	青海玉树
SAF12263	♀	38	107	43	18.0	13	青海玉树
SAF97177	♂	42	112	42	16.0	15	四川若尔盖
SAF97190	♂	40	90	36	15.0	12	四川若尔盖
SAF97193	♀	38	90	35	16.0	13	四川若尔盖
SAF97194	♀	42	80	34	16.0	13	四川若尔盖
SAF06622	♂	52	112	35	18.5	14	四川炉霍
SAF06621	♂	57	111	34	18.0	13	四川炉霍

头骨：

编号	性别	颅全长	基长	枕髁长	颧宽	后头宽	眶间宽	颅高	听泡长	M-M	上齿列长	下出列长	下颌骨长	下颌门齿外露长
SAF12264	♀	26.44	24.89	25.56	14.21	12.10	3.35	10.42	7.57	4.85	5.79	5.6	18.49	7.44
SAF12261	♂	26.30	24.44	25.33	14.08	12.20	3.38	10.43	7.72	4.97	5.58	5.33	18.27	8.15
SAF12263	♀	25.73	23.78	24.38	13.84	12.02	3.24	10.39	8.10	4.86	5.53	5.25	18.21	7.40
SAF97177	♂	25.10	23.14	23.36	13.06	11.86	3.54	10.24	7.86	4.64	5.74	5.64	18.11	7.56
SAF97190	♂	24.78	22.5	23.78	13.22	11.28	3.50	10.60	7.56	4.72	5.64	5.54	17.88	7.82
SAF97193	♀	24.22	22.42	23.24	13.54	11.36	3.36	9.88	7.44	4.72	5.66	5.60	17.98	7.78
SAF97194	♀	24.08	22.08	23.14	13.22	11.10	3.48	9.76	7.48	4.58	5.54	5.50	17.80	7.68

（续）

编号	性别	颅全长	基长	枕髁长	颧宽	后头宽	眶间宽	颅高	听泡长	M-M	上齿列长	下齿列长	下颌骨长	下颌门齿外露长
SAF06622	♂	26.13	24.44	25.46	14.23	11.69	3.32	10.18	7.32	4.82	5.44	5.25	18.08	7.83
SAF06621	♂	25.54	24.04	24.68	13.54	11.71	3.31	10.04	7.58	4.72	5.70	5.58	17.89	8.04

生态学资料　柴达木根田鼠的模式产地虽为柴达木盆地，但其栖息地的微生境则相对潮湿。该种是草甸生态系统的重要成员，在灌丛也有分布。分布海拔相对较高，显著高于东方田鼠属其他种类，是唯一一种侵入青藏高原的东方田鼠属物种。另外一种田鼠属物种是帕米尔田鼠Microtus juldaschi，它从中东地区进入帕米尔高原；柴达木根田鼠则从东部地区进入青藏高原。除这2种田鼠类物种外，青藏高原上的田鼠类全部是松田鼠属成员。值得注意的是，在牙齿形态上（尤其是第1下臼齿封闭三角形齿环数量上），帕米尔田鼠、柴达木根田鼠和松田鼠类呈现趋同进化，很可能是食物趋同的结果。

地理分布　我国特有种，分布于青海、内蒙古、甘肃、宁夏、陕西、四川。在四川仅分布于青藏高原东南缘的石渠、若尔盖、壤塘、德格、红原、松潘、阿坝等区域。

分省（自治区、直辖市）地图——四川省

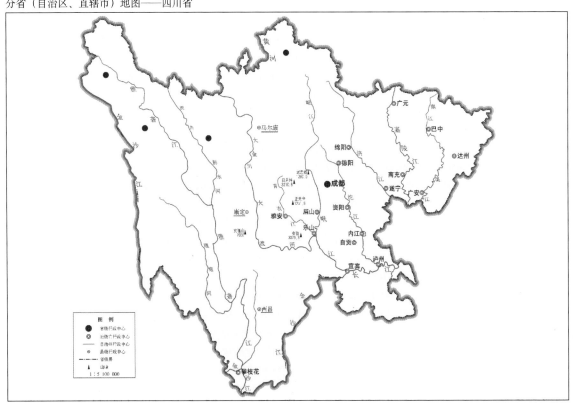

审图号：GS（2019）3333号　　　　　　　　　　　　　　　　　自然资源部　监制

柴达木根田鼠在四川的分布
注：红点为物种的分布位点。

分类学讨论　柴达木根田鼠Microtus limnophilus因牙齿结构和根田鼠很接近，一度被认为是根田鼠的同物异名或者亚种（Ellerman and Morrison-Scott，1951；Corbet，1978；Corbet and Hill，

1992；罗泽珣，等，2000）；另一些人根据其体型差异很大的现象，认为是独立种（Allen，1940；Malygin et al.，1990；Musser and Carleton，1993；Pavlinov et al.，1995）。Courant（1999）用细胞学和形态学方法，对 *M. limnophilus* 开展了详细研究，认为 *M. limnophilus* 是不同于根田鼠的独立种，并得到广泛承认（Musser and Carleton，2005；Shenbrot and Krasnov，2005；Smith 和解焱，2009；Wilson et al.，2017）。Courant（1999）根据细胞学研究结果发表蒙古亚种 *M. l. malygini*，模式产地蒙古西部，靠近我国新疆阿勒泰。我们在我国边境靠近该亚种的区域进行仔细调查，捕获很多该亚种标本，结果显示属于根田鼠 *M. oeconomus*。因此，柴达木松田鼠是中国特有种。Bannikova 等（2010）基于 *Cytb* 开展的田鼠属系统发育研究发现，*M. limnophilus* 和 *M. oeconomus* 甚至属于不同的亚属。Martínková 和 Moravec（2012）、Liu 等（2017）的分子系统学研究均支持 *M. limnophilus* 为独立种，后者的研究结果证实 *M. limnophilus* 和 *M. oeconomus* 同属于东方田鼠属 *Alexandromys* 并第一次使用 *Alexandromys limnophilus*。由于 *A. limnophilus* 模式产地为青海柴达木盆地，建议中文名为柴达木根田鼠。Smith 和解焱（2009）翻译为经营田鼠 *Microtus limnophilus*。事实上，柴达木根田鼠和根田鼠差异很大，前者个体小，平均体长为 102 mm；而根田鼠平均体长为 134 mm，两者相差很大；前者尾长平均 38.4 mm，后者 59.2 mm，与体长之比分别为 37.6% 和 44.2%。这两项指标就可以把两者完全分开。而且它们的分布区不同，几乎不重叠，柴达木根田鼠以青海为分布中心，包括四川、陕西部分区域；而根田鼠仅分布于新疆。

104. 松田鼠属 *Neodon* Hodgson，1849

Neodon Hodgson, 1849. Ann. Mag. Nat. Hist., 2, 3: 203(模式种: *Neodon sikimensis* Hodgson, 1849); Hinton, 1923. Ann. Mag. Nat. Hist., 11: 61, 145-162; Hinton, 1926. Monog. Vol. Lemm: 57; Ellerman, 1941. Fam. Gen. Living Rodents, Vol. II: 618; Zagorodnyuk, 1990. Vestnik Zoologii, 2: 26-37; Musser and Carleton, 2005. In Wilson. Mamm. Spec. World, 3rd ed., 534; Liu, et al., 2012. Zootaxa, 3235: 1-22; Wilson, et al., 2017. Hand. Mamm. World, 323; Liu, et al., 2018. Jour. Mamm., 98(1): 166-182; 刘少英，等，2020. 兽类学报，40(3): 290-301.

Phaiomys Blyth, 1863. Jour. Asiat. Soc. Bengal, 32, 1: 89（模式种: *Phaiomys leucurus* Blyth, 1863).

鉴别特征 头骨和牙齿与田鼠属基本一致。腭骨后缘与翼骨相连，形成中央纵脊，纵脊两边各有一腭骨窝。臼齿咀嚼面由一系列三角形齿环组成，无齿根，牙齿终生生长。第1下臼齿最后横齿环前多数具3个封闭三角形，少数具4～5个封闭三角形；区别于其他田鼠类的主要特点是虽然腭骨后缘也有纵脊，但纵脊两边的腭骨窝很浅，或者门齿前倾，鼻骨很短。集中分布于青藏高原及其周边地区海拔2 500 m 以上的区域。

形态 松田鼠类在外形上和田鼠类差别不大。个体中等，不同种的成体体长95～125 mm；尾长30～66 mm，和体长之比在29%～54%。颜色比绒鼠类淡，比田鼠类深，背面通常灰棕色，腹面略淡，背腹颜色没有明显界线。牙齿变化很大，已知有10种（截至2022年6月底），6个种的第1下臼齿有3个封闭三角形齿环；2个种的第1下臼齿有4个封闭三角形齿环；2个种的第1下臼齿有5个封闭齿环。所以，牙齿形态上，第1下臼齿具有4～5个封闭三角形齿环的松田鼠类、田鼠属及东方田鼠属均有交叉。不过，虽然腭骨后缘也有纵脊，但纵脊两边的腭骨窝通常很浅，或者门齿前倾，鼻骨很短，不达头骨的最前端；因此，髁鼻长显著短于颅全长；这些特征是其他田鼠类没有的。并且具体到每个种，松田鼠还有自己的独特形态特征，要么尾长很长，超过体长的50%（田鼠属和东方田鼠属没有）；要么第3下臼齿没有第1外侧角突；要么第1下臼齿内侧有6个角突等。这些具体到种的特征是可以将其和田鼠类、东方田鼠类分开的。

生态学资料　松田鼠属是典型的高原物种，所有种的分布海拔均在2 500 m以上，集中分布于青藏高原；青藏高原上的田鼠亚科物种，除东方田鼠属的柴达木根田鼠外，全部是松田鼠属成员。分布的生境主要是高山灌丛，少量种类分布于高山草甸和高山暗针叶林内。分布地的自然环境均非常寒冷，但相对较湿润，植被盖度较大，植物多样性较高。分布地的微生境一般土壤很疏松，便于掘洞。草食性。

地理分布　松田鼠属仅分布于青藏高原及其周边的高海拔区域，与青藏高原毗连的帕米尔高原则没有分布。所以，青藏高原周边的国家均有分布，包括中国、印度、尼泊尔、不丹。由于青藏高原的绝大部分区域位于我国境内，因此，松田鼠属的绝大多数种类分布于中国，其他国家仅边缘性分布；只有*Neodon nepalensis* 1个种分布于尼泊尔，不分布于中国。

分类学讨论　松田鼠属的命名权有争议。该属建立是根据Horsfield（1849）写给*The Annual and Magazine of Natural History*编辑部的一封信，信中说Hodgson先生采集到一种小型兽类，他认为是新属新种，命名为*Neodon sikimensis*。Hodgson随后将描述该新属新种。该信以*Brief Notice of several Mammalia and Birds discovered by B. H. Hodgson in upper India*发表。所以该属和该种的命名权写作*Neodon sikimensis* Hodgson, 1948。但Hodgson一直没有描述该新属新种。1951年，Horsfield重新详细描述了新属新种，给出了鉴别特征，虽然他在描述中仍然用*Neodon sikimensis* Hodgson，1849，但按照法规，有人认为应该把命名权调整为*Neodon sikimensis* Horsfield, 1851（Kaneko and Smeenk，1996）。本书还是用大多数人的习惯用法，写作*Neodon sikimensis* Hodgson, 1849。Miller（1896）认为其属模和田鼠属的属模普通田鼠*Microtus arvalis*差别不大，因此把松田鼠属作为田鼠属的同物异名。Hinton（1923）认为松田鼠属的牙齿类似*Pitymys*属，而形态类似田鼠属，综合两方面特征应该是独立属。Allen（1940）认为，松田鼠属和田鼠属一样，营原始的陆地生活，耳、眼和尾并不十分退化，毛较长而粗糙，因此，应该是田鼠属的亚属。Ellerman和Morrison-Scott（1951）认为第1下臼齿只有3个封闭三角形的特征和*Pitymys*一致，所以松田鼠属是*Pitymys*属的亚属。Hinton（1926）、Ellerman（1941）、Zagorodnyuk（1990）、Musser和Carleton（2005）均同意Hinton（1923）的意见；Corbet（1978）、Corbet和Hill（1987，1992）同意Ellerman和Morrison-Scott（1951）的意见；Gromov和Polyakov（1977）、Musser和Carleton（1993）、Shenbrot和Krasnov（2005）则同意Allen（1940）的意见。Liu等（2012,2017）的分子系统学结果显示，松田鼠属为一个独立的进化支，它和东方田鼠属*Alexandromys*构成姊妹群，然后才和田鼠属构成姊妹群，从而确认松田鼠属为独立属，并得到承认（Wilson et al.，2017）。

松田鼠属的物种数量长期以来有争议。2012年以前，一般认为有3～6个种。Hinton（1923，1926）认为有5个种，分别为锡金松田鼠*Neodon sikimensis*、高原松田鼠*Neodon irene*、云南松田鼠*Neodon forresti*、甘肃松田鼠*Neodon oniscus*、吉尔吉斯松田鼠*Neodon carruthersi*。Allen（1940）则认为只有3个种，分别为锡金松田鼠、高原松田鼠、云南松田鼠。Ellerman（1941）认为有6个种，除Hinton（1923，1926）所列5种外，还添加了帕米尔松田鼠Neodon juldaschi。Ellerman和Morrison-Scott（1951）认为只有4种，把Ellerman（1941）所列6种的云南松田鼠和甘肃松田鼠作为高原松田鼠的亚种。Corbet（1978）将松田鼠放入Pitymys属，认为N. irene、N. forresti和N. oniscus均是锡金松田鼠是同物异名；罗泽珣等（2000）认为有4种（用Pitymys属名），分别为锡金松田鼠、高原松田鼠、帕米尔松田鼠、白尾松田鼠Pitymys leucurus。Musser和Carleton（1993）认为只有3种（他们将松田鼠属作为田鼠属的亚属），分别为锡金松田鼠、高原松田鼠、帕米尔松田鼠。Musser and Carleton（2005），认为只有4种，分别为锡金松田鼠、高原松田鼠、云南松田鼠、帕米尔松田鼠。刘少英等通过分子系统学证实青海田鼠（一直被认为属于毛足田鼠属）和白尾松田鼠（Musser and Carleton，2005，认为是独立属Phaiomys）属于松田鼠属，并发表1个新种——林芝松田鼠Neodon linzhiensis，证实帕米尔松田鼠属于田鼠属。这样，松田鼠属有6个种，包括锡金松田鼠、高原松田鼠、青海松田鼠Neodon fuscus、白尾松田鼠Neodon leucurus及林芝松田鼠（Liu et al.，2012）。刘少英等于2017年根据分子系统学和形态学再次发表松田鼠2个新种——聂拉木松田鼠Neodon nyalamensis和墨脱松田鼠Neodon medogensis，并证实原克氏田鼠Microtus clarkei属于松田鼠属成员，这样，松田鼠属增加到9个（Liu et al.，2017）。2019年，尼泊尔科学家Pradhan等发表尼泊尔松田鼠新种Neodon nepalensis，松田鼠属增加到10个种（截至2022年5月）。四川松田鼠属仅分布2个种，分别是青海松田鼠和高原松田鼠。

四川分布的松田鼠属Neodon分种检索表

个体大，平均体长超过105 mm，门齿显著前倾，鼻骨短，不达脑颅最前端 ················ 青海松田鼠N. fuscus

个体小，平均体长不达100 mm，门齿不前倾，达到脑颅前端 ················ 高原松田鼠N. irene

（188）青海松田鼠 Neodon fuscus（Buchner，1889）

别名 青海松田鼠

英文名 Qinghai Mountain Vole

Microtus strauchi var. fuscus Buchner, 1889. Wiss. Res. Przewalski Cent. Asien Reisen, Zool. Th. I: Sauget, 125（模式产地：青海玉树地区34° N, 93° E处，即穆鲁乌苏河旁折曲处，为长江南源头）.

phaiomys fuscus Ellerman, 1941. Fam. gen. Liv. Rod., Vol. 2; Fam. Muridae, 618.

Pitymys leucurus fuscus Ellerman and Mornson-Scott, 1951. Check. Palaea. Ind. Mamm., 682.

Microtus (Lasiopodomys) fuscus 郑昌琳，等，1980. 动物分类学报，5(1): 106-112; 中国科学院西北高原生物研究所，1989. 青海经济动物志，689; 罗泽珣，等，2000. 中国动物志 兽纲 第六卷 啮齿目（下册） 仓鼠科，260.

Lasiopodomys fuscus Musser and Carleton, 1993. In Wilson. Mamm. Spec. World, 2nd ed., 516; 王应祥，2003. 中国哺乳动物种和亚种分类名录与分布大全，190; Musser and Carleton, 2005. In Wilson. Mamm. Spec. World, 3rd ed., 985; Smith和解焱，2009. 中国兽类野外手册，114.

Neodon fuscus Liu, et al., 2012. Zootaxa, 3235: 1-22; Liu, et al., 2017. Jour. Mamm., 98(1): 166-182; Wilson, et al., 2017. Hand. Mamm. World, 7th ed., 312.

鉴别特征 头骨的腭骨后缘中间形成纵脊，纵脊两边有腭骨窝。腭骨上通常有很多小孔。第1下臼齿有4个封闭三角形。眶上脊发达，鳞骨与听泡纵脊很发达，颞脊发达，整个脑颅棱角分明。上颌门齿向斜下方伸出，并非垂直向下。鼻骨短，没有达到前颌骨最前方，远未达到上颌门齿唇侧最前端。尾略为体长的1/3；爪强大，黑色。

形态

外形：个体较大，平均体长125 mm（117～140 mm）；尾平均长36 mm（27～44 mm），占体长的29%（24%～34%）；后足长平均接近20 mm（18～23 mm）；耳平均长12.9 mm（12～14.5 mm）。身体整体较粗壮，毛向明显。须不多，相对较短，每边约20根，最短者约4 mm，最长者约30 mm。前、后足均具5指（趾）。前足第1指很短，但相对其他种较长，且具爪，而不是指甲；第2、3、4指约等长，长约3.5 mm（不包括爪）；第5指长约3 mm。爪强大，黑色，中指的爪长达到3 mm。后足第1、5趾等长，长约3 mm；第2、3、4、趾等长，长约4.5 mm；后足中趾爪长接近3.5 mm。

毛色：整个体背毛色基本一致，毛基灰色，毛尖棕褐色；额部、顶部棕色调更明显。夹杂很多柱状毛。毛向明显。鼻端黑褐色。耳小，几乎隐于毛中，前缘覆盖棕褐色短毛；耳背面毛绒毛状，颜色略深。尾背面毛色和体背颜色一致，棕褐色，尾尖有较长的毛，尾背面末端颜色有的为黑色；尾腹面颜色较淡，淡黄棕色。身体腹面从颏部到鼠蹊部颜色一致，毛基灰色，毛尖淡黄白色。肛门周围毛较长，黄棕色。前足背面灰黑色，指背面覆盖长毛。腹面腕掌部前端覆盖棕褐色毛，掌部和指腹面裸露，灰黑色；后足背面毛黄白色，趾背面覆盖长毛。跗跖部后端覆盖棕褐色短毛，前端、足掌和趾腹面裸露，灰黑色。

头骨：上颌门齿很长，斜向前方伸出，脑颅背面略呈弧形。鼻骨部分向下很明显。由于门齿很长的原因，头骨最高点一般位于额骨部分。鼻骨未达前颌骨最前方，远未达上颌门齿唇面最前方，所以髁鼻长远小于颅全长；鼻骨前端宽，1/2处开始显著变窄，后端插入额骨前缘，止于左右颧突的中央。额骨前后宽，中间显著缢缩，构成眼眶内壁，眶上脊明显，左右眶上脊在老年时位于中央融合成一纵脊。颞脊明显，向后跨过顶骨，与位于顶间骨后外侧的纵脊相连，使得整个脑颅棱角分明。额骨和顶骨之间的骨缝较平直。顶间骨略呈梯形，前部中央向前突出；前后长2.8 mm，左右宽约9 mm。枕骨大孔周围棱角分明，顶间骨和上枕骨之间的有一棱脊，侧枕骨和听泡之间有纵脊，乳突很大，止于听泡后侧。鳞骨和听泡之间的纵脊很发达，止于听泡上方中央。颧弓强大，颧骨宽。头骨腹面门齿孔宽，短，上颌骨和腭骨共同组成的硬腭有2道纵向沟槽，有不少小孔。腭骨后缘两边

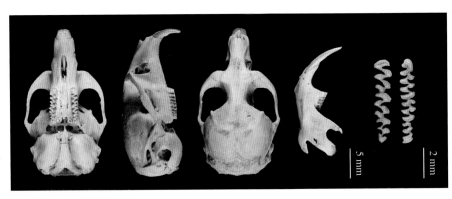

青海松田鼠头骨图

和翼骨相连，腭骨后缘形成纵脊，纵脊两边有腭骨窝，腭骨窝的壁上有很多孔。翼骨后端止于听泡前内侧，听泡相对较小。下颌骨中等发达，冠状突尖长，关节突较宽，末端向内较显著，角突向外突显著。

牙齿：上颌门齿通常很长，唇面橘色。第1上臼齿第1横齿环后面内侧和外侧各有2个封闭的三角形齿环，该齿内侧和外侧均有3个角突。第2上臼齿第1横齿环后面内侧有1个三角形封闭齿环，外侧有2个封闭的三角形齿环；该齿内侧有2个角突，外侧有3个角突。第3上臼齿第1横齿环后面内侧有1个较大的三角形封闭齿环，外侧有1个稍小的封闭三角形齿环，后面还有1个"丁"字形齿环；该齿内侧和外侧均有3个角突。

下颌门齿也很长，唇面橘色。第1下臼齿最后横齿环前面内侧和外侧各有2个封闭的三角形齿环，内侧2个略大，外侧2个略小，共计4个封闭三角形齿环。前面还有一个大的呈","状的齿环，内部融通；该齿内侧有5个角突，外侧有4个角突。第2下臼齿最后横齿环前面内侧和外侧各有1个封闭的三角形齿环，在前面内侧有1个大的三角形齿环，外侧有1个小的三角形齿环，均不封闭，内侧彼此融通；该齿内侧和外侧均有3个角突。第3下臼齿由3个前后叠拼的齿环构成，最前边的短，无外角，后面两个长；该齿内侧有3个角突，外侧有2个角突。

量衡度（衡：g；量：mm）

外形：

编号	性别	体重	体长	尾长	后足长	耳高	采集地点
SAF08003	♂	65	122	42	18.0	13.0	四川石渠
SAF08005	♀	50	120	27	18.5	12.0	四川石渠
SAF95004	♂	64	130	33	23.0	14.0	四川石渠
SAF06008	♂	73	119	39	22.0	14.5	四川石渠
SAF13437	♀	70	130	40	19.0	13.0	青海玛多
SAF13438	♀	90	140	44	20.0	14.0	青海玛多
SAF12370	♀	60	121	38	19.0	12.0	青海治多
SAF12380	♀	56	120	29	19.0	12.0	青海治多
SAF12381	♀	52	117	33	19.0	12.0	青海治多

头骨：

编号	性别	颅全长	基长	枕髁长	颧宽	后头宽	眶间宽	颅高	听泡长	M-M	上齿列长	下齿列长	下颌骨长	下颌门齿外露长
SAF08003	♂	29.50	27.60	28.12	17.26	14.12	3.48	11.40	8.36	5.58	6.22	6.48	22.00	10.50
SAF95004	♂	30.97	29.33	29.53	18.16	14.70	3.58	12.92	8.16	5.58	6.16	6.00	22.80	10.67
SAF13437	♀	29.92	27.94	28.36	17.26	13.45	3.32	12.14	7.52	5.72	6.74	6.60	22.12	10.02
SAF13438	♀	31.82	29.62	30.22	18.86	14.48	3.48	13.26	7.84	6.16	6.76	7.00	24.00	10.46
SAF12370	♀	30.32	28.35	28.46	16.92	13.25	3.61	12.39	7.90	5.92	6.50	6.53	22.46	9.75
SAF12380	♀	28.96	26.84	27.26	16.72	13.04	3.44	11.59	7.34	5.66	6.17	6.34	21.27	10.44
SAF12381	♀	29.24	27.16	27.17	16.33	13.28	3.50	11.61	7.94	5.57	6.17	6.20	21.44	10.13

地理分布　中国特有种，在四川仅分布于石渠。国内还分布于青海、甘肃。

分省（自治区、直辖市）地图——四川省

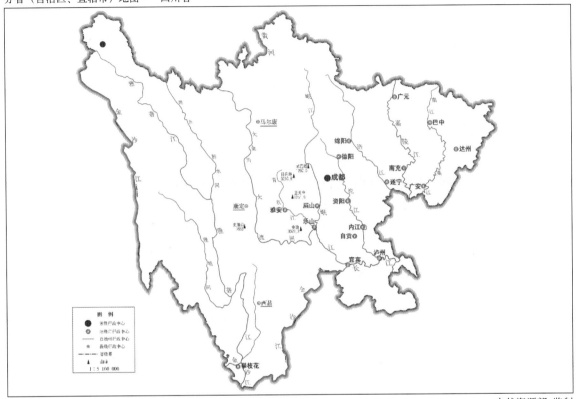

审图号：GS（2019）3333号　　　　　　　　　　　　　　　　自然资源部　监制

青海松田鼠在四川的分布
注：红点为物种的分布位点。

分类学讨论　青海田鼠 *Neodon fuscus* 最初是 *Microtus strauchi* 的变种 *Microtus strauchi* var. *fuscus*，Ellerman（1941）把它作为白尾松田鼠属的种——*Phaiomys fuscus*；Ellerman 和 Morrison-Scott（1951）把 *Phaiomys fuscus* 作为 *Pitymus* 属 *Phaiomy* 亚属成员：白尾松田鼠的亚种 *Pitymys leucurus fuscus*；Corbet（1978）把它作为 *Pitymys* 属白尾松田鼠 *Pitymys leucurus* 的同物异名。郑昌琳和汪松（1980）认为 *Phaiomys fuscus* 耳小，尾短，爪强大，其特征和毛足田鼠属特征一致，头骨和毛足田鼠属种类也相似，尤其第1下白齿有4个封闭三角形，和白尾松田鼠属不同；因此，把 *Phaiomys fuscus* 调整到田鼠属毛足田鼠亚属 *Lasiopodomys*，更名为 *Microtus*（*Lasiopodomys*）*fuscus*，并得到承认（罗泽珣等，2000）。Musser 和 Carleton（1993）将毛足田鼠属独立，青海田鼠作为毛足田鼠属的独立种 *Lasiopodomys fuscus*，并得到很多人承认（Nowak，1999；王应祥，2003；Musser and Carleton，2005；Shenbrot and Krasnov，2005）。Liu 等（2012，2017）基于线粒体基因构建的系统发育树显示，用不同的基因、不同的构树方法，*Lasiopodomys fuscus* 均位于松田鼠属的中间位置；阴茎形态上也和松田鼠类接近。因此，*Lasiopodomys fuscus* 应属于松田鼠属独立种——青海松田鼠 *Neodon fuscus*。这一修订得到承认（Wilson et al.，2017）。

(189) 高原松田鼠 *Neodon irene* (Thomas, 1911)

别名 松田鼠

英文名 Highland Mountain Vole

Microtus irene Thomas, 1911. Abstr. Proc. Zool. Soc., 5; Proc. Zool. Soc., 173 (模式产地: 四川康定); Allen, 1924. Amer. Mus. Novi., 133: 9; Allen, 1938. Pro. Acad. Nat. Sci. Phil., 90: 278; Musser and Carleton, 1993. Mamm. Spec. World, 2nd ed., 522.

Neodon irene Hinton, 1923. Ann. Mag. Nat. Hist., 11: 156; Hinton, 1926. Monog. Voles Lemm., Vol. 1: 56; Musser and Carleton, 2005. Mamm. Spec. World, 3rd ed., 1031; Liu, et al., 2012. Zootaxa, 3235: 1-22; Martínková and Moravec, 2012. Folia Zoologica, 61: 254-267; Liu, et al., 2017. Jour. Mamm., 98(1): 166-182; Wilson, et al., 2017. Hand. Mamm. World, Vol. 7, Rodentia II, 313.

Pitymys irene Ellerman and Morrison-Scott, 1951. Check. Palaea. Ind. Mamm., 684; 冯祚建, 等, 1980. 动物学报, 26(1): 93, 95; 胡锦矗和王西之, 1984. 四川资源动物志 第二卷 兽类, 262; 冯祚建, 等, 1986. 西藏哺乳类, 389-390; 中国科学院西北高原生物研究所, 1989. 青海经济动物志, 691-692; 王香亭, 1991. 甘肃脊椎动物志, 1064-1065; 罗泽珣, 等, 2000. 中国动物志 兽纲 第六卷 (下册) 仓鼠科, 312; 王应祥, 2003. 中国哺乳动物种和亚种分类名录与分布大全, 184.

鉴别特征 头骨的腭骨后缘形成中央纵脊, 两边有腭骨窝。第1下臼齿左右三角形呈交错排列, 有3个封闭三角形。第1上臼齿内侧和外侧均有3个角突。第2上臼齿内侧有2个角突, 外侧有3个角突。第3上臼齿内侧有3个角突, 外侧有2个角突。个体相对小, 平均体长95 mm。尾长短于体长一半, 约等于体长的30%。

形态

外形: 个体在松田鼠属中属于最小的, 成体体长平均95 mm (75 ~ 104 mm); 尾长平均30 mm (24 ~ 35 mm), 尾长为体长的31.4% (22% ~ 40%); 后足长平均15.7 mm (14 ~ 17 mm); 耳高平均13.3 mm (11 ~ 14 mm)。眼小; 耳小, 略露出毛外。须每边约25根, 最短约4 mm, 最长约30 mm, 多数白色, 少数须基部灰色, 尖部白色。前、后足均具5指 (趾)。前足第1指为指甲, 其余为爪; 第1指极短, 第5指约为第1指的3倍长; 其余3指几乎等长, 也最长, 比第5指长20%左右。后足第1趾最短, 第5指其次, 约为第1指的1.5倍, 其余3趾几乎等长, 约为第5趾的1.2倍。前足掌垫5枚, 后足趾垫6枚; 爪黄白色, 半透明。

毛色: 身体背面从吻部至尾根颜色一致, 整体为灰棕色调, 毛基黑灰色, 毛尖灰棕色, 夹杂一些黑色、较长的、柔软的柱状毛。耳稍露出毛外, 前、后均密生短毛, 颜色和体背毛色一致。尾呈不明显的双色, 背面和体背毛色一致, 腹面略淡。身体背、腹毛色有1条不明显的分界线, 腹面毛色较淡, 整体灰白色调, 毛基黑灰色, 毛尖灰白色。前足背面 (腕掌部) 灰棕色, 指背面毛色灰白色; 后足背面 (包括跗跖部和趾背面) 灰白色。前、后足腹面裸露无毛。

头骨: 脑颅背面平直, 最高点位于顶骨中部, 脑颅浑圆。鼻骨前宽后窄, 向后均匀缩小, 最后末端尖, 插入额骨前面中央, 止于上颌骨颧突前缘连线后面; 鼻骨前端略短于上颌门齿的唇面。额骨前后端均较宽, 中央缢缩, 为眼眶内壁。两额骨接缝的前半段向下凹, 后半段则形成一纵脊。无

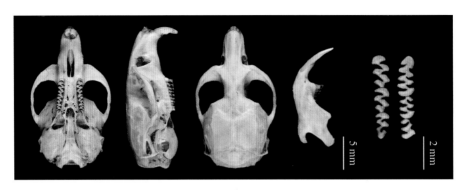

高原松田鼠头骨图

眶上脊。额骨和顶骨之间的接缝不规则。顶骨形状不规则，前面略方，后端显著向侧面扩展。顶间骨宽，左右宽约是前后长的 3 倍，形状不太规则，前端向前突。枕骨周围，侧枕骨和听泡之间的纵脊中等发达，向下形成小乳突止于听泡后端；听泡和鳞骨之间的纵脊较发达，止于听泡上方。侧面颧弓细弱。腹面门齿孔短而较宽。腭骨后缘和翼骨相连，中央形成纵脊，两边有腭骨窝，但腭骨窝相对于其他田鼠类较浅。硬腭上有很多细小的孔。翼骨细弱，弧形，止于听泡前内侧。听泡中等发达。下颌骨冠状突尖、薄，向后呈弧形，关节突较长、大，末端略向内收，角突较大，末端略向外扩展。

牙齿：上颌门齿向下近垂直伸出，唇面橘色。第 1 上臼齿第 1 横齿环后面内侧和外侧各有 2 个封闭三角形，该齿内侧和外侧均有 3 个角突。第 2 上臼齿第 1 横齿环后面内侧有 1 个封闭三角形齿环，外侧有 2 个封闭三角形齿环；该齿内侧有 2 个角突，外侧有 3 个角突。第 3 上臼齿第 1 横齿环后面内侧和外侧均有 1 个封闭三角形齿环，外侧还有 1 个小的三角形齿环不封闭，与下面的 c 形齿环融通；该齿通常内侧和外侧均有 3 个角突，但有时内侧有 4 个角突。

下颌第 1 下臼齿最后横齿环前内侧有 2 个封闭三角形齿环，外侧有 1 个三角形封闭齿环，总计 3 个封闭齿环；前面内侧和外各有 1 个三角形齿环，但不封闭，最前面是 1 个三叶型齿环，该齿内侧 5 个角突，外侧 4 个角突。第 2 下臼齿最后横齿环前内侧和外侧各有 2 个封闭的三角形齿环，该齿内侧和外侧均有 3 个角突。第 3 下臼齿由 3 个略呈长方形的齿环向内斜排列，最前面的短；该齿内侧 3 个角突，外侧 2 个角突，最前面的外侧角突不明显。

量衡度（衡：g；量：mm）

外形：

编号	性别	体重	体长	尾长	后足长	耳高	采集地点
SAF03476	♀	14	75	24	15.0	11.0	四川稻城
SAF03446	♀	27	82	34	16.0	13.0	四川稻城
SAF04485	♀	31	92	31	15.0	13.0	四川理塘
SAF04419	♀	40	101	23	16.0	13.0	四川理塘
SAF04445	♂	31	102	34	16.5	15.0	四川理塘
SAF06585	♀	27	80	25	15.0	12.0	四川炉霍卡沙湖
SAF05080	♀	24	98	31	14.0	13.0	四川雅江德差

（续）

编号	性别	体重	体长	尾长	后足长	耳高	采集地点
SAF05083	♀	24	102	31	16.0	13.0	四川雅江德差
SAF05036	♀	24	99	30	15.0	13.5	四川雅江德差
SAF05079	♂	12	83	27	16.0	12.0	四川雅江德差
SAF05083	♀	24	102	31	16.0	13.0	四川雅江德差
SAF05013	♀	23	105	35	16.0	14.0	四川雅江德差
SAF04523	♀	38	104	28	17.0	15.0	四川理塘
SAF01125	♂	—	93	33	16.0	11.0	四川松潘

头骨：

编号	性别	颅全长	基长	枕髁长	颧宽	后头宽	眶间宽	颅高	听泡长	臼齿宽	上齿列长	下齿列长	下颌骨长	下颌门齿外露长
SAF03476	♀	21.20	19.80	20.76	12.30	10.18	3.34	8.16	5.52	4.14	4.74	4.74	15.60	6.20
SAF03446	♀	22.76	21.28	22.60	12.96	10.58	3.12	8.46	6.12	4.18	4.90	4.96	16.52	7.52
SAF04485	♀	23.34	22.24	23.14	13.94	10.88	3.30	9.20	5.92	4.54	5.34	5.28	17.36	7.78
SAF04419	♀	24.12	22.88	23.84	13.80	11.18	3.16	8.32	7.12	4.54	5.22	5.42	16.83	8.40
SAF04445	♂	24.84	23.34	24.62	14.34	11.90	3.04	9.28	6.78	4.72	5.30	5.18	17.46	8.20
SAF06585	♀	22.08	20.30	21.66	12.20	11.14	3.58	8.54	5.94	4.44	4.90	4.72	15.69	6.30
SAF05080	♀	23.34	22.00	23.26	12.94	11.08	3.42	8.58	5.98	4.52	4.94	4.90	17.62	6.80
SAF05080	♂	21.38	19.62	21.08	11.48	10.40	3.28	7.96	5.20	4.16	4.70	4.54	15.62	5.80
SAF05083	♀	22.90	20.90	22.90	13.00	11.16	2.94	8.20	5.36	4.40	5.14	5.24	15.64	7.16
SAF05036	♂	20.50	18.60	20.14	11.10	10.24	3.26	7.82	5.36	4.26	4.90	4.66	15.55	5.44
SAF05079	♀	23.64	22.26	23.64	13.00	11.44	3.24	7.84	5.82	4.78	5.54	5.66	17.64	7.36
SAF05083	♀	24.04	22.46	24.00	13.44	11.30	3.10	7.90	6.08	4.56	5.36	5.16	15.98	6.88
SAF05013	♂	21.60	20.30	20.96	12.66	10.56	3.06	7.86	5.76	4.22	4.82	4.96	15.40	5.72
SAF04523	♀	24.94	23.46	24.10	14.78	11.90	3.00	9.34	6.70	4.48	5.38	5.60	18.23	7.76

地理分布　中国特有种。分布于青藏高原东部，从祁连山向南到四川西部的岷山和邛崃山的高海拔区域，向西包括长江和黄河的源头以东区域，还包括三江并流区域；行政区域包括西藏、云南、四川、青海、甘肃，没有超出青藏高原。在四川分布于川西高原，主要包括甘孜和阿坝，在凉山分布于木里；在盆周山地，分布于岷山和邛崃山海拔 3 000 m 以上的灌丛生境。记录的最低海拔为 2 200 m。

分省（自治区、直辖市）地图——四川省

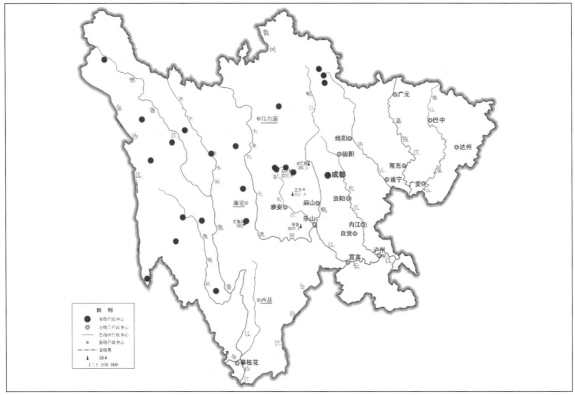

审图号：GS（2019）3333号

自然资源部 监制

高原松田鼠在四川的分布
注：红点为物种的分布位点。

分类学讨论 该分类单元的属级和种级分类均存在争议（属级阶元的争议参见松田鼠属的概述）。对于高原松田鼠，大多数学者承认其独立种地位。但Corbet（1978）、Corbet和Hill（1992）认为高原松田鼠是锡金松田鼠*Neodon sikimensis*的亚种。分子系统学研究证实高原松田鼠是独立种（Liu et al.，2012，2017）。

105. 沟牙田鼠属 *Proedromys* Thomas，1911

Proedromys Thomas, 1911. Abstr. Proc. Zool. Soc. Lond., 4; Proc. Zool. Soc. Lond., 177(模式种：*Proedromys bedfordi* Thomas, 1911); Hinton, 1926. Monog. Vol. Lemm., 96; Allen, 1940. Mamm. Chin. Mong., 897; Ellerman, 1941. Fam. Gen. Liv. Rod., Vol Ⅱ, 2: 638; 王酉之，等，1966. 动物分类学报，3(1): 85-91; 胡锦矗和王酉之，1984. 四川资源动物志 第二卷 兽类，265; Corbet and Hill, 1991. Mamm. Indomal. Reg., Syst. Rev., 404; Musser and Carleton, 1993. In Wilson. Mamm. Spec. World, 2nd ed., 533; 刘少英，等，2005. 兽类学报，25(4): 373-378; Musser and Carleton, 2005. In Wilson. Mamm. Spec. World, 3rd ed., 1036; Liu, et al., 2007. Jour. Mamm., 88(5): 1170-1178; Wilson, et al., 2017. Hand. Mamm. World, Vol. 7, Rodentia II: 321; Liu, et al., 2017. Jour. Mamm., 98(1): 166-182; 刘少英，等，2020. 兽类学报，40(3): 290-301.

鉴别特征 头骨和田鼠类基本一致，腭骨后缘形成纵脊，纵脊两边有腭骨窝。白齿咀嚼面大多由一系列三角形齿环构成。和田鼠类的最大区别是本种的门齿宽，相同大小个体的沟牙田鼠的上颌门齿大于其他田鼠类；下颌门齿短，短于下颌骨长的80%（其他田鼠类通常大于85%）。上颌门齿唇面有明显的纵沟。

形态　在田鼠亚科中，沟牙田鼠属物种个体中等，成体体长95～135 mm。体背颜色灰棕色至棕褐色。尾长短于体长。头骨和其他田鼠类接近；腭骨后缘和翼骨相连，形成纵脊，纵脊两边有腭骨窝。臼齿咀嚼面由三角形齿环构成，但和其他田鼠类有差异；在沟牙田鼠 *Proedromys bedfordi* 中，成体的第3上臼齿最后两个齿环圆形，呈豆状，在亚成体或者幼体时，第3上臼齿为折线状。在凉山沟牙田鼠 *Proedromys liangshanensis* 中，咀嚼面的三角形齿环不是左右排列，而是三角形前后重叠排列。另外一些与其他田鼠类不同的特征：上颌门齿唇面有纵沟，相同大小个体的沟牙田鼠的上颌门齿比其他种宽；下颌门齿短，下颌门齿长为下颌骨长的80%，其他种一般在85%以上。

该属为中国特有属，仅分布于甘肃和四川。

分类学讨论　沟牙田鼠属和沟牙田鼠是Thomas根据Anderson 1910年3月在甘肃岷县采集的1号成年雌性标本命名的单属单种。当时给出的特征是毛长而粗糙，头骨结实，第3上臼齿后面2个齿环圆形，上颌门齿有沟。模式标本体长103 mm，尾长41 mm，后足长18 mm，耳高13 mm。该属和种发表后，一直没有再采集到标本；1966年王酉之报道在四川黑水采集到1号雌性标本，这是全球第2次采集到沟牙田鼠。1991年，王香亭报道在甘肃岷县又采集到1号标本。80年间，沟牙田鼠就只有3号标本，它的种级地位一直没有争议，但属级地位争议很大。一些人同意其独立属地位，持此观点的有Hinton（1926）、Allen（1940）、Ellerman（1941）、王酉之等（1966）、胡锦矗和王酉之（1984）、Musser和Carleton（1993，2005）等。另一派观点认为沟牙田鼠属为田鼠属的同物异名，或者亚属。持此观点的有Ellerman和Morrison-Scott（1951）、Corbet（1978）、Corbet和Hill（1987）、罗泽珣等（2000）。2003年，刘少英等在九寨沟开展生物多样性研究时，采集到了16号沟牙田鼠标本，包括幼体、亚成体、成体。经形态学比较研究，认为沟牙田鼠作为独立属是成立的（刘少英等，2005）。2000年、2002年、2006年，四川省林业科学研究院在凉山山系开展调查时采集到一种罕见的田鼠类标本，经研究发现是沟牙田鼠属的1个新种，将其命名为凉山沟牙田鼠 *Proedromys liangshanensis*，这样，沟牙田鼠属增加到2个种。对凉山沟牙田鼠的深入研究发现，线粒体基因构建的系统发育树中，沟牙田鼠和凉山沟牙田鼠聚在同一进化支（Chen et al.，2012，Liu et al.，2017），但在核基因 *GHR* 中，凉山沟牙田鼠为独立一支。所以凉山沟牙田鼠的最终地位还需深入研究。

四川分布的沟牙田鼠属 *Proedromys* 分种检索表

个体较小，尾短于体长的一半，第3上臼齿最后2齿环豆状 ··沟牙田鼠 *P. bedfordi*
个体大，尾长于体长一半，第3上臼齿咀嚼面全部由三角形齿环构成 ·················· 凉山沟牙田鼠 *P. liangshanensis*

（190）沟牙田鼠 *Proedromys bedfordi* Thomas，1911

英文名　Duke of Bedford's Vole

Proedromys bedfordi Thomas, 1911. Abstr. Proc. Zool. Soc., 4; Proc. Zool. Soc. Lond., 177（模式产地：甘肃岷县）;

Hinton, 1926. Mongr. Vol. Lemm. Brit. Mus., Vol. 1: 76; Allen, 1940. Mamm. Chin. Mong., 898; Ellerman, 1941. Fam. Gen. Liv. Rod., Brit. Mus., 617; 王酉之，1966. 动物分类学报，3(1): 85-89; 胡锦矗和王酉之，1984. 四川资源动物志 第二卷 兽类，256; 王香亭，1991. 甘肃脊椎动物志，1067; 王廷正，1992. 陕西啮齿动物志，239; Corbet and Hill, 1992. Mamm. Indo-Mal. Reg., Oxford Univ. Press, 404; Musser and Carleton, 1993. Mamm. Spec. World, 2nd ed., 533; 刘少英，等，2005. 兽类学报，25(4): 373-378; Musser and Carleton, 2005. Mamm. Spec. World, 3rd ed., 1036; Liu, et al., 2007. Jour. Mamm., 88(5): 1170-1178; Liu, et al., 2017. Jour. Mamm., 98(1): 166-182.

Microtus bedfordi Ellerman and Morrison-Scott, 1951. Check. Palaea. Ind. Mamm. Brit. Mus., 709; Corbet, 1978. World List Mamm. Spec. 3rd ed., 170; 罗泽珣，等，2000. 中国动物志 兽纲 第六卷（下册） 仓鼠科，273.

鉴别特征 头骨腭骨与其他田鼠类一致，腭骨后缘与翼骨相连，形成纵脊，纵脊两边有腭骨窝，腭骨窝上有很多孔，使得整个腭骨窝内壁呈网状。上颌门齿宽，两颗门齿宽在2.8 mm以上；上颌门齿唇面有明显的纵沟。成体的第3上白齿最后一个齿环呈豆状，圆形；亚成体和幼体的第3上白齿为折线状。第3下白齿第1齿环无外角。

形态

外形：个体中等大小，成体体长平均110 mm（90～120 mm）；尾长平均39 mm（31～45 mm），后足长平均19 mm（18～20.5 mm），耳高平均15 mm（13～17 mm）。须每边约22根，最短者约4 mm，最长者约30 mm；约一半左右根部黑色，尖部白色，一半左右黑色。前、后足均具5指（趾），前足第1指极短，具指甲，长度约1 mm；其余各指具爪。第2指长约3 mm（不包括爪），第3、4指等长，约4 mm，第5指长约2 mm。后足第1趾长约2.5 mm；第2、3、4趾等长，约4.5 mm；第5指长约3 mm。前足掌垫5枚，第1指腹面的最大。后足趾垫6枚，除外侧跗跖部的最小外，其余等大。

毛色：整个背面毛色一致，从吻端至尾基毛基黑灰色，毛尖棕褐色。毛较粗，有毛向，其中夹杂有稍长的柱状毛。耳露出毛外，前缘覆盖棕褐色短毛，后缘绒毛状，灰色。尾上、下两色，背面和体背颜色一致，棕褐色；腹面淡，灰白色，颜色分界较明显。腹部整个毛色一致，从颏部至肛门区域毛基灰色，毛尖灰白色；一些个体毛尖刷以淡棕色调。背部毛色界线不明显。前足背面颜色稍深，灰色；后足背面毛色稍淡，毛基灰色，尖部灰白色。爪白色，半透明。

头骨：头骨背面较隆突，鼻部前端显著下弯。头骨最高点位于顶骨区域，一些个体位于额骨区域（和门齿磨损程度有关）。鼻骨短于上颌门齿唇面最前缘，鼻骨前面宽，后面窄，在1/2处突然变窄，后端尖，插入额骨前缘，止于两侧上颌骨颧突连线的后侧。额骨前后宽，中央窄，为眼眶内壁。眶上脊不明显。但脑颅上棱角明显，颞脊在老年个体较发达，起于额骨后缘，向后延伸，止于顶间骨侧面上方并与听泡和鳞骨之间的纵脊相连。额骨和顶骨之间的骨缝呈斜线。顶骨形状不规则，后半部分显著向侧面扩展。顶间骨略呈三角形，前后长显得很大，和其他田鼠类不同；前后长3.5 mm，左右宽约7 mm。有些个体顶间骨呈椭圆形。枕部区域棱脊明显，侧枕骨与听泡之间的纵脊较明显，几乎和枕髁处于同一平面，乳突明显。听泡和鳞骨之间的纵脊更明显。止于听泡上部中央。颧弓较强大，颧骨较宽。听泡中等，较圆。腹面门齿孔较宽，中间鼻中隔完整。上颌骨和腭骨组成的硬腭上有数量不等的小孔，有的个体较多，有的相对较少。腭骨后缘与翼骨相连，中央形成纵脊，有2个腭骨窝；但腭骨窝上有很多孔，使得窝的底部呈网状，比较特殊。翼骨向后面略呈

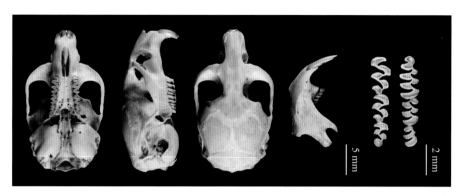

沟牙田鼠头骨图

"八"字形，止于听泡前缘内侧。下颌骨较强大，冠状突很薄，易脆，关节突较强大，末端略内收，角突末端略向外扩展。

牙齿：门齿较宽，唇面橘色，有1条明显的纵沟。第1上臼齿第1横齿环后面内侧和外侧各有2个封闭三角形齿环，该齿内侧和外侧均有3个角突。第2上臼齿第1横齿环后有3个封闭三角形齿环，内侧1个、外侧2个，该齿内侧有2个角突，外侧有3个角突。第3上臼齿第1横齿环后外侧有1个封闭的三角形齿环，内侧有1个近方形的封闭齿环；最后面外侧有1个圆形的齿环。第3上臼齿的特征在田鼠类中是非常独特的；在幼体和亚成体中，第3上臼齿的齿环呈折线状前后排列。

第1下臼齿最后横齿环前面内侧有2个大的三角形封闭齿环，外侧有2个小的三角形封闭齿环，最前面有1个开口向内的新月形齿环；该齿内侧有5个角突，外侧有4个角突，外侧第1角突较圆。第2下臼齿最后横齿环前面内侧有2个稍大的三角形封闭齿环，外侧有2个稍小的三角形封闭齿环；该齿内侧和外侧均有3个角突。第3下臼齿3个齿环前后叠拼向内斜向排列，最前面的齿环略呈三角形，后面的略呈长方形，最前面齿环外侧无角突；该齿内侧有3个角突，外侧有2个角突。

量衡度（衡：g；量：mm）

外形：

编号	性别	体重	体长	尾长	后足长	耳高	采集地点
SAF03198	♂	32	109.0	37.5	18.5	15.5	四川九寨沟
SAF03318	♀	30	89.5	30.5	19.5	15.0	四川九寨沟
SAF03322	♀	33	116.0	43.5	20.5	17.0	四川九寨沟
SAF03323	♀	34	127.0	41.0	18.5	18.0	四川九寨沟
SAF20659	♂	36	120.0	38.0	19.0	14.0	四川九寨沟
SCNU02291	♀	31	100.0	37.0	19.0	15.0	甘肃卓尼
SCNU02329	♂	32	110.0	45.0	18.0	13.0	甘肃卓尼

头骨：

编号	性别	颅全长	基长	髁鼻长	额宽	后头宽	眶间宽	颅高	听泡长	M-M	上齿列长	下齿列长	下颌骨长	下颌门齿外露
SAF03198	♂	25.72	24.06	25.64	14.12	12.52	3.53	10.70	7.99	5.24	5.88	6.14	17.62	6.47
SAF03318	♀	25.75	24.23	25.62	14.01	12.46	3.58	10.26	7.74	5.15	6.01	5.62	16.10	5.78

(续)

编号	性别	颅全长	基长	髁鼻长	颧宽	后头宽	眶间宽	颅高	听泡长	M-M	上齿列长	下齿列长	下颌骨长	下颌门齿外露
SAF03322	♀	27.46	25.46	27.00	15.34	12.90	3.54	10.20	8.34	5.62	6.48	6.30	18.96	6.98
SAF03323	♀	28.46	27.00	28.36	16.20	13.72	3.34	10.60	8.82	5.70	6.76	6.88	19.87	7.70
SAF20659	♂	27.21	25.44	27.05	15.73	13.32	3.59	10.84	8.93	5.25	6.28	6.17	19.50	7.64
SCNU02291	♀	25.80	23.30	25.25	14.55	13.03	3.56	10.10	8.76	5.59	6.12	6.19	18.28	6.55
SCNU02329	♂	26.90	24.88	26.70	15.24	13.07	3.50	10.46	9.13	5.47	6.62	6.53	19.42	6.59

生态学资料 沟牙田鼠分布在海拔中等（2 000 m左右）的沙质土壤的草丛中。

地理分布 中国特有种，分布于甘肃和四川。其中，在四川记录于黑水、九寨沟及若尔盖。

分省（自治区、直辖市）地图——四川省

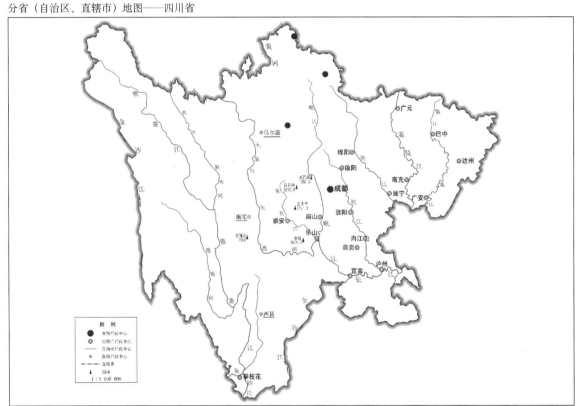

审图号：GS (2019) 3333号　　　　　　　　　　　　　　　　　　自然资源部 监制

沟牙田鼠在四川的分布

注：红点为物种的分布位点。

分类学讨论 其分类地位的讨论见属的讨论。该种是十分罕见的物种，分布相对较广，但种群数量极少，除四川省林业科学研究院，全世界仅3号标本，值得优先保护。

(191) 凉山沟牙田鼠 *Proedromys liangshanensis* Liu et al.，2007

英文名 Liangshan Grooved-incisor Vole

Proderomys liangshanensis Liu, et al., 2007. Jour. Mamm., 88(5): 1170-1178; Chen, et al., 2010. Jour. Nat. Hist.,

44(43-44): 2693-2703; Hao, et al., 2011. Mitoch. DNA, 22(1-2): 28-34; Chen, et al., 2012. Bioch. Syst. Ecol., 88(5): 1170-1178; Liu, et al., 2017. Jour. Mamm., 98(1): 166-182; Wilson, et al., 2017. Hand. Mamm. World, Vol. 7: 321; 刘少英, 等, 2020. 兽类学报, 40(3): 290-301.

鉴别特征　个体相对较大，平均体长120 mm；尾长平均约为70 mm，超过体长一半。上颌门齿唇面有纵沟。臼齿由一系列三角形齿环构成，第1、2上臼齿齿环的排列方式很独特，不像其他田鼠类的三角形齿环在中线两侧左右排列，凉山沟牙田鼠第1、2上臼齿三角形齿环前后叠拼排列。另一个很大的特点是，除第1下臼齿前帽外，几乎所有齿环均封闭，这种现象在田鼠类中是几乎没有的。第3下臼齿有4个封闭三角形。

形态

外形：个体在田鼠类中较大，体重平均44 g（38 ～ 50 g），体长平均120 mm（102 ～ 131 mm），尾长平均69 mm（60 ～ 76 mm），尾长与体长之比平均57%（55% ～ 61%），后足长平均22 mm（20 ～ 25 mm），耳高平均18 mm（17 ～ 21 mm）。在田鼠类中，属于个体比较大的，尤其尾长占体长的比例很高，十分罕见。须较多，每边约25根，大多数白色，一些须根部棕褐色，尖部白色；最短者约5 mm，最长者达40 mm。前、后足均有5指（趾）。前足第1指极短，具指甲，长度约1 mm；第2指较长，长度约4 mm（不包括爪）；第3、4指等长，约5.5 mm；第5指较短，长度约3.5 mm。后足第1指最短，长度约3.5 mm；第2、3、4等长，长度约7 mm；第5指长度约5 mm。前足掌垫5枚，后足趾垫6枚。

毛色：背面整体颜色一致，毛基灰黑色，毛尖棕褐色，毛向明显。有很多较长黑褐色的柱状毛。耳略露出毛外，耳前缘覆盖短、密，呈棕褐色的毛；耳背面毛呈绒毛状。尾上、下为两色，尾背面颜色比体背颜色略深，为灰棕色；尾腹面黄白色。身体背、腹面颜色分界明显，腹面毛色从颏部至肛门区域颜色一致，毛基灰色，毛尖黄棕色。前、后足背面颜色通常较深，为黑棕色，尤其指（趾）更明显，前、后足腹面黑灰色。爪黄白色。

头骨：头骨背面较平直，但鼻骨前端显著下弯；头骨最高处在顶骨区域；头骨整体显得粗壮结实。鼻骨前宽后窄，在前1/3处开始显著变细，后端圆，插入额骨前缘中央，止于左右上颌骨颧突的中间。额骨前后宽，中间显得很窄，眶上脊较明显，老年个体的眶上脊于中间汇合。存在颞脊，但不十分显著。额骨与顶骨之间的骨缝呈弧形。顶骨不规则，后半部分向侧面显著扩展。顶间骨略

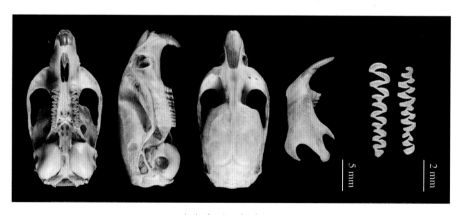

凉山沟牙田鼠头骨图

呈椭圆形，前部中央向前突。整体显得较宽，前后长约5 mm，左右宽约9 mm。枕髁向后突出，侧枕骨与听泡之间的纵脊较明显，末端形成乳突，止于听泡后缘中央靠外侧。鳞骨和听泡之间的纵脊明显，止于听泡上方中央。颧弓较强大，颧骨较宽。头骨腹面腭孔显得很宽。上颌骨和腭骨组成的硬腭不平坦，有2条纵沟，纵沟内和翼骨上有小孔。腭骨后缘与翼骨相连，中央形成纵脊，纵脊两边有腭骨窝，但窝并不大。翼骨很薄，向后延伸止于听泡前内侧。听泡中等，很圆。下颌骨粗壮，冠状突宽、薄，关节突长，末端向内略弯曲，角突末端向外扩展。

牙齿：上颌门齿垂直向下，末端向内略弯，唇面橘色，各有1条纵沟，但不如沟牙田鼠的纵沟明显。第1上臼齿第1横齿环后面有4个封闭的三角形齿环，齿环跨左右分布，前后叠拼；最后一个齿环略呈等边三角形；该齿内侧和外侧均有3个角突。第2上臼齿第1横齿环后面有3个封闭三角形齿环，最后一个也略呈等边三角形，该齿内侧2个角突，外侧3个角突。第3上臼齿第1横齿环后面有前后叠拼的4个封闭三角形齿环，非常特殊。有些个体第2、3齿环接触处相互融通，一些个体封闭；该齿内侧和外侧均有3个角突，但外侧角突呈"3"字形，为两个三角形齿环相连而形成。

下颌门齿斜向前伸，唇面橘色。第1下臼齿最后横齿环前面有4个封闭的三角形齿环，内侧2个大，外侧2个小；最前面还有一个"久"字形齿环，该齿内侧有5个角突，外侧有4个角突。第2下臼齿最后横齿环前有4个封闭三角形齿环，内侧2个大，外侧2个小；该齿内侧和外侧均有3个角突。第3下臼齿最后横齿环前有3个封闭三角形齿环，内侧2个、外侧1个，不像其他田鼠类由3个前后叠拼排列的齿环构成；该齿内侧有3个角突，外侧有2个角突，最前面齿环外侧无角突。

量衡度（衡：g；量：mm）

外形：

编号	性别	体重	体长	尾长	后足长	耳高	采集地点
SAF07105	♂	38	112	68	22	16	四川金阳
SAF07119	♀	42	123	75	21	16	四川金阳
SAF07209	♀	39	116	71	23	21	四川金阳
SAF07212	♂	50	126	76	23	21	四川金阳
SAF07253	♀	40	129	71	25	18	四川金阳
SAF07145	♂	40	115	77	22	19	四川金阳
SAF07146	♀	40	116	67	21	20	四川金阳
SAF07248	♂	44	118	70	22	18	四川金阳
SAF07250	♀	50	127	76	24	20	四川金阳
SAF07061	♀	38	112	62	21	17	四川美姑
SAF06107	♀	49	119	61	20	17	四川美姑
SAF06101	♂	49	131	73	21	17	四川美姑
SAF06072	♂	50	130	76	23	18	四川美姑

（续）

编号	性别	体重	体长	尾长	后足长	耳高	采集地点
SAF06661	♂	36	109	71	23	19	四川雷波
SAF06662	♂	44	115	77	24	18	四川雷波
SAF06649	♀	32	110	61	21	17	四川雷波
SAF07170	♀	44	128	71	21	16	四川雷波

头骨：

编号	性别	颅全长	基长	髁鼻长	额宽	后头宽	眶间宽	颅高	听泡长	M-M	上齿列长	下齿列长	下颌骨长	下颌门齿外露长
SAF07105	♂	28.25	26.50	28.11	14.21	13.36	3.46	10.80	9.51	5.39	6.51	6.09	19.29	8.01
SAF07119	♀	28.26	26.57	28.20	14.79	13.16	3.54	10.92	9.57	5.73	6.83	6.67	19.85	7.93
SAF07209	♀	27.84	26.02	27.70	14.25	11.82	3.48	10.92	8.32	5.48	6.29	6.29	18.03	7.74
SAF07212	♂	31.02	29.13	30.97	15.45	13.70	3.54	11.49	9.91	5.75	6.84	6.84	21.15	8.48
SAF07253	♀	28.96	27.34	28.79	14.73	12.56	3.32	10.87	8.92	5.62	6.78	6.34	18.87	7.65
SAF07145	♂	29.17	27.24	29.12	14.33	12.96	3.21	10.69	9.69	5.55	6.73	6.43	19.87	7.93
SAF07146	♀	27.93	26.33	27.83	14.16	12.04	3.38	10.93	8.22	5.48	6.70	6.38	18.31	8.12
SAF07248	♂	30.06	28.55	30.00	15.16	12.52	3.28	11.18	8.85	5.51	7.09	7.02	19.91	8.39
SAF07250	♀	30.84	29.06	30.82	16.26	14.24	3.26	11.52	10.35	5.82	7.19	7.08	21.77	8.73
SAF07061	♀	29.09	27.48	29.07	15.45	12.68	3.42	11.31	8.29	5.64	7.14	7.00	19.31	7.56
SAF06107	♀	29.08	27.95	29.08	15.76	12.44	3.51	11.27	8.42	5.72	6.94	6.68	18.59	7.89
SAF06101	♂	31.58	29.97	31.56	16.18	13.35	3.52	11.62	9.08	5.55	7.16	6.88	20.31	8.75
SAF06072	♂	30.14	28.75	30.11	16.07	12.85	3.35	11.07	8.20	5.68	7.01	6.56	20.00	8.16
SAF06661	♂	28.54	26.57	28.21	14.98	12.94	3.43	11.28	8.32	5.60	7.19	7.05	19.19	7.68
SAF06662	♂	29.88	28.10	29.66	15.12	13.02	3.25	10.94	8.96	5.63	6.87	6.75	20.23	7.59
SAF06649	♀	27.93	26.44	27.79	14.94	13.30	3.74	10.83	9.06	5.47	6.61	6.56	19.38	7.52
SAF07170	♀	29.93	28.29	29.88	15.15	12.64	3.08	10.71	9.27	5.48	6.79	6.55	20.62	8.61

　　生态学资料　该种分布海拔高，一般在海拔2 500 m以上，分布于针叶林、湿地草丛中。分布生境相对潮湿、肥沃，腐殖质厚。植食性。在很多生境与中华绒鼠、美姑绒鼠、金阳绒鼠等同域分布。

　　地理分布　中国特有种，只分布于四川。在四川仅分布于美姑、马边、雷波、金阳、越西。

　　分类学讨论　凉山沟牙田鼠于2007年由刘少英等发表为新种，很快得到承认。该种的门齿有沟。阴茎形态上，近支和沟牙田鼠很相似，但阴茎骨远支和侧支区别较大；臼齿区别也较大。分子系统上，基于*Cytb*的系统发育关系显示，凉山沟牙田鼠和沟牙田鼠为姊妹群，但核基因和简化基因组显示它们不是姊妹群，故是否属于同一属有待深入研究。

分省（自治区、直辖市）地图——四川省

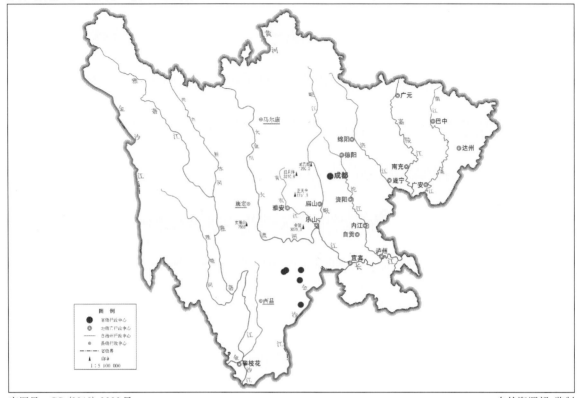

审图号：GS (2019) 3333 号　　　　　　　　　　　　　　　　　　　自然资源部 监制

凉山沟牙田鼠在四川的分布
注：红点为物种的分布位点。

106. 川西田鼠属 *Volemys* Zagorodnyuk，1990

Volemys Zagorodnyuk, 1990. Vestnik Zoologii, 2: 26-37（模式种：*Microtus musseri* Lawrence, 1982); Musser and
Carleton, 1993. In Wilson. Mamm. Spec. World, 2nd ed., 534; 王应祥, 2003. 中国哺乳动物种和亚种分类名录与
分布大全, 188; Musser and Carleton, 2005. In Wilson. Mamm. Spec. World, 3rd ed., 1039; Liu, et al., 2018. Jour.
Mamm., 98(1): 166-182; 刘少英，等，2020. 兽类学报，40(3): 290-301.

　　鉴别特征　头骨之腭骨后缘有中央纵脊，两边有腭骨窝，类似田鼠属的结构；上、下白齿咀嚼
面由三角形齿环组成。第1下白齿由交错排列的封闭的三角形齿环组成，该齿有4个封闭三角形，
内侧5个角突。第2上白齿内侧和外侧均有3个角突，和大多数田鼠不同，该齿内侧最后面有个和外
侧几乎等大的三角形齿环，并与外侧齿环融通。个体相对中等，尾长等于或超过体长之半。

　　形态　个体中等，体长85～117 mm；尾长相对较长，接近或超过体长一半（为体长的46%～
63%），平均约为体长一半。体背颜色棕黑色，腹面略淡，背、腹毛色没有明显界线。头骨和其他
田鼠类接近。腭骨后缘中央形成纵脊，纵脊两边有腭骨窝，川西田鼠的纵脊明显，有2个明显的腭
骨窝；而四川田鼠纵脊不显著，腭骨窝浅。第1下白齿由左右排列的封闭三角形组成，该齿内侧5
个角突，少于大多数其他田鼠类。第3下白齿缺第1外角，这一点在其他田鼠类也少见。第2上白齿

后内侧有1个与外侧等大的三角形齿环，并与外侧齿环融通，使该齿内侧和外侧均有3个角突，这一特征在其他田鼠类中十分罕见。

地理分布 中国特有属，仅分布于四川。

分类学讨论 川西田鼠属*Volemys*是中国特有属，由Zagorodnyuk于1990年建立，很快得到一些科学家承认（Musser and Carleton，1993，2005；罗泽珣等，2000；王应祥，2003）。但Pavlino等（1995）认为它只有亚属地位。Liu等（2017）通过分子系统学证实川西田鼠属是独立属，包括川西田鼠*Volemys musseri*和四川田鼠*Volemys millicens* 2个种。四川田鼠*Volemys millicens*最早是田鼠属成员。Gromov和Polyakov（1977）因为其第1下白齿与*Neodon juldaschi*接近，认为它属于松田鼠类，将其作为田鼠属松田鼠亚属成员。刘少英等通过分子系统学研究，证明川西田鼠属是独立属（Liu et al.，2017），川西田鼠属的起源和演化均局限于四川境内。

四川分布的川西田鼠属*Volemys*分种检索表

个体大，体长平均106 mm（92～117 mm）；尾相对较长，平均62 mm（56～69 mm），尾长超过体长一半，平均为59% ··川西田鼠*V. musseri*

个体相对较小，体长平均92 mm（85～100 mm）；尾短，平均46 mm（42～49 mm），尾长约为体长一半，平均为50% ··四川田鼠*V. millicens*

（192）四川田鼠 *Volemys millicens*（Thomas，1911）

英文名 **Sichuna Vole**

Microtus millicens Thomas, 1911. Abstr. Proc. Zool. Soc., 49; 1912. Proc. Zool. Soc., 138（模式产地：汶川）; G. Allen, 1940. Mamm. Chin. Mong. Amer. Mus., 864; Ellerman, 1941. Fam. Gen. Liv. Rod., 614; Ellerman and Morrison-Scott, 1951. Check. Palaea. Ind. Mamm., 708; Corbet, 1978. Mamm. Palaea. Reg., 115; 冯祚建，等，1980. 动物学报，26(1): 92; 胡锦矗和王酉之，1984. 四川资源动物志 第二卷 兽类，255; 冯祚建，等，1986. 西藏哺乳类，395; Corbet, et al., 1991. World List Mamm. Spec., 3rd ed., 171; Corbet and Hill, 1992. Mamm. Indomal. Reg., 403; 王廷正，1992. 陕西啮齿动物志，243.

Volemys millicens Zagorodnyuk, 1990. Vestnik Zoologii, 2: 26-37; Musser and Carleton, 1993. In Wilson. Mamm. Spec. World, 2nd ed., 535; Nowak, 1999. Walker's Mamm. World, 6th ed., 1468; Musser and Carleton, 2005. In Wilson. Mamm. Spec. World, 3rd ed., 1039; Liu, et al., 2007. Jour. Mamm., 88(5): 1170-1178; Liu, et al., 2017. Jour. Mamm., 98(1): 166-182; Wilson, et al., 2017. Hand. Mamm. World, Vol. 7: 1039; 刘少英，等，2020. 兽类学报，40(3): 290-301.

Pitymys millicens Gromov and Polyakov, 1977. Fauna VSSR, Vol. 3, pt. 8, Mamm. Microtinae.

鉴别特征 头骨的腭骨后缘两侧与翼骨相连，但腭骨后缘平坦，纵脊不明显，所以，腭骨窝不明显。白齿由系列三角形齿环构成。第1下白齿有4个封闭三角形。第3下白齿第1齿环外侧无角突。第2上白齿后内侧有一个小但明显的角突。个体较小，平均体长92 mm；尾相对较长，平均为体长的50%。

形态

外形：个体相对较小，成体体长平均为92 mm（85 ～ 102 mm）；尾相对较长，平均在46 mm（42 ～ 49 mm），为体长的50%（45% ～ 53%）；后足长平均17.5 mm（17 ～ 18 mm）；耳高平均12.4 mm（12 ～ 13 mm）。须较多，每边约28根；最短者约3 mm，最长者约30 mm；部分白色，一些为棕褐色，一些基部棕褐色，尖部白色；在不同个体之间有变化。前、后足均5指（趾），前足第1指极短，在解剖镜下才能观察到有指甲，该指长度不到1 mm。其余各指均为爪。第2指长约3 mm；第3、4指等长，约3.5 mm；第3指长约2.5 mm。掌垫5枚，趾垫6枚。

毛色：身体背面从吻端至尾根毛色一致，毛基黑灰色，毛尖灰棕色；整体毛色较深。耳前后缘均覆盖灰棕色短毛。尾上、下两色，背面和体背毛色一致，灰棕色；腹面灰白色，毛色较淡，毛基黑灰色，毛尖灰白色。背、腹毛色界线较明显，但分界线不呈直线。大多数个体前足背面颜色较深，后足背面颜色较浅。一些个体前、后足背面颜色一致。前足较深者，背面为灰黑色，后足背面灰白色。颜色较浅者，前、后足背面均为灰白色。爪白色，半透明。

头骨：头骨背面较平直，最高处位于顶骨部位。脑颅较圆，不像川西田鼠棱角分明。鼻骨前缘略短于门齿唇面最前端；鼻骨前宽后窄，均匀缩小；鼻骨后端较圆或者为两叉状插入额骨前缘，止于左右上颌骨颧突连线的后侧。顶骨前面和后面宽，中间益缩。眶上脊和颞脊均不明显。额骨和顶骨之间的骨缝略呈一斜线。顶骨形状不规则，后半部分向两侧扩展。顶间骨略呈菱形，前后长3 mm，左右宽约8 mm。枕髁略超出乳突后缘。侧枕骨和听泡之间的纵脊不明显，但乳突明显。听泡和鳞骨之间的纵脊较显著，止于听泡上缘的中央；听泡略呈三角形。颧弓纤细。头骨腹面门齿孔较窄，相对较长。中间鼻中隔完整。上颌骨和腭骨形成的硬腭上小孔较多，一些孔较大。腭骨后缘的两侧与翼骨相连，但腭骨后缘的纵脊不明显，所以，腭骨窝不明显。翼骨向后延伸止于听泡前内侧。前蝶骨两侧的骨架向前伸。

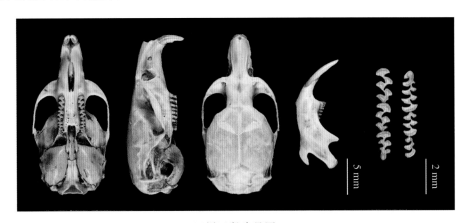

四川田鼠头骨图

牙齿：上颌门齿垂直向下，唇面橘色。第1上臼齿第1横齿环后面有4个封闭三角形，内侧和外侧各2个，该齿内侧和外侧均有3个角突。第2上臼齿第1横齿环后面有2个封闭三角形，内侧和外侧各1个；后面1个齿环横贯内侧和外侧，外侧大，内侧小；该齿内侧和外侧均有3个角突。第3上臼齿第1横齿环后面内侧有1个大的三角形齿环，外侧有2个小的三角形齿环，但都不封闭，三者在内侧融通；后面是一个J形齿环，该齿内侧有4个角突，外侧有3个角突。

第1下臼齿最后横齿环前面内侧和外侧各有2个封闭三角形，总计4个封闭三角形。前面是1个"久"字形齿环；该齿内侧有5个角突，外侧有4个角突。第2上臼齿最后横齿环前面内侧和外侧各有1个等大的封闭三角形齿环；在前面内侧有1个较大的三角形齿环，外侧有1个较小的三角形齿环，但不封闭，彼此在内侧融通；该齿内侧和外侧均有3个角突。第3下臼齿有3个向内倾斜的齿环前后叠拼排列，第1齿环很短，没有外侧突；该齿内侧有3个角突，外侧有2个角突。

量衡度（衡：g；量：mm）

外形：

SAF号	性别	体长	尾长	后足长	耳高	采集地点
SAF11001	♂	93	42	18	13	四川茂县
SAF11007	♀	87	44	17	13	四川茂县
SAF11008	♀	85	42	17	12	四川茂县
SAF11009	♀	93	48	18	13	四川茂县
SAF11023	♂	95	49	18	13	四川茂县
SAF11025	♀	88	46	18	13	四川茂县
SAF11037	♀	93	46	18	13	四川茂县
SAF11038	♀	90	45	18	13	四川茂县
SAF12099	♂	93	48	17	12	四川茂县
SAF12101	♂	98	48	17	12	四川茂县
SAF12123	♂	95	46	18	12	四川茂县
SAF12124	♂	100	46	18	12	四川茂县
SAF12125	♂	94	46	17	12	四川茂县
SAF12129	♂	85	45	17	12	四川茂县
SAF12131	♀	85	45	17	12	四川茂县
SAF12133	♀	102	47	18	12	四川茂县
SAF12135	♀	93	49	17	12	四川茂县

头骨：

编号	性别	颅全长	基长	枕髁长	颧宽	后头宽	眶间宽	颅高	听泡长	M-M	上齿列长	下齿列长	下颌骨长	下颌门齿外露长
SAF11001	♂	23.38	21.13	22.69	12.28	11.67	4.19	8.07	6.73	4.71	5.28	5.02	16.43	6.66
SAF11007	♀	23.30	21.77	22.44	12.92	11.58	4.21	8.30	6.63	4.55	5.27	5.22	16.85	6.94
SAF11008	♀	23.14	21.45	22.33	12.69	11.28	4.12	7.88	6.67	4.62	5.33	5.17	16.04	7.08
SAF11009	♀	24.70	22.72	23.28	13.49	11.90	4.13	8.21	6.64	5.00	5.82	5.48	17.23	6.79
SAF11023	♂	24.52	22.50	23.79	13.58	11.83	4.37	8.69	7.05	4.78	5.36	5.34	16.37	7.14
SAF11025	♀	24.22	22.64	23.39	13.72	11.81	4.20	8.13	6.74	4.74	5.80	5.30	17.55	7.05
SAF11037	♀	24.35	22.78	23.64	13.44	11.76	4.13	8.80	6.70	4.68	5.46	5.24	17.01	6.88
SAF11038	♀	23.74	22.19	23.30	12.78	11.74	4.36	8.81	6.62	4.66	5.13	5.12	16.68	7.08
SAF12099	♂	24.68	23.13	24.00	13.68	11.36	4.07	8.46	7.10	4.62	5.49	5.21	17.45	7.21
SAF12101	♂	24.46	23.39	24.02	13.65	11.64	4.09	8.35	7.24	4.73	5.48	5.25	16.98	7.44
SAF12123	♂	24.48	22.49	23.08	12.91	11.82	4.10	8.31	6.64	4.56	5.34	5.19	16.90	7.03
SAF12124	♂	25.01	22.92	24.19	13.30	11.91	4.09	8.59	6.92	4.81	5.57	5.47	17.60	7.56
SAF12125	♂	25.10	23.01	23.84	13.50	11.74	3.93	8.62	6.72	4.79	5.32	5.19	17.66	7.45
SAF12129	♂	23.66	22.51	22.94	13.00	11.21	4.28	8.39	6.69	4.84	5.32	5.13	16.47	6.97

（续）

编号	性别	颅全长	基长	枕髁长	颧宽	后头宽	眶间宽	颅高	听泡长	M-M	上齿列长	下齿列长	下颌骨长	下颌门齿外露长
SAF12131	♀	24.18	21.90	22.94	12.28	11.30	4.20	8.64	6.46	4.81	5.36	5.32	16.75	7.25
SAF12133	♀	24.73	22.98	23.62	13.64	11.94	3.99	8.60	7.12	4.85	5.45	5.54	17.40	7.38
SAF12135	♀	24.83	22.78	23.87	12.88	11.68	4.06	8.10	6.47	4.85	5.33	5.19	17.20	7.54

生态学资料 四川田鼠分布海拔较高，最低约3 000 m。分布生境为高山灌丛。

地理分布 四川田鼠仅分布于四川，为中国特有种。

分省（自治区、直辖市）地图——四川省

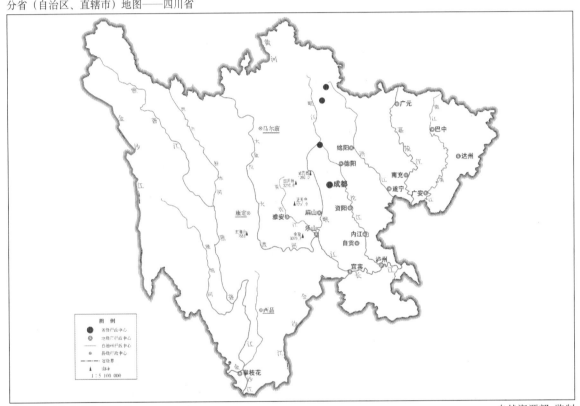

审图号：GS (2019) 3333号　　　　　　　　　　　　　　　　　　　　　自然资源部 监制

四川田鼠在四川的分布

注：红点为物种的分布位点。

分类学讨论 四川田鼠是田鼠亚科罕见的珍稀小型兽类，1911年发表，模式产地为四川威州，即现在的汶川。模式序列仅6号标本，最早作为田鼠属的种类——*Microtus millicens*。四川田鼠发表后，一直未再次采集到标本，也不知其真正的模式产地，所有关于该种的分析均只有新种发表的这篇文献。1986年，冯祚建和郑昌琳等在《西藏哺乳类》中，将采集于西藏南部的一批标本鉴定为四川田鼠。2013年，四川省林业科学研究院研究人员历经10多年的艰苦探索，终于找到了四川田鼠的模式产地，采集了系列地模标本，这是100多年后世界上再次采集到真正的四川田鼠。2008—2010年，四川省林业科学研究院在西藏采集到了西藏的"四川田鼠"，经分子系统学研究和形态学对比（Liu et al., 2017），发现西藏的"四川田鼠"不是真正的四川田鼠，它们属于松田鼠属。邱铸鼎

（1984）在云南昆明呈贡三家村第四纪遗址开展小型兽类化石研究时，发现了一批田鼠化石，形态和四川田鼠相近，因此命名为"四川田鼠"；仔细核对该批化石后，发现也是松田鼠类成员。2018年，四川省林业科学研究院在王朗自然保护区采集到 2 只疑似四川田鼠标本，经形态学和分子系统学研究证实为四川田鼠，这样，四川田鼠在全世界的第 2 个分布点被发现。

在分类上，四川田鼠发表后其种级分类单元没有异议，但归属于哪个属有一定争议。Gromov 和 Polyakov（1977）因为其第 1 下臼齿和帕米尔田鼠 *Microtus juldaschi*（原来被认为属于松田鼠属，曾用名称帕米尔松田鼠）接近，认为它属于松田鼠类，于是作为田鼠属松田鼠亚属成员。事实上，四川田鼠第 1 下臼齿和帕米尔田鼠不一样，四川田鼠第 1 下臼齿有 4 个封闭三角形，帕米尔田鼠仅有 3 个封闭三角形。另外，帕米尔田鼠的尾长占体长的比例小，不到 40%；而四川田鼠尾长平均约为体长的 50%，远大于帕米尔田鼠。1990 年，俄国科学家 Zagorodnyuk 以川西田鼠为属模，成立新属——川西田鼠属 *Volemys*，并把四川田鼠纳入川西田鼠属。刘少英等开展了田鼠亚科的分子系统学研究，证实了川西田鼠属的独立属地位，且仅包括 2 个种——川西田鼠和四川田鼠。四川田鼠仅分布于四川，区域非常狭窄，值得保护。

（193）川西田鼠 *Volemys musseri* (Lawrence，1982)

别名 马瑟田鼠、丝田鼠

英文名 Musser' Vole、Western Sichuan Vole

Microtus musseri Lawrence, 1982. Anier. Mus. Nov., 2745: 1-19（模式产地：四川阿坝藏族自治州汶川西部 48 km 邛崃山，海拔 2 745 m); Corbet and Hill, 1992. Mamm. Indomal. Reg., 404; 王酉之和胡锦矗，1999. 四川兽类原色图鉴，238.

Volemys musseri Zagorodnyuk, 1990. Vestnik Zoologii, 2: 26-37; Musser and Carleton, 1993. In Wilson. Mamm. Spec. World, 2nd ed., 535; Nowak, 1999. Walker's Mamm. World, 6th ed., 1468; Musser and Carleton, 2005. In Wilson. Mamm. Spec. World, 3rd ed., 1039; Liu, et al., 2007. Juor. Mamm., 88(5): 1170-1178; Liu, et al., 2017. Jour. Mamm., 98(1): 166-182; Wilson, et al., 2017. Hand. Mamm. World, Vol. 7: 1039; 刘少英，等，2020. 兽类学报，40(3): 290-301.

鉴别特征 腭骨后缘形成纵脊，两边翼骨相连，有 2 个明显的腭骨窝。臼齿由系列左右排列的三角形组成。第 1 下臼齿有 4 个封闭三角形，该齿内侧有 5 个外侧有 4 个角突。第 3 下臼齿第 1 外侧角突缺失。第 1 上臼齿有 3 个封闭三角形，内侧 2 个，外侧 1 个，该齿内侧有 4 个角突，外侧有 3 个角突。第 2 上臼齿后内侧有 1 个与外侧等大的齿环，与外侧齿环共同组成"飞鹰展翅"的形态。该结构在田鼠中非常特殊，该齿在很多田鼠类中无内侧齿突，或内侧齿突很小。川西田鼠在田鼠属中个体相对较大，平均长 106 mm；尾较长，约为体长的 59%。

形态

外形：个体相对较大，体长平均 106 mm（92 ～ 117 mm）；尾相对较长，平均尾长 62 mm（56 ～ 69 mm），约为体长的 59%；后足长平均 20 mm（19 ～ 22 mm）；耳高平均 15 mm（14 ～ 17 mm），露出毛外。须较多，每边约 25 根，最短者仅 4 mm，最长者长 40 mm；大多数须白色，或者根部灰棕色，远端白色，少数须灰棕色。前、后足均具5指（趾）。前足第1指极短，长度约1 mm，具指甲，其余指均具爪；第2指长约3.5 mm；第3、4指等长，长度接近4 mm；第5指约2.5 mm。后足第1、5指约等长，长度约2.3 mm；第2、3、4指等长，长度约4 mm。前足掌垫5枚，第1指下面的掌垫最大；后足6枚趾垫，第5指腹面的趾垫相对较大。

毛色：背部毛色从吻部至尾根一致。毛基黑灰色，毛尖棕褐色。毛被总体为绒毛状，密实，较长，约10 mm；其中夹杂很多柱状毛，略长于绒毛。腹面毛色从颏部到肛门区域颜色一致，毛基黑灰色，毛尖灰白色或灰棕白色。背、腹没有明显毛色界限，逐步过渡，身体侧面靠近腹部颜色略浅，至腹部变成灰白色。耳和体背颜色一致，前后缘均覆盖短的灰褐色毛。尾明显双色，尾背面和体背颜色一致，灰棕色；尾腹面灰白色；尾尖有小毛束，灰棕色。背、腹有较明显的界限，有些个体不明显。前、后足背面毛色一致，覆盖黄褐色或灰棕褐色短毛。爪白色，半透明。

头骨：头骨背面较平，最高处在顶骨区域。脑颅背面棱角分明。鼻骨前端比门齿最前缘略短；鼻骨前面宽，后面窄，在1/2处突然变窄；后端形状不规则，插入额骨前缘，止于上颌骨左右颧突连线的后侧。额骨前后宽，中间窄，构成眼眶内壁，与上颌骨及顶骨之间的骨缝形状不规则。眶上脊不明显。颞脊明显，起于额骨后1/3的中央，向后延伸，与听泡和鳞骨之间的纵脊顶端相连。顶骨形状不规则，后端向侧面显著扩展，与鳞骨相接。顶间骨略呈椭圆形，前方中央向前突，前后长约4 mm，左右宽约8.5 mm。枕髁后端与乳突平齐。侧枕骨与听泡之间的纵脊发达，乳突止于听泡后上方。听泡较大，听泡与鳞骨之间的纵脊较发达，止于听泡上缘中部。颧骨较窄。腹面门齿孔较宽。中间的犁骨完整。上颌骨和腭骨形成的硬腭上有很多小孔。腭骨后缘形成明显的纵脊，两侧与翼骨相连，有2个明显的腭骨窝。前蝶骨由"十"字形骨架构成。下颌骨较粗壮。冠状突短、薄。关节突长，结实，末端略内收。角突末端向外略扩展。

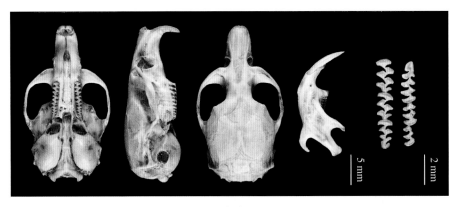

川西田鼠头骨图

牙齿：上颌门齿垂直向下，唇面橘色。第1上臼齿第1横齿环下有3个封闭三角形，内侧2个，外侧1个；后内侧有1个比外侧略小的齿突，使该齿内侧有4个角突，外侧有3个角突；这一特征在整个田鼠类中比较少见，仅在松田鼠属中有一定比例。第2上臼齿第1横齿环后内侧和外侧各有1个封闭三角形齿环，有的齿环不封闭，该齿后内侧有1个与外侧等大的齿环，内外侧齿环共同组成"飞鹰展翅"状结构；这一特征在整个田鼠中很罕见。很多田鼠该齿的后内侧没有齿突，有些仅有1个小齿突。第3上臼齿第1横齿环后通常内侧和外侧各有1个封闭三角形齿环，有的个体封闭不严；

后面是1个J形齿环；该齿内侧有4个角突，外侧有3个角突。

第1下臼齿第1横齿环前面有4个封闭三角形齿环，比田鼠属和东方田鼠属的少；该齿内侧有6个角突，外侧有4个角突。第2下臼齿第1横齿环前内侧和外侧各有1个封闭三角形，前面内侧和外侧的齿环彼此融通；该齿内侧和外侧均有3个角突。第3下臼齿呈向内斜排的3个前后相叠的齿环构成，该齿内侧和外侧均有3个角突。

量衡度（衡：g；量：mm）

外形：

编号	性别	体长	尾长	后足长	耳高	采集地点
SAF09531	♀	93	59	17	13	四川宝兴
SAF09532	♂	104	66	19	13	四川宝兴
SAF09546	♀	104	63	20	15	四川宝兴
SAF09291	♂	115	63	19	16	四川宝兴
SAF09217	♂	118	68	20	14.50	四川理县
SAF99004	♂	110	69	22	16	四川崇州灯杆坪
SAF03094	♂	111	62	20.50	15	四川崇州灯杆坪
SAF03093	♀	104	66.50	19.50	16	四川崇州灯杆坪
SAF07037	♂	116	58	21	17	四川崇州灯杆坪
SAF07033	♂	117	66	21	15	四川崇州灯杆坪
SAF07039	♂	113	62	21	17	四川崇州灯杆坪
SAF08249	♂	105	62	19	14	四川宝兴
SAF08312	♂	99	58	19	14	四川宝兴
SAF08358	♀	95	56	22	16	四川宝兴
SAF08360	♂	92	58	19	15	四川宝兴
SAF08380	♂	112	62	20	15	四川宝兴
SAF09293	♀	106	59	18	16	四川宝兴
SAF99033	♂	103	61	20	14	四川崇州灯杆坪
SAF03110	♀	106	60.50	19.50	16.50	四川崇州灯杆坪
SAF03104	♂	106	67	19	17	四川崇州灯杆坪

头骨：

编号	性别	颅全长	基长	枕髁长	颧宽	后头宽	眶间宽	颅高	听泡长	M-M	上齿列长	下齿列长	下颌骨长	下颌门齿外露长
SAF09531	♀	25.44	23.99	24.96	14.68	11.50	4.05	9.23	6.71	4.85	5.81	5.58	17.68	7.95
SAF09532	♂	25.98	24.30	25.30	14.69	11.70	4.01	9.02	7.12	5.21	5.71	5.74	18.11	7.85
SAF09546	♀	26.57	24.99	26.38	14.04	12.34	3.98	9.91	7.31	4.99	5.71	5.67	18.57	8.23
SAF09291	♂	26.00	24.29	25.81	14.58	11.57	3.98	8.98	7.24	5.24	5.75	5.66	18.16	8.14
SAF09217	♂	27.79	25.65	27.21	15.42	12.68	4.26	9.88	7.41	5.31	6.33	6.09	19.78	8.72
SAF99004	♂	27.10	25.62	26.41	14.75	11.94	4.24	9.91	7.66	5.37	6.14	6.25	18.57	8.10
SAF03094	♂	27.95	26.37	27.79	15.49	13.30	4.24	10.46	8.63	5.20	6.33	6.31	19.50	8.19
SAF03093	♀	27.62	26.15	27.50	14.52	12.16	4.20	9.95	8.41	5.31	6.46	6.52	19.38	8.26
SAF07037	♂	27.36	25.69	27.11	15.08	12.86	4.23	9.67	8.29	5.32	6.17	6.26	18.75	8.56
SAF07033	♂	27.00	25.47	26.84	14.60	12.65	4.45	9.52	8.47	5.16	6.33	6.38	18.83	8.39

(续)

编号	性别	颅全长	基长	枕髁长	颧宽	后头宽	眶间宽	颅高	听泡长	M-M	上齿列长	下齿列长	下颌骨长	下颌门齿外露长
SAF07039	♂	27.29	25.57	27.07	15.16	12.88	4.18	10.27	7.87	5.28	6.05	6.14	18.56	7.26
SAF08249	♂	26.80	25.16	26.51	15.83	12.14	4.42	9.94	7.13	5.16	5.92	5.88	18.68	7.94
SAF08312	♂	25.66	23.69	24.90	13.86	11.78	4.66	9.70	7.14	5.06	5.56	5.61	17.82	7.65
SAF08358	♀	24.66	22.77	23.84	13.98	11.36	4.35	9.15	6.61	5.16	5.91	5.72	17.13	7.30
SAF08360	♂	25.10	23.29	24.52	13.83	11.31	4.21	9.31	7.07	4.84	5.65	5.50	17.65	7.65
SAF08380	♂	26.65	25.14	26.26	14.86	12.37	4.16	9.88	7.42	5.18	5.74	5.03	19.16	8.45
SAF09293	♀	25.55	23.88	25.19	13.67	11.38	4.08	9.45	6.73	5.10	5.54	5.43	17.62	7.84
SAF99033	♂	27.71	25.50	26.64	14.92	12.62	4.28	10.17	8.56	5.52	6.04	5.93	18.89	7.92
SAF03110	♀	28.04	26.38	27.78	14.80	12.70	3.92	10.02	8.34	5.60	6.45	6.25	19.24	8.19
SAF03104	♂	28.38	26.70	28.21	15.56	13.22	4.27	11.07	8.75	5.58	6.59	6.46	19.24	8.93

　　生态学资料　川西田鼠分布区域很狭窄。分布海拔较高，一般在3 000 m以上，分布生境包括灌丛、草甸。

　　地理分布　中国特有种，仅分布于四川。在四川仅分布于邛崃山系，标本采集记录包括宝兴、天全、芦山、崇州。

分省（自治区、直辖市）地图——四川省

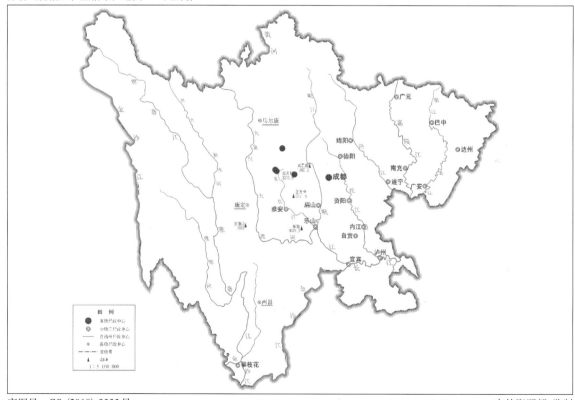

审图号：GS (2019) 3333号

自然资源部 监制

川西田鼠在四川的分布

注：红点为物种的分布位点。

分类学讨论 该种模式标本1934年采集于邛崃山区域，具体地点不详。标本收藏于美国自然历史博物馆。直到1982年才发表为新种——川西田鼠*Microtus musseri*。该种发表后很快得到承认（Corbet et al.，1992；Musser and Carleton，1993；王酉之和胡锦矗，1999）。1990年，俄罗斯科学家以此种作为属模，建立川西田鼠属*Volemys*。该种成为川西田鼠属的成员，更名为*Volemys musseri*。该分类改变也很快得到承认（Musser and Carleton，1993；Nowak，1999；Musser and Carleton，2005；Liu, et al.，2007；Wilson et al.，2017；刘少英等，2020）。刘少英等通过分子系统学和形态学相结合，证实了川西田鼠属的有效性（Liu et al.，2017）。

（二）仓鼠亚科 Cricetinae Fischer，1817

Cricetinorum Fischer, 1817. Memo. Soc. Nat. Moscou., 5: 410（模式属：*Cricetus* Leske, 1779）.

Cricetinae Murray, 1866. Ann. Mag. Nat. Hist., 17: 358（模式属：*Cricetus* Leske, 1779）.

形态特征 仓鼠亚科属于中小型鼠类。体短粗或细长。具有颊囊，显得吻端较圆。体型差异较大，从不足100 mm至300 mm左右均有。尾短小（不超过体长）或极短（不超过后足长）。四足短粗，前、后足均具5（指）趾，前足第1指极短，具指甲。虽居洞穴，但无地下生活的特化特征。体毛柔软、厚密，较长。尾上被毛均匀而不显鳞。体色以灰色为主（仓鼠属）至棕色或多色混合（原仓鼠属），有些种具黑色背纹。腹毛白色、灰色或黑色。掌、跖部表面裸露或被密毛。乳腺多为4对，*Mesocricetus*属有7对。

头骨光滑，大多无明显的棱脊，但原仓鼠*Cricetus cricetus*和大仓鼠*Cricetulus triton*成年以后眶上脊、顶脊均较明显。鼻骨前端常超出门齿或与门齿齿槽齐平。脑颅不显著扩大，趋向狭缩。颧宽大于后头宽。听泡小，外耳郭大，耳比相同大小的田鼠类大得多。胸椎13枚，腰椎6枚。

门齿垂直向下，无沟。臼齿具根，齿冠较低。齿式1.0.0.3/1.0.0.3 = 16。臼齿齿突明显，呈两纵排左右对应，中央凹陷明显。老年时，因磨损，咀嚼面呈现似三角形或菱形的齿环。上、下颌均为第1臼齿最大，第3臼齿明显缩小。

生态学资料 仓鼠亚科鼠类为地栖种类。各种生境，如草原、灌木丛、阔叶林、针叶林、草甸、高山、平原、丘陵等均有分布。一些种类栖息于极端生境，如分布于帕米尔高原的灰仓鼠最高可分布于海拔5 000 m左右的高原荒漠，分布生境植被非常稀疏，仅有2～3种灌丛；有种麻黄植物是建群种，且盖度很低（不超过10%），几乎是生命禁区。但在这样的生境中，灰仓鼠的种群密度并不低，上夹率达到10%。仓鼠类挖穴居住，洞系复杂。洞道内有巢室和仓库等。以植食性为主，也食一些动物性食物。入冬前有贮食习性，冬季不冬眠，但一般不上升到地面，在洞系内以贮粮过冬。繁殖能力较强，春至秋季繁殖，主要在3—10月。1年多胎，妊娠期约20天。

分类学讨论 关于仓鼠亚科的种类，早期，除欧亚大陆种类外，尚包括南、北美洲的种类，共60多属350多种（Ellerman，1941）。后来的研究主张将东半球和西半球仓鼠分开，东半球（古北界）仓鼠仍为仓鼠亚科，而西半球（新北界）仓鼠归为Hesperomyinae亚科（Corbet and Hill，1986）。Anderson（1984）将西半球仓鼠全部归为棉田鼠亚科Sigmodontinae。关于古北界仓鼠亚科，Ellerman（1941）认为还包括*Mystomys*等非洲属，但很少人同意这一安排，更多人同意Simpson（1945）将其归为Nesomyinae亚科的意见。此外，中亚地区的丽仓鼠属*Calomyscus*是否归为该亚科，也有争论。*Calomyscus*属尾较长甚至超过体长，Corbet（1978）、Corbet和Hill（1986，1991）均将此属归入该亚科。Musser和Carleton（1993）将*Calomyscus*属作为1个独立的亚科——Calomyscinae，并将仓鼠亚科局限于古北界仓鼠类。这一安排被逐步接受（罗泽珣等，2000；王应祥，2003；Musser and Carleton，2005；Wilson et al.，2017）。不过，Steppan和Shrenk（2017）基于分子系统学研究发现，*Calomyscus*属在鼠超科中为独立一支，且位于靠基部位置，和仓鼠科有很远的遗传距离，应为独立1个科——丽仓鼠科Calomyscidae。Wilson等（2017）同意这一结论，将丽仓鼠科（又叫毛尾鼠科Brush-Tailed Mice）作为独立科。即使按照Musser和Carleton（1993）的分类系统，仓鼠亚科究竟包括多少属争议也很大，Musser和Carleton（1993，2005）承认7个属，包括短尾仓鼠属*Allocricetulus*、甘肃仓鼠属*Cansumys*、仓鼠属*Cricetulus*、原仓鼠属*Cricetus*、黄金仓鼠属*Mesocricetus*、毛足鼠属*Phodopus*、大仓鼠属*Tscherskia*；Smith和解焱（2009）同意Musser和Carleton（1993，2005）的意见。但罗泽珣等（2000）将甘肃仓鼠属、大仓鼠属、短尾仓鼠属均作为仓鼠属的同物异名，认为中国的仓鼠类仅包括3属，即*Cricetus*、*Phodopus*、*Cricetulus*（包括*Tscherskia*、*Allocricetulus*）属。Wilson等（2017）仍然将仓鼠亚科划分为7个属。Lebedev等（2018）根据有限的材料，把仓鼠属藏仓鼠亚属*Urocricetus*提升为独立属，并以灰仓鼠*Cricetulus migratorius*为属模建立了1个新属——假仓鼠属*Nothocricetus*。不过，该分类还没有被广泛接受，主要原因是Lebedev等（2018）的论文中仅有藏仓鼠亚属2条序列，灰仓鼠作为独立进化支的支持率很低，所以2个方面的证据都不足。因此，魏辅文等（2021）仍然采用Wilson和Mittermeier（2017）的属级分类系统，但魏辅文等（2022）接受了这一分类变更。关于种，Corbet（1978）认为全世界有14种（按照去掉*Calomyscus*属统计，下同）；Corbet和Hill（1986）认为全世界有18个种；Honacki等（1982）认为全世界有19种。Musser和Carleton（1993，2005）记述仓鼠亚科18种，中国有13种；Nowak（1999）认为全世界有18种（*Calomyscus*属除外），与Musser和Carleton（1993，2005）一致；罗泽珣等（2000）认为中国只有9种；王应祥（2003）认为中国有14种，与Musser和Carleton（1993，2005）相比，将黑线仓鼠的亚种*pseudogriseus*提升为种，称为黑黝仓鼠*Cricetulus pseudogriseus*；Smith和解焱（2009）认为中国有15种，与Musser和Carleton（1993，2005）相比，他们将藏仓鼠*Cricetulus kamensis*的2个亚种*C. k. lama*和*C. k. tibetanus*均作为独立种。可见，仓鼠亚科包括多少属，多少种，在中国有多少属种均存在争议，有待深入研究，进一步澄清；四川分布的仓鼠类不多，争议不大，在四川的分布种本书采用Wilson等（2017）的分类系统，并吸收了Lebedev等（2018）的变更。

地理分布　仓鼠亚科在古北界广泛分布，是欧亚大陆常见的鼠类。国内主要分布在东北、华北、西北等地区的省份；主要在长江以北，个别种类分布越过长江。

四川有仓鼠亚科2个属——甘肃仓鼠属*Cansumys*和仓鼠属*Cricetulus*。

四川分布的仓鼠亚科分属检索表

尾较长，一般超过体长的75%，整个尾一色，覆盖长毛 ……………………… 甘肃仓鼠属 *Cansumys*

尾短，不超过体长的70%，尾短或少白色，尾上毛短 ……………………… 仓鼠属 *Cricetulus*

107. 甘肃仓鼠属 *Cansumys* Allen，1928

Cansumys Allen, 1928. Jour. Mamm., 9: 245(模 式 种: *Cansumys canus* Allen, 1928); Allen, 1940. Mamm. Chin.

Mong., Part 2: 780; Corbet and Hill, 1992. Mamm. Indo-Malay. Reg., 393; 王廷正, 1992. 陕西啮齿动物志, 105-

108; Musser and Carleton, 1993. In Wilson. Mamm. Spec. World, 2nd ed., 537; 王酉之和胡锦矗, 1999. 四川兽类

原色图鉴, 224; Smith 和解焱, 2009. 中国兽类野外手册, 135; 王应祥, 中国哺乳动物种和亚种分类名录与分布

大全, 166; Wilson, et al., 2017. Hand. Mamm. World, Vol. 7, Rodents II: 285.

鉴别特征 头骨背面较平直，鼻骨至额骨的中间明显下凹，形成一个显著的沟槽。尾长超过体长的75%，整个尾灰黑色，背、腹毛色一致；尾部覆盖长毛，尾基部的毛更浓密，呈绒毛状，其余部分的毛粗而长，在尾尖形成小毛束。

形态 个体相对较大，与大仓鼠相近；体长平均135 mm，尾长平均105 mm。整个背部毛色为灰黑色调。腹面颏部至前胸之间有一菱形纯白色斑块；其余整个腹面灰白色调。头骨背面较平直，鼻骨至额骨的中间明显下凹，形成一显著的沟槽。第1下臼齿和第1上臼齿均由3个横脊组成，咀嚼面呈2纵列。

生态学资料 见种的描述。

地理分布 仅分布于甘肃、宁夏、四川。

分类学讨论 甘肃仓鼠由 Allen（1928）建立。模式系列仅有2号标本（1号雌性成体，1号亚成体）。雌性成体被指定为正模标本，体长140 mm，尾长108 mm，后足长20.4 mm（剥制标本测量）。头骨略破损（无颅全长数据），基长31.7 mm，腭长18.8 mm，颧宽18 mm，脑颅宽13.8 mm，听泡长8 mm，M-M7.1 mm，上臼齿列和下臼齿列均长为6.6 mm，下颌骨长21.6 mm。这些量度与四川发现的甘肃仓鼠（王酉之和胡锦矗，1999）基本一致。大多数学者同意其独立属地位（Corbet 和 Hill，1992；王廷正，1992；Musser 和 Carleton，1993；王酉之和胡锦矗，1999；Smith 和解焱，2009；王应祥，2003；郑生武等，2010；Wilson et al.，2017）。但 Argyropulo（1933）认为甘肃仓鼠属是仓鼠属的同物异名，部分学者同意这一安排（Ellerman 和 Morrison-Scott，1951；汪松和郑昌琳，1973；王香亭，1990；黄文几等，1995；罗泽珣等，2000）。

(194) 甘肃仓鼠 *Cansumys canus* Allen，1928

英文名 Gansu Hamster

Cansumys canus Allen, 1928. Jour. Mamm., 9: 245 (模式产地: 甘甫卓尼); Allen, 1940. Mamm. Chin. and Mong.,

Part 2: 780; Corbet and Hill, 1992. Mamm. Indomal. Reg., 393; 王廷正, 1992. 陕西啮齿动物志, 105-108; Musser

and Carleton, 1993. In Wilson. Mamm. Spec. World, 2nd ed., 537; 王酉之和胡锦矗, 1999. 四川兽类原色图鉴,

224; Smith 和解焱, 2009. 中国兽类野外手册, 135; 王应祥, 2003. 中国哺乳动物种和亚种分类名录与分布大

全, 166; Wilson, et al., 2017. Hand. Mamm. World, Vol. 7, Rodents II: 285.

Cricetulus triton canus Argyropulo, 1933. Zei. Sau., B. 3, H. 3, 140: 149; Ellerman and Morrison-Scott, 1951. Check. Palaea. Ind.

Mamm., 627; 汪松和郑昌琳, 1973. 动物学报, 19(1): 61-68; 郭延蜀, 等, 1989. 四川动物, 8(2): 32; 王香亭, 等, 1990. 宁

夏脊椎动物,647-648;罗泽珣,等,2000.中国动物志　兽纲　第六卷　啮齿目(下册)　仓鼠科,74.

Cricetulus canus 陈服官,等,1982.动物学研究,3(增刊):370.

鉴别特征　头骨背面较平直,鼻骨至额骨的中间明显下凹,形成一个显著的沟槽。第1下臼齿和第2上臼齿均由3个横脊组成,咀嚼面呈2纵列。尾长超过体长的75%,最大达到超过体长的84%;整个尾部覆盖长毛,尾基部的毛更浓密,但呈绒毛状,其余部分的毛粗而长,在尾尖形成小毛束;整个尾灰黑色,尾背、腹毛色一致。

形态

外形:个体与大仓鼠相近,体长133～144 mm,尾长102～112 mm,体重57～83 g,后足长21～22 mm,耳高21～22 mm。须18～20根,最长约40 mm;须根部2/3为黑色,尖部1/3多为灰白色,有些全是黑色,少量短须为全白色。

毛色:整个背部毛色为灰黑色调。毛基为黑灰色,尖部很短一段为灰白色,或棕白色。耳背面黑灰色,内侧远端为褐灰色,接近耳道的部分无毛,黄白色。耳下缘的前侧有一小撮白色毛;前、后足均具5指(趾),前足第1指极短,具指甲,第3指最长,第2指和第4指约等长,第5指比第2和第4指短。须着生的区域为白色。鼻端为白色。腹面颏部至前胸之间有一菱形纯白色斑块;其余整个腹面灰白色调,毛基灰色,毛尖1/3为白色。前足的腕掌骨背面、指骨背面均为纯白色;后足跗跖骨背面中央黑色,两边白色,腹面灰白色;趾骨背面和腹面均为白色。前、后足爪均为黄白色;前足掌垫5枚,后足趾垫6枚。尾背、腹一色,均为黑灰色,长度超过体长的70%;尾基部毛浓密,呈绒毛状,其余部分的毛粗而长,在尾尖形成小毛束。

头骨:背面平直,鼻骨较长,向后均匀缩小,末端叉状,后缘止于上颌骨颧突后缘;眶间宽较大;鼻骨和额骨的中间下凹,形成一长而深的沟槽。额骨前端和后端宽,中间缢缩,较长,额骨后缘与顶骨中缝呈Y形;眶上脊锋利。顶骨略呈梯形。顶间骨长宽均大,形状略呈梯形。枕面垂直向下,枕髁较宽大,向后突出,上枕骨中央有纵脊,侧枕骨与听泡上室之间纵脊不明显,但乳突明显,止于听泡后内侧。鳞骨与听泡之间的脊存在,不甚发达。颧弓向下延伸。侧面,前颌骨构成吻部侧面的主体,背面向后延伸,末端略超过鼻骨后端。前端着生上颌门齿。上颌骨前外侧形成大的眶前孔,使得颧板较窄。颧板背面是上颌骨颧突。腹侧面形成齿槽,供臼齿列着生。颧突长,占

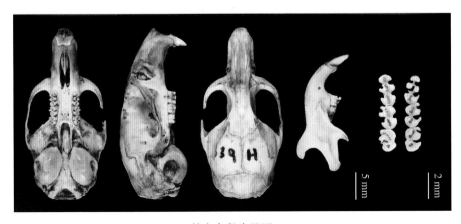

甘肃仓鼠头骨图

整个颧弓的 3/4。颧骨较短。颧弓整体相对细弱。翼蝶骨较长，背面与磷骨相接，前端与额骨相接，前腹面和眶蝶骨相接，腹面后端与上颌骨及额骨相接。泪骨位于眼眶最前缘，附着于上颌骨颧突后缘及额骨前外侧之间，出露部分三角形。翼蝶骨在上颌骨颧突腹面向后延伸与听泡接触。听泡 2 室，后上方一室，位于磷骨和侧枕骨之间，略呈梯形。前下方是听泡，听泡长卵圆形。腹面，门齿孔较宽，3/5 由前颌骨围成，2/5 有上颌骨围成。后端远未达到臼齿列前缘。硬腭较长，中间凸起，两边有浅沟，2/3 由上颌骨构成，1/3 由腭骨构成，腭骨三角形。后端分 2 叉，外叉和翼蝶骨相接，内叉与额骨相接。之间是腭骨窝。翼骨直立，略呈弧形。基枕骨显得很窄。下颌骨较粗壮，冠状突尖，末端向后呈弧形，关节突较长，末端向后收，角突宽大。

牙齿：上颌门齿垂直向下而略内弯，唇面橘色。第 1 上臼齿由 3 横脊组成，咀嚼面为 2 纵列，该齿内侧和外侧均有 3 个齿突。第 2、3 上臼齿均呈开口向外的 W 形，第 2 上臼齿外侧有 4 个角突，第 3 上臼齿外侧有 3 个角突。两齿内侧圆，呈反写的 "3" 字形。

下颌门齿撮状前伸，唇面橘色。上、下臼齿列均粗壮。第 1 下臼齿和第 1 上臼齿结构一致，内侧和外侧均有 3 个齿突。第 2、3 下臼齿也和第 2、3 上臼齿基本一致，均为开口朝外的 W 形，但外侧均只有 3 个角突，且第 2 下臼齿内侧的凹很深。

量衡度（衡：g；量：mm）

外形：

编号	性别	体重	体长	尾长	后足长	耳高	采集地点
SAF200216	♂	58	138	102	21	20	甘肃甘南卓尼
SAF200255	♂	63	133	112	22	22	甘肃甘南卓尼
若尔盖-01	—	83	144	104	22	21	四川若尔盖

头骨：

编号	性别	颅全长	基长	髁鼻长	颧宽	眶间宽	颅高	听泡长	上臼齿列长	下臼齿列长	下颌长	下颌骨长
SAF200216	♂	37.78	35.44	37.78	16.28	4.28	12.36	10.94	6.12	6.33	23.71	20.50
SAF200255	♂	—	—	—	—	3.64	—	—	6.35	6.48	24.41	21.16
若尔盖-01	—	36.53	—	—	18.78	4.11	—	—	6.44	6.53	—	—

生态学资料 栖息地为阔叶林，在弃耕地也有分布。分布海拔较低，不超过 2 000 m。

地理分布 中国特有种，在四川仅分布于若尔盖。属于边缘性分布，标本很少，到目前为止，仅在四川记录 1 号标本。在国内还分布于甘肃、宁夏。

分类学讨论 该分类单元的属级和种级分类地位都有很大争议。大多数学者同意其独立属、独立种地位（Corbet and Hill，1992；王廷正，1992；Musser and Carleton，1993；王酉之和胡锦矗，1999；Smith 和解焱，2009；王应祥，2003；郑生武等，2010；Wilson et al.，2017）。但 Argyropulo（1933）认为甘肃仓鼠属是仓鼠属的同物异名，且甘肃仓鼠是大仓鼠的亚种。部分学者（Ellerman and Morrison-Scott，1951；汪松和郑昌琳，1973；王香亭，1990；黄文几等，1995；罗泽珣等，2000）同意这一观点。陈服官和闵芝兰（1982）把甘肃仓鼠属作为仓鼠属的同物异名，把甘肃仓鼠

分省（自治区、直辖市）地图——四川省

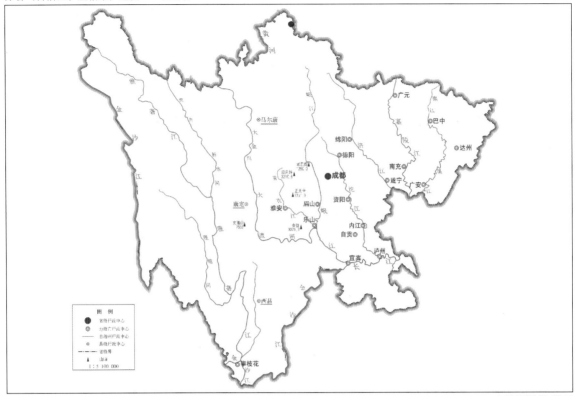

审图号：GS (2019) 3333号

自然资源部 监制

甘肃仓鼠在四川的分布
注：红点为物种的分布位点。

作为仓鼠属的独立种，是比较少的分类安排。详细对比甘肃仓鼠和大仓鼠后发现，两者差别较大。首先，毛色上，大仓鼠整体较淡，而甘肃仓鼠较深。其次，甘肃仓鼠的尾长比例较大仓鼠大得多（秦岭亚种除外），大仓鼠尾长为体长的47%～62%；甘肃仓鼠的整个尾覆盖黑色长毛，大仓鼠的尾毛较短。另外一个显著区别是甘肃仓鼠尾全部灰黑色，而大仓鼠的尾尖或多或少有一段为白色。秦岭的大仓鼠颜色较灰暗，但尾有一半左右为纯白色。

种下分类上，王廷正和许文贤（1992）把宋世英（1985）发表的大仓鼠宁陕亚种 *Cricetulus triton ningshanensis* 作为甘肃仓鼠的亚种，理由是大仓鼠宁陕亚种的尾很长，达到甘肃仓鼠的长度和比例。但分子系统学证明，大仓鼠宁陕亚种是大仓鼠秦岭亚种 *Cricetulus triton collinus* 的同物异名，它属于大仓鼠，而不是甘肃仓鼠。这样，甘肃仓鼠没有亚种分化。本书作者团队在甘肃卓尼（甘肃仓鼠的模式产地）调查时，在同一个样方中采集到了甘肃仓鼠和大仓鼠，说明它们同区域分布，且没有发现过渡类群，足以从另外一个侧面证明甘肃仓鼠是独立种。

108. 仓鼠属 *Cricetulus* Milne-Edwards，1867

Cricetulus Milne-Edwards, 1867. Ann. Sci. Nat., 7: 375(模式种：*Cricetulus griseus* Milne-Edwards, 1871).

Asiocricetus Kishida, 1929. Lansania, Tokyo. I: 148(模 式 种：*Asiocricetus bampensis* Kishida, 1928= *Cricetulu nestor* Thomas, 1907).

鉴别特征　个体小型。尾通常较短，短于体长一半。具颊囊。牙齿为两纵列，瘤状齿突。主要分布于北方草原、高原、荒漠和青藏高原东南缘的高海拔区域。

形态　仓鼠属类个体小，平均体长不到100 mm；尾也较短，一般为体长的40%以下。体背色多以灰色为主，头以黑色或较浅的棕色；腹面灰白色。背腹界线不很分明。尾一般单色与背相同或稍浅淡。乳腺4对。具颊囊。

头骨轮廓光滑，无明显骨脊。鼻骨超过门齿唇面。眶间狭缩不似原仓鼠属*Cricetus*明显，脑颅亦如此。颧弓较细，颧骨细弱，颧弓最宽处于鳞骨颧突处。听泡不特别鼓起，前端钝圆，听孔较大。门齿孔长短不一，接近上颌第1臼齿的前缘连线。

齿式 1.0.0.3/1.0.0.3 = 16。臼齿齿冠较低，咀嚼面具2排左右相对的齿尖。第1臼齿3对，第2、3臼齿2对，第3臼齿最后1对齿尖有时不太明显。第3臼齿显著短于第1臼齿。头骨和牙齿特征在各种之间差异不大，因此，种间分类以外部形态为主。

生态学资料　仓鼠栖息于多种生境，包括北方的农田、草原、草甸、灌丛、荒漠，海拔从几十米至3 000 m以上的青藏高原高原面和帕米尔高原。虽地下掘穴，但在地面上生活。洞穴比较复杂，出口多，洞道分叉，有仓库、巢室等；但荒漠分布的仓鼠类洞道不明显。广义草食性，在帕米尔高原的荒漠生境主食麻黄和一种带刺灌木的枝叶。繁殖能力强，妊娠期17～22天，每年2～4胎，每胎平均产5～6仔，幼仔约2个月性成熟。寿命约1年。农业区的仓鼠常成为当地优势鼠种，对农业生产造成危害，是重点防治的害鼠类群。仓鼠类对鼠疫具有较强抗性，但却传播其他疫病。

地理分布　仓鼠是很古老的哺乳动物，其化石较普遍分布于早中新世，化石年代早于毛足鼠属*Phodogs*，更多种类见于上新世。现代生存的仓鼠，主要见于东亚、中亚、西亚的北部。国内长江以北各省份均有分布。

分类学讨论　仓鼠属的分类经Argyropulo（1933）订正以后，属级地位稳定。但亚属问题争议颇大。Allen（1940）把短尾仓鼠属*Allocricetulus*、大仓鼠属*Tscherskia*、藏仓鼠属*Urocricetus*均作为仓鼠属的同物异名而不分亚属，但是把甘肃仓鼠属*Cansumys*作为独立属。Ellerman和Morrison-Scott（1951）认为包括3个亚属——指名亚属*Cricetulus*、短尾仓鼠亚属，大仓鼠亚属，同时把高山仓鼠属作为指名亚属的同物异名，把甘肃仓鼠属作为大仓鼠亚属的同物异名。罗泽珣等（2000）同意Ellerman和Morrison-Scott（1951）的意见。Corbet（1978）把短尾仓鼠属、大仓鼠属、甘肃仓鼠属、高山仓鼠属均作为仓鼠属的同物异名。Musser和Carleton（1993）将甘肃仓鼠属、大仓鼠属、短尾仓鼠属均作为独立属，把高山仓鼠属作为仓鼠属的同物异名，王应祥（2003）、Musser和Carleton（2005）、Smith和鲜焱（2019）、Wilson等（2017）表示认同。

本志根据Wilson等（2017）及魏辅文等（2022）的观点，认为短尾仓鼠属、大仓鼠属、甘肃仓鼠属、假仓鼠属、藏仓鼠属、原仓鼠属、黄金仓鼠属、毛足鼠属均具有独立属地位，这样，仓鼠属全世界仅有3个种：包括长尾仓鼠、黑线仓鼠和索氏仓鼠。四川仅有1种：长尾仓鼠。

(195) 长尾仓鼠 *Cricetulus longicaudatus*（Milne-Edwards，1867）

别名　搬仓

英文名　Long-tailed Hamster

Cricetus (Cricetulus) longicaudatus Milne-Edwards, 1867. Rech. Mamin., 136（模式产地：内蒙古萨拉齐）.

Cricetulus dichrootis Satunin, 1903. Ann. Mus. St. Petersb, 7: 567（模式产地：青海祁连山南麓）.

Cricetulus andersoni Thomas, 1908. Proc. Zool Soc. Lond., 642（模式产地：山西太原西北约160 km）.

Cricetulus longicaudatus, 王思博, 1958. 鼠疫丛刊 (5): 28; Corbet, 1978. Mamm. Palaea. Reg., 91; 赵肯堂, 1981. 内蒙古啮齿动物志, 140; 郑涛, 1982. 甘肃啮齿动物, 110; Musser and Carleton, 1993. In Wilson. Mamm. Spec. World, 2nd ed., 538; 罗泽珣, 等, 2000. 中国动物志 兽纲 第六卷（下册） 仓鼠科, 46; Musser and Carleton, 2005. In Wilson. Mamm. Spec. World, 3rd ed., 1042.

鉴别特征 牙齿在成体以前，由2纵列瘤状齿突构成，咀嚼面方形，左右排列。在老年时，咀嚼面磨平，看不见2纵列。第1上臼齿由3个横脊组成，第2上臼齿由2个横脊组成，第3上臼齿整体呈圆形，有2横脊，但第2横脊退化，通常只有舌侧1个小齿环。有颊囊。身体的毛短而浓密；背面浅灰色，腹面更淡，背腹面毛色没有截然界限。尾较长，超过体长的35%，尾背面和腹面双色，背面和体背一致，腹面较淡，尾尖通常有小的毛束。

形态

外形：个体相对较小，平均体长90 mm（75 ~ 105 mm），尾长平均35 mm（28 ~ 44 mm），后足长平均16.5 mm（14 ~ 17 mm）。耳较大，显著突出毛外，平均17.7 mm（16 ~ 20 mm）。须多，每边约30根，大多数棕褐色，一些根部棕褐色，尖部白色，有些纯白色；最短者约4 mm，最长者约30 mm。前、后足均具4指（趾）。前足第1指极短，不到1 mm；第2指较长，约3 mm（不包括爪）；第3、4指等长，约3.5 mm；第5指较短，约2 mm。后足均具爪，第1趾最短，长约2 mm；第2、3、4趾等长，长约3.6 mm；第5趾较短，长约2.8 mm。掌垫5枚，趾垫6枚。

毛色：整个身体背面呈灰褐色，毛基黑灰色，毛尖灰褐色。背面中央后半段黑色色调较显著。毛向不明显，毛厚，密实，绒毛状；夹杂一些略长的柱状毛。耳前沿毛较长，多，灰黑色；耳背面相对少，边缘的短，灰白色；基部的长，灰黑色。尾上、下两色，背面和体背毛色一致，灰褐色；腹面灰白色；尾端毛略长。背面灰褐色窄，腹面灰白色宽，背、腹界线较明显。身体腹面从喉部至肛门区域毛色一致，毛基灰黑色，毛尖灰白色。颏部毛较短，整体更淡，刷以淡黄色。前、后足背面颜色一致，灰白色，略带黄色。指（趾）背面，包括指（趾）端均有毛覆盖，毛白色，爪黄白色，半透明。新疆标本颜色显著浅淡。

头骨：背面略呈弧形，最高点在额骨区域。鼻骨长，超过上颌门齿唇面前缘；鼻骨前后几乎等宽，两侧平行，末端变窄，形状不规则，插入额骨前缘，后端略超过左右两侧颧突后缘连线。额骨前后宽，中间窄，中间为眼眶内壁，眼眶上缘较锋利而似脊，但不明显。无明显颞脊。额骨后缘与顶骨之间的骨缝呈弧形。顶骨形状不规则，前侧面尖，后半段向两侧扩展。顶间骨前后长很小，约3 mm，左右宽度较大，约9 mm，与周边相接的骨缝呈锯齿状，整体形状略呈新月形。枕髁显著后突，侧枕骨和听泡之间的纵脊很不显著，存在乳突，但不止于听泡后侧。听泡和鳞骨之间的纵脊存在，但很弱，止于听泡上缘后方。侧面颧弓很纤细，颧骨很窄。腹面腭孔长且较宽，后缘接近左右白齿前缘的连线。中间鼻中隔完整。上颌骨和腭骨组成的硬腭较平坦，腭骨前缘左右各有1个大的神经孔；腭骨后缘向腹面翘起，或者与上颌骨的硬腭一样平；不形成纵脊，两侧与翼骨相连，但

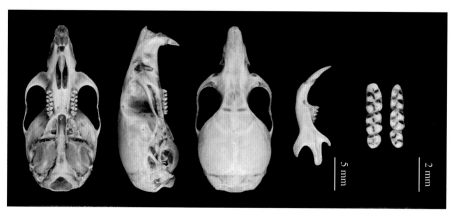

长尾仓鼠头骨图

无腭骨窝。翼骨向后形成内外两支，中间下凹，形成一沟槽；翼骨向后的末端增厚，止于听泡前缘内侧；其外支与鳞骨相连，前面与翼蝶骨相接。听泡小，但外耳道很大。下颌较纤细，冠状突很短，关节突长，末端稍内收，角突长，略向外扩张。

牙齿：上颌门齿垂直向下，末端略内弯。唇面橘色，或米黄色。无犬齿和前白齿。第1上白齿由2纵列和3横脊组成，咀嚼面6个瘤状齿突左右排列，磨损面方形或椭圆形；在成年后，磨损面相互连通；老年时磨平。第2上白齿由2纵列和2横脊组成，咀嚼面有4个瘤状齿突相对排列。第3上白齿略呈圆形，咀嚼面有3个瘤状齿突，呈三角形排列，内侧2个，外侧1个。第1上白齿长，接近第2、3上白齿之和。

下颌门齿长，唇面米黄色或乳白色。第1下白齿也由2纵列和3横脊组成；但第1横脊中间下凹很浅，后面4个瘤状突起外侧的排列稍靠后。第2下白齿由2纵列和2横脊组成，唇侧前缘外侧有1个半月形突起；咀嚼面有4个瘤状齿突，外侧2个排列靠后。第3下白齿咀嚼面有3个瘤状齿突，有些个体有4个瘤状齿突；唇侧前外侧也有1个半月形突起。第1下白齿略长，但远远短于第2、3下白齿之和。

量衡度（衡：g；量：mm）

外形：

编号	性别	体重	体长	尾长	后足长	耳高	采集地点
SAF97182	♀	—	95	39	13.0	18	四川若尔盖
SAF97183	—	—	95	35	16.0	19	四川若尔盖
SAF97201	♀	—	100	36	17.0	17	四川若尔盖
SAF97216	♀	—	—	—	—	—	四川若尔盖
SAF04365	♀	32	84	28	17.0	19	四川若尔盖
SAF04366	♀	34	85	39	17.0	20	四川若尔盖
SAF04376	♂	35	85	32	17.0	17	四川若尔盖
SAF04382	♂	40	105	33	17.0	20	四川若尔盖
SAF04383	♀	32	87	36	17.0	20	四川若尔盖
SAF12152	♂	30	100	30	17.0	18	四川石渠
SAF12153	♀	24	85	34	17.0	17	四川石渠
SAF04177	♀	24	90	44	16.0	18	山西岢岚
SAF04183	♀	24	73	41	17.0	18	山西岢岚

（续）

编号	性别	体重	体长	尾长	后足长	耳高	采集地点
SAF12367	♂	28	98	29	15.0	16	青海治多
SAF12395	♀	22	90	40	14.0	16	青海治多
SAF12452	♂	20	91	38	16.0	16	青海祁连
SAF13440	♀	30	103	33	16.0	17	青海玛多
SAF13441	♀	28	95	34	16.0	16	青海玛多
SAF19317	♀	18	86	36	16.0	16	新疆青河
SAF19318	♀	28	99	39	17.5	20	新疆青河
SAF19319	♂	23	95	41	16.0	18	新疆青河
SAF19326	♂	25	99	36	15.0	18	新疆青河

头骨：

编号	性别	颅全长	基长	枕髁长	颧宽	眶间宽	颅高	听泡长	上齿列长	下齿列长	下颌骨长	下颌长
SAF97182	♀	27.33	23.41	26.99	13.84	4.07	9.81	7.24	4.05	4.05	14.29	17.14
SAF97183	—	27.84	24.03	27.74	13.73	4.17	9.98	7.44	4.02	4.18	—	—
SAF97201	♀	26.75	23.14	26.48	13.81	4.01	9.76	7.21	3.90	4.03	13.65	17.18
SAF97216	♀	24.68	21.00	24.32	12.19	4.06	9.53	6.42	3.91	4.07	12.76	15.42
SAF04365	♀	24.87	21.54	24.53	13.22	4.28	9.53	6.96	3.79	3.81	13.94	15.82
SAF04366	♀	25.49	22.41	25.72	13.36	4.37	9.44	7.27	3.83	3.95	14.52	16.61
SAF04376	♂					4.27	—	7.11	3.68	3.76	14.36	15.89
SAF04382	♂	25.67	22.13	25.63	13.41	4.42	9.38	6.78	3.76	3.97	14.12	16.18
SAF04383	♀				13.47	4.38	9.55	7.20	3.83	3.99	13.95	16.31
SAF12152	♂	26.78	23.01	26.51	12.96	4.12	9.77	7.10	4.10	4.25	14.18	16.68
SAF12153	♀	26.07	22.67	26.01	13.06	4.12	9.53	7.52	4.21	4.26	13.70	16.86
SAF04177	♀				12.93	4.25	—	—	3.69	3.75	13.70	16.00
SAF04183	♀	—	—	—	—	3.98	—	—	3.58	3.58	12.75	15.00
SAF12367	♂				12.57	4.16	9.84	7.74	4.22	4.25	14.36	16.41
SAF12395	♀	—	—	—	—	—	—	—	—	—	—	—
SAF12452	♂	24.76	22.74	24.52	12.09	3.8	9.63	6.76	3.79	3.95	12.83	15.59
SAF13440	♀	—	—	—	—	—	—	—	—	—	—	—
SAF13441	♀	25.30	21.73	25.24	12.95	4.27	9.81	7.27	3.67	3.96	13.17	16.27
SAF19317	♀	24.95	21.27	24.65	12.27	4.21	9.4	6.76	3.79	4.02	13.18	15.25
SAF19318	♀	26.69	22.67	26.50	13.30	4.01	9.85	7.15	3.76	3.93	14.21	16.73
SAF19319	♂	24.39	20.55	23.57	12.52	4.33	9.49	7.42	3.63	3.81	13.35	16.16
SAF19326	♂	16.26	24.04	25.95	12.72	4.13	9.71	7.66	3.73	3.84	13.57	16.31

生态学资料　长尾仓鼠是典型的古北界种类。栖息海拔高，或纬度高。在青藏高原及其周边区域，分布海拔一般超过3 000 m。生境主要包括草地、高山灌丛。新近发现还栖息于流石滩内的灌丛区。草食性。

地理分布　在四川分布于川西高原。标本采集地包括若尔盖、石渠。国内还分布于青海、甘肃、陕西、山西、内蒙古、新疆等地。

分省（自治区、直辖市）地图——四川省

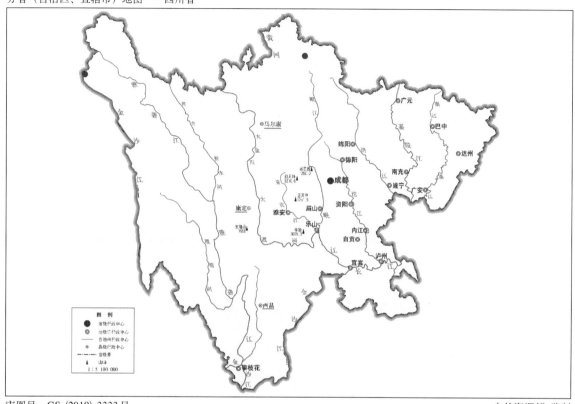

审图号：GS (2019) 3333号　　　　　　　　　　　　　　　　　　　自然资源部 监制

长尾仓鼠在四川的分布
注：红点为物种的分布位点。

分类学讨论　种级地位稳定，最早被放入原仓鼠属。后被划入仓鼠属，暂无争议。

三十四、鼠科 Muridae Gray，1821

Murina Illiger, 1811. Abhandl. K. Akad. Wiss., Berlin for 1804-11, 46(模式属：*Mus* Linnaeus, 1758).

Muridae Gray, 1821. Lond. Mem. Reposit., Vol. 15, pat. 1: 303(模式属：*Mus* Linnaeus, 1758).

Rattidae Burnett, 1830. Quart. Jour. Sci. Lit. Art., Vol. 26: 350(模式属：*Rattus* Frisch, 1775).

Murinae Murray, 1866. Geog. Distr. Mamm. Lond., 16: 359(模式属：*Mus* Linnaeus, 1758).

　　起源与演化　　鼠科和仓鼠科均属于鼠超科 Muroidea，鼠科的起源因鼠超科中高级分类单元的变动和马岛鼠科 Nesomyidae 的提升而变得意见纷纭。一些分子生物学证据显示，鼠超科是一个很年轻的支系，它们起源于 1 800 万～ 2 000 万年前的中新世非洲大陆。这时，非洲大陆和欧亚大陆仍然是分离的。灭绝的 Myocricetodontinae 被认为是该类群的祖先。但一般认为，*Potwarmus* 属物种是鼠科动物在非洲演化的开始，它被发现于 1 800 万～ 1 900 万年前巴基斯坦 Siwalik 山区及 1 500 万～ 1 800 万年前利比亚 Jebel Zelten 地区。它被认为是马岛鼠科和鼠科的共同祖先，而马岛鼠科和鼠科在 1 200 万～ 1 400 万年前由 *Potwarmus* 分化而来。稍晚时候出现的 *Antemus*（1 260 万～ 1 620 万年前）已经有鼠类的牙齿式样，被认为是鼠科的直系祖先。它在 1 050 万～ 1 210 万年前被 *Progonomys* 替代，后者广布非洲北部、欧洲西部和巴基斯坦（Wilson et al., 2017）。但也有人（Denys and Winkler, 2015）认为 *Antemus* 是刚果攀鼠亚科 Deomyinae 的直系祖先，而具有典型鼠亚科牙齿特征（第 1 上臼齿由 3 纵列组成，第 1 横齿环有 3 个齿突）的 *Progonomys* 是鼠亚科姬鼠族 Apodemini 的直接祖先。

　　最早的现代鼠亚科物种是姬鼠类 *Apodemus*，它们于 700 万年前出现于欧洲。其后出现在非洲热带的中新世晚期地层，500 万～ 600 万年前的化石代表了现代分布于非洲的软毛鼠族 Praomyini 及草地鼠族 Arvicanthini。很多分子地理学研究证实，姬鼠属扩散至非洲北部是非常近期的事件。Michaux 等（2002）的研究证实，小林姬鼠 *Apodemus sylvaticus* 和黄喉姬鼠 *Apodemus flavicollis* 在意大利和西班牙分别有 2 个冰期避难所，冰期后它们在该区域的北部重新建立种群并向周边扩散。Suzuki 等（2008）的研究描绘了姬鼠属扩散演化的场景，它们的祖先在 600 万～ 700 万年前形成于欧洲中部，距今约 200 万年前其后裔——现代姬鼠类扩散到整个欧洲和中国南部。黑线姬鼠 *Apodemus agrarius* 在第四纪末从中国北部向西扩散至欧洲。Fan 等（2012）通过对龙姬鼠 *Apodemus draco* 的种群历史研究，发现龙姬鼠的演化进程与青藏运动（170 万～ 360 万年前）及昆黄运动（60 万～ 120 万年前）密切相关，在冰期经历了种群扩展事件，冰期避难所位于贡嘎山及洪雅区域。

　　在亚洲，鼠亚科化石非常稀少，Chaimanee（1998）、Chaimanee 和 Jaeger（1993）在泰国一上新世至更新世的地层中发现了系列鼠亚科化石，并描述了很多现生新种，包含于 *Bandicota*、*Hadromys*、*Hapalomys*、*Leopoldamys*、*Maxomys*、*Niviventer*、*Pithecheir*、*Rattus*、*Vandeleuria* 属中。根据他们的研究，鼠亚科的多样性形成于上新世晚期，主要驱动力是随着青藏高原的阵发性隆升，导致东南亚的气候变得潮湿，并使得森林在东南亚扩展。

最早的家鼠属*Rattus*化石发现于巴基斯坦Siwalik山区上新世地层，约250万年前，该区域的草食性啮齿类（包括*Bandicota*、*Dilatomys*、*Golunda*和*Nesokia*）被更进化的类群所取代，原因是青藏高原隆升，使季风形成或加强。在爪哇岛和苏拉威西群岛，家鼠属的系列化石被发现，时间是50万～250万年前（Musser，1982；Van der Meulen and Musser，1999）。

最早的小鼠属*Mus*化石发现于印度距今约600万年前的地层，数量大，种类多，因此，印度被认为是小鼠属的起源中心。印度上新世晚期地层发现了小家鼠*Mus musculus*的直接祖先，泰国更新世中期地层发现了锡金小鼠*Mus pahari*和肖特基小鼠*Mus shortridgei*的祖先种；在爪哇岛100万～150万年前的地层发现了卡氏小鼠*Mus caroli*的化石种；小鼠属在非洲大陆的祖先化石最早发现于北非距今500万年前地层（Chaimanee，1998；Kotlia，2008；Van der Meulen and Musser，1999；Winkler et al.，2010）。

沙鼠亚科在中新世和上新世地层很丰富，公认最早的沙鼠类化石是*Abudhabia*（Mckenna and Bell，1997），发现于距今约1 000万年前的中国北方。后来发现于500万～860万年前的巴基斯坦、阿富汗斯坦及阿拉伯半岛（沙特、也门、阿曼、以色列）。非洲和欧洲大陆最早的沙鼠类代表是*Protatera*，发现于600万～1 000万年前地层。现生沙鼠属*Meriones*最早的化石发现于北非更新世早期地层。

形态特征　鼠科动物是哺乳类最大的1个科。为适应不同的环境，形态变异很大，尤其是岛屿类型。一般来讲，鼠科动物有1条长的、单色、覆盖鳞片、毛较少的尾；但有些种类的尾也较短，毛很多，或在尾端形成毛束的尾，有时为上、下双色，背面深色，腹面淡色。鼠科动物一般个体较小，最轻者体全长50～80mm，体重约3g（如小鼠属*Nannomys*亚属的非洲倭鼠）；也有少量体形较大物种，如北吕宋岛巨鼠体全长350～480mm，体重达2kg。它们主要为夜行性，所以有大大的眼睛，还有长长的触须；它们的指端绝大多数为爪，但树栖的通常为指甲。鼠科物种脑颅较平坦，上、下颌门齿终生生长；沙鼠亚科的门齿有1～2条纵沟。

分类学讨论　鼠科的亚科分类分歧很大。一些学者把仓鼠科所有现生亚科及现生鼠科物种均作为鼠科下属分类单元（17个亚科）（Ellerman，1940；Ellerman and Morrison-Scott，1951；Corbet and Hill，1991；Musser and Carleton，1993）。一些人不同意这个观点，认为仓鼠科是独立科，并把仓鼠类、沙鼠类、鼢鼠类及田鼠类置于仓鼠科作为亚科（Allen，1940；Simpson，1945；Walker et al.，1975；Corbet，1978；Honacki et al.，1982）。20世纪末，生物化学和分子生物学的兴起，为解决这一问题提供了新的手段。1985年，Bonhomme等通过蛋白质凝胶电泳技术发现沙鼠类与鼠亚科关系较近；*Lophuromys*属（后被提升为亚科）和鼠亚科的关系也很近，应属于鼠科成员；DNA原位杂交技术显示沙鼠类和鼠亚科为姊妹群，但Otomyinae亚科不是独立亚科，应是鼠亚科成员；而*Acomys*属不是鼠亚科成员。

但有限的标本和线粒体基因无法解决鼠科分类与系统发育的争议。Schenk等（2013）用297个鼠形亚目的种类（137个鼠科种类），基于线粒体和几个核基因的分子系统学第一次描绘了鼠形亚目分类系统的全貌，结果支持用牙齿特征作为主要分类依据得出的分类系统，并赞成以前基于线粒体基因得出的非洲鼠科物种族级分类单元。Steppan和Shrenk（2017）用900个鼠超科物种，扩增了5个核基因和1个线粒体基因，构建的系统发育树基本解决了鼠超科亚科以上级别的分类系统问题（参见"鼠超科亚科以上级别的系统发育树"图）。

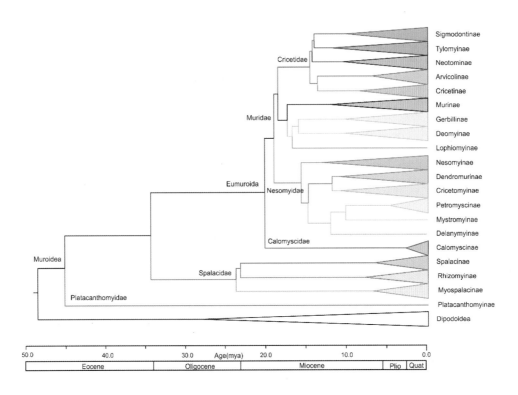

鼠超科亚科以上级别的系统发育树
（引自 Steppan and Shrenk，2017）

从系统发育树看，鼠超科包括仓鼠科Cricetidae、鼠科Muridae、马岛鼠科Nesomyidae、丽仓鼠科Calomyscidae、刺山鼠科Platacanthomyidae。鼠科包括鼠亚科Muriniae、沙鼠亚科Gerbillinae、刚果攀鼠亚科Deomyinae、冠鼠亚科Lophiomyinae。加上被Musser和Carleton（2005）提升为亚科的布氏非洲森林鼠亚科Leimacomyinae（分布于西非多哥，具有非常特殊形态特征的单属单种*Leimacomys buttneri*），鼠科有5个亚科。至此，关于鼠科的分类系统基本达成一致。

5个亚科中，中国仅有2个亚科——沙鼠亚科和鼠亚科。其中四川仅有鼠亚科。

鼠亚科是鼠科中最大的亚科，全世界有135属656种（截至2015年年底）。2005年以来（*Mammal Species of the World*第三版出版以来），鼠亚科有16个新属123个新种被发现。尽管鼠科的高级分类单元的争议基本解决，但是，亚科以下级别的系统发育关系远远没有解决，鼠亚科也一样。在众多的物种中，鼠亚科一些种的地位通过分子系统学得到了解决，但族级分类基本没有涉及。Musser和Carleton（2005）没有将鼠亚科分配到"族"，而是安排了22个超组（Division）。Lecompte等（2008）基于对非洲鼠科的分子系统学，提出了将鼠科动物在亚科下分为不同族的建议。Fabre等（2012）也鉴定出了1个族——Phloemyini。在鼠科的亚科以下继续分族的系统逐步得到承认，最新的《世界哺乳类手册》（Wilson et al.，2016）中就接受了亚科下分族的分类系统。根据这个分类系统，鼠科有2个亚科是单属单种（Leimacomyinae、Lophiomyinae），刚果攀鼠亚科有4属57种，也没有分族。而另外2个亚科：沙鼠亚科被分为3个族；鼠亚科被分为15个族及未定地位的3属4种。

四川鼠亚科涉及姬鼠族Apodemini、小鼠族Murini、巢鼠族Micromyini、家鼠族Rattini。姬鼠族包括2个属，其中姬鼠属Apodemus在四川有分布，共有5种；小鼠族只有小鼠属Mus1个属，四川有分布；巢鼠族只有1属2种，四川有1种分布；家鼠族全世界包括43属185种，四川分布有板齿鼠属Bandicota、大鼠属Berylmys、小泡巨鼠属Leopoldamys、白腹鼠属Niviventer、家鼠属Rattus共13种。另有滇攀鼠属1属1种分布于四川，为滇攀鼠Vernaya fulva。

四川分布的鼠科分属检索表

1. 上颌门齿内侧有一缺刻 ··· 小鼠属Mus
   上颌门齿内侧无缺刻 ··· 2
2. 耳多毛，尾适于卷缠，可通过尾将身体悬挂在小植物上 ············· 巢鼠属Micormys
   耳毛相对较少，尾不适于卷缠 ··· 3
3. 后足第1趾半相对，并以扁平的指甲代替爪 ···················· 滇攀鼠属Vernaya
   后足第1趾不相对，有爪 ··· 4
4. 第1、2上臼齿内侧均有3个角突 ······························· 姬鼠属Apodemus
   第1、2上臼齿内侧只有2个角突 ··· 5
5. 尾上、下一色，环纹明显，体背和腹部毛色无明显界线 ······················· 6
   尾上、下两色，环纹不明显，体背和腹部毛色有明显界线 ···················· 7
6. 个体大，背毛粗浓，尾有短而硬的刚毛 ························ 板齿鼠属Bandicota
   个体小，背毛细密，尾覆盖明显环状鳞片 ······················· 家鼠属Rattus
7. 个体小，后足长短于40 mm ································· 白腹鼠属Niviventer
   个体大，后足长大于40 mm ·· 8
8. 上颌门齿唇面白色 ·································· 大鼠属Berylmys
   上颌门齿唇面橘色 ······························ 小泡巨鼠属Leopoldamys

109. 大鼠属 *Berylmys* Ellerman，1947

Berylmys Ellerman, 1947. Abstr. Proc. Zool. Soc. Lond., 117: 261(模 式 种: *Epimys manipulus* Thomas, 1916); Musser and Newcomb, 1983. Bull. Amer. Mus. Nat. Hist., 174: 327-598; Musser and Carleton, 1993. In Wilson. Mamm. Spec. World, 2nd ed., 580; 王酉之和胡锦矗，1999. 四川兽类原色图鉴, 218; 王应祥, 2003. 中国哺乳动物种和亚种分类名录与分布大全, 206; Musser and Carleton, 2005. In Wilson. Mamm. Spec. World, 3rd ed., 580; Smith和解焱, 2009. 中国兽类野外手册, 159; Wilson, et al., 2017. Hand. Mamm. World, Vol. 7, Rodentia II : 819.

鉴别特征 体型大，背毛浓密，铁灰色，腹部白色至污白色，背腹部毛色界线清晰。雌体有4～5对乳头。脑颅背面呈三角形，后枕骨膨胀并向前倾斜，门齿孔通常结束在上臼齿列的前边缘。腭桥短，其后缘通常在第3上臼齿的末端连线附近，翼状窝完整。上、下颌门齿牙釉质白色至浅黄色，与其他大多数鼠亚科动物深橘黄色的门齿区别明显。第3上、下臼齿与同排的其他牙齿相比偏小。

形态 大型啮齿类。背毛浓密，铁灰色，其间夹杂纯白色带浅棕色；尾尖的毛平均长约16 mm；腹部白色至污白色，背部与腹部毛色界线清晰。耳突出于体毛，颜色与体背毛接近或稍浅。后足长约50 mm，掌垫浅黄棕色。雌体有4～5对乳头。尾上、下同色，尾末端一半或仅尾尖白色。

生态学资料 陆栖，白天在洞中活动，夜间外出活动。栖息于海拔约2 500 m以下的亚热带山地森林、林缘灌丛、农田以及干扰较小的林区，在次生林、灌丛中也有分布，少量个体在岩石间、森林溪流及树基部挖洞栖息。植食性，以野果、草本植物及农作物为食，也食蜗牛、昆虫等无脊椎动物。一般每胎产2～5仔。

地理分布 国内分布于西藏南部、云南、四川南部至浙江、福建、广东，在四川分布于川中峨眉山及川西南山地（宜宾）等区域。

分类学讨论 *Berylmys*最初是Ellerman（1947）在*Rattus*属设立的1个新亚属，包含*B. manipulus*和*B. berdmorei*，Musser和Newcomb（1983）将其提升为属，记录了与*Berylmys*有关的名称和类群的分类学历史，还报道了以中南半岛为中心的物种演化史。*Berylmys*属的物种牙齿与*Niviventer*、*Maxomys*、*Leopoldamys*属相似，但与*Rattus*属有一些同源性的头颅特征。初步的DNA序列（Usdin et al., 1995；Verneau et al., 1997，1998）以及白齿形状的分析（Chaimanee，1998），将以*B. bowersi*物种为代表的*Berylmus*属归入*Rattus*组。Musser和Carleton（1993，2005）、王酉之和胡锦矗（1999）、王应祥（2003）、Smith和解焱（2009）、Wilson和Mittermeier（2017）、蒋志刚等（2021）、魏辅文等（2021）均支持*Berylmys*为独立有效属。

Ellerman（1947）设立*Berylmys*亚属时包含*B. manipulus*和*B. berdmorei*，根据Wilson和Mittermeier（2017）研究结果，该属全世界有*B. berdmorei*、*B. bowersi*、*B. mackenziei*、*B. manipulus*共4种，在中国均有分布，其中四川分布有*B. bowersi*和*B. mackenziei*2种。

四川分布的大鼠属Berylmys分种检索表

后足长一般大于50 mm，尾白色局限在尾梢，雌体有4对乳头 ·················· 青毛巨鼠*B. bowersi*
后足长一般大于50 mm，尾末端一半或多或少覆盖白色，雌体有5对乳头 ·················· 白齿硕鼠*B. mackenziei*

（196）青毛巨鼠 *Berylmys bowersi*（Anderson，1878）

别名 青毛硕鼠、青毛鼠

英文名 Bower's White-toothed Rat

Mus bowersii Anderson, 1878. Anat. Zool. Res. Western Yunnan, 304（模式产地：云南克钦）.

Epimys bowersi Thomas, 1916. Jour. Bombay Nat. Hist. Soc., 24: 410.

Mus latouchei Thomas, 1897. Ann. Mag, Nat. Hist., 20: 113.

Rattus kennethi Kloss, 1918. Jour. Nat. Hist. Soc. Siam, 3: 81.

Rattus wellsi Thomas, 1921. Jour Bombay Nat. Hist. Soc., 28, I: 26.

Rattus bowersi Kloss, 1917. Rec. Ind. Mus., 13: 5; Ellerman and Morrison-Scott, 1951. Check. Palaea. Ind. Mamm., 591; 胡锦矗和王酉之, 1984. 四川资源动物志　第二卷　兽类, 238; Musser and Carleton, 1993. In Wilson.

Mammal. Spec. World, 2nd ed., 591.

Berylmys bowersi Musser and Newcomb, 1983. Bull. Amer. Mus. Nat. Hist., 174: 377-389; 王酉之和胡锦矗, 1999. 四川兽类原色图鉴, 218; 王应祥, 2003. 中国哺乳动物种和亚种分类名录与分布大全: 206; Musser and Carleton, 2005. In Wilson. Mamm. Spec. World, 3rd ed., 979; Smith 和解焱, 2009. 中国兽类野外手册, 160; Wilson, et al., 2017. Hand. Mamm. World, Vol. 7, Rodentia II: 819; 魏辅文, 等, 2021. 兽类学报, 41(5)：487-501.

鉴别特征 个体大，尾长与体长相当或略长。体背青灰色，由基部和中部为灰色的绒毛、稀疏的基部和中部为白色的刺毛组成。吻部周围及体背顶部毛尖棕色、黑色较明显，颜色深于体侧。腹毛白色，与体侧毛色分界较明显。尾上、下同色，大部分灰棕色，接近末端为白色。后足长大于50 mm；前足背面灰白色，后足背面灰棕色，后足侧面白色。雌体具4对乳头。

形态

外形： 体重可达450 g，根据屏山清平漆树坪的1号标本测量结果：体长262 mm，尾长272 mm，后足长51 mm，耳高41 mm。须较少，每边15～20根，最长约72 mm；根部与体背同色、越到尖端颜色越浅。前、后足均具5指（趾）。前足第1指极短，最长约3 mm，具指甲。前足其余各指具爪；第3、4指近等长，长约10.2 mm（不包括爪）；第2、5指近等长，长约7.8 mm。后足各趾均具爪，第1趾最短，长约7 mm（不包括爪）；第2、3、4趾约等长；第3趾长约13 mm，稍长于第2、4趾；第5、1趾分别长约10.3 mm、7.3 mm。爪淡黄白色，后足爪明显长于前足，前足第3指爪4.5 mm，后足第3趾爪长约6.4 mm。前足掌垫5枚，靠腕掌部近端的2枚较大；后足趾垫6枚，靠第5趾腹面的最大，其余约等大。

毛色： 体背总体青灰色，由基部和中部为灰色的绒毛，以及基部、中部为白色的稀疏刺毛组成，毛尖略带棕色。吻部周围及体背顶部毛尖棕色、黑色较明显，颜色深于体侧。腹毛白色，与体侧毛色分界较明显。尾上、下同色，大部分灰棕色；尾末端有长约30 mm的白色。耳薄，明显突出体毛外，毛色浅于体背毛。前足背面灰白色，后足背面灰棕色，后足侧面白色。

头骨： 脑颅大而窄长，总体较平直，略呈三角形，与小泡巨鼠相似。鼻骨较窄而尖，前端宽，后端逐渐收窄，末端呈折线状止于上颌骨颧突后缘连线附近。额骨前端和后端宽，中部较窄，构成眼眶内壁。前缘内侧分别与鼻骨和前颌骨相接，与前颌骨的骨缝呈长的折线，外侧与上颌骨相接，骨缝为弯曲的曲线。眶上脊可见，远不如小泡巨鼠发达。颞脊极弱，略可见，脊线由前向后逐渐变弱消失。额骨后缘与顶骨之间的骨缝呈弧形，骨缝线为不规则曲线。顶骨略呈梯形，中后部向两侧略扩展。顶间骨整体略呈三角形，前后长约7.7 mm，左右宽约13 mm。枕区垂直向下，上枕骨中央形成一纵脊，枕髁略向后突。侧枕骨与听泡之间的纵脊较明显，乳突明显。听泡与鳞骨之间的纵脊明显，垂直向下，止于听泡上方。眼眶前缘有一明显的扁圆形泪骨，紧贴上颌骨和额骨交界处，向眶外突出。侧面颧弓较粗壮。腹面门齿孔长约10 mm，约占齿隙长的60%，宽约1.6 mm。中间鼻中隔完整显粗壮。硬腭较平坦，两侧各有1条浅沟，硬腭末端向口腔突出，在腭骨后端各有1～3对较大的神经孔及数量不等的小神经孔；腭骨后缘整体呈圆弧形。翼骨厚度中等，向后止于听泡前缘延伸部分。与小泡巨鼠相比，听泡较大且鼓突。下颌骨粗壮，冠状突和关节突粗短，关节突略长于冠状突，末端向内收，角突中等宽度。

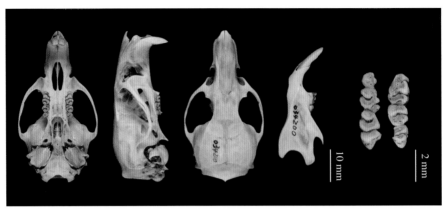

青毛巨鼠头骨图

牙齿：上颌门齿较短，略向内弯，唇面淡黄色。第1上臼齿由3个横齿环前后排列而成，第1横齿环外侧齿突t3消失，第二横齿环t4、t5、t6均存在，第3横齿环内侧齿突（t7）消失，外侧齿突t9不甚明显。第2上臼齿也由前后排列的3个横齿环组成，第1横齿环仅存内侧齿突，第2横齿环3个齿突均存在，第3横齿环中间齿突明显，外侧齿突不明显。第3上臼齿由前内侧一个圆形齿突和后面一个开口向内后侧的C形齿环构成。

下颌门齿较细弱，中等发达，唇面淡黄白色。第1下臼齿由前后3个依次变宽的齿环组成，第1、2齿环组成蝴蝶形，第3齿环略呈扁"八"字形，其外侧有1个扁副齿突依附。第2下臼齿有前、后2个大小相近的横齿环，第2横齿环略小，其外侧和下侧各有1个扁圆形副齿突。第3下臼齿由1个横齿环及其后侧的1个圆形副齿突组成。

量衡度（衡：g；量：mm）

外形：

编号	性别	体重	体长	尾长	后足长	耳高	采集地点
CQNHM890024	♀	450	262	272	51	41	四川屏山清平漆树坪

头骨：

编号	颅全长	基长	髁鼻长	颧宽	眶间宽	颅高	听泡长	上臼齿列	下臼齿列	下颌骨长	下颌长
CQNHM890024	56.78	50.39	56.78	27.31	8.02	18.88	12.08	8.39	9.21	32.21	39.78

生态学资料　栖息于川西南海拔2 600 m以下的亚热带山地森林、灌丛及农田。主要植食性，以植物种子、果实、嫩叶及一些无脊椎动物为食。

地理分布　在四川分布于川南屏山等地，国内还分布于西藏东南、广东、广西、福建、云南、贵州、安徽等地。

分类学讨论　青毛巨鼠曾先后划入 *Mus* 属和 *Rattus* 属，Musser 和 Newcomb（1983）梳理了该种的分类学历史，*Berylmys bowersi* 是在马来半岛和巽他大陆架苏门答腊岛发现的唯一一种 *Berylmys* 属物种。冯祚建等（1986）鉴定了来自西藏东南部的1号标本，发现为 *B. bowersi*。王应祥（2003）

分省（自治区、直辖市）地图——四川省

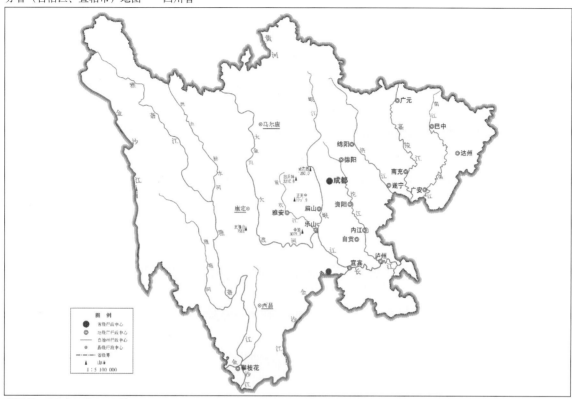

审图号：GS (2019) 3333号

自然资源部 监制

青毛巨鼠在四川的分布
注：红点为物种的分布位点。

和张荣祖等（1997）认为 *B. bowersi* 在中国南方广泛分布，但 Musser 和 Carleton（2005）怀疑上述鉴定的 *B. bowersi* 有可能是 *B. mackenziei*，因为后者也出现在 *B. bowersi* 的分布区。Smith 和解焱（2009）指出 *B. mackenziei* 与 *B. bowersi* 相似，但体型较小，尾末端一半或多或少覆盖白毛，认为 *B. bowersi* 和 *B. mackenziei* 均为有效种，且在中国有分布，Wilson 和 Mittermeier（2017）支持这一分类观点。本书作者团队在西藏墨脱地区采获的 1 号标本确系青毛巨鼠，支持冯祚建等（1986）的鉴定结果。

(197) 白齿硕鼠 *Berylmys mackenziei* (Thomas，1916)

英文名 Mackenzie's White-Toothed Rat

Epimys mackenziei Thomas, 1916. Jour. Bombay Nat. Hist. Soc., 24, 3: 40（模式产地：缅甸钦山）.

Rattus mackenziei feae Thomas, 1916. Jour. Bombay Nat. Hist. Soc., 24, 3: 412.

Rattus wellsi Thomas, 1921. Jour. Bombay Nat. Hist. Soc., 28, i: 26.

Rattus bowersi mackenziei Ellerman and Morrison-Scott, 1951. Check. Palaea. Ind. Mamm., 591; Musser and Carleton, 1993. In Wilson. Mamm. Spec. World, 2nd ed., 591.

Berylmys mackenziei Musser and Newcomb, 1983. Bull. Amer. Mus., 174: 373-377; Musser and Carleton, 2005. In Wilson.

Mamm. Spec. World, 3rd ed., 979; Smith 和解焱, 2009. 中国兽类野外手册, 161; Wilson, et al., 2017. Hand. Mamm. World, Vol. 7, Rodentia, II: 819.

鉴别特征　尾上、下同色，尾末端一半或多或少覆盖白色，与青毛巨鼠仅靠尾尖白色相区别。后足长大于45 mm，雌体具5对乳头。

形态

外形：大型鼠类，与青毛巨鼠非常相似但体型略小。头体长155～243 mm，尾长150～255 mm，后足长45～54 mm，耳高25～35 mm，体重120～140 g。尾长等于或稍长于头体长。

毛色：似青毛巨鼠，但皮毛更厚、更柔软，呈暗灰色或铁灰色。尾末端一半或多或少覆盖白色，明显比青毛巨鼠尾尖的白色范围更长。后足背面深棕色，趾和足侧白色；前足白色，背面没有棕色调痕迹。共5对乳头，其中胸部1对，腋下2对，腹股沟部位2对。

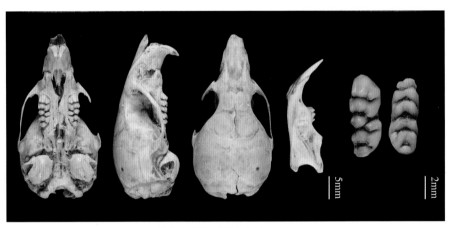

白齿硕鼠头骨图（亚成体）

头骨：门齿孔位于第1上臼齿之前。腭桥在第3上臼齿之前或齐平。颧板较青毛巨鼠更倾斜；颞下脊位于头颅背外侧。

牙齿：第2上臼齿的t3突存在一半，而青毛巨鼠第2上臼齿的t3突仅存在1/4；第2下臼齿出现前唇尖的概率较小。

生态学资料　分布于亚热带山地常绿和湿润阔叶林区。中国仅有的标本采自海拔2 000 m的峨眉山区域。

地理分布　在四川分布于峨眉山，国内其他地方未见采样及分布的报道。国外分布于印度东北部至越南南部。

分类学讨论　曾在峨眉山采集到1号标本（USNM255354）。常被误认为是青毛巨鼠，Musser 和 Newcomb（1983）对该种的标本及形态特征进行了全面梳理，认为 Berylmys mackenziei 为有效种，Musser 和 Carleton（2005）、Smith 和解焱（2009）、Wilson 和 Mittermeier（2017）均同意这一观点。本书中暂将该种列出，但无法查阅标本，故无法进行完整描述。

分省（自治区、直辖市）地图——四川省

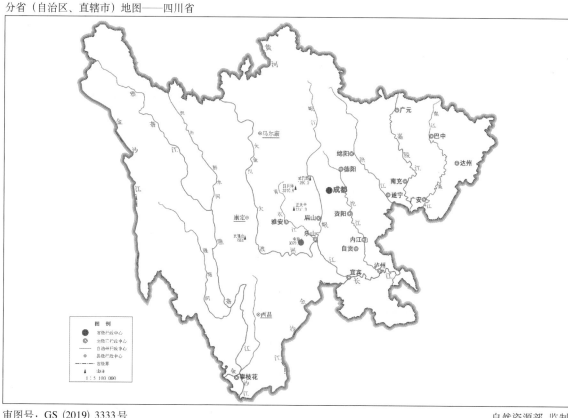

审图号：GS (2019) 3333号

自然资源部 监制

白齿硕鼠在四川的分布
注：红点为物种的分布位点。

110. 小泡巨鼠属 *Leopoldamys* Ellerman，1947—1948

Leopoldamys Ellerman, 1947-1948. Abstr. Proc. Zool. Soc. Lond., 1947-1948(117)：267(模 式 种: *Mus sabanus*
Thomas, 1887)；Musser, 1981. Bull. Amer. Mus., 168: 225-334; Musser and Carleton, 1993. In Wilson. Mamm.
Spec. World, 2nd ed., 603; 王应祥, 2003. 中国哺乳动物种和亚种分类名录与分布大全, 206; Musser and
Carleton, 2005. In Wilson. Mamm. Spec. World, 3rd ed., 580; Smith 和解焱, 2009. 中国兽类野外手册, 165;
Wilson, et al., 2017. Hand. Mamm. World, Vol. 7, Rodentia, Ⅱ : 854.

鉴别特征 大型鼠类，尾长。背毛棕色至浅灰棕色，腹毛白色，分界明显。尾呈不明显的双
色，上面棕色，下面奶油白色。前足和后足背面浅棕色至白色。头骨长而较窄，颧弓的鳞骨根部
高，位于脑颅侧面。门齿孔短阔，延伸到第1臼齿前面。听泡小而低平。

形态 身体背面从吻端至尾根部毛色一致，为棕色至浅灰棕色。腹毛白色，背、腹毛色分界明
显，耳一般突出体毛外，呈深棕色。头骨大而窄长，脑颅顶部线条平缓，眶上脊发达，前足和后足
背面浅棕色至白色。尾粗而长，平均可达体长的120%。门齿孔短阔，延伸到第1臼齿前面。与大
的头骨相比，听泡极度缩小，且低平。颅全长和后足长均超过50 mm。

生态学资料　陆栖，多为夜间活动。栖息于中山、低山及丘陵区的农田、河谷及林区。植食性，以种子、果实、竹笋、农作物等为食。

地理分布　在四川分布于盆地低山丘陵区及盆周区域，国内还分布于重庆、广东、广西、福建、西藏、云南、贵州、陕西、甘肃、浙江、安徽、湖南、海南。

分类学讨论　*Leopoldamys* 最初是 Ellerman（1947）在 *Rattus* 属设立的 1 个新亚属，包含 *R. edwardsi*、*R. sabanus*，并指出该亚属有听泡过度缩小、臼齿列较长、颅全长通常超过 50 mm 等特征。Misonne（1969）、Marshall（1976，1977）均承认 *Leopoldamys* 的亚属地位。Musser（1981）将其提升为独立属，回顾了形态学、染色体及分布特征，对该属进行了界定并与 *Rattus* 属和 *Niviventer* 属对比。Musser 和 Carleton（2005）、王应祥（2003）、Smith 和解焱（2009）、Wilson 和 Mittermeier（2017）均承认其属级分类地位。染色体研究显示 *Leopoldamys* 与 *Bandicota*、*Berylmys*、*Nesokia*、*Rattus* 和 *Sundamys* 的亲缘关系比与 *Lenothrix*、*Maxomys*、*Niviventer* 的亲缘关系更近（Gadi and Sharma，1983）。等位酶和形态学数据清楚地将 *Leopoldamys* 和 *Rattus* 分开（Chan et al.，1979；Musser，1981；Musser and Newcomb，1983）。基于 LINE-1 的 DNA 序列分析将 *Leopoldamys* 和 *Niviventer* 作为姊妹属，与 *Rattus*、*Berylmys*、*Bandicota*、*Sundamys* 分开（Verneau et al.，1997，1998），白蛋白免疫学研究（Watts and Baverstock，1994），DNA-DNA 杂交分析（Chevret，1994；Ruedas and Kirsch，1997）以及一般的颅和牙齿特征（Musser and Newcomb，1983）也得到类似结果。可见 *Leopoldamys* 的属级分类地位得到多种类型数据的支持，自 Musser（1981）将其提升为属级分类单元后，逐渐得到分类学界的认可。

Ellerman（1947）在设立 *Leopoldamys* 亚属时，仅包含 *R. edwardsi* 和 *R. sabanus* 2 种，Marshall（1976，1977）与其观点一致。Misonne（1969）认为该亚属包含 *R. musschenbroekii*、*R. whiteheadi*、*R. rajah*、*R. hellwaldii*、*R. baeodon*、*R. ohiensis*、*R. nativitatis* 共 7 种。Musser（1981）认为 *Leopoldamys* 属有 *L. neilli*、*L. edwardsi*、*L. sabanus*、*L. siporanus* 4 种；Musser 和 Carleton（1993，2005）先后认为该属有 3 种（*L. neilli*、*L. edwardsi*、*L. sabanus*）和 6 种（*L. ciliatus*、*L. edwardsi*、*L. millet*、*L. niellii*、*L. sabanus*、*L. siporanus*）；Wilson 和 Mittermeier（2017）认为该属包含 *L. milleti*、*L. edwardsi*、*L. sabanus*、*L. herberti*、*L. neilli*、*L. ciliatus*、*L. diwangkarai*、*L. siporanus* 共 8 种。徐龙辉和余斯绵（1985）发表海南小泡巨鼠一新亚种——*Leopoldamys edwardsi hainanensis*。Li 等（2019）经分子系统学研究，证实海南亚种为独立种海南巨鼠 *Leopoldamys hainanensis*。这样，该属全世界共有 9 个种。程鹏等（2014）记述中国新记录——耐氏大鼠 *Leopoldamys neilli*。魏辅文等（2021）认为 *L. neilli* 是独立种且分布中国。这样，中国分布小泡巨鼠属包括 *L. edwardsi*、*L. neilli*、*L. hainanensis* 3 个种，其中四川分布有 *L. edwardsi* 1 种。

（198）小泡巨鼠 *Leopoldamys edwardsi*（Thomas，1882）

别名　白腹巨鼠

英文名　Edwards's Leopoldamys

Mus edwardsi Thomas, 1882. Proc. Zool. Soc. Lond., 587（模式产地：福建挂墩山）.

Rattus edwardsi Cabrera, 1922. Bol. Real Soc. Esp. Nat. Hist. Madrid, 22: 167; G. M. Allen, 1926. Mus. Nov., 217: 16; 胡锦矗和王酉之，1984. 四川资源动物志　第二卷　兽类，244.

Mus melli Matschie, 1922. In Mell. Arch. f. Naturgesch, 88: 26, 37.

Rattus edwardsi edwardsi A. B. Howell, 1929. Proc. U. S. Nat. Mus., 75: 64.

Leopoldamys edwardsi Musser, 1981. Bull. Amer. Mus., 168: 225-334; 王酉之和胡锦矗, 1999. 四川兽类原色图鉴,
219; 王应祥, 2003. 中国哺乳动物种和亚种分类名录与分布大全: 206-207; Musser and Carleton, 2005. In Wilson.
Mamm. Spec. World, 3rd ed., 979; Smith 和解焱, 2009. 中国兽类野外手册, 165-166; Wilson, et al., 2017. Hand.
Mamm. World, Vol. 7, Rodentia Ⅱ: 854; 魏辅文, 等, 2021. 兽类学报, 41(5): 487-501.

鉴别特征　与本种大的头骨相比，听泡显得过度缩小，平均为颅全长的10%～15%。大型鼠类，臼齿列较长，臼齿冠长度超过9 mm，与*Rattus*属相区别。颅全长通常超过50 mm，尾长一般可达270 mm。背毛棕色至浅灰棕色，腹毛白色，分界明显。尾呈不明显的双色，上面棕色，下面奶油白色。前足和后足背面浅棕色至白色。头骨长，较窄，颧弓的鳞骨根部高，位于脑颅侧面。腭骨后缘在第3上臼齿末端水平线上。

形态

外形：大型鼠类，成体的体长200～270 mm（平均237 mm），尾长达230～320 mm（平均为290 mm），后足长48～56 mm（平均53 mm），耳高32～39 mm（平均34 mm）。尾长平均达体长的120%。须每边约25根，最长者超过100 mm，一般须基部黑色，向尖端颜色变浅。前、后足均有5指（趾），前足第1指具指甲，极短。第2～4指相当，其中第3指最长，长约11 mm；第5指略短。后足第1趾和第5趾相近，长9～12 mm，其余3趾近等长，长约14 mm。前足掌垫5枚，靠腕掌部近端的2枚较大；后足趾垫6枚，靠第5趾腹面的最大，其余约等大。

毛色：身体背面从吻端至尾根部毛色棕色至浅灰棕色，毛长约20 mm，毛基部至尖部颜色由灰白色、灰色至棕色逐渐加深。腹毛白色，背腹分界明显。尾呈不明显的双色，上面棕色，下面奶油白色，被短毛。耳突出体毛外，与体毛颜色相比呈深棕色。前足和后足背面浅棕色至白色，部分个体呈深棕色，爪白色。

头骨：脑颅长而较窄，总体较平直，最高点位于额骨前端。鼻骨前端宽，向后逐渐收窄，末端呈深锯齿状，止于上颌骨颧突后缘连线附近。额骨前端和后端宽，中部窄，构成眼眶内壁。前缘内侧分别与鼻骨和前颌骨相接，与前颌骨的骨缝呈长的折线，外侧与上颌骨相接，骨缝为弯曲的曲线。眶上脊发达，并与后侧的颞脊相连，止于侧枕骨与鳞骨之间的纵脊上方，脊线由前向后逐渐变弱。额骨后缘与顶骨之间的骨缝呈弧形，骨缝线弯曲，在外侧与鳞骨相接。顶骨略呈梯形，中后部向两侧略扩展。顶间骨整体略呈菱形，前后长约7.7 mm，左右宽约15 mm。枕区垂直向下，上枕骨中央形成一纵脊，枕髁略向后突。侧枕骨与听泡之间的纵脊不明显，乳突明显。听泡与鳞骨之间的纵脊较明显，垂直向下，止于听泡上方。眼眶前缘有一明显的椭圆形泪骨，紧贴上颌骨和额骨交界处向眶外突出。侧面颧弓较粗壮。腹面，门齿孔长约10 mm，约占齿隙长的60%，宽约2 mm。中间犁骨完整，显粗壮。硬腭较平坦，两侧各有1条浅沟，硬腭末端向口腔突出，在腭骨后端两侧各有1个较大的神经孔。腭骨后缘整体呈圆弧形。翼骨较厚，向后止于听泡前缘延伸部分。听泡显著缩小且低平，仅中部平滑，边沿显粗糙。下颌骨粗壮，冠状突和关节突粗短，近相等，角突细而尖。

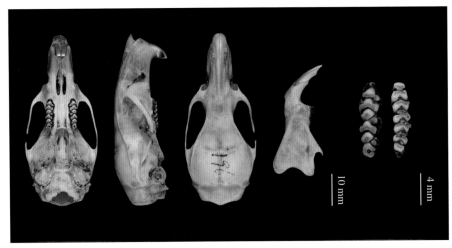

小泡巨鼠头骨图

牙齿：上颌门齿较短、略向内弯，唇面橘色，内侧白色。第1上臼齿由3个前后排列的横齿环组成，第1横齿环外侧t3齿突消失，第2横齿环t4、t5、t6均存在，第3横齿环内侧t7齿突消失，仅存中间和外侧齿突（t8和t9）。第2上臼齿也由前后排列的3个横齿环组成，第1横齿环仅存内侧齿突，第2横齿环3个齿突均存在，第3横齿环中间齿突明显，外侧齿突存在但不明显。第3上臼齿由前内侧1个圆形齿突和后面1个开口向内后侧的C形齿环构成。下颌门齿较细弱中等发达，唇面淡黄白色。第1下臼齿由前后3个依次变宽的齿环组成，第1、2齿环组成蝴蝶形，第3齿环略呈扁"八"字形，其外侧有1个扁副齿突依附。第2下臼齿有前、后2个大小相近的横齿环，第2横齿环略小，其外侧和下侧各有1个扁圆形副齿突。第3下臼齿由1个横齿环及其后侧的1个圆形副齿突组成。成体牙齿磨损后各齿环变大或彼此相融合。

量衡度（量：mm）

外形：

编号	性别	体长	尾长	后足长	耳高	采集地点
SAF90190	♂	220	275	55	34	四川高川柳家坪
SAF02320	—	270	314	52	33	四川泗耳小沟
SAF90197	♂	200	230	51	32	四川高川小坡

头骨：

编号	颅全长	基长	颧宽	眶间宽	乳突宽	颅高	听泡长	上齿列长	上臼齿冠长	下齿列长	下臼齿冠长	下颌骨长
SAF90190	56.52	47.04	24.85	8.69	15.10	17.26	8.02	28.63	9.98	17.38	10.18	29.54
SAF02320	59.24	50.4	25.85	8.83	15.97	18.81	7.91	30.12	9.74	17.58	10.04	31.87
SAF90197	52.72	43.34	—	—	14.92	16.46	7.97	26.84	10.09	17.33	9.77	26.43

生态学资料　陆栖，多为夜间活动。栖息于中、低山，丘陵区的农田、河谷及潮湿低海拔常绿山地森林，能够应对栖息地退化，在森林边缘和已经被破坏的栖息地生存。杂食性，以种子、果实、竹笋、农作物及无脊椎动物为食，谷物尤其是玉米成熟时可攀登取食。可传播钩端螺旋体病。

地理分布　在四川分布于青川、平武、安州等盆周及盆地低山丘陵区，国内还分布于重庆、广东、广西、福建、西藏、云南、贵州、陕西、甘肃、浙江、安徽、湖南、海南。

分省（自治区、直辖市）地图——四川省

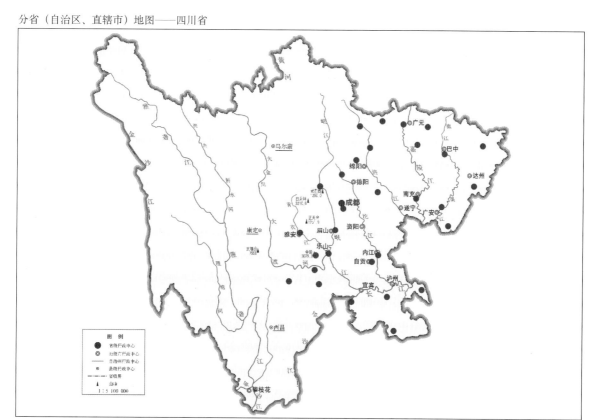

审图号：GS（2019）3333号　　　　　　　　　　　　　　　　　　　　自然资源部　监制

小泡巨鼠在四川的分布
注：红点为物种的分布位点。

分类学讨论　该种先后被放入 *Mus*、*Rattus* 等属，其种级分类地位争议较小。Ellerman（1947）在设立 *Leopoldamys* 亚属时承认 *L. edwardsi* 的有效性；Marshall（1976，1977）、Musser（1981）、Musser 和 Carleton（1993，2005）、Wilson 和 Mittermeier（2017）均承认 *L. edwardsi* 为有效种。但 Musser 和 Carleton（2005）、Wilson 和 Mittermeier（2017）均指出鉴于该种包含了相当大的遗传和形态变异，在其分布区范围内可能仍然包含多个物种，其海南种群可能是个明确的亚种，甚至独立种，需要对其进行更全面的分类学修订。

Ellerman 和 Morrison-Scott（1951）提出小泡巨鼠有 2 个亚种：指名亚种 *Leopoldamys edwardsi edwardsi*（Thomas，1882）和四川亚种 *Leopoldamys edwardsi gigas*（Satunin，1902），多数学者接受这一意见，所以四川分布的是四川亚种。

小泡巨鼠四川亚种 *Leopoldamys edwardsi gigas* （Satunin，1902）

Mus gigas Satunin, 1902. Annuaire Mus. Zool. Acad. Imp. Sci. St. Perersb., Vol. 7:562(模式产地：四川平武).

鉴别特征　小泡巨属四川亚种大小与指名亚种一致。和指名亚种相比，四川亚种的毛更柔软，背部黑色色调更显著，脚踝颜色更深，面颊颜色深，几乎无白色斑块。

地理分布　同种的分布。

111. 巢鼠属 *Micromys* Dehne，1841

Micromys Dehne, 1841.Ein Neues Säugetier der Fauna von Dresden, 1(模式种：*Micromys agilis* Dehne, 1841).

Mus in part, 1857. Blasitus, Säugethiere Deutschlands, 309.

鉴别特征　巢鼠属是最小的鼠科动物之一，成体体长在50～80 mm，耳短尾长，尾长为体长的70%～130%，尾能卷缠。

形态

头短圆，吻较短，耳朵短圆，后足拇趾有爪，善攀登。尾毛不发达，尾尖端背面光裸。巢鼠属头骨狭小，脑颅较隆起，颧弓细弱，颧弓比小家鼠窄，无眶上脊和颞脊。

生态学资料　巢鼠属动物主要生活在芦苇和草地中，巢在离地20～50 cm的地方。以植物为主的杂食性动物，吃种子、水果、根、苔藓、其他类型的植物物质、真菌和少量无脊椎动物。繁殖是季节性的，春季和夏季的繁殖比例最高。雌性可以生育2～12仔。幼仔在出生8～10天后睁开眼睛，18天左右断奶。出生后6～7周性成熟。

地理分布　巢鼠属广泛分布于欧亚大陆。从西班牙北部和英国东部经欧洲、俄罗斯和哈萨克斯坦，到蒙古国北部、中国、韩国、日本、印度东北部、缅甸、老挝、越南均有分布。

分类学讨论　巢鼠属具有化石*Progonomys*和现存的鼠亚科动物特有的臼齿模式（Misonne，1969），所以它可能是在大约1 200万年前从一种类似*Progonomys*的祖先啮齿动物中进化而来（Furano et al.，1994）。Michaux等（2002）对巢鼠IRBP、*Cytb*和12S rRNA序列进行分析，推测巢鼠属*Micromys*较早地偏离了核心鼠系。Furano等（1994）也得出了同样的结论。Jing（2015）使用巢鼠属和鼠科19个物种的完整线粒体基因组序列构建了系统发育树，结果同样支持巢鼠属是鼠科内的早期分支。尽管没有关于巢鼠属祖先的化石记录，但Aguilar等（1989）认为巢鼠属至少已经存在了500万年。Watts和Baverstock（1995）采用白蛋白微补体固定法研究鼠科17个属间的系统发育关系，指出亚洲长尾攀鼠属*Vandeleuria*和巢鼠属*Micromys*的亲缘关系最近。Pages等（2016）通过分子与形态方面的比较，证明了*Micromys*值得成为1个独立的分类单元——Micromyini，并且认为它是Rattini的姊妹分类单元。

巢鼠属的研究历史很长，加上分布广泛，历史上该属下曾经命名了19个种级分类单元，21个亚种级分类单元。但在1941年之后，这些分类单元就被全部包含于1个种——巢鼠*Micromys minutus*，作为亚种或者同物异名（Ellerman，1941）。但亚种的分类却差异较大。Ellerman（1941）认为包含32个亚种；Ellerman和Morrison-Scott（1951）认为包含14个亚种；张荣祖（1997）列出中国巢鼠有4个亚种；王应祥（2003）认为中国巢鼠包括7个亚种，还有3个居群；Smith和解焱（2009）认为中国有7个亚种。这一分类系统一直持续到2009年，Abramov等（2009）通过形态和分子，认为 *M. erythrotis* 是独立种，并逐步得到承认。所以，巢鼠属目前包含2个物种——巢鼠 *Micromys minutus* 和红耳巢鼠 *Micromys erythrotis*，四川仅有红耳巢鼠。

(199) 红耳巢鼠 *Micromys erythrotis* (Blyth，1856)

别名　禾鼠、麦鼠、圃鼠、矮鼠
英文名　Red-eared Harvest Mouse

Mus erythrotis Blyth, 1856. Jour. Asiat. Soc. Bengal, 24: 721(模式产地：印度阿萨姆邦乞拉朋齐).

Mus pygmaeus Milne-Edwards, 1874. Rech. 1'Hist. Nat. Mammiferes, I: 291, (模式产地：四川宝兴).

Mus minutus pygmaeus Barrett-Hamilton, 1899. Ann. Mag. Nat. Hist., 7, 3: 343.

Micromys pygmaeus J. Allen, 1909. Bull. Amer. Mus. Nat. Hist., 26: 428; Thomas, 1912. Proc. Zool. Soc. Lond., 137.

Apodemus minutus pygmaeus Allen, 1912. Mem. Mus. Comp. Zool., Vol. 40: 220.

Micromys minutus pygmaeus Allen, 1927. Amer. Mus. Nov., no. 270: 7.

Micromys minutus pianmaensis Peng and Wang, 1981.兽类学报, 1(2)：172(模式产地：云南片马).

Micromys minutus berezowskii Argyropulo, 1929. Compt. Rend. Acad. Sci. URSS., A: 253(模式产地：四川平武).

Micromys erythrotis Abramov, et al., 2009. Zootaxa, 2199: 66; 魏辅文，等，2021. 兽类学报, 41(5) :487-501; 裴枭鑫，等, 2021. 兽类学报, 41(6)：631-640.

鉴别特征　红耳巢鼠头体长不超过80 mm。背毛上部浅红棕色，臀部为深红棕色，腹毛毛基灰色，毛尖暗淡白色。尾能卷缠，尾长可达体长的130%，红耳巢鼠通过尾巴能轻易地爬上高秆的草本植物；尾双色，上面深棕色，下面较淡。头短圆，吻部较巢鼠长。后足拇趾有爪（长尾攀鼠属 *Vandeleuria* 有趾甲）。头骨纤细，白齿的特征是存在后内齿尖（t7）。

形态

外形：小型鼠，酷似小家鼠。头体长51～77 mm，尾长61～82 mm，后足长13～16 mm，耳高7～15 mm；体重3.5～14 g。耳小，覆以密毛。尾长为体长的94%～130%；尾能卷曲、执握，故尾背面尖端1/6～1/5无毛，呈光裸状。

毛色：口鼻及双眼间为黄棕色，耳内外为棕褐色；自前额至体背前1/4～2/3为棕黄色至棕褐色，中央部较深，两侧较浅淡；后背臀部、体背部1/4～1/3为深红棕色。腹面毛尖暗白色，基底灰色；前足淡棕色，后足淡棕褐色。

头骨：颜面略呈弧形，颅骨较巢鼠扁平；腭长较巢鼠长，最高处为顶骨前端。额骨后缘为弧形，顶骨为梯形，顶间骨较规则，橄榄形。枕区有明显的突起。颧弓纤细。鳞骨后缘有一垂直向下的纵脊，将听泡分为前、后2室。

牙齿：上颌门齿唇面橘色，略向内弯曲。门齿孔宽而短，牙齿与龙姬鼠近似，第1上白齿冠面由3横列组成，每个横列均有3个齿突，第1横列的舌侧齿突略后移，该齿内侧和外侧均有3个角

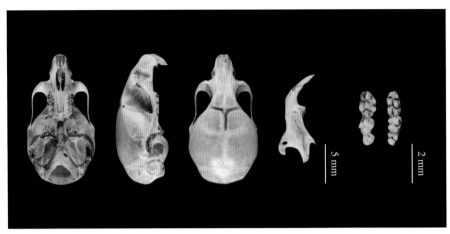

红耳巢鼠头骨图

突；第2上臼齿也由3横列组成，但第1横列仅存舌侧和唇侧齿突，中间齿突消失。第2、3横列均有3个齿突，该齿内侧和外侧均有3个角突。第3臼齿仅舌侧具2齿突。

下颌门齿外露较长，唇面橘色，向上前方伸出，末端锋利。角突和关节突较发达，冠状突很小。下臼齿总体上由一系列倒写的V形齿环组成。下颌第1臼齿由3个横列组成，第1横列三叶形，第2、3横列倒V形。下颌第2、3臼齿由2个横列组成，下颌第2臼齿2个横列均倒V形；下颌第3臼齿第1横列弧形向下略弯，第2齿环豆状。在下颌第1、2臼齿唇侧的倒V形齿环外，均有1个薄片状的附齿突；下颌第1臼齿的第1横列和下颌第3臼齿没有附齿突。

量衡度（衡：g；量：mm）

外形：

编号	性别	体重	体长	尾长	后足长	耳高	采集地点
SAF16007	♀	6	61	66	15	12	四川沐川
SAF061005	—	4	51	67	13	15	四川天全
SAF08079	♀	9	69	65	16	9	四川青川
SAF110094	♂	14	77	82	16	11	四川彭州
SAF20825	♂	9	63	70	14	10	四川彭州
SAF20635	♂	7	58	72	15	7	四川南江
SCNU00747	♂	10	58	74	15	7	四川三台
SAF19671	♂	8	56	61	14	9	四川平武

头骨：

编号	颅全长	基长	腭长	颧宽	眶间宽	颅宽	颅高	听泡长	上臼齿列长	下臼齿列长	下颌骨长
SAF13057	17.49	14.62	8.91	9.29	3.06	8.91	6.50	5.50	2.80	2.91	10.58
SAF061005	17.86	14.11	8.61	9.22	2.84	8.59	6.42	5.64	2.85	2.64	9.91
SAF06321	16.46	13.22	8.33	8.32	2.64	8.35	6.32	4.91	2.72	2.69	9.42

（续）

编号	颅全长	基长	腭长	颧宽	眶间宽	颅宽	颅高	听泡长	上臼齿列长	下臼齿列长	下颌骨长
SAF06372	18.25	14.99	9.22	8.73	2.84	8.56	6.74	5.44	2.93	2.71	10.54
SAF11593	20.05	15.82	9.97	9.29	2.74	9.00	6.80	5.43	3.01	2.78	11.13
SAF081044	19.78	16.46	9.24	9.58	2.92	9.33	7.13	5.94	3.07	2.79	12.06
SCNU03041	18.72	14.97	9.26	9.59	3.34	9.20	7.61	5.82	3.21	3.00	10.94
SCNU03044	19.83	16.51	10.50	9.95	3.20	9.45	7.43	5.85	3.31	2.96	12.02
SCNU01880	18.01	14.61	9.05	9.81	3.33	9.31	7.31	5.69	3.25	3.04	11.25

　　生态学资料　栖息在高秆禾本植物田、稻田、竹林和其他杂草地方。吃种子、绿色植物和一些昆虫。白天或夜间活动。繁殖季节来临时，用植物纤维精心编制球形的巢，悬挂在高茎秆上，距地面 100 ～ 130 cm，巢直径约 60 ～ 130 mm。每胎产仔 5 ～ 9 只。雄体家域约 400 m²，雌体 350 mm²（Smith 和解焱，2009）。

　　地理分布　在四川分布较广，川西高山峡谷区、川西南台地区、川北丘陵、川东平原等均有分布，国内还分布于重庆、贵州、广西、广东、福建、云南、江苏、浙江、安徽、湖北等地。

分省（自治区、直辖市）地图——四川省

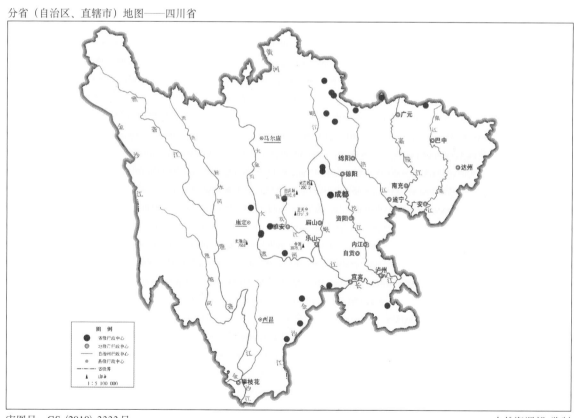

审图号：GS（2019）3333号　　　　　　　　　　　　　　　　　　　　　　自然资源部 监制

红耳巢鼠在四川的分布

注：红点为物种的分布位点。

分类学讨论　红耳巢鼠很长时间都被认为是巢鼠的亚种或同物异名（Ellerman，1941；Ellerman and Morrison-Scott，1951；Corbet，1978；Corbet and Hill，1992；Musser and Carleton，1993，2005；王应祥，2003；Smith 和解焱，2009）。Yasuda 等（2005）检测了从不列颠群岛到日本的巢鼠的分子样品，来自中国成都的样品与其他种群相比，遗传水平分化度极高，以此推测中国南方可能存在另一种巢鼠。Abramov 等（2009）检测了越南的部分种群，比较了俄罗斯和越南种群的头骨，并研究了它们的分子系统，认为该种群达到了种级差异，把原来的亚种 *Micromys minutus erythrotis*（Blyth，1856）（样品来自四川成都和越南的种群）提升为种级地位 *M. erythrotis*。然而最新版的《世界哺乳动物手册》并没有完全承认这个种群的物种地位（Wilson et al.，2017）。这个物种的分类还需要更多和更广泛的采样来厘清。可能还隐存了不同物种。至于红耳巢鼠的种下分类目前还不很清楚，相关的虽有 *Micromys minutus shenshiensis* Li，Wu and Shao，1965 等分类单元，但它们的归属和是否成立仍有待深入研究。

112. 小鼠属 *Mus* Linnaeus，1758

Mus Linnaeus, 1758. Syst. N., 10th ed: 59(模式种：*Mus musculus* Linnaeus, 1758) ; Allen, 1940. Mamm. Chin. Mong., 969; Ellerman, 1941. Fam. Gen. Liv. Rod., Vol.2 Muridae, 240; Ellerman and Morrison-Scott, 1951. Check. Palaea. Ind. Mamm., 603; 胡锦矗和王酉之, 1984. 四川省资源动物志　第二卷　兽类, 220; Musser and Carleton, 1993. In Wilson. Mamm. Spec. World, 2nd ed., 622; 王应祥, 2003. 中国哺乳动物种和亚种分类名录与分布大全, 207; Musser and Carleton, 2005. In Wilson. Mamm. Spec. World., 3rd ed., 1387; Wilson, et al., 2017. Hand. Mamm. World, Vol.7, Rodentia, Ⅱ: 789.

Musculus Rafinesque, 1814. Precis. des Decouv. et Trav. Somiolog. 13. Substitute for *Mus*.

Leggada Gray, 1837. Charlesworths Mag. Nat. Hist., 586(模式种：*Mus booduga* Gray, 1837) ; Wrougtton, 1911. Jour. Bombay Nat. Hist. Soc, 20, 1:100; Wrougtton, 1912. Jour. Bombay Nat. Hist. Soc, 21:399; Ryley, 1913. Jour. Bombay Nat. Hist. Soc, 22:434; Thomas, 1919. Jour. Bombay Nat. Hist. Soc, 26, 2: 420; Kloss, 1920. Jour. Nat. Hist. Soc Siam, 4, 2:61; Thomas, 1921. Jour. Bombay Nat. Hist. Soc, 27, 3:597; Allen, 1927. Amer. Mus. Nov.: 270; Fly, 1931. Jour. Bombay Nat. Hist. Soc, 34:921; Allen, 1940. Mamm. Chin. Mong., 966;

Nannomys Peters, 1876. Monatsb. K. Preuss. Akad. Wiss. Berlin, 480 (模式种：*Mus setulosus* Peter, 1876); Bonhomme, et al., 1986. In Curr. Top. Mocrob. Imm., 127; She, et al., 1990. Biol. Jour. Linn. Soc., 41:83-103.

Pyromys Thomas, 1911. Jour. Bombay Nat. Hist. Soc, 20:996(模式种：*Pyromys priestlyi* Thomas, 1911) ; Bonhomme, et al., 1986. In Curr. Top. Mocrob. and Imm., 127; She, et al., 1990. Biol. Jour. Linn. Soc., 41:83-103.

Leggadilla Thomas, 1914. Jour. Bombay Nat. Hist. Soc, 22, 4:682(模式种：*Mus platythrix* Bennett, 1832); Thomas, 1914. Jour. Bombay Nat. Hist. Soc, 23, 2:200; Phillips, 1932. Spolia Zeylan, 16:325.

Coelomys Thomas, 1915. Jour. Bombay Nat. Hist. Soc, 23, 3:414[模式种：*Coelomys mayori* (Thomas, 1915)]; Thomas, 1915. Jour. Bombay Nat. Hist. Soc, 24, 1:49; Ellerman, 1941. Fam. Gen. Liv. Rod., Vol.2 Muridae: 234; Bonhomme, et al., 1986. In Curr. Top. Mocrob. and Imm., 127; She, et al., 1990. Biol. Jour. Linn. Soc., 41:83-103.

Oromys Robinsin and Kloss, 1916. Jour. Strait Branch Roy. Asiat. Soc., 73:270 [模式种：*Oromys crociduroides* (Robinson and Kloss, 1916).].

Tautates Kloss, 1917. Jour. Nat. Hist. Siam, 2:279 (模式种: *Tautatus thai* Kloss, 1917).

Mycteromys Robinson and Kloss, 1918. Jour. Fed. Malay States Mus., 8: 57. To replace *Oromys*[模 式 种: *Oromys crociduroides* (Robinson and Kloss, 1916)]; Ellerman, 1941. Fam. Gen. Liv. Rod., Vol.2 Muridae, 253.

Gatamyia Deraniyagala, 1965. Jour. Ceylon Bran. Roy. Asiat. Soc., 9: 165-219 (模式种: *Gatamyila weragami* Deraniyagala, 1965).

鉴别特征　小鼠属物种最典型的特征是上颌门齿内侧有一缺刻。体长50～120 mm，颅全长17～30 mm。第1上臼齿长度超过臼齿列长的一半，臼齿后内齿突消失。趾垫圆，小，光滑。尾长通常短于体长。

形态

体长小于120 mm。毛色多样，北方种类毛色浅，南方种类毛色深，从黄白色至蓝灰色。腹面毛色更淡；腹面有的纯白色，有的颜色深。有些种类背面针毛发达，有的没有针毛。尾长短于体长。头骨有些种类眶上脊明显，有的种类没有眶上脊。上颌门齿内侧均有一缺刻，是小鼠属的共同特征。第1上臼齿由3横列组成，第1、2横列均有唇侧、中央和舌侧3个齿突，第3横列仅有唇侧、中央齿突，舌侧齿突消失。齿式 1.0.0.3/1.0.0.3 = 16。

生态学资料　小鼠属在中国最常见的是小家鼠 *Mus musculus*，分布区域最南到广东、福建等地，最北到黑龙江北部，最西到新疆最西部。分布生境包括人居、农田（高粱地、大豆田、玉米地、稻田、甘蔗地、香蕉地、蔬菜地等）、弃耕地、次生草丛、灌丛、荒漠等多种生境。一年四季均可繁殖，每年可繁殖6～8胎，每胎产4～6仔，最多达12只。广义草食性，草籽、粮食为最喜食食物，也吃昆虫、花、叶等。在南方（长江以南）的森林环境，分布较广的小鼠属种类是锡金小鼠，为野生小鼠，不与人类共栖，分布于常绿阔叶林、次生灌丛和草丛，弃耕地等生境。草食性。

地理分布　仅分布于欧亚大陆和非洲大陆，美洲大陆、澳大利亚大陆没有分布，东南亚岛屿仅在苏门答腊岛和爪哇岛各有1个种。中国全境均有分布。

分类学讨论　小鼠属命名很早，是林奈在《自然系统》第十版中命名的少数物种之一，命名后得到广泛承认。尽管后人命名了一些属级分类单元（其中，作为属级分类单元，*Leggada*曾经被广泛使用），都作为*Mus*属的同物异名或者亚属。Chevret等（2003）通过形态学、DNA原位杂交以及12S rRND系统发育研究，得到4个单系，分别对应*Mus*、*Nannomys*、*Pyromys*、*Coelomys*亚属，因此，4亚属的分类系统得到广泛承认。非洲主要是*Nannomys*亚属，其余3个亚属分布于欧亚大陆。Mashall（1977）对亚洲分布的3个亚属（*Mus*、*Pyromys*、*Coelomys*）开展了详细的标本查阅，检视了所有的模式标本，开展了形态学分析和论证，总结了细胞学研究成果，对很多分类单元的地位进行了归并，认为亚洲有3个亚属16～17种。小家鼠在亚洲有10个亚种。She等（1990）通过蛋白质电泳、单拷贝核DNA杂交及线粒体限制性片段长度多态性方法，主要研究了小家鼠及另外3个亚属（*Nannomys*、*Pyromys*、*Coelomys*）代表种的系统发育关系得到4个明显的分支，后3个亚属居然在同一支，小家鼠不同区域的样本聚类在3个支内。最终发现不同种间的系统关系没有得到解决，分析认为是短时间适应辐射造成的。推断小鼠属现生种的分歧时间很短，种间分化时间最短的不到30万年。Corbet（1990）对小鼠属的形态、细胞学、等位酶等的研究进行了总结。根据最新的资料，全世界小鼠属共计有40种，中国有5种，分属2个亚属。*Mus*亚属包括丛林小鼠*M.cookii*、琉球小鼠*M.caroli*、仔鹿小鼠*M.cervicolor*、小家鼠*M.musculus*。*Coelomys*亚属包括锡金小鼠*M.pahari*。小家鼠被认为是引入种。

四川有*Coelomys*亚属的锡金小鼠以及*Mus*亚属的小家鼠。

四川分布的小鼠属*Mus*分亚属和分种检索表

1.眶间宽大于4 mm；门齿孔宽而短；后鼻孔（翼骨之间的间隙）宽；眼相对小。主要分布于常绿阔叶林 ……
…………………………………………………………………………………………… *Coelomys*亚属2A

眶间宽小于4 mm；门齿孔狭窄，但较长；眼相对较大。主要生活于草地和农地，和人类共生 ……… *Mus*亚属2B

2.A.背部毛粗糙，有很多刺毛 …………………………………………………………… 锡金小鼠 *M.pahari*

B.背部毛柔软，无刺毛 ……………………………………………………………… 小家鼠 *M.musculus*

（200）锡金小鼠 *Mus pahari* Thomas，1916

Mus pahari Thomas, 1916. Jour. Bomb. Nat. Hist. Soc., 24(3) :415 (模式产地:印度锡金巴塔西亚); Marshall, 1977. Bull. Amer. Mus. Nat. Hist., 158, 3:192; 卢长坤，等，1965.动物分类学报，2(4) : 279-295; 冯祚建，等，1980.动物学报，26(1) :93-94; 王酉之，等，1982.四川动物，2:14-16.

Leggada pahari gairdneri Kloss, 1920. Jour. Nat. Hist. Soc. Siam, 4:60(模式产地:泰国 Raheng).

Leggada jacksoniae Thomas, 1921. Jour. Bomb. Nat. Hist., 158: 3:192(模式产地:印度阿萨姆 Khasi Hill).

鉴别特征 上颌门齿舌侧有一个缺刻。平均体长87 mm，比小家鼠大（小家鼠平均体长65 mm）。尾相对较长，平均达80 mm，约为体长的93%。身体蓝灰色或者灰色。耳大，平均16 mm，远远大于小家鼠（小家鼠耳高平均仅约12 mm）。

形态

外形：个体小，体长平均86 mm（78～98 mm），尾长平均81 mm（72～97 mm），尾长占体长的93%左右。后足显得大，平均达20 mm（18～22 mm）。耳高也较大，平均16 mm（14～18 mm）。须每边约20根，最短者约5 mm，最长者23 mm；一半为纯白色，一半基部黑色，尖部白色。前、后足均具5指（趾）。前足第1指极短，长约1 mm，具指甲；第2～4指等长，长约4 mm；第5指较短，长约2.5 mm。后足各趾均具爪，第1趾最短，约2.5 mm；第2～4趾等长，约4.5 mm；第5趾比第1趾略长，约3 mm。前足掌垫5枚，后足趾垫6枚。爪白色，半透明。

毛色：身体背面从吻部到尾根颜色基本一致，毛基黑色，毛尖蓝灰色、灰色至棕褐色。耳前后毛均很短，灰色明显。尾上、下两色，尾背面和体背、腹面毛色较浅，灰白色。背、腹毛色界线不明显。尾端毛略长，有些个体尾毛色较浅，灰黄色色调，腹面灰白色。身体腹面从喉部至肛门毛色一致，毛基灰色，毛尖灰白色。背、腹毛色界线不明显，逐渐过渡。颏部毛短，白色较明显。前、后足的背面呈白色，前足桡尺部末端为灰色；后足蹠跗部后端也是灰色或灰黄色。腹面无毛；指（趾）被毛白色；爪白色，半透明。

头骨：头骨背面略呈弧形，最高点在顶骨位置。吻部显得较尖，鼻骨前面大，但两侧略呈平行关系，向后略缩小，到末端1/5处缩小速度加快，向后插入额骨前端，止于左右颧弓连线的后缘，所以鼻骨显得较长。额骨前端和后端大，中间小。眶上没有明显脊，眶上缘侧面较锋利，呈脊状；该脊向后延伸，止于顶骨后半段侧面。额骨与顶骨之间的骨缝略呈弧形。顶骨不规则，前面大，后半段向侧面扩展。顶间骨略呈倒梯形，前缘与顶骨的骨缝长度大于与上枕骨之间的骨缝长度；前后长接近3 mm，左右宽约9 mm。整个枕部向后突出，不在一平面上；侧枕骨与听泡之间的纵脊很弱，但存在乳突，止于听泡后面，但不与听泡后缘接触。鳞骨和听泡之间纵脊较明显，向下将听泡分为2室；一室位于前下方，另一室位于后上方，后上方的较小。外耳道开口于前下方听室的前侧；但在后上方小听室的后上方有一个骨化不全的小孔，覆盖以结缔组织。颧弓很细弱。腹面门齿孔长而宽，达到左右臼齿列前端的连线，中央犁骨很发达。腭骨后缘向口腔方向翘起，腭骨与上颌骨之间的骨缝处有2个较大的神经孔。翼骨与腭骨后缘两侧相连，翼骨后端向后分为内、外支，中间相连，形成一个凹槽。听泡很小。下颌骨相对较发达，后端显得较宽，冠状突小、窄，呈刺状突起，关节突中等发达，向后直伸，几乎不向内收。角突发达，宽，也不明显向外扩展。

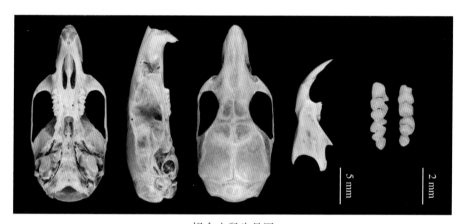

锡金小鼠头骨图

　　牙齿：上颌门齿垂直向下，末端略向内弯，唇面橘色。第1上臼齿由3横脊组成，第1横脊有舌侧和中间2个齿突，唇侧齿突退化；第2横脊有舌侧、中央及唇侧3个齿突；第3横脊有中央和唇侧2个齿突，舌侧齿突退化。第2上臼齿也由3横脊组成，第1横脊仅有舌侧齿突，中央齿突和唇侧齿突退化；第2横脊舌侧、中央和唇侧齿突俱全；第3横脊有中央和唇侧2个齿突，舌侧齿突退化。第3上臼齿由一个斜向的"日"字形齿环构成，第1上臼齿长度约等于第2、3上臼齿长度之和。下颌门齿很细长，唇面黄白色。第1下臼齿由2纵列构成，前后再分为3横脊，每个横脊有内、外2个齿突；最前面的内、外齿突较小。第2下臼齿也由2纵列组成，但仅有前、后2个横脊，每个横脊也由内、外2个齿突构成；在该齿后端中央有一弧形的较低的附突。第3下臼齿由前、后2横脊组成，前面的横脊有内、外2个齿突，后面的为一整体，使得该齿的中央下凹，呈三角形。在老年个体中，牙齿磨平，齿突不明显。

　　量衡度（衡：g；量：mm）

　　外形：

编号	性别	体重	体长	尾长	后足长	耳高	采集地点
SAF19856	♀	16	78	72	20	15	四川叙永
SAF19857	♀	23	84	76	19	15	四川叙永

（续）

编号	性别	体重	体长	尾长	后足长	耳高	采集地点
SAF19863	♂	27	98	97	22	16	四川叙永
SAF19034	♀	25	83	78	19	17	四川珙县
SAF19038	♀	31	88	78	18	18	四川珙县
SAF19039	♂	29	87	86	21	14	四川珙县
SAF19040	♀	21	86	—	—	17	四川珙县
SAF19041	♀	28	87	78	21	15	四川珙县
SPDPCCGL009	♂	25	74	80	16	12	四川古蔺

头骨：

编号	颅全长	基长	髁鼻长	颧宽	眶间	颅高	听泡长	上臼齿	下臼齿	下颌长	下颌骨长
SPDPCCNJ30	23.84	20.55	23.43	11.54	4.21	7.58	6.63	3.71	3.69	15.35	12.55
SPDPCCNJ19	25.14	22.01	24.77	11.85	4.18	7.89	6.60	3.84	3.66	16.00	13.15
SPDPCCNJ31	24.43	20.82	23.84	11.94	4.15	8.16	6.18	3.71	3.73	15.64	11.87
SPDPCCW2463	—	—	—	—	3.87		6.32	3.9	3.99	15.96	12.28
SPDPCCNJ32	23.75	20.62	23.66	11.36	4.21	8.27	6.17	3.59	3.55	15.31	12.09
SPDPCCGL009	24.16	21.74	23.96	11.68	4.49	8.30	6.77	3.96	3.62	14.62	11.68

生态学资料　锡金小鼠为森林栖息的小鼠类，分布海拔较低，一般不超过2 000 m。在四川，分布区域为阔叶林。

地理分布　在四川为边缘性分布，标本采集于泸州的叙永和珙县，攀枝花的米易、盐边，凉山的西昌，国内还分布于云南、贵州、广西、西藏。

分类学讨论　锡金小鼠命名以来，不少学者对其进行过分类研究（Kloss，1920；Thomas，1921c；Allen，1927，1940；Ellerman，1947，1961；汪松等，1962；陆长坤等，1965；王酉之等，1966，1982）。Mashall（1977）对小鼠属进行了系统研究，将Thomas（1921c）发表的 Leggada jacksoniae 作为亚种，归并到锡金小鼠中。四川锡金小鼠的最早记录为王酉之（1966），当时认为是 Mus famulus meator，采集地点为四川米易。1982年，王酉之对其进行了再次论证，认为在中国小鼠属种类除小家鼠外，全部（包括在米易采集的标本）属于锡金小鼠印支亚种 Mus pahari gairdneri。王应祥（2003）则认为四川分布的锡金小鼠为阿萨姆亚种 Mus pahari jacksoniae。Smith和解焱（2009）认为分布于四川的是阿萨姆亚种。作者团队对比了四川在泸州（四川省林业科学研究院馆藏标本）和攀枝花（四川省疾病预防与控制中心，简称四川省疾控中心）采集的标本，详细阅读了2个亚种发表的原始文献，发现采集于攀枝花的锡金小鼠绝大多数个体的颜色和采集于泸州的标本一致。只有1号标本的颜色为明显的棕褐色。从颜色上，四川标本都属于阿萨姆亚种，但两者在量

分省（自治区、直辖市）地图——四川省

审图号：GS（2019）3333号　　　　　　　　　　　　　　　　　　　　自然资源部　监制

锡金小鼠在四川的分布

注：红点为物种的分布位点。

度上有一定的区别。攀枝花标本的耳小，接近印支亚种，体长却小于印支亚种，从量度上看，攀枝花标本归入印支亚种更合适，泸州标本则毫无疑问属于阿萨姆亚种。不过，四川省疾控中心博物馆也有1号标本来自泸州，其耳的量度也很小，和作者团队在同一地点采集标本的差距较大。查看标本时发现，四川省疾控中心馆藏标本的耳并不小，因测量失误导致数据错误的可能性较大。加上印支亚种在描述时，其鉴定特征没有明确提出耳小，只是给出的模式系列的量度（2号完整的标本）耳高分别是14.5 mm和15 mm。阿萨姆亚种描述时提出的鉴定特征明确"耳较大"，给出的模式标本量度是15.5 mm，比印支亚种略大。不过也无显著区别。因此，将攀枝花锡金小鼠暂时按照阿萨姆亚种处理。这样，四川的锡金小鼠全部是阿萨姆亚种 *Mus pahari jacksoniae*。

　　锡金小鼠阿萨姆亚种 *Mus pahari jacksoniae* (Thomas，1921)

　　Leggada jacksoniae Thomas, 1921. Jour. Bombay Nat. Hist. Soc., 27(3) :596(模式产地：阿萨姆).

　　鉴别特征　　耳较大，平均高15 mm。亚成体和成体体背蓝灰色，老年个体背面棕褐色。门齿孔短而宽，后端不超过或者略超过臼齿前缘。具针毛。

　　地理分布　　同种的分布。

（201）小家鼠 *Mus musculus* Linnaeus，1758

Mus musculus Linnaeus, 1758. Syst. Nat., 10th ed, 1:62（模式产地：瑞典）; Allen, 1940. Mamm. Chin. Mong., 970; Ellerman, 1949. Fam. Gen. Liv. Rod., Vol.3: 47; Ellerman and Morrison-Scott, 1951. Check. Palaea. Ind. mamm., 587; Ellerman, 1961. faun. Indi. Incl. Paki., Bur. Cyl., 594; Corbet, 1978. Mamm. Palaea. Reg., 141; 胡锦矗和王酉之，1984. 四川资源动物志　第二卷　兽类，244; Musser and Carleton, 1993. Murinae. In Wilson. Mamm. Spec. World, 2nd ed., 625; 王酉之和胡锦矗，四川兽类原色图鉴，221; Musser and Carleton, 2005. Muriniae. In Wilson. Mamm. Spec. World, 3rd ed, 1477.

Mus kakhyensis Anderson, 1878. Zool. Res. Western Yunnan, 307.（模式产地：云南西部 Ponsee, Kakhyen Hills）.

Mus viculorum Anderson, 1878. Anat. Zool. Res. Western Yunnan, 308.（模式产地：云南西部 Ponsee）.

Mus (Leggada) gansuensis Satunin, 1903. Ann. Mus. St. Petersb. j: 564.（模式产地：甘肃 Tschortcntan Temple）.

Mus wagneri manchu Thomas, 1909. Ann. Mag. Nat. Hist., 4: 502.（模式产地：吉林 Chu Chia Tai）.

Mus musculus sinicus Cabrera, 1922. Bol. Real. Soc. Esp. 1'Hist. Nat., Madrid, 22:166（模式产地：浙江宁波）; Allen, 1940. Mamm. Chin. Mong.: 970.

Mus formosanus Kuroda, 1925. Dobuts. Zasshi, 57, 435: 16.（模式产地：中国台湾 Taihoku）.

Mus bactrianus tantillus Allen, 1927. Amer. Mus. Novitates (270) :9（模式产地：四川万县，即现重庆万州）; Allen, 1940. Mamm. Chin. Mong., 979.

Mus musculus taiwanus Horikawa, 1929. Trans. Nat. Hist. Soc. Formosa, 19: 80.（模式产地：中国台湾北部）.

鉴别特征　体型较小，平均体长不到70 mm，尾长平均短于体长。上颌门齿有明显的缺刻。眶间宽平均在4 mm以下。体背被毛柔软，无刺毛。毛色变异较大，总体背部毛色为灰色，腹面毛基灰色，毛尖灰白色、灰棕色或黄棕色。背、腹毛色没有明显界线。尾、背、腹毛色多一致，为灰褐色，或腹面略淡，有些个体尾部背面和腹面毛色差异较大，上、下双色。

形态

外形：个体较小，体重平均11 g。体长平均65 mm；尾长平均63 mm，略短于体长，也有一些个体尾长大于体长；后足长平均15 mm；耳高平均12 mm。须少而短，每边约15根，最长约17 mm，最短约4 mm。前、后足均具5指（趾）；前足第1指极短，长约1 mm，具指甲；其余各指具爪。第2指长约1.5 mm；第3、4指等长，长约1.9 mm；第5指比第2指长，约1.7 mm。后足5趾均具爪；第1趾最短，长约1.7 mm；第2～4趾等长，长约3.7 mm；第5趾比第1趾长，约1.9 mm。前足掌垫5枚，后足趾垫6枚。

毛色：背面毛色总体一致，毛基灰色，毛尖棕褐色，头顶灰色较明显。耳毛较短，显著露出毛外，颜色和体背毛色一致。尾背面与体背颜色一致，尾腹面略淡，尾背、腹毛色没有明显界线。腹面毛色一致，毛基灰色，毛尖黄棕色，整体比背部毛色浅。前、后足背面棕黄色，接近枯草颜色，毛很短。爪黄白色。

少数标本毛色有变异，如四川龙华标本89075号的腹部毛基灰色，毛尖灰白色。前、后足背面灰色。指（趾）背面白色。龙华标本89074号的腹面毛基白色，毛尖黄白色，腹面与背面交界的侧面金黄色。

与锡金小鼠最大的区别：小家鼠的背部和腹部毛均很短，毛向较明显，无针毛。

头骨：头骨颅面弧形，尤其脑颅后部显著下沉，最高点位于鼻骨和额骨交界区域。鼻部较尖，鼻骨狭长，从前向后均匀缩小，末端叉状，插入额骨前缘，超过上颌骨颧突后缘连线之后。额骨前端和后端宽，中间缢缩，眶上脊很明显，锋利，向后延伸形成颞脊，颞脊沿顶骨与鳞骨之间的骨缝向后延伸与鳞骨和侧枕骨之间的纵脊顶部相连。额骨后面与顶骨的骨缝平直。顶骨中间窄，外侧宽，前外侧有很窄的尖，外侧1/2处显著向外扩展。顶间骨略呈梯形，前宽后窄。枕区，枕骨大孔向后突出，上枕骨呈弧形，中间有弱的纵脊；侧枕骨显著向前延伸，使得鳞骨不与顶间骨相接，这是很特别的特征，绝大多数鼠类的鳞骨与顶间骨有很短的接触线；也因侧枕骨向前延伸，加上顶间骨前后长较大，使得后枕部明显向后延长。这也是其他鼠类没有的特征。推测小家鼠的脑容量较大。侧枕骨和听泡上室之间的纵脊不明显，但乳突粗壮。鳞骨和侧枕骨之间的纵脊较明显。枕髁向后略突出。侧面，前颌骨构成吻部侧面的主体，背面向后延伸，末端超过鼻骨后端，着生上颌门齿。上颌骨前上方的眶前孔较大，并显著向下延伸，使得颧板前上缘游离。颧板背面是上颌骨颧突，较长，占整个颧弓长的4/5。颧骨很窄，几乎被上颌骨颧突包裹。颧弓显得粗壮。鳞骨较长，但背面仅与顶骨相接，不与额骨和顶间骨相接，非常罕见；前侧面与翼蝶骨相接；后端与侧枕骨相接，并形成纵脊；中部向外突出，形成鳞骨颧突，与颧骨后端相接。翼蝶骨位于眼窝后部，背面与鳞骨相接，前端与额骨相接，前腹面与眶蝶骨相接。在鳞骨颧突下方向后与听泡相接，在腹侧面与腭骨相接，相接处形成薄的骨片。泪骨位于眼眶最前缘，附着于上颌骨颧突后方，出露部分三角形或者圆弧形。腹面，门齿孔很长，后端超过第一上臼齿前缘的连线，接近第一上臼齿的1/2处；使得硬腭很短。门齿孔的2/5由前颌骨围成，3/5由上颌骨围成。中间鼻中隔完整，前段是犁骨（鼻夹骨），后段是上颌骨的凸起，较窄。硬腭不平坦，中间凸起，两边有沟，由上颌骨和腭骨构成，腭骨前端外侧有大孔，腭骨后段显著向腹面突出，腭骨向后延伸，很宽，形成明显的腭骨窝，翼骨很窄，短，直立，附着于腭骨后内侧。听骨很小，2室，后上方一室略呈方形，前下方一室是听泡，略呈三角形，后端离枕髁后端很远，外耳孔较大。基枕骨显得宽阔，基蝶骨后面宽，向前逐渐缩小，前蝶骨棒状。下颌骨后端显得宽，冠状突小而短，关节突短小，角突宽阔。

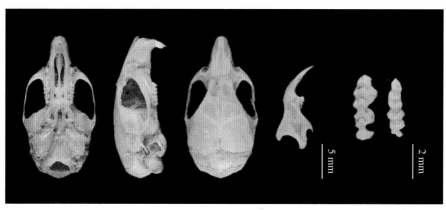

小家鼠头骨图

量衡度（衡：g；量：mm）

外形：

编号	性别	体重	体长	尾长	后足长	耳高	采集地点
SICAU000008	♀	13	72	71	15	13	四川雅安
SICAU000010	♂	9	60	53	13	11	四川雅安
SICAU000011	♂	8	61	64	15	11	四川雅安
SICAU000030	♀	13	64	75	15	12	四川雅安
SICAU000031	♀	12	61	76	16	12	四川雅安
SICAU000035	♂	11	64	63	15	11	四川雅安
SICAU000061	♂	7	64	54	15	12	四川雅安
SICAU000062	♂	10	71	62	15	11	四川雅安
SICAU000074	♀	18	82	69	16	12	四川雅安
SICAU000075	♀	12	67	66	15	12	四川雅安
SICAU000085	♀	9	64	65	14	12	四川雅安
SICAU000151	♂	7	61	54	14	10	四川雅安
SICAU000185	♂	14	72	64	16	12	四川雅安
SICAU000227	♂	12	69	58	16	13	四川雅安
SICAU000228	♀	11	57	54	14	12	四川雅安
SICAU000229	♂	9	59	59	14	12	四川雅安

头骨：

编号	颅全长	基长	髁齿长	颧宽	眶间宽	颅高	听泡长	上臼齿列	下臼齿列	下颌骨长
SICAU000008	20.14	18.36	19.80	10.30	3.58	7.16	5.00	3.08	2.88	12.58
SICAU000010	20.54	18.64	20.06	10.70	3.44	7.28	5.14	3.10	2.92	12.60
SICAU000011	18.60	16.10	17.84	9.92	3.54	7.40	5.16	2.96	2.86	11.64
SICAU000031	19.76	17.62	19.36	10.50	3.60	7.26	4.86	2.88	2.78	12.38
SICAU000035	19.42	17.62	19.18	10.24	3.52	7.16	5.16	2.96	2.68	12.38
SICAU000061	17.96	15.72	17.20	9.50	3.44	6.76	4.88	2.96	2.76	11.52
SICAU000062	18.48	17.00	17.60	10.26	3.48	7.14	5.06	2.82	2.74	11.64
SICAU000074	20.34	18.36	20.12	10.94	3.40	7.56	5.60	3.08	2.68	13.00
SICAU000075	18.92	16.96	18.60	10.32	3.74	7.56	5.28	2.90	2.92	12.34
SICAU000085	18.42	16.40	17.74	9.88	3.48	6.96	5.00	2.96	2.98	11.34
SICAU000151	16.88	14.72	16.32	9.12	3.26	6.56	4.88	2.74	2.57	10.64
SICAU000227	19.36	17.63	18.96	10.18	3.41	7.12	5.30	2.96	2.82	12.23
SICAU000228	18.11	15.63	17.28	9.17	3.43	6.76	4.85	3.05	2.82	11.18
SICAU000229	19.02	16.78	18.21	9.18	3.32	6.94	4.92	2.85	2.76	12.07

生态学资料 小家鼠在中国可能是引进种，尤其在中国南方。原产地包括中亚、欧洲，向东至巴尔干半岛、中国东北地区及日本，向西到非洲西北部。其余地方均是引进种。在我国南方，小家鼠严重依赖人类生存，是人类的伴生种。但在新疆、内蒙古及东北地区，小家鼠是野生种，且有3～4年种群数量周期性爆发的特点。在我国南方，小家鼠的种群数量越来越小，与人类伴生的主要鼠类变成了黄胸鼠、褐家鼠、黄毛鼠等。

地理分布 在四川分布于长宁、雅安、成都。

分省（自治区、直辖市）地图——四川省

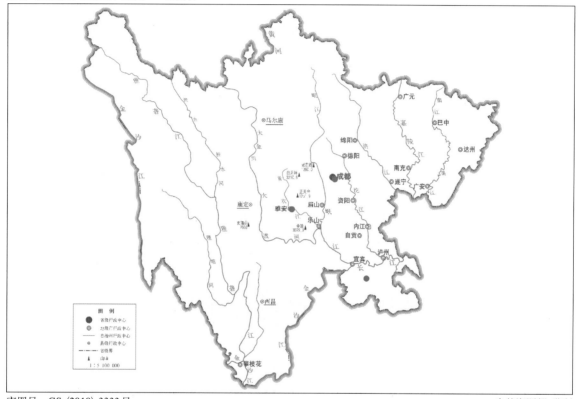

审图号：GS（2019）3333号 　　　　　　　　　　　　　　　　自然资源部 监制

小家鼠在四川的分布
注：红点为物种的分布位点。

分类学讨论 小家鼠的种级地位稳定，自命名以来一直没有变化，但种下分类很混乱。全世界和小家鼠相关的被命名的分类单元有110多个，大多数被认为是小家鼠的同物异名，少量被认为是小家鼠的不同亚种。以采集于我国的标本命名的小家鼠相关的分类单元有9个，但究竟分为多少亚种到目前还没有一致意见。Ellerman 和 Morrison-Scott（1951）将其分为20个亚种。一般认为，中国有2个亚种——指名亚种 *Mus musculus musculus*、菲律宾亚种 *Mus musculus castaneus*。以我国宁波标本命名的 *Mus musculus sinicus* 被认为是菲律宾亚种的同物异名。

但Ellerman 和 Morrison-Scott 认为中国小家鼠有6个亚种：一是菲律宾亚种 *Mus musculus castaneus*；二是日本亚种 *Mus musculus molossinus*，把依据我国辽宁朝阳标本命名的 *Mus batrianus longicauda* 作为日本亚种的同物异名；三是喜马拉雅亚种 *Mus musculus homourus*，把以云南西部

标本命名的 *Mus kakhyensis*，以重庆万州标本命名的 *Mus batrianus tantilus*，以及以台湾标本命名的 *Mus musculus taiwanus*、*Mus formosanus* 均作为喜马拉雅亚种的同物异名；四是尼泊尔亚种 *Mus musculus erbanus*，把以云南西部标本命名的 *Mus viculorum* 作为尼泊尔亚种的同物异名；五是乌拉尔亚种 *Mus miusculus wagneri*，把以甘肃标本命名的 *Mus gansuensis* 作为乌拉尔亚种的同物异名；六是吉林亚种 *Mus musculus manchu*，将 *Mus wagneri manchu* 作为吉林亚种同物异名。

除此之外，在阿勒泰地区有2个分类单元，一是 *Mus musculus lomensis* Kastschenko，1899；二是 *Mus musculus variabilis* Argyropulo，1932，被作为指名亚种的同物异名，在我国新疆可能有分布。

可见，我国小家鼠分几个亚种的问题仍然有争议。本书的观点：Ellerman 和 Morrison-Scott（1951）的划分是有依据的。至于四川小家鼠的亚种划分，按照现在的观点，四川长江以北的小家鼠属于指名亚种，长江以南的小家鼠属于菲律宾亚种。按照 Ellerman 和 Morrison-Scott（1951）的观点，四川只有1个亚种——喜马拉雅亚种。本书倾向于后者，因为检视四川的标本后，发现很难将它们区分开。

小家鼠喜马拉雅亚种 *Mus musculus homourus* Hodgson，1845

Mus homourus Hodgson, 1845. Ann. Mag. Nat. Hist., 15:268(模式产地：尼泊尔).

鉴别特征 体型小，一般体长在70 mm以下，平均尾长短于体长。体背被毛柔软，无刺毛。背部毛色为灰色，腹面毛基灰色，毛尖灰白色、灰棕色或黄棕色。背、腹毛色没有明显界线。尾、背、腹毛色多一致。

地理分布 见种的分布。

113. 白腹鼠属 *Niviventer* Marshall，1976

Niviventer Marshall, 1976. Family Muridae: Rats and Mice (Government Printing Office, Bangkok), 402(模式种：*Mus niviventer* Hodgeson, 1836)；Musser, 1981. Bull. Amer. Mus., 168: 236-256; Musser and Carleton, 1993. In Wilson. Mamm. Spec. World, 2nd ed., 632; 王酉之和胡锦矗，1999. 四川兽类原色图鉴，214; 王应祥，2003. 中国哺乳动物种和亚种分类名录与分布大全，201; Musser and Carleton, 2005. In Wilson. Mamm. Spec. World, 3rd ed., 580; Smith 和解焱，2009. 中国兽类野外手册，171; Wilson et al., 2017. Hand. Mamm. World, Vol. 7, Rodentia，II：820; 蒋志刚，等，2021. 中国生物多样性红色名录，脊椎动物，1: 1122-1137; 魏辅文，等，2021. 兽类学报，41(5)：487-501.

鉴别特征 体型中等。皮毛浓密，带不显眼的外层刺毛或无外层刺毛；背毛浅灰褐色至浅黄棕色，或鲜亮的红棕色；腹毛白色、淡黄白色或硫黄白色。尾上、下两色，多数物种尾部有簇毛。一般雌体具4对乳头。门齿孔一般延伸到第1臼齿前端，腭骨后缘结束于第3上臼齿后缘连线附近。听泡相对较小。上颌门齿唇侧橙色，下颌门齿唇侧淡黄色。

形态 头部和身体上部浅灰褐色，少数红棕色。腹部白色、淡黄白色或硫黄白色。安氏白腹鼠、川西白腹鼠皮毛柔软，全部为绒毛；北社鼠、海南社鼠、华南针毛鼠的皮毛由柔软绒毛和宽而有弹性的刺毛组成。尾长长于体长，安氏白腹鼠尾长、体长之比可达160%；尾上、下两色，部分物种尾末端1/3，或1/2，或仅尾梢全白色。上白齿咬合面简单，第1上白齿无t7齿尖；第2、第3上白齿t2、t3齿尖通常缺失，t9齿尖不明显；第3上白齿相对于其他白齿非常小。

生态学资料 广泛分布于平原、丘陵及中高山区域的森林、灌丛及耕地生境。植食性为主，食果实、嫩叶、农作物，也食小型无脊椎动物、昆虫等。日夜均有活动，以夜间为主，能攀登。

地理分布 在国内广泛分布于中部、东部、南部、东北、西南等区域。

分类学讨论 *Niviventer*物种组（Ellerman，1941，1947，1948，1949，1961）是第1个被讨论并正式从*Rattus*属中分离出来的组。Misonne（1969）认为该组在牙齿上与*Rattus*差异显著，因此将其从*Rattus*属调整到*Maxomys*属。但是*Maxomys*是*rajah*物种组的正确属名，*rajah*物种组曾经包括在*Rattus*中（Musser and Chiu，1979）。*Niviventer*亚属在Marshall（1976，1977）中被用来指由Ellerman（1941，1947，1948，1949，1961）认定的*Niviventer*物种组中的泰国种。Musser（1981）将*Niviventer*与印度巽他地区的属进行对比后，正式将其提升为属级分类单元，此后*Niviventer*属被广泛接受（王酉之和胡锦矗，1999；王应祥，2003；Smith和解焱，2009；Wilson et al.，2017；蒋志刚等，2021；魏辅文等，2021）。

对*Niviventer*属样本的分析证实了至少11个能够用形态学标准定义的物种（*N. andersoni*、*N. brahma*、*N. coninga*、*N. cremoriventer*、*N. culturatus*、*N. eha*、*N. excelsior*、*N. hinpoon*、*N. langbianis*、*N. lepturus*和*N. niviventer*）（Corbet and Hill，1992；Musser，1981；Musser and Newcomb，1983），并帮助制定了中南半岛地区的*N. confucianus*、*N. fulvescens*和*N. tenaster*，以及巽他大陆架的*N. cameroni*、*N. rapit*和*N. fraternus*的定义。Musser和Carleton（1993，2005）先后认为该属有15种和17种之多。根据Wilson等（2017）目前本属全世界分布19种，其中中国分布有*N. brahma*、*N. eha*、*N. andersoni*、*N. excelsior*、*N. huang*、*N. lotipes*、*N. niviventer*、*N. coninga*、*N. culturatus*、*N. fulvescens*、*N. confucianus*共11种。四川分布有*N. andersoni*、*N. confucianus*、*N. excelsior*、*N. huang*和、*N. lotipes*共5种。

四川分布的白腹鼠属Niviventer分种检索表

1.体型中等；尾长与体长之比平均小于130%；背部黄棕色或鲜亮的红棕色，四季或仅季节性带针刺毛，腹部淡黄白色或硫黄白色 ···2

体型稍大；尾更长，尾长与体长之比平均大于130%；背部浅灰褐色至浅黄棕色，无针刺毛，腹部纯白色·········4

2.体背鲜亮的红棕色，四季带针刺毛；前、后足背白色，后足背腕部有金色斑块；尾上、下两色至尾梢············ ··华南针毛鼠*N. huang*

体背黄棕色，四季或仅季节性带稀疏针刺毛；前、后足背或多或少与体背同色；尾背部棕色，部分个体尾梢白色，尾下侧根部向尾梢颜色逐渐变浅；尾上、下两色或仅后半段上下两色 ····························3

3.体背季节性带针刺毛；前、后足背颜色较浅，呈浅黄棕色；尾上、下两色较明显，部分个体尾梢白色············ ···北社鼠*N. confucianus*

体背四季带针刺毛；前、后足背颜色较深，呈棕色；尾前半段上下颜色相近，仅后半段呈上下两色············ ···海南社鼠*N. lotipes*

4.体背浅灰褐色；前后足背一般呈均匀饱满的与体背色相近的黄棕或棕褐色；尾末端约1/2或近1/2上下全白色…

·· 安氏白腹鼠 *N. andersoni*

体背浅黄棕色；前足背一般呈白色，后足背中央具长条状深色纵斑，侧边缘为浅棕色或白色；尾上、下两色，

部分个体尾梢上下全白色 ·· 川西白腹鼠 *N. excelsior*

（202）安氏白腹鼠 *Niviventer andersoni*（Thomas，1911）

英文名 Anderson's Niviventer

Epimys andersoni Thomas, 1911. Abstr. Proc. Zool. Soc. Lond., 90: 4, 171（模式产地：四川峨眉山）.

Rattus andersoni Thomas, 1922. Ann. Mag. Nat. Hist., 10: 403; Allen, 1940. Mamm. Chin. Mong., 1031-1035.

Rattus coxingi andersoni Ellerman and Morrison-Scott, 1951. Check. Palaea. Ind. Mamm.: 595.

Niviventer andersoni Musser, 1981. Bull. Amer. Mus., 168: 236-256; Musser and Carleton, 1993. In Wilson. Mamm. Spec. World, 2nd ed., 633; 王酉之和胡锦矗，1999. 四川兽类原色图鉴：215; 王应祥，2003. 中国哺乳动物种和亚种分类名录与分布大全，204; Musser and Carleton, 2005. In Wilson. Mamm. Spec. World, 3rd ed., 580; Smith和解焱，2009. 中国兽类野外手册，172; Wilson, et al., 2017. Hand. Mamm. World, Vol. 7, Rodentia, Ⅱ：821; 蒋志刚，等，2021. 中国生物多样性红色名录：脊椎动物，1: 1122; 魏辅文，等，2021. 兽类学报，41(5)：487-501.

鉴别特征 背部颜色比同属物种更暗淡，呈浅灰褐色；腹部纯白色或乳白色。前足背与体背近同色；后足背一般呈均匀的黄棕色或棕褐色；极少个体前、后足背颜色与川西白腹鼠相似。尾长于头体长，尾毛上面灰棕色，下面淡黄白色；尾毛上面颜色向尾尖逐渐变浅，尾端约1/3或近1/2上、下全白色。安氏白腹鼠与川西白腹鼠仅尾梢白色的特征区别明显：尾梢有由一些长毛组成的不显著的毛簇。

形态

外形：白腹鼠属四川分布种类中体型最大者，体长平均160 mm，最长可达190 mm；尾长平均220 mm，最长可达240 mm；后足长平均34 mm，最长达37 mm；耳高一般26 mm以上。体长、尾长和后足长比该属其他物种明显更长。须每边约20根，最长者约50 mm，由基部向尾部颜色依次变浅，较短的须为白色。前、后足均有5指（趾）；前足第1指具极短的指甲；第2～4指长度相近，第5指略短。后足第1趾最短，第5趾略长于第1趾，其余3趾长度相近，长约8 mm。前足掌垫5枚，靠腕掌部近端的2枚较大；后足趾垫6枚，靠第5趾腹面的最大，其余约等大。

毛色：身体背面从吻端至尾根毛色一致，呈浅灰褐色，是该属背部颜色最暗淡的种类。体背和体侧均由浓密的绒毛组成，长约9 mm。腹部纯白色；背、腹毛色分界明显。尾上、下两色，上面灰棕色，下面淡黄白色。耳显著突出体毛外，与体背颜色一致。前、后足背面颜色饱满，与体背同色或略深，爪白色。

头骨：脑颅较平直，最高点为额骨前端。鼻骨前端宽，向后逐渐收窄，末端长折线状，止于上颌骨颧突后缘连线附近。额骨前端和后端宽、中部收窄，构成眼眶内壁；前缘内侧分别与鼻骨和前颌骨相接，与前颌骨的骨缝呈长的折线，外侧与上颌骨相接，骨缝为平滑的曲线。眶上脊细弱，颞脊线更弱，基本不突起。额骨后缘与顶骨之间的骨缝呈弧形，在外侧与鳞骨相接。顶骨略呈梯形，

中后部向两侧略扩展。顶间骨整体呈椭圆形，前后长约6 mm，左右宽约10.8 mm。枕区垂直向下，在上枕骨中央形成一纵脊，枕髁略向后突。侧枕骨与听泡之间的纵脊不明显，但乳突小而明显；听泡与鳞骨之间存在纵脊，但不明显，垂直向下，止于听泡上方中部。眼眶前缘有一窄的泪骨，紧贴上颌骨和额骨交界处略向眶外突出。侧面颧弓较纤细。腹面，门齿孔长约7.9 mm，约占齿隙长的70%，宽约1 mm，中间犁骨完整，显粗壮。硬腭较平坦，两侧各有1条浅沟，腭骨中部可见1对大的神经孔，腭骨后缘整体呈圆弧形，止于第3上臼齿末端连线附近。翼骨薄，向后止于听泡前缘内侧。听泡相对较小，略呈椭圆形。下颌骨较发达，冠状突薄而短小，关节突粗短，角突宽短，末端尖，略向外扩展。

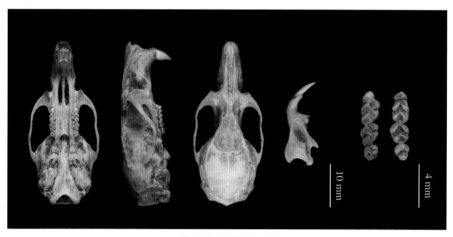

安氏白腹鼠头骨图

牙齿：上颌门齿短，略向内弯，唇面橘色。第1上臼齿由3个横齿环前后排列而成，第1横齿环t3消失，第2横齿环t4、t5、t6均存在，第3横齿环内侧齿突t7消失，存在中间t8齿突和较弱的外侧t9齿突。第2上臼齿也由前后排列的3个横齿环组成，第1横齿环仅存内侧齿突，第2横齿环3个齿突均存在，第3横齿环仅存中间t8齿突和极弱的外侧t9齿突。第3上臼齿，由前内侧1个圆形齿突和后面1个开口向内后方的C形齿环构成。

下颌门齿较细弱，中等发达，唇面淡黄色。亚成体第1下臼齿由前、后3个依次变宽的齿环组成，第1、2齿环呈蝴蝶形，第3齿环呈"八"字形，在第3齿环外侧和后侧各有1个扁圆形和三角形副齿突。第2下臼齿由前、后2个大小相近的横齿环以及第2齿环外侧和后侧的副齿突构成，其中外侧副齿突极弱，后侧副齿突呈椭圆形。第3下臼齿由1个横齿环及其后侧的1个椭圆形副齿突组成，横齿环中部很窄几乎断开，与后侧副齿突构成"品"字形。

量衡度（量：mm）

外形：

编号	性别	体长	尾长	后足长	耳高	采集地点
SAF91276	♀	145	223	34	25	四川平武王朗
SAF05563	♀	170	240	33	23	四川甘家沟

（续）

编号	性别	体长	尾长	后足长	耳高	采集地点
SAF90296	♂	154	191	32	25	四川安县茶坪
SAF06965	♀	180	227	37	27	四川二郎山大井坪
SAF08548	♂	187	233	35	25	四川宝兴夹金山
SAF08266	♀	193	238	32	25	四川宝兴夹金山
SAF08372	♀	138	188	32	24	四川宝兴夹金山
SAF15118	♂	160	211	32	22	四川栗子坪保护区
SAF90185	♂	165	225	36	26	四川高川善巴坪
SAF90184	♂	162	232	35	26	四川高川善巴坪
SAF03129	♀	134	220	34	24	四川绵竹清平林场

头骨：

编号	颅全长	基长	颧宽	眶间宽	乳突宽	颅高	听泡长	上齿列长	上臼齿冠长	下齿列长	下臼齿冠长	下颌骨长
SAF91276	41.87	35.49	18.96	5.75	11.03	13.52	7.36	20.74	7.11	12.92	7.17	21.44
SAF05563	42.57	35.95	—	5.61	11.58	13.67	7.62	21.13	7.06	12.31	6.92	21.87
SAF90296	38.78	32.71	—	5.21	11.39	12.72	7.68	19.20	7.22	12.40	7.24	20.32
SAF06965	41.97	35.49	18.16	5.54	11.38	13.64	7.21	21.06	7.51	12.76	7.37	22.05
SAF08548	42.54	37.63	20.30	—	11.83	14.57	7.75	22.03	7.33	13.01	7.29	21.92
SAF08266	43.42	37.63	20.83	5.55	12.11	14.08	6.60	22.82	7.52	13.15	7.65	22.99
SAF08372	38.79	32.28	17.62	5.48	11.43	12.79	6.71	19.37	7.55	12.24	6.84	20.48
SAF15118	40.20	32.87	17.51	5.48	10.86	13.09	6.81	19.80	6.77	12.69	6.85	20.39
SAF90185	41.76	35.40	19.37	5.57	11.26	13.07	6.74	20.99	7.20	12.76	6.92	22.24
SAF90184	42.04	35.80	18.97	5.46	10.70	13.03	6.53	21.20	7.29	13.92	7.44	22.06
SAF03129	38.51	33.26	17.78	5.41	11.36	12.96	6.09	20.27	7.06	12.21	7.08	21.60

生态学资料　栖息于海拔 1 000 ～ 3 000 m 的中高山森林、灌丛、山坡草地及农耕地附近。植食性为主，食种子、果实、嫩叶、农作物等，也可能食节肢动物。日夜均有活动，以夜间为主，能攀登。

地理分布　中国特有种。在四川分布于平武、青川、松潘、安州、南江、天全、宝兴、九龙、汶川、石棉、峨眉山等地，国内还分布于西藏东部、陕西南部、贵州北部、云南、重庆、湖北、湖南、甘肃。

分类学讨论　Thomas（1911e）根据采自峨眉山的标本订立 *Niviventer andersoni* 时认为，该种与 *N. confucianus* 和 *N. excelsior* 相似但个体更大，尾更长，尾约 2/3 以上为棕色，末端和下部为白色，末端毛簇长 7 ～ 8 mm。此后，该种被放入 *Rattus* 属并逐步得到承认（Thomas，1922a；Allen；

分省（自治区、直辖市）地图——四川省

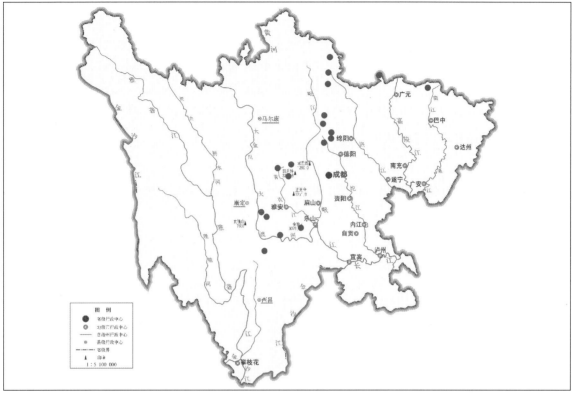

审图号：GS (2019) 3333号

自然资源部 监制

安氏白腹鼠在四川的分布
注：红点为物种的分布位点。

1940），Ellerman和Morrison-Scott（1951）将其作为*Rattus coxingi*的1个亚种，Musser和Chiu（1979）将*N. andersoni*与*N. excelsior*、*N. confucianus*进行了系统的对比和修订，Musser（1981）将*N. andersoni*列为*Niviventer*属与*N. excelsior*并列的有效种，这一分类方案随后被广泛接受（王酉之和胡锦矗，1999；王应祥，2003；Smith和解焱，2009；Wilson et al.，2017；蒋志刚等，2021；魏辅文等，2021）。在四川无亚种分化。

(203) 北社鼠 *Niviventer confucianus* （Milne-Edwards，1871）

别名 社鼠

英文名 Confucian Niviventer

Mus confucianus Milne-Edwards, 1871. Nouv. Arch. Mus. d'Hist. Nat. Paris, 7(Bull.) : 93[模式产地：四川穆坪（宝兴）].

Epimys confucianus Thomas, 1911. Proc. Zool. Soc. Lond., 689.

Rattus confucianus Thomas, 1912. Ann. Mag. Nat. Hist., 9: 516; Allen, 1940. Mamm. Chin. Mong., 1020.

Epimys zappeyi Allen, 1912. Mem. Mus. Comp. Zool., 40: 225(模式产地：四川 Washan).

Rattus confucianus littoreus Cabrera, 1922. Bol. Real. Soc. Esp. Nat. Hist. Madrid, 22: 167(模式产地：福建福州).

Rattus confucianus sinianus Shih, 1931. Bull. Dept. Bio. Sun. Yat. Uni., 12: 3(模式产地：广东瑶山).

Rattus elegans Shih, 1931. Bull. Dept. Bio. Sun. Yat. Uni., 12: 7(模式产地：广东瑶山).

Rattus niviventer confucianus Ellerman and Morrison-Scott, 1951. Check. Palaea. Ind. Mamm., 592.

Niviventer confucianus Musser, 1981. Bull. Amer. Mus., 168: 236-256; Musser and Carleton, 1993. In Wilson. Mamm. Spec. World, 2nd ed., 633; 王酉之和胡锦矗, 1999. 四川兽类原色图鉴, 217; 王应祥, 2003. 中国哺乳动物种和亚种分类名录与分布大全, 201-203; Musser and Carleton, 2005. In Wilson. Mamm. Spec. World, 3rd ed., 580; Smith 和解焱, 2009. 中国兽类野外手册, 173-174; Wilson, et al., 2017. Hand. Mamm. World, Vol. 7, Rodentia Ⅱ: 824; 蒋志刚, 等, 2021. 中国生物多样性红色名录, 脊椎动物, 1: 1124; 魏辅文, 等, 2021. 兽类学报, 41(5): 487-501.

鉴别特征 北社鼠背部黄棕色, 鲜亮度略逊于华南针毛鼠。体背和体侧冬季单由绒毛组成, 夏季由白色硬刺毛和绒毛混合组成, 腹毛淡黄白色。前足背一般呈白色或与体背同色; 后足背浅棕色至白色, 或仅足背中央与体背同色 (呈一宽条状棕色斑), 后足背侧及边缘为白色, 爪白色。尾上、下两色至尾尖, 背侧灰棕色, 腹侧浅白色; 部分个体尾梢完全白色, 朝向尾端的尾毛极短, 显稀疏。

形态

外形: 体型与华南针毛鼠相当, 小于安氏白腹鼠和川西白腹鼠。体长平均140 mm, 尾长平均173 mm, 后足长平均28 mm, 耳高平均22 mm。尾长大于体长, 平均达到体长的123%。须每边20 ~ 25根, 最长约45 mm, 由基部向尾部颜色依次变浅, 较短的须为白色。前、后足均有5指 (趾)。前足第1指具指甲, 极短; 第2 ~ 4指长度相近, 第5指略短。后足第1趾最短, 第5趾与第1指近等长, 其余3趾长度相近, 长约7.5 mm。前足掌垫5枚, 靠腕掌部近端的2枚较大; 后足趾垫6枚, 靠第5趾腹面的最大, 其余约等大。

毛色: 背部黄棕色, 身体背面从吻端至臀部毛色一致, 腹毛淡黄白色, 背、腹毛色分界明显。体背和体侧单由绒毛组成, 或由白色硬刺毛和绒毛混合组成; 硬刺毛密度和硬度都远低于华南针毛鼠, 长约12 mm。耳略突出体毛外, 与体背颜色一致。

头骨: 脑颅短而较平直, 最高点为额骨前端。鼻骨前端宽, 向后逐渐收窄, 末端呈长折线状, 止于上颌骨颧突后缘连线前端。额骨前端和后端宽, 中部收窄, 构成眼眶内壁。前缘内侧分别与鼻骨和前颌骨相接, 与前颌骨的骨缝呈长的折线, 外侧与上颌骨相接, 骨缝为平滑的斜线。眶上脊细弱, 颞脊线更弱, 在顶骨边缘基本不可见。额骨后缘与顶骨之间的骨缝呈宽Ⅴ形, 在外侧与鳞骨相接。顶骨呈梯形, 中后部向两侧略扩展。顶间骨整体呈菱形, 前后长约6.7 mm, 左右宽约11.5 mm。枕区垂直向下, 上枕骨中央形成不明显纵脊, 枕髁略向后突。侧枕骨与听泡之间的纵脊不可见, 但乳突小而明显; 听泡与鳞骨之间的纵脊不明显。眼眶前缘有扁圆形泪骨, 紧贴上颌骨和额骨交界处略向眶外突出。侧面颧弓较纤细。头骨腹面门齿孔长约5.5 mm, 约占齿隙长的62.5%; 宽约1 mm, 中间犁骨完整, 较细弱。硬腭较平坦, 两侧各有1条不明显浅沟, 腭骨中部可见1对大的神经孔, 尾部可见1 ~ 2对较小神经孔。腭骨后缘整体呈圆弧形, 止于第3上白齿末端连线附近。翼骨薄, 向后止于听泡前缘内侧。听泡相对较小, 略呈椭圆形。下颌骨较发达, 与同属其他种相比, 较显窄, 冠状突薄而短小, 关节突粗短, 角突窄而短, 末端尖, 略向外扩展。

牙齿: 上颌门齿短, 略向内弯, 唇面橘色。第1上白齿由3个横齿环前后排列而成, 第1横齿环

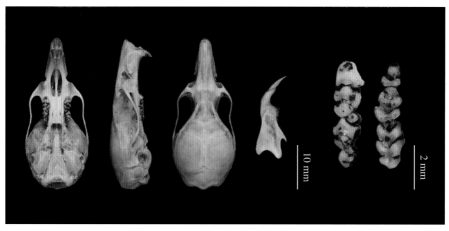

北社鼠头骨图

t3消失，第2横齿环t4、t5、t6均存在，第3横齿环内侧齿突t7消失，存在中间t8齿突和较弱的外侧t9齿突。第2上臼齿也由前后排列的3个横齿环组成，第1横齿环仅存内侧齿突，第2横齿环3个齿突均存在，第3横齿环仅存中间t8齿突。第3上臼齿，由前内侧1个圆形齿突和后面1个开口向内后方的C形齿环构成。

下颌门齿较细弱中等发达，唇面淡黄色。亚成体第1下臼齿由前后3个依次变宽的齿环组成，第1、2齿环呈蝴蝶形，第3齿环呈"八"字形，在第3齿环后侧有1个三角形副齿突。第2下臼齿由前、后2个大小相近的横齿环，以及第2齿环后侧的扁圆形副齿突构成。第3下臼齿由1个横齿环及其后侧略小的1个椭圆形齿环组成。

量衡度（量：mm）

外形：

编号	性别	体长	尾长	后足长	耳高	采集地点
SAF15095	♀	136	180	27.0	23	四川大坝林场
SAF02290	♂	142	188	31.0	23	四川杨柳坝
SAF03047	♂	146	175	27.5	22	四川土门槽木村
SAF02393	♀	146	192	29.0	24	四川宋家坪
SAF05192	♀	142	178	30.0	21	四川荥经凰仪峡东村建安坡
SAF05524	♂	140	176	28.0	22	四川石棉栗子坪
SAF15143	♀	122	166	29.0	21	四川马头山
SAF02043	♂	145	174	30.0	22	四川蒲溪沟
SAF02071	♀	148	159	31.0	17	四川胆扎木沟
SAF02450	♂	151	167	28.0	22	四川梭罗沟
SAF02459	♂	148	184	29.0	21	四川理县上猛古井

（续）

编号	性别	体长	尾长	后足长	耳高	采集地点
SAF914291	♂	148	163	28.0	20	四川茂县静州
SAF01102	♂	121	157	22.0	21	四川红石坝
SAF091110	♀	150	168	27.0	25	四川麻孜乡附近
SAF09109	♂	137	174	28.0	23	四川拉哈依呷
SAF09096	♀	145	175	27.0	22	四川金口河大瓦山
SAF16016	♂	135	177	27.0	21	四川建和乡（已撤销）
SAF06487	♂	149	172	28.0	23	四川梨子园

头骨：

编号	颅全长	基长	颧宽	眶间宽	乳突宽	颅高	听泡长	上齿列长	上臼齿冠长	下齿列长	下臼齿冠长	下颌骨长
SAF15095	37.06	30.74	16.40	5.34	10.31	11.82	6.08	17.90	5.97	10.28	5.81	18.47
SAF02290	38.30	31.10	16.73	5.18	9.49	11.29	5.93	17.99	5.40	10.64	5.38	18.73
SAF03047	34.22	28.07	15.62	5.18	9.17	11.44	5.80	16.46	5.41	10.17	5.55	17.88
SAF02393	37.10	30.52	16.52	5.03	9.41	10.74	6.24	17.20	5.74	10.45	5.84	18.61
SAF05192	36.08	30.08	16.28	5.82	8.91	11.86	5.48	16.82	5.31	9.77	5.13	17.60
SAF05524	37.57	31.56	16.08	5.21	9.29	11.24	6.03	17.75	5.44	10.40	5.44	18.35
SAF15143	33.80	27.70	15.72	5.18	8.74	10.85	5.83	16.16	5.70	9.99	5.66	17.24
SAF02043	37.33	31.65	15.55	5.16	9.92	11.17	5.98	18.17	5.93	10.88	5.66	19.20
SAF02071	34.85	27.72	15.54	5.31	9.98	10.59	5.42	16.43	5.48	9.54	5.46	17.65
SAF02450	36.26	30.46	16.56	5.17	9.67	11.17	5.63	17.82	5.76	10.64	5.60	18.43
SAF02459	37.16	30.91	16.06	5.33	9.68	11.75	5.32	17.70	5.82	10.94	5.47	19.19
SAF914291	35.75	29.22	15.95	5.35	10.09	11.41	5.04	17.01	5.73	9.96	5.27	18.83
SAF01102	36.78	30.21	15.73	5.21	9.73	11.33	5.72	17.15	5.66	9.16	5.16	18.06
SAF091110	37.01	31.31	16.10	5.30	9.56	11.52	5.57	18.73	6.28	10.85	6.01	19.20
SAF09109	34.13	28.32	15.13	4.83	9.34	10.58	5.73	16.26	5.45	9.76	5.64	17.18
SAF09096	36.42	30.78	17.10	6.14	9.38	11.85	5.63	17.40	5.25	9.91	4.70	19.94
SAF16016	36.07	29.93	15.70	5.41	10.09	11.06	5.48	16.97	5.45	9.67	5.52	18.13
SAF06487	37.67	30.58	15.45	5.20	9.12	11.71	5.27	17.42	5.66	10.24	5.31	17.53

生态学资料　栖息于丘陵、中山及高山区域的灌丛、农田、荒坡等生境，巴塘、雅江等地在海拔 4 000 m 处采集到标本。植食性为主，食种子、果实、嫩叶、农作物等，也可能食节肢动物。夜间活动，能攀登。

地理分布　四川各地及全国范围广泛分布。

分省（自治区、直辖市）地图——四川省

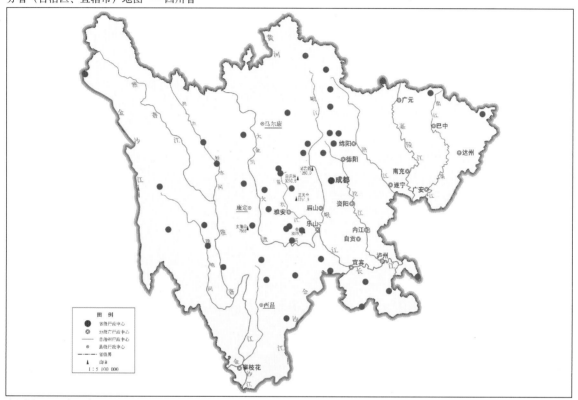

审图号：GS (2019) 3333 号　　　　　　　　　　　　　　　　　　自然资源部　监制

北社鼠在四川的分布
注：红点为物种的分布位点。

分类学讨论　北社鼠在订立时为 *Mus* 属物种，后被放入 *Epimys* 属和 *Rattus* 属，但除 Ellerman 和 Morrison-Scott（1951）将其列为 *Rattus niviventer* 的亚种外，大部分学者均承认其为有效种（Thomas，1911，1912；Allen，1940）。Musser 和 Chiu（1979）对 *N. confucianus*、*N. andersoni* 和 *N. excelsior* 的形态进行了系统对比，*N. confucianus* 的主要形态测量指标基本都小于 *N. andersoni* 和 *N. excelsior*，它们的分布区广泛重叠。Musser（1981）将 *N. confucianus* 列为 *Niviventer* 属，与 *N. andersoni*、*N. excelsior*、*N. niviventer* 等并列的有效种，这一分类方案随后被广泛接受（王西之和胡锦矗，1999；王应祥，2003；Smith 和解焱，2009；Wilson et al.，2017；蒋志刚等，2021；魏辅文等，2021）。该种的亚种分化和识别还需进一步研究。

(204) 川西白腹鼠 *Niviventer excelsior*（Thomas，1911）

英文名　Sichuan Niviventer

Epimys excelsior Thomas, 1911. Abstr. Proc. Zool. Soc. Lond., 90: 4, 170(模式产地：四川康定).

Niviventer excelsior Musser, 1981. Bull. Amer. Mus., 168: 236-256; Musser and Carleton, 1993. In Wilson. Mamm.
　　Spec. World, 2nd ed., 634; 王酉之和胡锦矗, 1999. 四川兽类原色图鉴, 214; 王应祥, 2003. 中国哺乳动物种和
　　亚种分类名录与分布大全, 203; Musser and Carleton, 2005. In Wilson. Mamm. Spec. World, 3rd ed., 580; Smith
　　和解焱, 2009. 中国兽类野外手册, 176; Wilson, et al., 2017. Hand. Mamm. World, Vol. 7, Rodentia Ⅱ: 821; 蒋
　　志刚, 等, 2021. 中国生物多样性红色名录: 脊椎动物, 1: 1130; 魏辅文, 等, 2021. 兽类学报, 41(5): 487-501.

鉴别特征　背部黄棕色或黄褐色，腹部纯白色。前足背一般呈白色，腕部以上与体背同色（部分个体棕色向前足背不同程度延伸）；后足背中央与体背同色，多数个体显见一长条状深色纵斑；足背侧的边缘为浅棕色或白色，爪白色。尾明显呈双色，尾背侧与体背同色；尾腹侧为灰白色，部分个体略带黄色；尾梢上、下两色或全白色，尾尖具一些长毛组成的毛簇。

形态

外形：体型稍小于安氏白腹鼠，大于华南针毛鼠和北社鼠。体长平均142 mm，尾长平均190 mm，后足长平均30 mm，耳高平均24 mm。尾长与体长之比平均达135%，与安氏白腹鼠接近。每边20～25根须，最长约56 mm，由基部向尾部颜色依次变浅，较短的须为白色。前、后足均有5指（趾）。前足第1指具指甲，极短；第2～4指长度相近，第5指略短。后足第1趾最短，第5趾略长于第1趾，其余3趾长度相近，长约8 mm。前足掌垫5枚，靠腕掌部近端的2枚较大；后足趾垫6枚，靠第5趾腹面的最大，其余约等大。

毛色：背部黄棕色或黄褐色，比安氏白腹鼠体背更显黄褐色，略逊于北社鼠、华南针毛鼠的颜色。身体背面从吻端至臀部毛色一致，眼圈周围颜色更深。体背和体侧绒毛比安氏白腹鼠更浓密、更长，约13 mm。腹面纯白色，背、腹毛色分界明显。耳略突出体毛外，与体背颜色一致。

头骨：脑颅较平直，最高点为额骨前端。鼻骨前端宽，向后逐渐收窄，末端长折线状，止于上颌骨颧突后缘连线附近。额骨前端和后端宽、中部收窄，构成眼眶内壁；前缘内侧分别与鼻骨和前颌骨相接，与前颌骨的骨缝呈长的折线，外侧与上颌骨相接，骨缝呈曲线状。眶上脊细弱，颞脊线更弱，基本不突起。额骨后缘与顶骨之间的骨缝呈弧形至宽Ｖ形，在外侧与鳞骨相接。顶骨呈梯形，中后部向两侧略扩展。顶间骨整体呈椭圆形，前后长约5.6 mm，左右宽约10 mm。枕区垂直向下，上枕骨中央形成一纵脊，枕髁略向后突。侧枕骨与听泡之间的纵脊不明显，乳突小而明显；听泡与鳞骨之间的纵脊垂直向下，但不明显，止于听泡上方中部。眼眶前缘有一窄的泪骨，紧贴上

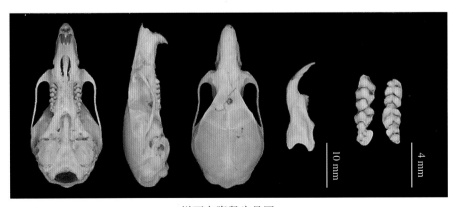

川西白腹鼠头骨图

颌骨和额骨交界处，略向眶外突出。侧面颧弓较纤细。头骨腹面，门齿孔长约7 mm，约占齿隙长的70%，宽约1 mm，中间犁骨完整较细弱。硬腭较平坦，两侧各有1条浅沟，腭骨中部可见1对大的神经孔，尾部可见1～2对较小神经孔。腭骨后缘整体呈圆弧形，止于第3上臼齿末端连线附近。翼骨薄，向后止于听泡前缘内侧。听泡相对较小略呈椭圆形。下颌骨较发达，冠状突薄而短小，关节突粗短，角突宽短，末端尖，略向外扩展。

牙齿：上颌门齿短，略向内弯，唇面橘色。第1上臼齿由3个横齿环前后排列而成，第1横齿环t3消失，第2横齿环t4、t5、t6均存在，第3横齿环内侧齿突t7消失，存在中间t8齿突和较弱的外侧t9齿突。第2上臼齿也由前后排列的3个横齿环组成，第1横齿环仅存内侧齿突，第2横齿环3个齿突均存在，第3横齿环仅存中间t8齿突。第3上臼齿由前内侧1个圆形齿突和后面1个开口向内后方的C形齿环构成。

下颌门齿较细弱，中等发达，唇面淡黄色。亚成体第1下臼齿由前后3个依次变宽的齿环组成，第1、2齿环呈蝴蝶形，第3齿环呈"八"字形，在第3齿环外侧和后侧各有1个扁圆形和三角形副齿突。第2下臼齿由前、后2个大小相近的横齿环，以及第2齿环外侧和后侧的副齿突构成，其中外侧副齿突极弱，后侧副齿突呈椭圆形。第3下臼齿由1个横齿环及其后侧较小的1个椭圆形齿环组成，磨损后呈1个开口向外的C形齿环。

量衡度（量：mm）

外形：

编号	性别	体长	尾长	后足长	耳高	采集地点
SAF05457	♂	163	215	32	27	四川东马沟
SAF04512	—	151	227	33	25	四川理塘章纳告巫
SAF04511	—	174	221	34	27	四川理塘章纳告巫
SAF06601	♂	127	187	30	23	四川旦都
SAF11668	♂	165	208	31	26	四川孔玉
SAF05445	♀	126	153	30	24	四川东马沟
SAF05441	♀	130	190	28	24	四川奎拥沟（东各乡）
SAF05031	♂	115	181	31	23	四川下德差
SAF07021	♂	123	171	27	20	四川木里长海子
SAF04012	♀	118	156	24	19	四川固增
SAF07194	♂	153	186	29	22	四川金阳百草坡
SAF08261	♂	120	162	28	21	四川宝兴夹金山
SAF16609	♀	159	178	30	27	四川子梅
SAF16123	♂	160	222	32	25	四川喜德（描述）
SAF05035	♂	150	200	29	26.5	四川雅江下德差

头骨：

编号	颅全长	基长	颧宽	眶间宽	乳突宽	颅高	听泡长	上齿列长	上臼齿冠长	下齿列长	下臼齿冠长	下颌骨长
SAF05457	40.87	34.06	18.90	5.23	10.85	12.72	6.44	20.12	6.89	13.05	6.75	21.24
SAF04512	40.79	33.41	—	5.24	10.71	13.30	6.29	20.36	6.69	12.93	6.66	21.63
SAF04511	42.22	—	18.88	5.48	11.07	13.32	6.60	20.11	6.69	12.96	6.52	21.00
SAF06601	36.61	29.57	16.06	5.16	10.38	11.89	5.34	17.48	6.51	11.44	6.35	19.14
SAF11668	40.55	34.57	19.64	5.48	10.56	13.00	7.00	20.24	6.68	12.50	6.68	20.56
SAF05445	34.67	27.86	16.43	5.16	10.33	12.18	6.56	16.98	6.20	11.19	6.19	18.60
SAF05441	37.05	29.61	16.55	4.95	9.95	11.90	6.52	17.43	6.49	11.68	5.96	18.19
SAF05031	36.97	30.07	16.11	5.09	9.90	12.15	6.23	17.92	6.62	11.81	6.44	18.76
SAF07021	34.65	28.22	15.97	5.03	10.06	12.07	5.75	17.09	6.45	10.98	5.92	17.31
SAF04012	34.30	27.91	15.04	5.27	9.76	12.01	5.11	15.94	5.65	10.09	5.52	16.54
SAF07194	36.75	30.26	15.69	5.18	9.64	11.56	6.20	17.21	5.35	10.20	5.21	17.44
SAF08261	34.08	28.20	—	5.21	9.59	11.37	5.74	16.10	5.60	9.59	5.56	16.15
SAF16609	—	—	—	5.20	—	12.51	6.70	19.84	6.25	12.04	6.59	20.72
SAF16123	40.49	33.35	17.80	5.20	10.07	12.06	6.14	19.48	6.56	10.81	6.28	19.81
SAF05035	38.39	31.52	18.01	5.34	10.70	13.04	5.99	19.01	6.56	13.22	6.47	20.58

生态学资料　栖息于海拔2 000～3 900 m的高山森林、林缘、灌丛及农耕区。植食性为主，食种子、果实、嫩叶、农作物等，也可能食节肢动物，与安氏白腹鼠、北社鼠食性相似。日夜均有活动，以夜间为主，能攀登。

地理分布　中国特有种。在四川分布于康定、雅江、巴塘、稻城、宝兴、石棉、九寨、黄龙、茂县、木里、金阳、美姑等西部、西南部区域，国内还分布于云南、西藏。

分类学讨论　Thomas（1911）根据康定、峨眉山的标本定立新种*Epimys excelsior*。此后该种一度被认为是*Niviventer confucianus*的同物异名（Allen，1940；Ellerman and Morrison-Scott，1951），其种级分类地位不被承认。Musser和Chiu（1979）将*E. excelsior*与*N. andersoni*、*N. confucianus*进行了系统的对比和修订，Musser（1981）将*E. excelsior*列入*Niviventer*属，与*N. andersoni*并列为有效种，更名为*N. excelsior*，这一分类方案随后被广泛接受（王酉之和胡锦矗，1999；王应祥，2003；Smith和解焱，2009；Wilson et al.，2017；蒋志刚等，2021；魏辅文等，2021）。曾在中国西南川黔地区的早至中更新世洞穴沉积物中发现了被鉴定为*N. excelsior*的化石（郑绍华，1993）。在四川无亚种分化。

分省（自治区、直辖市）地图——四川省

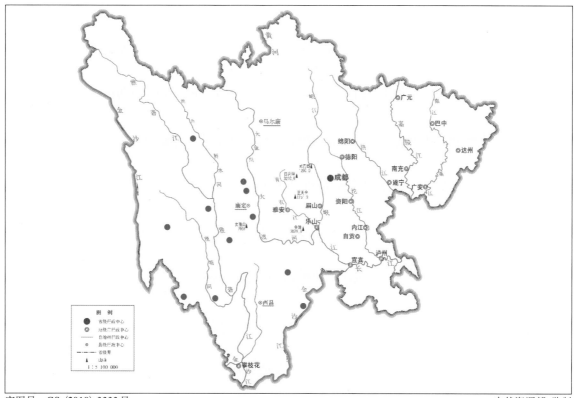

审图号：GS (2019) 3333号　　　　　　　　　　　　　　　　自然资源部 监制

川西白腹鼠在四川的分布
注：红点为物种的分布位点。

（205）华南针毛鼠 *Niviventer huang*（Bonhote，1905）

别名　华南白腹鼠

英文名　Eastern Spiny-haired Rat

Mus huang Bonhote, 1905. Abstr. Proc. Zool. Soc. Lond., 2: 384-397(模式产地：福建挂墩山).

Mus ling Bonhote, 1905. Abstr. Proc. Zool. Soc. Lond., 2: 384-397(模式产地：福建挂墩).

Rattus huang vulpicolor Allen, 1926. Ame. Mus. Nov., 217: 1-16(模式产地：云南兰婷江).

Rattus huang Cabrera, 1922. Bol. Real. Soc. Esp. Hist. Nat. Madrid., 22: 167; Ellerman and Morrison-Scott, 1951. Check. Palaea. Ind. Mamm., 594.

Rattus flavipilis Shih, 1930. Bul. Dep. Bio. Col. Sci. Sun. Yat. Uni, 4: 1-10(Substitute for *Huang*).

Rattus flavipilis minor Shih, 1930. Bul. Dep. Bio. Col. Sci. Sun. Yat. Uni, 4: 1-10(模式产地：广西罗贤).

Rattus wongi Shih, 1931. Bull. Dept. Bio. Sun Yat. Uni., 12: 6(模式产地：广东瑶山).

Rattus fulvescens huang Osgood, 1932. Publ. Field Mus. Nat. Hist., 18: 304; Allen, 1940. Mamm. Chin. Mong., 1017-1020.

Niviventer fulvescens huang 王应祥，2003. 中国哺乳动物种和亚种分类名录与分布大全：204; Smith 和解焱，2009. 中国兽类野外手册，176-177.

Niviventer huang Wilson, et al., 2017. Hand. Mamm. World, Vol. 7, Rodentia, Ⅱ: 821-822; Ge, et al., 2020. Zool. Jour. Lin. Soc. Lond., 191: 528-547; 蒋志刚, 等, 2021. 中国生物多样性红色名录, 脊椎动物 (1): 1134; 魏辅文, 等, 2021. 兽类学报, 41(5): 487-501.

鉴别特征 背部呈明亮的黄棕色，侧面黄褐色，腹毛淡黄白色。体背和体侧由白色硬刺毛和绒毛组成，刺毛的多少与季节无关。前、后足背一般呈白色，后足背腕部有金色斑块，前掌浅棕色，后足掌深棕色。尾明显双色至尾尖，背侧为灰棕色，腹侧为污白色；朝向尾端的尾毛极短，明显短于北社鼠。

形态

外形：成体体长124～162 mm（平均144 mm），尾长153～190 mm（平均169 mm），后足长25～32 mm（平均28 mm），耳高平均22 mm。尾长与体长之比平均115%。每边约30根须，最长的60 mm；较短者基本为灰白色，较长者基部黑色，端部灰白色。前、后足均有5指（趾）。前足第1指具指甲，极短；第5指也短，长约3.9 mm；第3指最长，第4指略短于第3指，第2指略短于第4指。后足第1趾最短，第5趾略长于第1指，其余3趾等长，长约8 mm。前足掌垫5枚，靠腕掌部近端的2枚较大；后足趾垫6枚，靠第5趾腹面的最大，其余约等大。

毛色：华南针毛鼠是四川分布的白腹鼠属物种中背部颜色最鲜亮的种类，体背从吻端至臀部毛色呈明亮的黄棕色；体侧较背部稍浅，呈黄褐色。体背和体侧均由硬刺毛和绒毛组成，硬刺毛大部分为白色，尖端颜色变深，呈黑色带褐色；稍长于绒毛，绒毛基部2/3灰色，末端1/3黄棕色。腹面一般淡黄白色。背、腹毛色分界明显。尾上、下两色，上面灰棕色，下面污白色。耳突出体毛外，与体毛颜色相比更偏棕色。前、后足背面以污白色为主，爪白色。

头骨：脑颅较平直，最高点为额骨前端。鼻骨前端宽，向后渐收窄，末端折线状，止于上颌骨颧突后缘连线附近。额骨前端和后端宽，中部窄，构成眼眶内壁。额骨前缘内侧分别与鼻骨和前颌骨相接，与前颌骨的骨缝呈长的折线，外侧与上颌骨相接，骨缝为弯曲、平滑的曲线。亚成体即可见眶上脊，随着年龄的增长眶上脊越发明显，并与后侧的颞脊相连，止于侧枕骨与鳞骨之间的纵脊上方，或与纵脊上方相连。额骨后缘与顶骨之间的骨缝呈弧形，在外侧与鳞骨相接。顶骨略呈

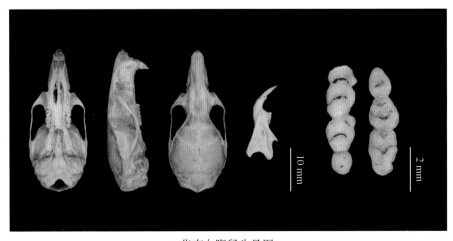

华南白腹鼠头骨图

梯形，中后部向两侧扩展。顶间骨整体呈菱形，前后长约6.2 mm，左右宽约11.7 mm。枕区垂直向下，上枕骨中央形成一纵脊，枕髁略向后突。侧枕骨与听泡之间的纵脊不明显，乳突小而明显；听泡与鳞骨之间的纵脊不明显，垂直向下，止于听泡上方中部。眼眶前缘有一窄的泪骨，紧贴上颌骨和额骨交界处，略向眶外突出。侧面颧弓较纤细。头骨腹面，门齿孔长约6.1 mm，约占齿隙长的70%，宽约1.3 mm，中间犁骨完整。硬腭较平坦，两侧各有1条浅沟，硬腭末端向口腔突出，在腭骨部分有少量小孔，腭骨前端两侧有1对大的神经孔，后缘两侧各有2个稍小的神经孔；腭骨后缘整体呈圆弧形。翼骨薄，向后止于听泡前缘内侧。听泡相对较小，呈椭圆形。下颌骨较发达，冠状突薄而短小，关节突粗短，角突宽短，末端略向外扩展。

牙齿：上颌门齿短，略向内弯，唇面橘色。第1上臼齿由3个横齿环前后排列而成，第1横齿环t3消失，第2横齿环t4、t5、t6均存在，第3横齿环内侧和外侧齿突（t7和t9）均消失、仅存中间齿突（t8）。第2上臼齿也由前后排列的3个横齿环组成，第1横齿环仅存内侧齿突，第2横齿环3个齿突均存在，第3横齿环仅剩中间齿突。亚成体时，第3上臼齿由前内侧1个圆形齿突和后面1个开口向内的C形齿环构成，成年后因磨损变成一个开口向内的E形齿环。

下颌门齿较细弱，中等发达，唇面淡黄色。亚成体第1下臼齿由前后3个依次变宽的齿环组成，第1、2齿环呈蝴蝶形，第3齿环呈"八"字形，在第3齿环后面中央有1个椭圆形的副齿突。第2下臼齿由前后两个大小相近的横齿环及尾部的月牙形弱副齿突构成。第3下臼齿由1个横齿环及其后侧的1个椭圆形副齿突组成，横齿环中部很窄几乎断开，与后侧副齿突组成"品"字形。成体牙齿磨损后，各齿环变大或相融合。

量衡度（量：mm）

外形：

编号	性别	体长	尾长	后足长	耳高	采集地点
SAF06485	—	156	175	27	22	四川甘家沟
SAF06491	♀	146	168	27	21	四川梨子园
SAF06468	♀	143	166	29	30	四川毛寨
SAF06476	♀	127	153	26	19	四川甘家沟
SAF05209	♂	162	190	32	16	四川宝兴冷木沟
SAF05200	♂	143	167	29	13	四川宝兴冷木沟
SAF16145	—	158	179	29	20	四川合江
SAF16144	—	148	160	29	30	四川合江

头骨：

编号	颅全长	基长	颧宽	眶间宽	乳突宽	颅高	听泡长	上齿列长	上臼齿冠长	下齿列长	下臼齿冠长	下颌骨长
SAF06485	36.52	30.28	15.79	5.55	9.98	11.43	5.49	17.36	5.57	9.43	5.43	17.62
SAF06491	34.92	27.99	15.64	5.50	9.49	11.15	5.98	15.98	5.26	9.36	5.14	16.18

(续)

编号	颅全长	基长	颧宽	眶间宽	乳突宽	颅高	听泡长	上齿列长	上臼齿冠长	下齿列长	下臼齿冠长	下颌骨长
SAF06468	36.57	29.28	15.65	5.64	9.32	11.67	5.99	16.30	5.18	10.12	5.18	17.50
SAF06476	33.39	26.84	15.02	5.46	9.33	10.86	5.88	14.97	5.22	9.29	5.06	16.05
SAF05209	36.48	30.39	16.25	6.02	10.02	11.90	6.01	17.36	5.81	10.48	5.72	17.77
SAF05200	35.80	29.21	16.29	5.73	9.84	11.99	6.10	16.57	5.53	9.86	5.39	17.48
SAF16145	36.21	29.69	15.84	5.85	8.52	12.05	6.45	16.71	5.57	9.61	5.60	18.25
SAF16144	36.58	29.73	15.46	5.92	8.96	11.50	5.86	16.57	5.33	9.68	5.10	17.36

生态学资料　栖息于盆周山区及盆地丘陵灌丛、石缝、水塘边草丛等生境。植食性为主，食果实、嫩叶、农作物等。日夜均有活动，以夜间为主，能攀登。

地理分布　中国特有种。在四川分布于青川、宝兴、合江、南江、宜宾、天全等地，国内还分布于云南、陕西、广西、广东、福建、浙江、湖南、湖北、安徽、重庆、江西、贵州、海南、香港、澳门等地。

分省（自治区、直辖市）地图——四川省

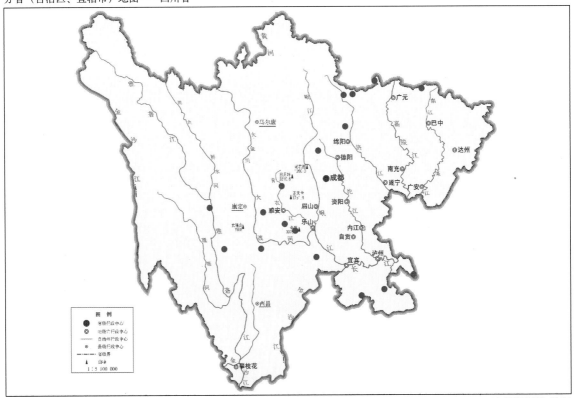

审图号：GS (2019) 3333号　　　　　　　　　　　　　　　　　　　　自然资源部 监制

华南针毛鼠在四川的分布

注：红点为物种的分布位点。

分类学讨论　研究认为，白腹鼠属一般包含 *N. andersoni*、*N. niviventer*、*N. eha*、*N. fulvescens* 共4个物种复合体。*N. fulvescens* 物种复合体一般认为是体毛多刺的鼠类，容易与 *N. niviventer* 物种复合体的成员混淆，Musser（1981）曾列出15个类群作为 *N. fulvescens* 的同物异名。长期以来国内学者常将 *N. fulvescens* 物种复合体的成员当作单一物种，即 *N. fulvescens*（Smith和解焱，2009），基于分子和形态学数据的研究表明，*N. fulvescens* 物种复合体的物种多样性被低估（Balakirev et al., 2011，2014；He and Jiang，2015；Lu et al., 2015；Zhang et al. 2016）。Bonhote（1905）指出，*N. huang* 的模式标本与在海南五指山采集的标本没有区别；Ge 等（2020）对 *N. fulvescens* 复合体的研究支持 *N. huang* 为独立有效种，分子结果显示 *N. huang* 有3个遗传谱系：其一来自云南和福建；其二来自海南；其三来自四川、重庆、湖南、湖北、广东、广西，分子结果与Bonhote（1905）的形态分析一致。同时，Ge 等（2020）将来自福建的 *N. ling* 作为 *N. huang* 的同物异名，二者的地模标本差异很小，主要为皮毛颜色和身体大小的细微差异。该种无亚种分化。

（206）海南社鼠 *Niviventer lotipes*（Allen，1926）

英文名　**Hainan Niviventer**

Rattus confucianus lotipes Allen, 1926. Amer. Mus. Nov., 217: 16(模式产地: 海南那大).

Rattus niviventer lotipes Ellerman and Morrison-Scott, 1951. Check. Palaea. Ind. Mamm., 594.

Niviventer lotipes Wilson, et al., 2017. Hand. Mamm. World, Vol. 7, Rodentia Ⅱ: 822; Li, et al., 2008. Zool. Sci., 25: 686-692; Ge, et al., 2018. Jour. Mamm., 99(6): 1350-1374; 魏辅文, 等, 2021. 兽类学报, 41(5): 487-501.

鉴别特征　海南社鼠背、腹明显两色，分界明显，腹部硫黄白色或淡黄白色；侧面黄棕色调明显，背面深棕黄色或灰棕黄色，四季均夹杂粗硬的针毛。前、后足远端及指（趾）白色，腕掌部后端中央和跗跖部中央大部分深棕色，两侧白色。尾前半部上、下两色不明显，后半部上、下两色明显；尾背侧棕色延伸至尾尖；尾腹侧根部棕色，向尾尖渐变至淡黄白色。

形态

外形：体长110～145 mm；尾长146～190 mm，尾长平均超过体长；后足长24～28 mm；耳高20～22 mm。须多，每边约25根须，最短者约4 mm，最长者达到47 mm；短须多为白色，长须通常黑色，或者根部黑色，尖部棕白色。前足5指，第1指极度退化，长度不到1 mm，具指甲；第2指长约3.2 mm（不包括爪）；第3指最长，约4.5 mm；第4指次之，约4.3 mm；第5指较短，长约2.7 mm。指垫中等发达。前足掌垫5枚，几乎等大；后足趾垫6枚，靠跗跖部的2枚相对较小。

毛色：体色与北社鼠接近。背、腹毛色分界明显，腹面毛基至毛尖硫黄白色或淡黄白色，背面整体呈灰棕黄色；侧面往往颜色更显鲜艳，棕色调明显；背面颜色偏深，夹杂棕白色的粗硬针毛。吻部至头顶毛色和背面基本一致，部分个体顶部毛色更深，前额部颜色淡。多数眼周颜色较深，形成黑色眼圈，有些个体不明显。耳毛为灰黑色或灰棕色短毛。前足背面腕掌部及指白色，腕掌部后端中央以及桡尺骨背面中央棕色，边缘白色；前足腹面一直到腋窝全部为淡黄白色或纯白色。后足跗跖部前端背面及趾全白色，跗跖部后端背面中央大部分棕色，边缘白色，中央的棕色向后变宽，使得胫腓骨周边全部为棕色，直到股骨腹面变成白色或者淡黄白色。前、后足爪白色，半透明。后足趾端毛较长。尾背面棕灰色，直至尾尖；尾腹面由根部的棕灰色，向尾尖渐变至淡黄白色。

头骨：成年尤其是老年个体头骨背面较平直，最高点位于眼眶前缘中间。亚成体和刚成年个体背面较隆突；最高点位于额骨后缘。鼻骨相对细长，前端向后均匀缩小，到后1/5处骤然缩小，与额骨前缘相接；后端止于两眼眶前缘内侧的连线。额骨向后扇形扩大，后端与顶骨之间的接缝呈光滑的圆弧形。眶上脊明显，亚成体即显，越到老年越发达；向后侧面延伸，止于顶骨侧面后端。额骨在眼窝内构成眼眶内壁的主体。泪骨较发达，后端向眼眶内突出，末端向外翘起，老年个体更明显。顶骨较规则，梯形，内侧小，外侧为长边，后端侧面向外不规则扩展，与鳞骨相接。顶间骨较大，略呈椭圆形或不规则的菱形。枕区上枕骨、侧枕骨和基枕骨愈合为一个整体；上枕骨中央在成年后期和老年有明显的纵脊；侧枕骨形成的枕髁较薄，侧枕骨在枕髁后侧有一纵脊，向下延伸，止于听泡的后缘。侧面前颌骨构成吻端的侧面，着生门齿，吻部的后端与上颌骨相接，骨缝不规则，前颌骨在鼻骨侧面向后延伸，其末端超过鼻骨末端，与额骨呈指状相接。上颌骨着生颊齿，前侧面颧板较宽阔，背侧方形，形成颧突，构成颧弓的一部分。颧骨较纤细，前端和上颌骨颧突的骨缝在成体后不清楚，后端与鳞骨的颧突斜向相接。鳞骨较长，沿颞脊与顶骨相接，后上方与侧枕骨相接，正后端和后下方与听泡相接，下方与翼蝶骨相接；侧面形成颧突。听泡2室，前室鼓胀；听泡较小，侧面为外耳孔，内部是听骨（锤骨、砧骨和镫骨），后室扁平。翼蝶骨较大，上缘与鳞骨相接，从鳞骨颧突下方向后延伸，与听泡前缘相接，腹面与腭骨、翼骨相接；前端构成眼窝后缘内壁的一部分，前蝶骨小，位于眼窝最深处，后部与翼蝶骨相接，上缘与顶骨相接，下缘与上颌骨相接；中央有一大的神经孔。腹面，门齿孔较长，中央鼻中隔完整，鼻中隔的后端由上颌骨构成，前端由犁骨构成；门齿孔前端近一半由前颌骨围成，后端由上颌骨围成，硬腭上有2条纵沟，后端向口腔内弯曲，硬腭一半由上颌骨构成，一半由腭骨构成。腭骨前端两侧各有1个神经孔；腭骨侧面与上颌骨形成的齿槽相接，后端向侧面扩大，腭骨后端外侧与翼蝶骨相接，后端内侧与翼骨相接，并围成后鼻孔。翼骨薄，后端与听泡的前端相接。基枕骨很宽，听泡显小。基蝶骨长，前端与前蝶骨相接，前蝶骨棒状。下颌骨较发达，冠状突短小；关节突较长、大，角突宽阔。

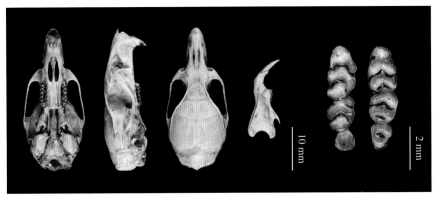

海南社鼠头骨图

牙齿：上颌门齿略向内弯曲，唇面窄，橘色，前后径较大。第1上臼齿大，长度是第2、3上臼齿之和；咀嚼面有3个横齿环，第1、2横齿环各有3个齿突，第1横齿环的外侧齿突很小；第3横齿环仅存中央齿突，内侧和外侧齿突均缺失。第2上臼齿也由3个横齿环构成，第1横齿环仅存内侧齿突，中央和外侧齿突缺失；第3横齿环仅存中央齿突，外侧和内侧齿突缺失。第3上臼齿有3个横齿环，第1横齿环仅存内侧圆形齿突；第2横齿环有内侧额齿突和中间齿突，内侧额齿突小，中间齿突大，外侧圆形；第3横齿环圆弧形。

下颌门齿细长，唇面橘黄色。第1、2下臼齿有2列齿环呈∧形排列，第1行两齿突小；该齿后端中央有一圆形副齿突。第2下臼齿由2排∧形齿环构成，前外侧有1个很小的副齿突，后面中央有1个圆形副齿突。第3下臼齿由前部1个略呈半圆形的齿环和后部1个圆形齿环构成。

量衡度（衡：g；量：mm）

外形：

编号	性别	体重	体长	尾长	后足长	耳高	采集地点
SAF19850	♂	69	145	187	28	21	四川叙永
SAF19853	♂	56	136	171	28	22	四川叙永
SAF19858	♀	41	110	162	27	20	四川叙永
SAF19859	♀	68	145	190	27	20	四川叙永
SAF19860	♂	40	115	156	26	20	四川叙永
SAF16140	♂	44	125	146	25	20	四川合川
SAF19044	♀	53	112	146	26	21	四川珙县

头骨：

编号	颅全长	基长	颧宽	眶间宽	乳突宽	颅高	听泡长	上齿列长	上臼齿冠长	下齿列长	下臼齿冠长	下颌骨长
画稿溪	31.45	25.28	14.50	5.30	8.96	10.77	5.24	14.75	4.97	9.25	5.06	15.74
SAF19850	—	—	—	—	8.83	11.22	5.69	—	5.46	10.65	5.47	18.07
SAF19853	—	—	15.50	5.12	—	—	5.86	15.98	5.17	9.02	5.33	17.23
SAF19858	—	—	14.46	5.45	—	—	—	15.28	5.34	9.13	5.55	16.35
SAF19859	36.49	30.52	16.14	5.44	10.18	11.46	6.05	17.42	5.40	9.87	5.52	18.23
SAF19860	—	—	—	—	8.48	11.19	5.82	—	4.41	8.55	5.51	14.77
SAF16140	31.55	25.40	14.55	5.38	8.68	11.32	6.15	14.94	5.08	9.59	5.38	15.75
SAF19044	33.66	27.12	14.76	4.86	8.84	11.26	5.83	15.78	5.35	9.68	5.14	16.42

生态学资料　栖息于海拔2 300 m以下的低山阔叶林、竹林等偏湿润生境。关于食性、食物及活动规律等方面缺乏研究资料，推断与同属的北社鼠等种类相似。

地理分布　在四川分布于长江以南的合江、珙县、叙永等地，国内还分布于海南、福建、浙江、广东、广西、云南等省份。

分类学讨论　该种订立时作为北社鼠的亚种，Allen（1940）继续将其作为北社鼠的亚种记述。Ellerman和Morrison-Scott（1951）将其修订为*Rattus niviventer lotipes*，Musser（1981）将其作为北

分省（自治区、直辖市）地图——四川省

审图号：GS（2019）3333号　　　　　　　　　　　　　　　　自然资源部 监制

海南社鼠在四川的分布
注：红点为物种的分布位点。

社鼠 *Niviventer confusianus* 的同物异名。Li 等（2008）根据染色体研究结果，将其提升为有效种海南社鼠 *Niviventer lotipes*，Wilson 和 Mittermeier（2017），Ge 等（2018）均支持海南社鼠为有效种。Ge 等（2018）认为该种分布于海南、福建、广西、广东、浙江、云南等省份。本书编撰过程中发现，采自四川叙永、合江、珙县等地的样本与海南社鼠聚在一起，经形态比较后认为，该种在四川有分布，为四川新记录种（唐明坤等，2023）。

　　海南社鼠定立时的原始描述：身体侧面亮赭色，背面显苍白灰色，身体腹部硫黄白色，冬季和夏季毛皮均具有针刺毛；足腕掌部白色，掌骨缺乏深色的区域；尾明显双色，背面灰暗色，腹面白色。四川采集的标本总体符合海南社鼠的描述，但和原始描述略有差别：身体侧面赭色较明显，背面颜色偏深，为深棕色。前足背面腕掌部白色，但腕掌部后端以及桡尺部背面有明显的棕色区，后足背中央有深棕色斑块（海南标本前、后足背颜色均较浅）。四川标本尾前半段上、下近同色，尾后半段上、下两色，但腹面的颜色没有海南标本的白，背、腹界线不太明显。

114. 滇攀鼠属 *Vernaya* Anthony，1941

Vernaya Anthony, 1941. Fid. Mus. Nat. Hist., 1-395(模式种：*Chiropodomys fulva* Allen, 1927).

鉴别特征　滇攀鼠属为小型、树栖的啮齿动物。体形似小家鼠，但滇攀鼠属的物种尾长约是头体长的2倍。前足第1指甲扁平。体毛暗棕黄褐色。头骨吻短，1条明显的纵凹从鼻骨后部通过眶间区向上延伸到额骨。

形态

体背一般为红棕色；体侧为棕黄色，背、腹色界线分明；腹面一般米黄色，吻基至胸部前端呈米白色。前足第1指具扁指甲，这是区别于其他啮齿动物的特征之一。尾较长，约是头体长的2倍；尾尖毛呈笔状，这是区别于小家鼠的特征之一。头骨一般吻部较短，额骨在眶间部分具纵行辙沟，这也是区别于其他啮齿动物的鉴别特征之一。

生态学资料　该属物种树栖，喜栖息于亚热带高山、亚高山林区及山坡灌丛，或有茂密植被的开阔山坡，2 250 m左右岩石裸露的山脊，分布范围狭窄，数量稀少。

地理分布　国内分布于四川、云南、甘肃、陕西、湖北。国外分布于缅甸北部。

分类学讨论　滇攀鼠属最初被Allen描述为笔尾树鼠属 *Chiropodomys*，但后来被他鉴定为长尾攀鼠属 *Vandeleuria*。Anthony（1941）认为滇攀鼠属在形态上不同于笔尾树鼠属 *Chiropodomys* 和长尾攀鼠属 *Vandeleuria*，于是建立该属。几乎同时，Sody（1941）也为该属建立了1个属——*Octopodomys*，后Ellerman（1949）注意到了这个问题，将 *Octopodomys* 列为攀鼠属 *Vernaya* 的同物异名（Ellerman，1961）。该属的分子系统地位无人研究过，一直不清楚。单型属。该属可能还包括其他物种。

(207) 滇攀鼠　*Vernaya fulva*（Allen，1927）

英文名　Vernay's Climbing Mouse

Chiropodomys fulva Allen, 1927. Amer. Mus. Nov., 270:1-12(模式产地：云南兰坪营盘江).

Vernaya fulva Anthony, 1941. Mammals collected by the Vernay-Cutting Burma expedition. Fid. Mus. Nat. Hist.,
1-395.Wilson and Reeder, 1993. Mamm. Spec. World, 2nd ed., 673; 王酉之和胡锦蠹, 1999. 四川兽类原色图
鉴, 224; Musser and Carleton, 2005. Mamm. Spec. World, 3rd ed., 285; Smith和解焱, 2009. 中国兽类野外手册,
184; Wilson et al., 2017. Hand. Mamm. World, Vol 7: 456. 胡锦蠹和胡杰, 2007. 四川兽类名录新订. 西华师范大
学学报, 28(2): 165-171.

Vernaya foramena Wang, et al., 1980. 动物学报, 26(4)：393-397(模式产地：四川平武).

鉴别特征　小型，树栖。体形似小家鼠，但滇攀鼠的尾尤其长，约是头体长的2倍。前足第1指甲扁平。体毛暗棕黄褐色。头骨吻短，有条明显的纵凹从鼻骨后部通过眶间区向上延伸到额骨。在眶间区经常有2个未骨化的窝。门齿孔向后延伸至第1臼齿前。

形态

外形：体型小，体重20 g左右；头体长54～67 mm，尾长103～128 mm，后足长15～19 mm，耳长15～17 mm，颅全长18.54～21.72 mm。触须长，呈黑色。前额和头部比背部稍灰暗，呈暗棕黄色；耳部毛发稀疏，呈暗灰褐色。体背红棕色，体侧为棕黄色泽；背、腹色界线分明，腹面呈米黄色，颏部至胸部前端呈米白色。前足第1指具扁指甲，四足背棕黄色，足尖和足

腹面颜色更浅，呈米白色。尾较长，约是头体长的2倍；尾尖毛呈笔状；尾上面黑棕色，下面颜色稍浅。

头骨：头骨吻部较短；脑颅部宽，侧面观微呈弓形；颧骨细长。门齿孔短，眶间部窄；额骨在眶间部分具纵行窄沟，沟道中央部具卵圆孔1对，孔的直径大小有别。听泡大而鼓凸。

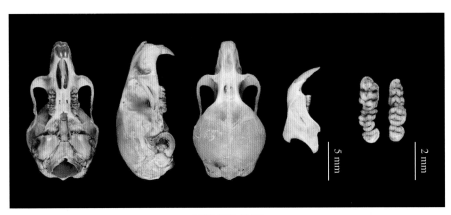

滇攀鼠头骨图

牙齿：门齿大，唇面呈棕黄色。舌侧呈白色，侧面向内呈弓形。上、下颌臼齿各3枚。第1上臼齿最大，具完整的3横脊、3纵行齿尖；第2上臼齿较大，第1、2上臼齿后缘均具附加横脊；第3上臼齿小，具2板状横脊。第1下臼齿最大，具3横脊，3纵行齿尖，最前具三角形小叶，后缘具2齿尖相连的附加横脊；第3下臼齿具1板状横脊，第1横脊退化成单一齿尖，横脊具2个齿尖，彼此连接或分离因个体而异。

量衡度（衡：g；量：mm）

外形：

编号	性别	体重	体长	尾长	后足长	耳高	采集地点
SAF16726	♀	8	60	103	15	15	重庆奉节
SAF08388	♀	10	67	117	16	16	四川夹金山
SAF15422	♂	10	65	120	17	17	云南
SCNU02747	—	10	62	112	17	16	云南兰坪
SAF201652	♀	—	65	128	18	17	四川美姑
SAF201653	♀	—	58	125	19	16	四川美姑
SAF201560	♀	—	55	106	17	15	四川平武
SAF201553	♂	—	60	113	17	15	四川平武
SAF201518	—	—	54	105	16	15	四川平武
SAF201470	♂	—	65	—	17	15	四川平武

头骨：

编号	颅全长	颅高	基长	腭长	眶间距	颧宽	听泡长	上齿列长	上臼齿列长	下齿列长	下臼齿列长	下颌骨长
SAF16726	18.54	7.45	15.39	9.26	2.81	10.14	—	9.11	3.50	7.53	3.86	11.90
SAF08388	20.54	8.19	16.24	10.16	2.82	10.93	5.29	9.73	3.64	8.40	3.79	12.58
SAF15422	20.81	8.36	16.59	10.06	3.04	11.03	5.34	9.82	3.58	8.36	3.70	13.14
SCNU02747	20.20	8.26	16.68	10.09	2.96	11.05	5.29	9.97	3.61	8.45	3.98	13.11
SAF201652	21.72	8.35	17.04	10.52	3.15	11.16	5.15	10.39	3.77	8.63	4.41	13.42
SAF201653	20.67	8.44	15.97	9.97	3.06	10.74	5.24	10.00	3.71	8.61	4.09	13.13
SAF201560	19.60	8.09	15.93	9.37	2.95	10.21	5.23	9.79	3.72	8.78	4.23	12.67
SAF201553	21.48	8.20	16.85	10.28	2.72	10.74	5.28	10.33	3.62	8.77	3.84	13.31
SAF201518	19.33	7.88	15.62	9.45	2.88	10.16	5.05	9.34	3.63	8.07	4.05	11.86
SAF201470	21.38	8.32	17.14	10.24	2.83	11.05	5.27	10.30	3.85	8.75	4.11	13.23

　　生态学资料　树栖，分布范围狭窄，数量稀少。栖息于亚热带高山、亚高山林区及灌丛中（李晓晨和王廷正，1995）；通常也出现在海拔 2 100 ～ 2 700 m 的山地森林、有茂密植被的开阔山坡上或岩石裸露的山脊及山坡低灌丛（Anthony，1941；Walker et al.，1975；王酉之等，1980）。

　　地理分布　在四川分布于王朗、汶川、峨边、九龙、南江和宝兴夹金山，国内还分布于云南、甘肃、陕西、湖北。国外分布于缅甸北部。

　　分类学讨论　单型属。滇攀鼠 *Vernaya fulva* 是 Allen（1927）依据采自云南西南部兰坪营盘地区的标本订名的，最初被 Allen 描述为笔尾树鼠属 *Chiropodomys* 的一员，但后来被他重新鉴定为长尾攀鼠属 *Vandeleuria fulvus*；后又被 Allen（1940）列为 *Vandeleuria dumeticola* 的同物异名。Anthony（1941）认为 *Vandeleuria fulvus* 在形态上不同于笔尾树鼠属 *Chiropodomys* 和长尾攀鼠属 *Vandeleuria*，又建立了 1 个新的属攀鼠属 *Vernaya*，并将种名从 *Vandeleuria fulvus* 改为 *Vernaya fulva*。1941 年 12 月，也就是 Anthony（1941）提出 *Vernaya* 的同月，Sody（1941）为 *Chiropodomys fulvus* 建立了 1 个新属 *Octopodomys*，显然他当时并不知道 Anthony（1941）已经提出了攀鼠属 *Vernaya*。Ellerman（1949）注意到了这个问题，后来 *Octopodomys* 被正式列为 *Vernaya* 的同物异名（Ellerman，1961）。王酉之等（1980）根据采自四川王朗自然保护区的一组标本，将其订名为攀鼠属新种——显孔攀鼠 *Vernaya foramena*。该新种区别于滇攀鼠 *Vernaya fulva* 的主要特征：额部卵圆孔大而明显，暴露于颧骨骨质之外；下颌第 1 臼齿后缘附加横脊 2 齿尖相连接。然而李晓晨和王廷正（1995）比较了王朗周边地区的攀鼠标本形态，认为显孔攀鼠 *Vernaya foramena*（王酉之等，1980）区别于两个物种的主要鉴别特征为具卵圆孔及下颌第 1 臼齿后缘附加横脊 2 齿尖连接均不稳定，认为其和滇攀鼠 *Vernaya fulva* 为同一物种，并建议将显孔攀鼠作为滇攀鼠的 1 个亚种，即川陕亚种 *Vernaya fulva foramena*。该亚种区别于指名亚种的主要鉴别特征：前者毛色较浅，呈棕黄褐色，头骨脑颅顶部显

分省（自治区、直辖市）地图——四川省

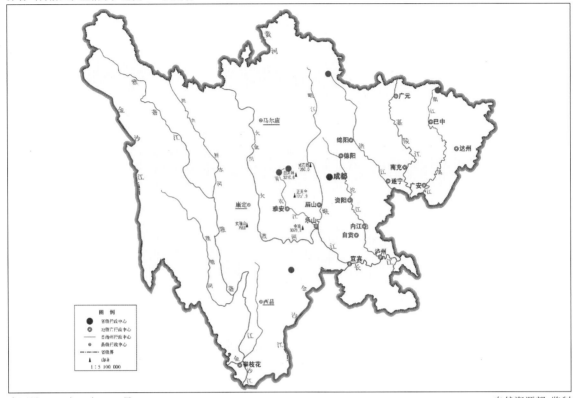

审图号：GS (2019) 3333号 自然资源部 监制

滇攀鼠在四川的分布
注：红点为物种的分布位点。

著隆起；后者毛色较深，呈暗黄褐色，脑颅顶部平坦。然而，该种的分子系统地位未知，可能还存在隐存种。

滇攀鼠分为2个亚种：指名亚种，主要分布在云南南部；川陕亚种，主要分布于陕西、甘肃与四川毗邻地区的山地林区。四川仅分布有川陕亚种。

滇攀鼠川陕亚种 *Vernaya fulva foramena* Wang et al.，1980

Vernaya fulva foramena Wang, et al., 1980. 动物学报, 26(4): 393-397(模式产地：四川平武)..

鉴别特征　身体呈桂红棕色。额部卵圆孔大而明显，暴露于颧骨骨质之外。下颌第1臼齿后缘附加横脊2齿尖相连接。门齿孔、额骨及中翼骨窝均较窄，听泡大。

地理分布　同种的分布。

115. 姬鼠属 *Apodemus* Kaup，1829

Apodemus Kaup, 1829. Entw. Gesch. Und Naturl. Syst. Europ. Thierwelt, I: 154(模式种：*Mus agraruis* Pallas, 1771).

Sylvaemus Ognev, 1824. Faun. Vert. Gouv. Voronesh., 143(模式种：*Mus sylvaticus* Linnaeus, 1758).

Nemomys Thomas, 1924. Jour. Bombay Nat. Hist. Soc., XIXX : 889(模式种：*Mus sylvaticus* Linnaeus, 1758).

Alsomys Dukelski, 1928. Zoo. Anz., 77: 42(模式种：*Mus praetor* Miller, 1914).

Petromys Martino, 1935. Zap. Russk., 10: 85(模式种：*Mus epimelas* Nehring, 1904).

鉴别特征　小型鼠类。尾长于或略短于体长。牙齿由一系列瘤状突起组成。第1、2上臼齿由3横列组成，每列有舌侧、中间和唇侧3个齿突，致使第1、2上臼齿舌侧均有3个角突。而家鼠属舌侧仅有2个齿突，后内侧第3齿突退化，这是家鼠属和姬鼠属在头骨上的主要区别。尾上有较长且较密的毛，尾尖往往有小毛束；尾上环鳞不显；尾背面和腹面毛两色（家鼠属的尾一般毛较少，环鳞明显，上、下一色，尾端通常无毛束）。齿式 1.0.0.3/1.0.0.3 = 16。

形态

个体较小，成体体长在75 ～ 120 mm。尾长于或者略短于体长，但均超过体长的一半，最短约为体长的80%，最长约为体长的125%左右。一些种类背面和腹面毛色有明显界线，有的界线不明显，但腹部毛色显著比背面淡。尾覆盖较长的毛，毛较多，尾的环鳞不显著，尾端通常有小毛束。头骨脑颅较长，大多数种类有眶上脊。门齿1对，唇面橘色，无犬齿和前臼齿；臼齿3枚。第1、2上臼齿通常有3个横的齿环，每个齿环有唇侧、中间和舌侧3个齿突，第1、2上臼齿舌侧均有3个角突。第3上臼齿内侧有2个或3个角突，但舌侧、中间齿突不同程度退化。下臼齿通常由一系列V形排列的齿突前后排列组成。

生态学资料　姬鼠属分布海拔范围很大，从几百米的常绿阔叶林至海拔4 000m的青藏高原高山灌丛；生境类型包括森林、灌丛、次生草丛、农田。有灌丛分布的流石滩生境也有分布，但很少分布在纯草原地带。广义草食性。在南方低海拔和低纬度区域，姬鼠属1年有2个繁殖高峰期，一般在5—7月和9—10月，但一年四季均可繁殖。在南方的高海拔区域和北方，1年有1个繁殖高峰期，在7—9月。在一些人工干扰较大的生境，如撂荒地、次生灌丛、一些区域的农田种群数量很大。

地理分布　姬鼠属物种分布于东南亚热带以外的欧亚大陆。欧洲从冰岛和雪特兰群岛，向东到俄罗斯；从斯堪的纳维亚群岛到地中海沿岸及西西里岛、克里特岛；从土耳其小亚细亚跨过西伯利亚，直到太平洋沿岸的中国东北、华北、西南、华南地区和台湾，朝鲜，韩国，俄罗斯库页岛，蒙古，日本；在青藏高原及其附近区域和中东，包括中国西部、西北部，伊朗，叙利亚，巴基斯坦，吉尔吉斯斯坦，塔吉克斯坦，尼泊尔，印度，缅甸；在北非还分布于摩洛哥和阿尔及利亚。

分类学讨论　根据最新的分类系统（Musser and Carleton, 2005），全世界姬鼠属有20种，加上Ge 等（2019）发表的黑姬鼠，总计21种，另有162个同物异名。但姬鼠类的分类系统却很乱，有多少属、多少亚属、多少种一直存在争议。

关于姬鼠类是否可以划分为多个属的问题，刘晓明等（2002）进行了总结：一些学者（Filippucci, 1992；Hartl et al., 1992；Mezhzherin and Kotenkova, 1992）通过等位酶（allozyme）电泳探讨姬鼠属的种间关系时，发现在有黑线姬鼠*Apodemus agrarius*的研究中，遗传关系上都分为2个类群：黑线姬鼠组成田姬鼠亚属，小林姬鼠*A. sylvaticus*和其他姬鼠构成小林姬鼠亚属，并且它们之间的遗传距离与啮齿动物属间的遗传距离相似。鉴于此，Filippucci（1992）提议，把2个亚属都提升为属。Mezhzherin 和 Zykov（1991）在分析8种姬鼠的36个等位酶位点的遗传变异时，发现大林姬鼠*A. peninsulae*、日本姬鼠*A. speciosus*与黑线姬鼠聚成一个类群，而与小林姬鼠亚属的遗传距离很远，也将小林姬鼠亚属和田姬鼠亚属（包括*Alsomys*）作为独立的属。Hartl等（1992）等用数值分类法研究姬鼠的系统发育关系时，发现在遗传距离有根树状图（rooted dendrogram）中，与黑线姬鼠相比，小家鼠属*Mus*、家鼠属*Rattus*与小林姬鼠亚属的关系似乎更近；但是采用支序分析的方法，又发现虽然还留有黑线姬鼠作为独立属的可能性，但由于两种方法得出相互矛盾的结果，所以不能确定黑线姬鼠的分类地位。Musser等（1996）在详细地对比了亚属或种的形态鉴定特征以后，指出没有证据表明姬鼠类群由一个以上的属组成，并提出"在对整个姬鼠类群的系统发育关系修订前，它们还应保留在一个属内"的建议。Serizawa等（2000）基于线粒体基因*Cytb*和核基因*IRBP*构建的姬鼠属9个种的系统发育结果显示，9种姬鼠分为4个组，黑线姬鼠属于有日本姬鼠、大林姬鼠、台湾姬鼠的组。Suzuki等（2000）等探讨东京鼠*Tokudaia osimensis*、琉球鼠*Diplothrix legata*、姬鼠属、巢鼠属*Micromys*、小家鼠属、家鼠属的系统发育关系时，结论也不支持Hartl等（1992）的数值法分类的结果。所以，姬鼠类属于姬鼠属的观点得到支持。

关于亚属划分问题，Zimmermann（1962）从形态特征和地理分布角度将姬鼠属划分成3个亚属，即田姬鼠亚属*Apodemus*、小林姬鼠亚属*Sylvaemus*、*Alsomys*亚属。中国学者一般接受的是Corbet（1978，1992）的观点——分为田姬鼠亚属和小林姬鼠亚属。Musser和Carleton（1993）、Nowak（1999）提出了划分为田姬鼠亚属、小林姬鼠亚属、*Alsomys*亚属、*Karstomys*亚属4个亚属的观点。而Musser等（1996）划分成3个类群：田姬鼠类群（包括*A. agrarius*、*A. chevrieri*、*A. speciosus*、*A. peninsulae*、*A. latronum*、*A. draco*、*A. semotus*）、小林姬鼠类群（包括*A. sylvaticus*、*A. flavicollis*、*A. uralensis*、*A. mystacinus*、*A. epimelas*、*A. alpicola*、*A. witherbyi*、*A. hyrcanicus*、*A. ponticus*、*A. rusiges*、*A. pallipes*）和日本姬鼠类群（包括*A. argenteus*）。Martin等（2000）扩增了姬鼠属6个种（*A. agrarius*、*A. mystacinus*、*A. uralensis*、*A. flavicollis*、*A. sylvaticus*、*A. alpicola*）的*Ctyb*，开展了分子系统学研究，结果表明，其分为3个亚属：*Sylvaemus*（*A. uralensis*、*A. flavicollis*、*A. sylvaticus*、*A. alpicola*）、*Apodemus*（*A. agrarius*）、*Karstomys*（*A. mystacinus*）。Michaux等（2002）基于*Ctyb*、12S rRNA及核基因*IRBP*，研究了姬鼠属7个种（*A. semotus*、*A. peninsulae*、*A. agrarius*、*A. sylvaticus*、*A. alpicola*、*A. flavicollis*、*A. mystacinus*）的系统发育关系，构建的系统发育树也将姬鼠属分为3个亚属：*Apodemus*（*A. semotus*、*A. peninsulae*、*A. agrarius*）、*Sylvaemus*（*A. sylvaticus*、*A. alpicola*、*A. flavicollis*）、*Karstomys*（*A. mystacinus*）。Serizawa等（2000）在分析比较了9种姬鼠的*Ctyb*基因（1 140 bp）和*IRBP*基因（1 152 bp）后，将9种姬鼠分为4个类群：黑线姬鼠类群、日本姬鼠类群、尼泊尔姬鼠类群（包括*A. gurkha*）以及小林姬鼠类群。Liu等（2004）基于线粒体*Ctyb*开展了姬鼠属15种的系统发育研究，结果显示姬鼠属为单系，但不拒绝多系起源的假设，并认为姬鼠属有4个组（Group）。但仔细阅读该文发现，3种方法构建的系统树（ML、MP、BI）都没有完全解决4个独立亚支问题。Musser和Carleton（2005）在*Mammals Species of the World*（第三版）中仍然认为，目前亚属的划分，甚至姬鼠类是否由几个不同属组成目前还没有定论。

姬鼠属种的分类更加混乱，Ellerman（1941）是最早开展姬鼠属系统分类整理的科学家。他把姬鼠属分为5个组13个种，另85个分类单元作为亚种或同物异名及1个位归类种，共计14种。所列组和种类如下：

mystacinus group包括1个种：*Apodemus mystacinus*下辖5个亚种。

sylvaticus group包括5个种：*Apodemus sylvaticus*（下辖30个亚种）、*Apodemus hebridensis*（下辖10个亚种）、*Apodemus fridariensis*（下辖3个亚种）、*Apodemus flavicollis*（下辖7个亚种）以及*Apodemus ilex*。

geisha group包括1个种：*Apodemus geisha*，6个亚种。

speciosus group包括4个种：*Apodemus speciosus*（下辖12个亚种）、*Apodemus draco*、*Apodemus semotus*、*Apodemus gurkha*。

agrarius group包括2个种：*Apodemus chevrieri*（下辖2个亚种）、*Apodemus agrarius*（下辖8个亚种）。

1个地位未定种：*Apodemus uralensis*。

Ellerman（1941）提及，在中国有分布的有6个种7个亚种及1个同物异名：*Apodemus ilex*，*Apodemus speciosus orestes*，*Apodemus speciosus latronum*，*Apodemus draco*，*Apodemus semotus*，*Apodemus chevrieri chevrieri*，*Apodemus chevrieri fergussoni*，*Apodemus agrarius mantchuricus*，*Apodemus agrarius pallidior*，*Apodemus agrarius ningpoensis*（包括*A. harti*）。

1949年，Ellerman在*The family and genera of living rodents*第三卷中，重新整理了姬鼠属。他查看了来自全球的950号完整的头骨和1 500号标本发现，眶上脊的存在与否、个体差异太大得出的结论是，把所有标本看完之后，对这些标本鉴定到种几乎不可能。因此，他把全世界的姬鼠属重新划分为5个种，分别为*Apodemus flavicolli*、*Apodemus mystacinus*、*Apodemus specious*、*Apodemus agrarius*、*Apodemus sylvaticus*。

对此，后来的学者看法不同，Corbet（1978）认为有12种；Honacki等（1982）、Corbet和Hill（1992）认为有13种；Corbet和Hill（1991）认为有14种；Nowak（1999）认为有22种；Musser和Carleton（1993）把全世界的姬鼠类分为21种（包括1952年、1989年和1992年发表的3个新种）。Musser和Carleton（2005）把全世界的*Apodemus*分为20种，包括5个组：*Apodemus*、*Sylvaemus*、*Argenteus*、*Gurkha*。

关于中国姬鼠种类，Allen（1941）认为中国有4个种：*Apodemus sylvaticus*（包括*A. s. orestes*、*A. s. draco* 2个亚种）、*A. peninsulae*、*A. latronum*、*A. agrarius*（包括*A. a. chevrieri*、*A. a. ningpoensis*、*A. a. mantchuricus*、*A. a. pallidior* 4个亚种）。Ellerman和Morrison-Scott（1951）认为中国只有3个种：*Apodemus flavicollis*（包括*A. f. peninsulae*、*A. f. latronum* 2个亚种）、*A. sylvaticus*（包括*A. s. draco*、*A. s. semotus*、*A. s. orestes*、*A. s. ilex* 4个亚种）、*A. agrarius*（包括*A. a. chevrieri*、*A. a. ningpoensis*、*A. a. pallidior*、*A. a. mantchuricus*、*A. a. insulaemus* 5个亚种）。Corbet（1978）认为中国有4个种：*Apodemus peninsulae*、*A. darco*、*A. latronum*、*A. agrarius*（包括*A. chevrieri*）。Honacki等（1982）认为中国有5个种：*Apodemus agrarius*、*A. draco*、*A. latronum*、*A. peninsulae*、*A. semotus*。夏武平（1984）认为有6种，包括*Apodemus agrarius*、*A. chevrieri*、*A. draco*（包括*A. d. semotus*）、*A. latronum*、*A. peninsulae*、*A. sylvaticus*。Corbet和Hill（1992）认为中国有6种：*Apodemus agrarius*、*A. chevrieri*、*A. draco*（包括分布于台湾的*A. semotus*）、*A. orestes*、*A. latronum*、*A. peninsulae*。Musser和Carleton（1993）认为中国有8个种：*Apodemus agrarius*、*A. chevrieri*、*A. draco*、*A. latronum*、*A. peninsulae*、*A. semotus*、*A. uralensis*、*A. wardi*（包括中国西藏的*A. bushengensis*）。Nowak（1999）认为有8种：*Apodemus agrarius*、*A. chevrieri*、*A. draco*、*A. orestes*、*A. latronum*、*A. semotus*、*A. uralensis*和*A. peninsulae*。

刘晓明等（2002）认为中国有7种：*Apodemus agrarius*、*A. chevrieri*、*A. draco*、*A. latronum*、*A. peninsulae*、*A. ilex*、*A. uralensis*。Musser 和 Carleton（2005）认为中国有8种：*Apodemus agrarius*、*A. chevrieri*、*A. draco*、*A. latronum*、*A. peninsulae*、*A. semotus*、*A. pallipes*、*A. uralensis*。

为了弄清我国姬鼠属到底有多少个，本书作者团队广泛采集了分布于中国的姬鼠类，新扩增了72号姬鼠属个体的线粒体基因 Cyt*b*，分别代表姬鼠属8个分类单元：*A. agrarius*、*A. chevrieri*、*A. draco*、*A. orestes*、*A. ilex*、*A. latronum*、*A. uralensis*、*A. peninsulae*、*A. pallipes*。并从 GenBank 中下载了姬鼠属 *A. agrarius*、*A. chevrieri*、*A. draco*、*A. ilex*、*A. latronum*、*A. uralensis*、*A. peninsulae*、*A. semotus*、

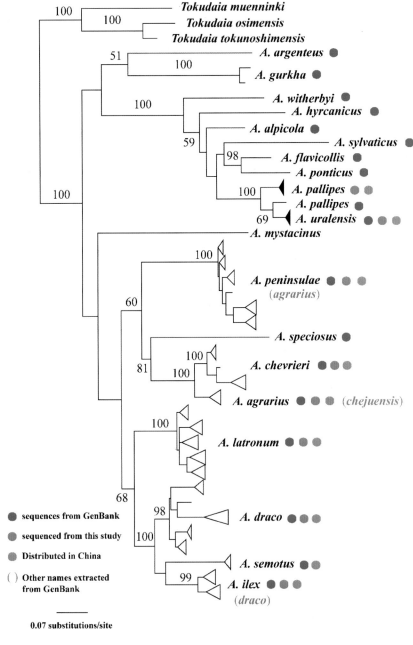

姬鼠属系统发育分析图
（引自 Liu et al., 2018）

A. speciosus、*A. sylvaticus*、*A. flavicollis*、*A. mystacinus*、*A. witherbyi*、*A. hyrcanicus*、*A. ponticus*、*A. gurkha*、*A. wardi* 17个分类单元，共计151条序列。根据前人的研究，用*Tokudaia muenninki*、*Tokudaia osimensis*、*Tokudaia tokunoshimensis* 作外群，开展系统发育分析（见姬鼠属系统发育分析图）。

结果显示，姬鼠属为单系，表明姬鼠属为1个独立的属。姬鼠属分为5个进化支。第1个进化支有*A. sylvaticus*、*A. flavicollis*、*A. ponticus*、*A. pallipes*、*A. uralensis*、*A. alpicola*、*A. hyrcanicus*、*A. wardi*、*A. witherbyi*，共9个分类单元；第2个进化支包括*A. argenteus*和*A. gurkha* 2个分类单元，但它们是并系关系，其亲缘关系没有解决；第3个进化支仅包括*A. speciosus* 1个分类单元；第4个进化支包括*A. agrarius*、*A. chevrieri*、*A. peninsulae* 3个分类单元；第5个进化支包括*A. draco*、*A. ilex*、*A. latronum*、*A. mystacinus*、*A. semotus* 5个分类单元。我国有分布的形成独立进化小支的包括*A. draco*、*A. ilex*、*A. latronum*、*A. agrarius*、*A. chevrieri*、*A. peninsulae*、*A. semotus*、*A. pallipes*、*A. uralensis* 9个分类单元。值得注意的是，*A. orestes* 包括在*A. draco* 进化支中，这些分类单元除台湾姬鼠为GenBank下载序列外，其余均为本书作者团队采集标本并进行扩增得到的，且在我国相关博物馆有标本作依据。对唯一无法采集的台湾姬鼠*A. semotus*，作者团队查看了模式系列，并在网络上查看了台湾相关博物馆的标本，从分子系统学角度，确定我国姬鼠属包括9个种；分别是：龙姬鼠*A. draco*、澜沧江姬鼠*A. ilex*、大耳姬鼠*A. latronum*、黑线姬鼠*A. agrarius*、高山姬鼠*A. chevrieri*、大林姬鼠*A. peninsulae*、台湾姬鼠*A. semotus*、帕氏姬鼠*A. pallipes*、小眼姬鼠*A. uralensis*。2019年葛德艳等发表新种——黑姬鼠*Apodemus nigrus*。这样，我国有姬鼠10种。其中确认在四川分布的有龙姬鼠、大耳姬鼠、黑线姬鼠、高山姬鼠、黑姬鼠、大林姬鼠6种。

四川分布的姬鼠属*Apodemus*分种检索表

1. 第1、2上臼齿舌侧均有3个角突，但第3上臼齿舌侧仅有2个角突 ························2
   第1、2上臼齿舌侧均有3个角突，但第3上臼齿舌侧有3个角突 ·················3
2. 背部有1条黑线，在长江以南，黑线不明显，但至少有1个黑色区域 ········· 黑线姬鼠 *A. agrarius*
   背部没有黑线，个体更大 ······· 高山姬鼠 *A. chevrieri*
3. 耳高大于20 mm ········· 大耳姬鼠 *A. latronum*
   耳高小于20 mm ·········4
4. 尾长平均短于体长 ········· 大林姬鼠 *A. peninsulae*
   尾长长于体长 ·········5
5. 个体较大，平均体长90 mm；身体颜色灰色、棕色 ········· 龙姬鼠 *A. draco*
   个体小，平均体长小于85 mm，最大个体不超过90 mm；身体深黑色·········黑姬鼠 *A. nigrus*

（208）黑线姬鼠 *Apodemus agrarius*（Pallas，1771）

英文名 **Stripped Field Mouse**

Mus agrarius Palls, 1771. Reise Russ., 1: 454(模式产地：俄罗斯伏尔加流域).

Mus ningpoensis Swinhoe, 1870. Proc. Zool. Soc., 637(模式产地：宁波).

Mus agrarius mantchuricus Thomas, 1898. Proc. Zool. Soc. Lond., 774(模式产地：沈阳).

Mus harti Thomas, 1898. Proc. Zool. Soc. Lond., 774(模式产地：挂墩山).

Apodemus agrarius pallidior Thomas, 1908. Proc. Zool. Soc. Lond., 8(模式产地：青岛)；Allen, 1940. Mamm. Chin. Mong., 959; Ellerman, 1941. Fam. Gen. Liv. Rod., 2: 102; Ellerman, 1949. Fam. Gen. Liv. Rod., 3: 31; Ellerman and Morrison-Scott, 1951. Checkl. Palaea. Ind. Mamm., 575.

Apodemus agrarius ognevi Johansen, 1923. Trans. Tomsk. Univ., 72:59(模式产地：哈萨克斯坦北部，阿尔泰).

Apodemus agrarius mantchuricus Allen, 1940. Mamm. Chin. Mong., 957; Ellerman, 1941. Fam. Gen. Liv. Rod., 2: 102; Ellerman, 1949. Fam. Gen. Liv. Rod., Vol. 3: 31; Ellerman and Morrison-Scott, 1951. Check. Palaea. Ind. Mamm., 575.

Apodemus agrarius ningpoensis Allen, 1940. Mamm. Chin. Mong., 960; Ellerman, 1941. Fam. Gen. Liv. Rod., 2: 102; Ellerman, 1949. Fam. Gen. Liv. Rod., 3: 31; Ellerman and Morrison-Scott, 1951. Check. Palaea. Ind. Mamm., 575.

Apodemus agrarius var. *insulaemus* Tokuda, 1941. Zool. Mag. Tokyo, 53(6)：297(模式产地：中国台湾花莲).

Apodemus agrarius 王思博, 1958. 鼠疫丛刊 (5)：28(塔城)；寿振黄, 1964. 中国经济动物志　兽类：234; 钱文燕，等, 1965. 新疆南部的鸟兽, 194; Corbet, 1978. Mamm. Palaea. Reg. Taxon. Rev.: 137; 夏武平, 1984. 兽类学报, 4(2): 95; Corbet and Hill, 1992. Mamm. Ind. Reg., Syst. Rev., 358; Musser and Carleton, 2005. Mamm. Spec. World, 3rd ed., 1261.

鉴别特征　第 3 上臼齿舌侧仅有 2 个齿突。背面中央有 1 条黑线，有些个体黑线不明显，但体背面中央有明显的黑色区。尾长短于体长。耳小，一般不超过 15 mm。每边须约 20 根，最短约 5 mm，最长约 31 mm；以棕灰色为主，有 1/3 的须远端白色。

形态

外形：成体体长 65 ~ 117 mm，尾长 68.25（38 ~ 107）mm，后足长不及 22 mm。耳小，一般高度在 12 ~ 14 mm。尾毛稀疏，鳞环较明显。乳头胸、腹各 2 对。

毛色：背毛棕褐色，自额部向后棕色调逐渐变浓，毛基灰黑色，毛尖黑色，中段为棕黄色。背部中央自额部至尾基部有一明显的黑色条纹，宽约 3 mm；腹部和四肢内侧灰白色。尾上、下两色，背面较深为黑褐色，腹面较浅，灰白色；体侧较背部稍淡，腹部与体侧间分界明显。耳略露出毛外；耳前缘覆以黄褐色短毛，耳背覆以灰黑色短毛。前足背面灰白色，后足背面浅白色，前、后足腹面均为黑褐色；前足 5 枚指垫，后足 6 枚趾垫。爪苍白色，半透明，覆以较长的银白色刚毛。

头骨：颅面略呈弧形，最高处是额骨前端。眶上脊明显，向后延伸至顶骨后缘的侧面，并与鳞骨与侧枕骨之间呈垂直的脊相连。鼻骨前宽后窄，止于左右上颌骨颧突的连线。额骨后缘为弧形，顶骨为梯形，顶间骨较规则，橄榄形。枕区较光滑，没有明显的突起。颧弓前端强壮，鳞骨的颧突较纤细；鳞骨后缘与侧枕骨之间有一垂直向下的纵脊，将听泡分为前、后 2 室。门齿孔末端几乎达两 M^1 前缘的连线。翼骨很小。听泡扁圆形。

牙齿：上颌门齿唇面橘色，略向内弯曲。上颌第 1 臼齿较大，其长度约等于上颌第 2 臼齿和上颌第 3 臼齿之和；上颌第 1 臼齿冠面由 3 横列组成，每个横列均有 3 个齿突，该齿内侧和外侧均有 3 个角突。上颌第 2 臼齿也由 3 横列组成，但第 1 横列仅存舌侧齿突，中间和唇侧齿突消失；第 2、3 横列均有 3 个齿突，故该齿内侧有 3 个角突，外侧有 2 个角突。上颌第 3 臼齿小，由 2 横列组成，第

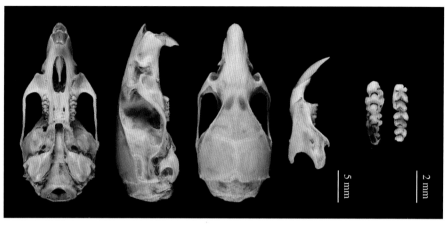

黑线姬鼠头骨图

1横列仅存舌侧1个齿尖，第2横列较大，舌侧存在齿尖，中央齿尖大，唇侧齿尖有时消失。有些个体上颌第3臼齿由1个开口向舌侧的马蹄形齿环组成，该齿内侧有2个角突，外侧圆弧形。

下颌门齿外露较长，唇面橘色，向上前方伸出，末端锋利。角突和关节突较发达，冠状突很小。下臼齿总体上由一系列倒V形齿环组成，第1下臼齿由3个横列组成，第1横列三叶型；第2、3横列倒V形。第2、3下臼齿由2个横列组成，第2下臼齿第1横列倒V形，第2横列也是倒V形，但有1个低得多的横齿环；在亚成体和幼体，第2横列为倒V形；老年个体，当倒V形型齿环磨损后，和下面的横列齿环组成三角形。第3下臼齿第1横列弧形向下略弯，第2齿环豆状；第1、2下臼齿唇侧的倒V形齿环外，均有1个薄片状的附齿突。第1下臼齿的第1横列和第3下臼齿没有附齿突。

量衡度（衡：g；量：mm）

外形：

编号	性别	体重	体长	尾长	后足长	耳高	采集地点
SAF93123	♂	—	93	85	19	12	四川茂县土门新村
SAF96072	♂	—	105	85	21	14	四川简阳
SAF97164	♂	—	100	50	19	13	重庆忠县石子林场
SAF06547	♂	30	102	88	24	16	四川卡娘乡
SAF96091	♂	—	115	90	19	13	重庆万州谷花

头骨：

编号	颅全长	基长	鼻骨长	颧宽	上齿列长	上臼齿列长	听泡长	下颌骨长
SAF93123	25.23	22.82	9.20	11.88	12.38	3.94	4.78	11.74
SAF96091	28.51	25.01	10.67	12.93	13.89	4.09	5.65	12.40
SAF96072	25.87	23.79	8.59	12.57	12.70	4.42	5.43	11.45
SAF06547	25.88	23.24	9.47	11.70	12.74	4.34	4.84	12.10
SAF97164	26.49	23.48	9.12	12.21	13.25	4.21	5.09	13.52

生态学资料　黑线姬鼠栖息环境包括林缘、草地、沼泽及城市区域，活动区域海拔300～3 000 m。在冬季可发现于草垛及民居。黑线姬鼠洞穴较浅，多在田埂筑窝。善游泳。夏季主要在夜间活动，冬季则白天及夜晚均有活动。食物包括植物的绿色部分、根、种子、浆果、坚果及昆虫。年产仔3～5只/窝，胎仔数平均6只。危害农作物（较为严重）；在医学上是流行性出血热和钩端螺旋体病的主要传染源。

地理分布　在四川分布于东部平原，最西发现于甘孜炉霍，最北达到若尔盖东部的河谷地带。

该种在我国的分布呈不连续的断裂分布。在东部广大地区，分布于东北、华北、西南、华中、华南地区。在青藏高原，仅见于东部边缘，最高在四川甘孜地区的炉霍有分布，在高原面其他区域没有分布；在中国西北部的沙漠、荒漠地带没有分布。在中国西部仅见于新疆北部地区的西缘，与哈萨克斯坦接壤的额尔齐斯河流域局部区域。国外广布于欧亚大陆北部的阔叶林区、灌丛、草原和农作区。

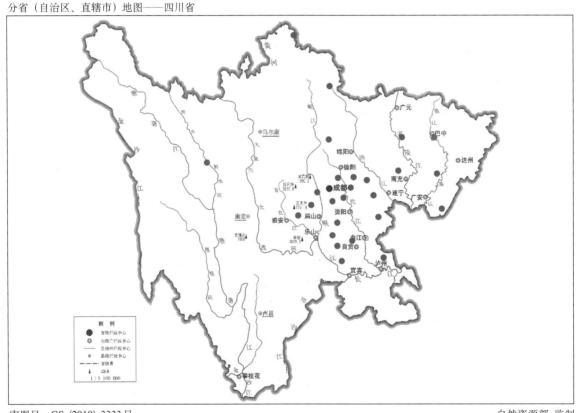

分省（自治区、直辖市）地图——四川省

审图号：GS (2019) 3333号　　　　　　　　　　　　　　　　　自然资源部　监制

黑线姬鼠在四川的分布
注：红点为物种的分布位点。

分类学讨论　各国学者对黑线姬鼠的种级分类地位争议较少，但在亚种分类上却有较多不同看法。Allen（1940）认为中国黑线姬鼠有3个亚种：东北亚种 *Apodemus agrarius mantchuricus*、山东亚种 *Apodemus agrarius pallidior*、宁波亚种 *Apodemus agrarius ningpoensis*，认为指名亚种不分布于中国，台湾亚种当时还未发表。Ellerman（1941，1949）、Ellerman 和 Morrison-Scott（1951）

等均认为中国只有3个亚种，和Allen（1940）一致。Corbet（1978）认为中国黑线姬鼠有4个亚种，包括东北亚种、山东亚种、宁波亚种、台湾亚种 *Apodemus agrarius insulaemus*，没有指名亚种。夏武平（1984）认为中国黑线姬鼠有5个亚种，包括指名亚种、东北亚种、山东亚种、宁波亚种、台湾亚种。Corbet（1992）认为中国有3个亚种，包括宁波亚种、山东亚种、台湾亚种，没有东北亚种和指名亚种。刘晓明等（2002）认为中国黑线姬鼠有4个亚种，没有山东亚种。王应祥（2003）认为有4个亚种，没有山东亚种。Musser和Carleton（2005）认为中国黑线姬鼠有4个亚种，包括东北亚种、山东亚种、宁波亚种、天山亚种 *Apodemus agrarius tianshanius*，没有指名亚种和台湾亚种。

刘春生等（1991）对中国分布的黑线姬鼠开展了详细的形态学研究，得出的主要结论：一是耳高、尾长、后足长，在我国季风区从南到北逐渐缩短，东北地区的最短，华南地区的最长；二是在体重相近的情况下，头骨各项指标从南到北没有显著差异；三是在体重、体长、尾长、后足长几个指标上，华南地区标本、东北地区和山东标本之间有非常显著的差异；四是背部黑线从南到北逐渐明显，显示出明显的过渡性；越是南方，背部黑线清楚的个体比例越低；到东北地区，绝大多数黑线姬鼠背面黑线非常清楚，颜色上，体被毛色从南到北由暗逐渐到淡；五是华北亚种没有明显的分类特征，其体背黑线清晰度和体背毛色，与东北亚种十分近似，其南缘与长江亚种相似。综合上述特征认为，中国大陆黑线姬鼠只有东北亚种和长江亚种。该研究没有涉及新疆和台湾的黑线姬鼠。

本书作者团队查阅了全国各地大量标本后认为，黑线姬鼠从形态上可分4个不同的类群：

东北地区的标本黑线明显，毛色鲜亮，与 *Apodemus agrarius mantchuricus* 的原始描述一致，不同于其他亚种，东北亚种应该视为有效亚种——*Apodemus agrarius mantchuricus*。

宁波的黑线姬鼠标本背部黑线不显，很多个体背部没有明显的黑线，只有1个黑色的区域，符合 *Apodemus agrarius ningpoensis* 的原始描述，因此，我国东南沿海区域的黑线姬鼠应该为有效亚种——宁波亚种 *Apodemus agrarius ningpoensis*（包括 *Mus harti*）。

台湾分布的黑线姬鼠背部暗锈黄褐色，腹部灰白色，背腹界限明显，背中部有1条明显的黑线，应为有效亚种——台湾亚种 *Apodemus agrarius insulaemus*。

山东半岛的标本与 *Apodemus agrarius pallidior* 的原始描述一致，其黑线的显著程度介于东北亚种和宁波亚种之间，但和东北亚种和宁波亚种有明显的区别，能够区分山东的黑线姬鼠与东北地区的、东南沿海的标本。如它们的黑线较短，起于两耳之间，止于臀部，很少有止于尾根的；绝大多数个体颜色较暗，缺乏明显的红褐色调。因此，认为山东亚种 *Apodemus agrarius pallidior* 是成立的。

新疆的标本和东北地区的标本没有任何区别。因此，认为和黑线姬鼠东北亚种形态一致，没有依据表明其为指名亚种 *Apodemus agrarius agrarius*。

这样，我国黑线姬鼠应该有4个亚种，分别为东北亚种 *Apodemus agrarius mantchuricus*、山东亚种 *Apodemus agrarius pallidior*、宁波亚种 *Apodemus agrarius ningpoensis*、台湾亚种 *Apodemus agrarius insulaemus*。四川只有东北亚种。

黑线姬鼠东北亚种 *Apodemus agrarius mantchuricus* (Thomas，1898)

Mus agrarius mantchuricus Thomas, 1898. Proc. Zool. Soc. Lond., 774（模式产地：沈阳）.

鉴别特征 第1和第2上白齿舌侧有3个齿突，第3上白齿舌侧仅有2个齿突。背面中央有1条黑线，黑线很明显，起于额部，止于尾根。尾长短于体长。耳小，高度一般不超过15 mm。背毛棕褐色，腹部和四肢内侧灰白色；尾上、下两色，背面较深为黑褐色，腹面较浅，有时为灰白色，体侧较背部稍淡，腹部与体侧间分界明显。

地理分布 同种的分布。

（209）高山姬鼠 *Apodemus chevrieri*（Milne-Edwards，1868）

别名 齐氏姬鼠

英文名 Cheverer's Field Mouse

Mus chevrieri Milne-Edwards, 1868. Rech. Mamm., 288(模式产地：四川宝兴).

Apodemus speciosus chevrieri Thomas, 1911. Proc. Zool. Soc. Lond., 172.

Apodemus fergussoni Thomas, 1911. Abstr. Proc. Zool. Soc. Lond., 172(模式产地：甘肃文县).

Apodemn chevrieri Thomas, 1912. Proc, Zool. Soc. Lond., 135; Ellerman, 1941. Fam. Gen. Liv. Rod., Vol. 2: 102; 胡锦矗和王酉之，1984.四川资源动物志，230; 夏武平，1984. 兽类学报，4(2)：95; Corbet and Hill, 1992. Mamm. Ind. Reg., Syst. Rev., 358; Musser and Carleton, 2005. Mamm. Spec. World, 3rd ed., 1264.

Apoderrms agrarius chevrieri Allen, 1927. Amer. Mus. Nov., 270; Allen, 1940. Mamm. Chin. Mong., 954; Ellerman, 1949. Fam. Gen. Liv. Rod., Vol. 3: 31; Ellerman and Morrison-Scott, 1951. Check. Palaea. Ind. Mamm., 575; Corbet, 1978. Mamm. Palaea. Reg. Taxon. Rev., 137.

Apodemus chevrieri fergussoni Ellerman, 1941. Fam. Gen. Liv. Rod., Vol. 2: 102.

鉴别特征 第3上白齿舌侧具2个齿突，形成2叶；尾长通常短于体长，有少量个体体长等于或略长于体长。个体相对较大，平均超过100 mm；背部没有黑线。耳小，高度一般不超过17 mm。

形态

外形：个体较大，体长85～140 mm，是姬鼠属中个体最大者。尾长通常短于体长，有少量个体尾长略长于体长或等于体长。耳长中等，高度一般不超过17 mm，覆以浅黄色密毛，耳突出毛外。背部中央通常无深色纵纹。

毛色：体背面灰黑色、灰黄色或枯黄色。从额部至臀部毛色一致。背中央有时颜色较深，黑色调较显著；背毛中有较软的针毛，针毛的近端一半为白色，远端一半为黑色；黑色调主要是针毛的远端黑色所致；其余的毛近端为黑灰色，远端为淡黄色。腹毛毛基灰色，毛尖灰白色；背、腹毛色没有明显的界线，但有些个体界线较明显。耳背面毛较少，几乎裸露，但背面靠耳缘部分毛较长。前、后足背具白色短硬毛；爪黄白色；前、后足均有5指（趾），但前足第1指退化，爪为指甲状，爪背面的毛较长。前足第1指相对社鼠类、田鼠类更发达。尾背面灰黑色，腹面较淡，灰白色，尾环纹较明显，一些个体尾端毛较长。前、后足指垫（趾垫）均为5枚。须较多，每边约30根，最短的约3 mm，最长者达28.5 mm；短须多为白色，长须有一半左右基部（1/3）黑色，远端（2/3）为白色，一半长须为黑色。

头骨：颅面弧形，最高点位于额骨前段。吻较长；鼻骨细长而狭窄，鼻骨最前端略宽，向后1/3处变细并平行向后延伸，到末端再次变窄，与额骨的交接缝较平直；后端止于上颌骨颧突后缘

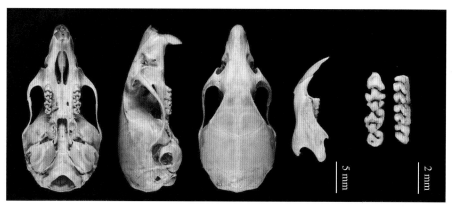

高山姬鼠头骨图

的连线。额骨与顶骨的交接缝呈V形，一些个体为圆弧状。眶上脊发达，向后延伸至顶骨侧面中部。顶间骨不规则，前部中央向前突出，宽为长的2.8倍左右。枕区相对光滑，枕骨斜度较大，从顶部可看见大部分上枕骨。脊不显著。颧弓较纤细，鳞骨后端有一垂直向下的脊，止于外耳道后缘，将听泡分为前、后2室。头骨腹面，门齿孔宽短，中间犁骨发达，其后缘未达臼齿前端的连线。听泡较小，形状非浑圆。

牙齿：上颌门齿唇面较狭窄，橘色，垂直向下，末端向内略弯曲。上颌第1臼齿较大，几乎为臼齿列的50%，其完整的3个横脊；3个齿尖，中央齿尖发达，第1横脊的舌侧齿尖略向后移。上颌第2臼齿第1横脊中央齿尖退化，唇侧齿尖很小。上颌第3臼齿只有2个横脊，第1横脊仅存舌侧1个小齿尖，中央和外侧齿尖消失；第2横脊较大，舌侧小齿尖存在，中央齿尖大，外侧齿尖不明显，所以，舌侧见2个明显的齿突，唇侧圆弧形。下颌骨相对纤细，表明咀嚼肌较弱。下颌门齿纤细，唇面橘黄色。下臼齿由一系列倒V形齿环组成，但有变化。第1下臼齿第1齿环由1个3叶小齿环组成，第2、3齿环为倒V形，该齿舌侧和唇侧均有附齿突，外侧2～3个，内侧1～2个。第2下臼齿由2个倒V形齿环组成，但前、后中央均有1个椭圆形附齿突，唇侧还有1个附齿突。第3下臼齿由2个齿环组成，第1个为倒V形，第2个椭圆形。齿式1.0.0.3/1.0.0.3 = 16。

量衡度（衡：g；量：mm）

外形：

编号	性别	体重	体长	尾长	后足长	耳高	采集地点
SAF91194	♂	—	110	105	26	17	四川平武王朗
SAF91228	♂	—	96	88	22	14	四川茂县
SAF91232	♂	—	92	89	23	13	四川茂县
SAF90116	♂	48	113	100	24	18	四川安县天台山林场
SAF91155	♂	—	110	100	25	18	四川平武
SAF91188	♂	—	90	82	25	17	四川平武
SAF91039	♂	—	105	84	21	15	浙江天台山
SAF02466	♂	54	104	105	23	17	四川美姑

头骨：

编号	颅全长	基长	鼻骨长	颧宽	上齿列长	上臼齿列长	听泡长	下颌骨长
SAF91194	29.99	27.57	11.14	13.87	15.52	4.91	5.66	14.34
SAF91228	28.19	25.65	10.53	13.06	14.27	4.47	6.19	14.08
SAF91232	29.75	26.76	10.45	14.02	14.61	4.56	6.15	14.97
SAF90116	29.53	27.57	11.17	13.80	15.12	4.41	6.12	15.74
SAF91155	28.36	24.59	10.37	13.23	13.57	4.79	5.72	14.17
SAF91188	27.83	24.47	9.16	13.84	13.87	4.83	5.52	13.70
SAF91039	28.75	27.04	10.77	13.49	14.54	4.24	6.00	14.60
SAF02466	29.73	26.68	11.63	13.71	14.91	4.54	5.81	15.24
SAF91034	27.75	25.10	11.12	12.90	13.35	4.07	5.18	11.39
SAF91039	27.98	25.40	10.59	13.40	13.77	3.89	5.36	12.51
SAF91042	28.73	26.81	10.56	14.11	14.44	4.33	5.99	13.11
SAF91179	28.83	27.71	10.11	14.36	15.20	4.47	6.42	12.20

生态学资料　高山姬鼠生活的典型生境是海拔1 500 m以下的人工林、次生林、次生灌丛，次生草丛。在农林交错区域的旱地，尤其玉米地内数量也很大。该种适应力很强，迁徙能力强，在上述次生生境中往往是优势种。最高密度可达到30只/100铗夜。但在原生生境中数量较少。在云南的横断山系，高山姬鼠分布海拔较高，可达2 500 m。繁殖期为5—11月，每胎产仔3～6只。

地理分布　高山姬鼠是中国特有种，在四川，除川西高原外广泛分布；在盆周山区，分布海拔不超过1 500 m；国内还分布于云南、贵州、甘肃南部、陕西、重庆、湖北。

分类学讨论　高山姬鼠由Milne-Edwards在1868年命名，模式标本由David（发现大熊猫者：戴维）采集。采集地点是大熊猫的发现地——宝兴。最初命名为*Mus chevrieri*。Thomas（1911）将*Mus chevrieri*订正为*Apodemus speciosus chevrieri*，并描记了分布于甘南的*Apodemus fergussoni*；1912年，他把*Apodemus speciosus chevrieri*重新订正为*Apodemus chevrieri*。Ellerman（1941）接受Thomas（1912）的观点，认为是独立种。但Allen（1927，1940）把它订正为黑线姬鼠的1个亚种*A. agrarius chevrieri*。Ellerman等（1951）、Corbet（1978）支持此观点。但Corbet（1992）又把它作为独立种。我国学者夏武平（1984）、胡锦矗和王酉之（1984）均把*A. chevrieri*视为独立的种，其主要理由是*A. chevrieri*和*A. agrarius*存在着明显的区别：*A. chevrieri*背部没有黑线痕迹，*A. agrarius*背部中央有黑线，或者至少有1个黑色的区域；*A. chevrieri*个体大，*A. agrarius*个体明显小；*A. chevrieri*与*A. agrarius*在自然界有同域分布现象；*A. chevrieri*与*A. agrarius*血清的电泳谱差别很大。但阴茎形态学上，高山姬鼠和黑线姬鼠很接近（刘少英等，2000）。分子系统学研究（Suzuki et al.，2003；Liu et al.，2004）结果也支持高山姬鼠为独立种。最新的分子系统学研究结果（Liu et al.，2018b）得出同样结论。阴茎形态学的相似表明高山姬鼠和黑线姬鼠有很近的亲缘关系，分子系统学亦支持这样的观点（Liu et al.，2018b）。

分省（自治区、直辖市）地图——四川省

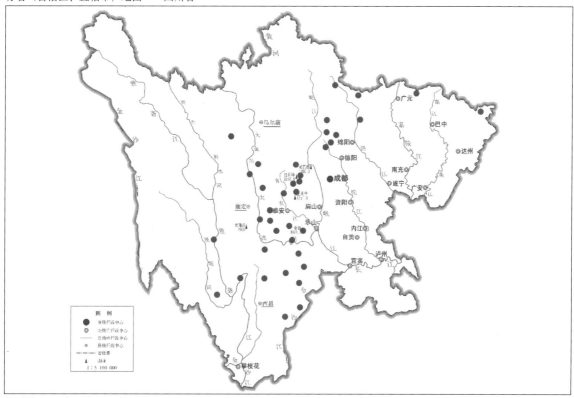

审图号：GS (2019) 3333号　　　　　　　　　　　　　　　自然资源部 监制

高山姬鼠在四川的分布
注：红点为物种的分布位点。

　　Thomas 1911年命名*Apodemus fergussoni*，模式产地为甘肃文县。原始描述：体被灰棕色（蟹棕色），腹面土灰色，毛基石板灰色，毛尖灰白色。背面无黑色条纹，甚至没有黑色区域。前、后足背面白色；尾短于体长，背面棕色，腹面灰白色。体长107 mm，尾长98 mm，后足长24 mm，耳高15 mm。从描述和量度看，显然是高山姬鼠。Ellerman（1941）将其作为高山姬鼠的亚种*Apodemus chevrieri fergussoni*。但大多数学者将其作为高山姬鼠的同物异名。本书作者团队采集了甘肃文县的高山姬鼠标本，其形态特征和高山姬鼠一致，没有达到亚种分化的标准，因此认为高山姬鼠没有亚种分化。

(210) 中华姬鼠 *Apodemus draco* (Barrett-Hamilton，1900)

别名　龙姬鼠、森林姬鼠、山耗子、林姬鼠

英文名　South China Field Mouse

Mu sylvaticus draco Barrett- Hamilton, 1900. Proc. Zool. Soc. Lond., 418（模式产地：福建挂墩山）; Allen, 1940. Mamm. Chin. Mong., 945; Ellerman, 1949. Fam. Gen. Liv. Rod., Vol. 3: 34; Ellerman and Morrison-Scott, 1951. Check. Palaea. Ind. Mamm., 571.

Apodemus speciosus orestes Thomas, 1911. Abstr. Porc. Zool. Soc. Lond., 49; Thomas, 1912. Proc. Zool. Soc. Lond., 136; Ellerman, 1941. Fam. Gen. Liv. Rod., Vol. 2: 101.

Apodemus sylvaticus orestes Allen, 1940. Mamm. Chin. Mong., 941; Ellerman, 1949. Fam. Gen. Liv. Rod., Vol. 3: 35;
Corbet and Hill, 1991. Mamm. Ind. Reg., Syst. Rev., 359.

Apodemus draco Ellerman, 1941. Fam. Gen. Liv. Rod., Vol. 2: 101; Corbet, 1978. Mamm. Palaea. Reg. Taxon. Rev.,
137; 吴家炎和李贵辉, 1982. 动物学研究, 3(1): 59 -67; 夏武平, 1986. 兽类学报, 4(2): 94; Corbet and Hill,
1992. Mamm. Ind. Reg. Syst. Rev., 359; Musser and Carleton, 2005. Mamm. Spec. World, 1264.

鉴别特征 中华姬鼠形态与大林姬鼠、大耳姬鼠一致，但耳长均在19 mm以下，大耳姬鼠耳长在20 mm以上。尾长明显大于体长，和大林姬鼠有区别，大林姬鼠尾长短于、等于或略长于体长。第3上臼齿舌侧有3个齿突；第3上臼齿形状和澜沧江姬鼠相似的，但澜沧江姬鼠毛更长，腹部毛色更白，背、腹毛色界线明显，龙姬鼠背腹毛色界限不甚明显，腹部毛色灰白略带黄色调。

形态

外形：成体体长多在82 ~ 115 mm（平均90 mm）。尾长平均100 mm，尾长显著大于体长，约为体长的110%。后足长17 ~ 24 mm，大多数在20 ~ 22 mm。耳高平均17 mm，多在15 ~ 19 mm。

毛色：背毛沙褐色，毛基黑灰色，毛尖沙黄色，一些个体带褐色，一些个体黑色调较显著。背部杂有较多针毛，针毛的毛基灰白色，毛尖黑色。体侧部针毛较少，毛淡黄棕色。腹毛灰白色，毛基灰色，毛尖灰白色；身体背、腹毛色界线不太明显，有过渡的趋势，但有些个体的界线明显。尾双色，背面黑灰色，腹面色淡，尾尖部毛稍长。前、后足背面灰白色，一些个体白色更显著，一些个体带棕色。爪乳白色，半透明，爪基部内可见灰黑色区；爪背面毛相对较长。前、后足均有5指（趾），前足拇指退化，但明显存在，且为指甲。前、后足均有5枚指（趾）垫。

头骨：中华姬鼠头骨小于大林姬鼠和高山姬鼠；吻部较为尖细，脑颅较隆起，略呈弧形。额骨与顶骨的接缝呈圆弧形，眶上脊明显。门齿孔可达臼齿列前端的水平线，腭骨比大林姬鼠窄。

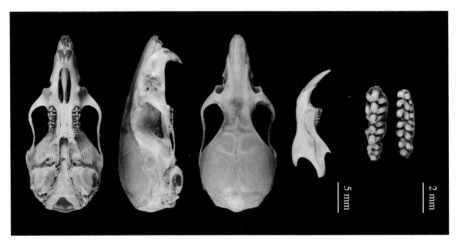

中华姬鼠头骨图

牙齿：臼齿小于大林姬鼠，齿突明显。第1上臼齿长约为第2、3上臼齿长的总和，其冠面具3个横脊，各由3个齿突组成，中间齿突发达，第3横脊外侧有时具1个小的齿叶。第2上臼齿第1个横脊仅存内、外2个小的齿突，中央齿突消失。第3上臼齿很小，呈3叶。齿式1.0.0.3/1.0.0.3 = 16。

量衡度（衡：g；量：mm）

外形：

编号	性别	体重	体长	尾长	后足长	耳高	采集地点
SAF90206	♂	18	75	101	23	17	四川安县高川乡
SAF98039	♀	—	80	84	21	17	四川平武牧羊场
SAF06930	♂	14	85	92	24	16	四川天全
SAF06907	♂	23	96	109	25	17	四川天全
SAF14018	♂	30	94	101	23	18	四川峨眉山雷洞坪
SAF14020	♂	30	103	118	23	18	四川峨眉山雷洞坪
SAF14033	♀	28	95	105	23	17	四川峨眉山雷洞坪
SAF14118	♂	35	100	117	23	18	四川峨眉山滑雪场
SAF14017	♂	30	100	111	23	18	四川峨眉山雷洞坪
SAF14019	♂	30	100	115	23	18	四川峨眉山雷洞坪
SAF14020	♂	30	103	118	23	18	四川峨眉山雷洞坪

头骨：

编号	颅全长	基长	鼻骨长	颧宽	上齿列长	上臼齿列长	听泡长	下颌骨长
SAF90206	26.66	23.91	10.38	12.95	13.34	4.31	5.62	12.75
SAF98039	25.26	21.35	9.24	12.32	11.98	4.17	5.26	12.29
SAF06930	23.83	20.97	8.65	11.83	12.23	4.23	4.50	11.36
SAF06907	26.56	23.22	10.42	12.10	12.53	4.20	5.16	12.47
SAF14018	26.86	23.72	11.10	12.08	12.97	4.15	4.87	12.04
SAF14020	29.19	25.41	11.80	13.01	13.71	4.27	5.55	14.32
SAF14033	26.64	24.00	10.56	12.75	13.35	4.35	5.36	13.80
SAF14118	28.79	25.00	11.18	13.03	13.73	4.26	5.39	13.93

生态学资料　栖息于林区、灌丛及靠近山区的灌木杂草丛中，喜潮湿地带，筑洞，穴居生活；以多种植物种子、果实为食，也吃植物绿色部分及一些昆虫。主要在夜间与晨昏活动，繁殖期为4—11月，每胎产仔最少3只，最多10只，一般5～7只。

地理分布　我国特有种。四川全域分布，在成都平原和川西高原的高原面数量少，盆周山地种群密度大，国内还分布于青海、山西、陕西、河北、宁夏、甘肃、重庆、湖北、福建、贵州北部、云南东部。

分省（自治区、直辖市）地图——四川省

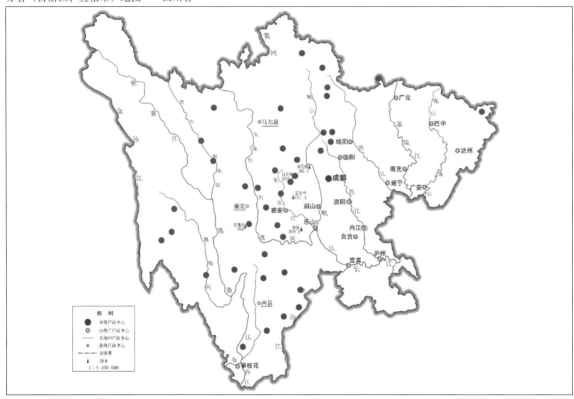

审图号：GS（2019）3333号　　　　　　　　　　　　　　　　　　自然资源部 监制

中华姬鼠在四川的分布
注：红点为物种的分布位点。

分类学讨论　中华姬鼠最早由Barrett-Hamilton 于1900年命名为 *Mus sylvaticus draco*。模式产地为中国福建挂墩山。模式系列有11号标本，于1898年由J. D. La Touche 采集。标本采集后由Thomas鉴定为高山姬鼠 *Mus chevrieri*。Barrett-Hamilton在1900年重新鉴定这批标本时发现不是高山姬鼠，于是命名新亚种——*Mus sylvaticus draco*。鉴定特征：腹部白色，成体背面黑褐色，头骨较狭窄，额骨的前部瘦弱，吻部较细。正模标本颅全长25 mm。Allen（1912）把 *Mus sylvaticus draco* 更正为 *Apodemus sylvaticus draco*，Allen（1940）、Ellerman 和 Morrison-Scott（1951）同意这一意见。Ellerman（1941）认为 *Apodemus sylvaticus draco* 应为独立种 *Apodemus draco*，Corbet（1978）、Corbet 和 Hill（1980）、Walker（1983）、夏武平（1984）、冯祚建等（1986）、Musser 和 Carleton（1993，2005）等均同意这一意见。

分子系统学研究结果（Suzuki et al.，2003；Liu et al.，2004）显示，*Apodemus darco* 是独立种。最新分子系统学研究结果得出了同样的结论（Liu et al.，2018）。

与 *Apodemus draco* 相关的另外一个分类单元是 *orestes*。该分类单元由 Thomas（1911）描述为 *Apodemus speciosus orestes*，描述非常简单，1号正模标本是成年雄性，体长93 mm，尾长125 mm，后足长24 mm，耳高16 mm；采集于峨眉山，颜色深褐色。正模标本采集时间为1910年8月18日。Thomas（1912e）在 *The Duke of Bedford's Zoological Exploration of Eastern Asia.-XV. On Mammals from the Provinces of Szechwan and Yunnan*，*Western China* 中，详细描述了该分类单元（列出的标本全部来自汶川），文中写到：*Apodemus speciosus orestes* 颜色黑，略带褐色，腹部灰色，和 *Apodemus draco* 相比，区别主要有：较大的个体，较长的尾和较少的红棕色调（颜色较黑）。该文记录了 1 个头骨量度：颅全长 27.5 mm，基长 24.8 mm，眶间宽 4.7 mm，上白齿列长 4.2 mm。

夏武平（1984）认为我国境内有 3 个亚种：指名亚种 *A. d. draco*、西南亚种 *A. d. orestes*、台湾亚种 *A. d. semotus*。冯祚建等（1986）把 *A. latronum* 并入中华姬鼠，作为川藏亚种 *A. d. latronum*。Musser 和 Carleton（2005）认为 *Apodemus draco* 包括 *ilex* 和 *orestes* 2 个中国的分类单元。但 Corbet（1978）把台湾亚种 *A. d. semotus* 视为独立种 *Apodemus semotus*，Musser 和 Carleton（1993，2005）同意 Corbet（1978）的意见。分子系统学研究结果（Suzuki et al.，2003；Liu et al.，2004）最终证实台湾姬鼠为独立种。关于 *A. d. orestes*，Corbet 和 Hill（1992）依其尾长超过体长的 120%，而将 *A. d. orestes* 作为有效种 *A. orestes*，Nowak（1999）同意 Corbet 和 Hill（1992）的意见。此后，蒋学龙等（2000）对云南无量山区中华姬鼠和长尾姬鼠 *A. orestes* 的比较研究中，发现二者头体长、尾长、后足长、尾长与头体长比例具极显著差异，且在无量山完全重叠分布，故认为二者是不同种。现在看来，无量山的标本应该是澜沧江姬鼠，所以，它们是 2 个种不足为奇。刘少英等（2000）也提到中华姬鼠指名亚种与西南亚种（即长尾姬鼠）的阴茎形态存在明显的差别。但吴攀文等（2004）通过对毛髓质的比较，认为 *A. orestes* 和中华姬鼠没有差别。分子系统学研究（Liu et al.，2004）证实 *A. orestes* 是中华姬鼠 *Apodmus draco* 的同物异名。Liu 等（2018）的分子系统学研究结果和 Liu 等（2004）的一致。

至于 *A. orestes* 是否为独立的亚种，本书作者团队采集了全国各地的中华姬鼠标本，分子上，它们并不聚成 2 个独立的进化支。是否像 Thomas（1911）描述那样，峨眉山标本颜色更深，尾更长？结果显示，采集的峨眉山中华姬鼠标本其颜色并不比其他种群更深和缺乏红棕色。从尾长和体长的比例看，采集的峨眉山地模标本很少达到 *A. orestes* 正模标本的比例。峨眉山标本的尾长平均为体长的 112.8%。并不像前人所说的那样，达到体长的 120%。将整个长江以北的中华姬鼠进行统计，尾长为体长的 111.6%；长江以南的中华姬鼠尾长是体长的 112.4%。与福建挂墩山的几号地模标本比较，其尾长为体长的 112.2%。峨眉山的中华姬鼠尾长和体长的比例并不比福建挂墩山中华姬鼠尾长和体长的比例大多少。虽然长江以南的中华姬鼠的平均体长和尾长均比长江以北的确实小一些，但从个体看，它们之间是有交叉的，统计学上也没有显著差异。查看最早的原始记录（Allen，1940）发现，长江以南和以北的个体，尾长与体长之比也没有显著差异。因此，确认中华姬鼠没有亚种分化，*A. orestes* 是 *Apodemus draco* 的同物异名。

（211）大耳姬鼠 *Apodemus latronum* Thomas，1911

别名　姬鼠、森林姬鼠、川藏姬鼠

英文名　Large-eared Field Mouse

Apodemus speciosus latronum Thomas, 1911. Abstr. Proc. Zool. Soc. Lond., 49（模式产地：四川康定）；Thomas, 1912. Proc. Zool. Soc. Lond., 137; Ellerman, 1941. Fam. Gen. Liv. Rod., Vol. 2: 101.

Apodemus latronum Osgood, 1932. Publ. Field Mus. Nat. Hist. Zool. Ser. 18:138; Allen, 1940. Mamm. Chin. Mong.,

950; Corbet, 1978. Mamm. Palaea. Reg. Taxon. Rev., 137; 夏武平, 1978.兽类学报, 4(2): 95; Corbet and Hill, 1992. Mamm. Ind. Reg., Syst. Rev., 360; Musser and Carleton, 2005. Mamm. Spec. World, 3rd ed., 1269.

Apodemus flavicollis latronum Ellerman, 1949. Fam. Gen. Liv. Rod., Vol. 3: 32; Ellerman and Morrison-Scott, 1951. Check. Palaea. Ind. Mamm., 567; Ellerman, 1961. Faun. Ind. Incl. Pakis., Burm. Cyl., 499.

鉴别特征 体型较大，体长平均在100 mm以上（90～120 mm）。后足长不小于23 mm，尾长大于体长。耳大，其长大于20 mm。第3上臼齿舌侧有3个齿突。存在眶上脊，老年个体的较发达。

形态

外形：体型较大，成体体长在90～120 mm之间。尾的长度平均超过体长（有少量个体略短于体长）。耳大，长20 mm以上，耳壳内外被毛较长。后足较长而大，一般不小于23 mm。躯体被毛较长，密实，长约10 mm。乳头8个。

毛色：毛色较暗。鼻部、额部、颈部、背部及臀部的毛呈暗黄褐色，特别是体背和臀部黑色毛尖显明。夏毛背面有较多的针毛，针毛近端2/3为黄灰色，尖端为黑色。耳壳内外覆以黑色或棕黑色较长的毛。腹面呈灰白色，毛尖纯白色；背、腹毛色分界明显。四肢背面纯白色。尾上面黑褐色，被以短而稀的毛，故可见尾鳞环，下面灰白色。

须较多，每边25根左右，最短的3.5 mm，最长达到37 mm；约1/3为棕黑色，1/3为白色（尤其是短的须，白色的较多），1/3近端棕黑色，远端为白色。趾垫和指垫均为6枚；爪乳白色，半透明。爪上覆以白色粗硬的长毛。

头骨：头骨较大，颅全长27 mm以上。吻长而尖。鼻骨狭窄，前2/3两侧几乎平行，后1/3变窄，后端不规则锯齿形嵌入额骨前端，最后止于上颌骨颧突后缘的连线。眶上脊发达，起于额骨前端侧面，眼窝的内侧前缘，经额骨止于顶骨中段外缘，有些老年个体，还要向后延伸，止于顶间骨外侧角。额骨后缘弧形，顶骨不规则，顶间骨略呈梯形，长边在前，短边在后，前缘中央向前突出。颧弓纤细。鳞骨乳突不发达。枕区较光滑，突起和棱不显。在鳞骨和侧枕骨相交处有一不发达的纵脊，向下延伸，将听泡分为前、后2室。翼骨薄片状。听泡扁平，分为前、后2室。门齿孔后缘抵达或超过臼齿前缘水平线。

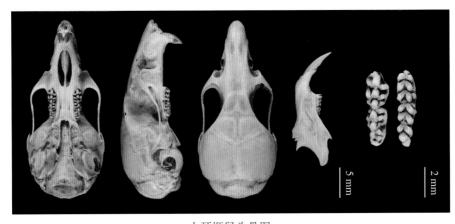

大耳姬鼠头骨图

牙齿：牙齿的第1上臼齿有3排横脊，均各有3个齿尖，中央齿尖最大，该齿内侧和外侧均有3个齿突；在第3横脊后缘外侧有1个副齿突。第2上臼齿第1横脊缺中央齿尖，内侧齿尖发达，外侧齿尖显著退化成小齿尖，其大小约为内侧齿尖的1/3。第3上臼齿舌侧可见3个齿突，唇侧圆弧形；该齿内侧有3个角突，外侧没有角突。

量衡度（衡：g；量：mm）

外形：

编号	性别	体重	体长	尾长	后足长	耳高	采集地点
SAF07027	—	—	94.0	98	25.5	20.0	四川白玉
SAF07030	—	—	90.0	101	25.0	20.0	四川白玉
SAF05500	♀	35	100.0	110	25.0	19.0	四川丹巴东马
SAF06390	♂	38	114.0	122	24.0	21.0	四川丹巴东马
SAF06569	♂	52	111.0	106	23.0	19.0	四川炉霍旦都
SAF05024	♀	40	110.0	111	23.5	21.0	四川雅江
SAF06015	♂	60	105.0	102	23.0	22.0	四川雅江
SAF06515	♀	24	88.0	96	25.0	20.0	四川巴塘
SAF07028	—	—	94.0	90	26.0	19.5	四川白玉
SAF07031	—	—	90.5	104	24.0	20.0	四川白玉
SAF05456	♀	24	90.0	96	22.5	20.0	四川丹巴
SAF05495	♀	34	104.0	108	23.0	20.0	四川丹巴
SAF06391	♂	38	115.0	118	24.0	20.0	四川丹巴
SAF16615	♂	35	97.0	112	24.0	20.0	四川康定
SAF05057	♂	37	112.0	104	24.0	20.0	四川雅江
SAF15299	♂	25	95.0	101	24.0	21.0	云南德钦

头骨：

编号	颅全长	基长	鼻骨长	颧宽	上齿列长	上臼齿列长	听泡长	下颌骨长
SAF07027	27.53	23.87	10.52	13.15	14.16	5.16	5.49	13.15
SAF07030	27.84	24.28	10.35	12.75	14.04	4.97	5.35	13.39
SAF05500	29.51	26.59	11.26	13.62	14.90	5.04	5.64	13.18
SAF06390	28.23	27.04	11.36	13.70	15.40	5.08	5.64	14.39
SAF06569	29.40	26.70	11.76	13.89	15.02	5.07	5.63	14.39
SAF05024	30.62	27.52	11.29	14.96	15.60	5.39	6.38	14.41
SAF06015	28.60	25.17	11.31	13.75	15.00	4.83	5.83	12.26
SAF06515	27.03	23.70	10.90	13.08	13.23	5.06	4.90	13.12
SAF07028	27.98	23.82	10.85	12.71	13.68	5.03	5.34	13.64

（续）

编号	颅全长	基长	鼻骨长	颧宽	上齿列长	上臼齿列长	听泡长	下颌骨长
SAF07031	28.02	24.33	11.37	12.80	14.28	4.96	5.26	14.08
SAF05456	25.91	22.37	9.70	12.38	12.94	4.47	4.98	12.32
SAF05495	28.35	23.82	11.65	12.92	13.11	4.46	5.20	14.06
SAF06391	30.18	26.91	11.29	13.70	15.01	5.25	5.46	14.80
SAF16615	28.59	25.80	11.08	13.54	14.61	4.66	5.48	13.88
SAF05057	30.86	26.81	12.17	14.25	14.53	4.69	5.71	14.52
SAF15299	28.14	24.56	11.06	13.19	14.17	5.26	5.70	13.94

生态学资料 大耳姬鼠栖息于海拔3 200～4 100 m的林缘、高山灌丛中，是高寒灌丛和林线附近森林种的优势种，以草、草籽、嫩叶为食，偶食昆虫及动物死尸。

地理分布 中国特有种。在四川分布于川西高原，包括甘孜、阿坝以及凉山木里、盐源、宁蒗，国内还分布于云南和西藏之间的青藏高原东南缘高海拔区域。

分省（自治区、直辖市）地图——四川省

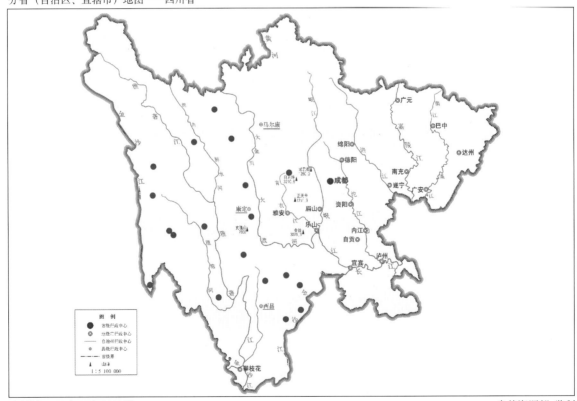

审图号：GS（2019）3333号　　　　　　　　　　　　　　　　　　　自然资源部 监制

大耳姬鼠在四川的分布

注：红点为物种的分布位点。

分类学讨论　大耳姬鼠是Thomas在1911年命名的，模式标本于1910年6月30日采集于四川康定，是1号雄性标本。最早命名为日本姬鼠的亚种*Apodemus speciosus latronum*，在1932年，Osgood 将其调整为种。但是，1941年Ellerman 仍沿用*Apodemus speciosus latronum*这一分类。后来，Ellerman（1949，1951，1961）将大耳姬鼠调整为黄喉姬鼠的亚种*Apodemus flavicollis latronum*。冯祚建和郑昌琳（1986）将其作为龙姬鼠的亚种*Apodemus draco latronum*。Allen（1940）用了Osgood（1932）的分类系统，认为大耳姬鼠是独立种；Corbet（1978）、Corbet和Hill（1992）、夏武平（1984）等都将其作为独立种。分子系统学（Suzuki et al.，2003；Liu et al.，2004）及本书作者团队的研究结果（Liu et al.，2018）均显示大耳姬鼠是独立种。至此，大耳姬鼠的独立种地位被确认。

大耳姬鼠仅分布于中国横断山系至西藏南部，稍微扩展至缅甸北部。没有亚种分化。

（212）大林姬鼠 *Apodemus peninsulae*（Thomas，1906）

别名　林姬鼠

英文名　Korea Filed Mouse

Micromys speciosus peninsulae Thomas, 1906. Proc. Zool. Soc. Lond., 862(模式产地：韩国首尔东南110英里的 Mingyong地区).

Apodemus nigritalus Hollister, 1913. Smith. Misc. Coll., 60:1-3(模式产地：俄罗斯阿勒泰).

Apodemus praetor Miller, 1914. Proc. Biol. Soc. Wash., 27:89(模式产地：吉林西南60英里，松花江岸).

Apodemus peninsulae Allen, 1940. Mamm. Chin. Mong., 947; Corbet, 1978. Mamm. Palaea. Reg. Taxon. Rev.: 136; 夏武平, 1984. 兽类学报, 4(2):95; Corbet and Hill, 1992. Mamm. Ind. Reg., Syst. Rev.: 357; Musser and Carleton, 2005. Mamm. Spec. World, 3rd ed., 1271.

Apodemus speciosus praetor Ellerman, 1941. Fam. Gen. Liv. Rod., Vol. 2: 101.

Apodemus sylvaticus peninsulae Ellerman, 1941. Fam. Gen. Liv. Rod., Vol. 2: 101.

Apodemus flavicollis peninsulae Ellerman, 1949. Fam Gen. Liv. Rod., Vol. 3: 32; Ellerman and Morrison-Scott, 1951. Check. Palaea. Ind. Mamm., 572.

Apodemus peninsulae sowberyi Jones, 1956. Univ. Kans. Publs. Mus. Nat. Hist., 9: 337-346(模式产地：山西北部).

Apodemus speciosus 寿振黄, 1962. 中国经济动物志　兽类, 230.

Apodemus peninsulae qinghaiensis Feng, et al., 1983. 动物分类学报, 8(1):108(模式产地：青海).

鉴别特征　第3上白齿舌侧有3个角突。个体中等，成体体长85～120 mm；耳长15～18 mm；尾长通常短于体长，少数个体等于或略长于（10%以内）体长。鼻骨狭窄。

形态

外形：成体体长85～120 mm。尾长平均稍短于体长，少量个体尾长等于或长于体长，但不超过体长的10%；由于尾毛不发达，鳞片裸露，因而尾环比较明显。耳长为15～18 mm。前、后足掌垫均6枚，前掌中央两枚较大；后足长在19～24 mm。胸部和腹部各具2对乳头。

毛色：夏毛背部一般较暗，呈棕黑色，毛基为深灰色，上段为黄棕色或灰黑色，并杂有较多全黑色的针毛，所以整体色调为棕黑色。冬毛由于黑色针毛较少，因而黄棕色较为显著。腹部及四肢内侧为灰白色，其毛基浅灰色，上段灰白色。背、腹毛色界线明显。头顶和背部颜色相同，面颊和体侧为黄棕色。耳前、后均覆以较浓密的黄棕色短毛。尾两色，上面褐棕色，下面白色或灰白色。前足背白色，后足背面大多数也为白色，一些个体为灰色。鼻部颜色约与背部相似。须较多，每边25～30根，最短者约4.5 mm，最长者约35 mm；约1/3为白色，1/3为灰色，1/3近端灰色，尖白色。

　　头骨：颅全长24.5～32 mm；头骨背面呈弧形，最高点在额骨后部。额骨与顶骨之间的交接缝一般向后呈光滑的圆弧形，亦有些个体接缝中央处平直，然后再向前渐斜至两侧。顶间骨宽大且较长，形状略呈长椭圆形，前面中央向前突。枕骨比较陡直，所以自顶面观时，只可见上枕骨的一小部分，此情况恰与黑线姬鼠相反。存在眶上脊，但不如黑线姬鼠显著。门齿孔短，与上臼齿前缘的连线有相当大的距离，这点与小眼姬鼠有所区别。

　　枕面较光滑，没有明显的棱或突起。鳞骨的乳突存在，位于枕髁和听泡之间。听泡2室，前、后室被侧枕骨与鳞骨之间的纵脊分开。颧弓相对纤细。

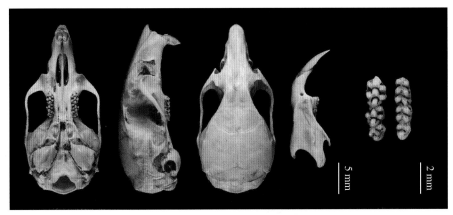

大林姬鼠头骨图

　　牙齿：上齿列长2.8～4.2 mm。牙齿显著比黑线姬鼠的牙齿粗壮，齿突也较发达，上颌第1臼齿长度约为上颌第2臼齿与上颌第3臼齿长度之和。上颌第1臼齿有3列横脊，每列中央的齿突都特别发达，且t1～t3均存在，第3列内外两侧的齿突较小；该齿内侧和外侧均有3个角突。上颌第2臼齿显著比上颌第1臼齿小，亦有3列横脊，第1列横脊中央的齿突消失，两侧的形成两个孤立的齿突，内侧的发达，外侧的很小。上颌第3臼齿最小，呈3叶，开口向舌侧，形成3个角突，唇侧为"3"字形。

　　量衡度（衡：g；量：mm）

　　外形：

编号	性别	体重	体长	尾长	后足长	耳高	采集地点
SAF11626	♀	30	102	105	22	18	四川康定
SAF01016	♀	22	89	83	18	15	四川白玉
SAF01007	♀	24	82	90	22	17	四川白玉
SAF01008	♂	24	86	92	22	17	四川白玉

（续）

编号	性别	体重	体长	尾长	后足长	耳高	采集地点
SAF01021	♀	23	84	85	21	15	四川白玉
SAF10435	♀	37	98	93	23	15	新疆哈巴河
SAF10436	♀	34	96	96	23	15	新疆哈巴河
SAF10437	♀	25	95	96	22	16	新疆哈巴河
SAF10440	♂	23	90	89	21	14	新疆哈巴河
SAF10441	♂	17	80	72	18	14	新疆哈巴河

头骨：

编号	颅全长	基长	鼻骨长	额宽	上齿列长	上臼齿列长	听泡长	下颌骨长
SAF11626	28.47	25.13	10.73	13.41	13.17	4.53	5.47	11.20
SAF01016	26.18	23.33	9.90	12.55	13.32	4.16	5.03	12.08
SAF01007	26.14	23.16	9.76	—	13.08	4.11	5.15	10.12
SAF01008	27.05	23.35	10.02	12.89	13.28	4.31	4.97	11.29
SAF01021	27.44	23.50	10.56	12.72	13.64	4.56	5.68	12.72
SAF10435	26.05	24.03	9.93	13.01	13.14	4.07	5.40	14.48
SAF10436	27.02	24.69	10.40	13.07	13.42	4.47	5.93	14.64
SAF10437	26.37	23.71	10.07	12.17	12.99	4.24	5.83	14.16
SAF10440	25.32	22.52	9.39	11.91	12.48	4.16	5.19	13.68
SAF10441	22.33	19.83	8.20	10	10.67	3.65	4.58	11.79

生态学资料　大林姬鼠是姬鼠类中生态学研究较详细的种类。在20世纪50年代，我国兽类学先驱寿振黄及老一辈兽类学家罗泽珣、王战、夏武平等在我国东北林区，以红松直播防鼠害的研究为序幕，开始了森林鼠害（大林姬鼠为主要研究对象）发生规律、预测、预报、防治方法等的研究。研究表明，大林姬鼠几乎遍及东北林区各种植被类型；喜居于地形较高，土壤较干的林中，在小兴安岭山坡地数量常较沟塘内的数量多；在山坡与沟塘的采伐迹地上及原始落叶松林中都有一定的数量。森林采伐后大林姬鼠的数量在短期内有下降的趋势；有时亦偶然进入人类居住的房屋；在平原中林缘以及稻田旁草地上亦可发现其踪迹。冬季活动于雪被下，地表有洞口，地面与雪层之间有其纵横的洞道。

在大林姬鼠的生态学研究方面，寿振黄和李清涛（1958）、罗泽珣（1959）等做过比较详细的研究，发现大林姬鼠活动时间以夜间为主，但白昼也活动。大林姬鼠繁殖开始于4月，以5—6月最盛。每胎怀孕4～9仔，以5～7仔为多。因繁殖季节集中，故其数量的季节波动极明显。春季最低，秋季最高。

寿振黄和李清涛（1958）在笼下饲养实验证明大林姬鼠吃红松 *Pinus koraiensis* 的种子以及榛子 *Corylus heterophyla*、糠椴 *Tilia mandshurica*、小叶椴 *T. taquitii*、刺莓果 *Rosa daurica*、剪秋萝 *Lychni fulgens* 等18种植物的果实。同时，进一步确定了（寿振黄和李清涛，1958）大林姬鼠最嗜食红松子、榛子、剪秋萝的种子。

地理分布　在四川，大林姬鼠分布于川西高原，包括甘孜、阿坝、凉山，国内还分布于东北地区、内蒙古大兴安岭、河北北部、山西、陕西、甘肃、青海、西藏、新疆北部等地。

分省（自治区、直辖市）地图——四川省

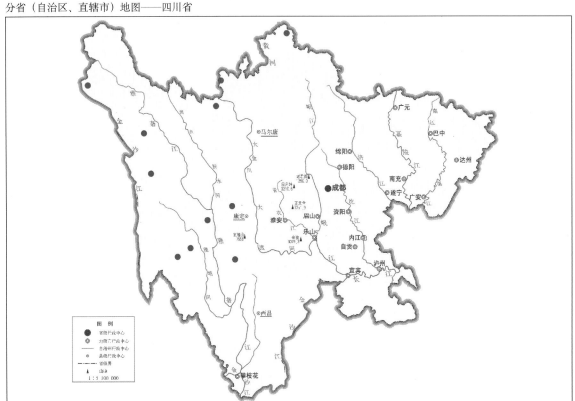

审图号：GS（2019）3333号　　　　　　　　　　　　　　　　　　自然资源部 监制

大林姬鼠在四川的分布
注：红点为物种的分布位点。

分类学讨论　大林姬鼠由Thomas于1906年发表，最初发表为日本姬鼠的亚种 *Micromys speciosus peninsulae*。1940年，Allen 在研究了大量的朝鲜半岛和中国东北地区的标本后，认为大林姬鼠是独立种。该种地位受到质疑的情况不多，Ellerman（1941）将该种作为小林姬鼠的亚种 *Apodemus sylvaticus peninsulae*；Ellerman（1949，1951）将该种作为黄喉姬鼠的亚种 *Apodemus flavicollis peninsulae*；Kuznetzov（1965）将该种作为日本姬鼠的亚种 *Apodemus speciosus peninsulae*。除此之外，大林姬鼠作为种级地位被大多数学者接受（Corbet，1978；Corbet and Hill，1992；Honacki，1982；Nowark，1999；Musser and Carleton，1993，2005；汪松，1964；冯祚建等，1983；夏武平，1984）。

分布于中国的相关分类单元，包括 *tscherga*、*praetor*、*sowerbyi*、*nigritalus*、*qinghaiensis* 这5个分类单元。

Apodemus peninsulae peninsulae 的模式产地为朝鲜，原始描述所用标本为17号。正模标本是1号雄性成年个体，采集于1905年12月12日。正模标本头骨全长29 mm，背毛浅棕黄色，背部中央区域带黑色调，唇部、颊部和腹部为白色，耳棕色。

关于 *Apodemus tscherga*，Musser 和 Carleton（1993，2005）均认为 *A. tscherga* 是大林姬鼠的同物异名。但很多科学家并不认同这个观点，认为是小眼姬鼠的亚种。本书认同这一意见。

Apodemus nigritalus（Hollister，1913）模式产地为俄罗斯西伯利亚阿尔泰山地，个体较大，正模和副模标本头骨全长平均28.5 mm，其鉴定特征和大林姬鼠没有太大差别，背部毛色相对鲜亮，头骨颅面弯曲度较大，所以颅高较大，听泡较大。Jones（1956）将其作为大林姬鼠的亚种 *Apodemus peninsulae nigritalus*。冯祚建等（1983）也将其作为亚种，并认为中国新疆有分布。本书作者团队在新疆北部采集了少量大林姬鼠标本，除头骨量度相对较小外，基本符合 *A. nigritalus* 的鉴定特征，所以，同意冯祚建等（1983）的推测，认为该亚种是成立的。

Apodemus peninsulae praetor 模式产地为吉林西南部松花江畔，原始描述的模式系列有2号标本头骨长平均超过30 mm，背部颜色较暗，没有韩国南部的 *Apodemus peninsulae* 背部毛尖的棕色，颧骨板更宽。但 Howell（1929）认为选取的正模标本是偶然出奇地体大，是偶然因素，其他模式系列标本并不大，颜色也应该随季节变化，认为，*Apodemus peninsulae praetor* 是 *Apodemus peninsulae peninsulae* 的同物异名；但 Jones（1956）仍然认为是独立亚种。采集并查阅该区域大量标本后发现，整个东北地区的大林姬鼠标本和长白山天池（可视为指名亚种）没有大的区别，一些个体的头骨也超过30 mm，但很少，因此，同意 Howell（1929）的意见，承认 *Apodemus peninsulae praetor* 是 *Apodemus peninsulae peninsulae* 的同物异名。

Apodemus peninsulae sowerbyi 模式产地为山西北部，模式系列包括山西北部Kue-hua-cheng、山西太原、陕西延安、北京东北青龙山（Hsin-lung-shan）的标本，正模采集于1912年5月23日。原始描述的鉴定特征：个体较小，颅全长在28 mm以下（27.4～27.9 mm）；背部毛色赭黄色，背中央区域带黑色调，腹部毛色灰白色，耳暗棕色，吻部短而前弯。采集山西一些大林姬鼠标本并查看了陕西、河北标本后发现和东北标本没有区别。一些个体头骨大于28 mm，不像原始描述的那么小，背部颜色与吉林标本也无区别。吻部并不明显弯曲，可能和模式标本刚成年或是亚成体有关。因此，山西亚种不成立。

Apodemus peninsulae qinghaiensis 模式种产地为青海乐都，鉴定特征：头骨短窄，枕鼻长平均小于28 mm，颧宽平均小于13.5 mm；脑颅较低，一般不超过9.7 mm；听泡小，平均4.5 mm，小于其他亚种。在青海和四川西部采集了大量大林姬鼠标本，发现该区域标本小于其他亚种，其头骨很少超过28 mm，平均小于28 mm。背面颜色相对东北亚种更灰暗，前、后足背面均为白色，尾上、下两色明显，背面黑褐色，腹面灰白色，界线明显。因此，青海亚种应该是有效亚种。

综上所述，大林姬鼠在我国有3个亚种：指名亚种 *Apodemus peninsulae peninsulae*、阿尔泰亚种 *Apodemus peninsulae nigritalus*、青海亚种 *Apodemus peninsulae qinghaiensis*。四川的为青海亚种。

大林姬鼠青海亚种 *Apodemus peninsulae qinghaiensis* Feng et al., 1983

Apodemus peninsulae qinghaiensis Feng, Zheng et Wu, 1983.动物分类学报，8(1) :108.

鉴别特征　个体相对较小，成体平均体长95 mm。第3上白齿内侧有3个角突，眶上脊较明显。头骨背面平直，吻部非常狭窄。背腹毛色界线明显，背部毛色灰色带棕黄色调，老年个体为黄棕色调，腹部毛灰白色。

地理分布　同种的分布。

（213）黑姬鼠 *Apodemus nigrus* Ge et al., 2019

英文名　Black Field Mouse

Apodemus nigrus Ge, et al., 2019. Zool. Jour. Linn., Soc., 187(2)：518-534; 魏辅文，等，2022. 中国兽类分类与分布，97；刘莹洵，等，2023. 四川动物，42(2): 189-196.

鉴别特征　整体背面颜色很深，黑灰色。尾几乎上、下一色，腹面略淡。前、后足背面白色。牙齿特征与中华姬鼠*Apodemus draco*基本一致，第1、2、3上白齿舌侧均有3个角突。

形态

外形：黑姬鼠的体长75～89 mm，尾长87～108 mm，超过体长；后足长21～22 mm，耳高15～16 mm。须较多，每边32～35根，短须大多全白色，少量黑色，长须一般根部黑色，尖部白色；最短者约4 mm，最长的须约33 mm。前后足均5指（趾），前足第1指极度退化，长度不到1 mm，具指甲；第2指较长，约3.0 mm；第3指最长，约3.8 mm；第4指约3.6 mm；第5指较短，约2.7 mm。后足第1趾最短，约2.7 mm；第2、3、4趾几乎等长，约4.8 mm；第5趾约4.2 mm。前足掌垫5枚，第3指腹面掌垫最大；后足趾垫6枚，外侧最后一个最小。

毛色：整个背面毛基和毛尖均为深黑灰色，从吻端至尾根几乎一致，没有变化。耳色也与背面毛色一致，覆盖的毛短而密，黑灰色。腹面从颏部至肛门毛色一致，毛基黑灰色，毛尖灰白色，背腹毛色界限较显著，一些个体不显著。尾几乎上、下一色，腹面略淡，尾环纹明显，环纹间着生短而粗硬的刚毛，肉眼很难看见，直至尾端，也无长毛，有些个体尾尖部有稍长的毛。前、后足背面纯白色，桡尺部和胫腓部黑灰色。爪白色。

头骨：脑颅较隆突，最高点位于顶骨前缘。鼻骨两侧向后均匀缩小，末端插入额骨前缘，止于两侧眼眶前缘内侧的连线。额骨前端略宽，先向后缩小，再向后扩大，成年以后和老年个体的眶上脊明显，亚成体有一点痕迹，成年早期就较明显。眶上脊向后侧方延伸，止于顶骨侧面中央。额骨在侧面构成眼眶内壁上缘的大部分；额骨和顶骨之间的骨缝呈弧形。泪骨位于眼眶前缘内侧，小，和上颌骨颧突与额骨前外侧相接，向眼眶内突起一尖。顶骨略呈梯形，外侧后端向侧面扩展，顶骨整体在侧面与鳞骨相接。顶间骨圆弧形，前缘与顶骨的骨缝较平直，后端与枕骨的骨缝弧形，较宽阔。老年个体的上枕骨中央有一弱纵脊，上枕骨、侧枕骨和基枕骨亚成体后愈合。枕髁较薄，枕髁侧面有一小纵脊，与听泡后缘接近；侧面，前颌骨较强大，着生上颌门齿，在吻部侧面靠后与上颌骨相接；在背面，从鼻骨两侧向后延伸，后端不超过鼻骨末端。上颌骨着生颊齿，侧面扩展形成宽大的颧板，向上形成颧突。颧骨细弱，前端与上颌骨颧突的骨缝不清，后端与鳞骨颧突斜向相接。鳞骨较长，上缘除与顶骨相接外，还向前伸，与额骨侧面相接。在眼眶内，鳞骨构成眼眶后缘内壁的一部分。听骨2室，位于鳞骨和侧枕骨之间，听骨和鳞骨之间的鳞骨形成一纵脊，向下延伸，止于2听室之间的中央。听骨前室鼓胀，为听泡。听泡较小。眼窝内鳞骨的腹侧是翼蝶骨，翼蝶骨前上缘与额骨相接，前下缘与眶蝶骨相接，在鳞骨颧突下方向后延伸，与听泡前缘相接；在臼齿齿槽后缘侧面，翼蝶骨和上颌骨相接，并向后内侧延伸，与翼骨相接。眶蝶骨位于眼窝最底部，小，上有一大的神经孔。腹面，门齿孔较宽阔，一半由前颌骨围成，一半由上颌骨围成，中间的鼻中隔完全，鼻中隔前段是犁骨，后段2/3由上颌骨构成。硬腭较平坦，前段由上颌骨构成，后段中央由腭骨构成。腭骨两侧各有一浅沟，前缘侧面各有一神经孔；腭骨后缘内侧构成内鼻孔，外侧向后侧面延伸，与翼蝶骨相接，后面内侧与翼骨相接，翼骨薄，其内侧与基蝶骨侧面相接。基蝶骨较宽阔，两边向侧面上卷，形成内鼻孔的穹顶，基蝶骨前端是前蝶骨，前蝶骨腹面平坦，长方形。

　　下颌骨较细弱，冠状突很小，关节突较长，角突宽。

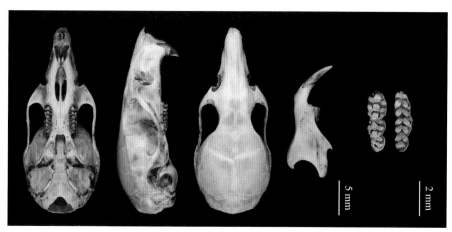

黑姬鼠头骨图

　　牙齿：上颌门齿唇面较窄，橘色，前后径较大；末端略向内弯。第1上臼齿最大，由3横列齿环构成，每横列均有唇侧、中间和舌侧3个齿突，中间齿突最大，第1横列t2和t3之间背面还有1个副齿突；在唇侧最后面有1个很小的副齿突；该齿唇侧和舌侧均有3个角突（加上唇侧副齿突，唇侧有4个角突）。第2上臼齿也由3横列齿环构成，第1横列中央齿突缺失，内侧齿突大，外侧（唇侧）齿突很小，和第1上臼齿唇侧最后面的副齿突一样大；第2、3横列3个齿突均存在，中央齿突大，两边齿突小；该齿舌侧有3个明显的齿突，唇侧有2个明显的齿突，加上前外侧的小齿突则有3个。第3上臼齿像个三齿钉耙，开后向内，所以舌侧有3个明显的齿突。老年时，齿突均被磨平，不显。

　　下颌门齿细长，唇面橘黄色。第1下臼齿由2列∧形排列的齿突构成，前后共3对；在第1对∧形齿突之间，有1个副齿突，在该齿唇侧，有3个明显的、略小的副齿突，每个都是圆弧形；在该齿最后的中央，还有1个椭圆形的副齿突。第2下臼齿由2个前后排列的∧形齿环构成。该齿唇侧有2个圆弧形副齿突，前面的较大，后面的小。该齿后缘中央也有1个椭圆形副齿突。第3上臼齿由前面1个∧形齿环及后面中央1个椭圆形齿环构成，没有副齿突。

量衡度（衡：g；量：mm）

外形：

编号	性别	体重	体长	尾长	后足长	耳高	采集时间（年-月）	采集地点
SAFLJS20042	♂	28	96	102	21	16	2020-6	四川老君山
SAFLJS20043	♀	27	88	94	20	18	2020-6	四川老君山
SAFLJS20044	♀	28	91	96	22	16	2020-6	四川老君山
SAFLJS20045	♀	27	93	100	21	16	2020-6	四川老君山
SAFLJS20128	♀	25	95	102	23	16	2020-6	四川老君山
SCNU02476	♂	20	80	103	23	15	2020-11	四川老君山
SCNU02478	♂	17	80	93	22	15	2020-11	四川老君山
SCNU02479	♂	15	77	87	21	15	2020-11	四川老君山
SCNU02480	♂	25	85	110	22	15	2020-11	四川老君山
SCNU02481	♂	25	88	108	22	16	2020-11	四川老君山
SCNU02482	♀	16	75	80	22	15	2020-11	四川老君山
SCNU02512	♂	25	89	103	22	15	2020-11	四川老君山

头骨：

编号	颅全长	基长	髁齿长	颧宽	眶间宽	颅高	听泡长	上臼齿列长	下臼齿列长	下颌骨长
SAFLJS20042	—	—	—	—	—	—	—	4.04	4.20	—
SAFLJS20043	—	—	—	—	—	—	—	3.89	4.10	—
SAFLJS20044	26.44	21.54	23.43	13.08	5.18	10.09	4.57	3.85	4.21	16.83
SAFLJS20045	27.43	22.60	24.88	13.01	4.98	10.09	4.71	3.75	3.82	17.43
SAFLJS20128	26.77	22.09	24.22	12.72	5.21	9.68	4.57	4.05	4.19	17.42
SCNU02476	26.17	21.47	22.99	12.28	5.02	9.32	4.46	3.87	4.07	16.61
SCNU02478	—	20.78	22.24	11.77	5.00	9.46	4.42	4.04	4.04	15.66
SCNU02479	23.65	19.32	21.22	11.56	4.93	9.26	4.61	3.83	3.86	15.32
SCNU02480	—	—	—	—	—	—	—	3.88	3.99	17.08
SCNU02481	26.22	22.00	23.76	12.78	5.03	9.18	4.52	3.82	4.10	16.93
SCNU02482	24.00	19.92	21.93	11.60	4.84	8.89	4.34	3.86	4.17	15.52
SCNU02512	26.86	22.42	24.24	12.45	5.02	9.44	4.68	3.95	4.02	17.10

生态学资料　主要栖息于海拔 1 400 ～ 1 700 m 的中海拔阔叶林、竹林等生境中。栖息生境潮湿，腐殖层较厚，阴暗，雨季地表常有积水或形成径流。洞穴较浅，常在地势较高的土埂、树根筑巢。常见于石碓和灌丛中，在林间道路两旁也观察到活动痕迹。食物包括植物的绿色部分、根、种子、浆果、坚果和昆虫。与中华姬鼠同域分布。

地理分布　黑姬鼠在四川仅发现于屏山老君山，国内还分布于贵州梵净山、重庆的金佛山。

分省（自治区、直辖市）地图——四川省

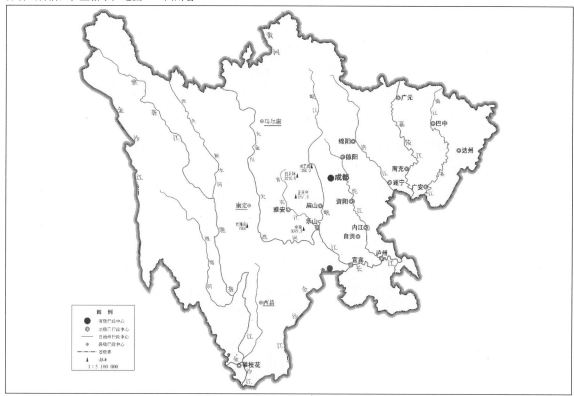

审图号：GS（2019）3333号   自然资源部 监制

黑姬鼠在四川的分布
注：红点为物种的分布位点。

分类学讨论　黑姬鼠是Ge等（2019）在贵州梵净山发现的新种，同时在重庆南川金佛山采集到标本。四川为新记录（刘莹洵等，2023）。四川标本头骨形态和贵州及金佛山标本一致，但颜色更黑，个体稍小；与金佛山标本在分子上已经有一定的遗传分化，但核基因（*Rbp3*）混在一起，不能分开。

116. 家鼠属 *Rattus* Fischer，1803

Rattus Fischer, 1803. Nat. Mus. Nat. Paris, 2:128(模式种：*Mus decumanus* Pallas, 1779=*Mus norvegicus* Berkenhout, 1769).

Epimys Trouessart, 1881. Bull. Soc. d' etudes Sci. d'Angers., 10(2) :117(模式种：*Mus rattus* Linnaeus, 1758).

Christomys Sody, 1941. Treubia(17): 265(模式种：*Mus macleari* Thomas, 1877).

Cironomys Sody, 1941. Treubia(17): 269(模式种：*Rattus hoogerwerfi* Chasen, 1938).

Geromys Sody, 1941. Treubia(17): 278(模式种：*Mus gestri* Thomas, 1898).

Mollicomys Sody, 1941. Treubia(17): 282(模式种：*Mus hoffmani* Matschie, 1901).

Octomys Sody, 1941. Treubia(17): 295(模式种：*Mus concolor* Blyth, 1859).

Pullomys Sody, 1941. Treubia(17): 308(模式种：*Mus pulliventer* Miller, 1902).

鉴别特征　个体中等。尾略长或者略短于体长，均超过体长一半，一般在70%以上；尾上、下同色，尾上环鳞明显，环鳞上着生短的刚毛。背、腹颜色分界线不明显，且大多毛基灰色，毛尖铁灰色至草黄色（黑缘齿鼠和拟家鼠巴基斯塔亚种除外，它们的腹面纯白色）。头骨较长。第1、2上白齿有3横列齿环构成，第1、2横齿环有舌侧、中间和唇侧3个齿突（有时第1横齿环的唇侧齿突退化）；第3横齿环仅有中间或者中间及唇侧齿环，舌侧齿环退化，因此舌侧仅有2个齿突。

形态 个体中等，成体体长130～220 mm。尾长超过体长一半，一般超过体长的70%以上，一些种类尾长超过体长；尾较粗壮，上、下同色，尾环鳞明显，环鳞间着生短的刚毛；尾的特征是区别家鼠属与其他相近属的重要特征。身体粗壮，背面毛有明显的毛向，不呈绒毛状。背、腹颜色界限通常不明显，腹面毛色毛基灰色，毛尖铁灰色至枯草黄色。但黑缘齿鼠和拟家鼠的巴基斯坦亚种腹部的毛为纯白色，背、腹毛色界线明显。本属的很多种和人类共栖。

生态学资料 大多数种为家栖种，是农田、城市、聚落生态系统中的主要鼠种。也栖息于野外，有冬季朝房屋内迁移、夏季向野外迁徙的习性。一些种类主要栖息于野外，如黑缘齿鼠。也有岛屿栖居型，如缅鼠，生活于低地的珊瑚礁，可能取食蛏子；能上树，但也会在人居地活动。

地理分布 很多家鼠属是世界性分布。但它们通常是一个区域的土著物种，人类活动把它们带到世界各地。分布区域遍及全国及我国沿海的众多岛屿。家鼠属动物在我国有8种，其中四川有5种。

分类学讨论 据Corbet和Hill（1992）报道，家鼠属最早的命名是*Ruttus* Frisch，1775，现已经无法查阅资料。虽然没有证据显示*Ruttus*的拼法有错误，但很明显，被广泛接受的名称变成了*Rattus*。*Rattus*属是一个非常大、争议多、变化很大的属，曾经放入该属的亚属有25个之多，放入该属的分类单元有550多种或亚种（Simpson，1945）。Ellerman（1941，1949）在*The Familes and Genera of Living rodents*（第二、第三卷）中，对全世界的兽类进行了整理。在第二卷中（1941），把全世界的家鼠属*Rattus*分为38个组，其中古北界25个组，澳大利亚地区5个组，非洲8个组，共列出家鼠属9个亚属，种和亚种567个，其中种级分类单元290个，亚种级分类单元277个；9个亚属分别是*Rattus*、*Stochomys*、*Praomys*、*Hylomyscus*、*Dephomys*、*Myomys*、*Mastomys*、*Micaelamys*、*Ochromys*。该书对我国有分布的*Rattus*成员也进行了详细列表，认为长江以北属于3个组：*Rattus*组、*norvegicus*组、*confucianus*组；长江以南的种类包括7个组：*Rattus*、*Bowersi*、*confucianus*、*eha*、*edwardsi*、*rajaha*（台湾）、*canus*。种类方面，列出我国22个种，19个亚种，共计41个分类单元。在第三卷中，Ellerman（1949）对家属鼠的分类进行了修订。修订后分为7个亚属：*Rattus*、*Stenomys*、*Maxomys*、*Apomys*、*Leopoldamys*、*Berylmys*、*Cremnomys*。7个亚属除*Rattus*外，另外6个亚属和第二卷的完全不同，该书共计列出家鼠属97种，种和亚种总计分类单元461个。比如，将*Rattus*亚属分为7个组43种；*Rattus rattus*列出了96个亚种；拟家鼠列出了6个亚种；大足鼠列出了3个亚种；缅鼠列出了28个亚种；褐家鼠列出了5个亚种。和该书在第二卷中的记述有很大的不同。可见，家鼠属是一个极其复杂、混乱的属。

Ellerman和Morrison-Scott（1951）将家鼠属分为9个亚属，包括：*Rattus*、*Stenomys*、*Maxomys*、*Leopoldamys*、*Berylmys*、*Mastomys*、*Diplothrix*、*Lenothrix*、*Cremnomys*，其中6个亚属的属名和Ellerman（1949）一致，但没有*Apomys*亚属，多了*Astomys*、*Diplothrix*、*Lenothrix*这3个亚属。Ellerman和Morrison-Scott（1951）记述了古北界和印度家鼠属28个种，记述中国共计40个分类单元，包括10种22亚种，并把另外8个种级或亚种级分类单元作为同物异名。

Misonne（1969）、Musser（1981）、Musser和Newcomb（1983）、Musser和Heaney（1992）等在前人的研究基础上，基于形态、细胞、电泳等研究成果，对家鼠属的分类系统做了很大的调整，将很多亚属调出*Rattus*、一些给予独立属地位、一些合并到其他属。中国有分布的给予独立属地位的包括：社鼠属*Niviventer*、硬毛鼠属*Maxomys*、巨鼠属*Berylmys*、小泡巨鼠属*Leopoldamys*。

尽管原家鼠属的很多物种被剔除出去，但由于属内广泛的形态差异、遗传学的多系起源等，因此，目前仍然很难指明现有的物种就应该归类于家鼠属。根据遗传学特点，目前把*Rattus*属分为6个种组及一些未明确起源关系的类群，全球66种（Musser and Carleton，2005）：分别是褐家鼠种组（*R. norvegicus* species group），仅包括褐家鼠；缅鼠种组（*R. exulans* species group），仅包括缅鼠；屋顶鼠种组（*R. rattus* species group），包括21个种，涉及中国的有*R. andamanensis*、*R. losea*、*R. tanezumi*这3个种；沼泽家鼠种组（*Rattus fuscipes* species group），主要为澳大利亚的土著种，共有6种；花尾家鼠种组（*Rattus leucopus* species group），为新几内亚及附近岛屿的种类，共包括16个种；西里伯斯家鼠种组（*Rattus xanthurus* species group），主要分布于印度尼西亚中部的苏拉威西岛（Sulawesi）及附近的热浪岛（Pulau Peleng）、Pulau Sangir等岛屿，共有5个已知种类及1个正在描述种类；亲缘关系尚不明确的类群，包括13个种及2个正在描述的新种。

中国家鼠属包括的种类争议也很大，除上述一些观点外，Allen（1940）认为中国有5种12亚种（最新分类学意义上的，去掉已经独立成属的社鼠属、硬毛鼠属、巨鼠属、小泡巨鼠属等种类），包括：黑家鼠*Rattus rattus*（包括*R. rattus sladeni*、*R. rattus hainanensis*、*R. rattus rattus*、*R. rattus alexandrines* 4个亚种）、黄胸鼠*R. flavipectus*（包括*R. f. flavipectus*、*R. f. yunnanensis* 2个亚种）、大足鼠*R. nitidus*（包括*R. n. nitidus*、*R. n. humiliates*、*R. n. insolatus* 3个亚种）、黄毛鼠*R. losea*（包括*R. l. exiguus*，*R. l. celsus* 2个亚种）、褐家鼠*R. norvegicus*（包括*R. n. socer* 1个亚种）。Corbet（1878）提及中国3种：黑家鼠（包括黄胸鼠 *R. tanezumi*，明确分布于中国）、拟家鼠（*R. rattoides*）、褐家鼠。Honacki（1986）认为中国有6种，包括黑家鼠、褐家鼠、黄毛鼠、大足鼠、拟家鼠*R. turkestanicus*及黑缘齿鼠*R. sikkimensis*。Corbet和Hill（1992）认为中国有6种，包括黑家鼠（包括中国记录的*R. rattus flavipectus*和*R. rattus yunnanensis*）、黄毛鼠、褐家鼠、大足鼠、*Rattus remotus*（包括中国的*R. remotus hainanensis*）、拟家鼠*R. turkestanicus*。Nowake（1999）认为中国有6种，没有Corbet和Hill（1992）记录的黑家鼠，但有黄胸鼠*R. tanezumi*，其他种同Corbet和Hill（1992）。Musser和Carleton（1993）认为中国有6种，包括黄毛鼠、大足鼠、褐家鼠、黑缘齿鼠*R. sikkimensis*、黄胸鼠*R. tanezumi*、拟家鼠*R. turkestanicus*。Musser和Carleton（2005）认为中国有7种，包括黑缘齿鼠*R. andamanensis*、缅鼠*R. exulans*、黄毛鼠、大足鼠、褐家鼠、拟家鼠*R. pyctoris*、黄胸鼠*R. tanezumi*。寿振黄（1964）认为中国有4种，包括黑家鼠、黄胸鼠*R. flavipectus*、褐家鼠、黄毛鼠。王应祥（2003）认为中国有9种，包括东亚屋顶鼠*R. brunneusculus*、黑缘齿鼠*R. sikkimensis*、黄胸鼠、大足鼠、斑胸鼠*R. yunnanensis*、拟家鼠*R. turkestsanicus*、黄毛鼠、缅鼠、褐家鼠。

关于四川家鼠属的种类，胡锦矗和王酉之（1984）记述4种，包括黄胸鼠、黄毛鼠、大足鼠、褐家鼠；王酉之和胡锦矗（1999）认为四川有5种，除上述4中外，增加了黑家鼠；王应祥（2003）也认为四川家鼠属有5种，但没有黑家鼠，多了拟家鼠（中亚鼠）；胡锦矗和胡杰（2007）的结论和王应祥（2003）一致。黄胸鼠、黄毛鼠、大足鼠、褐家鼠4种在四川有分布是没有争议的，有争议的是黑家鼠和拟家鼠（或称中亚鼠）。

从上面的叙述可以看出，很多学者都认为拟家鼠 *R. pyctoris* 在中国有分布，同时最新的分类系统（Musser and Carleton，2005）也认为它分布于中国。前已经述及，拟家鼠曾经广泛使用 *Rattus rattoides* Hodgson，1845（模式产地：Nepal）的拉丁学名，但 *rattoides* 被 *Rattus rattus* 的同物异名 *Rattus rattus rattoides* Pictet et Pictet，1844 所占用。后来采用 *Rattus turkestanicus* Satunin，1903 作为该种的学名，但 Musser 和 Carleton（2005）认为应该恢复 *R. pyctoris* Hodgson，1845 作为种名，因为 *R. pyctoris* 比 *R. turkestanicus* 早得多。因此，尽管 *R. pyctoris* 作为拟家鼠拉丁学名是最近才开始使用的，但根据命名法规，这种修订无疑是正确的。*R. pyctoris* 曾经被处理为 *R. rattus*（Ellerman，1941）或大足鼠 *R. nitidus*（Corbet，1978）的同物异名；或者将 *R. pyctoris* 处理为 *R. rattoides rattoides* 的同物异名（Elerman，1949）。Ellereman（1951）把 *R. pyctoris* 处理为 *R. nitidus nitidus* 的同物异名。Musser 和 Carleton（2005）研究了 *R. pyctoris* 的模式标本（产于尼泊尔），证明有别于大足鼠，并与 *R. rattoides* Hodgson，1845 及 *R. turkestanicus* Satunin，1903 的模式标本很接近。因此，Musser 认为 *R. rattoides*、*R. turkestanicus* 均是 *R. pyctoris* 的同物异名。涉及 *R. pyctoris* 的分类单元还包括其他的同物异名，如 *Mus vicerex*，模式产地印度北部；*Epimys rattus shigarus*，模式产地克什米尔；*R. rattus khumbuensis*，模式产地尼泊尔。

对上述物种的原始描述进行详细研究，后发现，*Mus pyctoris* 的原始描述很简单，但也有不少信息，如：只分布于林区，口鼻部短，背面暗棕色，毛尖淡红褐色，有很多长的针毛，腹面黄褐色；体长 178 mm，尾长 114 mm，耳高 20 mm；尾长显著短于体长。著名动物学家 Musser 在 *Mammals species of the World*（第三版）中叙述到：详细鉴定了 *Mus pyctoris* 的模式标本（BMNH45.1.8.381），发现是 1 号亚成体标本，标本保存状态不好，头骨枕骨部分和臼齿的后半部分不在了；但是，皮张较完整。他描述到：被毛粗糙，棕色（大足鼠被毛柔软，灰棕色，密实）；吻部短而宽（大足鼠狭窄而长）；臼齿粗短而宽（大足鼠纤细而薄）；第 1 上臼齿第 1 横脊存在 t3，但很小（大足鼠消失）。Musser 同时还查看了 *Mus rattoides* 的模式标本，发现两者很像，且和采自尼泊尔的、被命名为 *R. rattoides* 和 *R. turkestanicus* 的标本区分不开。

事实上，*Mus rattoides* 和 *Mus pyctoris* 在同一篇文章被描述，模式标本也来自同一个地方，颜色差别不大，个体也差不多，唯一的区别是 *Mus rattoides* 尾长大于体长。原文均未指出模式系列有多少标本，但从只有一个量度看，可能均只有 1 号标本。那时物种描述还处于纯模式时代，没有种群概念，来自同一个地方的一批标本只要有差别均被描述为不同的种。因此，认为 *Mus rattoides* 和 *Mus pyctoris* 之间可能仅是个体变异。

我国是否真正有拟家鼠的分布，查阅中国科学院动物研究所（简称北京动物所）、中国科学院西北高原生物研究所（简称西高所）、中国科学院昆明动物研究所（简称昆明动物所）、福建疾控中心、广东昆虫研究所（简称广东昆虫所）的标本，并对比了四川省林业科学研究院的标本发现，北京动物所、昆明动物所、西高所、广东昆虫所均有标注为"拟家鼠"的标本。其中北京动物所和西高所标本均来自西藏南部，昆明动物所标本来自云南西北部。广东昆虫所的"拟家鼠"均来自中国南方。前 3 个单位馆藏的"拟家鼠"在鉴定特征上，存在第 1 上臼齿 t3，且很弱，符合拟家鼠最主要的一个鉴定特征。但不具备"被毛粗糙，棕色""吻部短而宽""臼齿粗短而宽" 3 个鉴定特征。广东昆虫所标记为"拟家鼠"的标本，t3明显，其余3个特征也不相符，经鉴定是黄毛鼠无疑。因此，对我国是否有拟家鼠分布表示怀疑。为了进一步证实这一问题，本书作者在西藏南部采集了大量和北京动物所等采集的"拟家鼠"同一地点且鉴定特征一致的标本，开展了分子系统学研究，结果证实，西藏地区的"拟家鼠"和拟家鼠模式产地（尼泊尔）的拟家鼠不在同一个进化支，西藏的标本与大足鼠处于同一个进化支，且和大足鼠遗传距离很近，因此，确认西藏南部的"拟家鼠"是"大足鼠"。

为了弄清我国有分布的家鼠属种类，开展了鼠属物种的分子系统学研究（见家鼠属系统发育分析图），扩增了100号样本，代表6个分类单元，它们是 *norvegicus*、*andamanensis*、*nitidus*、*pyctoris*、*losea*、*tanezumi*。为对比，按照 Musser 和 Carleton（2005）7个种组的分类系统，补充下载了其代表物种，包括在屋顶鼠种组（*R. rattus* species group）种组下下载了 *rattus*、*argentiventer*、*hoffmanni*、*tanezumi*、*sakeratensis*、*tiomanicus*、*satarae*；在花尾家鼠种组（*Rattus leucopus* species group）下下载了 *niobe*、*novaeguineae*；在西里伯斯家鼠种组（*Rattus xanthurus* species group）下下

家鼠属系统发育分析图
（引自 Liu et al., 2018）

载了*morotaiensis*；在沼泽家鼠种组（*Rattus fuscipes* species group）下下载了*vilosissimus*、*sordidus*；在亲缘关系尚不明确的类群下下载了*evereti*。新扩增了另外2个种组（*R. norvegicus*、*R. exulans* species groups）的样本，同时也下载了Genbank序列，总计下载了127条序列。

基于*Cytb*的家鼠属系统发育分析显示，鼠属分为7个大的进化支：*R. agrentiventer*、*R. hoffmanni*为1个进化支；*R. rattus*、*R. tanezumi*、*R. sakeratensis*、*R. tiomanicus*、*R. losea*组成1个进化支；、*R. andamensis*、、*R. pyctoris*构成1个进化支；*R. norvegicus*、*R. nitidus*和*R. satarae*构成1个进化支；*R. vilosissimus*、*R. sordidus*、*R. niobe*、*R. novaeguineae*、*R. morotaiensis*构成1个进化支；*R. evereti*和*R. exulans*各构成1个进化支。值得注意的是，*R. sakeratensis*一直被认为是*Rattus losea*的亚种，它分布于越南等东南亚地区，在系统发育树上，它没有和分布于我国台湾及沿海地区的指名亚种*Rattus losea losea*聚在一起，而与*Rattus rattus*有更近的亲缘关系。因此，作为*Rattus losea*的亚种值得怀疑，应该是独立种；另外，*R. pyctoris*和中国藏南地区的原被认为是"拟家鼠"的标本没有聚在同一个进化支。中国藏南地区的"拟家鼠"和大足鼠聚在一支。因此，*R. pyctoris*不分布于中国。涉及中国的构成独立进化小支的包括：*norvegicus*、*nitidus*、*losea*、*tanezumi*、*andamensis*、*exulans*、*rattus* 7个分类单元，前5个来自新鲜组织块，后2个是从GenBank下载的序列，但证实在我国有分布，且我国相关博物馆有标本收藏。这样，我国家鼠属在分子系统学上可分为7个种，分别是褐家鼠*R. norvegicus*、大足鼠*R. nitidus*、黄毛鼠*R. losea*、黄胸鼠*R. tanezumi*、黑缘齿鼠*R. andamanensis*、缅鼠*R. exulans*、黑家鼠*R. rattus*。

2019年，在西藏的吉隆和达扎分别采集到了一批家鼠属标本，经形态和分子系统学研究，证实是真正的拟家鼠（谢菲等，2022），这是我国到目前为止报道的唯一记录。这样，我国家鼠属有8个种。

确认在四川有分布的家鼠属物种包括褐家鼠、大足鼠、黄毛鼠、黄胸鼠、黑缘齿鼠5种。

四川分布的家鼠属*Rattus*分种检索表

1.第1、2上白齿内侧有2个角突；尾通常上、下一色，尾环纹明显。腹部或者部分的大部分区域毛基和毛尖均纯白色 ·· 黑缘齿鼠 *R. andamanensis*

第1、2上白齿内侧有2个角突；尾通常上、下一色，尾环纹明显。腹部毛基均是灰色，毛尖有时灰白色，但不是纯白色 ·· 2

2.耳和整个头部相比，明显短小，向前折不达眼睛；头骨顶脊平行；尾长明显短于体长 ·· 褐家鼠 *R. novegicus*

耳和整个头部相比，并不显短小，向前折超过眼睛；头骨顶脊呈弧形 ·· 3

3.前足背面中央黑色，两边白色；腹毛尖枯草黄色 ·· 黄胸鼠 *R. tanezumi*

前足背面中央白色；腹毛灰白色或淡黄色 ·· 4

4.第1上白齿t3消失；前足背面有珍珠光泽 ·· 大足鼠 *R. nitidus*

第1上白齿t3明显；前足背面没有珍珠光泽 ·· 黄毛鼠 *R. losea*

(214) 黑缘齿鼠 *Rattus andamanensis* (Blyth，1860)

英文名 Indochinese Forest Rat

Mus andamanensis Blyth, 1860. Jour. Asiat. Soc. Bengal, 29:103. (模式产地：印度安达曼群岛).

Mus sladeni Anderson, 1878. Anat. Zool. Res. Western Yunnan, 305(模式产地：云南盘市).

Rattus rattus sladeni Ellerman, 1949. Fam. Gen. Liv. Rod., Vol.3: 59; Ellerman and Morrison-Scott, 1951. Check. Palaea. Ind. Mamm., 583.

Rattus rattus sikkimensis Hinton, 1919. J . Bombay Nat. Hist. Soc., 26 : 394(模式产地：锡金).

Rattus rattus hainanicus Allen, 1926. Amer. Mus. Nov. 217, 3(模式产地：海南南风) ; Ellerman, 1949. Fam. Gen. Liv. Rod., Vol.3: 59; Ellerman and Morrison-Scott, Check. Palaea. Ind. Mamm., 587; 徐龙辉，等，1983. 海南岛的鸟兽., 373.

Rattus confucianus yaoshanensis Shih, 1930. Bull. Dept. Biol. Sun Yatsen Univ., 12:3 (模式产地：广东瑶山).

Rattus rattus andamanensis Ellerman, 1949. Fam. Gen. Liv. Rod., Vol.3: 45, 60; Ellerman and Morrison-Scott, 1951. Check. Palaea. Ind. Mamm., 583; Ellerman, 1961. Fau. Ind. Incl. Pak. Bur. Cyl., 584.

Rattus andamanensis Musser and Carleton, 2005. Mamm. Spec. World (Including *hainanensis, sikimensis, yaoshanensis*) 1464.

鉴别特征 外形上很像社鼠。背面毛色黄棕色，背、腹毛色界线明显，腹面纯白色，或较大的区域为纯白色。尾长明显长于体长。与社鼠的区别在于尾部：上、下一色，环纹明显，尾尖无毛束。

形态

外形：外形似社鼠。背面从吻部至尾根毛色一致，均为黄棕色；毛基灰色，毛尖为黄棕色；被毛中夹杂长、黑色的针毛，一些针毛近端为白色，远端为黑色。腹面从颏部至肛门毛色一致，整个为纯白色，包括毛基。背、腹毛色界线明显。尾明显长于体长，尾上、下一色，灰黄棕色，尾上鳞片组成的环纹明显，和其他家鼠属种类一致，其间杂灰色短毛；尾尖没有毛束。

每边约25根须，几乎全黑色，有时夹杂少量白色。最短须长约7 mm，最长者达60 mm。耳大，几乎裸露。仅覆盖很短的灰色绒毛。

前足和后足色调白色为主，有的个体前、后足背面中央的毛色偏灰。指（趾）尖有时覆盖有白色长毛。爪黄白色，前足爪小，后足爪强大。指（趾）垫均为5枚。乳头胸部1对，鼠蹊部2对，共6个。

毛色：广西、福建、海南、广东、四川西南部等地的标本腹部毛为纯白色，西藏南部和云南的标本中，约70%的腹部有灰色斑，或腹中央有灰色条纹，有的个体腹部大多数区域为灰色，只有喉部、鼠蹊部、胸侧为白色。在系统树上，海南标本形成一个单系，四川西南部标本和中国南部标本形成一个单系，云南和西藏标本形成单系。是否已经分化为不同亚种有待深入研究。

头骨：老年个体背面较平直，最高处在上颌骨的颧突位置。刚成年或以下的个体，脑颅隆突，最高点在顶骨。鼻骨前段宽，向后逐渐变窄，末端尖，向后延伸超过上颌骨颧突的前缘。额骨前窄后宽，顶骨梯形，短边位于两顶骨的中缝处，长边在外侧。顶间骨椭圆形。眶间脊明显。老年个体从额骨前段一直延伸至顶骨外侧的后端，而刚成年及以下个体，眶间脊起于额骨侧面1/5处，向后延伸至额骨侧面的末端，或略达到顶骨侧面前端的1/3处。颅骨侧面，颧弓纤细，颧弓在鳞骨上向后延伸形成一脊，与眶间脊平行。鳞骨后缘形成一与脑颅垂直的脊，很发达。刚成年及以下个体存在该脊，但细弱。侧枕骨在与听泡交界处形成一枕脊，和鳞骨后缘的脊平行。脑颅后面枕区，枕骨中央形成一明显的纵脊，刚成年及以下个体的钝。头骨腹面，门齿孔宽阔，相对较短，后缘不达两臼齿前缘的连线。腭骨后缘为弧形，翼骨细弱。听泡相对较小。基枕骨中缝处有一明显的脊。下颌骨后段宽阔，表明下颌肌强大。冠状突细小，关节突强大。

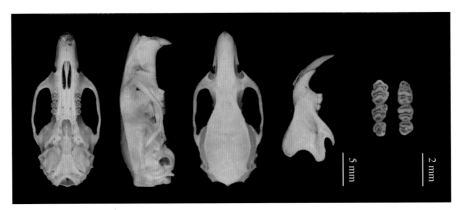

黑缘齿鼠头骨图

牙齿：上颌门齿向内勾，唇面橘色。第1上臼齿由3横列组成，内侧舌缘有2个角突，外侧唇缘有3个角突；第1横列t3存在；第2横列也有3个齿突；第3横列舌缘没有齿突。第2上臼齿也有3横列，但第1横列退化，仅存舌缘1个齿突，该臼齿内侧舌缘有2个角突；第2横列有3个齿突；第3横列内侧齿突消失，存在外侧齿突，但很小，因而，第2上臼齿内侧和外侧各有2个角突。第3上臼齿也有3横列，第1横列仅存舌缘1个齿突，第2横列有3个齿突，第3横列呈横板状，因而，该臼齿内侧有3个角突，外侧有2个角突。下颌门齿相对细弱，唇面橘色。第1下臼齿由3个横板状横列组成；第2和第3下臼齿分别由2个横板状横列组成。老年个体的牙齿磨损后，齿突和内外侧角突不清，但第1上臼齿t3仍能辨认。

量衡度（衡：g；量：mm）

外形：

编号	性别	体重	体长	尾长	后足长	耳高	采集地点
SAF95017	♀	—	203	289	33	27	四川昭觉
SAF95074	♂	—	195	189	32	25	四川昭觉
SAF95004	♀	—	175	202	33	26	四川昭觉
SAF95001	♂	—	180	200	33	25	四川昭觉
SAF95019	♂	—	190	202	34	27	四川昭觉
SAF12121	♂	135	174	191	33	24	四川昭觉
SAF12119	♀	180	183	192	31	25	四川昭觉
SAF12047	♂	120	170	175	35	25	四川木里
SAF14048	♀	160	175	205	34	25	四川木里
SAF00045	♂	130	185	—	32	25	四川雷波溪洛渡
SAF00075	♀	230	180	205	30	25	四川雷波溪洛渡
SAF00043	♂	170	190	195	33	25	四川雷波溪洛渡

头骨：

编号	颅全长	基长	鼻骨长	颧宽	上齿列长	上臼齿列长	听泡长	下颌骨长
SAF95017	43.26	39.69	15.82	—	20.88	7.53	7.77	23.75
SAF95074	—	—	16.36	20.41	21.84	7.35	7.76	24.04
SAF95004	—	—	16.64	20.22	21.59	7.29	—	23.95
SAF95001	41.80	38.35	16.23	21.26	21.67	7.43	7.78	24.04
SAF95019	—	—	18.29	—	22.12	7.43	—	25.32
SAF12121	40.57	35.71	15.72	18.88	20.80	7.54	7.83	22.89
SAF12119	43.46	38.94	17.42	20.57	21.56	7.32	7.70	23.65
SAF12047	40.90	35.78	15.51	18.80	20.58	7.46	7.71	22.14
SAF14048	43.24	38.92	16.89	20.52	22.33	7.62	7.70	23.90
SAF00045	42.81	36.38	17.28	18.96	21.72	7.72	7.36	23.83
SAF00075	44.47	40.14	17.27	21.37	22.33	7.62	7.67	24.50
SAF00043	43.07	37.93	17.15	20.25	21.33	7.72	7.41	23.65

生态学资料 黑缘齿鼠在我国分布较广。在四川主要分布于干热河谷，生境为次生草丛或灌丛。广义草食性。

地理分布 在四川，分布于凉山及甘孜九龙，国内还分布于云南、广西、广东、福建、香港、海南、西藏。国外分布于越南、老挝、柬埔寨、泰国、印度东北部及南部岛屿、缅甸、不丹、尼泊尔。

分省（自治区、直辖市）地图——四川省

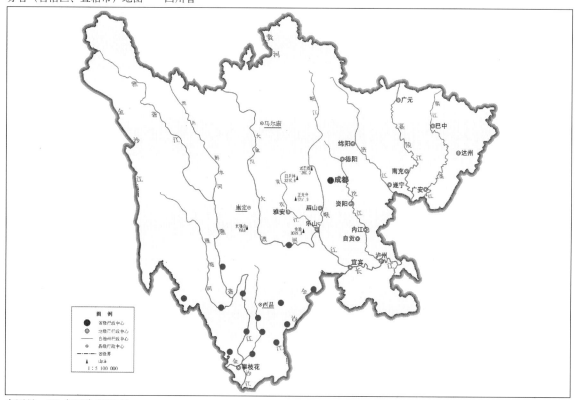

审图号：GS (2019) 3333号

自然资源部 监制

黑缘齿鼠在四川的分布
注：红点为物种的分布位点。

分类学讨论　黑缘齿鼠于1860年由Blyth命名，标本采集于印度安达曼群岛的Panjab和S. Malabar两个岛屿。没有指定正模标本。其主要的鉴定特征是腹部纯白色，背部有柔软、扁平的针毛，针毛黑色，所以背面显黑色调。体长200～229 mm，尾长和体长差不多。由于*Rattus rattus*有3个色型，黑缘齿鼠腹部为纯白色，符合其中1个色型，因此，该分类单元以前通常作为*Rattus rattus*的同物异名。

　　Musser和Lunde在研究了美国自然历史博物馆、大英博物馆、新西兰博物馆采至安达曼群岛的正模及系列标本后，认为*Rattus andamanensis*是该种最早的有效名。形态数据的多重分析结果表明，安达曼群岛及东南亚相似种群属于同一种。Corbet和Hill（1992）把*R. andamanensis*归为*R. macmillani*的同物异名。Musser查看了*R. macmillani*的正模标本，肯定它是黄胸鼠*R. tanezumi*的样本。Corbet和Hill（1992）还把*R. klumensis*和*R. kraensis*归为*R. rattus*的同物异名，Musser查看了正模标本，证明它们属于*R. andamanensis*。Shih（1930）根据广西瑶山的标本命名了1个针毛鼠的亚种*Rattus confucianus yaoshanensis*，Musser查看了该标本，发现是*R. andamanensis*。Chaturvedi（1965）在Car Nicobar命名了*R. r. holchu*，事实上其是Miller（1902）在Car Nicobar命名的*R. burrulus*，Musser查看了该标本后认为全部属于*R. andamanensis*。在我国，和*R. andamanensis*有关的，包括*sikkimensis*、*hainanicus*、*sladeni*、*yaoshanensis*这4个分类单元。

　　查阅并详细论证了中国有分布的所有*R. andamanensis*标本，发现*R. sikkimensis*、*R. hainanicus*和*R. yaoshanensis*均是*R. andamanensis*的同物异名，中国产*R. andamanensis*应该有2个亚种——*Rattus andamanensis andamanensis*和*Rattus andamanensis sladeni*。四川只有指名亚种（鉴别特征、形态和分布等见种的描述）。

　　分子系统学研究结果显示，*R. andamanensis*是独立种，它和分布于东南亚及太平洋岛屿的缅鼠有较近的亲缘关系，和*R. rattus*关系较远；而黄胸鼠、黄毛鼠等和*R. rattus*的关系较近。*R. hainanicus*、*R. yaoshanesis*、*R. sikimensis*均和*R. andamanensis*聚在同一进化支（Liu et al., 2018）。

(215) 黄毛鼠 *Rattus losea*（Swinhoe，1870）

别名　罗赛鼠

英文名　Losea Rat

Mus losea Swinhoe, 1870. Proc. Zool. Soc. Lond., 637(模式产地：中国台湾).

Mus canna Swinhoe, 1870. Proc. Zool. Soc. Lond., 636(模式产地：中国台湾).

Rattus exiguus Howell, 1927. Proc. Biol. Soc. Wash., 40:43(模式产地：福建南平)(Yenpingfu).

Rattus humiliatus celsus Allen, 1926. Amer. Mus. Nov., 217:5(模式产地：云南永善).

Rattus losea celsus Allen, 1940. Mamm. Chin. Mong., 1009; 寿振黄, 1962. 中国经济动物志　兽类, 252; Corbet and
　　Hill, 1992. Mamm. Indomal. Reg. Syst. Rev., 341; Musser and Carleton, 2005. Mamm. Spec. World, 1469.

Rattus rattus losea Ellerman, 1949. Fam. Gen. Liv. Rod., Vol. 3: 62.

Rattus rattoides celsus Ellerman, 1949. Fam. Gen. Liv. Rod., Vol. 3: 62; Ellerman and Morrison-Scott, 1951. Check.
　　Palaea. Ind. Mamm., 588.

Rattus rattoides exiguus Ellerman, 1949. Fam. Gen. Liv. Rod., Vol.3: 62; Ellerman and Morrison-Scott, 1951. Check.

Palaea. Ind. Mamm., 588.

Rattus rattoides losea Ellerman and Morrison-Scott, 1951. Check. Palaea. Ind. Mamm., 588

鉴别特征　第1上臼齿存在t3。耳相对较小，平均长18 mm，相对缅鼠略大，但比其他家鼠的小。毛色整个色调较浅，腹毛基淡灰色，毛尖黄白色，背腹毛色没有明显的界线。尾长和体长相差不大，有时略大于体长，有时略小于体长。

形态

外形：个体在家鼠属中属于中等偏下，体长平均150 mm；尾长平均145 mm，短于体长；后足长平均28 mm；耳高平均19 mm。须较多，约28根，最短约4 mm，最长约40 mm；短须多为灰白色，长须中有5根左右为白色，其余近端灰色，远端黄棕色。耳背及耳道周围裸露，耳缘约4 mm覆以灰色短毛。

毛色：整个背面毛色一致，呈草黄色；毛基灰色，毛尖草黄色。背部中央至臀部毛色略深，毛基灰色，中段草黄色，尖部灰黑色。针毛多，近端灰白色，远端灰黑色，但不长，且不显著粗壮。背、腹毛色逐渐过渡，腹毛毛基淡灰色，毛尖黄白色。颏部毛基和毛尖均为黄白色。尾上、下一色，全部为灰黑色；鳞片相对较小，组成的环纹明显，但环的高度仅约1 mm，显得环很密，环纹内着生短而粗的毛；尾尖部毛略长。

前、后足腕掌骨和跗距骨背面灰色；尤其前足背面中央灰色调相对明显，但接近掌部的区域变白，而两边黄白色，所以，腕掌部后段背面中央似黄胸鼠的前足；但前部和黄胸鼠不一致。前、后足均有6个掌（趾）垫。爪白色，爪背面均有少量白色长毛。

头骨：背面较平直，最高处在顶骨前半部区域。鼻骨前面宽，向后逐渐变细，后段宽约1.7 mm，超过上颌骨颧突前缘的连线。眶间脊明显，沿额骨前段侧面一直延伸至顶骨侧面的后端。额骨后缘骨缝呈圆弧形。顶骨形状不规则，顶间骨略呈卵圆形，但前端中央向前突出。头骨侧面颧弓纤细，听泡下缘浑圆。颧弓在鳞骨上向后延伸成一脊，侧枕骨和鳞骨之间有一纵脊，与颅面垂直，止于听泡耳孔上后方。乳突较发达，但不在侧枕骨上形成纵脊。头骨腹面，门齿孔较宽，犁骨前段粗，中间细。门齿孔止于2个上臼齿前缘的连线。翼骨较粗壮。听泡浑圆，但较小。头骨后面

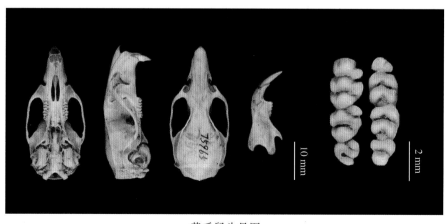

黄毛鼠头骨图

枕部纵脊不显著。下颌冠状突小，关节突和角突发达，咀嚼肌附着面宽阔。

牙齿：上颌门齿垂直向下，门齿前缘向内弯曲，橘色。臼齿和黑缘齿鼠类似。第1上臼齿由3横列组成，第1横列存在t3；内侧有2个角突，外侧有3个角突。第2上臼齿第1横列仅存舌缘第1齿突，第3横列缺内侧第1齿突，该齿内侧和外侧均有2个角突。第3上臼齿第1横列仅存舌缘第1齿突，第3横列横板状，短，第2横列唇缘向后显著弯曲靠近第3横列，因此该齿内侧有3个角突，外侧仅有1个角突。

下颌门齿出露较长，橘色。第1下臼齿由3横列组成，第2和第3下臼齿由2横列组成。第2下臼齿最宽。

量衡度（衡：g；量：mm）

外形：

编号	性别	体重	体长	尾长	后足长	耳高	采集地点
SPDPCC541	♂	78	135	139	27.8	22	四川巴塘
SPDPCC544	♀	70	148	145	30.5	17	四川巴塘
SPDPCCDKXH003	♂	—	150	14	25.0	21	四川攀枝花
SAF02057	♂		158	157	32.5	16	四川理县蒲溪沟

头骨：

编号	颅全长	基长	颧宽	髁鼻长	眶间宽	颅高	听泡长	上齿列长	上臼齿列长	下颌骨长
SAF02057	37.98	32.07	17.57	37.27	6.10	13.88	7.09	18.87	6.74	24.42
SPDPCC544	36.39	30.76	18.57	36.23	5.06	13.73	6.89	17.62	6.52	23.83

生态学资料　黄毛鼠选择栖息环境趋向水源，如村庄附近田埂、溪渠、库塘、河堤、园地、灌丛及路旁，以河堤边农田和园地环境分布较多；洞穴夏季多在近水、凉爽处，秋、冬季多隐居于村庄附近的荒地草堆、堤坎、渠边或山脚（何望海等，1990）。洞口直径4～7 cm，在洞外活动线路固定，在洞口周围常形成明显的鼠道。黄毛鼠属于昼夜活动型，但以夜间活动多，黄昏和清晨活动最为频繁。黄毛鼠的食性较杂，以植物性食物为主，喜好水稻及其幼穗；当食物缺乏时取食作物的根、茎、叶和种子（何望海等，1990；余全茂和刘思松，1997）。黄毛鼠种群雌雄比为1：(1.15～1.35)，春季和秋季有两个怀孕高峰期，高峰期怀孕率在90%以上，胎仔数6～7只（何望海等，1990；余全茂和刘思松，1997；黄秀清等，1990）。

地理分布　在四川分布于理县及凉山、攀枝花，大环境属于干旱河谷，另外还记录于南江，国内还分布于台湾、福建、广东、广西、江西、贵州、重庆、陕西南部、海南、香港。国外分布于越南、老挝、柬埔寨。

分类学讨论　黄毛鼠Rattus losea于1870年由Swinhoe命名，模式标本来自台湾的Tamsuy，并给予英文名Brown country-rat。只有1号雄性标本。描述很简单，只有8行英文。原始描述为：

分省（自治区、直辖市）地图——四川省

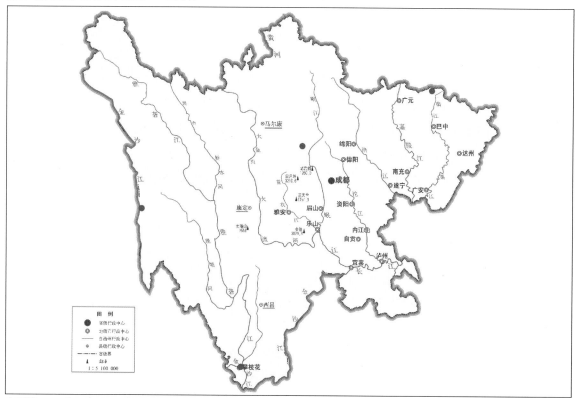

审图号：GS（2019）3333 号　　　　　　　　　　　　　自然资源部 监制

黄毛鼠在四川的分布
注：红点为物种的分布位点。

Mus losea，身体背面棕色，头部及背面的很多毛发尖部为黑色，因此，乍一看带黑色色调。毛柔软，体相对中等长。绒毛毛色石板灰色。腹部毛色暗白色。尾棕色，刷以黑色色调。种下分类涉及 *R. canna* Gyldenstolpe，1917；*R. celsus* Allen，1926；*R. sakeratensis* Swinhoe，1870；*R. exiguus* Howell，1927 等分类单元。

　　Ellerman 和 Moeeison-Scott（1951）把 *R. losea* 作为 *Rattus rattoides* 的亚种，并把 *R. canna* 作为 *R. losea* 的同物异名，*R. celsus* 也作为 *Rattus rattoides* 的亚种。

　　Musser 和 Carleton（2005）将 *R. canna*、*R. sakeratensis*、*R. exiguus* 均作为黄毛鼠的同物异名。

　　R. canna 模式产地为中国台湾，且和黄毛鼠采集于同一个地方，被同一篇文章描述为新种。前者的描述为毛柔软，背部和腿棕色，毛尖栗色，且额部和体侧的栗色更显著，腹面暗赭色；尾长短于体长。原始描述中，黄毛鼠和 *R. canna* 的区别是黄毛鼠腹面暗白色，其他特征相似。黄毛鼠的颜色变异较大，尤其不同年龄相差很大，因此，Musser 和 Carleton（2005）把 *R. canna* 作为黄毛鼠的同物异名。本书认同这样的归并。

　　R. sakeratensis 模式标本于 1912 年 1 月采自泰国东部的 Sakerat，最早命名为 *Rattus sakeratensis*。鉴定特征：背毛淡黄色，夹杂一些黑色长毛。体侧奶油白色。腹部毛基灰色，毛尖白色，所以显白色调。体长和尾长差不多，前者 100 mm，后者 103 mm，后足长 26 mm。从外形上看，和黄毛

鼠非常相似，以至于长期以来，学者们均把它作为黄毛鼠的东南亚亚种。但Lu等（2012）基于分子系统学研究，发现 *R. sakeratensis* 应该是独立种。Liu等（2018）的分子系统学研究结果和Lu等（2012）一致，显示其和 *R. tiomanicus* 有较近的亲缘关系，因此，应该恢复 *R. sakeratensis* 的种级地位。Corbet和Hill（1992）认为，*R. sakeratensis* 分布于我国海南及邻近大陆这一观点是错误的，因此，*R. sakeratensis* 应该从黄毛鼠的同物异名种去掉。

R. exiguus 模式标本于1921年12月1日采自中国福建南平延平（Yenping），采集人为Arthur de C. Sowerby，标本保存于美国国家博物馆。鉴定特征：个体较小，相比 *R. sladeni*，在体长和尾长上均小一些，背部毛灰色，腹部毛发的毛基多为浅灰色。但有变化，有的标本除腹中央及胸部外，其余部分为白色。有的标本腹部毛基铅灰色，毛尖白色。背腹毛色界线不明显。正模标本体长152 mm，尾长158 mm，后足29 mm，耳高20 mm，颅全长46.5 mm，颧宽18 mm。从描述看，该分类单元和黄毛鼠很接近，经查看广东昆虫研究所的大量黄毛鼠，确认大多数个体腹部毛基灰色，毛尖白色、黄白色，少量个体的毛基和毛尖均为白色。一些个体整个腹面以白色为主，但胸部和腹部中央毛基灰色，毛尖黄白色，和 *R. exiguus* 的描述很接近。量度上，*R. exiguus* 正模标本比较大，查看的黄毛鼠标本平均颅全长为37 mm，但也有个别个体颅全长达到46.5 mm。因此，本书认同Musser和Carleton（2005）将 *R. exiguus* 作为黄毛鼠同物异名的观点。

R. celsus 由Allen于1926年命名，最初命名为 *Rattus humiliatus celsus*，模式标本采集地点为云南永善，采集时间是1916年12月20日，采集人为Roy C. Andrews和Edmtmd Heller。标本保存于美国自然历史博物馆。鉴定特征：外形上和 *Rattus losea exiguus* 一致，只是毛更长，淡黄色或肉桂色的毛尖更明显，腹部颜色淡黄色。足白色，尾上、下两色，背面黑棕色，腹面灰白色，乳头胸腹各3对。鼻骨略长，平均15 mm。尾长略长于体长，为总体（体长+尾长）的51%。体长140～165 mm，尾长135～178 mm，后足长31.5～34 mm，耳高20～25 mm。从量度和描述看确系黄毛鼠，且更接近广东、海南的黄毛鼠，因此，认为 *R. celsus* 和广东、福建、海南的黄毛鼠没有区别，也是黄毛鼠的同物异名。黄毛鼠没有亚种分化。

吴毅等（1993）在四川南江报道"拟家鼠"，经鉴定属于黄毛鼠，但该鼠在南江是否建立种群、是否由于人为活动偶尔带入南江，有待深入研究。

（216）大足鼠 *Rattus nitidus*（Hodgson，1845）

别名 喜马拉雅家鼠

英文名 White-Footed Indochinese Rat

Mus nitidus Hodgson, 1845. Ann. Mag. Nat. Hist., 15:267(模式产地：尼泊尔).

Mus rubricosa Anderson, 1878. Anat. Zool. Res. Western Yunnan, 306(模式产地：云南盘市). Ponsee and Hotha, Western Yunnan.

Rattus humiliatus insolatus Howell, 1927. Proc. Biol. Soc. Wash., 40:44(模式产地：陕西延安).

Rattus nitidus Ellerman, 1949. Fam. Gen. Liv. Rod., Vol.3: 47; Ellerman and Morrison-Scott, 1951. Check. Palaea. Ind. Mamm., 587; Ellerman, 1961. Fau. Ind. Incl. Pak. Bur. Cyl., 594; Musser and Carleton, 2005. Mamm. Spec. World, 3rd., 1477.

Rattus rattoides insolatus Ellerman, 1949. Fam. Gen. Liv. Rod., Vol.3: 62; Ellerman and Morrison-Scott, 1951.

    Check. Palaea. Ind. Mamm., 588.

鉴别特征　第1上臼齿第1横列t3消失，第1横列与相同大小的存在t3的物种相比更窄。腹部灰白色，有时略显黄色，后足背面毛白色，有显著的珍珠光泽。

形态

外形：个体相对较大，体长平均165 mm，尾长平均167 mm，后足长平均34 mm，耳高平均23 mm。尾长和体长几相等，尾长于体长、短于体长的个体各占一半；尾上、下一色，全部为黑褐色；尾上鳞片组成的环纹不十分明显，环纹内着生短而粗的毛；尾尖部毛不显长。

前、后足腕掌骨和跗跖骨背面白色，有明显的珍珠光泽；但前部和黄胸鼠不一致。前、后足均有6个掌（趾）垫。爪黄白色，爪背面有少量白色长毛。

毛色：整个背面毛色一致，呈棕黑色，毛基灰色，中段棕黄色，尖棕黑色，所以显棕黑色调。针毛多，但不长，且不显著粗壮。侧面毛色较淡，棕白色调，毛尖为淡棕黄色；背面和腹面毛色逐渐过渡，没有明显界线；整个腹面毛色一致，从颏部至肛门没有变化，毛基灰色，毛尖灰白色，略显淡黄色调。

须较多，约25根，最短约5 mm，最长约40 mm，须全部为黄棕色；四川攀枝花标本的须有1/3为白色，最长者达到50 mm。耳中等，平均长23 mm，黑褐色，背面和腹面均覆以黑褐色短毛。

头骨：颅面较平直，最高处在顶骨中央。脑颅浑圆。鼻骨前面宽，向后逐渐变细，后端尖，插入额骨前端中央；鼻骨相对较长，向后超过上颌骨颧突后缘的连线。存在眶间脊，但较弱，老年个体的明显；眶间脊沿额骨前段侧面一直延伸至顶骨侧面的中部。额骨后缘骨缝呈圆弧形。顶骨后半段没有脊；顶骨形状规则，几乎呈梯形。顶间骨略呈卵圆形，但前端中央向前突出。

侧面颧弓纤细，听泡下缘弧形。颧弓在鳞骨上向后延伸成一脊，侧枕骨和鳞骨之间有一纵脊，与颅面垂直，止于听泡耳孔上后方。乳突不发达，侧枕骨上纵脊几乎没有。但在一些老年个体中能看见很弱的纵脊。

头骨腹面门齿孔相对狭窄，犁骨前段粗，后半段细；门齿孔向后略超过两上臼齿前缘的连线。翼骨较粗壮。听泡浑圆，中等。下颌冠状突小而短，关节突和角突发达，咀嚼肌附着面较宽阔。

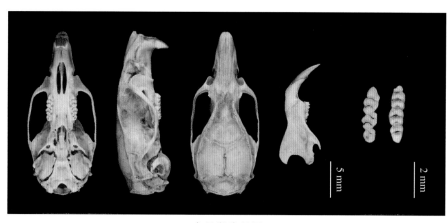

大足鼠头骨图

牙齿：上颌门齿垂直向下，门齿前缘向内弯曲，橘色。臼齿不同于黑缘齿鼠和黄毛鼠等第1横脊上存在t3的种类。第1上臼齿由3横列组成，第1横列t3消失；因此，第1横脊较窄；该齿第3横列舌侧齿突消失。第2上臼齿第1横列仅存舌缘第1齿突，第3横列缺内侧第1齿突。第3上臼齿第1横列仅存舌缘第1齿突，第3横列横板状，短；第2横列唇缘向后显著弯曲靠近第3横列，因此，该齿内侧有3个角突，外侧角突不显著。

下颌门齿出露较长，唇面橘黄色。第1下臼齿由3横列组成，第1横列有内、外2个齿突；第2横脊与第3横脊之间的中央和唇侧有2个副齿突；第3横脊的后面中央也有1个圆形副齿突。第2下臼齿由3个横脊组成，第1和第2横脊的前沿唇侧各有1个副齿突；第3横脊很小。第3下臼齿由2横列组成，第1横列的唇侧有1个小的副齿突。第2下臼齿最宽。

量衡度（衡：g；量：mm）

外形：

编号	性别	体重	体长	尾长	后足长	耳高	采集地点
SAF14636	♀	105	160	145	32.0	21.0	四川唐家河
SAF14674	♂	105	150	145	34.0	21.0	四川唐家河
SAF06460	♀	135	174	158	31.0	22.0	四川毛寨甘家沟
SAF04099	♂	106	182	167	34.0	22.5	四川南江
SAF19849	♀	113	170	183	34.0	22.0	四川叙永
SAF19871	♂	111	168	160	37.0	23.0	四川叙永
SAF95020	♂	—	196	193	39.0	24.0	四川昭觉
SAF02397	♀	138	169	173	37.0	24.0	四川天全喇叭河
KIZCASS023	—	—	167	179	35.5	24.0	四川成都
KIZCASS022	—	—	163	187	37.0	24.0	四川成都
KIZCASS020	—	—	163	187	37.0	24.0	四川成都
KIZCASS021	—	—	167	170	36.0	26.0	四川成都

头骨：

编号	颅全长	基长	鼻骨长	颧宽	上齿列长	上臼齿列长	听泡长	下颌骨长
SAF14636	39.60	34.78	15.57	17.43	20.12	6.89	7.53	21.11
SAF14674	38.91	34.21	15.12	17.37	19.59	6.78	7.83	21.05
SAF06460	—	—	15.64	—	19.59	6.39	8.06	21.49
SAF04099	—	—	17.27	—	—	—	7.68	24.37
SAF19849	40.71	36.42	17.95	18.84	21.26	7.58	7.63	22.95

（续）

编号	颅全长	基长	鼻骨长	颧宽	上齿列长	上臼齿列长	听泡长	下颌骨长
SAF19871	42.64	37.42	16.72	18.92	21.12	6.99	7.94	23.36
SAF95020	46.61	40.77	19.83	21.48	23.53	7.52	7.57	26.04
SAF02397	39.85	—	—	18.86	21.33	7.45	7.34	21.77
KIZCASS023	42.93	39.12	17.30	19.72	21.66	6.85	6.59	22.84
KIZCASS022	41.79	38.85	17.54	20.44	21.65	8.17	7.14	22.63
KIZCASS020	45.83	41.61	17.49	20.94	23.02	6.83	7.82	22.72
KIZCASS021	44.97	40.96	17.42	21.11	22.30	7.01	7.59	23.00

生态学资料 大足鼠是我国低纬度农田的主要小型兽类之一，栖居于林区或山麓的农田地带，在林区主要栖居于溪流两岸的灌木丛或岩石缝隙中，或较靠近水源的生境，冬季常迁至室内。洞穴多在荆棘灌丛和岩石缝隙中，不易挖掘。每个洞穴有 4 ~ 5 个洞口，洞口直径约 6 cm，洞道极长。研究大足鼠挖掘的一个洞道：长 3.8 m，从入洞口进入洞道约 40 cm 后逐渐开始向下，另一岔道通向天窗洞，窝距地面深度约 98 cm，距入洞口水平距离 253 cm；窝用稻草、树叶、杂草组成，窝的直径为 13 cm×15 cm，洞道内未发现储粮，但有吃剩的豆壳、稻壳及昆虫的几丁质外壳；在距出洞口水平距离约 45 cm 处洞道开始分叉，通向 2 个出洞口；出洞口极其隐蔽，贴在靠近水沟边的灌木丛中。

大足鼠以淀粉类食物为主，其次有浆果、果皮、种子、幼茎叶、草根以及小动物与昆虫，喜食含水分多的食物，有残食同类个体的现象（蒋光藻等，1999）。大足鼠有明显的季节性迁移和觅食迁移习性，冬、春季节往往迁移到山麓农田觅食栖居，在冬季有时迁入室内。其种群总是向粮食地集中，以水稻、小麦、玉米、甘薯地的密度最高（蒋光藻等，1999）。大足鼠主要在夜间活动，以晨昏最活跃，白天多伏于洞内。外出寻食有一定的活动路线，路线中遇到杂草，则将杂草咬断，辟成小径。

春季（3 月）是大足鼠的暴食期，1 只成鼠的胃容物可达 10 g（蒋光藻等，1999）。大足鼠 1 年有 2 个发生高峰——6 月春峰和 11 月秋峰。在四川，秋峰高于春峰，雌雄比在 1：（1 ~ 1.3）（蒋光藻等，1999）。繁殖期在 3—11 月，高峰在 3—4 月和 8—9 月；雌体每年繁殖 4 胎，每胎仔数平均 8 只（Zeng et al.，1999）。

地理分布 在四川分布广，几乎所有县、市均有分布，但主要分布于东部；是房屋内的主要鼠种，在野外也建立种群。有向房屋和野外季节性迁徙的习性。在四川西部高原和川西南台地的阿坝、甘孜、凉山均采集到标本，国内还分布于云南、四川、湖南、广西、广东、福建、江西、浙江、上海、江苏、安徽、陕西、甘肃、海南等地。国外分布于越南、老挝、泰国、缅甸、尼泊尔、不丹、印度（北部）。上述区域为土著物种。该种被引入一些太平洋岛屿，如印度尼西亚（苏拉威西岛）、菲律宾（吕宋岛）、苏门答腊岛、帕劳、新加坡（Kloss，1908；Ellerman，1949）。

分类学讨论 Allen（1940）将 *Rattus humiliatus*、*R. insolatus* 作为大足鼠的亚种，而把 *R. griseipectus* 作为大足鼠指名亚种的同物异名。Ellerman（1941）只列出 1 个亚种——*Rattus nitidus obsoletus*；Ellerman（1949）把 *R. pyctoris*、*R. rubricosa*、*R. griseipectus* 作为 *R. nitidus nitidus* 的同物异

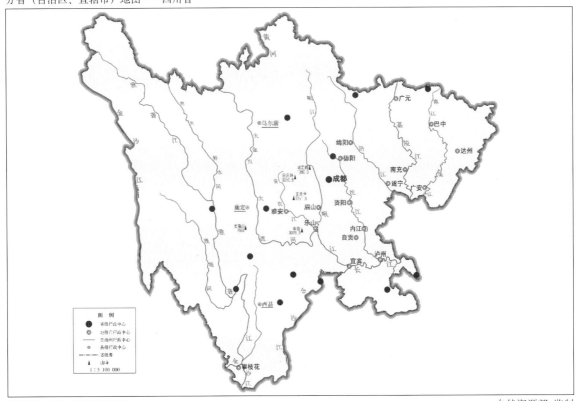

分省（自治区、直辖市）地图——四川省

审图号：GS（2019）3333号　　　　　　　　　　　自然资源部 监制

大足鼠在四川的分布

注：红点为物种的分布位点。

名；Ellerman 和 Morrison-Scott（1951）把 *R. pyctoris*、*R. rubricosa* 作为大足鼠指名亚种的同物异名。Corbet 和 Hill（1992）在大足鼠种下列出 10 个同物异名外加 1 个亚种——*R. n. obsoletus* Hinton，1919。Musser 和 Carleton（2005）也列出 10 个同物异名。其中有 4 个同物异名来自指名亚种采集地和附近区域，包括尼泊尔、印度北部、缅甸，1 个来自缅甸和云南交界区域，1 个来自泰国，其余的来自几个太平洋岛屿。王应祥（2003）指出，中国分布的大足鼠为指名亚种。

不管包括多少同物异名或亚种，大足鼠涉及中国的有 *R. humiliatus*、*R. pyctoris*、*R. insolatus*、*R. rubicosa*、*R. griseipectus* 5 个分类单元。其中，*R. pyctoris* 作为拟家鼠的最早命名得到承认。*R. humiliatus* 和 *R. griseipectus* 作为褐家鼠的成员也没有异议（参见褐家鼠的分类学讨论）。*R. insolatus* 模式标本采集于陕西延安，采集时间为 1909 年 1 月 22 日；标本保存于美国国家博物馆。最初描述为 *Rattus humiliatus insolatus*。根据原始描述：背面颜色总体浅黄色带桃红色，有针毛，非黑色；腹部灰白色，尖刷淡黄色；足几乎白色；尾上、下两色，背面棕黑色，腹面灰白色；头骨吻部延长；体长 165 mm，尾长 163 mm，耳高 21 mm。这些特征显然属于大足鼠，Allen（1940）的归并是正确的，而 Musser 和 Carleton（2005）将其作为褐家鼠的同物异名是错误的。查看采集于延安地区的大足鼠发现，其与指名亚种没有显著差异的特征，故 *R. insolatus* 应该是大足鼠的同物异名。

另外 1 个分类单元 *R. rubicosa* 模式标本采集于缅甸曼西（Ponsee）的 Kakhyens 河谷，和我国云南的红河较近。发表时间很早（1878 年），没有载明采集时间、采集人，也没有指定正模标本。是

1种家栖鼠。根据原始描述：吻部尖而长，耳较小（长15 mm），尾长短于体长（分别为145 mm和131 mm），背面红褐色，腹面银灰色。原始描述既像褐家鼠（耳短，尾长显著短于体长），也像大足鼠（吻长，腹面较淡），由于没有看到模式标本，难于判断，有待深入研究。暂时将*R. rubicosa*作为大足鼠的同物异名。在昆明动物研究所查看了该区域大量标本，没有发现和原始描述一样的标本。因此，该种是否分布于中国也存疑。

除上述曾经命名的分类单元外，西藏南部的大足鼠形态比较特殊。冯祚建等（1986）在《西藏哺乳类中》中将其作为拟家鼠（*Rattus rattoides = Rattus pyctoris*）描述。中国科学院动物研究所馆藏标本中，也将其作为"拟家鼠"收藏。本书作者团队在西藏南部也采集了大量类似标本，确实和大足鼠有不同的地方，如：第1上白齿第1横脊t3较明显（虽然退化严重），这一点是"拟家鼠"的典型鉴定特征。再加上腹部白色调显著，背、腹毛色界线较明显，后足没有珍珠光泽等特征，和产于巴基斯坦北部的拟家鼠的亚种*R. pyctoris gligitianus* Akhtar, 1959较接近。和大足鼠有一定的区别，因此，前人认为中国有拟家鼠分布并不足奇。另外，中国被认为一直有拟家鼠的主要原因，是一些学者把属于家鼠属其他种的一些亚种划分到"拟家鼠"中，而这些亚种在中国有分布，如Ellerman和Morrison-Scott（1951）的分类系统中，拟家鼠（该书使用*Rattus rattoides*）包括6个亚种：*Rattus rattoides rattoides*、*R. r. losea*、*R. r. turkestanicus*、*R. r. celsus*、*R. r. exiguus*、*R. r. insolatus*。其中*R. r. losea*、*R. r. celsus*、*R. r. insolatus*等分类单元在中国有分布，久而久之，中国就被认定有拟家鼠。因此，把一些标本鉴定为"拟家鼠"也就顺理成章了。但"拟家鼠"除了第1上白齿第1横脊t3较明显（虽然退化严重）这一特征外，还有一些典型特征，如被毛粗糙，棕色（大足鼠被毛柔软，灰棕色，密实）；吻部短而宽（大足鼠狭窄而长）；白齿粗短而宽（大足鼠纤细而薄）。显然，西藏的标本没有后面这些特征。但西藏标本又不同于大足鼠指名亚种，通过分子系统学研究证实，西藏的"拟家鼠"是大足鼠，介于西藏的大足鼠和典型的大足鼠有明显的形态学差异，因此，应把西藏大足鼠作为1个新亚种*Rattus nitidus thibetana*描述（Liu et al., 2018）。

这样，大足鼠有2个亚种——指名亚种和西藏亚种。四川只有指名亚种。亚种描述同种的描述。

（217）褐家鼠 *Rattus norvegicus*（Berkenhout，1769）

别名 大家鼠，挪威鼠

英文名 Brown Rat

Mus norvegicus Berkenhout, 1769. Outlines Nat. Hist. Gt. Britain and Ireland, 1:5(模式产地：英国).

Mus caraco Pallas, 1778. Nov. Spec. Quad. Glir. Ord., 91(模式产地：西伯利亚).

Mus humiliatus Milne-Edwards, 1868. Rech. Mamm., 137:41(模式产地：北京附近).

Mus plumbeus Milne-Edwards, 1868. Rech. Mamm., 138(模式产地：直隶).

Mus ouang-thomae Milne-Edwards, 1871. Nouv. Arch. Mus., 7:93(模式产地：江西).

Mus griseipectus Milne-Edwards, 1871. Nouv. Arch. Mus., 7:93(模式产地：四川宝兴).

Epimys norvegicus soccer Miller, 1914. Proc. Biol. Soc. Wash., 27:90(模式产地：甘肃临潭).

Rattus humiliatus sowerbyi Howell, 1928. Proc. Biol. Soc. Wash., 41:42(模式产地：吉林北部).

Rattus norvegicus Ellerman, 1949. Fam. Gen. Liv. Rod., Vol.3: 47; Ellerman, 1961. Fau. Ind. Incl. Pak. Bur. Cyl.,

610; 寿振黄, 1962. 中国经济动物志 兽类, 247; Musser and Carleton, 2005. Mamm. Spec. World, 3rd ed., 1478.

Rattus norvegicus caraco Ellerman, 1949. Fam. Gen. Liv. Rod., Vol.3: 66; Ellerman and Morrison-Scott, 1951. Check. Palaea. Ind. Mamm., 589.

Rattus norvegicus socer Ellerman, 1949. Fam. Gen. Liv. Rod., Vol.3: 66.

Rattus norvegicus suffureoventris Karoda, 1952. Jour. Mamm. Soc. Japan., 1:1-4(模式产地：中国香港).

鉴别特征　头骨顶脊（顶骨两侧的脊）平行。第1上臼齿第1横列t3消失，类似大足鼠，第1横列与相同大小的存在t3的物种相比更窄。耳小，平均长不达20 mm（16～20 mm），向前折，不达眼后缘。腹部铅灰色。尾显著短于体长。

形态

外形：个体相对大，平均体长超过180 mm。尾短，平均尾长150 mm；后足大，平均长度超过34.5 mm，耳小，平均长17.5 mm；须较多，共20～23根，最短约5 mm，最长约50 mm；须全部为黑褐色。耳背面和腹面均覆以黑褐色短毛，耳道周围无毛。乳式3/3 = 12。尾粗壮，短于体长；尾上、下一色，全部为黑褐色；尾上鳞片组成的环纹较明显，环纹内着生短而粗的毛；尾尖部毛略长。

毛色：整个背面毛色一致，呈黑褐色；毛基灰色，中段棕黄色，尖黑褐色，显黑褐色调。针毛多，比绒毛长，粗壮，全部黑色。侧面毛略淡，灰色调更明显；背面和腹面毛色逐渐过渡，没有明显界线。腹面毛基灰色，毛尖铅灰色。一些个体颏部白色，一些个体胸部有块白斑，一些个体毛尖略显黄白色调。

前、后足腕掌骨和跗跖骨背面灰白色，无珍珠光泽；前、后足均有6个掌（趾）垫。爪灰白色，半透明；爪背面有少量白色长毛，但老年个体长毛不明显或没有。

头骨：颅面平直，最高处在额骨与顶骨交界处。脑颅狭长。眶间脊明显，并向后延伸为顶脊，止于顶骨侧面最后端。2个顶脊平行，这是褐家鼠不同于其他家鼠的显著特征；但在亚成体及以下个体，脑颅最高处在额骨和顶骨之间存在眶间脊，只是不十分显著；存在顶脊，但很弱；两侧有平行的趋势，前段略呈弧形。鼻骨前面宽，向后逐渐变细，后段尖，插入额骨前端中央；鼻骨向后止于上颌骨颧突后缘的连线，有些个体，尤其是亚成体，略超过上颌骨颧突后缘的连线。额骨后缘骨缝呈圆弧形，老年个体的更平直。顶骨形状规则，几乎呈梯形。顶间骨略呈卵圆形，但前端中央向前突出。

头骨侧面，颧弓纤细，听泡下缘弧形。颧弓在鳞骨上向后延伸成一很弱的脊，但在亚成体及以下标本中，该脊在鳞骨后段消失。侧枕骨和鳞骨之间有一纵脊，与颅面垂直，止于听泡耳孔上后方。乳突中等发达，不向上延伸，不在侧枕骨上形成纵脊。虽然在老年个体中有一些突起，但不贯通成纵脊。

头骨腹面门齿孔中等宽，犁骨前段粗，后半段细。门齿孔向后不达两上臼齿前缘的连线。翼骨很细弱。听泡中等，听泡和翼骨接触的地方，形成一个喙状突起。头骨后面枕部较光滑，突起不显，老年个体有一些不规则的突起。下颌冠状突小而短，关节突和角突发达，咀嚼肌附着面较宽阔。

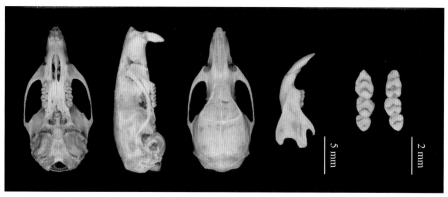

褐家鼠头骨图

牙齿：上颌门齿垂直向下，门齿前缘向内弯曲，橘色。臼齿不同于黑缘齿鼠和黄毛鼠等第1横列上存在t3的种类。第1上臼齿由3横列组成，第1横列t3消失，因此，第1横列较窄；该齿第3横列t1消失。第2上臼齿第1横列仅存舌缘第1齿突，第3横列缺内侧第1齿突。第3上臼齿第1横列仅存舌缘第1齿突；第3横列横板状，短；第2横列唇缘向后显著弯曲，靠近第3横列；成年以后，第2和第3横列因磨损连接在一起，形成一个U形齿环，开口朝舌侧；因此，该齿内侧有3个角突，外侧角突不显著，圆弧形。

下颌门齿出露较长，橘色。第1下臼齿由3横列组成，第1横列有内、外2个齿突；第3横列的后面中央有1个椭圆形副齿突。第2下臼齿由3横列组成，第3横列很小（可以看作是副齿突），位于第2横列后面中央；第1横列外缘唇侧有1个小的副齿突。第3下臼齿由2横列组成，第1横列的唇侧有1个小的副齿突。第2下臼齿最宽。

老年个体的副齿突因磨损而看不清楚。

量衡度（衡：g；量：mm）

外形：

编号	性别	体重	体长	尾长	后足长	耳高	采集地点
SAF18016	♂	200	190	160	36	20	四川宝兴木坪
SAF18014	♀	234	206	180	36	19	四川宝兴木坪
SAF18013	♂	172	170	160	32	20	四川宝兴木坪
SAF15513	♀	186	188	166	34	20	四川成都沙河堡

头骨：

编号	颅全长	基长	鼻骨长	颧宽	上齿列长	上臼齿列长	听泡长	下颌长骨
SAF18016	44.21	40.07	16.56	22.85	22.79	7.34	8.12	25.58
SAF18014	—	—	15.64	21.26	22.87	7.63	—	25.38
SAF18013	40.85	37.03	15.16	20.86	20.99	7.29	8.02	22.63
SAF15513	—	—	15.62	20.64	21.04	6.83	—	22.02
SAF15584	45.57	41.72	17.86	22.74	24.49	7.25	8.43	24.66

生态学资料 褐家鼠的分布和人类活动密切相关，除了在室内和人共居外，在室外的阴沟、垃圾场、谷草堆、菜地、耕地、坟地，甚至草原、沙丘，均有分布（寿振黄等，1964）。在华南地区，褐家鼠主要栖息于稻田埂、甘蔗地、甘薯地、小河堤、家禽家畜舍（寿振黄等，1964），在动物园的种群数量也很大。观察发现，在高速公路服务区内面积很小的花坛内都有大量褐家鼠的洞穴。可见，人类活动的区域均有褐家鼠栖息。

在房舍，褐家鼠主要在墙角、厕所旁、堡坎等处打洞；在野外则选择在地势稍高、不易被水淹没、土壤相对较疏松的区域或石缝中掘洞筑巢。褐家鼠的巢穴非常复杂，离地深度平均19 cm，占地2 m²，有2～3个洞口，洞内有储藏的食物和周围环境的垃圾（黄超和王天昆，2002）。

褐家鼠杂食性，在农田危害农作物；在房舍盗食人类的各种食物。褐家鼠在稻田还捕食螃蟹，在旱厕取食粪便（寿振黄等，1964）。

褐家鼠昼夜均活动，但以午夜前活动最频繁，夜间活动为日间的2.7倍。

据研究（寿振黄和李清涛，1959），褐家鼠是随着人类经济活动的延伸而逐步扩展的，在原始林区没有褐家鼠，但在森林采伐后，随着粮食的输入，褐家鼠很快迁移到工棚等人类居住区域。采伐较久的区域，人居内的褐家鼠成为优势种。因此，褐家鼠在世界范围内的扩展是随着人类的开发活动而逐步扩大的。

根据化石记录，更新世晚期和全新世早期的褐家鼠化石发现于日本本州；更新世中期，褐家鼠的祖先种发现于日本的一些岛屿（Kowalski and Hasegawa，1976；Kawamura，1989）。在中国南方，晚更新世的长江流域很多洞穴中都有褐家鼠的化石出现（郑绍华，1993）。加上传统的褐家鼠分布于中国北部（黑龙江）和西伯利亚的认知，褐家鼠被认为是亚洲北部的土著物种，发端于中国黑龙江、日本、西伯利亚，随着人类活动而扩展到全世界。据可靠证据（Robinson，1984；Yalden，1999），褐家鼠于18世纪经俄罗斯被携带至欧洲，也就是差不多相同的时间，到达英伦三岛，但不会早于1499年。Armitage（1993）研究发现，大概1745年，褐家鼠到达美国；18世纪60—70年代，褐家鼠正式在美国大陆定居，这一时期正是大量移民进入美国的时期，美国的褐家鼠来源于从英国迁入的13个种群。

地理分布 褐家鼠原产西伯利亚、黑龙江、朝鲜北部、日本，后被引入到世界各地。在野外主要分布于地球高纬度的冷环境，在温暖地区，主要分布于房屋内。在中国，分布于全国各地，其中四川全省均有分布，主要为家栖鼠。

分类学讨论 褐家鼠包括41个亚种或同物异名；涉及中国的有 *Mus caraco* Pallas，1778；*M. plumbeus* Milne-Edwards，1868；*M. humiliates* Milne-Edwards，1868；*M. ouang-thomae* Milne-Edwards，1871；*M. griseipectus* Milne-Edwards，1872；*Epimys norvegicus soccer* Miller，1914；*Rattus humiliatus sowerbyi* Howell，1928；*R. norvegicus suffureoventris* Kuroda，1952。

根据Allen（1940）报道，中国仅有1个亚种——*Rattus norvegicus socer*，他还把产于河北Shiaohotzu的、被Rhoads（1898）记录的 *R. n. humiliatus* 亚种作为该亚种的同物异名，认为其大小、颜色与 *R. n. socer* 没有区别，但把模式产地为北京的 *Mus humiliatus* Milne-Edwards，1868作为大足鼠的亚种。Allen（1940）认为Swinhoe（1870）记录于中国南部的 *Mus decumanus*（产于欧洲）和褐家鼠指名亚种地位未定，其中的一些标本属于 *R. n. socer*。吴德林（1982）认为，中国褐家鼠有4个亚种，分别是指名亚种 *R. norvegicus norvegicus*、东北亚种 *R. norvegicus caraco*、华北亚种

分省（自治区、直辖市）地图——四川省

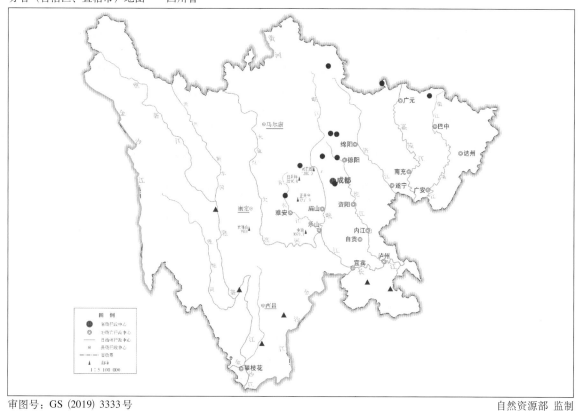

审图号：GS (2019) 3333号

自然资源部 监制

褐家鼠在四川的分布
注：红圆点为甘肃亚种的分布位点，红三角形为江西亚种的分布位点。

R. norvegicus humiliatus（即模式产地为北京的 *Mus humiliatus*）、西南亚种 *R. norvegicus socer*。Musser 和 Carleton（1993，2005）将 *M. caraco*、*R. n. socer*、*M. griseipectus*、*M. humiliatus*、*R. humiliatus sowerbyi*、*R. n. suffureoventris*、*R. n. insolatus*、*M. ouang-thomae* 8 个产于中国的分类单元均作为 *Rattus norvegicus* 的同物异名。王应祥（2013）认为，褐家鼠在中国有 5 个亚种，除吴德林（1982）几个亚种外，还有台湾亚种 *R. norvegicus sulfureoventris*。Smith 和解焱（2009）同意王应祥的意见。褐家鼠的种下分类订正如下：

指名亚种模式产地为英国，个体大，后足长 40 ～ 43 mm；被毛粗糙，顶脊不是非常平行；尾上、下一色。

R. n. caraco 模式产地为西伯利亚东部，1778 年由 Pallas 命名。其显著特点是个体小，后足长 30 ～ 33 mm 居多，腹部毛基灰色，毛尖淡黄色；前、后足背面灰白色，后足白色调更显，但都有光泽。本书作者团队没有检视到西伯利亚的标本。

另一个分类单元以我国为模式产地，为我国东北地区的 *R. n. sowerbyi*，该分类单元最早被命名为 *Rattus humiliatus sowerbyi*。模式产地为吉林北部的一个叫 Imienpo 的地方，采集时间是 1914 年 10 月 15 日，采集人为 Arthur de C. Sowerby。标本保存于美国国家博物馆。鉴定特征：体大型，背部毛棕色，但具黑色针毛，使得黑色调显著。前、后足背面毛白色。尾上、下两色。腹部铅灰色，毛尖带灰白色。正模标本体长 177 mm，尾长 158 mm，耳高 19 mm。有人认为，该分类单元和产于西伯利亚的

*R. n. caraco*完全一致，按照命名法规，*R. n. sowerbyi* Howell，1928应是*R. n. caraco*的同物异名。但Ellerman（1940，1949）均把*R. n. sowerbyi*作为*R. humiliatus*的亚种。检视产于吉林临江、抚松，黑龙江呼玛、尚志、伊春等地的褐家鼠标本，其特征有：体长160～227 mm，后足长31～40 mm；腹部毛基灰色，毛尖淡黄色；前足背面灰白色或白色；尾有的为两色，背面灰黑色，腹面淡黄白色；有的上、下一色。颞脊平行。和*R. n. sowerbyi*的描述基本一致，且更接近*R. n. caraco*。说明*R. n. caraco*和*R. n. sowerbyi*的特征确实一致，因此，*R. n. sowerbyi*应该是*R. n. caraco*的同物异名。

R. n. humiliatus 模式产地为北京，没有指定模式标本，是根据几号由Pere Armand David送去的标本描述的，但其中1号标本为亚成体。该分类单元于1868年由Milne-Edwards命名为*Mus humiliatus*。其特点是毛柔软，背毛较长，背毛颜色为棕色；躯体腹面、颈部和唇周均为暗浅灰色；尾为显著的两色，背面灰色，腹面灰白色；背面灰色，刷以显著的栗色。体长170 mm，尾长110 mm，耳高13 mm。Alen（1940）将其作为大足鼠*R. nitidus*的亚种，他在检视这批标本时发现，虽然有不少标本，但采自北京的很少，其中采自南京的及采自福建的都作为该亚种的共模。背部颜色和北京的标本一致。但Allen怀疑是亚成体的毛色，或是色素沉积异常（相当于白化），或是标本保存在酒精中脱色所致。该分类单元的地位争议较大，Ellerman（1949）认为是1个独立种，理由是相对大的听泡，较短的鼻骨（大足鼠的鼻骨长），更小的个体；但Musser和Carleton（1993，2005）认为其是褐家鼠的亚种。查看北京地区的标本，发现其在颜色上和东北标本没有明显区别，个体并不小，体长170～220 mm，后足长27～35 mm，和东北褐家鼠个体相当；腹部为铅灰色；尾有的上、下一色，有的背部颜色较深，腹面颜色较淡，为不明显的两色。前足背面白色。头骨颞脊有较大比例的个体略呈弧形，但没有达到显著区别，呈弧形的个体多是刚成年的个体或者亚成体。成年后期和老年个体头骨顶脊平行。所以，本书的观点趋向于北京亚种不成立。按照命名法规，应该并入东北亚种，作为*R. n. caraco*的同物异名。

R. n. plumbeus 模式产地为河北宣化，1868年由Milne-Edwards命名，最早命名为*Mus plumbeus*，没有指定模式标本。特征：背部毛色为浅灰色，刷以浅棕色调；腹部为浅灰色。前、后足背部毛色与腹部一致。牙齿为白色。体长130 mm，尾长70 mm，耳高只有11 mm。从量度上看，应该是褐家鼠。查看了北京动物研究所采自河北满德堂、张北、遵化、安新等地的标本（都是该亚种地模标本附近区域），没有发现牙齿为白色的褐家鼠，其腹部和背部颜色与北京的标本没有区别。所以，原始描述的牙齿颜色变异的可能性很大。本书观点：河北标本和北京标本没有显著区别，北京亚种归并为东北亚种，河北亚种也应该归并为东北亚种。

采集于江西的*R. n. ouangthomae*最早于1871年由Milne-Edwards命名为*Mus ouang-thomae*，只有1号标本，由Divid带回巴黎。鉴定特征：个体不大，背部为浅黄褐色，腹部为浅棕色，胸部有一个纯白色的月牙形印记。量度：体长150 mm，尾长130 mm。没有耳高和后足长数据。在归类上，Ellerman（1941）将*R. n. plumbeus*和*R. n. ouangthomae*作为*R. humiliatus humiliatus*的同物异名。但Ellerman和Morrison-Scott（1951）将*R. n. humiliatus*、*R. n. plumbeus*、*R. n. socer*、*R. n. griseipectus*都作为褐家鼠东北亚种*R. n. caraco*的同物异名；而在1941年把*R. n. griseipectus*（Milne-Ederwads，1871）作为大足鼠*R. nitidus*的同物异名。Ellerman（1949）认为*R. n. caraco*为*R. norvegicus*的亚种，且该亚种包括*R. n. socer*。检视上海、江西、福建、广东褐家鼠标本，发现有少数个体胸部或者喉

部有白斑，但总体上，腹部毛基灰黑色，毛尖淡黄色；前足背面灰白色；和其他亚种不同的地方是尾多为上、下一色，或者腹面略淡。个体上比其他亚种略大，1/3的个体后足大于40 mm，体长超过200 mm，但达不到指名亚种的体长和后足长。经查阅标本，发现四川南部西昌标本颜色相对更鲜亮，背、腹毛色界线略显，一些个体胸部有白斑，基本符合 *ouangthomae* 的特征。

R. n. griseipectus 于1871年由 Milne-Edwards 发表，描述很简单，只有2行文字，用法文写成。明确的特征是尾长显著短于体长。Milne-Edwards 在另外一篇文章[西藏（Moupin-宝兴）哺乳类-Recherches des Mammiferes，1868—1874]中详细地描述了该种。从描述看，*R. n. griseipectus* 采集于四川，与褐家鼠很像，但个体更大；尾上、下一色，均为棕褐色。腹部亮灰色。体长显著大于尾长（分别为200 mm和140 mm）；耳很小，只有16 mm，显然为褐家鼠。Musser 和 Carleton（2005）的归并是正确的。本书作者团队采集并查看了宝兴及四川北部的褐家鼠，发现其个体中等，尾部较长，背部颜色更深，背、腹颜色界线不明显，尾上、下一色，和 *griseipectus* 的描述不符，而和 *socer* 的描述基本一致。本书观点：*griseipectus* 的模式标本可能是个体变异，该亚种不成立。

R. n. socer 于1914年由 Miller 描述，最早的学名为 *Epimys norvegicus socer*，1905年1月30日由 W. W. Simpson 采集于甘肃临潭。鉴别特征：接近东北地区的 *Epimys norvegicus caraco*，但是颜色更灰暗；背毛暗灰黄色，背中央有1条更黑的带；尾毛较多，上、下两色，背面黑色，腹面灰色，刷浅黄色，侧面淡黄色。正模标本体长200 mm，尾长130 mm，后足长38 mm，没有耳高数据。从量度上看为褐家鼠无疑。查看甘肃临潭标本，发现其和描述的一致，尤其是背部中央有1个明显的锈黑色区域；颜色总体上较东北地区及北京标本明快，背面黄色调更明显；尾双色；腹部毛尖淡黄色；前足背面白色。个体明显更大，尾相对更短。故本书确认该亚种是成立的。另外，青海、陕西的标本均有锈黑色区域，有的是锈棕色区，且很明显，故青海、陕西标本应该是甘肃亚种。

香港亚种 *R. n. suffureoventris* 于1952年由日本科学家 Kuroda 命名，标本采集时间是1910年，采集地点为香港东部的 Platas Island。该分类单元的鉴定特征是个体很大，正模标本体长达到267 mm，尾长174 mm；其余模式系列标本体长在209～255 mm，尾长在139～160 mm。体长和头骨数据与指名亚种一致，但腹面是黄白色，接近硫黄色。Kuroda 在评论中指出，来自台湾的标本虽然略小，但和香港亚种很像，因此，倾向把台湾产褐家鼠作为香港亚种；同时指出，香港亚种可能广泛分布于中国南部。查看了我国南部的大量标本，个体达到香港亚种大小的不多，2/3个体体长在200 mm以下，故认为 Kuroda（1952）的推测应该是不正确的。我国南部的应该是江西亚种，香港和台湾的褐家鼠作为香港亚种是成立的。

另外一个可能混淆的分类单元是 *R. n. insolatus*，该分类单元最早被命名为 *Mus humiliatus insolatus*。后被 Allen（1940）作为大足鼠的亚种，他描述到：该模式系列只有1号成体标本，2号为亚成年标本，还有1号标本采自陕西榆林。其特点是背面为土色，略呈粉黄色；腹面黄白色，毛基非铅灰色；后足背面灰白，甚至白色；尾上、下两色，背面棕黑色，腹面灰白色。仔细阅读原始描述后，确认 Allen（1940）的意见（参见大足鼠的分类学讨论）。

通过查看标本，并检视部分模式标本，确认中国褐家鼠只有4个亚种，分别为东北亚种 *R. n. caraco*、甘肃亚种 *R. n. socer*、江西亚种 *R. n. ouangthomae*、香港亚种 *R. n. suffureoventris*。分布于四川的有江西亚种和甘肃亚种。

四川分布的褐家鼠*Rattus norvegicus*分亚种检索表

个体相对较大，约1/3的个体体长大于200 mm，后足长大于40 mm，约1/3个体胸部有白色斑块，尾上、下一色 ··· 江西亚种*R. n. ouangthomae*

个体相对较小，仅个别个体体长超过200 mm，胸部没有白斑，尾多数下上下两色；背面灰色，腹面灰白色；身体背部中央有一明显的锈黑色区域 ·· 甘肃亚种*R. n. socer*

① 褐家鼠江西亚种 *Rattus norvegicus ouangthomae*（Milne-Edwards，1871）

Mus ouang-thomae Milne-Edwards, 1871. Nouv. Arch. Mus., 7:93.

鉴别特征 个体相对较大，约1/3的个体体长大于200 mm，后足长大于40 mm，约1/3个体胸部有白色斑块，尾上、下一色。

地理分布 江西亚种在四川分布于凉山和攀枝花。川东长江以南可能属于该亚种。

② 褐家鼠甘肃亚种 *Rattus norvegicus socer* Ellerman，1949

Rattus norvegicus socer Miller, 1914. Proc. Bid. Soc. Wash., 27: 90.

鉴别特征 个体相对较小，仅个别个体体长超过200 mm。胸部没有白斑；尾多数上、下两色，背面灰色，腹面灰白色；背面黄色调较显著，背部中央有一明显的锈黑色区域。

地理分布 甘肃亚种在四川分布于长江以北地区。

（218）黄胸鼠 *Rattus tanezumi*（Temminck，1845）

英文名 Oriental House Rat

Mus tanezumi Temminck，1845. Faun. Japon. Mamm., 51：115（模式产地：日本九州的长崎）.

Mus brunneus Hodgson, 1868. Ann. Mag. Nat. Hist., 15:266（模式产地：尼泊尔）.

Mus flavipectus Milne-Edwards, 1871. Nouv. Arch. Mus., 7:93（模式产地：四川宝兴）.

Mus yunnanensis Anderson, 1878. Anat Zool. Res. Western Yunnan, 306（模式产地：云南盘市）.

Rattus rattus tanezumi Ellerman, 1949. Fam. Gen. Liv. Rod., Vol.3: 45, 58; Ellerman and Morrison-Scott, 1951. Check. Palaea. Ind. Mamm., 582.

Rattus rattus flavipectus Ellerman, 1949. Fam. Gen. Liv. Rod., Vol.3: 45, 58; Ellerman and Morrison-Scott, 1951. Check. Palaea. Ind. Mamm., 583.

Rattus rattus yunnanensis Ellerman, 1949. Fam. Gen. Liv. Rod., Vol.3: 59; Ellerman and Morrison-Scott, 1951. Check. Palaea. Ind. Mamm., 584.

Rattus flavipectus 寿振黄, 1962. 中国经济动物志 兽类, 242.

Rattus tanezumi Musser and Carleton, 2005. Mamm. Spec. World, 3rd ed., 1489.

鉴别特征 第1上白齿第1横脊存在t3，亚成体的很明显，但即使是老年个体，t3和t2之间的沟也清晰可见。前足背面中央黑色，两边白色。腹毛毛尖枯草黄色。背、腹毛色没有明显的界线。尾长平均大于体长，少数个体尾长短于体长。

形态

外形：个体中等偏大，体长平均163 mm；尾长平均173 mm，大于体长；后足平均长31 mm；耳较大，平均22 mm（19～25 mm）。须多，约35根，最短约4 mm，最长约50 mm；其中约1/5为白色，其余的为黑灰色。耳几乎裸露，肉眼看不出有毛，在解剖镜下观察，发现覆盖有黑灰色短毛。尾环纹不太明显。

毛色：整个背面毛色一致，呈棕黑色，毛基灰色，毛尖棕黑色，中段黄棕色。针毛丰富，黄白色，仅尖部棕黑色。背部中央至臀部毛色略深，黑色调更明显。侧面毛色较淡，枯草黄色较显著，背腹毛色逐渐过渡，腹面为显著的枯草颜色，腹毛毛基灰色，远端一半为枯草颜色。颏部毛基和毛尖均为黄白色；一些个体颏部为灰色。四川西部高原分布的黄胸鼠毛色有变异，一些个体腹部黄白色，一些个体腹部为枯草色，但灰色调更显。乳式2/3 = 10。

尾上、下一色，全部为灰黑色。鳞片相对较细碎，组成的环纹不明显，少数个体，尤其是老年个体的环纹明显。环纹内着生短而粗的毛，尾尖部毛略长。

前足腕掌骨背面毛黑色，侧面为灰白色或白色，腹面正中为灰色。后足背面为灰白色，一些个体背面灰色调较显著。腹面为灰黑色。前、后足均有6个掌（趾）垫。爪黄白色，一些个体爪为灰色，爪背面均有少量白色长毛。

头骨：背面较平直，最高处在额骨前半段，两眼眶之间。脑颅显得较狭长。鼻骨前面宽，向后逐渐变细，最后段宽约1.3 mm；向后略超过上颌骨颧突后缘的连线，与额骨直接相接。眶间脊明显，沿额骨前段侧面一直延伸至顶骨侧面的后端，但在顶骨后半段突然变得细弱。额骨后缘骨缝呈圆弧形。顶骨形状不规则，后缘骨缝弧形。顶间骨略呈卵圆形，尤其后缘弧形骨缝很平滑，但前端中央略向前突出。

头骨侧面颧弓纤细，听泡下缘较圆。颧弓在鳞骨上向后延伸成一脊。侧枕骨和鳞骨之间有一纵脊，与颅面垂直，止于听泡耳孔上后方。存在乳突，但不发达，向上延伸但不在侧枕骨上形成纵脊。

头骨腹面门齿孔宽，犁骨前半段粗，后半段细。门齿孔向后略超过2个上白齿前缘的连线。翼骨较细弱。听泡较圆，相对较小。头骨后面枕部纵脊不显著。下颌冠突短小，关节突和角突发达，咀嚼肌附着面宽阔。

牙齿：上颌门齿垂直向下，门齿前缘向内弯曲，橘色。白齿与黑缘齿鼠类似。第1上白齿由3横列组成，第1横列存在t3；第3横脊舌侧t1消失。第2上白齿第1横列仅存舌缘第1齿突，第3横列舌侧第1齿突消失。第3上白齿第1横列仅存舌缘第1齿突，第3横列圆形，第2横列唇缘向后显著弯曲，靠近第3横列，因此，该齿内侧有3个角突，外侧仅有1个角突。老年个体该齿由于磨损，第1横列的齿突可能看不清楚。

下颌门齿出露较长，唇面橘色。第1下白齿由3横列组成，第3横列前缘唇侧有1个小副齿突，其后正中央有1个较大的副齿突。第2下白齿由3横列组成，第3横列很小，位于中央；第1横列唇侧有1个较大的副齿突。第3下白齿由2横列组成，第1横列的唇侧有1个很小的副齿突。老年个体下白齿上的副齿突因磨损而看不清楚。

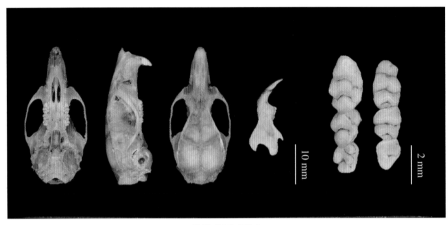

黄胸鼠头骨图

量衡度（衡：g；量：mm）

外形：

编号	性别	体重	体长	尾长	后足长	耳高	采集时间（年-月）	采集地点
SAF18018	♂	106	155	165	30	22.0	2018-3	四川宝兴木坪
SAF18001	♂	146	153	195	31	23.5	2018-3	四川宝兴木坪
SAF16201	♀	130	155	165	30	22.0	2016-7	四川三打古自然保护区
SAF16204	♂	87	156	136	29	19.0	2016-7	四川三打古自然保护区
SAF02128	♂	103	165	180	32	23.0	2002-8	四川美姑洪溪
SAF18015	♀	116	160	186	30	23.0	2018-3	四川宝兴木坪

头骨：

编号	颅全长	基长	鼻骨长	颧宽	上齿列长	上臼齿列长	听泡长	下颌骨长
SAF18018	38.54	33.46	14.21	18.89	19.05	6.60	6.98	20.36
SAF18001	39.32	34.64	14.27	18.59	19.08	6.92	7.12	21.34
SAF16201	38.38	33.12	14.37	17.39	18.91	6.35	7.23	20.59
SAF16204	35.65	31.13	13.47	17.71	17.86	6.47	7.07	18.22
SAF15582	39.25	33.61	14.91	18.07	19.25	6.89	7.07	19.67
SAF02128	38.35	33.46	14.71	18.24	19.32	7.22	7.21	20.47
SAF18015	40.44	35.08	15.70	19.08	19.44	6.58	7.21	21.32

生态学资料　黄胸鼠栖息于村庄、农田、砖木瓦顶结构房屋等与人类活动密切相关的区域，在长江流域主要栖息于屋舍，屋顶、瓦楞、墙头夹缝及天花板上面常是其隐蔽和活动的场所；随着城市化不断扩张，该鼠迅速适应了现代建筑和城市环境，成为南方城市高层建筑的优势种，多在管

道、吊顶天花板、管道井活动（王军建等，2004；胡秋波等，2014）。黄胸鼠是素食、杂食性鼠种，不喜食动物性饵料，喜食植物性饵料（梁俊勋等，1993）。黄胸鼠昼夜活动呈双峰型节律，在不同季节的昼夜活动中，出现的两个活动高峰时段有差异：一般在17：00—23：00出现第1个活动高峰期，随后活动逐渐下降；翌日1：00—3：00出现第2个活动高峰期，到6：00活动基本停止。在2个高峰期中，以凌晨活动为最强（吴锡进，1984）。长江流域洞庭湖区的黄胸鼠在上半年形成一个繁殖高峰后，下半年仅形成1个次高峰，而冬季处于繁殖低谷，在洞庭湖区，种群数量高峰一般出现在秋季；在河南，黄胸鼠1年仅有1个繁殖高峰，为6—9月。这些变化均与气温有关，随着纬度的升高，黄胸鼠的繁殖高峰由双峰逐渐变为单峰（张美文等，2000）。

　　地理分布　在四川全省均有分布，是家栖鼠类的主要组成部分。

　　黄胸鼠最早出现于印度的东部和北部。分布于亚洲西南地区，包括阿富汗斯坦南部、尼泊尔中部和南部、不丹、印度北部、孟加拉国，并经印度东北部进入中国；在中国分布广泛，除东北地区没有记录外，其他区域均有分布（包括海南岛和台湾）；扩展到朝鲜、东南亚及克拉地峡、缅甸南部丹老。在我国台湾、日本是引入还是本土种不得而知，但马来半岛、菲律宾和巽他陆架的种肯定是被引入的。孟加拉湾尼科巴群岛的也是引入的，并使之到达苏拉威西岛和新几内亚岛。

分省（自治区、直辖市）地图——四川省

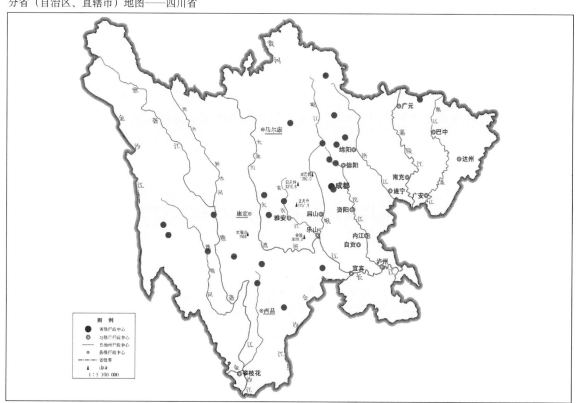

审图号：GS（2019）3333号　　　　　　　　　　　　　　　　自然资源部　监制

黄胸鼠在四川的分布
注：红点为物种的分布位点。

　　分类学讨论　Ellerman（1941）将 *Rattus tanezumi* 和 *R. flavipectus* 均作为独立种，把 *R. yunnanensis* 作为 *R. flavipectus* 的亚种，把 *R. sladeni* 作为 *R. rattus* 的亚种，但没有提及 *R. canna*。

Corbet和Hill（1992）把*R. flavipectus*、*R. yunnanensis*、*R. sladeni*、*R. canna*都作为*R. rattus*的同物异名，但没有提及*R. tanezumi*。

Musser和Carleton（2005）将*R. tanezumi*作为独立种，代表亚洲的$2n = 42$的原*R. rattus*成员。属于*R. rattus*种组。*R. tanezumi*这个拉丁学名是亚洲$2n = 42$的家鼠种群最古老的名字。区别于$2n = 38/40$的*R. rattus*。所以被认为是*R. rattus*的亚洲型，但分子、染色体和形态和*R. rattus*均有显著区别。Musser和Carleton（2005）列出了81个分类单元，1937年以来还命名了27个。81个分类单元中，涉及中国的有*R. flavipectus*、*R. sladeni*、*R. canna*、*R. brunneus*、*R. yunnanensis* 5个分类单元，没有1937年以后命名的分类单元。

王应祥（2003）将*R. tanezumi*、*R. yunnanensis*作为独立种，但没有给出理由。查阅中国有分布的黄胸鼠标本发现，中国不同地域标本没有明显的分异，而王应祥标注的"*Rattus yunnanensis*"标本是1号社鼠标本，属于误定。

R. flavipectus（Milne-Edwards，1871）产于四川雅安，是法国传教士David采集的包括大熊猫在内的标本之一。Milne-Edwards（1871）在描述*R. flavipectus*时，写得非常简单，他把David在中国收集的兽类标本进行了集中报道，列出了1个名录，在名录中出现*Mus griseipectus*，并加上了1个"*"号，在注释中简单描述了这个新种；总计只有4行字，且是对开排列的，按整行排列就只有2行字。该段文字中，Milne-Edwards同时描述了黑腹绒鼠*Arvicola melanogaster*、*Mus griseipectus*、*Mus ouang-thomae*、*Mus confucionus*等物种。Allen（1940）补充描述了该分类单元，鉴定特征：和*Rattus rattus*埃及亚种*R. r. alexandrinus*相比，个体相对较小，尾相对较短，腹部为淡黄色，背面暖赭色。前足背面中央黑色，两边白色（Bonhote在1906年查看该系列标本时，首次提出前足背面中央有1个黑色的区域，两边白色，Allen采纳了该鉴定特征）。这些特征和黄胸鼠的原始描述基本是一致的。

R. yunnanensis Anderson，1878采自缅甸Ponsee（Hotha）及云南盈江，没有指定正模标本。鉴定特征：背面黑棕色，混杂有尖部为棕色的长毛。背、腹没有明显界线，腹面毛黄色，染淡褐色。耳大而圆。吻部粗而短。尾长一般超过体长，也有短于体长者。体长138～145 mm，尾长144～156 mm，后足长28～30 mm，耳高18～20 mm。从描述内容和量度数据看，基本符合黄胸鼠的特征。大多数学者将其放入黄胸鼠，作为亚种或同物异名（Allen，1940；Musser and Carleton，1993，2005）。本书认同其为同物异名。

R. sladeni Anderson，1878采自云南盈江和缅甸交接的克钦山（Kakhyen Hill），作为黑缘齿鼠的同物异名没有问题（参见黑缘齿鼠）；对于*R. sladeni*，Musser和Carleton（2005）的归并是有问题的，他提到："Allen（1940）的描述和模式标本不一致，他提出该分类单元是根据印度加尔各答博物馆几号标本命名的，但后来有人发现，标本浸泡在酒精中，因此推断Allen没有检视模式标本"。事实上，Allen（1940）在描述该分类单元时，明确指出标本浸泡在酒精中，没有理由认为他没有检视模式标本。

R. canna Swinhoe，1871采自台湾淡水河（Tamsuy），属于黄毛鼠（参见黄毛鼠的分类学讨论）。

*R. brunneus*产于尼泊尔，最早命名为*Mus brunneus* Hodgson，1845。描述非常简单，仅有6行字，没有指定正模标本，只说其接近褐家鼠，是一种不同的家鼠，背面锈棕色，腹面锈色带灰白色。前、后足灰白色。尾略长于体长，体长235 mm，尾长241 mm，体重273～466 g。本书中确认

这一归并，将其作为黄胸鼠的成员。但我国是否有分布值得怀疑。

综上所述，本书观点：黄胸鼠没有亚种分化。

117. 板齿鼠属 *Bandicota* Gray，1873

Bandicota Gary, 1873. Ann. Mag. Nat. Hist., 12:418 (模式种：*Bandicota gigantea* Hardwiche, 1804=*Mus indicus* Bechstein, 1800)；Allen, 1940. Mamm. Chin. Mong., 1046; Ellerman and Morrison-Scott, 1951. Check. Palaea. Ind. Mamm.: 616; 胡锦矗和王酉之，1984. 四川省资源动物志 第二卷 兽类，219; Musser and Carleton, 1993. In Wilson. Mamm. Spec. World, 2nd ed., 578; 王应祥，2003. 中国哺乳动物种和亚种分类名录与分布大全：210; Musser and Carleton, 2005. In Wilson. Mamm. Spec. World, 3rd ed., 1292; Wilson, et al., 2017. Hand. Mamm. World, Vol. 7, Rodents, Ⅱ：818.

Gunomys Thomas, 1907. Ann. Mag. Nat. Hist., 20:203 (模式种：*Arvicola bengalensis* Gray et Hardwicke, 1833).

鉴别特征 大型鼠类。后足宽大；有很多黑色且很长的针毛着生于背中央。有6枚趾垫，靠近足跟的1枚趾垫呈方形。前足除拇指外，均有强大而笔直的爪。上颌门齿宽，有不规则的纵纹。臼齿特化，呈横板状，横叶中间弯向前方；第1上臼齿具3横叶，第2、3臼齿具两横叶。下臼齿也呈横板状。

形态 大型鼠类。背中央尤其是臀部的针毛黑且长。尾粗，较长，尾毛稀疏。头骨厚实，颧弓强大，眶上脊明显，门齿宽，臼齿咀嚼面呈横叶状。

生态学资料 栖息于潮湿、土壤疏松、肥沃的区域，夜间活动。筑洞于水塘边、围堰、农田（尤其是水田）、竹林等生境。草食性。

地理分布 模式产地为印度。分布于印度、孟加拉国、尼泊尔、不丹、斯里兰卡、印度尼西亚、缅甸、泰国、马来西亚及爪哇岛、苏门答腊岛等。在中国分布于广东、福建、台湾、广西、贵州、云南、四川。

分类学讨论 板齿鼠属命名以来，其地位稳定，基本上没有争议。但它和其他类群鼠亚科物种之间的亲缘关系有争议。有人认为地鼠属*Nesokia*和板齿鼠属亲缘关系最近（Misonne，1969；Niethammer，1977），但Gemmeke和Niethammer（1984）通过形态、染色体和酶学研究，认为家鼠属*Rattus*和板齿鼠属亲缘关系最近。

(219) 板齿鼠 *Bandicota indica*（Bechstein，1800）

别名 大柜鼠、小拟袋鼠、乌毛柜鼠、鬼鼠、印度板齿鼠

英文名 Large Bandicoot Rat、Greater Bandicoot Rat

Mus bandicota Bechstein, 1800. Thomas Pennant's Allgemeine Uebersicht der Vierfüssigen Thiere, 2:497, 714(模式产地：印度).

Mus indicus Bechstein, 1800. Thomas Pennant's Allgemeine Uebersicht der Vierfüssigen Thiere, 2:497, 714(模式产地：印度).

Mus nemorivagus Hodgson, 1836. Jour. Asiat. Soc. Bengal, Vol. 5: 234(模式产地：尼泊尔).

Nesocia nemorivaga Blanford, 1891. Fauna Bri. Ind., Mammalia, 426.

Bandicota nemorivaga Wroughton, 1919. Jour. Bombay Nat. Hist. Soc., Vol. 26: 786; Allen, 1940. Mamm. Chin. Mong., 1047.

Bandicota indica nemorivaga Ellerman and Morrison-Scott, 1951. Check. Palaea. Ind. Mamm., 618.

Mus kagii Kuroaka, 1912. Jour. Nat. Hist. Soc. Taiwan, 6: 7(无记述名).

Rattus eloquens Kishida, 1926. *Nezumi* In Dobuts. Kyozai no Konponteki Kenkyu: 144(模式产地: 中国台湾).

Nesokia nemorivaga taiwanus Tokuda, 1941. Biogeog. Tokyo, 4, 1: 74(模式产地: 中国台湾).

鉴别特征　个体很大，体重平均超过550 g，平均体长250 mm。被毛粗糙，毛向明显，肩部、背中央和后背覆盖长而坚硬的刚毛，后背的刚毛很长，最长达到80 mm。吻部很宽，眶上脊和颞脊非常明显。上、下臼齿均由2～3横列齿突前后排列构成。幼体和亚成体的第1上臼齿第1、2横列有舌侧齿突、中央齿突、唇侧齿突3个齿突，第3横列无舌侧齿突；第2、3上臼齿第1横列仅存舌侧齿突。老年个体的3个齿突不明显，咀嚼面因磨损呈横板状。

形态

外形：个体很大，成体平均体重超过550 g，平均体长250 mm；尾略短于体长，平均尾长226 mm，少数个体尾长约等于体长。

须每边约20根，最短的约15 mm，最长者近70 mm；短须较柔软，长须则很粗硬；大多为黑色，一些短须的根部黑色，端部棕褐色。前、后足均具5指（趾）。前足第1指极短，具指甲，长约3.5 mm；第2指长约8 mm（不包括爪）；第3指最长，约9 mm；第4指和第2指几乎等长；第5指比第2指短，长约5 mm。爪长约3 mm。后足宽大，具5趾，均具爪；第1趾和第5趾约等长，长约4.5 mm；第2～4趾等长，长约10 mm；后足爪更宽大，长约3.9 mm。掌垫5枚，趾垫6枚。被毛粗糙，毛向明显，有绒毛、柱状毛和刚毛3种毛发；柱状毛很多，遍布整个背面，长约15 mm；绒毛为下层毛，较短；刚毛分布于肩部、背中央和后背，后背的刚毛很长，最长达到80 mm。

毛色：整个背面毛色一致，从吻部至尾根全部为灰褐色，毛基灰色，毛尖黑褐色。身体侧面淡一些，毛基灰色，毛尖黄褐色。整个腹部毛色一致，从颏部至肛门区域毛基灰色，毛尖棕白色；腹面毛较短。背、腹毛色没有明显界线。耳颜色和体背基本一致，毛很短，粗看觉得裸露无毛，事实上覆盖有短毛。尾上、下一色，环纹明显。环鳞中着生短的刚毛。前、后足背面和体背毛色一致，灰褐色。爪黄白色。

头骨（按照1号亚成体描述，颅全长仅41.6 mm）：背面略呈弧形，最高点位于额骨前缘。鼻骨略短于前颌骨最前端，前面略宽，后面略窄，从前往后2/5处突然变得较窄，但往后两侧平行；末端略窄，插入额骨前缘中央，止于左右上颌骨颧突连线的后缘。顶骨前后宽，中间窄。眶上脊明显，存在颞脊。鼻骨后缘与顶骨的骨缝呈弧形。顶骨不规则，后半部向侧面显著扩展。顶间骨呈半圆形，前后长大，左右宽小；长约5 mm，宽8.4 mm。枕部向后方呈一斜面。枕髁向后突出。侧枕骨与顶骨之间存在纵脊，乳突明显，止于听泡后缘外侧；鳞骨和听泡之间的纵脊明显，止于听泡上部靠后方。侧面颧弓较强大。腹面门齿孔长，向后止于左、右臼齿前缘的连线后侧。犁骨均匀。上颌骨与腭骨组成的硬腭上有2条明显的纵沟。腭骨后缘与翼骨相连，但无翼骨窝。翼骨")（"状排列，后端止于听泡前缘内侧；听泡中等偏小。下颌骨宽大，冠状突薄，宽，短；关节突宽，粗壮，很短；角突宽，短，略向外扩张。

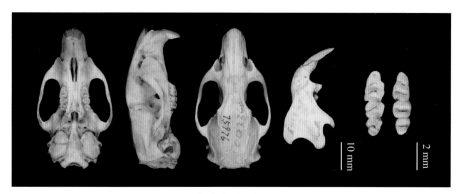

板齿鼠头骨图

牙齿：上颌门齿粗壮，垂直向下，唇面橘色。第1上臼齿由3个横列前后排列构成，第1、2横列具舌侧、中央和唇侧3个齿突；第3横列仅具中央和外侧齿突；舌侧齿突退化。第2上臼齿也由3横列前后排列组成，第1横列仅具舌侧齿突，中央和唇侧齿突退化；第2横列具舌侧、中央和唇侧3个齿突；第3横列仅具中央齿突。第3上臼齿具2个横板状齿突。

下颌门齿粗壮，唇面橘色。第1下臼齿由前后3横列叠拼排列组成，每个横列具内、外2个齿突。具有6个齿突；该齿第1横列较窄。第2上臼齿由前、后2个叠拼的横列组成，后面的横列略粗壮；每个横列有内、外2个齿突；该齿后面中央还有1个副齿突。第3下臼齿由前、后2个横板状齿突构成，前面的宽阔，后面的狭窄。

老年个体的齿突被磨平，咀嚼面由系列横板状齿环构成，故称板齿鼠。

量衡度（衡：g；量：mm）

外形：

编号	性别	体重	体长	尾长	后足长	耳高	采集地点
SPDPCC61007	♀	488	244	200	46	30	四川米易
SPDPCC61689	♂	585	240	200	46	28	四川米易
KIZCAS690028	♂	500	250	210	47	30	四川米易
KIZCAS650287	♂	700	275	276	51	32	云南盈江
KIZCAS81171	♀	513	250	195	45	28	云南景东
KIZCAS75976	♂	580	278	275	47	27	广东南海

头骨：

编号	颅全长	基长	鼻骨长	颧宽	上齿列长	上臼齿列长	听泡长	下颌骨长
KIZCAS811711	55.98	52.71	20.03	30.92	31.94	11.12	8.81	40.15
KIZCAS690028	59.10	55.85	22.87	32.26	34.18	10.94	9.34	43.98
KIZCAS75979	50.02	46.98	17.29	27.19	29.21	10.80	8.98	36.75
KIZCAS650287	65.46	62.32	25.62	34.92	38.89	12.28	11.83	45.74
KIZCAS75976	59.84	56.97	20.95	31.89	34.98	10.58	12.13	42.33

生态学资料 板齿鼠选择潮湿、土质松软的河堤、田埂、沟渠、水塘边作为栖息地。掘洞，洞口直径约130 mm，很大，明显。据莫乘风（1958）报道，板齿鼠喜食稻谷、甘蔗和甘薯，植食性。板齿鼠夜间活动，善游泳，能潜水。一年四季繁殖，春末和初秋有2个繁殖高峰期，胎仔数2～10只，通常4～6只。

地理分布 在四川仅分布于米易，国内还分布于福建、台湾、广东、广西、云南。

分省（自治区、直辖市）地图——四川省

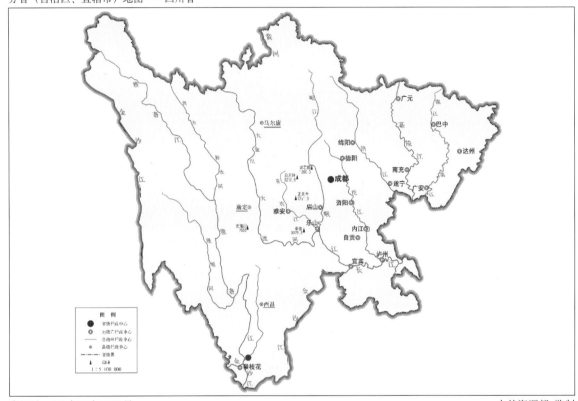

审图号：GS (2019) 3333号

自然资源部 监制

板齿鼠在四川的分布
注：红点为物种的分布位点。

分类学讨论 板齿鼠的种级地位稳定。最早被放入小鼠属*Mus*，后作为单独一属——板齿鼠属。由于形态上和印度地鼠属*Nesokia*接近，曾被认为与印度地鼠关系最近。但细胞学、酶学、分子系统学研究显示其与家鼠属*Rattus*关系最近。亚种分化没有定论，Ellerman和Morrison-Scott（1951）认为板齿鼠有5个亚种。其中以我国台湾标本命名了3个分类单元，均被认为是尼泊尔亚种*Badicota indica nemorivaga*的同物异名。现在分布于我国的被认为有4个亚种（Smith和解焱，2009）：尼泊尔亚种*B. i. nemorivaga*（Hodgson，1836），模式产地为尼泊尔；越北亚种*B. i. sonlaensis* Dao，1975，模式产地为越南西北部山萝；泰国亚种*B. i. mordax* Thomas，1916，模式产地为泰国清迈；台湾亚种*B. i. eloquens*（Kishida，1926），模式产地为台湾。分布于四川的被认为是尼泊尔亚种，是否准确有待深入研究。

板齿鼠尼泊尔亚种 *Bandicota indica nemorivaga*（Hodgson，1836）

Mus nemorivagus Hodgson, 1836. Jour. Asiat. Soc. Bengal, Vol. 5: 234.

Nesocia nemorivaga Blanford, 1891. Fauna British India, Mammalia, 426.

Bandicota nemorivaga Wroughton, 1919. Jour. Bombay Nat. Hist. Soc., Vol. 26: 786; Allen, 1940. Mamm. Chin. Mong., 047.

鉴别特征　个体很大。后足长约45 mm。体背棕黑色，毛基灰色，毛尖黑色或者灰棕色。足背黑棕色，指（趾）灰白色。背面臀部有很多长的硬毛。尾长短于体长。

地理分布　同种的描述。

三十五、豪猪科 Hystricidae Fischer，1817

Hystricidae Fischer, 1817.Memories Soc. Imp. Nat. Moscow, 5:372(模式属：*Hystrix* Linnaeus, 1758).

起源与演化　啮齿目的豪猪类在高阶分类上还有很多争议，很多分类学家将豪猪类放入豪猪亚目 HYSTRICOMORPHA（Simpson，1945；Ellerman and Morrison-Scott，1951；盛和林等，1985；王应祥，2003；Musser and Carleton，2005）。Simpson（1945）在豪猪亚目下置7个超科，19个科。Mckenna 和 Bell（1997）将豪猪科、甘蔗鼠科 Thryonomyidae、岩鼠科 Petromuridae、非洲鼹鼠科 Heterocephalidae、滨鼠科 Bathyergidae 等6个科归入豪猪亚目 HYSTRICOGNATHA 的非洲豪猪下目 PHIOMORPHA。美洲豪猪科、天竺鼠科 Cavioidea、毛丝鼠科 Chinchilloidea、刺鼠科 Ochtodontoidea 等13个科归为南美豪猪下目 CAVIOMORPHA。但 Upham 等（未发表资料，见 Wilson et al.，2016）基于31个核基因构建的系统发育树显示，豪猪类分为4个进化支，对应非洲豪猪亚目 PHIOMORPHA、南美豪猪亚目 CAVIOMORPHA、豪猪型亚目 HYSRRICOGNATHI 和梳趾豪猪亚目 CTENOHYSTRICA 4个亚目。不过，Wilson 等（2016）并未采纳该分类系统，而是遵照传统的啮齿目3亚目，将豪猪类放入豪猪亚目 HYSTRICOMORPHA，下辖2个下目——梳趾鼠下目 CTENODACTYLOMORPHI 和豪猪下目 HYSTRICOGNATHI。前者包括梳趾鼠科 Ctenodactylidae 和硅藻鼠科 Ditomyidae；后者包括豪猪科 Hystricidae 及非洲、南美洲等豪猪类的15科。李传夔和邱铸鼎（2019）仍然遵循 Rose（2006）的分类系统，将豪猪类放入1个亚目——豪猪型下颌亚目 HYSRRICOGNATHA，所用拉丁学名和前面提及的均有所区别。

基于28个外显子核基因构建的系统树发现，豪猪亚目包括3个进化支，分别是豪猪科、狭义的非洲豪猪类和南美豪猪类。以线粒体 12S rRNA 基因为基础的分子系统学研究表明，广义上的非洲豪猪类属于单系群，其中豪猪科的谱系最多样，无论采用何种分析方法，豪猪科似乎都是单系生物。现在的豪猪科包括3属11种（Wilson et al.，2017）。

最早的南美豪猪类化石发现于秘鲁中始新世早期（距今4 100万年前）；最早的非洲豪猪类化石发现于利比亚同一时期，比秘鲁地层稍晚（3 800万～3 900万年前）。Barbiere 等（2015）提出豪猪类起源于中始新世中期，且极有可能起源于亚洲。Sallam 等（2009）通过化石和分子系统学得到了豪猪类分化比较准确的证据，证实豪猪科在距今3 900万年前 Mya 时就与南美洲和非洲的豪猪分开，而南美洲和非洲的豪猪的分化时间是3 600万年前（李传夔和邱铸鼎，2019）。

世界上最早的豪猪化石发现于埃及晚中新世地层，欧洲最早的化石比埃及的稍晚，但也是晚中新世地层的（李传夔和邱铸鼎，2019）。

形态特征　豪猪科为最大型的啮齿类，身体的形状像老鼠，体型由苗条到矮壮均有，体重跨度大（从帚尾豪猪属物种的1.5 kg，到豪猪属物种的27 kg）。

豪猪类以其粗糙的毛发和特殊的棘刺而闻名，全身覆盖有圆形或扁形棘刺，尾有棘刺、刚毛或硬毛，所有的棘刺都指向它们的尖端，这为它们提供了非常有效的防御。四肢短小，前、后足均具5个趾，肉掌裸露，没有长爪。

　　豪猪的鼻腔很大，额骨大于顶骨，枕脊明显。下颌骨腹面观呈U形，角突不斜向外或在枕髁之后。高齿冠型。

　　分类学讨论 1907年，Lyon建议将豪猪科Hystricidae分为2个亚科——帚尾豪猪亚科Atherurinae和豪猪亚科Hystricinae。Allen（1940）通过形态上的差异确定豪猪科包含帚尾豪猪亚科和豪猪亚科2个亚科。Ellerman和Morrison-Scott（1951）认为豪猪科包含2个属，分别为*Atherurus*属和*Hystrix*属。Corbet（1978）不认同Ellerman和Morrison-Scott（1951）的观点，指出豪猪科包含4个属。Walker（1975）同样认为豪猪科含4个属，分别为*Thecurus*属、*Hystrix*属、*Atherurus*属、*Trichys*属。Honacki等（1982）和谭邦杰（1992）同意Walker等（1975）的观点。Wilson和Reeder（1993）则认为Hystricidae只包含*Hystrix*属、*Atherurus*属、*Trichys*属3个属，Musser和Carleton（2005）、Smith和解焱（2009）、Wilson等（2017）均同意该观点。

　　按照*Handbook of the Mammals of the World*（Volume 6）的分类，豪猪科在全世界有3属11种，中国有2属2种，包括帚尾豪猪属的帚尾豪猪*Atherurus macrourus* 1种，豪猪属的马来豪猪*Hystrix brachyura* 1种。但潘清华等（2007）认为中国豪猪*Hystrix hodgsoni*仍为独立种，故中国分布有3种豪猪，四川分布有帚尾豪猪和中国豪猪2种。

豪猪科分属检索表

1.尾长为后足长的2倍；尾端棘簇状，形成串珠结构；在背上的最长的棘刺仅约75 mm，扁平，大部分棕色，尖端有点白色·· 帚尾豪猪属*Atherurus*

2.尾短为后足长的2倍；尾端有管状"嘎嘎作响"的棘刺；在背上和身体后1/4处的最长的棘刺远超过75 mm ··· 豪猪属*Hystrix*

118. 帚尾豪猪属 *Atherurus* F. Cuvier，1829

Atherurus F. Cuvier, 1829. Diet. Sci. Nat., 59:483(模式种: *Hystrix macrourus* Linnaeus, 1758).

Atherura F. Cuvier, 1829. Regne Anim., 1:215. Emendation.

　　鉴别特征 尾长是后足长的2倍；尾端棘簇状，形成串珠结构。背上最长的棘刺仅约75 mm，扁平，大部分棕色，尖端有点白色。

　　形态 小型，身体瘦长，四肢粗壮，耳郭短。尾末端覆有白色棘簇，棘的后部具有很多珠串状的球节；背面的棘刺扁，上面有沟；腹部的棘刺柔软纤细。

　　生态学资料 帚尾豪猪主要栖息在茂密的森林中，尤其是靠近水域的森林。筑洞或占洞，洞可相连，可容3个个体。夜行性，一般地栖，偶尔爬树。以根、块茎和绿色植物为食。每年繁殖2胎，每胎产1～2仔；妊娠期100～110天，幼仔早熟性；1周龄后离巢，棘刺已经变硬。

　　地理分布 帚尾豪猪属分布在印马界和非洲界，分布区间断。非洲帚尾豪猪分布于非洲中部和南部，如肯尼亚、乌干达等；帚尾豪猪分布在南亚的印度阿萨姆邦和孟加拉国，在东南亚广泛分布于缅甸、泰国、老挝、越南、柬埔寨、马来西亚半岛、印度尼西亚苏门答腊岛。在中国分布于西南部和南部。

分类学讨论 帚尾豪猪属豪猪分布于非洲和亚洲两地，根据最新的分类系统 *Handbook of the Mammals of the World*（Volume 6），全世界帚尾豪猪属有2种，即非洲帚尾豪猪 *Atherurus africanus* 和帚尾豪猪 *Atherurus macrourus*。中国仅有帚尾豪猪1种。

（220）帚尾豪猪 *Atherurus macrourus*（Linnaeus，1758）

别名 刺猪、响尾豪猪、响铃猪

英文名 Asiatic Brush-tailed Porcupine

Hystrix macrourus Linnaeus, 1758. Syst. Nat., l0th ed, 1:57(模式产地：马六甲).

Atherurus stevensi Thomas, 1925. Proc. Zool. Soc. Lond., 505. Ngai-tio, Tonkin, Indo-China.

鉴别特征 小型豪猪，身体长条形，前、后足粗短，耳短圆。全身有棘刺，身体背面的棘刺扁，上面有沟，腹部棘刺柔软。尾巴细长，尾末端覆有一丛丛坚硬的白色棘簇，棘的后部具有很多串珠状的球节。

形态

外形：体型小，细长。体重1.5～4.0 kg，体长345～525 mm，尾长139～250 mm，后足长64～77 mm，耳高30～75 mm。有鳞状的长尾，尾末端有白色超过20 cm的棘刺簇，像1把扫帚。

毛色：头顶、头部两侧、颈及前后肢覆以棕色短刺。体背被以淡巧克力棕色硬棘刺，背中部的刺长，最长者可达75 mm；刺扁上部具沟。棘刺基部棕黑色，端部1/2为黑褐色。体背刺的基部覆以污白色毛，肩部的毛较稀，呈棕色。背部的硬刺中有分散的白色圆形、中空且与背刺等长的刺，唯基部呈棕色。腹面除颈下为棕色外，喉、整个腹面及四肢两侧的刺均为纯白色，直至刺基，腹部的棘刺柔软、纤细。尾为污白色，覆以鳞片，尾尖具由硬刺形成的端丛，成扫帚状，每刺的端部1/2处具2～9个谷粒样大小的囊状物。当尾巴摇摆的时候，能发出沙沙的响声。

头骨：侧面观较平缓，吻较窄长，鼻骨长而窄。眶间部宽，约与额区等宽，该部分约占去头骨的中部1/3。颅全长103 mm；上齿列长20.4 mm，下齿列长20.4 mm；颚长4.6 mm；鼻骨长28.9 mm，宽14.1 mm；颧宽51.0 mm，后头宽46.4 mm。

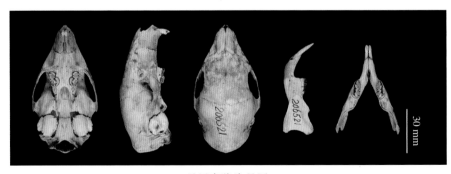

帚尾豪猪头骨图

牙齿：有20枚齿根很浅的牙齿，齿式1.0.1.3/1.0.1.3 = 20。上臼齿圆形，齿冠具3个外侧深凹褶，该凹褶深陷，一直深入至内侧齿冠壁，磨损后则成若干复杂的岛状。下颌门齿根特长，起自下颌冠状突下。下臼齿冠面呈"8"字形。

量衡度（量：mm）

外形：

编号	体长	尾长	后足长	耳长	采集地点
KIZCAS 64030	520	230	77	75	四川雷波
KIZCAS 206521	360	195	70	30	云南龙陵

头骨：

编号	颅全长	颧宽	眶间宽	颅高	鼻骨长	上齿列长	上颊齿列	下颌骨长	下齿列长	下颊齿列
KIZCAS 64030	103.00	51.10	—	—	28.90	20.40			20.40	—
KIZCAS 631413	112.00	52.00	33.00	37.00	35.00	15.50	22.00	64.00	16.00	22

生态学资料 栖息在海拔1 000～2 000 m的林区及山坡，偏爱多岩石的地方，在此筑洞和占洞，这些洞可以相连。夜行性，一般地栖，但也能爬树。食物包括根、块茎和绿色植物，也以农作物为食，特别是玉米、甘薯。妊娠100～110天后，有1只（有时2只）早熟性的幼仔出生。每年繁殖2胎。幼体1周后离巢，这时它们的棘刺已变硬。

地理分布 在四川分布于川东、川南（如雷波）、川西山区及深丘地带，国内主要分布于西南

分省（自治区、直辖市）地图——四川省

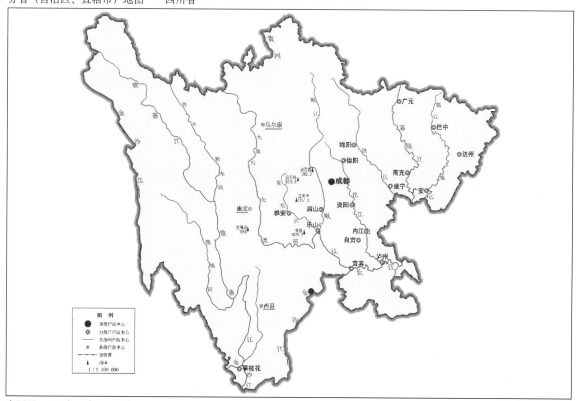

审图号：GS（2019）3333号

自然资源部 监制

帚尾豪猪在四川的分布
注：红点为物种的分布位点。

地区，如云南、贵州、海南、广西、重庆。国外分布于印度、缅甸、泰国、越南、马来西亚、印度尼西亚。

分类学讨论　Allen（1940）指出中国分布的帚尾豪猪包含 *Atherurus macrourus stevensi* 和 *A. m. hainanus* 2个亚种。Ellerman 和 Morrison-Scott（1951）认为，*A. macrourus* 包含 *A. m. macrourus*、*A. m. hainanus*、*A. m. assamensis* 3个亚种，且 *A. m. stevensi* 为 *A. m. macrourus* 的同物异名。van Weers（1977）指出，*A. m. hainanus* 和 *A. m. macrourus* 2个亚种之间只存在一些微小的差异，这些差异不足以支撑亚种的成立。Honacki 等（1982）则认为，*A. macrourus* 包含 *A. m. retardatus* 和 *A. m. angustiramus*。谭邦杰（1992）认为，*A. macrourus* 包含3个亚种，分别是 *A. m. macrourus*、*A. m. hainanus* 和 *A. m. stevensi*。Wilson 和 Reeder（1993）则认为 *A. macrourus* 没有亚种的分化，*A. m. hainanus*、*A. m. retardatus*、*A. m. angustiramus*、*A. m. stevensi* 均为其同物异名。Musser 和 Carleton（2005）同意 Wilson 和 Reeder（1993）的观点。Smith 和解焱（2009）认为，*A. macrourus* 在中国仍分布有2个亚种——*A. m. macrourus* 和 *A. m. hainanus*。Wilson 等2016）认为，*A. macrourus* 没有亚种的分化。

119. 豪猪属 *Hystrix* Linnaeus，1758

Hystrix Linnaeus, 1758. Syst. Nat., 10th ed, r:56(模式种: *Hystrix cristatus* Linnaeus, 1758).

Histrix Cuvier, 1798. Tabl. Elem. Hist. Nat. Anim: 130. modification of *Hystrix*.

Acanthion Cuvier, 1823. Mem. Mus. Hist. Nat. Paris, 9: 425, 431(模式种: *Acanthion javanicum* Cuvier, 1823). Valid as a subgenus.

Oedocephalus Gray, 1866. Proc. Zool. Soc., 308(模式种: *Acanthion cuvieri* Gray, 1847= *Hystrix cristata* Linnaeus, 1758).

鉴别特征　尾短于后足长的2倍；尾端有管状"嘎嘎作响"的棘刺。在背上和身体后1/4处的最长的棘刺大于75 cm。

形态　体型相对较大，粗壮；尾短于11 cm。体侧和胸部有扁平的棘刺；身体后1/4和尾上的刺为圆棘刺。鼻骨宽长，超过枕鼻长一半，向后超过眼眶中线。眶前窝和颞窝几乎大小相等。臼齿有齿根。

生态学资料　豪猪属栖息于森林和开阔田野，活动于山坡、草地或密林中，在堤岸和岩石下挖大的洞穴。生活在林木茂盛的山区丘陵，在靠近农田的山坡、草丛或密林中数量较多。穴居，常以天然石洞居住，也自行打洞。豪猪属是食草动物，以各种植物的根、块茎、树皮，草本植物和落下的果实为食。最喜食瓜果、蔬菜、芭蕉苗和其他农作物。在秋、冬季节发情，春季或初夏产仔。孕期110天左右，哺乳期50天左右，8个月即可达性成熟，繁殖不受季节限制，但每年12月至翌年6月是繁殖高峰期；自然状态下年产仔1～2胎，胎产仔1～2只。

地理分布　豪猪属广泛分布于欧洲南部、亚洲南部、非洲北部以及中国的中部和南部。

分类学讨论　根据最新的分类系统 *Handbook of the Mammals of the World*（Volume 6），豪猪属包括8种，国内仅分布有马来豪猪 *Hystrix brachyura* 1种。潘清华等（2007）认为，在云南西部（盈江地区），中国豪猪与马来豪猪同域分布，在形态上有明显区别：中国豪猪鼻骨很长，超过枕鼻长一半，向后超过眼眶中线；而爪哇豪猪鼻骨不及枕鼻长一半，向后仅接近颧弓颧突前基部。因此，中国豪猪仍应保留种的分类地位。四川仅分布有中国豪猪。

（221）中国豪猪 *Hystrix hodgsoni*（Gray，1847）

别名　中国豪猪、海南凤头豪猪、刺猪、箭猪、蒿猪、山猪
英文名　Chinese Porcupine

Acanthion hodgsoni Gray, 1847. Proc. Zool. Soc. Lond., 101(模式产地：尼泊尔).

Hystrix alophus Hodgson, 1847. Jour. Asiat. Soc. Bengal, 16: 771(August, 1847). (模式产地：喜马拉雅).

Hystrix bengalensis Blyth, 1851. Jour. Asiat. Soc. Bengal, 20: 170(模式产地：孟加拉国).

Hystrix subcristata Swinhoe, 1870. Proc. Zool. Soc., 638(模式产地：福建福州).

Acanthion klossi Thomas, 1916. Ann. Mag. Nat. Hist., 17:139(模式产地：缅甸丹那沙林).

Acanthion millsi Thomas, 1922. Jour. Bombay Nat. Hist., Soc., 28, 2: 431(模式产地：阿萨姆).

Acanthion subcristata papae Allen, 1927. Amer. Mus. Nov., 290, 3(模式产地：海南那大).

鉴别特征　体型大，粗壮；尾短于11.5 cm，末端有呈管状的刚毛。全身棕褐色，覆盖棘刺。背部密被棕色空心圆棘刺，最长的棘刺远超过75 mm，体后部刺可达450 mm以上。

形态

外形：体型大，体重10～27 kg。体长550～830 mm，尾长80～115 mm，后足长75～93 mm；耳高25～38 mm；尾短，隐于硬刺中，不到后足2倍长。须短，较多，每边超过20根；其中最长者约20 mm；较长的胡须比较硬，下部较硬的短须超过15根。前、后足上都具有5指（趾），第1指退化，很小。后足脚底下肉垫前排4个和后排2个较为明显，中间3个褶皱在一起，不明显；肉垫中间形成凹陷，从前至后分别为4个、3个、2个。前足肉垫也为9个，中间1排内侧肉垫不明显。内侧第1指都较短，不明显；第2、5指等长；第3、4指等长且最长。

毛色：头部覆以棕色或黑棕色毛，耳裸出，仅其上缘具少量白色短毛。额至颈部中央具一由基部淡棕色、末端白色的细长刺形成的白色纵走条纹。两肩及颊下具尖端白色的刺，形成半圆形白环，围绕颊下，在颈部下方形成一白色条纹。

背面前部密覆棕色正方形长刺，以3～5枚1排生在体表，形成厚厚的"肉鳞"弧形面，其长可达200 mm；背面后部棘刺粗而长，圆形，特别是在臀部颇为密集，长400～450 mm。刺为乳白色，中部1/3淡褐色，中空或填充乳白色胶状物，直径5～6 mm，像一根根利箭，非常坚硬而锐利，由体毛特化而成，由蛋白质组成，容易脱落。尾短，有一丛丛中空的、末端有开口的、短且特别锋利的管状刺，当尾巴摇摆的时候，能发出"卡塔卡塔"的声响，以警告那些骚扰自己的动物。在颈侧、肩部、四肢及腹面还覆以较柔软的棕色小刺。

头骨：头骨粗壮，侧面观前半较高，自中部起逐渐低下，直至枕部为最低点。顶部鼻骨长而宽，长于颅全长一半；前部略3/4呈长方形，后部微隆起，末端呈半弧形，插入额骨前端近乎一半。额骨宽大，前、后端均为半弧形，几近平行，中间部分形成眼眶的内壁且略向外凸，眶上脊和颞脊

钝圆。顶骨宽大，蝴蝶翅膀状；顶间骨马鞍形，中央向背面突出形成锋利的矢状脊，向后与外枕骨形成枕脊，矢状脊与枕脊垂直。幼体无矢状脊，亚成体矢状脊和顶间骨较小，成体矢状脊突出，顶间骨较大。

头骨的后部为枕部，构成颅腔后壁及腹壁最后部分的为4块枕骨——上枕骨和基枕骨各1块，侧枕骨2块，分布在枕骨大孔周围。上枕骨中间凸起形成纵脊，与枕脊垂直，向下形成颈突。侧枕骨1对形状不规则，颈突超过腹部平面。乳突小，位于颈突内侧。枕骨大孔椭圆形，直径17 mm左右。

前颌骨着生门齿，两前颌骨前缘在门齿直接汇合形成锋利的纵脊。上颌骨很大，形状不规则；上颌骨前方形成大孔，孔下缘形成细的骨板，后缘与颧骨相连，形成眶前孔。鳞状骨不规则，前缘与颧骨相接。上颌骨颧突上缘、颧骨和鳞状骨前缘共同形成颧弓，前半部分粗壮，结实，后半部分细弱。眶前孔大，稍小于眼眶，泪骨位于眼眶前上角，呈三角形。

腹面前颌骨很窄，上颌骨与腭骨构成的硬腭长条形，前端门齿孔封闭。腭骨后端圆弧形，两边向后延伸，与翼骨相接，翼骨薄，直立。基枕骨、基蝶骨、前蝶骨长方形。鼓骨在基枕骨两侧，鼓泡小而圆。下颌骨1块，粗壮，有冠状突、关节突和角突3个突起，着生牙齿。冠状突小而尖，关节突与角突几乎垂直，中间略凹，角突宽而钝，不向外斜。

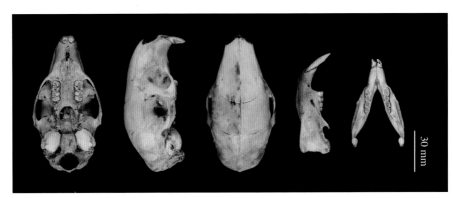

中国豪猪头骨图

牙齿：有20枚齿根很浅的牙齿，齿式1.0.1.3/1.0.1.3 = 20。幼体最后一颗臼齿不显。门齿橘黄色，略微向后弯曲，而且垂直向下；下颌门齿露出的部分斜长。

上齿列长79.24 mm，下齿列长70.12 mm。上臼齿宽33.18 mm，下臼齿宽33.4 mm。上齿列左右平行，下齿列略呈"八"字形。第1颊齿最长，第1、2臼齿略等大，最后的臼齿最小，但前臼齿和臼齿均纵长超过横宽。臼齿齿冠平，珐琅质横褶围绕着齿质岛。臼齿冠面具对角线的斜行凹褶磨损后呈斜形齿环。亚成体和幼体臼齿可见小的乳突，成体小乳突消失。

量衡度（衡：g；量：mm）

外形：

编号	体重	体长	尾长	后足长	耳长	采集地点
SUM 58068	11 000	550	90	80	35	四川雷波
SUM-02	—	700	100	63	23	四川峨边613林场

头骨：

编号	颅全长	基底长	额宽	眶间宽	颅高	鼻骨长	上齿列长	上颊齿列	下颌骨长	下齿列长	下颊齿列	采集地点
SAFZZHZ 01	110.21	103.12	60.35	45.09	48.36	53.02	54.21	20.15	74.12	45.26	22.01	四川雅江下德差（亚成体）
SAFZZHZ 02	150.32	148.67	69.04	49.49	68.16	85.83	79.24	32.81	105.70	70.12	33.40	四川彭州团山
SAFZZHZ 03	127.96	120.92	62.35	43.13	60.25	71.51	70.31	29.06	90.78	60.63	32.87	收集003（亚成体）
SUM58068	139.00	—	70.50	54.00			27.00			28.30		四川雷波

生态学资料　中国豪猪多栖居在森林和开阔田野，喜山坡，穴居，有的利用石隙做窝，有的挖洞栖息。3～5只群居一处，夜间活动，常循一定路线外出觅食，农作物成熟期多在田间活动盗食农作物，如玉米、甘薯、瓜、果以及树皮、草本植物、落下的果实等。遇敌时，全身棘刺竖立以御敌害，先后退，再有力地猛向敌人，将自己的棘刺插入敌人身体。报警时会摇动尾棘（发出声响）、喷鼻息和跺脚。妊娠期大约110天，每胎产2仔（有时3仔），每年繁殖1～2胎。

地理分布　分布于四川盆地及盆周山区与深丘地区，如峨边（611林场）、雅江、木里、雷波、宝兴、广元、南江、彭州等地，国内广泛分布于中部和南部，包括西藏、海南、云南、四川、重庆、贵州、湖南、广西、广东、香港、福建、江西、浙江、上海、江苏、安徽、河南、湖北、陕

分省（自治区、直辖市）地图——四川省

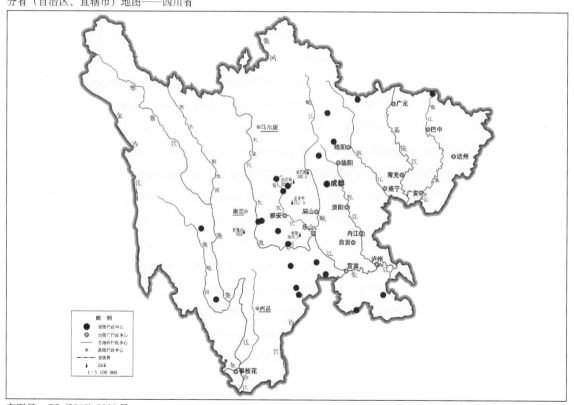

审图号：GS（2019）3333号　　　　　　　　　　　　　自然资源部 监制

中国豪猪在四川的分布
注：红点为物种的分布位点。

西、甘肃。国外分布于尼泊尔、印度（锡金和阿萨姆）、缅甸、泰国、越南、马来西亚、苏门答腊岛、加里曼丹岛。

分类学讨论　中国豪猪以前一直被认为是马来豪猪 *Hystrix brachyura* 的亚种，最近才独立成种。中国豪猪于1847年由 Gray 成立，命名为 *Acanthion hodgsoni*。Allen（1940）认为，中国分布有 *Hystrix*（*Acanthion*）*subcristata*、*Hystrix*（*Acanthion*）*yunnanensis* 2个种，并对 *Hystrix*（*Acanthion*）*subcristata* 的2个亚种 *H. s. subcristata* 和 *H. s. papae* 进行了描述。Ellerman 和 Morrison-Scott（1951）认为，*Hystrix hodgsoni* 为独立种，且包含 *H. h. hodgsoni*、*H. h. subcristata*、*H. h. papae* 这3个亚种，同时 *H. yunnanensis* 降为 *H. brachyura* 的1个亚种。Honacki 等（1982）认为，*H. brachyura* 包含了 *H. b. hodgsoni*、*H. b. subcristata*、*H. b. klossi* 这3个亚种。王酉之（1984）同意 Ellerman 和 Morrison-Scott（1951）的观点。谭邦杰（1992）认为，*H. hodgsoni* 为独立种，但只包含 *H. h. subcristata* 和 *H. h. papae* 这2个亚种。Wilson 和 Reeder（1993）认为，*H. hodgsoni* 为 *H. brachyura* 的同物异名。王应祥（2003）同意 Honacki 等（1982）的观点。Musser 和 Carleton（2005）将 *H. h. hodgsoni* 和 *H. h. subcristata* 作为 *H. brachyura* 的亚种。Smith 和解焱（2009）同意 Musser 和 Carleton（2005）的观点。蒋志刚（2015，2017）认同 *H. hodgsoni* 为独立种的观点。Wilson 等（2016）认为，中国只分布有 *H. brachyura*，且 *H. hodgsoni* 为该种的1个亚种，但潘清华等（2007）认为，在云南西部（盈江地区），*H. hodgsoni* 与 *H. brachyura* 同域分布，在形态上存在明显区别：*H. hodgsoni* 鼻骨很长，超过枕鼻长一半，向后超过眼眶中线；而 *H. brachyura* 鼻骨不及枕鼻长一半，向后仅接近颧弓颧突前基部。因此，本书认同潘清华等（2007）等人的观点，认为 *H. hodgsoni* 仍应保留种的分类地位，且在四川有分布。四川分布的亚种为 *H. h. subcristata*。

兔形目

LAGOMORPHA Brandt, 1855

Lagomorpha Brandt, 1855. Beitrage zur nahern Kenntniss der Saugethere Russland's Mem. Acad. Imp. Sci. St. Petersbourg. 6, 9, pt. 1: 295.

Duplicidentata Illiger, 1811. Prodromus systematis mammalium et avium additis terminis zoographicis utriudque classis. Berlin, C. Salfeld: 91.

Leporinorum Fischer, 1817. Adversaria zoological. Mem. Soc. Imp. Nat., Moscow. Vol. 56: 409.

兔形目动物属于中、小型的草食性兽类，其主要特征为：上颌具有2对前后重叠的门齿，前一对较大，前方有明显的纵沟；后一对极小，隐于前一对的后方，呈圆柱状。下颌具有1对门齿，无犬齿，在门齿与前白齿之间有很长的齿隙。上唇中部具纵裂，无尾或尾短小。分布于亚洲、欧洲、非洲、北美洲、南美洲的广大地区。

目前，兔形目包括鼠兔科Ochotonidae和兔科Leporidae 2个科。鼠兔科仅鼠兔属Ochotona 1个现生属，共约31个现生种，中国至少有其中的26个种。兔科包括11个现生属约63种，中国有其中的9个野生种类。另外，18世纪末或19世纪初灭绝的、原分布于意大利科西嘉岛和撒丁岛的撒丁岛兔科Prolagidae是兔类的第3个科，该科只有1属1种——撒丁岛兔Prolagus sardus。

起源与演化　兔形目属于啮形大目Glires的一个类群，Glires一词最早由林奈于1735年在其《自然系统》（第1版）中提出，包括的类群有啮齿类、兔类、鼩鼱类。后几经变化，Wanger（1855）将Glires一词专门用于啮齿目和兔形目的更高级分类阶元。啮形大目早期进化被认为发生于白垩纪晚期，恰好在白垩纪—古近纪界线之前（Asher et al.，2005），距今大约6 600万年（接近非鸟恐龙灭绝的时间）。该类群既包括啮齿类动物，又包括兔类动物。分类上，啮形大目下包括重齿中目DUPLICIDENTATA和单齿中目SIMPLICIDENTATA。前者是兔类，后者是啮齿类。兔类最早的化石是发现于安徽潜山的模鼠兔目MIMOTONIDA、模鼠兔科Mimotonidae的安徽模鼠兔*Minotaona wana*、粗壮模鼠兔*M. robusta*和李氏模鼠兔*M. lii* 3种，地层年代属于古新世早至晚期。在我国甘肃、内蒙古、安徽以及蒙古等地发现了晚古新世至早始新世地层的模兔科系列化石（3属6种），它们的形态结构很接近兔形目种类。特征包括：有前、后2对门齿，头骨的形状也很接近现生兔类，犬齿虚位，有大的齿隙（李传夔和张兆群，2019）。但第2对门齿显著大，臼齿和典型的脊型齿有别，还存在前尖、后尖等丘型齿痕迹（其中高模兔*Gomphos*的牙齿已经很接近现代兔类），所以还不属于兔形目种类，不可否认，它们和兔形目已经非常接近。Asher（2005）在分析了安徽模鼠兔后提出，它和蒙古的高模兔（在我国内蒙古也有分布）一起构成了兔类的干群。李传夔等（2016）明确提出模鼠兔科构成了兔形类祖先的"态模"，即代表原始的兔形类祖先的形态。

真正的兔类起源于亚洲，化石记录显示，亚洲兔类化石的最早记录是始新世早期（5 500万年前），北美洲则是始新世中期（距今约4 300万年前），欧洲更晚，为晚渐新世（2 500万年前）。非洲兔形类的分布则呈断续状态，最早的化石出现于早中新世（1 900万年前），但中间的1 200万年没有发现兔形类化石，直到中新世晚期（700万年前）才重新出现。兔科干群最早的化石，如*Dawsonolagus*最早出现在我国内蒙古和蒙古的早始新世（5 500万年前）并连续分布于渐新世末。干群的另外一个成员*Mytonolagus*在4 300万年前左右进入北美洲，并一直存活到今天。但现代兔类*Lepus*是在中新世晚期从北美洲扩散至亚洲，并一直生活至现今的，所以，尽管兔类起源于亚洲，但在很长的地质时期内欧亚大陆缺乏现代兔类分布。亚洲鼠兔类*Ochotona*最早的化石——*Desmatolagus*出现于晚始新世，北美洲最早的鼠兔科化石*Oreolagus*发现于渐新世晚期。所以，鼠兔类也起源于亚洲。

形态特征　兔形目物种有2对上颌门齿，前后排列，前面1对大，后面1对小。耳长大或短圆。尾短或无明显的尾。后足一般长于前足；足底或多或少有毛覆盖。体毛粗糙，针毛较多。齿式2.0.2.3/1.0.2.3 = 26。无犬齿，齿间隙很长；前白齿和白齿形态接近，咀嚼面为横列的带状。消化道很长，盲肠粗大，适于消化植物纤维。跖行性。

　　分类学讨论　兔形目的分类与系统发育经历了长期的争论。最早的现代分类学意义上的兔形目命名始于林奈（Linnaeus，1758）。不过从现在的标准来看，林奈还不是最早的命名人，他在《自然系统》（第10版）（Linnaeus，1758）中命名了哺乳动物8个目，从这8个"目"所包含的物种来看，按照现在的标准分别对应科到亚纲不同的阶元；他命名的鲸类"Cetae"相当于现在的1个科，他命名的"Bestial"和"Glires"相当于现在的亚纲。"兔类"包含于他的"Glires"目中，该"目"包括6个属：犀牛属 *Rhinoceros* 包括2种；豪猪属 *Hystrix* 包括5种；兔属 *Lepus* 只包括野兔、棉尾兔等4种；河狸属 *Castor* 包括2种；小鼠属 *Mus* 包括家鼠类等，共计15种；松鼠属 *Sciurus* 包括7种。林奈的"属"相当于现代分类学意义上的科级分类阶元，他的"*Lepus*"属没有包含鼠兔类，相当于现在的兔科，包括了雪兔 *Lepus timidus*、草兔 *Lepus capensis*、穴兔 *Lepus*（= *Oryctolagus*）*cunicutus* 和（南美）森林兔 *Lepus*（= *Sylvitagus*）*brasiliensis* 这4个种；他给出的鉴定特征为"有前后2对门齿"。这一点是现代"兔形目"的鉴定特征。Illiger（1811）根据这一特征建立了"重齿间目 DUPLICIDENTATA"，置于啮齿目下，包括2个属——兔属 *Lepus* 和鼠兔属 *Lagomys*（= *Ochotona*）。Fischer（1817）称它们为"兔形族 Leporini"；Fischer（1818）又改称它们为"Leporinorum"。兔科"Leporidae"的概念最早使用者是 Gray（1821），包括 *Lepus* 和 *Lagomys* 2个属，置于他的"Rosores"目内。Waterhouse（1839）把"啮齿类"分为3个亚目级分类单元，其中，第3个是"兔形亚目 LEPORINA"，对应现在的兔形目 LAGOMORPHA。

　　Brandt（1855）最先提出现在意义上的兔形目 LAGOMORPHA，虽然命名时 Brandt（1855）给出的是亚目地位，和啮齿目其他3个亚目（松鼠亚目 SCIUROMORPHA、鼠形亚目 MYOMORPHA 及豪猪亚目 HYSTRICOMORPHA）平行，不过，他明确提出兔形亚目和啮齿类的不同是有4枚上臼齿，这就是兔形目的鉴定特征。J. W. Gidley（1912）正式将其作为目级分类阶元。

　　大多数人接受的观点是兔形目只有2个现存科——兔科和鼠兔科，它们是姊妹群。然而，Gureev（1964）将兔形目分为 Eurymylidae、Paleolagidae、Leporidae、Lagomyidae 4个科。Erbajeva（1986）将兔形目分为 Mimolagidae、Paleolagidae、Leporidae、Prolagidae、Ochotnidae 5个科9个亚种。Wible（2007）将 Paleolagidae 作为兔形类的基干类群，而兔形目仅包含兔科和鼠兔科。Dawsan（2008）接受传统的分类系统，即兔形目中仅包括兔科和鼠兔科。

　　基于首次出现于始新世的鼠兔科（Uintan 北美动物群阶段）的化石资料，研究表明，鼠兔科与兔科的分化发生在距今4 200万年前。这次发生是基于1种萨斯喀彻温省的斯威夫特卡伦特动物群 *Desmatolagus* 属 *D. vusillus* 物种的记录（Storer，1984）。Storer（1984）认为这个在当时被描述为 *Procaprolagus* 属的标本代表了1种兔科动物。此后，*Procaprolagus* 和 *Desmatolagus* 被认为属于同物异名（Meng and Hu，2004）。基于形态学和分子方法的组合分析，Uintan 数据推翻了由 Asher 等（2005）得出的晚始新世的结果，与 Erbajeva 等（2015）的提议一样，即假设第1个鼠兔科物种来自亚洲晚渐新世早期（恰特阶早期，<2 810万年），且不考虑 *Desmatolagus* 属。Fostowicz-Frelik 和 Meng（2013）假定 *Desmatotagus* 属存在于现生兔类动物种群之外的已灭绝的兔类种群中，而不属于早期的鼠兔。

　　Springer 等（2003）提出鼠兔和兔类的分离时间范围为距今7 100万～4 100万年，较低的估算与上述化石数据一致。然而，上述估计与兔类的起源更加一致。Matthee等（2004）基于结合细胞核和线粒体基因的分子数据分析，提出了一个更早期的家族分化时间：2 244万～3 715万年前 [（2 896+3 800）万年，估计+标准差，95%可信区间）]。根据化石数据，采用鼠兔科和兔科之间3 700万年的分化时间，得出了鼠兔属在第三纪中新世中期至晚期分化这一结论（Lanier and Olson，2009），这一时间段与该属第1次出现化石的时间一致。Meredith等（2011）基于科级水平的抽样，通过1个26个基因片段的超级矩阵和多重化石校准，获得了1个更近的时间数据——5 020万年（距今5 690万～4 740万年）。鉴于最早的兔类动物化石，即使接受宽白齿兽类和模鼠兔类作为兔类动物，也仅把化石记录延伸到了白垩纪—古近纪界线，并且早期的明确的现代兔类动物显示出了与直到始新世为止的鼠兔类和兔类共有的特征，故5 020万年可以代表最早的合理的鼠兔科和兔科之间的分化时间。Wang等（2020）利用外显子组构建分歧时间树，结果与Meredith等（2011）基本一致。

在兔形目动物系统分类学中，兔形目共有90余个种，分布于鼠兔科和兔科2科中。鼠兔科是由单一属组成的，即鼠兔属。兔科由11个属组成，10个属称为穴兔，1个属称为野兔（兔属）。大多数穴兔类（*Brachylagus*、*Bunolagus*、*Caprolagus*、*Oryctolagus*、*Pentalagus*、*Poelagus*、*Romerotagus*）是单型的。因此，兔形目物种主要被包含在鼠兔属（31种）、棉尾兔属（18种）、兔属（32种）3个属中。

四川分布的兔形目分科检索表

耳长大，通常超过60 mm；体型大，体长超过300 mm；后肢明显长于前肢；尾短但明显可见；3对上前臼齿 ……………………………………………………………………………………… 兔科 Leporidae

耳短圆，不超过40 mm；体型小，不超过280 mm；后肢并不明显长于前肢；尾几乎看不见；仅有2对上前臼齿 ……………………………………………………………………………… 鼠兔科 Ochotonidae

三十六、鼠兔科 Ochotoniade Thomas，1896

Ochotonidae Thomas, 1896. Proc. Zool. Soc. Lond., 1896: 1026(模式属：*Ochotona* Link, 1795) ; Allen, 1938. Mamm.,
Chin. Mong. 524; Ellerman and Morrison-Scott, 1951. Check. Palaea. Ind. Mamm., (1758-1946): 445; Corbet,
1978. Mamm. Palaea. Reg. 胡锦矗和王酉之，1984. 四川资源动物志 第二卷 兽类，王酉之和胡锦矗，1999.
四川兽类原色图鉴.

Lagomina Gray, 1825. Proc. Zool. Soc. Lond., 1896:1026(模式属：*Lagomys*).

Lagomyidae Lilljeborg, 1866. Proc. Zool. Soc. Lond., 1896: 1026(模式属：*Lagomys*).

Prolaginae Gureev, 1964. Fauna of the USSR, Mammals, Vol. 3, pt. 10.(模式属：*Prolagus*).

起源与演化 鼠兔科是地质历史时期较为繁盛的一个门类，全世界报道的有31属150余种。但现存仅有1个属——鼠兔属*Ochotona*，其他属均已灭绝。

最新研究表明，鼠兔科起源于青藏高原（Wang et al., 2020）。它们在渐新世早期进入欧洲，渐新世末期进入北美洲，早中新世进入非洲（Dawson，2008），这一点基本成为科学界共识。最早的化石是发现于晚始新世的链兔属*Desmatolagus*，不过因为标本破碎，链兔是否属于鼠兔类还有争议。Martin（2004）根据链兔牙齿釉质结构，认为链兔属于兔科成员。Simpson（1945）就将链兔作为兔科古兔亚科Palaeolaginae成员。不过，很多人认同链兔属于鼠兔科成员（李传夔和张兆群，2019）。链兔属种类较多，主要分布于亚洲，中国的内蒙古、甘肃，以及蒙古中部化石最丰富。中国有链兔属化石7种，蒙古有20种，哈萨克斯坦记录有3种。地层跨越晚始新世至渐新世。北美洲和欧洲都仅发现几枚不全的牙齿，是否属于链兔属还有争议，欧洲的化石属于渐新世，为欧洲最早的兔类化石记录。中华鼠兔属*Sinolagomys*更接近鼠兔属的成员，它们生活于渐新世晚期至中新世，我国有5种，蒙古有5种，哈萨克斯坦有1种。在早中新世，该亚科成员生活于欧洲、非洲和北美洲，但在中新世末期全部灭绝。鼠兔属的另外几个近亲——褶齿兔属*Plixalagus*、跳兔属*Alloptox*、美兔属*Bellatona*、拟美兔属*Bellatonoides*、游牧鼠兔属*Ochotonoma*分布于我国中新世地层，发现于我国内蒙古，后几种还分布于我国新疆、宁夏、陕西、甘肃、青海、河南、江苏，以及蒙古、哈萨克斯坦、土耳其、希腊。它们很接近现代鼠兔类，但不认为是鼠兔的直接祖先种（李传夔，1978；Qiu，1987；吴文裕，1995）。在上新世和更新世地层，我国还发现了拟鼠兔属*Ochotonoides*的3个种，分布于内蒙古、山西、陕西、甘肃、河北、北京、湖北。该属被认为是鼠兔属*Ochotona*的直接祖先（Zhang et al.，2012；李传夔和张兆群，2019），也有人认为美兔属是鼠兔属的直接祖先（Dawson，1961；邱铸鼎，1996）。上述所有属的鼠兔在更新世全部灭绝，从中中新世晚期到现代一直延续的只有鼠兔属。鼠兔属化石最早发现于我国内蒙古中中新世晚期，距今1 210万年。鼠兔属化石很丰富，我国有17种（包括达乌尔鼠兔、柯氏鼠兔、红耳鼠兔和藏鼠兔4个现生种及13个化石种），其他区域还有不少种类，广泛分布于北半球，亚洲发现于中中新世至现代；欧洲发现于晚中新世至更新世；北美洲发现于晚中新世晚期至现代。从更新世开始，鼠兔科仅剩1个鼠兔属。关于该属成员最早的记录是拉氏鼠兔*Ochotona lagrelli*和小鼠兔*O. minor*，发现于中中新世晚期的内蒙古。后来鼠兔属经历了一个大规模灭绝过程，现生种的演化时间都不长，时间最长的草原鼠兔 *O. pusilla*（分布于欧洲西部伏尔加河盆地至我国新疆西北部）和藏鼠兔 *O. thibetana*（现分布于我国横断山系）出现于上新世晚期（距今 260 万年前后）。在上新世，鼠兔属的分布范围覆盖了亚洲、非洲和北美洲。古生物数据证实了上新世鼠兔科动物的大小具有相当大的多样性（Erbaeva，1988）。在更新世，小体型的鼠兔占优势。在当时的欧洲，*pusilla*-group 的鼠兔广泛分布；而北美洲分布的物种，可能被认为是今天的 *O. collaris* 和 *O. princeps* 的祖先。在亚洲，许多更新世的鼠兔在全新世灭绝了，而现在这片属于古北界的区域被相对年轻的物种占据。对于现存的鼠兔物种来说，最古老的记录来自上新世晚期（*O. pusilla*、*O. thibetana*）；*O. rufescens* 和 *O. dauurica* 是从更新世矿床中发现的（Erbaeva，1988）。习惯上认为中亚是鼠兔的起源中心（Gureev，1964；Dawson，1967）。V. s. Bazhanov 持有不同的观点，他认为鼠兔的原产地在欧亚大陆，很可能在欧亚大陆的西部。

鼠兔属的现代分布区包括北美洲和亚洲北部。在我国的分布包括整个古北界，并延伸至横断山系的岷山、邛崃山、大相岭、小相岭、大凉山、小凉山、贡嘎山区、秦岭、大巴山区等东洋界区域；在三江并流区，一直延伸至高黎贡山的南段。

形态特征 小型食草哺乳动物，头短，耳短圆。无尾或仅具尾的痕迹。四肢短小，后肢略长于前肢；前肢 5 指，后肢 4 趾；指（趾）端具长而弯曲的爪。营穴居生活。头骨背面低平，无眶后突；颧弓后端延伸成剑状突起至听泡的前缘；听泡显著隆起。第 1 对上门牙前方具有一深纵沟，齿端切缘具缺刻。齿式 2.0.3.2/1.0.2.3 = 26。目前，鼠兔科物种主要分布于亚洲中部至东北部一带，其中青藏高原附近和亚洲中部的高原、山地最为丰富，少数可见于北美洲西部。

分类学讨论 对鼠兔科的分类也有不同观点。Gureev（1964）将鼠兔科分为 3 个亚科。Erbajeve（1988）将 Prolaginae 提升为科，将鼠兔科分为中华鼠兔亚科 Sinolagomyniae 和 Lagomyniae 亚科。Erbajeve（1994）将鼠兔科分为中华鼠兔亚科和鼠兔亚科 Ochotoninae。Simpson（1945）、McKenna 和 Bell（1977）则没有分亚科，大多数人也接受这一观点（Ellerman and Morrison-Scott，1951；Hoffmann，1993；Hoffmann and Smith，2005）。鼠兔科历史上出现过很多属，但现生仅有鼠兔属，不过，还有 1 个属在有历史记录的时期内才灭绝，即 *Prolagus* 属，被 Gureev（1964）放入 1 个独立的亚科——Prolaginae。鼠兔属在全世界至少有 31 种，中国有其中至少 25 种，四川有 11 种。

鼠兔属在亚属和种级分类阶元均很混乱。关于亚属问题，不同学者意见很不一致，从没有亚属到 7 个亚属都有。一些学者主张不分亚属（Gureev，1964；Corbet，1978；Corbet and Hill，1986，1992；Nowak，1999）。一些学者主张分 2 个亚属——耗兔亚属 *Pika* 和鼠兔亚属 *Ochotona*（Argiropulo，1948；Ellerman and Morrison-Scott，1951；冯祚建和郑昌琳，1985；牛屹东等，2001）。Allen（1938）主张分 3 个亚属——*Pika*、*Ochotona* 和 *Ogotoma*。Ognev（1940），Yu 等（2000）、Hoffman 和 Smith（2005）则主张分另外 3 个亚属——*Pika*、*Ochotona*、*Conothoa*。Sokolv 等（1994）、Hoffman 和 Smith（2009）认为有 7 个亚属——*Lagotona*、*Pika*、*Ochotona*、*Conothoa*、*Buchneri*、*Tibetolagus*、*Argyrotona*。Erbaeav（1988）同意 7 个亚属的分类系统。Niu 等（2004）的研究结果分 5 个组，否定了 3 个或 2 个亚属的分类系统，但由于分子序列较短，没有提出 5 个亚属的划分。Melo-Ferreira（2015）通过对鼠兔属 11 个代表种 12 个核基因的研究，认为鼠兔属有 4 个亚属——*Pika*、*Lagotona*、*Ochotona*、*Conothoa*。刘少英等（2016）通过分子系统学角度确认为 5

个亚属——*Ochotona*、*Conothoa*、*Pika*、*Lagotona*、*Alienauroa*。物种数多少，意见分歧也很大，从8个种到30个种不等（Corbet，1978；Honacki et al.，1982；冯祚建和郑昌琳，1985；Corbet 和 Hill，1986，1992；Hoffman，1993；Nowak，1999；Hoffman and Smith，2005，Lissovsky et al.，2013）。Hoffman 和 Smith（2005）认为全世界有30个种的观点被普遍接受。Lissovsky 等（2007，2016）通过少量线粒体和核基因的系统发育研究认为分布于俄罗斯及哈萨克斯坦东部的 *Ochotona scorodumov*、*O. pricei*（在中国有分布，以前作为蒙古鼠兔的亚种）和 *O. opaca*（分布于哈萨克斯坦东部，以前是蒙古鼠兔的亚种）均是独立种，这样，到2016年年初，全世界鼠兔属共有33种。刘少英等（2016）在没有涉及 *Ochotona scorodumovi*、*O. pricei*、*O. opaca* 的情况下，通过线粒体基因构树辅以形态学特征，发表了鼠兔属的1个新亚属（异耳鼠兔亚属 *Alienauroa*），5个新种（黄龙鼠兔 *O. huanglongensis*、扁颅鼠兔 *O. flatcalvariam*、大巴山鼠兔 *O. dabashanensis*、雅鲁藏布鼠兔 *O. yarlungensis*、邛崃鼠兔 *O. qionglaiensis*），同时，将高黎贡鼠兔 *O. gaoligongensis* 和黑鼠兔 *O. nigritia* 调整为灰颈鼠兔 *O. forresti* 的亚种；喜马拉雅鼠兔 *O. himalayana* 调整为灰鼠兔 *O. roylei* 的亚种；木里鼠兔 *O. muliensis* 调整为川西鼠兔 *O. gloveri* 的亚种；宁夏鼠兔 *O. argentata* 调整为蒙古鼠兔 *O. pallasi* 的亚种；西伯利亚鼠兔 *O. turuchanensis* 调整为高山鼠兔 *O. alpina* 的同物异名。反过来，将藏鼠兔循化亚种 *O. thibetana xunhuaensis*、东北鼠兔长白山亚种 *O. hyperborea coreana*、藏鼠兔峨眉亚种 *O. thibetana sacraria*、藏鼠兔锡金亚种 *O. thibetana sikimaria* 提升为种。这样，全世界现有34个种，如果加上 Lissovsky 等（2007，2016）提升的3个种，全世界有37种。而近期出版的 *Pikas, Rabbits and Hare of the World*（Smith et al.，2018）中，只列入了29种，由于该书2016年已经清样，因此，2016年刘少英等新发表的5个新种未被收录，同时 Lissovsky 等（2007，2016）提升的3个种中，有2个种也未得到承认。因此，全世界究竟有多少种鼠兔的问题仍然存在争议。

我国是鼠兔属动物分布最多的国家，无论如何分类，我国鼠兔属种类均占全世界的80%左右。具体种数为8～24种（Corbet，1978；Honacki et al.，1982；冯祚建和郑昌林，1985；Corbet and Hill，1986，1992；Hoffman，1993；Nowak，1999；Hoffman and Smith，2005）。蒋志刚等（2017）认为，中国有29种；后来证实草原鼠兔 *Ochotona pusilla* 边缘性分布于我国（沙依拉吾等，2009），因此，中国鼠兔属有30种。如果加上我国有分布的由 Lissovsky 等（2016）提升的 *O. pricei*，则中国鼠兔属动物有31种；若承认宁夏鼠兔的独立种地位，则我国有32种。除此之外，刘少英等采集到了灰鼠兔中国亚种 *O. roylii chinensis*，基于外显子组和基因组的分子系统学结果均显示它是独立种（Wang et al.，2020；Tang et al.，未发表资料），这样，我国有33种。但 Lissovsky 等（2013）在没有采集到地模标本的情况下，牵强地把西藏南部和云南标本作为灰鼠兔来研究，得出的结论是灰鼠兔中亚亚种是大耳鼠兔的同物异名；Lissovsky 等（2022）仅依据 Wang 等（2020）的2个线粒体基因片段，和基于西藏的所谓灰鼠兔中国亚种的几个核基因将灰鼠兔中国亚种作为大耳鼠兔的亚种。但 Smith 等（2018）只承认中国有22种，和上述结论相去甚远。

为解决上述问题，Wang 等（2020）等从基因组角度开展了鼠兔属的分类与系统发育研究。通过二代测序技术，共测定了鼠兔属2 552个编码基因的序列（总长3 686 673 bp），基本解决了鼠兔属分类上的争议。全世界有28个种得到证实，分别为 *Ochotona alpine*、*O. cansus*、*O. chinensis*（之前为 *O. roylii chinensis*）、*O. collaris*、*O. coreana*、*O. curzoniae*、*O. dauurica*、*O. erythrotis*、*O. fatcalvariam*、

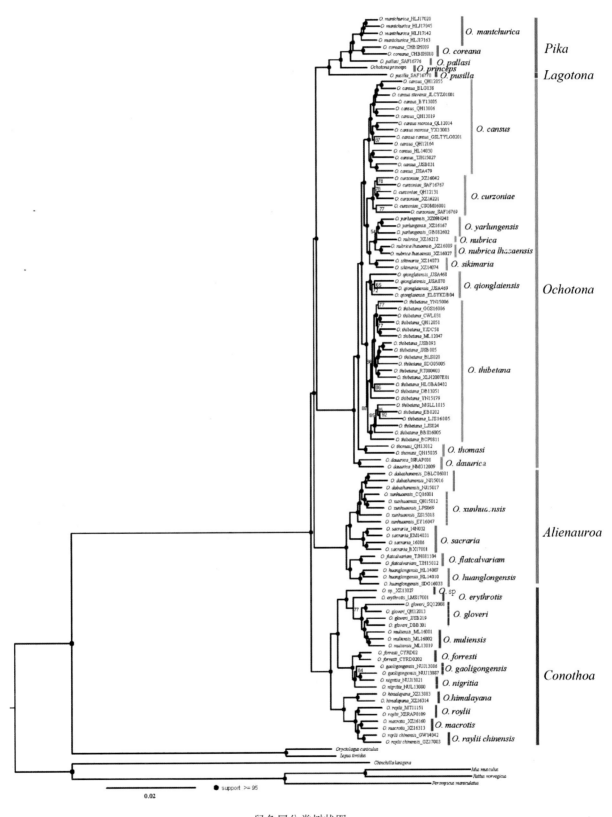

鼠兔属分类树状图
（引自 Wang et al., 2020）

O. forresti、*O. gloveri*、*O. hyperborea*、*O. himalayana*、*O. hunglongensis*、*O. macrotis*、*O. nubrica*、*O. princeps*、*O. pallasi*、*O. pusilla*、*O. qionglaiensis*、*O. rufescens*、*O. roylii*、*O. rutila*、*O. sikimaria*、*O. thibetana*、*O. thomasi*、*O. xunhuaensis*（＝*O. syrinx*）。该研究没有包括*O. argentata*、*O. ladacensis*、*O. iliensis*、*O. koslowi*、*O. opaca*等分类单元，其中*O. ladacensis*、*O. iliensis*、*O. koslowi*这3个分类单元的地位被广泛承认，这样，全世界鼠兔属至少有31种。中国有其中至少26种，四川有10种。

120. 鼠兔属 *Ochotona* Link，1795

Ochotona Link, 1795. Beytrage Z. Naturgesch., Vol. 1, pt. 2: 74(模式种：*Lepus timidus*).

Pika Lacepede, 1799. Tableau des Mammiferes, 9.

Lagomys Cuvier, 1800. Lecons Anat. Comp., Vol. 1, table. 1.

Ogotoma Gray, 1867. Ann. Mag. Nat. Hist., 3, 20: 220.

Conothoa Lyon, 1904. Smithsonian Misc. Coll., Vol. 45: 438.

　　鉴别特征　头短，耳短圆；无尾或仅具尾的痕迹；四肢短小，后肢略长于前肢。无眶后突，颧弓后端延伸成剑状突起至听泡的前缘，听泡显著隆起。有前后排列的2对上颌门齿，第1对上门牙前方具有一深纵沟，齿端切缘具缺刻；第2对上颌门齿很小，位于前1对门齿内侧，从前面看不见。无犬齿，上、下颌均具2枚前臼齿。齿式2.0.2.3/1.0.2.3 = 26。

　　形态　耳短而圆，耳被密毛，身体粗壮，无尾。四肢短小，前、后肢均有5指（趾）。

　　生态学资料　鼠兔类为全北界特有科。在中国，其分布区南侵，深入东洋界。所以，鼠兔类要么在高海拔区域，要么在高纬度区域，其环境要素中，寒冷是关键因子，只有寒冷的区域才有鼠兔分布。在青藏高原及其附近区域，生活在高海拔的针叶林、灌丛或高山草甸中；在岷山、横断山、邛崃山、秦岭、大巴山等区域，异耳鼠兔亚属物种可以分布到海拔1 000 m以上的低海拔森林，是一支适应中低海拔的类群。在中国北方及欧洲、北美洲等高纬度区域，鼠兔类分布海拔可能很低，生境包括草原、灌丛、森林、流石滩等。总体上，生活的微生境除少数几种外（如高原鼠兔、拉达克鼠兔、科氏鼠兔、达乌尔鼠兔），对多石的环境有较强烈的偏好。

　　分类学讨论　参见科的分类学讨论。

四川分布的鼠兔属Ochotona分种检索表

1.额骨无卵圆孔 ·· 2

　额骨具卵圆孔 ··· (*Conothoa* 亚属) 6

2.脑颅扁平，眼睛退化，耳上前缘内侧具异耳屏 ·························· (*Alienauroa* 亚属) 3

　脑颅扁平，眼睛较大，耳上前缘内侧无异耳屏 ·························· (*Ochotona* 亚属) 8

3.颅高不足或略大于颅全长的1/3 ··· 4

　颅高明显大于颅全长的1/3 ··· 秦岭鼠兔 *O. syrinx*

4.脑颅异常扁平，颅高不足颅全长的1/3，异耳屏阔圆 ·············· 扁颅鼠兔 *O. flatcalvariam*

　脑颅扁平，颅高略大于颅全长的1/3，异耳屏呈三角形 ······························· 5

5. 颅高平均11.62 mm，略大于颅全长的1/3（34.13%）；在异耳鼠兔亚属中，其脑颅扁平程度仅次于扁颅鼠兔，且
最显著的特点是异耳屏起源于耳缘 ·· 峨眉鼠兔 *O. sacraria*

颅高平均12.30 mm，略大于颅全长的1/3（34.38%）；异耳屏整体三角形，顶端圆形，大，且密生灰色短毛 ···
·· 黄龙鼠兔 *O. huanglongensis*

6. 个体较大，体长180 ～ 280 mm。身体毛色艳丽，包括耳朵在内的整个身体呈绚丽的亮锈红色。额骨上有2个卵
圆孔，听泡发达 ··· 红耳鼠兔 *O. erythrotis*

个体较大，体长平均在160 mm以上。身体仅部分区域颜色橙色、淡棕色或棕褐色 ·····························7

7. 体长160 ～ 220 mm。夏季背毛只在吻部、额部和耳背侧呈橙色或淡棕色。额骨上方有2个卵圆孔。顶骨明显向
后倾斜，使头骨背面呈拱形。听泡较小 ························· 川西鼠兔 *O. gloveri*

体长平均180 mm。耳大，平均30 mm。冬毛身体整个前半部棕褐色，胸部以后灰色。眼睛上方有灰白斑。耳前
有1束较长的白色毛发，额骨上有2个卵圆孔 ················· 中国鼠兔 *O. chinensis*

8. 体型较小，平均体长137 mm（120 ～ 153 mm）。头骨狭长，背面较低平，听泡发达。眶间宽绝大多数小于
4.0 mm，平均3.70 mm（3.13 ～ 4.06 mm） ················· 间颅鼠兔 *O. cansus*

体型中等或较大，眶间宽绝大多数大于4.0 mm ··9

9. 个体较大，平均体长170 mm（140 ～ 200 mm）。眶间宽平均4.37 mm（3.41 ～ 4.77 mm），绝大多数眶间宽大于
4.0 mm。嘴唇周围有显著的黑色 ···························· 高原鼠兔（黑唇鼠兔）*O. curzoniae*

个体中等，嘴唇周围无显著的黑色 ··10

10. 体长140 ～ 180 mm。头骨较间颅鼠兔稍显短且宽，背面弧形更明显，听泡不如间颅鼠兔发达。眶间宽大于
4.0 mm，平均为4.49 mm（4.18 ～ 4.94 mm）。颧宽平均小于20 mm ·········· 藏鼠兔 *O. thibetana*

体长134 ～ 172 mm（平均158 mm）。大小及头骨与藏鼠兔相似，但与藏鼠兔的明显区别是眶间宽较藏鼠兔明显
狭窄，平均3.98 mm（3.58 ～ 4.18 mm），而藏鼠兔眶间宽一般大于4.18 mm，平均4.49 mm ···············
·· 邛崃鼠兔 *O. qionglaiensis*

（222）秦岭鼠兔 *Ochotona syrinx* Thomas，1911

别名　黄河鼠兔、循化鼠兔

英文名　Qinling Pika

Ochotona syrinx Thomas, 1911. Abstr. Proc. Zool. Soc. Lond., 27(模式产地：太白山)；Lissovsky, 2013. DOI
10.1515/mammalia-2012-0134; 蒋志刚，等，2017. 生物多样性，24(5)：500-551; Wang, et al., 2020. Mol. Biol.
Evol., 37(6) :1577–1592.

Ochotona huangensis 于宁和郑昌琳，1992. 兽类学报，12(3)：175-182; 王酉之和胡锦矗，1999. 四川兽类原色
图鉴，262; Smith和解焱，2009. 中国兽类野外手册，196; Hoffman and Smith, 2005. In Wilson. Mamm. Spec.
World, 3rd ed., 189; 王应祥，2003. 中国哺乳动物种和亚种分类名录与分布大全，227.

Ochotona thibetana xunhuaensis 寿仲灿和冯祚建，1984. 兽类学报，5(2) :151-154.

Ochotona xunhuaensis 刘少英，等，2016. 兽类学报，36(4), DOI: 10.16829/j.slxb.

鉴别特征　体型中等，体长140 ～ 165 mm（平均153 mm）。异耳屏呈三角形，较黄龙鼠兔大

且非常明显；头骨梨形，背面稍隆起，听泡不发达。门齿孔与腭孔合并成一梨形大孔，犁骨显露于二孔的中央；额骨上方无卵圆孔。眼眶小，颅高小于其他亚属物种。

形态

外形：个体较大，体长140～165 mm（平均153 mm）。耳19 mm左右，明显露出毛外，耳缘有白边。足底毛多，较短，爪露出毛外。须多，每边约30根，约一半为白色，一半为黑色，部分黑色须远端色淡，近白色。前足5指，均具爪，第1指较短，但爪出露于毛外，第2、第4指几乎等长，第3指最长，第5指约为第4指的一半；前足指垫部分显露于毛外。后足比前足长，4趾，均具爪；后足第1趾相对较短，第2、3趾几等长，第4趾最短。

毛色：背面从额部至肛门颜色一致，为沙黄色，毛基灰黑色，毛尖沙黄色。须着生的区域与背毛色调基本一致。耳背面密被短毛，毛灰白色；耳前面被稀疏白色长毛。腹面从颏部至肛门颜色基本一致，颜色整体比背面淡，为灰白色调；整个腹面毛基灰黑色，尖部灰白色；背、腹毛色界线不很清晰。前、后足爪白色几近透明；前、后足腹面毛黑褐色，背面灰白色。

头骨：整个脑颅轮廓呈梨形；颅面较扁平，额骨扁平，上面无卵圆孔，脑颅最高点位于额骨中部靠后位置。鼻骨前端1/3稍膨大，后部2/3接近等宽；鼻骨外缘近平行；鼻骨末端呈弧形且中间分叉明显。额骨前后宽，中间窄，两翼中间部位构成眼眶内壁，无眶间脊。额骨后缘与顶骨接缝不规则。顶骨形状不规则，中间和接近枕骨部分稍隆起，且后端一直延伸至枕骨，两侧顶骨中间接缝明显且相对规整；矢状脊自顶骨后端分两岔后，呈窄"人"字形纵贯顶间骨，将顶间骨分为3个部分；顶间骨几近呈等边三角形，且与顶骨的接缝不规则，但与枕骨的接缝较规则。门齿孔与腭孔合并成一梨形大孔，犁骨显露于2孔的中央；前颌骨与上颌骨接缝较明显且不规则，上颌骨与腭骨完全融合，腭骨前端两侧各有1个小孔。听泡卵圆形，不发达。

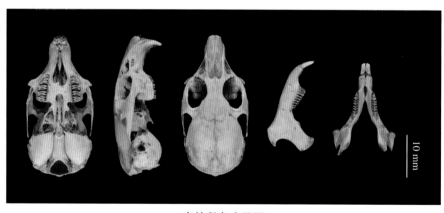

秦岭鼠兔头骨图

牙齿：上颌门齿前、后2排，每排2颗，前排较大，后排较小；前排门齿间有明显的门齿沟，门齿末端向内略弯曲。上颌门齿白齿5颗，包括3枚前臼齿和2枚臼齿，3枚前臼齿从第1颗开始逐渐变大，第3颗前臼齿最大，2颗臼齿从前往后依次变小，第1颗臼齿与第3前臼齿几近等大。

下颌门齿1排2颗。下颌门齿白齿5颗，包括2枚前臼齿和3枚臼齿，第2枚前臼齿齿冠最高，第1～3臼齿牙齿大小顺序变小。

量衡度（衡：g；量：mm）

外形：

编号	性别	体重	体长	后足长	耳高	采集地点
SAF20790	♂	48	140	26	18	四川若尔盖
SAF20788	♂	74	165	29	19	四川若尔盖

头骨：

编号	颅全长	基长	颅高	颧宽	眶间宽	上臼齿列长	下颌骨长	下臼齿列长
SAF20790	32.29	27.24	11.95	16.90	4.56	6.08	22.52	5.89
SAF20788	36.30	31.28	13.26	18.09	4.09	6.70	26.16	6.64

生态学资料　秦岭鼠兔分布于海拔2 500 m左右的针阔叶混交林下，林下小生境较湿润。草食性。

地理分布　秦岭鼠兔为中国特有种，分布于陕西、四川、重庆和湖北，在四川采集到标本的地方为位于若尔盖的四川铁布梅花鹿省级自然保护区。

分省（自治区、直辖市）地图——四川省

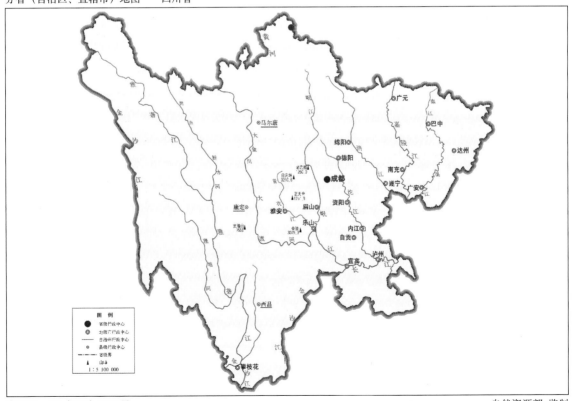

审图号：GS (2019) 3333号　　　　　　　　　　　　　　　　　　　自然资源部　监制

秦岭鼠兔在四川的分布
注：红点为物种的分布位点。

分类学讨论 Thomas（1912）根据采自秦岭的1组标本命名了秦岭鼠兔 *Ochotona syrnix*。Allen（1940）误将 Matschie（1907）于陕西乾县命名的黄河鼠兔 *O. huangensis* 的模式产地认定为秦岭地区，并把黄河鼠兔作为藏鼠兔的亚种 *O. thibetana huangensis*，同时把秦岭鼠兔 *Ochotona syrnix* 和 *O. cansus morosa* 均作为 *O. t. huangensis* 的同物异名。于宁等（1992）根据模式产地及邻近地区系列标本的比较，认为黄河鼠兔是有效种，并把秦岭鼠兔及寿仲灿等（1984）命名的藏鼠兔循化亚种 *O. thibetana xunhuaensis* 作为黄河鼠兔的同物异名，同时认为四川有黄河鼠兔分布。胡锦矗和胡杰（2007）的黄河鼠兔就来源于此。Lissovsky 等（2014）研究确认黄河鼠兔应为达乌尔鼠兔 *O. dauurica* 的同物异名，且认为秦岭鼠兔为有效种。刘少英等（2016）发现1组有异耳屏的鼠兔，命名异耳鼠兔亚属 *Alienauroa*，循化、秦岭、六盘山等地采集的鼠兔均属于异耳鼠兔亚属，因此刘少英等（2016）将循化鼠兔提升为种 *O. xunhuaensis*。由于刘少英等当时在秦岭没有采集到异耳鼠兔亚属标本，因此否定了秦岭鼠兔的存在。在文章发表后的2018—2020年，刘少英项目组连续在秦岭采集到了秦岭鼠兔标本，分子上和循化鼠兔一致（Wang et al.，2020）。由于秦岭鼠兔命名早得多，根据国际命名法应该恢复秦岭鼠兔的地位，并取代循化鼠兔，加上刘少英团队在若尔盖也采集到了秦岭鼠兔，因此将原记录的循化鼠兔（＝胡锦矗和胡杰，2007的黄河鼠兔）修订为秦岭鼠兔。

秦岭鼠兔没有亚种分化。

（223）扁颅鼠兔 *Ochotona flatcalvariam* Liu et al.，2016

英文名 Flat Skull Pika

Ochotona flatcalvariam Liu, et al., 2016. 兽类学报, 36(4), DOI: 10.16829 /j. slxb(模式产地：四川唐家河国家级自然保护区）；蒋志刚，等，2017. 生物多样性，25(8)：886-895; Wang, et al., 2020. Mol. Biol. Evol., 37(6) :1577-1592.

鉴别特征 脑颅异常扁平，颅高平均10.30 mm，颅高不足（接近）颅全长的1/3（31.35%）；眼眶为异耳鼠兔亚属最小者，量度约6.70 mm×5.06 mm。个体小，体长140 mm以下。体毛长而粗糙，无光泽，背部毛长约24 mm。耳小，平均16 mm左右，异耳屏阔圆。背毛沙黄色，针毛的毛端黑色，整体显棕黑色调，但整体比黄龙鼠兔略浅；腹面毛基黑灰色，毛尖黄白色。前、后足掌骨和跗跖骨背面棕黄色，两边变浅，毛尖灰白色，腹面毛黑灰色。趾垫黄白色，小，爪透明。

形态

外形：个体较小，体长120～137 mm（平均126 mm）。耳小，14～17 mm（平均16 mm），耳郭露出毛外，耳缘灰白色。足底毛多，较短，爪露出毛外。须多，每边约30根，其中20%为白色，80%为黑灰色。前足5指，均具爪，第1指较短，爪几乎隐于毛中；第2和第4指几等长；第3指最长，第5指约为第4指的一半。后足比前足长，4趾，均具爪；后足第1、2、3趾几乎等长，第4趾最短。

毛色（夏毛）：整个背面毛沙色，毛基黑灰色，中段沙黄色，毛尖灰褐色；被毛长，约22 mm，无光泽。吻部至额部毛沙黄色，吻周污白色。须每边约30根，最短约7 mm，最长约55 mm，其中20%为白色，80%为黑灰色。耳郭露出毛外，耳缘灰白色，耳郭内覆以灰白色短毛，背面密生黑色短毛；异耳屏阔圆，密生灰色短毛。腹面颊部至喉部灰白色，胸部淡黄色，腹部至鼠蹊部灰白色，体侧毛黄白色。前足掌腕部背面毛黄棕色，指骨背面灰白色；爪淡黄色，半透明；腹面掌部毛灰色；掌垫突出毛外，淡黄白色，半透明。后足背面跗跖部毛黄棕色，趾背面草黄色；后足腹面毛灰黑色，爪和趾垫同前足。幼体整体毛呈黑灰色。

头骨：头骨异常扁平，颅面平直。鼻骨前段开阔，后半部略收窄；鼻骨后缘圆弧形。额骨宽，眶间宽较大；额骨后缘外侧向眶内有一明显凸起。颧弓强大；翼骨颧突的眶内侧有一明显凹陷。顶骨平坦，两顶骨中缝后段不形成纵脊；顶间骨略呈三角形。颅骨腹面，前颌骨形成的门齿孔两边向后逐渐分开；腭孔较圆，硬颚较宽；翼骨后段平行，前端联合处呈圆弧形。听泡中等。下颌骨整体呈"手枪"形，关节突较宽，顶端呈稍凸的三角形，角突呈鹰嘴状，冠状突严重退化成一小突起。

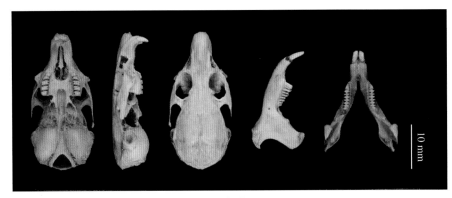

扁颅鼠兔头骨图

牙齿：齿式2.0.3.2/1.0.2.3 = 26。上颌门齿前后2排，每排2枚，前排较大，后排较小，前排门齿间有明显的门齿沟；门齿末端向内略弯曲。上颌门齿白齿5枚，包括3枚前白齿和2枚白齿，3枚前白齿从第1枚开始逐渐变大，第3枚前白齿最大；2枚白齿从前往后依次变小。

下颌门齿1排2枚，下颌门齿白齿5枚，包括2枚前白齿和3枚白齿，第2枚前白齿齿冠最高，第1～3白齿牙齿大小顺序变小。

量衡度（衡：g；量：mm）

外形：

编号	性别	体重	体长	后足长	耳高	采集地点
SAF14651	♂	58	120	25	14	四川青川
SAF05557	♂	88	120	27	16	四川青川
SAF15453	♀	55	137	25	17	四川青川

头骨：

编号	颅全长	基长	颅高	颧宽	眶间宽	上臼齿列长	下颌骨长	下臼齿列长
SAF14651	29.59	25.57	10.50	16.25	4.80	6.08	21.53	6.01
SAF05557	35.01	30.29	10.09	16.88	4.42	6.32	25.04	6.03
SAF15453	33.95	29.73	10.30	17.56	4.88	6.11	23.99	5.62

生态学资料　扁颅鼠兔分布海拔不超过2 000 m，栖息生境为中山次生落叶阔叶林。微生境石砾很多，草本植物覆盖率较高。也分布于多石砾的人工马尾松林和柳杉林中，但数量稀少。草食性。

地理分布　扁颅鼠兔为中国特有种，分布于龙门山和大巴山山系。标本采集于四川唐家河国家级自然保护区、四川毛寨省级自然保护区、重庆开州。

分省（自治区、直辖市）地图——四川省

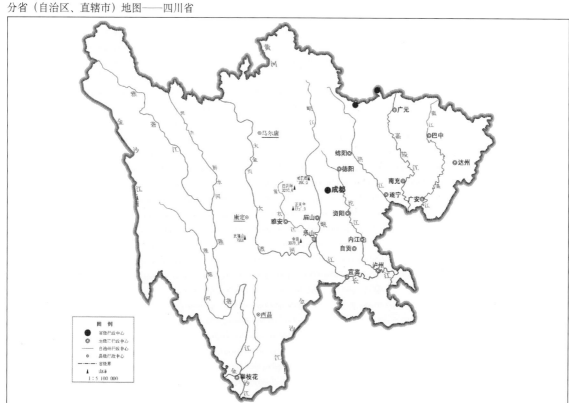

审图号：GS (2019) 3333号　　　　　　　　　　　　　　　　　　　　自然资源部 监制

扁颅鼠兔在四川的分布
注：红点为物种的分布位点。

分类学讨论　刘少英等（2016）在《基于Cytb基因和形态学的鼠兔属系统发育研究及鼠兔属1新亚属5新种描述》中，命名新种扁颅鼠兔Ochotona flatcalvariam，属于异耳鼠兔亚属。该种主要的鉴定特征为：脑颅异常扁平，颅高平均10.30 mm，颅高不足（接近）颅全长的1/3；眼眶为异耳鼠兔亚属最小者，量度6.70 mm×5.06 mm。个体小，体长140 mm以下。耳小，平均长16 mm，异耳屏阔圆。体毛长而粗糙，无光泽，背部毛长24 mm。背毛沙黄色，针毛的毛端黑色，整体显棕黑色调，但整体比黄龙鼠兔略浅；腹面毛基黑灰色，毛尖黄白色。前、后足掌骨和跗跖骨背面棕黄色，两边变浅，毛尖灰白色，腹面毛黑灰色，趾垫黄白色且小，爪透明。扁颅鼠兔与该亚属其他种的明显区别是脑颅异常扁平。该种目前发现3个点有分布，包括四川毛寨省级自然保护区、四川唐家河国家级自然保护区、重庆开州，但种群数量很小，3个地点目前仅采集到6号标本，生物学资料几乎是空白，因此，被蒋志刚等（2021）评定为濒危。

扁颅鼠兔无亚种分化。

（224）黄龙鼠兔 *Ochotona huanglongensis* Liu et al., 2016

英文名 Huanglong Pika

Ochotona huanglongensis Liu, et al., 2016. 兽类学报, 36(4), DOI: 10.16829/j.slxb(模式产地: 四川黄龙自然保护区); 蒋志刚, 等, 2017. 生物多样性, 25(8): 886-895; Wang, et al., 2020. Mol. Biol. Evol., 37(6): 1577-1592.

鉴别特征 脑颅扁平, 颅高平均12.30 mm, 略大于颅全长的1/3 (34.38%); 颅面平直; 脑颅宽, 颅高为颅宽的65.39%。耳高15 ~ 20 mm (平均19 mm); 异耳屏三角形, 大, 顶端圆形, 密生灰色短毛。背部毛粗长而无光泽, 沙色; 腹部毛基黑灰色, 毛尖灰白色。

形态

外形: 个体较小, 体长118 ~ 167 mm (平均147 mm)。耳高15 ~ 20 mm (平均19 mm), 明显露出毛外, 耳缘有明显白边。足底毛多, 较短, 爪露出毛外。须多, 每边约30根, 最短约6 mm, 最长约45 mm, 其中1/3为白色, 1/3根部黑灰色, 尖部白色, 1/3黑灰色。前足5指, 均具爪, 爪白色稍透明; 前足第1指较短, 爪出露毛外, 第2、4指几乎等长, 第3指最长, 第5指约为第4指的一半。后足比前足长, 4趾, 均具爪; 后足第1趾较第2趾稍短, 第2、3趾几乎等长, 第2趾最长, 第4趾最短, 仅约为第3趾的一半。

毛色 (夏毛): 整个背面毛沙褐色, 毛基黑灰色, 毛尖沙褐色; 被毛长约20 mm, 尖部5 mm左右, 为沙褐色, 无光泽。吻—鼻—额—背—臀毛色基本一致。耳郭长且大, 平均耳高21 mm; 耳缘灰白色, 耳郭内覆以绒毛状灰白色长毛, 靠边缘有1条约2 mm宽的黑灰色带; 背面近耳缘黑灰色, 基部灰白色; 靠耳缘的毛短, 靠根部的毛长; 耳基前部有小片短白毛; 异耳屏三角形, 很大, 顶端圆形, 密生灰色短毛。腹面颏部毛短, 灰白色; 喉—腹—鼠蹊部毛基黑灰色, 尖部灰白色; 唇周灰白色; 体侧毛黄白色。前足腕掌部背面毛灰白色, 毛基灰黑色; 指骨背面和腕掌部一致; 爪黄白色半透明; 掌部腹面毛黑褐色; 掌垫很明显, 突出毛外, 黄色。后足毛色和前足一致。部分个体腹面毛白色更显著, 色调更趋于白色。

头骨: 头骨较扁平, 额骨和顶骨的前半部分较隆突, 顶骨的后半部分下沉。鼻骨向后收窄不明显, 鼻骨后缘尖, 两鼻骨后端形成一个较深的分叉, 但也有部分个体鼻骨后缘圆弧形, 分叉浅。额骨宽, 眶间宽较大; 额骨后缘外侧向眶内有一明显凸起; 颧弓强大; 两顶骨中缝后端形成一纵脊,

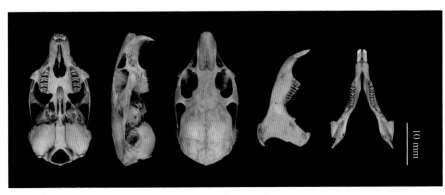

黄龙鼠兔头骨图

和顶间骨中部的纵脊合并；顶间骨略呈扇形。颅骨腹面，前颌骨形成的门齿孔前段呈平行状；腭孔椭圆形，硬颚较宽；翼骨后段向内收窄，前端联合处呈圆弧形。听泡中等。下颌骨整体呈"手枪"形，关节突较宽，顶端呈稍凸的三角形，角突呈鹰嘴状，冠状突严重退化成一小突起。

牙齿：牙齿没有特别之处，和其他鼠兔一致。齿式2.0.3.2/1.0.2.3 = 26。上颌门齿前、后2排，每排2枚，前排较大，后排较小，前排门齿间有明显的门齿沟，门齿末端向内略弯曲；上颌门齿臼齿5枚，包括3枚前臼齿和2枚臼齿，3枚前臼齿从第1枚开始逐渐变大，第3枚前臼齿最大，2枚臼齿从前往后依次变小。

下颌门齿1排2枚；下颌门齿臼齿5枚，包括2枚前臼齿和3枚臼齿，第2枚前臼齿齿冠最高，第1～3臼齿牙齿大小顺序变小。

量衡度（衡：g；量：mm）

外形：

编号	性别	体重	体长	后足长	耳高	采集地点
SAF14157	♂	72	141	26	20	四川松潘
SAF09228	♀	77	156	29	20	四川理县
SAF03327	—	—	142	27	18	四川黑水
SAF03315	♀	—	167	30	17	四川黑水
SAF03314	♀	—	151	30	18	四川黑水
SAF03499	♂	—	142	29	19	四川松潘
SAF03500	♂	—	138	28	20	四川松潘
SAF03501	♂	—	147	28	20	四川松潘
SAF03502	♂	—	165	29	21	四川松潘
SAF16192	♂	73	156	27	20	四川松潘
SAF16187	♂	86	145	28	21	四川黑水
SAF20749	♀	94	163	28	19	四川九寨沟

头骨：

编号	颅全长	基长	颅高	额宽	眶间宽	上臼齿列长	下颌骨长	下臼齿列长
SAF14157	34.26	29.36	12.15	17.21	4.24	6.27	25.03	6.12
SAF09228	36.86	30.99	12.34	18.19	4.33	7.29	27.83	6.83
SAF03327	36.73	31.30	12.54	17.85	4.45	6.96	28.23	6.54
SAF03315	36.98	32.05	12.63	18.56	4.51	7.39	28.26	6.88
SAF03314	35.98	31.23	12.61	17.34	4.35	6.81	26.94	6.57
SAF03499	36.66	31.87	12.56	17.94	4.63	6.61	27.58	6.39

(续)

编号	颅全长	基长	颅高	颧宽	眶间宽	上臼齿列长	下颌骨长	下臼齿列长
SAF03500	36.70	31.97	12.70	17.78	4.05	6.84	27.77	6.47
SAF03501	35.67	31.06	11.89	17.27	4.23	6.67	26.05	5.93
SAF03502	36.27	31.54	12.51	18.49	4.89	6.98	26.61	6.15
SAF16192	35.52	31.99	12.44	16.38	4.13	6.59	26.65	6.14
SAF16187	37.01	31.33	12.16	18.09	4.81	7.18	27.15	6.61
SAF20749	36.44	32.27	12.60	18.46	4.42	7.29	27.98	6.80

生态学资料　黄龙鼠兔分布于海拔 1 800 ~ 3 100 m 的中山针阔叶混交林。微生境很特别，有巨大的石砾，石砾上覆盖很厚的苔藓层，黄龙鼠兔的洞道在苔藓层下。生境很原始。草食性。

地理分布　黄龙鼠兔为中国特有种，分布于四川的岷山和邛崃山山系。在四川采集到标本的地方包括四川黄龙自然保护区、四川九寨沟国家级自然保护区、四川千佛山国家级自然保护区、理县、茂县。

分省（自治区、直辖市）地图——四川省

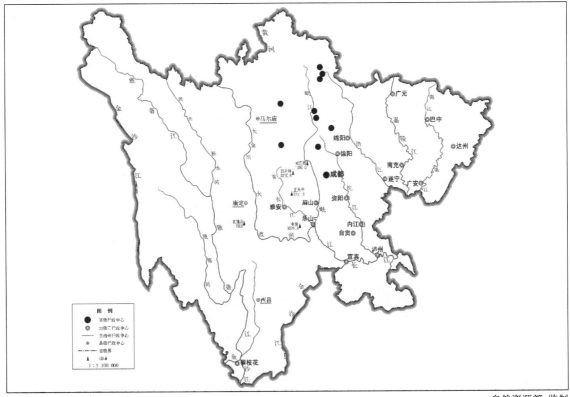

审图号：GS (2019) 3333 号

自然资源部　监制

黄龙鼠兔在四川的分布

注：红点为物种的分布位点。

分类学讨论 黄龙鼠兔为刘少英等（2016）在《基于*Cytb*基因和形态学的鼠兔属系统发育研究及鼠兔属1新亚属5新种描述》中发表的新种，属于异耳鼠兔亚属。该种主要的鉴定特征为：脑颅扁平，颅高仅为颅全长的33.51%；颅面平直，脑颅宽，颅高为颅宽的65.39%。耳很长，平均耳长达到21 mm；异耳屏三角形，大，但顶端圆形，密生灰色短毛。背部毛粗长而无光泽，沙色；腹部毛基黑灰色，毛尖灰白色。该种区别于该亚属其他物种的显著特征是耳在该亚属所有物种中最大。无亚种分化。

(225) 峨眉鼠兔 *Ochotona sacraria* Thomas，1923

英文名 Emei Pika

Ochotona thibetana sacraria Thomas, 1923, Ann. Mag. Nat. Hist., 11:163(模式产地：四川峨眉山)；冯祚建和高耀亭，1974. 动物学报，20(1)：76-88; Corbet, 1978. Mamm. Palaea. Reg., 67; 冯祚建和郑昌琳，1985. 兽类学报，5(4)：269-289.

Ochotona sacraria，刘少英，等，2016.兽类学报，36(4), DOI: 10.16829/j.slxb; Wang, et al., 2020. Mol. Biol. Evol., 37(6)：1577-1592.

鉴别特征 脑颅扁平，颅高10.97～12.07 mm(平均11.62 mm)，略大于颅全长的1/3(34.13%)，在异耳鼠兔亚属中，其扁平程度仅次于扁颅鼠兔，且异耳屏起于耳缘。其余特征与藏鼠兔相似，只是与藏鼠兔相比，该种没有藏鼠兔都具有的眶后突。

形态

外形：个体较小，体长119～154 mm（平均137 mm）。耳高14～18 mm（平均16 mm），明显露出毛外，耳缘有白边。足底毛多，较长，爪露出毛外。每边约20根须，1/3黑色，1/3白色，1/3近端黑色远端白色。前足5指，均具爪；第1指较短，爪几乎隐于毛中，第2、4指几乎等长，第3指最长，第5指约为第4指的一半。后足比前足长，4趾，均具爪；后足第1趾稍短，第2、3趾几乎等长，第4趾最短。

毛色：背面从额部至肛门颜色一致为黄褐色或深褐色，毛基灰黑色。须着生的区域毛色较灰白。耳背面毛较短，呈灰色绒毛状；耳前面毛黄褐色，大部分很短，有稀疏的较长的黄色毛覆盖短毛。腹面从颏部至肛门除胸部毛为深棕黄色外，其余颜色基本一致，颜色整体比背面淡，为灰白色调；整个腹面毛基灰黑色。背、腹毛色界线相对清晰。前、后足爪白色，部分接近透明；前足腹面毛黑灰色，背面灰白色；后足腹面毛淡铁锈色，背面灰白色。

头骨：头骨非常扁平，颅面几近平直。鼻骨前段稍膨大，后半部略收窄；鼻骨后缘圆弧形。额骨较宽，眶间宽较大；额骨后缘外侧向眶内有一明显凸起；颧弓强大；翼骨颧突的眶内侧有一明显凹陷。顶骨相对平坦，形状不规则，两顶骨中缝前段不形成纵脊，后段接近顶间骨处形成纵脊，并纵贯顶间骨，将顶间骨分成左、右2部分，顶间骨略呈钟形。门齿孔与腭孔合并成一梨形大孔，锄骨位于两孔中央前端；前颌骨与上颌骨接缝不规则，上颌骨与腭骨完全融合，腭骨前端两侧各有1个小孔。听泡中等。下颌骨整体呈"手枪"形，关节突较宽，顶端呈稍凸的三角形，角突呈鹰嘴状，冠状突严重退化成一小突起。

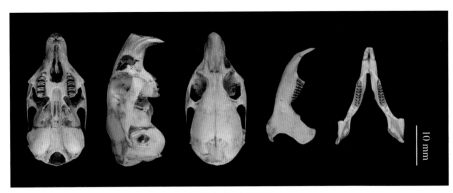

峨眉鼠兔头骨图

牙齿：上颌门齿前后2排，每排2枚，前排较大，后排较小；前排门齿间有明显的门齿沟，门齿末端向内略弯曲。上颌门齿白齿5枚，包括3枚前白齿和2枚白齿，3枚前白齿从第1枚开始逐渐变大，第3枚前白齿最大，2枚白齿从前往后依次变小。

下颌门齿1排2枚；下颌门齿白齿5枚，包括2枚前白齿和3枚白齿，第2枚前白齿齿冠最高，第1～3白齿牙齿大小顺序变小。

量衡度（衡：g；量：mm）

外形：

编号	性别	体重	体长	后足长	耳高	采集地点
SCNU00238	♂	70	154	27	14	四川峨眉山
SCNU00239	♂	55	119	23	14	四川峨眉山
SCNU00300	♀	80	154	24	17	四川大邑
SCNU00301	♂	60	120	26	15	四川大邑
SAF17547	♂	72	137	27	18	四川宝兴

头骨：

编号	颅全长	基长	颅高	颧宽	眶间宽	上臼齿列长	下颌骨长	下臼齿列长
SCNU00238	36.35	31.87	12.07	17.41	4.52	7.04	26.30	6.57
SCNU00239	31.12	26.97	11.61	16.97	4.53	6.31	23.86	6.02
SCNU00300	34.82	30.26	11.51	16.99	3.76	7.09	25.83	6.36
SCNU00301	32.85	27.99	10.97	15.87	4.05	6.22	23.52	5.87
SAF17547	35.09	31.21	11.92	17.07	3.73	6.82	25.27	6.35

生态学资料　峨眉鼠兔分布海拔较藏鼠兔高，分布于海拔2 400 m以上区域，主要分布于林线以上的高山灌丛。草食性。

地理分布　峨眉鼠兔为中国特有种，目前已知仅分布于四川的峨眉山、宝兴、大邑。

分省（自治区、直辖市）地图——四川省

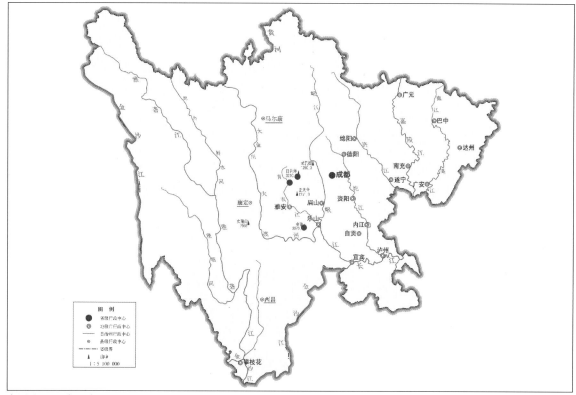

审图号：GS（2019）3333号　　　　　　　　　　　　　　自然资源部 监制

峨眉鼠兔在四川的分布
注：红点为物种的分布位点。

分类学讨论　Thomas（1923）将 M. P. Anderson（1910）在峨眉山采集的1号标本命名为藏鼠兔峨眉亚种 *Ochotona thibetana sacraria*。其鉴定特征是体红棕色，脑颅扁平，没有藏鼠兔都有的眶后突。此标本在命名前13年就已经采集到，Thomas（1911）认为该标本是间颅鼠兔 *O. cansus*。Allen（1938）将其作为藏鼠兔指名亚种的同物异名。冯祚建和高耀亭（1974）根据采自四川美姑洪溪的鼠兔标本重新确立了峨眉鼠兔作为藏鼠兔亚种的地位。但事实上，峨眉鼠兔仅分布于峨眉山，不分布于美姑，分布于美姑的为藏鼠兔，所以，冯祚建和高耀亭（1974）以美姑标本作为峨眉鼠兔是不正确的。

采集的峨眉鼠兔标本脑颅扁平，和Thomas（1923）的描述一致，且有异耳屏，分子系统上属于异耳鼠兔亚属。刘少英等（2016）将峨眉鼠兔作为独立种。

该种无亚种分化。

（226）红耳鼠兔 *Ochotona erythrotis*（Buchner，1890）

别名　中国红鼠兔

英文名　Chinese Red Pika

Lagomys erythrotis Buchner, 1890. Wiss. Resulate d. v. Przcwalski Reisen, Vol. 1, Saugethiere, 165（模式产地：中国西藏东部）.

Ochotona(*Ochotona*) *erythrotis vulpina* Howell, 1928. Proc. Biol. Soc. Wash., Vol. 41: 117.

Ochotona erythrotis Allen, 1938. Mamm. Chin. Mong., 534-537; Corbet, 1978. Mamm. Palaea. Reg.: 68; 胡锦矗和王
酉之, 1984. 四川资源动物志 第二卷 兽类, 182; 余志伟, 等, 1984. 四川动物 (1): 12-13; Hoffmann, 1993. In
Wilson. Mamm. Spec. World, 2nd ed., 809; Hoffmann and Smith, 2005. In Wilson. Mamm. Spec. World, 3rd ed.,
187-188; 王酉之和胡锦矗, 1999. 四川兽类原色图鉴, 257; 刘少英, 等, 2019, 四川林业科技, 40(6): 1-6; Wang,
et al., 2020. Mol. Biol. Evol., 37(6) :1577-1592.

鉴别特征 个体较大，体长178～202 mm（平均188 mm），与川西鼠兔大小类似。其显著特征是整个身体呈绚丽的亮锈红色，包括耳朵。冬季，身体背面和腹面变成淡黄褐色，但耳朵仍然为红色。腹部纯白色。前、后足背面白色；足底毛较短，爪露出毛外。头骨平坦，稍拱，门齿孔和腭孔分开，额骨上有2个卵圆孔。鼻骨明显较短，听泡发达。

形态

外形：个体较大，体长178～202 mm（平均为188 mm）。耳大，耳高29～32 mm（平均为30 mm），明显露出毛外，耳缘有白边。足底毛多，较短，爪露出毛外。每边约20根须，靠近唇下面的须纯白色，靠近唇上面的须黑色。前足5指，均具爪，第1指较短，爪出露于毛外，第2、4指几乎等长，第3指最长，第5指约为第4指的一半；前足指垫明显且出露于毛外。后足比前足长，4趾，均具爪。后足第1趾较短，第2、3趾几乎等长，第4趾最短；后足趾垫明显且出露于毛外。

毛色：背面从额部至肛门除颈部为灰白色外，其余颜色一致，呈绚丽的亮锈红棕色，毛基灰黑色。须着生的区域与背毛色调一致。耳缘有一圈黄色边，耳背面毛较长，且与背毛颜色一致；耳前面的毛也很长，与耳背面毛类似。腹面从颏部至肛门除颈部颜色较深，呈灰黑色外，其余颜色基本一致，颜色整体比背面淡，为白色或灰白色；整个腹面毛基灰黑色；背、腹毛色界限清晰。前、后足爪黑褐色；前、后足腹面毛色灰白色，背面毛白色。

头骨：头骨整个颅面呈拱形，额骨略低平，前端凹，后端稍鼓圆，上面无卵圆孔；脑颅最高点位于额骨中部靠后位置。鼻骨前端1/3稍膨大，后部逐渐变窄；鼻骨外缘近梯形；鼻骨末端呈弧形，末端分支较深。额骨前后宽，中间窄，两翼中间部位构成眼眶内壁，无眶间脊，眶间距较大。额骨后缘与顶骨接缝明显且不规则。顶骨形状不规则，中间稍隆起，且后端一直延伸至枕骨，两侧顶骨中间接缝明显且不规整，接缝处未形成脊。顶间骨呈不规则形状，两条矢状脊呈"人"字形，贯穿

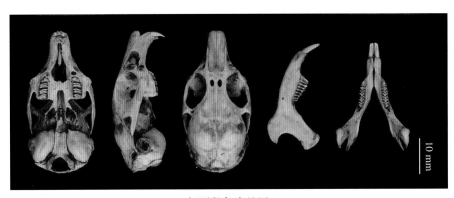

红耳鼠兔头骨图

顶间骨，将顶间骨分成明显的3个部分。门齿孔与腭孔合并成一梨形大孔；锄骨贯穿两孔中央。前颌骨与上颌骨接缝明显且不规整，上颌骨与腭骨接缝明显且不规整，上颌骨前端两侧各有1个小孔。听泡发达。下颌骨整体呈"手枪"形，关节突较宽，顶端呈稍凸的三角形，角突呈鹰嘴状，冠状突严重退化成一小突起。

牙齿：上颌门齿前、后2排，每排2枚，前排较大，后排较小；前排门齿间有明显的门齿沟，门齿末端向内略弯曲。上颌门齿臼齿5枚，包括3枚前臼齿和2枚臼齿，3枚前臼齿从第1枚开始逐渐变大，第3枚前臼齿最大，2枚臼齿从前往后依次变小。

下颌门齿1排2枚。下颌门齿臼齿5枚，包括2枚前臼齿和3枚臼齿，第2枚前臼齿齿冠最高，第1～3臼齿牙齿大小顺序变小。

量衡度（衡：g；量：mm）

外形：

编号	性别	体重	体长	后足长	耳高	采集地点
SAF181202	♂	151	178	40	32	四川平武
SAF181263	♂	166	202	41	30	四川平武
SAF181264	♂	137	185	38	30	四川平武
SAF181268	♀	126	192	41	31	四川平武
SAF17006	♀	140	185	35	29	四川若尔盖

头骨：

编号	颅全长	基长	颅高	颧宽	眶间宽	上臼齿列长	下颌骨长	下臼齿列长
SAF181202	43.14	36.42	17.43	21.72	6.01	8.33	32.45	7.65
SAF181263	43.77	37.92	17.29	21.79	6.14	8.35	33.29	8.08
SAF181264	43.17	36.45	16.46	21.22	5.29	7.98	32.66	8.06
SAF181268	43.49	36.80	17.54	21.38	6.13	7.86	32.86	7.99
SAF17006	42.64	36.39	17.06	22.09	5.65	7.93	31.97	8.03

生态学资料 红耳鼠兔生境特殊，栖息于干旱的裸岩。草食性。

地理分布 红耳鼠兔为中国特有种，仅分布于西藏、四川、青海，在四川采集到标本的地方包括若尔盖郎木寺、平武王朗（刘少英等，2019）、四川卧龙国家级自然保护区（余志伟等，1984）、巴塘等地。

分类学讨论 红耳鼠兔分类地位有一定争议。Allen（1938）承认其种级地位，但Ellerman和Morrison-Scott（1951）认为红耳鼠兔是红鼠兔*Ochotona rutila*的亚种。Corbet（1978）、Corbet和

分省（自治区、直辖市）地图——四川省

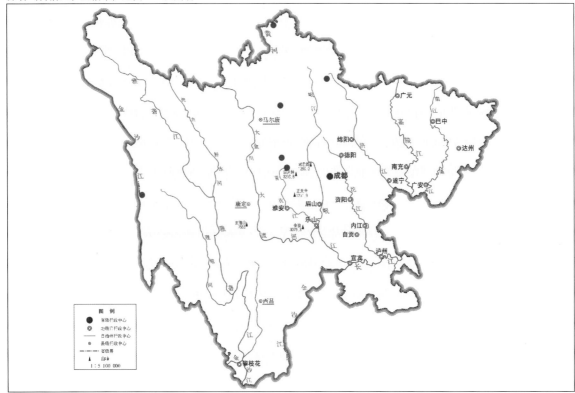

审图号：GS（2019）3333号   自然资源部 监制

红耳鼠兔在四川的分布
注：红点为物种的分布位点。

Hill（1986）、Honacki 等（1982）、Hoffmann（1993）、Hoffmann 和 Smith（2005）均承认其独立种地位。分子系统学（刘少英等，2019；Wang et al.，2020）证实其独立种地位。

该种无亚种分化。

（227）川西鼠兔 *Ochotona gloveri* Thomas，1922

英文名 Glover's Pika

Ochotona gloveri Thomas, 1922. Ann. Mag. Nat. Hist., 9, 9: 190(模式产地：四川雅江)；Howell, 1929. Proc. U. S. Nat. Mus., 75: 69; Allen, 1938. Mamm. Chin. Mong., 533-534; 胡锦矗和王酉之，1984. 四川资源动物志 第二卷 兽类. 185-186; 冯祚建和郑昌琳，1985. 兽类学报，5(4)：69-89; 王酉之和胡锦矗，1999. 四川兽类原色图鉴. 258; Hoffman, 2005. In Wilson. Mamm. Spec. World, 3rd ed., 188; 刘少英，等，2016.兽类学报，36(4), DOI: 10.16829/j. slxb; Wang, et al., 2020. Mol. Biol. Evol., 37(6) :1577-1592.

Ochotona erythrotis brookei G. Allen, 1937. Proc. Acad. Nat. Sci. Philadelphia, 89: 341.

Ochotona kamensis Argyropulo, 1948. Trudy Zoologicheskogo Instituta. Akademiia Nauk SSSR, Leningrad, 7:124-128; Corbet, 1978. Mamm. Palaea. Reg., 68; Honacki, et al., 1982. Mamm. Spec. World, 596; Corbet and Hill, 1986. World List Mamm. Spec., 2nd ed., 223.

Ochotona brookei Pen and Feng, 1962. 动物分类学报, 14(增刊) : 105-132.

Ochotona brookei calloceps Pen and Feng, 1962. 动物分类学报, 14(增刊) : 105-132.

Ochotona gloveri muliensis Pen and Feng, 1962. 动物分类学报, 14(增刊) : 105-132.

Ochotona muliensis 冯祚建和郑昌琳, 1985. 兽类学报, 5(4) :69-89; Hoffmann, 1993. Mamm. Spec. World, 2nd ed., 810; 王应祥, 2003. 中国哺乳动物种和亚种分类名录与分布大全, 228; Hoffmann and Smith, 2005. In Wilson. Mamm. Spec. World, 3rd ed., 190.

鉴别特征 体型较大，体长145 ~ 215 mm（平均174 mm）。门齿孔与腭孔分开（部分年轻个体合并）。额骨微突，上方有2个卵圆孔；顶骨明显向后倾斜，头骨背面呈拱形；头骨吻部狭长。鼻骨较长。听泡较小。夏季，背毛只在吻部、额部和耳背侧呈橙色或淡棕色。

形态

外形：个体较大，体长145 ~ 215 mm（平均为174 mm）。耳较大，高21 ~ 31 mm（平均为27 mm），明显露出毛外，耳缘有白边，但部分个体不很明显。足底毛多，较短，爪隐于毛内。须每边约20根，唇两侧主要为白色，其余区域为黑色。前足5指，均具爪，但爪不发达；第1指较短，爪出露于毛外，第2、4指几乎等长，第3指最长，第5指约为第4指的一半。后足比前足长，4趾，均具爪；后足第1趾较短，2、3趾几乎等长，第4趾最短。前、后足趾（指）垫明显且均出露于毛外。

毛色：背面从额部至肛门除颈部为灰白色外，其余颜色一致，呈黄褐色；背毛毛基灰黑色。唇周毛黄褐色；须着生的区域毛灰白色或黄褐色。耳背面和前面毛灰白色，且较短。腹面从颏部至肛门除喉部灰黑色外，其余颜色基本一致，颜色整体比背面淡，为淡灰白色调。整个腹面毛基灰黑色，尖部灰白色。背、腹毛色界线相对清晰。前、后足爪黑褐色，前端色稍淡；前、后足腹面毛铁锈色，背面毛灰白色。

头骨：整个脑颅轮廓呈梨形，颅面呈弧形。额骨低平略呈弧形，上面有2个卵圆孔，脑颅最高点位于额骨中部。鼻骨前端1/3稍膨大，后部2/3接近等宽；鼻骨外缘近于平行，鼻骨末端呈弧形。额骨前后宽，中间窄，两翼中间部位构成眼眶内壁，无眶间脊，眶间距较宽。额骨后缘与顶骨接缝不规则。顶骨略呈双肾形，中间稍隆起，且后端一直延伸至枕骨，两侧顶骨中间接缝明显且规整，没有形成脊，两矢状脊呈"八"字形，自顶间骨与顶骨交界处纵贯顶间骨，将顶间骨分为3个部分；顶间骨呈钟形。门齿孔与腭孔合并成一梨形大孔，锄骨显露于两孔的中央；前颌骨与上颌骨接缝规则，上颌骨与腭骨完全融合，腭骨前端两侧各有1个小孔。听泡卵圆形，不太发达。下颌骨整体呈"手枪"形，关节突较宽，顶端呈稍凸的三角形，角突呈鹰嘴状，冠状突严重退化成一小突起。

牙齿：上颌门齿前后2排，每排2枚，前排较大，后排较小；前排门齿间有明显的门齿沟，门齿末端向内略弯曲。上颌门齿白齿5枚，包括3枚前白齿和2枚白齿，3枚前白齿从第1枚开始逐渐变大，第3枚前白齿最大，2枚白齿从前往后依次变小。第3前白齿和第1白齿大小相近。

下颌门齿1排2枚。下颌门齿白齿5枚，包括2枚前白齿和3枚白齿，第2枚前白齿齿冠最高，第1 ~ 3白齿牙齿依次变小。

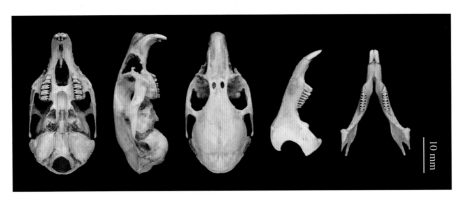

川西鼠兔头骨图

量衡度（衡：g；量：mm）

指名亚种外形：

编号	性别	体重	体长	后足长	耳高	采集地点
SAF09583	♂	140	175	29	25	四川小金
SAF12151	♂	205	205	39	31	四川石渠
SAF12167	♀	76	145	32	21	四川石渠
SAF12182	—	81	145	31	24	四川石渠
SAF06397	—	110	150	29	25	四川丹巴
SAF94288	—	—	160	31	31	四川茂县
SAF06554	♀	133	156	29	24	四川炉霍
SAF06549	♀	208	205	31	27	四川炉霍
SAF06548	♀	172	164	31	26	四川炉霍
SAF06529	♀	120	160	31	27	四川炉霍

木里亚种外形：

编号	性别	体重	体长	后足长	耳高	采集地点
SAF13572	♀	180	210	34	29	四川木里
SAF16777	♀	259	215	35	30	四川木里

指名亚种头骨：

编号	颅全长	基长	颅高	颧宽	眶间宽	上臼齿列长	下颌骨长	下臼齿列长
SAF09583	42.90	36.83	17.22	21.20	5.85	8.45	31.62	8.20
SAF12151	46.17	39.39	19.63	22.48	6.16	8.26	33.32	8.16
SAF12167	36.93	29.13	16.25	19.42	5.59	6.96	25.81	6.71
SAF12182	35.20	28.56	16.01	19.33	5.97	6.90	24.77	6.63
SAF06397	39.63	32.31	16.05	21.42	5.62	7.22	28.88	6.88

（续）

编号	颅全长	基长	颅高	颧宽	眶间宽	上臼齿列长	下颌骨长	下臼齿列长
SAF94288	46.63	40.62	17.38	22.30	5.67	8.67	34.28	8.34
SAF06554	37.78	31.89	15.80	19.95	5.89	7.03	27.39	6.99
SAF06549	44.91	38.26	17.67	22.18	5.24	8.10	33.13	7.99
SAF06548	42.49	36.11	16.84	19.87	5.48	7.53	31.17	7.56
SAF06529	42.51	36.01	17.36	21.42	5.45	8.05	32.13	7.70

木里亚种头骨：

编号	性别	颅全长	基长	颅高	颧宽	眶间宽	上臼齿列长	下颌骨长	下臼齿列长
SAF13572	♀	47.89	41.18	18.01	22.66	5.85	8.57	35.29	8.17
SAF16777	♀	50.94	43.30	18.76	23.43	5.06	9.52	37.41	8.99

生态学资料　川西鼠兔主要分布于干旱河谷多石的灌丛环境，最低分布海拔记录1 700 m（四川茂县），一般分布海拔在2 700～4 200 m，最高分布记录达4 500 m。川西鼠兔是干旱河谷灌丛生态系统的关键物种，为岩栖鼠兔。草食性。

地理分布　川西鼠兔为中国特有种，分布于四川、青海、西藏和云南，在四川采集到标本的地方包括夹金山、石渠、康定、木里、丹巴、炉霍、茂县。

分类学讨论　川西鼠兔自1922年由Thomas命名以来，一直存在争议。Ellerman和Morrison-Scott（1951）曾将该种视为红鼠兔 *Ochotona rutila* 的同种。Gureev（1964）、Corbet（1978）、Honacki等（1982）把川西鼠兔归并到红耳鼠兔 *O. erythrotis*。冯祚建和郑昌琳（1985）指出，格氏鼠兔（即川西鼠兔）与红耳鼠兔亲缘关系很近，但在毛色和头骨特征方面两者存在较明显的差别，川西鼠兔夏毛的颜色不像红耳鼠兔。

分子生物学的研究结果也显示川西鼠兔与红耳鼠兔间的遗传距离已达种级差别（于宁等，1997）。因此，依多数学者的意见是，将川西鼠兔 *O. gloveri* 作为独立种对待较为适宜（Thomas，1922；Allen，1938；冯祚建等，1985，1986；黄文几等，1995；于宁等，1997）。牛屹东等（2001）也认为是独立种。刘少英等（2016）通过分子系统学，再次确认川西鼠兔为独立种。

亚种方面，王应祥（2003）认为川西鼠兔全国有3个亚种，分别为：指名亚种 *O. gloveri gloveri*、青海亚种 *O. g. brookei*、云南亚种 *O. g. calloceps*，四川仅有1个亚种，为指名亚种。青海亚种模式产地为青海玉树，1937年由Allen命名，最早作为红耳鼠兔的亚种 *O. erythrotis brookei*。彭鸿绶等（1962）认为是独立种 *O. brookei*。冯祚建和郑昌琳（1985）维持其亚种地位。

1948年，Argyropulo根据四川西部康巴地区标本（具体地点不详）命名 *O. kamensis*，Corbet（1978）、Corbet和Hill（1986）均承认其独立种地位；但冯祚建和郑昌琳（1985）、Hoffmann（1993）、Hoffmann和Smith（2005）均将其作为川西鼠兔指名亚种的同物异名。本书同意后者的意见，因为川西鼠兔的模式产地为四川雅江，是康巴的核心区域，*O. kamensis* 采自康巴地区，和雅江不远，属于同一亚种是合理的。彭鸿绶等（1962）依据云南德钦标本命名 *O. brookei calloceps*，冯祚建和郑

分省（自治区、直辖市）地图——四川省

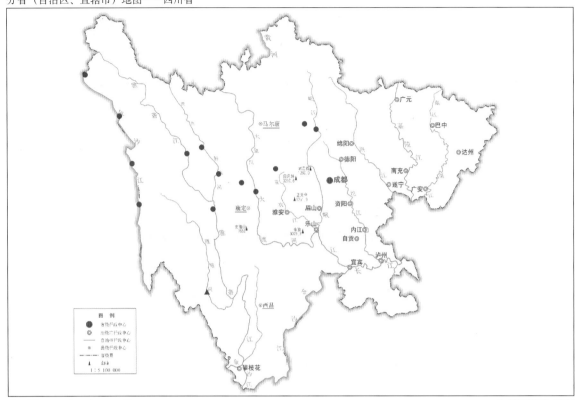

审图号：GS (2019) 3333 号

自然资源部 监制

川西鼠兔在四川的分布
注：红圆点为指名亚种的分布位点，红三角形为木里亚种的分布位点。

昌琳（1985）将其作为川西鼠兔的亚种，Hoffmann（1993）、Hoffmann 和 Smith（2005）将其作为川西鼠兔的同物异名，王应祥（2003）将其作为川西鼠兔的亚种。

本书观点：同意其为亚种。在四川木里，彭鸿绶等（1962）命名了川西鼠兔的1个新亚种——*O. gloveri muliensis*。后来，很多人将其作为独立种（冯祚建和郑昌琳，1985；Hoffmann，1993；王应祥，2003；Hoffmann and Smith，2005）。刘少英等（2016）基于分子系统学证实木里鼠兔 *O. muliensis* 是川西鼠兔的亚种。这样，川西鼠兔共计4个亚种：指名亚种、青海亚种 *O. g. brookei*、云南亚种 *O. b. calloceps*、木里亚种 *O. g. muliensis*。

四川共有2个亚种，分别为指名亚种和木里亚种。

四川分布的川西鼠兔 *Ochotona gloveri* 分亚种检索表

颜色灰暗，个体稍大，额骨卵圆孔很小或者消失·· 木里亚种 *O. g. muliensis*

颜色鲜艳，个体稍小，额骨卵圆孔大，明显·· 指名亚种 *O. g. gloveri*

①川西鼠兔指名亚种 *Ochotona gloveri gloveri* Thomas，1922

Ochotona gloveri Thomas, 1922. Ann. Mag. Nat. Hist., 9, 9: 190（模式产地：四川雅江）.

Ochotona kamensis Argyropulo, 1948. Trudy Zoologicheskogo Instituta. Akademiia Nauk SSSR, Leningrad, 7:124-128.

鉴别特征 体型较大的鼠兔，夏毛全身红褐色调明显，冬毛体灰棕色；耳和鼻部红褐色显著。头骨的门齿孔和腭孔分为2个孔，或者之间显著缢缩。额骨上有卵圆孔。

地理分布 主要分布于四川，包括雅江、康定、炉霍、道孚、理塘、巴塘、石渠、茂县、松潘、理县。

②川西鼠兔木里亚种 *Ochotona gloveri muliensis* Pen et，1922

Ochotona gloveri muliensis Pen and Feng, 1962. 动物分类学报，14（增刊）：105-132.

鉴别特征 个体比指名亚种稍大，身体颜色比指名亚种深，以灰棕色调为主。冬毛以灰色为主，但耳和鼻部始终是红褐色。头骨的门齿孔和腭孔分为2个孔，或者之间显著缢缩。额骨上无卵圆孔，或者卵圆孔很小。

地理分布 分布于四川木里。

(228) 间颅鼠兔 *Ochotona cansus* Lyon，1907

英文名 Gansu Pika

Ochotona cansus Lyon, 1907, Smithsonian. Misc. Coll., 50: 136-137(模式产地：甘肃临潭); Thomas, 1911. Proc. Zool. Soc. Lond., 180; 冯祚建和高耀亭，1974. 动物学报，20 (1): 76-88; 胡锦矗和王酉之，1984. 四川资源动物志 第二卷 兽类，187-188; Hoffmann, 1993. In Wilson. Mamm. Spec. World, 2nd ed., 809; Hoffmann and Smith, 2005. In Wilson. Mamm. Spec.World, 3rd ed., 186; 王酉之和胡锦矗，1999. 四川兽类原色图鉴：263, 刘少英，等，2016.兽类学报，DOI: 10.16829/j. slxb; Wang, et al., 2020. Mol. Biol. Evol., 37 (6):1577-1592.

Ochotona thibetana cansus Allen, 1938. Mamm. Chin. Mong., 542-544; Ellerman and Morrison-Scott, 1951. Check. Palaea. Ind. Mamm., 450.

Ochotona sorella Thomas O, 1908. Proc. Gen. Meet. Sci. Bus. Zool. Soc. Lond., 693-983.

Ochotona cansus sorella Osgood, 1932. Fie. Mus. Publ. Zool, 18 (10):193-339; 冯祚建和郑昌琳，1985. 兽类学报，5 (4):269-289.

Ochotona thibetana sorella Allen, 1938. Mamm. Chin. Mong., 539; Ellerman and Morrison-Scott, 1951. Check. Palaea. Ind. Mamm., 450.

Ochotona cansus morosa Thomas, 1912. Ann. Mag. Nat. Hist., 10 (8):395-403; 王应祥，2003. 中国哺乳动物种和亚种分类名录与分布大全，227; 刘少英，等，2016.兽类学报，36 (4), DOI: 10.16829/j. slxb; 蒋志刚，等，2017. 生物多样性，25 (8): 886-895; Wang, et al., 2020. Mol. Biol. Evol., 37 (6):1577-1592.

Ochotona morosa Lissovsky, 2019. Zoologica Scripta, 48: 1-16.

Ochotona cansus stevensi Osgood, 1932. Fie. Mus. Publ. Zool, 18 (10):193-339; 冯祚建和郑昌琳，1985. 兽类学报，5 (4):269-289; 王应祥，2003. 中国哺乳动物种和亚种分类名录与分布大全，228.

Ochotona thibetana stevensi Allen, 1938. Mamm. Chin. Mong., 539; Ellerman and Morrison-Scott, 1951. Check. Palaea. Reg., 450.

鉴别特征　体型较小，平均体长137 mm（120～153 mm）。头骨狭长，背面较低平。听泡发达。门齿孔与腭孔合并成一梨形大孔，锄骨显露于两孔的中央。额骨上方无卵圆孔；眶间宽一般小于4.0 mm。

形态

外形：个体较小，平均体长137 mm（120～153 mm）。耳高13～21 mm（平均18.5 mm），明显露出毛外，耳缘有白边。足底毛多，较短，爪露出毛外。须多，每边约30根，绝大多数为白色；一些须近端黑色，远端白色。前足5指，均具爪；第1指较短，爪几乎隐于毛中，第2、4指几乎等长，第3指最长，第5指约为第4指的一半。后足比前足长，4趾，均具爪；后足第1、2、3趾几乎等长，第4趾最短。

毛色：背面从额部至肛门颜色一致，黄褐色或灰褐色，毛基灰黑色，毛尖黄褐色或灰褐色。须着生的区域与背毛色调一致。耳背面和前面的毛很短，背面灰白色，前面黄褐色。腹面从颏部至肛门除喉部为深棕黄色外，其余颜色基本一致，颜色整体比背面淡，为淡黄色调；整个腹面毛基灰黑色，尖部淡黄色。背、腹毛色界线相对清晰。前、后足爪黑褐色；前、后足腹面毛黑灰色，背面灰白色。

头骨：整个脑颅轮廓呈梨形；颅面呈弧形，额骨低平，上面无卵圆孔，脑颅最高点位于额骨前端。鼻骨前端1/3稍膨大，后部2/3接近等宽；鼻骨外缘近于平行，鼻骨末端呈弧形。额骨前后宽，中间窄，两翼中间部位构成眼眶内壁，眶间脊不明显，眶间距狭窄，小于4 mm。额骨后缘与顶骨接缝较为规则。顶骨形状不规则，中间稍隆起，且后端一直延伸至枕骨，两侧顶骨中间接缝明显且规整，矢状脊纵贯顶间骨，将顶间骨分为左、右两部分；顶间骨呈三角形或钟形。头骨后部矢状脊较明显。门齿孔与腭孔合并成一梨形大孔，锄骨显露于两孔的中央。前颌骨与上颌骨接缝较明显，上颌骨与腭骨完全融合，腭骨前端两侧各有1个小孔。听泡卵圆形，发达。下颌骨整体呈"手枪"形，关节突较宽，顶端呈稍凸的三角形，角突呈鹰嘴状，冠状突严重退化成一小突起。

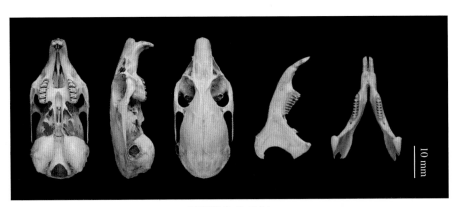

间颅鼠兔头骨图

牙齿：上颌门齿前、后2排，每排2枚，前排较大，后排较小；前排门齿间有明显的门齿沟，门齿末端向内略弯曲。上颌门齿白齿5枚，包括3枚前白齿和2枚白齿，3枚前白齿从第1枚开始逐渐变大，第3枚前白齿最大，2枚白齿从前往后依次变小。

下颌门齿1排2枚，下颌门齿白齿5枚，包括2枚前白齿和3枚白齿，第2枚前白齿齿冠最高，第1～3白齿牙齿依次变小。

量衡度（衡：g；量：mm）

指名亚种外形：

编号	性别	体重	体长	后足长	耳高	采集地点
SAF03327	♀	—	144	26	21	四川九寨沟
SAF02193	—	—	131	23	13	四川九寨沟
SAF02187	—	—	143	27	17	四川九寨沟
SAF02208	♀	—	120	24	19	四川九寨沟
SAF20883	♀	91	153	28	20	四川彭州
SAF03488	♂	—	165	27	18	四川松潘
SAF05286	—	—	125	25	19	四川黑水
SAF05283	—	—	135	26	20	四川黑水
SAF15466	♀	70	143	28	18	四川青川
SAF15467	♂	89	150	28	19	四川青川
SAF15470	♀	59	140	27	18	四川青川
SAF15471	♂	50	130	27	17	四川青川
SAF15472	♀	52	135	27	17	四川青川

康定亚种外形：

编号	性别	体重	体长	后足长	耳高	采集地点
SAF081074	♀	74	140	26	20	四川九龙
SAF081078	♀	66	135	27	18	四川九龙
SAF16623	♂	60	130	26	20	四川康定
SAF16624	♂	52	128	24	20	四川康定
SAF16627	♂	54	125	24	19	四川康定

指名亚种头骨：

编号	颅全长	基长	颅高	颧宽	眶间宽	上臼齿列长	下颌骨长	下臼齿列长
SAF03327	35.34	31.47	11.82	15.39	3.13	5.90	25.74	6.07
SAF02193	35.25	31.44	11.64	15.42	3.13	5.88	24.44	5.38
SAF0287	35.58	30.82	12.71	15.59	3.82	6.16	26.46	5.86
SAF02208	34.59	30.47	12.13	15.29	3.55	6.38	24.27	6.06
SAF20883	37.17	35.52	13.43	17.10	3.58	6.86	27.19	6.31
SAF03488	36.29	32.08	12.68	16.04	3.87	6.43	26.88	5.96

（续）

编号	颅全长	基长	颅高	额宽	眶间宽	上臼齿列长	下颌骨长	下臼齿列长
SAF05286	35.54	30.32	12.32	16.21	4.06	6.14	26.19	6.09
SAF05283	34.43	29.63	13.20	16.22	3.97	6.31	25.61	5.65
SAF15466	35.89	30.75	13.26	16.55	4.06	6.57	26.75	6.58
SAF15467	37.60	34.61	13.81	17.58	3.20	7.42	28.39	7.03
SAF15470	34.44	29.54	13.93	16.74	3.84	6.83	26.34	6.35
SAF15471	32.04	26.69	12.64	16.12	4.01	6.33	24.11	6.07
SAF15472	34.17	28.63	13.63	16.67	4.14	6.77	25.38	6.56

康定亚种头骨：

馆藏号	颅全长	基长	颅高	颧宽	眶间宽	上臼齿列长	下颌骨长	下臼齿列长
SAF081074	34.72	30.52	13.44	15.08	3.99	6.16	25.76	5.92
SAF081078	33.44	29.72	12.59	15.17	3.49	6.37	25.42	5.93
SAF16623	34.34	31.85	12.06	14.94	3.58	6.10	26.14	5.91
SAF16624	32.15	28.24	11.64	14.68	3.52	5.65	23.57	5.55
SAF16627	32.14	27.89	12.06	14.98	3.70	5.74	23.47	5.62

生态学资料　间颅鼠兔分布海拔较藏鼠兔高，分布于海拔2 400 m以上。主要见于林线以上的高山灌丛。草食性。

地理分布　间颅鼠兔为中国特有种，分布于甘肃、四川、青海、陕西、山西，在四川采集到标本的地方包括汉源、天全、泸定、洪雅、宝兴、卧龙。

分类学讨论　自Lyon（1907）根据甘肃洮州的标本订立了Ochotona cansus以来，对该种的分类地位存在很多争议。Thomas（1911）和Osgood（1932）都承认它的独立性，但Allen（1938）、Ellerman和Morrison-Scott（1951）等，均把O. cansus作为藏鼠兔O. thibetana的同物异名。

冯祚建和高耀亭（1974）在《藏鼠兔及其近似种的分类研究——包括一新亚种》中，对间颅鼠兔和藏鼠兔的形态做过较详细的比较，文中指出：间颅鼠兔个体偏小，头骨较狭窄，一般老年个体的颧宽最大不到17 mm（15.4～15.6 mm），平均占颅全长45.7%（43.6%～46.6%）；而藏鼠兔的体型较大，头骨也较宽，颧宽平均18.0 mm（17.3～19.9 mm），约占颅全长48.3%（45.4%～50.6%）。所以认为间颅鼠兔是独立种。刘少英等（2020）在《中国兽类图鉴》中指出，眶间宽小于4.0 mm是间颅鼠兔的重要鉴定特征，也是与藏鼠兔的主要区别。根据国内所收藏的大批标本和有关文献资料，发现这2种鼠兔的地理分布区域是互相交错的，因此，应当肯定间颅鼠兔O. cansus作为独立种的分类地位，同时它与藏鼠兔是1对形态甚为相像的近似种。

亚种方面，Thomas（1908）根据山西宁武1号标本发表鼠兔属新种Ochotona sorella。Osgood（1932）将其作为间颅鼠兔的亚种O. cansus sorella；Allen（1938）、Ellerman和Morrison-Scott（1951）

分省（自治区、直辖市）地图——四川省

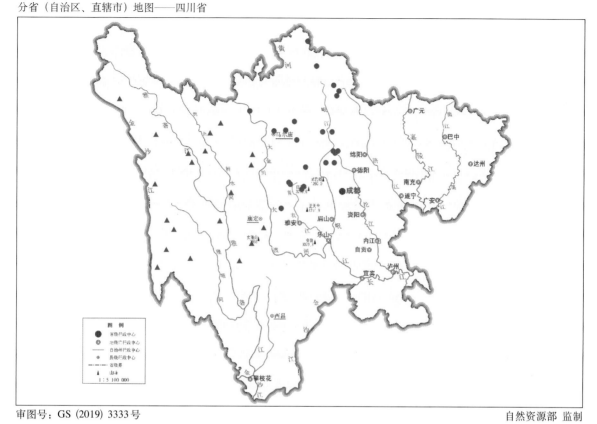

审图号：GS (2019) 3333 号

自然资源部 监制

间颅鼠兔在四川的分布
注：红圆点为指名亚种的分布位点，红三角形为康定亚种的分布位点。

同意Osgood（1932）的归并。冯祚建和高耀亭（1974）将其作为间颅鼠兔的同物异名。冯祚建和郑昌琳（1985）重新将其作为间颅鼠兔的亚种，取名山西亚种。Thomas（1912）发表间颅鼠兔秦岭亚种*Ochotona cansus morosa*。Osgood（1932）同意其亚种地位，Allen（1938）将其作为*O. thibetana huang*的同物异名，Ellerman和Morrison-Scott（1951）、冯祚建和高耀亭（1974）同意Allen（1938）的意见。俄罗斯科学家Lissiovsky（2019）认为*O. c. morosa*和岷山山系的间颅鼠兔一致，于是用岷山山系的标本开展分子系统学研究，发现岷山标本和间颅鼠兔有遗传分化，于是将秦岭亚种*O. c. morosa*提升为种，订名*O. morosa*。刘少英等（2016）开展了系统的分子生物学研究，发现秦岭标本和间颅鼠兔指名亚种聚在一起，而岷山山系的构成一个独立的进化枝，且秦岭标本个体明显大于岷山山系间颅鼠兔标本。所以岷山山系和秦岭的间颅鼠兔不能混为一谈。同时发现岷山山系间颅鼠兔和秦岭的间颅鼠兔遗传距离很小，虽然有遗传分化，但仍然属于间颅鼠兔。所以刘少英等基于分子和形态同意将*O. morosa*作为间颅鼠兔的亚种。Osgood（1932）根据九龙标本命名间颅鼠兔新亚种*O. cansus stevensi*。其鉴定特征：头骨较长，较纤细，脑颅更平，没有指名亚种的隆突；听泡较小；基长33.4 mm；颧宽15.9 mm；听泡长9 mm。Allen（1938）、Ellerman和Morrison-Scott（1951）同意该亚种的地位。冯祚建和高耀亭（1974）认为其是间颅鼠兔的同物异名。但冯祚建和郑昌琳（1985）同意其独立亚种的地位。本书作者团队在模式产地采集的系列标本，符合*O. cansus stevensi*的鉴定特征，故认为该亚种是成立的。

这样，中国间颅鼠兔有4个亚种，分别为指名亚种*Ochotona cansus cansus*、秦岭亚种*O. c. morosa*、山西亚种*O. c. sorella*、康定亚种*O. c. stevensi*，四川有2个亚种——指名亚种和康定亚种。

本书作者团队采集了全国各地的间颅鼠兔标本，分子系统学发现间颅鼠兔分为明显的3个进化支，分别是岷山间颅鼠兔进化支、邛崃山间颅鼠兔进化支、甘肃+秦岭+山西+青海+四川沙鲁里山进化支。甘肃为间颅鼠兔的模式产地，秦岭亚种*O. c. morosa*、山西亚种*O. c. sorella*、康定亚种*O. c. stevensi*聚在一起，表明它们的起源关系很近。但岷山的间颅鼠兔却独立成支，和指名亚种所在的进化支之间的遗传距离（p-distance，*cytb*）较小（5.8%），和夹金山间颅鼠兔所在进化支之间的遗传距离为5.6%；夹金山间颅鼠兔所在的进化支与指名亚种之间的遗传距离为2.5%。3个进化支之间有一定的形态分异，因此，间颅鼠兔可能存在未描述的新亚种。

四川分布的间颅鼠兔 *Ochotona canus* 分亚种检索表

个体稍大，颅全长平均超过35 mm，颧宽较宽，平均超过16 mm ·················· 指名亚种 *O. c. cansus*

个体稍小，颅全长平均33.5 mm左右，颧宽平均约15 mm ·················· 康定亚种 *O. c. stevensi*

① 间颅鼠兔指名亚种 *Ochotona cansus cansus* Lyon，1907

Ochotona cansus Lyon, 1907. Smithsonian, Misc. Coll., Vol. 50, pt. 2: 136-137(模式产地：甘肃临潭).

鉴别特征 是一种个体较小的鼠兔，颜色以灰色为主，颅全长平均约36 mm，眶间宽小，一般在4 mm以下。门齿孔和腭孔合并为1个大孔。

地理分布 间颅鼠兔指名亚种在四川确切的分布区是若尔盖，该区域和该种的模式产地较近。本书中暂时将分布于岷山的标本作为指名亚种。

② 间颅鼠兔康定亚种 *Ochotona cansus stevensi* Osgood，1932

Ochotona cansus stevensi Osgood，1932. Fie. Mus. Publ. Zool, 18(10): 193-339 (模式产地：四川康定); 冯祚建和郑昌琳，1985. 兽类学报，5(4): 269-289; 王应祥，2003. 中国哺乳动物种和亚种分类名录与分布大全: 228.

鉴别特征 个体比指名亚种略小，颅全长平均不到35 mm，眶间宽小，一般在4 mm以下。门齿孔和腭孔合并为1个大孔。

地理分布 分布于四川九龙、康定、雅江、丹巴、理县、道孚、水产霍、新龙、白玉、德格、乡城等。

（229）高原鼠兔 *Ochotona curzoniae*（Hodgson，1858）

英文名 Plateau Pika

Lagomys curzoniae Hodgson, 1858, Jour. Asiat. Soc. Bengal, 26: 207 (模式产地：西藏春丕河谷，即亚东县康布曲，与锡金毗邻).

Ochotona dauurica curzoniae Ellerman and Morrison-Sott, 1951. Check. Palaea. Ind. Mamm., 452.

Ochotona curzoniae Gureev, 1964. Fauna USSR Mamm., Vol. 3, Lagomorpha; Corbet, 1978.Mamm. Palaea. Reg., 69; 胡锦矗和王酉之, 1984. 四川资源动物志 第二卷 兽类, 184; 冯祚建和郑昌琳, 1985. 兽类学报, 5 (4): 269-289; 王应祥, 2003. 中国哺乳动物种和亚种分类名录与分布大全, 224; Hoffmann, 1993. In Wilson. Mamm. Spec. World, 2nd ed., 808; 王酉之和胡锦矗, 1999. 四川兽类原色图鉴, 260; Hoffmann and Smith, 2005. In Wilson. Mamm. Spec. World, 3rd ed., 187; Wang, et al., 2020. Mol. Biol. Evol., 37 (6):1577-1592.

Lagomys melanostoma Büchner, 1890. Wiss. Resultate d. v. Przewalski Reisen, Vol. I, Saugethiere: 176 (模式产地: 青海湖).

Ochotona melanostoma Bonhote, 1905. Proc. Zool. Soc. Lond., for 1904, Vol. 2: 215.

Ochotona dauurica melanostoma Allen, 1938. Mamm. Chin. Mong., 556; Ellerman and Morrison-Scott, 1951. Check. Palaea. Ind. Mamm., 452.

Ochotona curzoniae seiana Thomas, 1922. Ann. Mag. Nat. Hist., 9:663.

Ochotona dauurica seiana Ellerman and Morrison-Scott, 1951. Check. Palaea. Ind. Mamm.: 452.

鉴别特征 个体较大，平均体长167 mm（150 ～ 180 mm）。整个身体颜色较淡，呈淡沙褐色。颈部颜色稍淡。最大的特点是嘴唇周围有显著的黑色。足底多毛，爪隐蔽于毛中。身体腹部毛灰白色或淡沙黄色。头骨背面较鼓起，额骨没有卵圆孔，门齿孔和腭孔合并为1个大孔，锄骨显露于两孔中央。

形态

外形：个体较大，平均体长在167 mm（150 ～ 180 mm）。耳短圆，大小与藏鼠兔相似，高17 ～ 26 mm（平均19 mm），明显露出毛外，耳缘有白边。足底毛多，较短；爪发达，露出毛外。须多，每边约30根，绝大多数为白色，一些须近端黄褐色，远端白色。前足5指，均具爪；第1指较短，爪几乎隐于毛中，第2、4指几乎等长，第3指最长，第5指约为第4指的一半。后足比前足长，4趾，均具爪；后足第1趾较短，第2、3趾几乎等长，第4趾最短。

毛色：夏季，背毛沙棕色或深沙褐色，毛基灰黑色；腹毛沙黄色或浅灰白色，毛基灰黑色；耳背铁锈色，耳缘白色。冬季，背毛色淡，沙黄色或米黄色，比夏毛柔软且更长。鼻端浅黑色，并延伸到唇周。须着生的区域较背毛色调更淡。耳背面和前面的毛很短，背面铁锈色，前面灰黑色。背、腹毛色界线相对清晰。前、后足爪黑褐色，部分爪尖灰白色；前足腹面毛铁锈色，背面白色；后足腹面中间铁锈色，两侧灰白色，背面白色。

头骨：头骨中等大小，呈显著的拱形，额骨明显隆突，上面无卵圆孔，脑颅最高点位于额骨前端。鼻骨前端1/3稍膨大，后部2/3接近等宽；鼻骨外缘近于平行；鼻骨末端呈弧形，中间分叉较深。额骨前后宽，中间窄，两翼中间部位构成眼眶内壁，眶间脊不明显，眶间距狭窄。额骨后缘与顶骨接缝不规则。顶骨不规则，中间稍隆起，且后端一直延伸至枕骨，两侧顶骨中间接缝中间部位不规整，矢状脊纵贯顶间骨，将顶间骨分为左、右两部分；顶间骨呈三角形或钟形。头骨后部矢状脊较明显。门齿孔与腭孔合并成一梨形大孔，犁骨显露于两孔的中央；前颌骨与上颌骨接缝较明显，接缝不规则，上颌骨与腭骨中间接缝不规则，腭骨前端两侧各有1个小孔；听泡卵圆形，发达。下颌骨整体呈"手枪"形，关节突较宽，顶端呈稍凸的三角形，角突呈鹰嘴状，冠状突严重退化成一小突起。

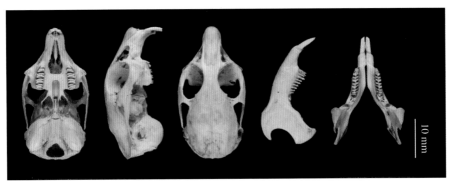

高原鼠兔头骨图

牙齿：上颌门齿前后2排，每排2枚，前排较大，后排较小；前排门齿间有明显的门齿沟，门齿末端向内略弯曲；上颌门齿臼齿5枚，包括3枚前臼齿和2枚臼齿，3枚前臼齿从第1枚开始逐渐变大，第3枚前臼齿最大，且与第1枚臼齿几乎等大，第2枚臼齿较第1枚臼齿小。

下颌门齿1排2枚；下颌门齿臼齿5枚，包括2枚前臼齿和3枚臼齿，第2枚前臼齿齿冠最高，第1～3臼齿牙齿依次变小。

量衡度（衡：g；量：mm）

外形：

编号	性别	体重	体长	后足长	耳高	采集地点
SAF97227	♀	—	166	32	18	四川若尔盖
SAF97417	—	—	—	—	—	四川若尔盖
SAF97223	♂	—	180	29	26	四川若尔盖
SAF97211	♂	—	150	29	19	四川若尔盖
SAF97214	♀	—	165	30	22	四川若尔盖
SAF97184	♂	—	166	28	18	四川若尔盖
SAF05419	♀	105	168	33	17	四川若尔盖
SAF05372	♀	105	165	34	18	四川石渠
SAF05421	♂	97	156	32	20	四川石渠
SAF05410	♀	106	175	31	18	四川石渠
SAF05411	♀	107	162	32	18	四川石渠
SAF05413	♂	114	179	27	19	四川石渠
SAF05425	♂	117	175	28	19	四川石渠

头骨：

编号	颅全长	基长	颅高	额宽	眶间宽	上臼齿列长	下颌骨长	下臼齿列长
SAF97227	39.56	36.17	18.51	21.01	4.33	8.08	31.81	7.78
SAF97417	37.05	36.55	17.72	20.03	3.41	8.19	32.93	7.54

（续）

编号	颅全长	基长	颅高	颧宽	眶间宽	上臼齿列长	下颌骨长	下臼齿列长
SAF97223	39.36	36.49	17.94	21.74	4.01	7.90	33.94	7.54
SAF97211	41.92	29.13	15.09	18.42	4.74	6.83	25.69	6.68
SAF97214	37.23	31.35	16.28	19.69	4.53	7.57	28.90	7.26
SAF97184	37.66	33.63	16.51	19.83	4.64	7.78	30.50	7.62
SAF05419	39.41	30.81	17.05	20.29	4.59	7.69	28.54	7.23
SAF05372	42.49	33.23	16.65	20.15	4.13	7.69	31.06	7.30
SAF05421	37.57	31.24	16.10	19.49	4.08	7.58	28.89	7.35
SAF05410	41.92	30.33	15.95	20.13	4.45	7.73	28.46	7.30
SAF05411	39.21	32.74	16.07	19.94	4.71	7.72	29.72	7.42
SAF05413	39.44	35.26	17.46	21.91	4.46	8.89	32.70	7.75
SAF05425	37.68	32.31	16.41	20.40	4.77	7.40	29.62	7.28

生态学资料　高原鼠兔主要分布于海拔 3 000 m 以上的高原草甸生境。草食性。

地理分布　高原鼠兔在国内主要分布于青藏高原，包括四川西部高原、西藏、青海、甘肃、新

分省（自治区、直辖市）地图——四川省

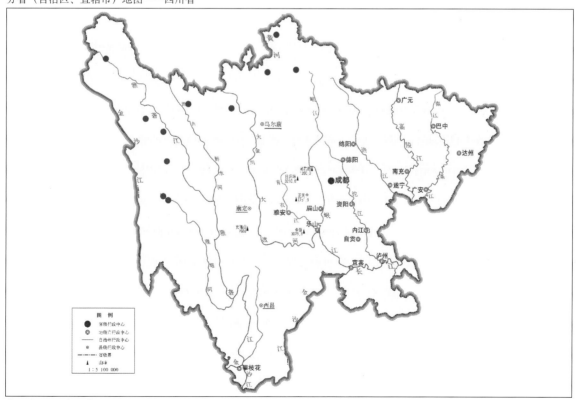

审图号：GS (2019) 3333 号

自然资源部 监制

高原鼠兔在四川的分布
注：红点为物种的分布位点。

疆南部，在四川采集到标本的地方包括汉源、天全、泸定、洪雅、宝兴、卧龙。国外分布于青藏高原边缘的尼泊尔和印度北部。

分类学讨论　高原鼠兔最初由 Hodgson（1858）根据西藏春丕河谷（即亚东县康布曲，与锡金毗邻）的3只标本命名。尔后，Gunther（1875）、Blanford（1891）等均先后有过记述。Ellerman（1951）把它作为达乌尔鼠兔 O. dauurica 的亚种。我国一些学者如沈孝宙（1963）、张荣祖等（1964）、张洁等（1965）、龙志（1966）等，分别在区系分类或生态的考察报告中将青藏高原的该种动物定为达乌尔鼠兔 O. dauurica。Gureev（1964）将其作为独立种；Corbet（1978）、Honacki 等（1982）、Corbet 和 Hill（1986）均将其作为独立种。冯祚建和郑昌琳（1985）指出：无可否认，在外形上，高原鼠兔与达乌尔鼠兔是比较一致的，但彼此的头骨差异较显著。高原鼠兔头骨背面具有较大的弧度，故颅高值较大，听泡也略小，而达乌尔鼠兔颅高明显小于高原鼠兔，且听泡发达。从栖居海拔看，高原鼠兔主要栖息于海拔3 000 m以上的高原草甸，而达乌尔鼠兔主要栖息于海拔2 500 m以下的草地。因此，认为高原鼠兔独立列为1个种是合理的。

亚种方面，Büchner（1890）根据青海湖标本命名 Lagomys melanostoma（= Ochotona melanostoma），Allen（1938）、Ellerman 和 Morrison-Scott（1951）将其作为达乌尔鼠兔的亚种。更多的科学家将其作为黑唇鼠兔的同物异名（Corbet，1878；Honacki et al.，1982；Corbet and Hill，1986）；我国学者也没有将其作为亚种对待（冯祚建和郑昌琳，1985；王应祥，2003）。另外一个和黑唇鼠兔相关的分类单元是 Thomas（1922）命名的 Ochotona curzoniae seiana，模式产地是伊朗的 Seistan，根据黑唇鼠兔现在的分布区，该分类单元不属于黑唇鼠兔，但 Gureev（1964）检视模式标本后，认为其应该放入黑唇鼠兔。其他人很少提及，多数人不赞成其为黑唇鼠兔的分类单元。所以存疑。根据大多数中国科学家的意见，本书中采用黑唇鼠兔无亚种分化的观点。

（230）邛崃鼠兔 Ochotona qionglaiensis Liu et al.，2016

英文名　Qionglai Pika

Ochotona qionglaiensis Liu, et al., 2016.兽类学报，36 (4)，DOI: 10.16829/j. slxb(模式产地：四川宝兴夹金山)；蒋志刚，等，2017.生物多样性，25 (8)：886-895；Wang, et al., 2020. Mol. Biol. Evol., 37 (6):1577-1592.

鉴别特征　个体大小及头骨与藏鼠兔相似，明显区别是：邛崃鼠兔眶间宽狭窄，其眶间宽平均3.98 mm（3.58 ~ 4.18 mm），而藏鼠兔眶间宽一般大于4.18 mm，平均为4.49 mm。头骨扁平，颅面平直；眼小。毛沙黄色，带黄色调；毛相对较短。前、后足背面为显著的草黄色。

形态

外形：个体中等，体长134 ~ 172 mm（平均158 mm）。耳高17 ~ 21 mm（平均20 mm），明显露出毛外，耳缘有灰白色边。足底毛多，较短，爪露出毛外。须多，每边约30根须，最短约5 mm，最长约43 mm，绝大多数短于30 mm，且很细；须大多为黑灰色，仅5 ~ 8根长须为白色，尖端灰色。前足5指，均具爪；第1指较短，爪几乎隐于毛中，第2、4指几乎等长，第3指最长，第5指约

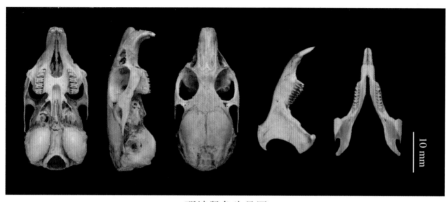

邛崃鼠兔头骨图

为第4指的一半。后足比前足长，4趾，均具爪；后足第1～3趾逐渐变长，第4趾最短。

毛色（夏毛）：整个背面毛沙色，带黄色调，颈部明显色浅，为草黄色；整个背面毛基灰黑色；毛粗长，达24 mm，无光泽。鼻尖为浅灰色，鼻和上唇周边为污白色。额和顶黑褐色，比背部毛色略深；颊和眼周、额、顶基本一致，但略浅。耳大，耳郭边缘为很窄的灰白色；耳郭靠边缘有约1.5 mm宽的1条密生黑色短毛的黑色带；耳道周边颜色一致，密被黄白色毛，耳道周边的短，靠近边缘的长；耳背面几乎裸露，灰色，仅在耳背基部着生绒毛状长毛；耳后毛的草黄色调显著。腹面唇缘灰色，唇周毛短，基灰色，尖灰白色；颏至喉两侧的颊部至肩部有宽约8 mm的黄白色带，肩部黄棕色。前胸毛尖草黄色，腹面至鼠蹊部毛色一致，毛基黑色，毛尖黄白色；体侧和腹面毛色似有明显的分界线。前足腕掌部至指部背面覆以草黄色短毛；爪黄白色。腹面毛灰色。指垫裸露，黄白色。后足毛色和前足一致。趾垫和前足一致。大多数个体前、后足草黄色更显。

头骨：头骨与藏鼠兔很像，区别在于邛崃鼠兔腭孔狭窄，眶间宽狭窄，而藏鼠兔眶间宽很宽，腭孔宽阔，近圆形。眶间宽相对间颅鼠兔较大，但比藏鼠兔明显小。脑颅背面略隆突，顶骨后半部突然下沉。鼻骨相对藏鼠兔略狭窄且短，邛崃鼠兔的鼻骨平均长12.2 mm，而藏鼠兔鼻骨长约12.5 mm；鼻骨后端圆弧形，分叉较深。额骨后缘稍圆；顶骨中央几乎无纵脊，顶间骨中央纵脊也非常弱。顶间骨卵圆形，不规则。眼眶内额骨后缘和颧弓后段向眶内各有1个小突起；颧弓相对较弱。颅骨腹面，前颌骨形成的门齿孔两边向后逐渐扩大；腭孔相对较窄，长卵圆形；翼骨后段向内收缩，前端联合处呈圆弧形。听泡较大，向基蝶骨方向延伸一针状骨。下颌骨整体呈"手枪"形，关节突较宽，顶端呈稍凸的三角形，角突呈鹰嘴状，冠状突严重退化成一小突起。

牙齿：牙齿没有特别之处，与其他鼠兔一致。齿式2.0.3.2/1.0.2.3 = 26。上颌门齿前后2排，每排2枚，前排较大，后排较小；前排门齿间有明显的门齿沟，门齿末端向内略弯曲。上颌门臼齿5枚，包括3枚前臼齿和2枚臼齿，3枚前臼齿从第1枚开始逐渐变大，第3枚前臼齿最大，2枚臼齿从前往后依次变小。

下颌门齿1排2枚，臼齿5枚，包括2枚前臼齿和3枚臼齿，第2枚前臼齿齿冠最高，第1～3臼齿牙齿依次变小。

量衡度（衡：g；量：mm）

外形：

编号	性别	体重	体长	后足长	耳高	采集地点
SAF08364	♀	89	170	29	21	四川宝兴
SAF08314	♀	90	172	28	20	四川宝兴
SAF08317	♂	80	160	29	19	四川宝兴
SAF15167	♂	98	152	31	20	四川芦山
SAF08417	♂	60	145	27	17	四川宝兴
SAF08416	♂	88	155	31	20	四川宝兴
SAF16037	♂	87	160	31	21	四川芦山
SAF06807	♂	96	172	33	21	四川天全
SAF03112	♀	—	155	27	21	四川崇州
SAF03106	♀	—	134	29	20	四川崇州

头骨：

编号	颅全长	基长	颅高	颧宽	眶间宽	上臼齿列长	下颌骨长	下臼齿列长
SAF08364	37.21	31.72	13.43	17.45	4.13	7.33	28.42	6.55
SAF08314	37.06	31.80	13.86	17.93	3.58	7.08	27.33	6.79
SAF08317	37.50	32.48	12.69	17.64	4.13	7.01	26.65	6.75
SAF15167	38.85	34.12	13.69	17.92	4.14	7.13	29.17	6.73
SAF08417	31.99	27.43	12.72	16.57	3.97	6.42	24.20	6.35
SAF08416	34.73	30.15	12.21	17.16	4.18	6.75	26.72	6.32
SAF16037	38.20	33.23	14.91	18.18	4.11	7.19	28.39	7.18
SAF06807	38.52	33.92	13.25	17.82	3.71	7.56	28.33	6.60
SAF03112	39.08	33.00	13.61	18.27	3.76	7.41	28.00	6.78
SAF03106	36.73	32.12	13.79	17.33	4.13	7.05	27.29	6.46

生态学资料　邛崃鼠兔分布于海拔3 000～3 600 m的次生针叶林和次生落叶阔叶林。草食性。

地理分布　邛崃鼠兔为中国特有种，分布于四川的邛崃山系，包括夹金山和二郎山；在四川采集到标本的地方包括宝兴、天全、芦山。

分类学讨论　邛崃鼠兔是刘少英等（2016）命名的新种，依据是Cytb和形态上的差异。Lissovsky等（2019）根据几个核基因，否定了邛崃鼠兔的独立种地位；Wang等（2020）根据外显子组构建的系统树证实邛崃鼠兔是独立种。Ge等（2022）测定了27个藏鼠兔和1个宁夏鼠兔的简化基因组，用核基因和Cytb分别构建了系统树，Cytb系统树支持邛崃鼠兔为独立种，由于核基因也得

分省（自治区、直辖市）地图——四川省

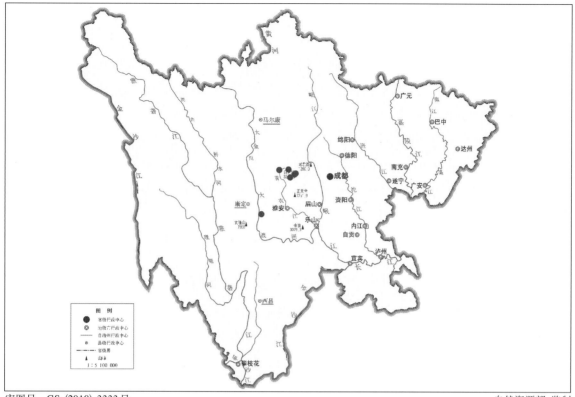

审图号：GS（2019）3333号

自然资源部 监制

邛崃鼠兔在四川的分布
注：红点为物种的分布位点。

到单系，但和另外一个藏鼠兔种群为姊妹群，因此不支持邛崃鼠兔的独立种地位。本书作者团队的简化基因组测定结果支持邛崃鼠兔的独立种地位，加上该种独特的鉴定特征，暂时将其作为独立种对待，但仍有待深入研究。该种无亚种分化。

（231）藏鼠兔 *Ochotona thibetana*（Milne-Edwards，1871）

英文名 Moupin Pika

Lagomys thibetanus, Milne-Edwards, 1871. Nouv. Arch. Mus. d'Hist. Nat. Paris, Bull., 7: 93（模式产地：中国四川宝兴）.

Ochotona thibetana De Winton and Styan, 1899. Proc. Zool. Soc. Lond., 577; Thomas, 1923. Proc. Zool. Soc. Lond., Vol. 11: 663; Allen, 1938. Mamm. Chin. Mong., 537-542; Ellerman and Morrisoc-Scott, 1951. Check. Palaea. Ind. Mamm., 450; 冯祚建和高耀亭, 1974. 动物学报, 20 (1): 76-88; Corbet, 1978. Mamm. Palaea. Reg., 67; 胡锦矗和王酉之, 1984. 四川资源动物志 第二卷 兽类: 182; Hoffmann, 1993. In Wilson. Mamm. Spec. World, 2nd ed., 813; 王酉之和胡锦矗, 1999. 四川兽类原色图鉴, 261; Hoffmann and Smith, 2005. In Wilson. Mamm. Spec. World, 3rd ed., 193; 刘少英, 等, 2016.兽类学报, DOI: 10.16829/j. slxb; Wang, et al., 2020. Mol. Biol. Evol., 37(6):1577-1592.

Ochotona zappeyi Thomas, 1922. Ann. Mag. Nat. Hist., 9:192.

Ochotona thibetana nangqenica 郑昌琳，等，1980. 动物学报，26 (1):98-100; 冯祚建和郑昌琳，1985. 兽类学报，5 (4):69-89; 王应祥，2003. 中国哺乳动物种和亚种分类名录与分布大全，227.

鉴别特征 体型较间颅鼠兔稍大，体长 137 ～ 171 mm（平均 154 mm）。头骨较间颅鼠兔稍显短且宽，背面弧形更明显，听泡不如间颅鼠兔发达；门齿孔与腭孔合并成一梨形大孔；额骨上方无卵圆孔；眶间距大于 4.0 mm，平均 4.5 mm；颧宽平均小于 20 mm。

形态

外形：个体较间颅鼠兔大，体长 137 ～ 171 mm。耳短圆，耳长 17 ～ 21 mm（平均 19 mm），明显露出毛外，耳缘有白边；足底毛多，较短，爪露出毛外。每边 10 ～ 20 根须，唇缘的须以白色为主，远离唇缘的以黑色为主；一些须近端黑色，远端白色。前足 5 指，均具爪；第 1 指较短，爪几乎隐于毛中，第 2、4 指几乎等长，第 3 指最长，第 5 指约为第 4 指的一半。后足比前足长，4 趾，均具爪；后足第 1、2、3 趾几乎等长，第 4 趾最短。

毛色：背面从额部至肛门颜色一致，为棕褐色或灰褐色，毛基灰黑色，毛尖棕褐或灰褐色。须着生的区域与背毛色调一致。耳背面毛较长，呈白色；耳前面的毛很短，呈黄褐色。腹面从颏部至肛门，除颈部颜色深棕黄色外，其余颜色基本一致，颜色整体比背面淡，为淡黄色或灰白色调；整个腹面毛基灰黑色，尖部淡黄色或灰白色；背、腹毛色界限不太清晰。前、后足爪基黑褐色，爪间颜色渐变淡；前、后足腹面毛色黑灰，背面灰白色或淡黄色。

头骨：头骨较间颅鼠兔宽，整个颅面呈明显弧形，额骨低平，上面无卵圆孔，脑颅最高点位于额骨后端。鼻骨前端 1/3 稍膨大，后部 2/3 接近等宽；鼻骨外缘近于平行；鼻骨末端呈弧形。额骨前后宽，中间窄，两翼中间部位构成眼眶内壁，眶间脊不明显，眶间大于 4 mm。额骨后缘与顶骨接缝较为规则。顶骨形状不规则，中间稍隆起，且后端一直延伸至枕骨，两侧顶骨中间接缝明显且规整，部分标本（二郎山、梅里雪山）矢状脊呈"人"字形贯穿顶间骨，将顶间骨分成明显的 3 个部分；顶间骨呈钟形，部分标本与间颅鼠兔类似。门齿孔与腭孔合并成一梨形大孔，锄骨贯穿两孔中央。前颌骨与上颌骨接缝较明显，上颌骨与腭骨完全融合，腭骨前端两侧各有 1 个小孔。听泡较间颅鼠兔不发达。下颌骨整体呈"手枪"形，关节突较宽，顶端呈稍凸的三角形，角突呈鹰嘴状，冠状突严重退化成一小突起。

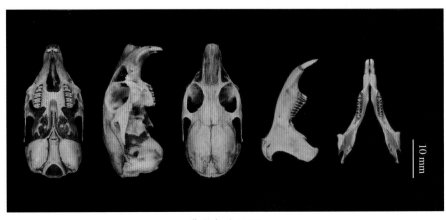

藏鼠兔头骨图

牙齿：上颌门齿前后2排，每排2枚，前排较大，后排较小；前排门齿间有明显的门齿沟，门齿末端向内略弯曲。上颌门齿白齿5枚，包括3枚前白齿和2枚白齿，3枚前白齿从第1枚开始逐渐变大，第3枚前白齿最大，2枚白齿从前往后依次变小。

下颌门齿1排2枚。下颌门齿白齿5枚，包括2枚前白齿和3枚白齿，第2枚前白齿齿冠最高，第1～3白齿依次变小。

量衡度（衡：g；量：mm）

外形：

编号	性别	体重	体长	后足长	耳高	采集地点
SAF06725	♀	50	137	29	19.0	四川泸定
SAF06818	♂	64	150	34	20.0	四川天全
SAF03102	♂	—	164	29	19.5	四川崇州
SAF99018	♂	—	140	26	19.0	四川崇州
SAF99001	♀	—	155	30	18.0	四川崇州
SAF03091	♀	—	146	27	21.0	四川崇州
SAF14259	♂	90	160	29	19.0	四川汶川
SAF14345	♂	90	155	30	17.0	四川汶川
SAF09369	♂	80	155	28	21.0	四川小金
SAF09798	♀	88	165	28	20.0	四川小金
SAF09442	♀	78	155	28	21.0	四川小金
SAF09441	♀	102	171	26	20.0	四川小金
SAF19015	♀	105	160	27	19.0	四川康定
SAF19012	♀	99	160	28	20.0	四川康定

头骨：

编号	颅全长	基长	颅高	颧宽	眶间宽	上臼齿列长	下颌骨长	下臼齿列长
SAF06725	30.53	24.52	12.43	16.22	4.50	5.81	22.22	6.21
SAF06818	34.94	29.55	13.95	17.79	4.67	7.02	25.69	6.68
SAF03102	38.23	33.47	13.75	18.45	4.68	7.00	27.90	6.44
SAF99018	36.11	31.12	13.55	17.87	4.35	6.98	26.63	6.46
SAF99001	37.43	31.53	13.67	17.91	4.27	7.07	27.05	6.67
SAF03091	38.59	33.25	14.02	17.87	4.18	6.99	27.12	6.73
SAF14259	36.92	31.12	13.59	18.26	4.94	7.22	26.96	6.87
SAF14345	37.14	31.84	14.06	18.00	4.56	6.72	27.34	6.77
SAF09369	37.83	32.68	13.32	18.37	4.60	7.20	27.79	7.07

（续）

编号	颅全长	基长	颅高	颧宽	眶间宽	上臼齿列长	下颌骨长	下臼齿列长
SAF09798	37.76	32.90	13.20	17.96	4.34	7.12	29.00	6.66
SAF09442	38.54	32.94	13.44	16.72	4.35	7.06	27.02	6.46
SAF09441	37.80	33.12	13.19	17.77	4.39	7.05	27.57	6.43
SAF19015	37.30	32.18	13.63	18.12	4.82	7.17	27.63	6.94
SAF19012	37.41	33.42	13.70	18.70	4.37	7.31	27.81	6.93

生态学资料　藏鼠兔分布海拔一般在 2 600 m 以上，分布中心是海拔 3 000 m 左右的森林和灌丛生境，一般穴居在山坡岩洞、石隙以及墓地等。草食性。

地理分布　藏鼠兔为中国特有种，仅分布于四川、青海、云南、甘肃。在四川分布于布拖、德昌、西昌，松潘、黑水、泸定、壤塘、雅江、稻城、石渠、木里、峨边、马边、越西、甘洛；采集到标本的地方包括二郎山、四川卧龙国家级自然保护区、四川鞍子河国家级自然保护区、夹金山、康定等区域。

分省（自治区、直辖市）地图——四川省

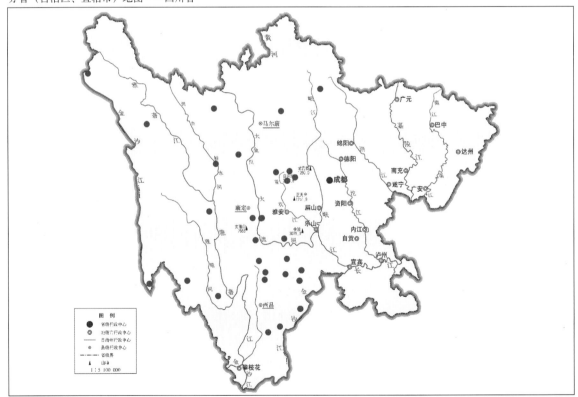

审图号：GS (2019) 3333 号　　　　　　　　　　　　　　　　　　　自然资源部 监制

藏鼠兔在四川的分布
注：红点为物种的分布位点。

分类学讨论 Osgood（1932）将藏鼠兔与其近似种分为3个种——藏鼠兔、间颅鼠兔 *O. cansus* 和灰颈鼠兔 *O. forresti*。藏鼠兔下包括指名亚种 *O. t. thibetana*、峨眉亚种 *O. t. sacraria*、太白亚种 *O. t. syrinx*、秦岭亚种 *O. t. morosa*、锡金亚种 *O. t. sikimaria*、川西亚种 *O. t. zappeyi* 7个亚种；而间颅鼠兔除指名亚种外，Osgood（1932）还发表了新亚种康定亚种 *O. c. stevensi* 及山西亚种 *O. c. sorella*。Allen（1938）将藏鼠兔和间颅鼠兔及其亚种全部归入藏鼠兔的亚种或同物异名，如将藏鼠兔峨眉亚种、川西亚种均作为指名亚种的同物异名；将间颅鼠兔作为藏鼠兔的甘肃亚种 *O. t. cansus*，间颅鼠兔山西亚种和康定亚种均作为藏鼠兔的亚种；把藏鼠兔太白亚种和秦岭亚种均作为 *O. t. huangensis* 的同物异名。但他认为锡金鼠兔是独立种。冯祚建和高耀亭（1974）经详细对比，认为藏鼠兔和间颅鼠兔是不同种，同时发表了藏鼠兔一新亚种——拉萨亚种 *O. t. lhasaensis*，并把藏鼠兔划分为4个亚种，分别为指名亚种（包括 *zappeyi* 和 *forresti* 2个分类单元）、太白亚种 *O. t. huangensis*（包括 *syrinx* 和 *morosa* 2个分类单元）、峨眉亚种、拉萨亚种；他们把 *O. t. sikimaria*、*O. c. sorella*、*O. c. stevensi* 均作为间颅鼠兔的同物异名，无亚种分化。郑昌琳等（1980）根据青海玉树标本，发表藏鼠兔囊谦亚种 *O. t. nangqenica*；寿仲灿和冯祚建（1984）根据青海循化标本，命名藏鼠兔循化亚种 *O. t. xunhuaensis*。冯祚建和郑昌琳（1985）再次对我国鼠兔属进行了分类订正，并在藏鼠兔下列出了7个亚种，包括指名亚种、峨眉亚种、太白亚种、囊谦亚种、循化亚种、拉萨亚种、普兰亚种 *O. t. lama*。王应祥（2003）同意冯祚建和郑昌琳（1985）的大多数安排（列出6个亚种，没有拉萨亚种）。于宁和郑昌琳（1992）经对比研究，认为黄河鼠兔 *O. huangensis* 是独立种，且藏鼠兔循化亚种为黄河鼠兔的同物异名。于宁和郑昌琳（1992）对努布拉克鼠兔进行了分类订正，认为努布拉克鼠兔 *O. nubrica* 是1个有效种，并在其下列2个亚种——指名亚种（把 *lama* 和 *aliensis* 2个分类单元作为同物异名）和拉萨亚种 *O. n. lhasaensis*。Lissovsky（2013）基于线粒体基因和形态学，证实努布拉克鼠兔是独立种，*O. huangensis* 是达乌尔鼠兔的同物异名，但认为 *O. t. syrnix* 是独立种（即秦岭鼠兔 *O. syrnix*），并将 *O. t. xunhauensis* 作为秦岭鼠兔的同物异名。刘少英等（2016）基于Cytb的分子系统学研究，确认藏鼠兔循化亚种、藏鼠兔峨眉亚种、锡金鼠兔均是独立种。Wang等（2020）基于外显子组，证实峨眉鼠兔、锡金鼠兔、秦岭鼠兔（包括 *O. t. xunhuaensis*）、努布拉克鼠兔（包括 *O. n. lhasaensis*）均是独立种。这样，和藏鼠兔相关的分类单元就只有 *nangqensis* 和 *zappeyi* 这2个分类单元。

Ochotona zappeyi 是Thomas（1922）根据W. R. Zappey于1908年在雅江采集的1号标本命名的新种。其主要特征包括：头骨较长，眶间宽较狭窄，颈部土褐色，耳后有的大块白斑；体长170 mm，后足长27 mm，颅全长39 mm，颧宽17.8 mm，眶间宽3.7 mm。Allen（1938）在研究该分类单元时认为，当时Zappey在雅江采集了不少标本，同时在瓦屋山也采集了一些标本，经仔细对比，发现除了个别个体有一些形态变化外，它们和藏鼠兔相似，和瓦屋山的标本也一样，都是藏鼠兔。Allen认为Thomas（1922）发表的新种只是挑选了雅江系列标本中的1个个体最大、有形态差异的标本。因此，Allen把 *zappeyi* 作为藏鼠兔指名亚种的同物异名。此后，所有科学家均同意这一意见。在 *O. zappeyi* 模式产地（小地名苏俄洛乡）周边的格西沟、德差（与模式产地直线距离5～10 km）采集的系列标本，经研究发现，*O. zappeyi* 的模式标本确实较大；本书作者团队采集的标本很少达到这个量度，但颜色与 *O. zappeyi* 一致，即颈部有明显的土褐色斑块，耳后有大的白色

斑块；眶间宽部分标本在4 mm以下，与模式标本接近，但大多数大于4 mm。仔细对比发现，与产于宝兴的藏鼠兔地模标本相比，*O. zappeyi*的颈部颜色无明差异显，宝兴产藏鼠兔地模标本的颈部也有土褐色斑块，耳后也有较大的白斑，在分子系统上，*zappeyi*不论是外显子组还是简化基因组，均与藏鼠兔聚在同一大支上（Wang et al.，2020）。所以，本书的观点：*O. zappeyi*就是藏鼠兔，和指名亚种没有区别，是指名亚种的同物异名。

藏鼠兔囊谦亚种*Ochotona thibetana nangqensis*由郑昌琳等（1980）发表，鉴定特征是身体毛色浅淡，呈鼠灰褐色，缺乏鲜明的锈棕色或红褐色调，认为分布于青海曲麻莱、称多、玉树、囊谦的藏鼠兔均属此亚种。在青海玉树地区采集的标本和囊谦亚种一致，所以囊谦亚种是成立的。这样藏鼠兔有2个亚种——指名亚种和囊谦亚种。四川只有指名亚种（描述同种的描述）。

值得注意的是1个古老的名称——*Lagomys hodgsoni* Gary，1841。该分类单元很少被人提及，有人认为是藏鼠兔的同物异名，但值得商榷，藏鼠兔于1871年命名，这样的安排显然不符合命名法规。Bonhote（1904）将*L. hodgsoni*作为独立种，并认为藏鼠兔是*L. hodgsoni*的同物异名。*L. hodgsoni*的模式产地为克什米尔，Bonhote（1904）论述：没有检视到模式标本，但在锡金有系列标本。检视锡金的标本，发现特征和*L. hodgsoni*描述一致，可认为锡金标本和*L. hodgsoni*是同一个种。现在看来，锡金的标本和该种描述一致的只有锡金鼠兔*Ochotona sikimaria*。推测，*O. sikimaria*应该是*O. hodgsoni*的同物异名，但还需深入研究。

从分子系统角度看，藏鼠兔可能是个复合种。在全国范围内采集了藏鼠兔不同地域的标本，发现藏鼠兔分化为7个明显的进化支，不同进化支之间的遗传距离为4.1～8.1，一些类群间的差异已经达到种级分化的水平，7个进化支之间在形态上也有差异，有的差异还很明显，是否为不同的亚种或者不同的种，有待深入研究。

（232）中国鼠兔 *Ochotona chinensis* Thomas，1911

英文名 Chinese Pika

Ochotona roylei chinensis Thomas, 1911. Ann. Mag. Nat. Hist., 8: 728（模式产地：四川康定）; Lydekker, 1912. Zoo Record for 1911 Mamm., 46; Allen, 1938. Mamm. Chin. Mong., 549; Ellerman and Morrison-Scott, 1951, Check. Palaea. Ind. Mamm., 451; 胡锦矗和王酉之，1984. 四川资源动物志 第二卷 兽类，182; 冯祚建和郑昌琳，1985. 兽类学报，5 (4): 68-89; 王酉之和胡锦矗，2009. 四川兽类原色图鉴，259.

Ochotona macrotis chinensis Lissovsky, 2013. DOI 10.1515/mammalia-2012-0134.

Ochotona chinensis Wang, et al., 2020. Mol. Biol. Evol., 37 (6):1577-1592.

鉴别特征 体型较大，体长平均180 mm。耳大，耳高平均30 mm。冬毛：身体整个前半部棕褐色，胸部以后灰色。眼睛上方有灰白斑；耳前有1束较长的白色毛发，耳灰白色，耳缘黑色。腹部灰白色。前、后足背面白色。门齿孔和腭孔合并为1个大孔，额骨上有2个卵圆孔。

形态

外形：个体较大，体长平均180 mm。耳大，耳高平均30 mm，明显露出毛外。足底毛多，较长，爪几乎隐于毛内。每边约20根须，靠近唇的下面纯白色，靠近唇的上面黑色。前足5指，均具爪；第1指较短，爪出露于毛外，第2、4指几乎等长，第3指最长，第5指约为第4指的一半，其余4个爪几乎隐于毛内；前足指垫明显且出露于毛外。后足比前足长，4趾，均具爪；后足第1趾较短，第2、3趾几乎等长，第4趾最短；后足趾垫明显且出露于毛外，后足爪几乎隐于毛内。

毛色：背面从额部至颈部红棕色，耳后白色，颈部至两颊红色，颈部至肛门灰黑色，整个背部毛基灰黑色。须着生的区域毛灰白色调。两耳前端各有一簇较长的白色毛发，耳背面毛较短，呈灰黑色，耳前缘毛灰白色，且较耳背毛长。腹面从颈部至肛门除颈部颜色较深，呈淡黄色外，其余颜色基本一致，颜色整体比背面淡，为白色或灰白色。整个腹面毛基灰黑色；背、腹毛色界线不太清晰。前、后足爪黑褐色，靠近前端颜色逐渐变淡；前、后足腹面灰褐色，背面白色。

头骨：头骨整个颅面略呈弧形，额骨略低平，前端稍凹，后端稍鼓，前端有2个卵圆孔。脑颅最高点位于额骨中部稍靠后位置。鼻骨前端1/3稍膨大，后部稍变窄；鼻骨外缘几乎平行；鼻骨末端呈弧形，末端分支不深。额骨前后宽，中间窄，两翼中间部位构成眼眶内壁，无眶间脊，眶间距较大，约4.8 mm。额骨后缘与顶骨接缝明显且不规则。顶骨不规则，中部靠后稍隆起，且后端一直延伸至枕骨，两侧顶骨中间接缝明显且不规整，接缝处仅在后端接近顶间骨处形成较短的矢状脊，且该矢状脊纵贯顶间骨，将顶间骨从中间一分为二，顶间骨呈不规则形。门齿孔与腭孔合并成一酒瓶状大孔，犁骨位于两孔中央直抵孔的中部。前颌骨与上颌骨接缝较明显且接缝不规整，上颌骨与腭骨完全融合，上颌骨前端两侧各有1个小孔。听泡发达。

下颌骨整体呈"手枪"形，关节突较宽，顶端呈稍凸的三角形，角突呈鹰嘴状，冠状突严重退化成一小突起。

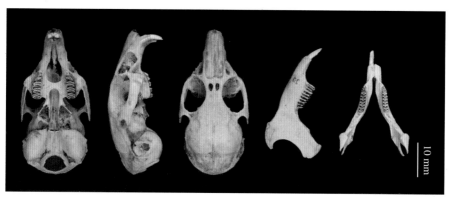

中国鼠兔头骨图

牙齿：上颌门齿前、后2排，每排2枚，前排较大，后排较小；前排门齿间有明显的门齿沟，门齿末端向内略弯曲；上颌门齿白齿5枚，包括3枚前白齿和2枚白齿，3枚前白齿从第1枚开始逐渐变大，第3枚前白齿最大，2枚白齿基本等大，且与第3前白齿大小基本一致。

下颌门齿1排2枚；下颌门齿白齿5枚，包括2枚前白齿和3枚白齿，第2枚前白齿齿冠最高，第1～3白齿依次变小。

量衡度（衡：g；量：mm）

外形：

编号	性别	体重	体长	后足长	耳高	采集地点
SAF17003	♀	163	180	33	28	四川康定
SAF220001	♂	175	190	34	31	四川康定
SAF220002	♀	150	190	33	31	四川康定
SAF220003	♂	156	186	32	32	四川康定
SAF220004	♀	159	204	34	31	四川康定
SAF220005	♀	157	198	33	32	四川康定
SAF220006	♂	176	186	34	30	四川康定

头骨：

编号	颅全长	基长	颅高	颧宽	眶间宽	上臼齿列长	下颌骨长	下臼齿列长
SAF17003	46.65	39.55	18.07	21.90	4.77	8.45	33.35	8.11
SAF220001	—	—	—	21.90	5.08	9.07	33.37	7.83
SAF220002	44.74	36.78	17.65	22.15	5.14	8.56	32.93	8.02
SAF220003	44.65	36.29	17.88	23.21	5.76	8.39	33.28	7.96
SAF220004	46.52	37.13	17.78	22.39	5.12	8.82	34.62	8.22
SAF220005	45.87	37.61	18.05	22.92	5.34	8.59	34.48	7.72
SAF220006	45.91	37.75	17.92	22.79	4.81	8.92	34.62	7.77

生态学资料　中国鼠兔栖息于高海拔的草地和裸岩。草食性。

地理分布　中国鼠兔为中国特有种，仅分布于四川康定、理塘、德格。

分类学讨论　该种最早被 Thomas（1911）发表为灰鼠兔的亚种 *Ochotona roylii chinensis*（原文均是 roylei，下同）。发表后，再没有人采集和研究过该分类单元。很多科学家基于这一描述，同意其分类地位（Allen，1938；Ellerman and Morrison-Scott，1951；胡锦矗和王酉之，1984；冯祚建和郑昌琳，1985；王酉之和胡锦矗，2009）。俄罗斯科学家 Andrey A. Lissovsky（2013）的观点 "Specimens of *O. macrotis chinensis* Thomas，1911，from Yunnan and eastern Xizang provinces fall into *O. macrotis* cloud" "There is no other *O. roylii* in Chinese collections，and specimens of *O. macrotis chinensis* are labeled as *O. roylii*" 显然是错误的，他认为灰鼠兔中国亚种产于云南和西藏，事实上，其模式产地

分省（自治区、直辖市）地图——四川省

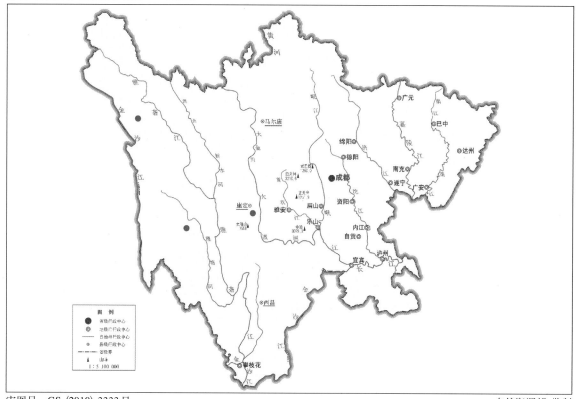

审图号：GS（2019）3333号 自然资源部 监制

中国鼠兔在四川的分布
注：红点为物种的分布位点。

是四川康定。云南北部和西藏的标本确实是大耳鼠兔，用在云南和西藏采集到的大耳鼠兔代替灰鼠兔中国亚种，其逻辑错误显而易见。时隔100多年，刘少英等（2018）再次采集到了该分类单元的地模标本。基因组水平的系统发育研究证实该分类单元为独立种（Wang et al., 2020），仅分布于四川。该种无亚种分化。

三十七、兔科 Leporidae Fischer，1817

Leporidae Fischer, 1817. Mem. Soc. Imp. Nat. Moscow, 5: 372 (模式属: *Lepus* Linnaeus, 1857).

Leporinae Trouessart, 1880. Catalogue des mammiferes vivants et fossils. Ordre des Qongeurs. Bull. Soc. Etudes Sci. Angers, 10th Ann., pt. 1: 58-212 (200) (模式属: *Lepus* Linnaeus, 1857).

Leporinorum, Fischer, 1917. Adversaria Zoological. Mem. Soc. Imp. Nat., Moscow, Vol. 5: 368-428 (409) (模式属: *Lepus* Linnaeus, 1857).

Paleolaginae, Dice, 1929. Jour. Mamm., Vol. 10: 340-344 (340).

起源与演化　兔科动物的起源和演化在罗泽珣（1988）的《中国野兔》中有详细的总结。由于现存化石证据均不能全面反映其进化史，依据化石所做研究提出的兔科动物起源的观点多样。比较有代表性的假说有：原古兔科Eurymylidae起源假说、假古蝟Pseudictopidae起源假说、安格勒兽（爪兽）Anagalidae起源假说、踝节类Condylarthra起源假说等，但均因缺少关键化石佐证而难有说服力。这些类别的化石均是在古新世比较繁盛，但很难和后面出现的类群有直接联系。现代兽类各目是在古新世和始新世交界的"极热事件"中快速出现的。不过，在古新世出现的重齿中目DUPLICIDENTATA作为兔形目最近的支系是没有疑问的（李传夔和张兆群，2019）。

在目级概述中，已经提及兔科起源于亚洲。在早始新世起源后，兔科物种就显示出显著的分异，早、中始新世，我国有壮兔属*Strenulagus*、卢氏兔属*Lushilagus*、沙漠兔属*Shamolagus*、戈壁兔属*Gobiolagus*、高白齿兔*Hypsimylus*等；渐新世还发现鄂尔多斯兔属*Ordolagus*；中新世还发现翼兔属*Alilepus*、上新五褶兔属*Pliopentalagus*、尼克鲁兔属*Nekrolagus* 3个属；上新世发现丝绸兔属*Sericolagus*、三裂齿兔属*Trischizolagus*、次兔属*Hypolagus* 3个属。这些属的一些类群生活到更新世。更新世在我国南方（广西）才出现的是苏门答腊兔属*Nesolagus*（也分布于东南亚）。在早、中始新世，中亚地区发现的兔科动物除了在我国发现的壮兔属、卢氏兔属、沙漠兔属、戈壁兔属外，还有发现于吉尔吉斯斯坦的*Aktashmys*属及发现于蒙古的*Dawsonolagus*等6个属。到晚始新世，中亚国家仅有戈壁兔属和高白齿兔属；渐新世仅有鄂尔多斯兔属1属1种。中新世早至中期，整个欧洲—中亚地区没有兔类化石，直到晚中新世有才出现。现在的兔科广泛分布于亚洲、北美洲、欧洲、非洲、南美洲。大洋洲和南极洲一直没有兔类分布。

上新世晚期，棉尾兔属*Sylvilagus*化石形态已与现生兔类极为相似。所以，现生兔类中，棉尾兔是最古老的类群。到了第四纪更新世，出土的化石就与现生兔子形态基本一致了。在亚洲有兔属*Lepus*和粗毛兔属*Caprolagus*；在欧洲有兔属和穴兔属*Oryctolagus*；在非洲有兔属和红兔属*Pronolagus*；在南美洲有棉尾兔属*Sylvilagus*，至此，野兔的演化已定型。

形态特征　中型草食兽，成体体长380～500 mm，体重1 500～2 400 g。头部特征最明显的是上唇中央有纵沟，把上唇明显分为2瓣，俗称"兔唇"；下唇单片；上、下唇汇合构成3瓣嘴。眼侧位，视野较大。耳朵长，呈圆筒状，耳长为耳宽的数倍，耳根部细，耳壳竖立，外耳孔特别长，转动自如。躯干与头部的比例为5∶1，颈部不明显，胸腔小，腹腔大，背部有明显的弯曲。尾短，尾毛长，呈毛簇状。后肢明显比前肢长；后足4趾（第1趾骨退化），跖行，后跗足掌有毛；前腿短，前足5趾，跖行。

头骨：头骨分颅部、吻部和下颌部。颅部位于头骨后半部，背面骨骼成对排列，有1对额骨和1对顶骨，顶骨后缘有1块顶间骨。顶间骨在野兔成年后即与枕骨愈合，这与穴兔类（Rabbits）有明显区别，这是野兔与穴兔两类野兔的重要鉴别特征之一。颅部两侧各有1块鳞骨，下壁有1块蝶骨（由基蝶骨、翼蝶骨、前蝶骨和眶蝶骨愈合而成），其中，翼蝶骨向腹前方伸出1对翼突，两侧翼突间有翼内窝，这在野兔分类上十分重要。翼内窝宽，两侧翼突近乎平行的是兔类；翼内窝窄，两侧翼突向内弯曲呈弧形的是穴兔类。颅部的前壁有1块筛骨，在蝶骨前方。眶蝶骨大，没有真正的翼蝶沟。听泡无内鼓骨，仅由外鼓骨所组成。

吻部骨骼（又称为面骨）在背面，有鼻骨、前颌骨和颌骨各1对；在侧面颌骨的颧突、颅部鳞骨的颧突之间有1块颧骨将前、后两个颧突相连接，构成颧弓，为眼眶的下缘；左、右各有一颧弓，颧骨共2块，颧弓前上方左、右侧各有1块泪骨；底部有犁骨及腭骨。门齿孔与腭孔合并形成1个大孔；因此，孔的后缘腭骨很窄，与部分颌骨形成骨桥；骨桥后面是翼内窝，后鼻孔由此通出。

下颌骨由1对齿骨构成，左、右两侧在前端由下颌间软骨联结在一起。下颌骨的髁窝浅、卵圆形，位置横置，冠状突不发达。

牙齿：上颌有2对前后重叠的门齿；第1对上颌门齿大，呈凿状；第2对上颌门齿小，为极细的圆柱状，没有切迹，位置紧贴在第1对上颌门齿后面。上、下颌门齿咬合时，下颌门齿与第2对上颌门齿咬合到一起，第1对上颌门齿的切迹平直。

生殖系统：雄性没有阴茎骨，睾丸的位置在阴茎前面；雌性有1对左右分离的子宫，每侧子宫直通阴道。

分类学讨论　野兔属于兔形目、兔科Leporidae，其分类地位长期存在争议。学界争论的焦点是独立成目还是应划归啮齿目RODENTIA。1758年Linnaeus在《自然系统》第十版卷1中，将野兔划入啮类目GLIRES。Illiger（1811）把兔形动物与啮齿动物分开，作为啮齿目RODENTIA的重齿亚目DUPLICIDENTATA，而将啮齿动物作为啮齿目的单齿亚目SIMPLICIDENTATA。Brandt（1855）首次提出用兔形亚目LAGOMORPHA的名称取代重齿亚目的名称，但仍然是啮齿目的1个亚目。1912年，Gidley正式将兔形动物从啮齿目中分出，独立成为1个单独的目——兔形目LAGOMORPHA。但是，兔形动物是否独立成目至今仍有争论。主张将兔形动物作为啮齿目中重齿亚目的分类学家有Allen（1938）及多数苏联分类学家。王思博和杨赣（1983）在《新疆啮齿动物志》中，也把野兔划归啮齿目、重齿亚目。其中，只有Allen（1938）曾根据Gregory（1910）的意见阐述了兔形动物作为重齿亚目的理由。罗泽珣在《中国野兔》（1988）中，从兔形动物与啮齿动物的门齿形态、门齿与颊齿的齿隙构成、颊齿形状与构造、上下颌门齿咬合形态、咀嚼食物颊齿的咬合形态、头骨腭部的结构差异、下肢骨骼结构不同、前肢功能不同及血液组成、躯干和尾部特征、化石形态差异等方面对兔形动物与啮齿动物作出了详细的对比，认为兔形动物是由古代真兽独立演化的类群更为合理。因此，兔形动物为独立目，野兔在兔形目中成为1个科——兔科。

兔科中从形态上划分为穴兔类（Rabbits）和兔类（Hares）两大类。关于兔科的分类，不同学者也有不同意见。Dice（1929）将兔科分为3个亚科：原兔亚科Palaeolaginae，包括3个现生属（*Pentalagus*、*Pronolagus*、*Romerolagus*）；古兔亚科Archaeolaginae，包括所有的化石属（15个）；兔亚科Leporinae，包括所有现生种。Simpson（1945）将其分类2个亚科，将Dice（1929）的前2个亚科合并为1个亚科——原兔亚科Palaeolaginae，包括15个化石兔属，3个现生兔属（*Pentalagus*、*Pronolagus*、*Romerolagus*）。兔亚科Leporinae包括6个属（*Caprolagus*、*Lepus*、*Sylvilagus*、*Oryctolagus*、*Brachylagus*、*Nesolagus*），Ellerman和Morrison-Scott（1951）同意分为2个亚科这一观点，但是反对把*Pronolagus*、*Romerolagus*放入原兔亚科，认为这2个属应该是兔亚科的，且认为应把全世界的兔类放在一起，没有可用的特征把它们分开。欧洲、亚洲、非洲就有68个分类单元被命名，认为欧洲、亚洲、非洲最多可鉴定出6属23种：*Pentalagus* 1种，*Nesolagus* 1种，*Caprolagus* 1种，*Oryctolagus* 1种，*Pronolagus* 4种，*Lepus* 15种。罗泽珣（1988）是我国兔类研究集大成者，他在《中国野兔》（1988）中对野兔的演化、分类历史、我国兔科种类进行了详细的论证。虽然受当时的科学发展水平限制，使一些种类现在看来是误订，但总体来说，罗泽珣对兔类研究做了艰苦细致的工作，是我国最权威的兔类分类学家。罗泽珣认为，全世界野兔有9个属：原兔亚科Palaeolaginae包括4个属（琉球兔属*Pentalagus*、火山兔属*Romerolagus*、红兔属*Pronolagus*、乌干达兔属*Poelagus*）；兔亚科Leporinae包括5个属（粗毛兔属*Caprolagus*、苏门答腊兔属*Nesolagus*、穴兔属*Oryctolagus*、棉尾兔属*Sylvilagus*、兔属*Lepus*），前8个属是穴兔类，共有22个种。兔类仅兔属*Lepus* 1个属。Hoffmann（1993）认为全世界兔科有11属54种，除罗泽珣提出的9个属外，还有*Brchylagus*属1种，分布于美国，*Bunolagus*属1种，分布于南非。Hoffmann和Smith（2005）认为全世界有11属60种；最新的分类学专著（Wilson，2016）仍然认为全世界有11属，但种类上增加到63种，很多原来的同物异名或亚种被提升为种。至于我国兔科的属，罗泽珣认为仅有1个属——兔属；但在我国藏南还分布有粗毛兔，因此，蒋志刚等（2017）认为我国有2个属，即兔属和粗毛兔属。本书认同这一意见。四川仅有兔属1属。

121. 兔属 *Lepus* Linnaeus，1857

Lepus Linnaeus, 1758, Syst. Nat., 10th ed, Vol. 1: 58（模式种：*Lepus timidus*）.

Chionobates Kaup, 1829. Entw. Gesch. Naturl. Syst. Europ. Thierw., I: 170.（模式种：*Lepus variabilis* Pallas, 1778; and *Lepus borealis* Pallas, 1778, both = *Lepus timidus* Linnaeus, 1758）.

Eulagos Gray, 1867. Ann. Mag. Nat. Hist., 20: 222. [模式种：*Lepus mediterraneus* Wagner, 1841; and *Lepus judeae* Gray, 1867. Type here selected as *mediterraneus*）.

Eulepus Acloque, 1899. Faune de France, Mamm., 52.（模式种：*Lepus timidus* Linnaeus, 1758）.

Bunolagus Thomas, 1929. Nat. Hist., 109.（模式种：*Lepus monticularis* Thomas, 1903）.

Allolagus Ognev, 1929. Zool. Anz., 84: 71.（模式种：*Lepus mandschuricus* Radde, 1861）.

Tarimolagus Gureev, 1947. Compt. Rend. Acad. Sci. U. R. S. S. 57, 5；517，fig. 2.（模式种：*Lepus yarkandensis* Gunther, 1875）.

鉴别特征　后腿长，适于跳跃，跳跃高度一般在100 mm以上。前、后足腹面覆盖浓密的短毛，爪不露出毛外。耳长，接近或超过100 mm。尾短，短于或略长于后足。上颌门齿有前后排列2对门齿，前面1对大；唇面有沟，较浅；后面1对小，圆柱形，位于前面1对门齿的内侧。无犬齿，齿隙很长，约占颅全长的1/4。鼻骨很长，超过颅全长的40%；后鼻孔宽大于硬腭长。眼眶上缘有宽阔的眶突，三角形，有明显的前后尖。门齿孔长，且宽阔，仅比齿隙略短。听泡相对小。下颌骨关节突和角突组成宽阔的平面，供强大的肌肉附着。上颌前臼齿3枚，臼齿3枚，第1颗前臼齿椭圆形，最后1个臼齿很小，不到前一臼齿的1/3，椭圆形。下颌前臼齿2枚，臼齿3枚；第1前臼齿最大；向后的前臼齿和臼齿逐步缩小，最后1颗下臼齿最小。

　　生态学资料　兔属蒙古兔分布十分广泛，生境类型多样，次生草甸、农田、海拔2 600 m以下的森林、北方草原、荒漠均是其栖息地。终生在地面生活，不挖掘洞穴；为躲避天敌，常利用草丛、地面坑洼地、其他动物的卧穴、石缝等处隐蔽。主要在夜间活动，晨昏活动最频繁。不冬眠，也不夏蛰。奔跑速度快，最高可达每小时70 km。多为单独活动，集群很少。草食性，也吃昆虫和螺类。排泄2种粪便，一种球形，一种软粪，软粪排出后会被自己吃掉，进行第2次消化。每年2～3胎，每胎产3～5仔。妊娠期30～40天，幼兔第2年性成熟。

　　分类学讨论　兔属的分类很混乱，到目前为止也没有一个能被大多数学者接受的分类系统。Ellerman和Morrison-Scott（1951）认为我国的兔属包括3个亚属——兔亚属*Lepus*、异兔亚属*Allolagus*、塔里木兔亚属*Tarimolagus*，在欧洲、亚洲、非洲共有14种。Gureev（1964）认为我国的兔类包括粗毛兔属*Caprolagus*的印度兔亚属*Indolagus*（包括华南兔和海南兔）、塔里木兔亚属（包括塔里木兔）、异兔亚属（包括东北兔），以及兔属的兔亚属（包括雪兔）、原真兔亚属*Proeulagus*（包括高原兔和草兔）。其中印度兔亚属、塔里木兔亚属和原真兔亚属均是Gureev命名的。罗泽珣（1990）将Gureev（1964）所列的5个属于不同属的亚属均列为兔属的亚属。但亚属的分类并没有被大多数人接受，后来很多人均把它们作为兔属的同物异名，Hoffmann（1993）、Hoffmann和Smith（2005）、Wilson等（2016）均未肯定亚属的划分，前2个仅在评论时提出哪些学者曾经将某种划分到哪些亚属。种类方面，Walker等（1975）认为全世界兔属有26种；Honacki等（1982）认为全世界有19种；Hoffmann（1993）认为全世界有39种；Smith和解焱（2009）认为全世界有32种；最新的分类系统（Wilson，2016）认为全世界有30种。

　　我国的野兔分类更混乱，Allen（1938）认为中国只有3种：欧兔*Lepus europaeus*，包括4个亚种；海南兔*L. hainanus*，无亚种分化；高原兔*L. oiostolus*，包括2个亚种。罗泽珣（1988）认为中国有9种；王应祥（2003）认为中国有8种；Smith和解焱（2009）认为中国有10种；最新的分类系统（Wilson，2016）认为中国有9种，包括塔里木兔*L. yarkandensis*、蒙古兔*L. tolai*、藏兔*L. tibetanus*、云南兔*L. comus*、高原兔*L. oiostolus*、雪兔*L. timidus*、东北兔*L. mandshuricus*、朝鲜兔*L. coreanus*、华南兔*L. sinensis*。

　　四川野兔种类有变化，但不多。胡锦矗和王酉之（1984）认为四川有兔类2种，包括草兔*L. capensis*和高原兔，后者包括康定亚种*L. o. grahami*和云南亚种*L. o. comus*。王酉之和胡锦矗（1999）认为四川仅有2种，包括草兔和高原兔。王应祥（2003）认为四川有3种，分别为草兔、高原兔和云南兔*L. comus*。胡锦矗和胡杰（2007）认为四川仅有草兔和灰尾兔（即高原兔）。Smith和解焱（2009）认为四川有3种，分别是蒙古兔、高原兔、云南兔。查阅四川全省的标本馆后，本书确认四川有3种兔类，即蒙古兔、高原兔、云南兔。

四川分布的兔属*Lepus*分种检索表

1. 听泡鼓胀，呈圆形，宽度大于或等于听泡间距 ······························· 蒙古兔 *L. tolai*

   听泡小，宽度小于听泡间距 ·· 2

2. 毛被厚密，卷曲，臀部呈蓝灰色，眶上突很发达 ······························ 高原兔 *L. oiostolus*

   毛被相对较稀疏，柔软，不卷曲，眶上脊较小 ······························· 云南兔 *L. comus*

（233）蒙古兔 *Lepus tolai* Pallas，1778

别名 托氏兔

英文名 Mongolia Hare

Lepus tolai Pallas, 1778, Nov. Spec. Quad. Glir. Ord. 17(模式产地：西伯利亚东部山区）；Waterhouse, 1848. London, Hippo-lyte Bailliere, 2: 48-51; Sowerby, 1933. China Jour. 19: 189-207; Loukashkin, 1937. Jour. Mamm. 18(3): 327-332; Loukashkin, 1943. Jour. Mamm. 24: 73-81; 何鸿恩和李学仁，1958//中国科学院动物研究所兽类研究组. 东北兽类调查报告; Hoffmann, 1993. in Wilson. Mamm. spe. World, 2nd ed., 821; 相雨，等，2004. 中国兔属动物的分类与分布，四川动物，23(4)：391-397; Hoffmann, Smith, 2005 in Wilson. Mamm. Spec. World, 3rd ed., 204.

Lepus capensis tolai Ellerman, Morrison-Scott, 1951. Checkl. Paraea. Ind. Mamm: 450; 罗泽珣，1981. 野生动物，(1)：12-13; 罗泽珣，1988. 中国野兔：98; 黄文几，等，1995. 中国啮齿类，30; 王应祥，2003. 中国哺乳动物种和亚种分类名录与分布大全，232.

Lepus europaeus tolai Ognev, 1929. Zool. Anzeiger, 84:78; Allen. 1938. Mamm. Chin. Mong., 546.

Lepus lehmanni Severtzov, 1873. Mem. Soc. Amis. Moscou, 8(2) :62, 83(模式产地：哈萨克斯坦锡尔河畔）.

Lepus pamirensis Gunther, 1875. Ann. Mag. Nat. Hist., 16:229(模式产地：帕米尔高原 Sarui-Kul 湖畔）.

Lepus swinhoei Thomas, 1897. Ann. Mag. Nat. Hist., 13: 364(模式产地：山东曲阜）.

Lepus tolai swinhoei Allen, 1927. Amer. Mus. Nov., 284:7.

Lepus europaeus swinhoei Allen. 1938. Mamm. Chin. Mong., 547.

Lepus capensis swinhoei Ellerman, Morrison-Scott, 1951. Checkl. Paraea. Ind. Mamm., 431.

Lepus capensis filchner Matschie, 1907. Wiss. Ergebn. Exped. Filchner to Chian. 10(1) :217(模式产地：陕西）.

Lepus capensis centrasiaticus Satunin, 1907. Ann. Mus. Zoo. Acad. St. Peterab., 11:158(模式产地：甘肃酒泉）.

Lepus swinhoei brevinasus J. Allen, 1909. Bull. Amer. Mus. Nat. Hist., 26:427(模式产地：秦岭太白山）.

Lepus swinhoei subluteus Thomas, 1908. Abstr. Proc. Zoo. Soc. Lond., 45(模式产地：内蒙古鄂尔多斯）.

Lepus aurigineus Hollister, 1912. Proc. Biol. Soc. Wash., 25:181(模式产地：江西九江）.

Lepus swinhoei sowerbyae Hollister, 1912. Proc. Biol. Soc. Wash., 25:182(模式产地：山西宁武）.

Lepus tolai gansuicus Sowerby, 1933. China Jour., 189-207(模式产地：甘肃）.

Lepus europaeus cinnamomeus Shamel, 1940. Jour. Mamm., 21:77(模式产地：云南水富）.

Lepus capensis huangshuiensis Luo, 1981. 动物学集刊(模式产地：青海湟水河谷）.

鉴别特征 蒙古兔的尾长为我国野兔中最长者，占后足长的80%；尾背面中央具一长且宽的黑色条纹，两侧及尾腹面均为纯白色。耳长占后足长83%，中等长度。上颌门齿沟极浅，内里几乎无白垩质沉积；吻短而粗。背面毛色较深，呈深咖啡色。

形态

外形：体型中等，成体体重1 495 ~ 2 250 g，体长380 ~ 430 mm，尾长78 ~ 115 mm，后足长103 ~ 123 mm，耳长85 ~ 115 mm。须较少，分2种，前端短须黑灰色，较软，最长30 mm；后端硬刺状长须每侧8 ~ 10根，根部黑色，尖部白色，最长约80 mm。前、后足背腹面均被浓密的毛覆盖，均只有4个明显的长爪，黑棕色，隐于毛中。

毛色：背面从头顶部至臀部有3种毛，一是绒毛，基部为灰色，上部为浅棕黄色；二是柱状毛，毛基浅棕黄色，尖端为褐棕黄色和棕黄色间杂；三是针毛，稀少，长度约60 mm，毛中、下段为褐棕色，毛尖为棕黄色。四川的蒙古兔背部整体上毛色较其他地方的深，为深褐色或咖啡色。腹面白色，边缘体侧淡黄色。吻鼻部棕褐色，比头顶部略浅，下颌部毛淡黄色，喉部为棕褐色。耳背面有2种毛色，朝前的一面毛色与头顶部一致，朝后的毛较短，为棕黄色，耳尖有黑色毛簇；耳腹面前外缘被淡黄色柱状毛，后外缘被淡黄色绒毛和深褐色柱状毛。前足背黄褐色，足腹面淡黄色；后足背棕黄色，足腹面淡棕褐色。尾背面中央具一长且宽的黑色条纹，两侧及尾腹面均为纯白色，尾尖部呈簇状，毛较长。

头骨：头骨整体与云南兔较接近。背面整体弧形，最高点位于额骨中后部。鼻骨长而宽阔，鼻骨前端不达前颌骨前缘；鼻骨后缘弧形；鼻骨末端相对位置超过眼眶前缘；鼻骨长约37 mm，约占颅全长的42%；鼻骨宽约18.4 mm，约占颧宽的45%。额骨不规则，侧面有明显的眶上突，眶上突相对较小，前后游离于眶上缘形成前、后尖。前尖和后尖均较小，尤其前尖很小。眶上突整体较低平，略向背面翘起，但整体低于或等于脑颅的最高点。额骨和顶骨之间的骨缝呈波浪形，但总体平直。顶骨较宽，覆盖整个脑颅背面，侧面外缘可见鳞骨的顶部，顶骨整体呈方形，后缘向内收，较窄。顶间骨与顶骨愈合，骨缝不清楚。上枕骨背面形成一梯形平台，后缘超过枕骨围成的平面。侧枕骨和基枕骨愈合，枕髁略向后突出，枕髁上缘侧枕骨上左右各有1个明显的凹陷。侧面前颌骨较短，但背面突出一支向后延伸，达鼻骨侧面后端；上颌骨侧面筛网状，后缘突起，形成结实的眼眶前缘；下缘为颊齿附着部分，侧面突起构成颧弓的一部分。颧骨和上颌骨颧突愈合，界线不清，但与鳞骨颧突之间的骨缝明显。颧弓相对较宽阔，强大。鳞骨构成脑颅侧面的主体，形状不规则，前外侧突起构成颧弓的一部分，后缘在侧枕骨外侧形成一个弱的突起，向下延伸形成乳突；乳突较弱，与颈突平行，与听泡外侧相接。听泡较发达，烧瓶状，底部浑圆，颈部为骨质外耳道。腹面门齿孔整体呈三角形，前面尖，后面宽，中间犁骨完整。硬腭的大部分为上颌骨的一部分，后缘为腭骨，腭骨很窄，两侧向后延伸，形成眼眶的内壁；最后缘与翼骨相接。翼骨很窄，薄，与基蝶骨的外缘相接。基蝶骨三角形。

牙齿：上颌门齿2对，前后排列，唇面的1对大，唇面白色，各有1条明显的纵沟，沟内侧门齿形成纵脊；靠口腔的1对门齿很小，截面近似圆形。前白齿两侧各1枚，明显较白齿窄小；前缘外侧有3条纵沟，咀嚼面呈椭圆形，形成1个凹面。白齿5枚，前4枚宽，咀嚼面略呈矩形，咀嚼面上有3条横向棱脊，形成2个凹面；第1、2、3枚等宽，第4枚略窄，最后1枚明显小，咀嚼面呈椭圆

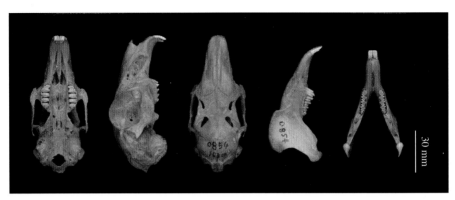

蒙古兔头骨图

形，形成1个凹面。下颌门齿1对，白色，撮状。前臼齿1枚，略大于后面的臼齿，前缘有1条窄浅纵沟，外侧面有2条深宽纵沟，形成3个纵向棱脊，形成2个咀嚼面。臼齿4枚，内、外侧面均有1条深纵沟，2棱脊；前3枚均由前面1个略高、略大的长椭圆形，与后面1个略低、略小的内宽外窄的咀嚼面组成；最后1枚明显小，由前后排列的咀嚼面呈椭圆形的2个柱状体构成，内、外侧面均有1条浅纵沟，2棱脊。

量衡度（衡：g；量：mm）

外形：

编号	性别	体重	体长	后足长	耳长	尾长
SICAUWY 289	♂	1 500	380	110	86	115
SICAUYA 667	♂	1 495	442	103	85	78
SICAUYA 351	♀	2 250	430	110	115	110
SICAUYB 444	♀	2 250	426	123	99	80
SAFMGT 33	♀	—	350	70	90	90
SAFMGT 002	♀	2 000	428	98	106	108

头骨：

编号	颅全长	基长	颧宽	眶间宽	颅高	听泡长	上齿列长	上颊齿列基长	下齿列长	下颊齿列基长
SICAUWY 289	—	—	40.27	10.01	32.65	11.62	—	15.62	39.26	15.73
SICAUYA 667	87.38	71.32	41.14	11.41	36.55	12.19	42.66	15.05	38.58	14.31
SICAUYA 351	89.26	72.19	39.86	12.94	36.47	12.35	43.40	15.84	40.86	16.53
SICAUYB 444	83.04	68.30	39.46	11.84	35.03	10.12	40.82	15.19	38.70	16.02
SAFMGT 33	86.39	69.90	40.55	12.44	35.43	9.97	42.04	14.58	39.15	14.53
SAFMGT 002	87.48	72.44	39.19	12.84	35.85	12.12	40.64	15.13	—	—

生态学资料　蒙古兔广泛分布于欧洲、亚洲、非洲，在我国分布较广泛，栖息地类型多样；草原、灌丛、疏林地及农作物区、干扰较小的人居地附近等均能栖息。每年春、秋季换毛2次，冬末交配，早春产仔，不同地域每年产仔2～6窝，每胎产2～6仔。多在晨昏和夜间活动，干扰小的地域在白天也活动。

地理分布　在四川，分布于盆地及盆周山地，国内还分布于东北、华北、西北、华东、东南、西南诸地区。

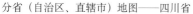

分省（自治区、直辖市）地图——四川省

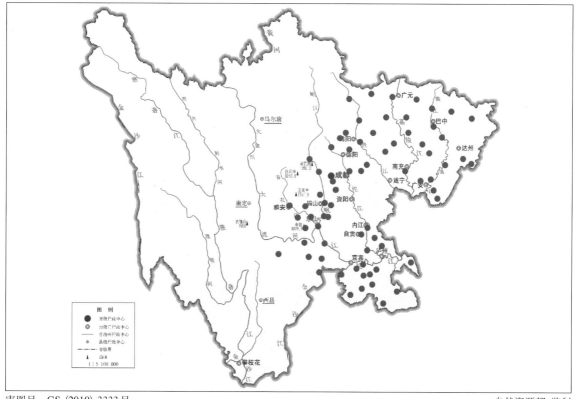

审图号：GS（2019）3333号　　　　　　　　　　　　自然资源部 监制

蒙古兔在四川的分布
注：红点为物种的分布位点。

分类学讨论　长期以来，蒙古兔被认为是草兔 *Lepus capensis* 或欧兔 *L. europaeus* 的亚种，尤其前一种观点被广泛接受，作为欧兔的亚种仅见于 Allen（1938）。我国一些学者如中国科学院动物研究所兽类组（1958）、寿振黄等（1962）、王思博和杨赣源（1983）都认为蒙古兔 *L. talai* 为独立种。

将蒙古兔作为草兔（又叫好望角兔，因为其模式标本采自非洲好望角）的亚种这一观点最早见于 Ellerman 和 Morrison-Scott（1951）。我国学者中，最早使用草兔名称的是钱燕文（1965）和唐蟾珠等（1965）。罗泽珣（1981）对草兔的学名进行订正，认为我国分布的这种兔类与非洲好望角的草兔没有差别，进一步强化了草兔的学名在我国的广泛应用（胡锦蠹和王酉之，1984；罗泽珣，1988；黄文几等，1995；张荣祖，1997；王应祥等，2003；胡锦蠹等，2007；王酉之等，

2009)。Hoffmann（1993）将蒙古兔作为独立种，并没有提出可靠的理由，但逐渐被广泛接受（Hoffmann and Smith，2005；Smith 和解焱，2009；蒋志刚等，2015，2017；刘少英等，2020）。

种下分类意见也很不一致。罗泽珣（1981）在草兔 *L. capensis*（现在的蒙古兔）下列出了 8 个亚种：蒙古亚种 *L. c. tolai*、帕米尔亚种 *L. c. pamirensis*、西域亚种 *L. c. lehmanni*、中亚亚种 *L. c. centrasiaticus*、湟水河谷亚种 *L. c. huangshiensis*、中原亚种 *L. c. swinhoei*、长江流域亚种 *L. c. aurigineus*、川西南亚种 *L. c. cinnamomeus*。其中长江流域亚种模式产地为江西九江，虽然很多人（包括王应祥，2003；Smith 和解焱，2009）均将其作为蒙古兔的亚种，但由于其分布区位于长江以南，所以其分类地位存疑。王应祥（2003）的亚种分类和罗泽珣（1981）完全一致。Smith 和解焱（2009）认为蒙古兔 *L. tolai* 下有 5 个亚种，分别是指名亚种 *L. t. tolai*、川西南亚种、湟水河谷亚种、西域亚种、中原亚种和长江流域亚种，没有帕米尔亚种和中亚亚种。

最新版的专著 *Handbook of the World*（Vol. 6）（Wilson et al.，2016）认为全世界仅有 7 个亚种，分别是指名亚种（分布于内蒙古，甘肃）、*L. t. buchariensis*（塔吉克斯坦，阿富汗东北部）、*L. t. cheybani*（伊朗西南部）、*L. t. cinanmomeus*（四川西南部，云南北部）、*L. t. filchneri*（陕西）、*L. t. lehmanni*（哈萨克斯坦，土库曼斯坦，伊朗北部和东北部，西伯利亚东部到南部，蒙古，新疆）、*L. t. swinhoei*（黑龙江，吉林，辽宁，内蒙古南部到河北，北京，河南，山西，陕西，山东）。其中，有 3 个亚种和前面的不一样。可见，亚种分类意见没有统一。按照最新的分类学观点，四川仅有 1 个亚种，即川西南亚种 *L. t. cinnamomeus*。

蒙古兔川西南亚种 *Lepus tolai cinnamomeus* Shamel，1940

Lepus europaeus cinnamomeus Shamel, 1940. Jour. Mamml., 21:77(模式产地：云南水富).

鉴别特征 个体中等，臀部和背部毛色一致，整体呈深咖啡色。

地理分布 在四川分布于海拔 2 500 m 以下广大区域，生境包括农田、林缘、次生灌丛、次生草地，国内还分布于云南、重庆。

（234）高原兔 *Lepus oiostolus* Hodgson，1840

别名 灰尾兔
英文名 Alpine Hare

Lepus oiostolus Hodgson, 1840. Jour. Asiat. Soc. Bengal 9: 1186(模式产地：西藏南部)；Allen, 1938. Mamm. Chin. Mong., 575-576; Ellerman and Morrison-Scott, 1951. Check. Palaea. Ind. Mamm., 441; 高耀亭和冯祚建, 1964. 动物分类学报, 1(1)：19-30; 罗泽珣, 1981. 野生动物(1)：12-13; 蔡桂全和冯祚建, 1982. 兽类学报2(2)：167-182; 罗泽珣, 1988.中国野兔, 129; 王应祥, 2003. 中国哺乳动物种和亚种分类名录与分布大全, 234.

Lepus pallipes Hodgson, 1842. Jour. Asiat. Soc. Bengal, 11:288(模式产地：西藏东部的 Utsang).

Lepus hypsiblus Blandford, 1875. Jour. Asiat. Soc. Bengal, 44, 2: 214(模式产地：拉达克地区).

Lepus sechuensis De Winton, 1899. Proc. Zool. Soc, Lond., 576(模式产地：四川西北部的 Dunpi).

Lepus kozlovi Satunin, 1927. Amer. Mus. Nov., 284: 19(模式产地：西藏西南部的 Retschu River).

Lepus przewalskii Satunin, 1907. Ann. Mus. Zool. Acad. St. Petersb., 1906, II: 156 (模式产地：柴达木盆地).

Lepus oiostolus tsaidamensis Hilzheimer, 1910. Zool. Anz. 35: 310(模式产地：西藏西南部的 Koko-nor).

Lepus grahami Howell, 1928. Proc. Biol, Soc. Wash., 41: 143(模式产地：四川康定南部).

鉴别特征　体型较大，尾端毛基灰色，吻部细长，自上颊齿列向前，逐渐变窄；下颌骨冠状突向后倾斜。眶后突呈前高后低状，最高处超过头骨顶部。

形态

外形：体型较大，成体体重1 700 ~ 3 500 g，体长415 ~ 509 mm，尾长70 ~ 95 mm，后足长100 ~ 138 mm，耳长110 ~ 140 mm。须较多，最短的须不足10 mm，最长约90 mm；须分3种，其中，灰白色短须软且少，黑色、灰黑色软须每侧约10根；硬刺状长须每侧6 ~ 10根，根部黑色，尖部白色，最长约90 mm。前、后足背腹面均被浓密的毛覆盖，均只有4个明显的长爪，棕黄色，隐于毛中。

毛色：背面从头顶部至臀部有2种毛，一种是绒毛，灰白色；另一种是柱状毛，毛基灰白色，尖端黄色和棕黑色间杂。臀部绒毛较多，为黄白色。尾端毛基灰色，背面尖端黑灰色，腹面尖端灰白色。尾尖部呈簇状，毛较长。头顶部、吻鼻部毛色与背部基本一致。颊部毛较顶部毛淡，有明显的灰白色斑块。前、后足背黄棕色，足腹面黄褐色。胸、腹部橘白色，与背部毛色差异明显。颏部毛尖为棕黄色，毛基为灰色。喉部毛尖为棕白色，毛基为灰色。耳背部有2种毛色，朝前的一面毛色与头顶部一致，朝后的毛较短，为灰白色，耳尖有明显的黑色毛簇；耳腹面前外缘被灰白色柱状毛，后外缘被米白色绒毛和灰白色柱状毛。

头骨：背面整体弧形，最高点位于眼眶之间的眶突上缘。鼻骨长而宽阔，鼻骨前端不达前颌骨前缘；鼻骨后缘弧形，相对位置超过眼眶前缘；鼻骨长约38 mm，占颅全长的近40%；宽约21 mm，约占颧宽的48%。额骨不规则，侧面有明显的眶上突；眶上突很大，前后游离于眶上缘，形成前、后尖。相比云南兔和蒙古兔，高原兔的前尖和后尖均非常发达。眶上突整体向背面翘起，但整体高于脑颅的最高点。额骨和顶骨之间的骨缝波浪形。顶骨很宽，覆盖整个脑颅背面，俯视情况下，仅前侧面外缘可见鳞骨的顶部。顶间骨与顶骨愈合，界线不清。上枕骨背面形成1个矩形的平台，后缘垂直向下；侧枕骨和基枕骨愈合，枕髁略向后突出；侧面前颌骨较短，但背面突出一支向后延伸，达鼻骨后端。上颌骨侧面筛网状，后缘突起，形成结实的眼眶前缘，下缘为颊齿附着部

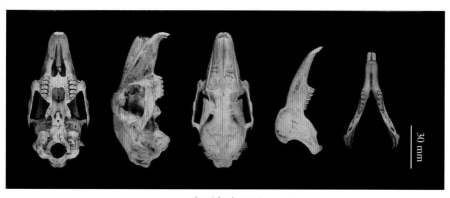

高原兔头骨图

分，侧面突出，构成颧弓的一部分。颧骨和上颌骨颧突愈合，界线不清，但与鳞骨颧突之间的骨缝明显。颧弓相对较宽阔，强大。鳞骨构成脑颅侧面的主体，形状不规则，中间靠前端向外侧突出，构成颧弓的一部分；后缘在侧枕骨外侧形成一个较明显的突起，并向下延伸形成乳突，较强大，与听泡外侧相接。听泡较小，烧瓶状，底部浑圆，颈部为骨质外耳道。腹面门齿孔整体呈三角形，前面尖，后面宽，中间犁骨完整。硬腭的大部分为上颌骨的一部分，后缘为腭骨，腭骨很窄，两侧向后延伸，形成眼眶的前内壁；最后缘与翼骨相接。翼骨很小，狭窄，与基蝶骨的外侧相接。基蝶骨三角形。

牙齿：上颌门齿2对，前后排列；唇面1对，大，唇面白；各有1条明显的纵沟，沟内侧门齿形成纵脊；靠口腔1对门齿很小，截面近似圆形。前臼齿两侧各1枚，较臼齿窄，前缘有3条明显的纵沟。臼齿5枚，前4枚宽，咀嚼面略呈矩形，咀嚼面上有3条横向棱脊，形成2个凹面；第1、2、3枚等宽，第4枚略窄；最后1枚明显小，咀嚼面呈椭圆形。

下颌门齿1对，白色，撮状。前臼齿1枚，大于后面的臼齿，内侧面有2条深纵沟，形成3个纵向棱脊。臼齿4枚，前3枚均由前面1个长椭圆形加后面1个小的内宽外窄的咀嚼面组成，内侧面有1条深沟，2条棱脊；最后1枚明显小，由前、后排列的咀嚼面呈椭圆形的2个柱状体构成。

量衡度（衡：g；量：mm）

外形：

编号	性别	体重	体长	后足长	耳长	尾长
SICAUTK 356	♀	3 500	509	138	115	95
SICAUTK 362	♀	2 250	498	135	110	95
SICAUKD 325	♂	2 400	450	100	140	70
SICAUKD 639	♀	2 500	500	120	115	85
SAFGYT 001	—	3 500	490	128	140	80

头骨：

编号	颅全长	基长	颧宽	眶间宽	颅高	听泡长	上齿列长	上颊齿列基长	下齿列长	下颊齿列基长
SICAUTK 356	92.75	75.52	43.37	14.12	40.52	12.96	47.31	18.00	44.83	18.84
SICAUTK 362	91.84	72.43	40.84	13.44	38.89	10.95	45.78	16.49	42.69	17.07
SICAUKD 325	91.31	73.48	40.52	13.41	37.42	12.87	46.03	15.53	42.22	16.81
SICAUKD 639	91.17	74.29	42.62	14.45	38.07	10.50	46.01	15.20	43.52	16.27
SAF-若尔盖	92.94	74.06	42.04	11.91	38.05	11.23	46.12	15.73	44.29	17.00

生态学资料　高原兔栖息于青藏高原及毗邻地区海拔3 000 ～ 5 000 m的高寒草甸山岩旁，以及高山灌丛和林缘草地等处。毛长而厚，适宜在高寒区栖息，每年换1次毛。吻部细长，适宜啃食浅草。为躲避天敌，多在晨昏活动，有时集群，5—8月为孕期，每胎产4 ～ 7仔。

地理分布　在四川分布于西部高原的甘孜、阿坝、凉山等地，其分布海拔一般不低于 3 000 m，国内还分布于西藏、青海、云南等地。

分省（自治区、直辖市）地图——四川省

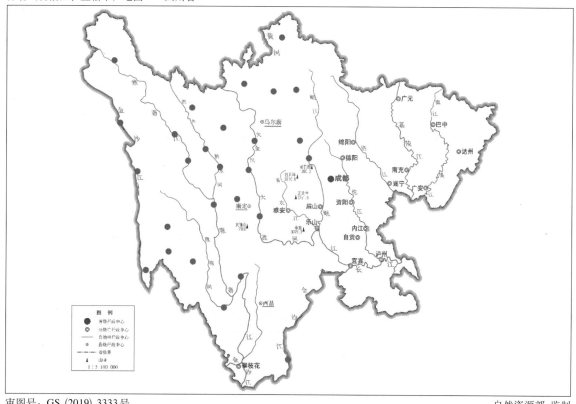

审图号：GS（2019）3333 号　　　　　　　　　　　　　　　　　　　　　自然资源部 监制

高原兔在四川的分布

注：红点为物种的分布位点。

分类学讨论　Allen（1938）将高原兔 *Lepus oiostolus* 作为独立种，并包含 *L. o. oiostolus*、*L. o. comus*、*L. o. graham* 3 个亚种。Ellerman 和 Morrison-Scott（1951）指出该种包含 *L. o. oiostolus*、*L. o. hypsibius*、*L. o. kozlovi*、*L. o. tsaidamensis*、*L. o. illuteus*、*L. o. comus*、*L. o. grahami* 7 个亚种。高耀亭和罗泽珣（1964）研究了我国高原兔的亚种分类，认为我国高原兔有 5 个亚种，分别是 *L. o. oiostolus*、*L. o. comus*、*L. o. sechuenensis*、*L. o. grahami*、*L. o. przewalskii*。Corbet（1978）将 *L. o. comus*、*L. o. grahami*、*L. o. illuteus*、*L. o. kozlovi*、*L. o. oemodias*、*L. o. pallipes*、*L. o. sechuenensis*、*L. o. tsaidamensis* 作为 *Lepus oiostolus* 的同物异名。胡锦矗和王酉之（1984）认为其在四川分布有 *L. o. comus* 和 *L. o. grahami* 2 个亚种。谭邦杰（1992）认为 *L. pallipes* 和 *L. sechuenensis* 为 *L. oiostolus* 的同物异名，并包含 *L. o. oiostolus*、*L. o. comus*、*L. o. grahami*、*L. o. kozlovi*、*L. o. tsaidamensis*、*L. o. illuteus* 6 个亚种。Wilson 和 Reeder（1993）认为 *L. o. grahami*、*L. o. hypsibius*、*L. o. illuteus*、*L. o. kozlovi*、*L. o. oemodias*、*L. o.pallipes*、*L. o. przewalskii*、*L. o. qinghaiensis*、*L. o. qusongensis*、*L. o. sechuenensis*、*L. o. tsaidamensis* 均为 *L. oiostolus* 的同物异名。王应祥（2003）认为中国高原兔有 7 个亚种，除高耀亭和罗泽珣（1964）的 4 个亚种外（*L. o. comus* 除外），还有 *L. o. kozlovi* 以及蔡桂全和冯祚建（1982）命名的 2 个新亚种——曲松亚种 *L. o. qusongensis* 和青海亚种 *L. o. qinghaiensis*。Wu 等（2005）和相

雨等（2004）通过分子分析发现 *L. comus* 和 *L. oiostolus* 聚类在一起。Smith 和解焱（2009）将所有的亚种归为 *L. oiostolus* 的同物异名，并认为 *L. comus* 和 *L. oiostolus* 均为独立的物种。Wilson 等（2016）仍同意 Hoffmann 和 Smith（2005）将 *L. o. oiostolus*、*L. o. hypsibius*、*L. o. pallipes*、*L. o. przewalskii* 作为不同亚种的观点。不过 *L. o. przewalskii* 本身的地位存疑，Ellerman 和 Morrison-Scott（1951）将其作为草兔的亚种，该分类单元的模式产地为柴达木盆地。以四川标本命名的 2 个分类单元是 *L. o. sechuensis* 和 *L. o. grahami*，它们属于高原兔无疑；前者模式产地是四川西北部，后者是康定（也在四川西北部），虽然其具体地点记录名称使用的是古语，很难准确定位，但它们应该很近；前者命名时间是 1899 年，后者命名时间是 1928 年。显然，将 *L. o. grahami* 作为亚种是不合适的。查阅很多标本馆的标本发现，不同区域的高原兔形态上没有显著的地区差异，但有个体差异，和年龄、季节有关。所以，同意 Smith 和解焱（2009）的观点，由于它们的分布区连续，分为不同亚种是不合理的，故没有亚种分化。

（235）云南兔 *Lepus comus* Allen，1927

英文名 Yunnan Hare

Lepus comus G. Allen, 1927. Amer. Mus. Nov. 284: 9(模式产地：云南腾冲); Angermann, 1967. Mitt. Zool. Mus. Berlin, 43(2): 194-201; 罗泽珣, 1981. 野生动物, (1): 12-13; 王应祥, 等, 1985. 动物学研究, 6(1): 101-109; 罗泽珣, 1988. 中国野兔, 152; 王应祥, 2003. 中国哺乳动物种和亚种分类名录与分布大全, 235.

Lepus oiostolus comus Allen, 1938. Mamm. Chin. Mong: 575-576; Ellerman and Morrison-Scott, 1951. Check. Palaea. Ind. Mamm., 432; 彭鸿绶, 等, 1962. 动物学报 14(增刊): 19; 高耀亭和冯祚建, 1964. 动物分类学报 1(1): 19-29.

Lepus comus peni Wang, Luo, 1985. 动物学研究, 6(1): 101-109.

Lepus comus pygmaeus Wang, Feng, 1985. 动物学研究, 6(1): 101-109.

鉴别特征 中等大小。头骨眶上突低平，不上翘，高度低于颅顶最高处，吻部短粗，额部较宽，颊齿较大。体侧毛鲜黄色，与背腹部毛色差异大。

形态

外形：成体体重 1 500 ～ 2 500 g，体长 322 ～ 480 mm，尾长 65 ～ 110 mm，后足长 98 ～ 130 mm，耳长 97 ～ 135 mm。须不多，较短，最短者约 10 mm；分 3 种须，一种须短而软，较多，多为灰白色，部分黑色；一种为短的硬刺状须，每边 4 ～ 6 根，黑色，最长者约 27 mm；另一种长的软须，每边 5 ～ 8 根，根部黑色，尖部白色，最长约 65 mm。前、后足背面、腹面均被浓密的毛覆盖；均只有 4 个明显的长爪，黑色，爪也隐于毛中。因此，是否有第 5 指（趾）不清楚。

毛色：背面从头顶部至后腰部有 2 种毛，一种是绒毛，灰白色；一种是柱状毛，约绒毛长度，毛基灰白色，中段灰黑色，尖部棕黄色。臀部绒毛较多，柱状毛较少，柱状毛从基部到尖部为灰白色；整个臀部毛色较浅，灰白色。尾端背面黑灰色，腹面灰色，无明显的黑斑；尾尖部毛较长。头部后颈部由于毛尖灰白色，使得整个后颈部毛色较白；而头顶为灰棕色。吻鼻部毛色较淡，灰白色。颊部位毛色和后颈部一致。前足背面黄棕色，腹面米黄色；指端腹面棕黑色。后足后面、腿部淡棕灰色，胫腓部后面棕灰色；趾短，黑棕色。耳腹面灰白色，上前缘毛较长，灰白色，外侧边缘毛短，白色，耳尖部腹面黄色；耳背面灰褐色，尖部背面灰黑色。颏部毛基和毛尖均为灰白色。喉部有一大块灰棕色斑。胸部直到肛门区域整体色调黄白色，胸部毛基白色，而腹部毛基淡灰色；身体侧面橘黄色。毛色界线不太明显。

头骨：背面整体弧形，最高点位于额骨后缘。鼻骨长而宽阔，鼻骨前端不达前颌骨前缘；鼻骨后缘弧形，或平直，相对位置超过眼眶前缘。额骨形状不规则，侧面有明显的眶上突，眶上突相对较小，前后游离于眶上缘，形成前、后尖。相比其他种，云南兔的前尖和后尖均较小，前尖尤其小。眶上突整体较低平，略向背面翘起，但整体低于或等于脑颅的最高点。顶骨很宽，覆盖整个脑颅背面，仅前侧面外缘可见鳞骨的顶部。顶间骨小，三角形。上枕骨背面形成一个矩形的平台，后缘垂直向下。侧枕骨和基枕骨愈合，枕髁略向后突出；侧面前颌骨较短，但背面突出一支向后延伸，达鼻骨后端靠前；上颌骨侧面筛网状，后缘突起，形成坚实的眼眶前缘，下缘为颊齿附着部分，中、下区域构成颧弓的一部分。颧骨和上颌骨颧突愈合，界限不清，但与鳞骨颧突之间的骨缝明显。颧弓相对较宽阔，强大。鳞骨构成脑颅侧面的主体，形状不规则，前外侧构成颧弓的一部分，后缘在侧枕骨外侧形成明显突起，向下延伸形成乳突；乳突强大，与听泡外侧相接。听泡较小、烧瓶状，底部浑圆，颈部为骨质外耳道。腹面门齿孔整体呈三角形，前面尖，后面宽，中间犁骨完整。硬腭的大部分为上颌骨的一部分，后缘为腭骨；腭骨很窄，两侧向后延伸，形成眼眶的内壁；最后缘与翼骨相接。基蝶骨三角形。

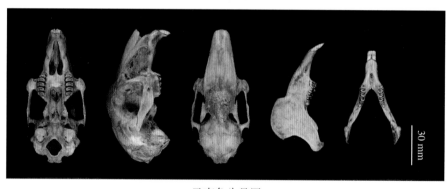

云南兔头骨图

下颌骨的冠状突痕迹状，关节突向后倾斜，角突宽阔，圆弧形。

牙齿：上颌门齿2对，前后排列，唇面的1对大，靠口腔的1对小；唇面白色，前面1对门齿的唇面各有1条深的纵沟，沟内侧门齿形成纵脊。靠口腔的1对门齿很小，截面圆形。前臼齿1枚，较宽，仅比臼齿略窄，前缘有3条明显的纵沟。臼齿5枚，最后1枚明显小，咀嚼面椭圆形；前4枚宽，咀嚼面略呈矩形，咀嚼面上有3条横向棱脊，形成2个凹面；第1～3臼齿等宽，第4臼齿略窄。

下颌门齿1对，白色；撮状。前臼齿1枚，很大，比臼齿大，侧面有2条深纵沟，形成3个纵向棱脊。臼齿4枚，最后1枚小；第1～3下臼齿均由前面1个长椭圆形加后面1个小的内宽外窄的咀嚼面组成，侧面有1条深沟、2条棱脊；最后1枚由前、后2个一样大的咀嚼面椭圆形的柱状体构成。

量衡度（衡：g；量：mm）

外形：

编号	性别	体重	体长	后足长	耳长	尾长	采集地点
SICAUHDCG 623	♂	1780	431	107	99	68	四川会东
SICAUHDCG 617	♂	1880	435	123	108	68	四川会东

头骨：

编号	颅全长	基长	颧宽	眶间宽	颅高	听泡长	上齿列长	上颊齿列基长	下齿列长	下颊齿列基长
SICAUHDCG 623	83.34	67.65	—	12.84	35.90	10.15	42.82	16.14	39.51	15.95
SICAUHDCG 617	88.87	71.83	41.26	11.68	39.44	11.14	46.30	16.86	42.91	17.68

生态学资料　栖息于中海拔（1 300～3 200 m）的山地草甸和灌木丛，喜欢温暖、潮湿的生境，并在森林边缘或森林开阔地带分布。食物来源于禾本科草本植物和灌丛。白昼活动，但主要在晚上觅食。通常4月开始繁殖，首胎2～3仔产于5月，后每胎产仔1～4只。

地理分布　在四川分布于西南部，检视标本来自会东，国内还分布于云南、贵州。

分省（自治区、直辖市）地图——四川省

审图号：GS (2019) 3333 号　　　　　　　　　　　　　　　　　　　自然资源部　监制

云南兔在四川的分布
注：红点为物种的分布位点。

分类学讨论 1917年Andrews和Heller在云南腾越采集到样品，1927年Allen将其命名为 *Lepus oiostolus* 的1个亚种。Osgood(1932) 在靠近四川木里枯鲁山区的云南玉湖村记录到 *L. comus* 的样品。Allen(1938) 仍然将其作为 *L. oiostolus* 的1个亚种。Ellerman和Morrison-Scott(1951)、Corbet(1978) 同意Allen（1938）的观点。Cai和Feng（1982）、Wang等（1985）基于形态学和生态学将其提升为独立种。王酉之（1984）同意Allen（1938）的观点，并认为其分布在四川会理。谭邦杰（1992）仍然将其作为 *L. oiostolus* 的亚种，并指出该种分布于云南和贵州地区。Wilson和Reeder（1993）将 *L. comus* 提升为独立种，也认同该种分布于云南和贵州。Musser和Carleton（2005）同意Wilson和Reeder（1993）的观点，同时指出其包含 *L. c. peni* 和 *L. c. pygmaeus* 2个亚种。Smith和解焱（2009）同意Wilson和Reeder（1993）的观点，并指出该种有 *L. c. comus*、*L. c. peni*、*pygmaeus* 3个亚种，其中 *L. c. peni* 分布在云南、贵州和四川西南部。蒋志刚（2015，2017）将云南兔作为独立种，并认为其分布范围为云南、贵州和四川西南部。Wilson等（2016）同意 *L. comus* 独立种的分类地位。四川仅有 *L. c. peni* 亚种。但按照Wilson等（2016）的观点，云南兔没有亚种分化。

按照王应祥等（1985）的观点，*L. c. peni* 亚种的主要鉴定特征是眶后突发达，近乎三角形。颧弓较粗，鼻骨前端不达上颌门齿前缘。检视来自会东的标本发现，其与该亚种的主要鉴定特征并不一致，如：眶后突小，鼻骨前端和上颌门齿前缘在1个平面。所以，是否为亚种值得怀疑。本书暂时按照无亚种分化处理。

参考文献

References

蔡昌平, 1995. 大熊猫、黑熊、马熊和小熊猫头骨的比较解剖学及分类地位探讨 [J]. 解剖学杂志 (2): 94-95.

陈尔骏, 官天培, 李晟, 2022. 四川岷山小麂的种群性比、社会结构和活动节律 [J]. 兽类学报, 42 (1): 1-11.

陈服官, 闵芝兰, 1982. 几种鼠类的分类地位的商榷 [J]. 动物学研究, 3 (增刊): 369-371.

陈冠芳, 等, 2021. 中国古脊椎动物志 第三卷 基干下孔类 哺乳类 第十册 (总第二十三册) 蹄兔目、长鼻目等 [M]. 北京: 科学出版社.

陈宏志, 王怡, 赵静, 2015. 浅析红外触发相机在小河沟保护区的应用 [J]. 四川林勘设计 (4): 35-37.

陈顺德, 陈丹, 唐刻意, 等, 2021. 东阳江麝鼩与黄山小麝鼩分类地位商榷 [J]. 兽类学报, 41 (1): 108-114.

陈顺德, 张琪, 李凤君, 等, 2018. 四川和贵州省兽类新纪录——台湾灰麝鼩 (*Crocidura tanakae* Kuroda, 1938)[J]. 兽类学报, 38: 211-216.

陈万里, 谌利民, 马文虎, 等, 2013. 四川羚牛繁殖期集群类型及海拔分布 [J]. 四川动物 (6): 841-845.

陈卫, 高武, 傅必谦, 2002. 北京兽类志 [M]. 北京: 北京出版社.

陈星, 官天培, 蒋文乐, 等, 2021. 中国牛科动物分布与种群现状——基于文献计量数据的更新 [J]. 生物多样性, 29 (5): 668-679.

陈星, 胡茜茜, 刘明星, 等, 2020. 四川米亚罗省级自然保护区鸟兽多样性红外相机监测初报 [J]. 兽类学报, 40 (6): 634-645.

陈云梅, 田关胜, 徐凉燕, 等, 2022. 四川申果庄自然保护区鸟兽多样性新记录 [J]. 四川林业科技, 43 (2), 88-94.

陈中正, 唐肖凡, 唐宏谊, 等, 2020. 安徽省兽类一属和种新纪录——侯氏猬 [J]. 兽类学报, 40 (1): 96-99.

程峰, 万韬, 陈中正, 等, 2017. 云南兽类鼩鼱科一新纪录——台湾灰麝鼩 [J]. 动物学杂志, 52: 865-869.

程继龙, 夏霖, 温知新, 等, 2021. 中国跳鼠总科物种的系统分类学研究进展 [J]. 兽类学报, 41 (3): 275-283.

程鹏, 王应祥, 林苏, 等, 2014. 中国兽类新纪录——耐氏大鼠 *Leopoldamys neilli* [J]. 兽类学报, 33 (6): 858-864.

程跃红, 张卫东, 彭晓辉, 等, 2016. 卧龙国家级自然保护区热水河温泉周边有蹄类野生动物红外相机监测初报 [J]. 农业与技术, 36 (1): 178-180.

戴长柏, 许如君, 何俊, 等, 1983. 树鼩血清蛋白分析 [J]. 动物学杂志 (4): 33-34.

党飞红, 余文华, 王晓云, 等, 2017. 中国渡濑氏鼠耳蝠种名订正 [J]. 四川动物, 36 (1): 7-13.

刁鲲鹏, 李明富, 潘世玥, 等, 2017. 基于红外相机研究脊椎动物在唐家河国家级自然保护区动物尸体分解过程中的作用 [J]. 四川动物, 36: 616-623.

丁素因, 童永生, Clyde W C, 等, 2011. 亚洲古近纪早期的年代学和哺乳动物群更替 [J]. 古脊椎动物学报, 49 (1): 1-28.

董聿茂, 1991. 浙江动物志: 兽类 [M]. 浙江: 浙江科学技术出版社.

樊乃昌, 谷守勤, 1981. 中华鼢鼠的洞道结构 [J]. 兽类学报, 1 (1): 67-72.

樊乃昌,施银柱,1982.中国鼢鼠 (EOSPALAX) 亚属分类研究 [J]. 兽类学报, 2 (2): 183-199.

冯江,李振新,陈敏,等,2001.两种鼠耳蝠回声定位叫声的比较 [J]. 兽类学报,21 (4): 259-263.

冯祚建,1973.珠穆朗玛峰地区哺乳类鼠兔属一新种的记述 [J]. 动物学报, 3 (1): 69-75.

冯祚建,蔡桂全,郑昌琳,1986.西藏哺乳类 [M]. 北京:科学出版社.

冯祚建,高耀亭,1974.藏鼠兔及其近似种的分类研究——包括一个新亚种 [J]. 动物学报, 20 (1): 76-88.

冯祚建,郑昌琳,1985.中国鼠兔属 (Ochotona) 的研究——分类与分布 [J]. 兽类学报, 5 (4): 269-280.

冯祚建,郑昌琳,蔡桂全,1980.西藏东南部兽类的区系调查 [J]. 动物学报, 26 (1): 91-97.

冯祚建,郑昌琳,吴家炎,1983.青藏高原大林姬鼠一新亚种 [J]. 动物分类学报, 8 (1): 108-112.

符丹凤,张佑祥,蒋洵,等,2010.西南鼠耳蝠湖南分布新纪录 [J]. 吉首大学学报 (自然科学版), 31 (3): 106-108.

傅静芳,王景文,董永生.2002.山东五图早始新世更猴科 (Plesiadapidae, Mammalia) 化石 [J]. 古脊椎动物学报, 40(3): 219-227.

高耀亭,等,1987.中国动物志 兽纲 第八卷 食肉目 [M].北京:科学出版社.

葛桃安,胡锦矗,江明道,等,1998.唐家河自然保护区扭角羚的兽群结构及数量分布 [J]. 兽类学报, 9 (4): 262-268.

葛有清,瞿明成,1988.普通竹鼠生态的初步观察 [J]. 野生动物, 6: 8.

龚正达,王应祥,李章鸿,等,2000.中国鼠兔一新种——片马黑鼠兔 [J]. 动物学研究, 21 (3): 204-209.

古脊椎动物研究所高等脊椎动物研究室,1960.中国脊椎动物化石手册 哺乳动物部分 [M]. 北京:科学出版社.

顾玉珉,江妮娜,1989.陕西蓝田公王岭"蓝田伟猴"化石的再研究 [J]. 人类学学报, 8(4): 343-346.

官天培,龚明昊,胡婧,等,2015.小鹿秋季利用人工盐场的节律 [J]. 动物学杂志, 50: 169-175.

官天培,唐中海,游章强,等,2015.四川羚牛的生态和保护研究进展 [J]. 绵阳师范学院学报, 34 (5): 48-51.

郭延蜀,胡锦矗,色科,等,1989.四川首次发现大仓鼠 [J]. 四川动物, 8(2): 32.

郭倬甫,陈恩渝,王酉之,1978.梅花鹿的一新亚种——四川梅花鹿 [J]. 动物学报, 24 (2): 187-192.

国家林业和草原局,2021.全国第四次大熊猫调查报告 [M]. 北京:科学出版社.

国家林业局,2006.全国第三次大熊猫调查报告 [M]. 北京:科学出版社.

国家林业局,2009.中国重点陆生野生动物资源调查 [M]. 北京:中国林业出版社.

何鸿恩,李学仁,1958.东北兽类调查报告 [M]. 北京:科学出版社.

何锴,邓可,蒋学龙,2012.中国兽类鼩鼱科一新纪录——高氏缺齿鼩 [J]. 动物学研究, 33 (5): 542-544.

何文英,唐世才,顾攉志,等,1987.川金丝猴解剖—头骨 [J]. 上海农学院学报, 5(3): 259-264.

何望海,魏自祥,吴有为,等,1990.黄毛鼠生态习性调查 [J]. 植物保护 (增刊): 67-68.

何晓瑞,1984.中华竹鼠洞系结构的初步观察 [J]. 兽类学报, 3: 6.

何晓瑞,何牧,1995.中国狐蝠科的生态分布 [J]. 云南大学学报, 17 (3): 234-242.

何晓瑞,杨向东,李涛,1991.中国小竹鼠生态的初步研究 [J]. 动物学研究, 1: 9.

何兴成,付强,吴永杰,等,2019.水鹿的群体结构和活动节律分析 [J]. 兽类学报, 39: 134-141.

侯金,严淋露,黎亮,等,2020.野生大熊猫行为谱及 PAE 编码系统 [J]. 兽类学报, 40: 446-457.

侯金,杨建,李玉杰,等,2018.基于红外相机调查的卧龙自然保护区兽类资源时空分布特征 [J]. 南京林业大学学报 (自然科学版), 42 (3): 187-192.

胡大明,邓玥,温平,等,2018.白水河国家级自然保护区羚牛适宜栖息地评价 [J]. 四川林业科技, 39 (6): 67-70, 85.

胡长康,齐陶,1978.陕西蓝田公王岭更新世哺乳动物群[M].中国古生物志(新丙种 21).北京:科学出版社: 1-64.

胡刚,1998.山蝠、绒山蝠和爪哇伏翼乳酸脱氢酶同工酶的比较研究[J].四川师范学院学报(自然科学版)(2): 3-9.

胡杰,魏永,陈红,等,2021.贡嘎山国家级自然保护区发现赤鹿[J].四川动物,40(1):58.

胡杰,姚刚,黎大勇,等,2018.卧龙国家级自然保护区水鹿夏季生境选择[J].兽类学报,38: 277-285.

胡锦矗,1962a.川北丘陵地带的鸟兽区系[M]//中国动物学会.动物生态与分类区系专业学术讨论会论文摘要汇编.北京:科学出版社: 203.

胡锦矗,1962b.金城山脊椎动物的组成、生态特征与栖息环境[M]//中国动物学会.动物生态与分类区系专业学术讨论会论文摘要汇编.北京:科学出版社: 207.

胡锦矗,1965.四川省动物地理区划(草案)[M]//中国动物学会.中国动物学会三十周年讨论会论文摘要汇编.北京:科学出版社: 312.

胡锦矗,1990.大熊猫生物学研究与进展[M].成都:四川科学技术出版社.

胡锦矗,2000.大熊猫的系统地位与种群生态学的研究与进展[J].动物学研究,1: 28-34.

胡锦矗,2005.四川唐家河、小河沟自然保护区综合科学考察报告[M].成都:四川科学技术出版社.

胡锦矗,Schaller G B,潘文石,等,1985.卧龙的大熊猫[M].成都:四川科学技术出版社.

胡锦矗,胡杰,2007a.哺乳动物学[M].北京:科学出版社.

胡锦矗,胡杰,2007b.四川兽类名录新订[J].西华师范大学学报(自然科学版),28(3):165-171.

胡锦矗,王酉之,1984.四川资源动物志(第二卷 兽类)[M].成都:四川科技出版社.

胡锦矗,吴毅,1993.四川伏翼属种新纪录[J].四川师范学院学报(自然科学版),14(3):236-238.

胡开良,杨剑,谭梁静,等,2012.同地共栖三种鼠耳蝠食性差异及其生态位分化[J].动物学研究,33(2):177-181.

胡力,谢文华,尚涛,等,2016.龙溪—虹口国家级自然保护区兽类和鸟类多样性红外相机调查结果初报[J].兽类学报,36: 330-337.

胡秋波,吴太平,将洪,2014.黄胸鼠生态及防治研究进展[J].中华卫生杀虫药械,20(2):180-185.

黄超,王天昆,2002.南宁市社区褐家鼠洞系调查报告[J].中国媒介生物学及控制杂志(5):338-340.

黄蜂,何流洋,何可,等,2017.拖乌山大熊猫廊道人类干扰的空间与时间分布格局——红外相机阵列调查[J].动物学杂志,52: 403-410.

黄继展,谭梁静,杨剑,等,2013.澳门翼手类物种多样性调查[J].兽类学报,33(2):123-132.

黄万波,魏光飚,2010.大熊猫的起源[M].北京:科学出版社.

黄文几,陈延熹,温业新,1995.中国啮齿类[M].上海:复旦大学出版社: 1-104.

黄秀清,冯志勇,陈美梨,等,1990.黄毛鼠行为习性及其在防治与监测中的应用[J].生态科学(1):57-63.

黄学诗,1992.内蒙古阿左旗乌兰塔塔尔地区中渐新世的林跳鼠化石[J].古脊椎动物学报,30(4):249-286.

黄学诗,2004.山西垣曲中始新世中期仓鼠化石[J].古脊椎动物学报,42(1):39-44.

黄韵佳,唐刻意,王旭明,等,2022.四川、青海和陕西省发现甘肃鼢鼠[J].兽类学报,42(1):118-124.

姬云瑞,陶义,李昌林,等,2021.利用红外相机调查四川雪宝顶国家级自然保护区鸟类和兽类多样性[J].生物多样性,29(6):805-810.

贾婷,等,2008.基于细胞色素b基因探讨昆明禄劝地区树鼩的分类意义[J].动物学杂志,43(4):26-33.

江廷磊,冯江,孙克萍,等,2007.江西省翼手目新记录——绯鼠耳蝠[J].兽类学报,27(2):203-205.

江廷磊, 冯江, 朱旭, 等, 2008. 贵州省发现大足鼠耳蝠分布 [J]. 东北师大学报 (自然科学版), 40 (3): 103-106.

姜建青, 1991. 中国 *Craseomys shanseius* Thomas, 1908 分类地位的研究 [M]// 中国动物学会. 系统进化动物学论文集. 北京: 中国科学技术出版社: 73-79.

蒋光藻, 曾录书, 倪建英, 等, 1999. 大足鼠的生物学特征及分布 [J]. 西南农业学报, 12 (4): 82-85.

蒋辉, 古晓东, 黄雁楠, 等, 2012. 四川与秦岭大熊猫在形态和生态习性上的差异 [J]. 西华师范大学学报, 33: 12-18.

蒋学龙, 王应祥, 马世来, 等, 1992. 中国猕猴类 (Macaca) 的演化 [J]. 人类学学报, 2: 184-191.

蒋学龙, 王应祥, 2000. 长尾姬鼠分类地位的探讨 [J]. 动物学研究, 21 (6): 473-478.

蒋学龙, 王应祥, 王岐山, 1996. 藏酋猴的分类与分布 [J]. 动物学研究, 17(4): 361-369.

蒋学龙, 王应祥, 马世来, 1991. 中国猕猴的分类及分布 [J]. 动物学研究, 12 (3): 241-247.

蒋志刚, 江建平, 王跃招, 等, 2016. 中国脊椎动物红色名录 [J]. 生物多样性, 24 (5): 500-551.

蒋志刚, 刘少英, 吴毅, 等, 2017. 中国哺乳动物多样性 (第2版) [J]. 生物多样性, 25 (8): 886-895.

蒋志刚, 马勇, 吴毅, 等, 2015a. 中国哺乳动物多样性 [J]. 生物多样性, 23 (3): 351-364.

蒋志刚, 马勇, 吴毅, 等, 2015b. 中国哺乳动物多样性及地理分布 [M]. 北京: 科学出版社.

蒋志刚, 吴毅, 刘少英, 等, 2021. 中国生物多样性红色名录 脊椎动物 第一卷 哺乳动物 (上、下册) [M]. 北京: 科学出版社.

金昌柱, 张颖奇, 2005. 东亚地区首次发现原模鼠 (*Promimomys, Arvicolinae*) [J]. 科学通报, 50 (2): 152-157.

金森龙, 瞿春茂, 施小刚, 等, 2021. 卧龙国家级自然保护区食肉动物多样性及部分物种的食性分析 [J]. 野生动物学报, 42 (4): 958-964.

孔飞, 吴家炎, 郭健民, 2016. 陕西省猬亚科 (劳亚食虫目) 的分类修订 [J]. 基因组学与应用生物学, 35 (4): 851-857.

孔玥峤, 李晟, 刘宝权, 等, 2021. 2010—2020 中华穿山甲在中国的发现记录及保护现状 [J]. 生物多样性, 29 (7): 910-917.

兰宏, 施立明, 1993. 麂属 (*Muntiacus*) 动物线粒体 DNA 多态性及其遗传分化 [J]. 中国科学 B 辑, 5: 489-497.

雷博宇, 岳阳, 崔继法, 等, 2019. 湖北省兽类新纪录——台湾灰麝鼩 [J]. 兽类学报, 39: 218-223.

雷开明, 孙鸿鸥, 麦浪, 等, 2016. 利用红外相机调查九寨沟国家级自然保护区鸟兽多样性 [J]. 四川林业科技, 37 (1): 88-91, 50.

黎道洪, 罗泰昌, 2002. 云南石林地区岩溶洞穴动物物种多样性初步研究 [J]. 贵州师范大学学报 (自然科学版), 20 (1): 1-5.

李保国, 陈服官, 1989. 鼢鼠属凸颅亚属 (*Eospalax*) 的分类研究及一新亚种 [J]. 动物学报, 35 (1): 89-95.

李传夔, 1978. 蓝田中新世兔形目化石 [J]. 地层古生物论文集 (4): 143-148, 222.

李传夔, 邱占祥, 闫德发, 等, 1983. 江苏泗洪下草湾中新世脊椎动物群 [J]. 古脊椎动物与古人类, 21 (4): 313-327.

李传夔, 邱铸鼎, 2015. 中国古脊椎动物志 第三卷 第三册 劳亚食虫目 原真兽类 翼手类 柸兽类 [M]. 北京: 科学出版社.

李传夔, 邱铸鼎, 2019. 中国古脊椎动物志 第三卷 第五册 (上) 啮型类 II: 啮齿目 [M]. 北京: 科学出版社.

李传夔, 王元青, 张兆群, 等, 2016. 安徽潜山中古新世一新的模鼠兔类 (英文) [J]. 古脊椎动物学报, 54 (2): 121-136.

李传夔, 张兆群, 2019. 中国古脊椎动物志 第三卷 第四册 (上) 啮型类 I: 双门齿中目 单门齿中目—混齿目 [M]. 北京: 科学出版社.

李传夔, 1977. 安徽潜山古新世的 Eurymyloids 化石 [J]. 古脊椎动物与古人类, 15 (2): 103-118.

李传夔, 邱铸鼎, 1980. 青海西宁盆地早中新世哺乳动物化石 [J]. 古脊椎动物与古人类, 18 (3): 198-214.

李传夔, 张兆群, 2019. 中国古脊椎动物志 第三卷 基干下孔类 哺乳类 第四册 (总第十七册) 啮型类 I: 双门齿中目单门齿中目—混齿目 [M]. 北京: 科学出版社.

李桂垣, 1965. 斑林狸在四川的发现 [J]. 动物学杂志, 7 (5): 238.

李佳, 王秀磊, 杨明伟, 等, 2020. 自然保护区生物标本资源共享子平台红外相机数据库建设进展 [J]. 生物多样性, 28 (9): 1081-1089.

李健威, 李玉霞, 张勘, 等, 2020. 四川栗子坪国家级自然保护区野生鸟兽的红外相机初步监测 [J]. 四川林业科技, 41 (3): 7-13.

李健雄, 1988. 中国长吻松鼠属的分类研究 [D]. 昆明: 中国科学院昆明动物研究所.

李蔓, 付焱文, 廖婷, 等, 2020. 四川东南地区云豹 (*Neofelis nebulosa*) 分布区变化及其成因 [J]. 生态学报, 40 (17): 5940-5948.

李明, 盛和林, 玉手英利, 等, 1998. 麝、獐、鹿和鹿间线粒体 DNA 的差异及其系统进化研究 [J]. 兽类学报, 18 (3): 184-191.

李明富, 李晟, 王大军, 等, 2011. 四川唐家河自然保护区扭角羚冬春季日活动模式研究 [J]. 四川动物, 30 (6), 850-855.

李茜, 2012. 内蒙古二连盆地呼和勃尔和剖面中始新世仓鼠类化石 [J]. 古脊椎动物学报, 50 (3): 237-244.

李晟, McShea W J, 王大军, 等, 2020. 西南山地红外相机监测网络建设进展 [J]. 生物多样性, 28 (9): 1049-1058.

李晟, 王大军, 卜红亮, 等, 2016. 四川省老河沟自然保护区兽类多样性红外相机调查 [J]. 兽类学报, 36: 282-291.

李晟, 王大军, 陈祥辉, 等, 2021. 四川老河沟保护地 2011—2015 年野生动物红外相机监测数据集 [J]. 生物多样性, 29 (9): 1170-1174.

李松, 冯庆, 王应祥, 2006. 赤腹松鼠一新亚种 [J]. 动物分类学报, 31 (3): 675-682.

李松, 冯庆, 杨君兴, 等, 2005. 中国西南部明纹花鼠三个亚种的分化 [J]. 动物学研究, 26 (4): 446-452.

李松, 杨君兴, 蒋学龙, 2008. 中国巨松鼠 *Ratufa bicolor* (Sciuridae: Ratufinae) 头骨形态的地理学变异 [J]. 兽类学报, 28 (2): 201-206.

李树深, 王应祥, 1981. 赤腹松鼠的一个新亚种 [J]. 动物学研究, 2(1): 71-76.

李文靖, 曲家鹏, 陈晓澄, 2009. 青海省翼手目类一新纪录——东方蝙蝠 [J]. 四川动物, 28 (5): 738.

李晓晨, 王廷正, 1995. 攀鼠的分类商榷 [J]. 动物学研究, 16 (4): 325-328.

李艳丽, 张佑祥, 刘志霄, 等, 2012. 湖南省翼手目新纪录——大耳菊头蝠 [J]. 四川动物, 31 (5): 143-145.

李致祥, 1981. 中国麝一新种的记述 [J]. 动物学研究, 2 (2): 157-161.

梁杰荣, 肖运峰, 1978. 鼢鼠和鼠兔数量的相互关系及对草场植被的影响 [M]// 青海省生物研究所. 灭鼠和鼠类生物学研究报告 第三集. 北京: 科学出版社.

梁俊勋, 吴庆泉, 李堂, 等, 1993. 黄胸鼠对基饵的无选择摄食试验 [J]. 广西植保 (2): 22-24.

梁仁济, 董永文, 1985. 绒山蝠生态的初步调查 [J]. 兽类学报 (1): 11-15.

梁晓玲, 李彦男, 谢慧娴, 等, 2021. 中国产托京褐扁颅蝠分类地位的探讨 [J]. 野生动物学报, 42 (4): 987-997.

梁治安, 1986. 田鼠属 [M]// 马逸清. 黑龙江省兽类志. 哈尔滨: 黑龙江科技出版社: 316-336.

林良恭, 2006. 台湾的蝙蝠 [J]. 科学发展, 398: 34-37.

刘东生, 袁宝印, 高福清, 等, 1985. 中国黄土区第四纪脊椎动物 [J]. 第四纪研究 (1): 126-136.

刘春生, 吴万能, 郭世坤, 等, 1991. 中国大陆东部地区黑线姬鼠亚种分化研究 [J]. 兽类学报, 11(4): 294-299.

刘昊,石红艳,王刚,2010.中华鼠耳蝠的分布及研究现状[J].绵阳师范学院学报,29 (11): 66-73.

刘珂,韩思成,遇赫,等,2022.荒漠猫的演化遗传、分类和保护研究进展[J].生物多样性,30 (9): 22396.

刘丽萍,2001.广西百色和永乐盆地的始新世猪类化石——兼论早期猪类的分类和演化[J].古脊椎动物学报,39 (2): 115-128.

刘明星,任宝平,陈星,等,2022.四川白河国家级自然保护区及其周边区域有蹄类多样性与空间分布初报[J].兽类学报,42 (3): 250-260.

刘鹏,付明霞,齐敦武,等,2020.利用红外相机监测四川大相岭自然保护区鸟兽物种多样性[J].生物多样性,28: 905-912.

刘少英,靳伟,廖锐,等,2016.基于cytb基因和形态学的鼠兔属系统发育研究及鼠兔属1新亚属5新种描述[J].兽类学报,36 (4), DOI: 10.16829/j.slxb.

刘少英,靳伟,唐明坤,2020.中国䶄亚科田鼠族(Microtini)分类学研究进展与中国已知种类[J].兽类学报,40 (3): 290-301.

刘少英,刘洋,孙治宇,等,2005.沟牙田鼠的形态特征及分类地位研究[J].兽类学报,25 (4): 373-378.

刘少英,刘莹洵,蒙冠良,等,2020.中国兽类一新纪录白尾高山䶄及西藏、湖北和四川兽类各一省级新纪录[J].兽类学报,40 (3): 261-270.

刘少英,冉江洪,林强,2000.四川及重庆产五种姬鼠的阴茎形态学I.软体结构的分类学意义探讨[J].兽类学报,20 (1): 48-58.

刘少英,冉江洪,林强,等,2001.三峡工程重庆库区翼手类研究[J].兽类学报,21 (1): 123-131.

刘少英,吴毅,2019.中国兽类图鉴(第1版)[M].福州:海峡出版发行集团.

刘少英,吴毅,李晟,2022.中国兽类图鉴(第三版)[M].福建:海峡出版社.

刘少英,章小平,曾宗永,2007.九寨沟自然保护区的生物多样性[M].成都:四川科学技术出版社.

刘少英,赵联军,陈顺德,等,2019.四川省岷山和邛崃山发现红耳鼠兔分布[J].四川林业科技,40 (6): 1-6.

刘晓明,魏辅文,李明,等,2002.中国姬鼠属的系统学研究述评[J].兽类学报,22 (1): 46-52.

刘沿江,李雪阳,梁旭昶,等,2019."在哪里"和"有多少"?中国雪豹调查与空缺[J].生物多样性,27 (9): 919-931.

刘炎林,宋大昭,刘蓓蓓,等,2020.中国猫科动物红外相机监测平台介绍:民间环保机构的数据整合[J].生物多样性,28 (9): 1067-1074.

刘洋,陈顺德,刘保权,等,2020.中国浙江麝鼩属(劳亚食虫目:鼩鼱科)一新种描记[J].兽类学报,40 (1): 1-12.

刘洋,刘少英,孙治宇,等,2007.四川省兽类一新记录——猪尾鼠[J].四川动物,26 (3): 662-663.

刘洋,刘少英,孙治宇,等,2013.鼩鼹亚科(Talpidae: Uropsilinae)一新种[J].兽类学报,33 (2): 113-122.

刘颖,伦小文,李振新,等,2005.吉林省发现绯鼠耳蝠[J].动物学杂志,40 (1): 101-103.

刘莹洵,普英婷,王磊,等,2023.四川兽类新纪录——小黑姬鼠[J].四川动物,42(2): 189-196.

刘铸,张隽晟,白薇,等,2019.中国东北地区鼩鼱科动物分类与分布[J].兽类学报,39 (1): 8-26.

陆长坤,王宗伟,全国强,等,1965.云南西部临沧地区兽类的研究[J].动物分类学报,2 (4): 279-295.

陆琪,胡强,施小刚,等,2019.基于分子宏条形码分析四川卧龙国家级自然保护区雪豹的食性[J].生物多样性,27 (9): 960-969.

路纪琪,李新民,1996.黄河鼠兔Ochotona huangensis在河南的发现及其的分布[J].河南师范大学学报(自然科学版),24 (1): 18.

罗华林,郑天才,尼玛降措,等,2022.四川察青松多白唇鹿国家级自然保护区野生兽类的红外相机初步监测[J].四川林业科技, 42 (3): 24-34.

罗欢, 肖雪, 李玉杰, 等, 2019. 利用红外相机建立川金丝猴的行为谱及 PAE 编码系统 [J]. 四川动物, 38: 646-656.

罗键, 高红英, 2006. 在重庆和辽宁发现绯鼠耳蝠 Myotis formosus [J]. 四川动物, 25 (1): 131-132.

罗丽, 卢冠军, 罗金红, 等, 2011. 湖南省蝙蝠新纪录——大足鼠耳蝠 [J]. 动物学杂志, 46 (2): 148-152.

罗蓉, 1993. 贵州兽类志 [M]. 贵阳: 贵州科技出版社.

罗蓉, 谢家骅, 辜永河, 等, 1993. 贵州兽类志 [M]. 贵阳: 贵州科技出版社.

罗泽珣, 1981. 我国草兔的分类研究 [J]. 兽类学报 (2): 149-157.

罗泽珣, 1983, 鳞甲目浅说 [J]. 野生动物, 1: 50-52.

罗泽珣, 1988. 中国野兔 [M]. 北京: 中国林业出版社.

罗泽珣, 陈卫, 高武, 等, 2000. 中国动物志 兽纲 第六卷 啮齿目 (下册) 仓鼠科 [M]. 北京: 科学出版社.

罗泽珣, 范志勤, 1965. 川西林区社鼠与白腹鼠种间差异的探讨 [J]. 动物学报, 17 (3): 334-342.

罗泽珣, 夏武平, 寿振黄, 1959. 大兴安岭伊图里河小型兽类调查报告 [J]. 动物学报, 1: 54-59.

马杰, 梁冰, 张劲硕, 等, 2005. 北京地区大足鼠耳蝠主要食物及其食性组成的季节变化 [J]. 动物学报: 英文版, 51(1): 5.

马逸清, 1986. 黑龙江省兽类志 [M]. 哈尔滨: 黑龙江科学技术出版社: 79-811.

马勇, 1964. 山西短棘蝟属的一个新种 [J]. 动物分类学报, 1(1): 31-36.

马勇, 姜建青, 1996. 绒䶄属 Caryomys (Thomas, 1911) 地位的恢复 (啮齿目: 仓鼠科: 田鼠亚科) [J]. 动物分类学报, 21 (4): 493-497.

马勇, 王逢桂, 金善科, 等, 1987. 新疆北部地区啮齿动物的分类与分布 [M]. 北京: 中国科学出版社: 1-283.

马勇, 杨奇森, 周立志, 2012. 啮齿动物分类学与地理分布 [M]// 郑智民, 姜志宽, 陈安国. 啮齿动物学. 上海: 上海交通大学出版社.

马子驭, 何再新, 王一晴, 等, 2022. 中国云豹种群分布现状与关键栖息地信息更新 [J]. 生物多样性, 30 (9): 22349.

莫乘风, 1958. 小拟袋鼠的生态观察 [J]. 动物学杂志 (3): 174-176.

牛屹东, 魏辅文, 李明, 等, 2001. 中国鼠兔亚属分类现状及分布 [J]. 动物分类学报, 26 (3): 394-400.

潘清华, 王应祥, 岩崑, 2007. 中国哺乳动物彩色图鉴 [M]. 北京: 中国林业出版社.

潘文石, 吕植, 朱小健, 等, 2001. 继续生存的机会 [M]. 北京: 北京大学出版社.

潘悦容, 2001. 湖北郧西蓝田金丝猴新材料及其时代意义 [J]. 人类学学报, 20(2): 92-101.

裴俊峰, 2012. 陕西省翼手类新纪录——西南鼠耳蝠 [J]. 四川动物, 31 (2): 290-292.

裴俊峰, 冯祁君, 2014. 陕西省发现大足鼠耳蝠 [J]. 动物学杂志, 49 (3): 443-446.

裴文中, 1974. 大熊猫发展简史 [J]. 动物学报, 20 (2): 188-190.

彭波, 李生强, 伏勇, 等, 2022. 基于红外相机技术的四川小寨子沟国家级自然保护区野生兽类种类与分布 [J]. 四川林业科技, 43 (3): 25-35.

彭鸿绶, 高耀亭, 陆长坤, 等, 1962. 四川西南和云南西北部兽类的分类研究 [J]. 动物学报, 14 (增刊): 105-133.

彭鸿绶, 王应祥, 1981. 高黎贡山的兽类新种和新亚种 (一)[J]. 兽类学报, 1(2): 167-176.

彭基泰, 钟祥清, 2005. 四川省甘孜藏族自治州哺乳类野外识别保护手册 [M]. 成都: 四川科学技术出版社.

彭乐, 2019. 广东和澳门蝙蝠物种多样性及犬蝠取食的果实糖类分析 [D]. 吉首: 吉首大学.

普缨婷, 蒋海军, 王旭明, 等, 2020. 宁夏兽类一属、种新纪录——淡灰豹鼩 [J]. 兽类学报, 40(3): 302-306.

钱燕文，张洁，汪松，等，1965. 新疆南部的鸟兽 [M]. 北京：科学出版社.

钱燕文，1974. 珠穆朗玛峰地区科学考察报告 [M]. 北京：科学出版社.

乔江，贾国清，蒋勇，等，2022. 四川贡嘎山发现金猫 [J]. 动物学杂志，57: 235-235.

乔麦菊，唐卓，施小刚，等，2017. 基于 MaxEnt 模型的卧龙国家级自然保护区雪豹 (*Panthera uncia*) 适宜栖息地预测 [J]. 四川林业科技，38 (6): 1-4, 16.

邱占祥，李传夔，1977. 安徽古新世几种零星的哺乳动物化石 [J]. 古脊椎动物与古人类，15 (2): 94-102.

邱铸鼎，林一璞，顾玉岷，等. 1983. 江苏泗阳下草湾中中新世脊椎动物群——I. 化石地点暨近年来发现的新材料简介 [J]. 古脊椎动物与古人类，21(4): 313-327.

邱铸鼎，1984. 云南呈贡三家村晚更新世小哺乳动物群 [J]. 古脊椎动物学报，22 (4): 281-293.

邱铸鼎，1996. 中国晚第三纪小哺乳动物区系史 [J]. 古脊椎动物学报 (4): 279-290.

全国强，汪松，张荣祖，1981. 我国灵长类动物的分类和分布 [J]. 野生动物，3: 7-14.

任锐君，石胜超，吴倩倩，等，2017. 湖南省衡东县发现大卫鼠耳蝠 [J]. 动物学杂志，52 (5): 870-876.

沙依拉吾，穆晨，倪亦非，等，2009. 新疆加依尔山发现草原鼠兔 [J]. 动物学杂志，44 (4): 152-154.

盛和林，1992. 中国鹿科动物 [M]. 上海：华东师范大学出版社.

盛和林，2005. 中国哺乳动物图鉴 [M]. 郑州：河南科学技术出版社.

盛和林，大泰司纪之，陆厚基，1999. 中国陆生野生动物 [M]. 北京：中国林业出版社：263-270.

盛和林，刘志霄，2007. 中国麝科动物 [M]. 上海：上海科学技术出版社.

盛和林，王培潮，陆厚基，1985. 哺乳动物学概论 [M]. 上海：华东师范大学出版社.

施白南，赵尔宓，1980. 四川资源动物志 第一卷 总论 [M]. 成都：四川科学技术出版社.

施小刚，胡强，李佳琦，等，2017. 利用红外相机调查四川卧龙国家级自然保护区鸟兽多样性 [J]. 生物多样性，25: 1131-1136.

施小刚，史晓昀，胡强，等，2021. 四川邛崃山脉雪豹与赤狐时空生态位关系 [J]. 兽类学报，41 (2): 115-127.

石红艳，刘昊，唐中海，等，2006. 绵阳鼠耳蝠的初步研究 [J]. 绵阳师范学院学报，25 (5): 86-90.

石红艳，吴毅，胡锦矗，2003. 中华山蝠的昼夜活动节律与光照等环境因子的关系 [J]. 动物学杂志 (5): 25-30.

石红艳，吴毅，胡锦矗，等，2001. 中华山蝠繁殖生态的研究 [J]. 兽类学报 (3): 210-215.

史晓昀，施小刚，胡强，等，2019. 四川邛崃山脉雪豹与散放牦牛潜在分布重叠与捕食风险评估 [J]. 生物多样性，27: 951-959.

寿振黄，1964. 中国经济动物志 兽类 [M]. 北京：科学出版社.

寿振黄，李清涛，1958. 大足鼠的初步调查 [J]. 生物学通报，2: 26.

寿振黄，李清涛，1959. 小兴安岭带岭林区不同采伐年代迹地上的鼠类区系初步观察 [J]. 动物学杂志，1: 6-11.

寿振黄，汪松，陆长坤，等，1966. 海南岛的兽类调查 [J]. 动物分类学报，3 (3): 260-276.

寿仲灿，冯祚建，1984. 我国藏鼠兔一新亚种 [J]. 兽类学报，4 (2): 151-154.

沈孝宙，1963. 西藏哺乳动物区系特征及其形成历史 [J]. 动物学报 (1): 139-150.

四川省林业厅，2015. 四川的大熊猫：四川省第四次大熊猫调查报告 [M]. 成都：四川科学技术出版社.

宋世英，1985. 大仓鼠一新亚种——宁陕亚种 [J]. 兽类学报，5 (2): 137-139.

宋文宇，王洪娇，李弈仙，等，2021. 云南省两种兽类新纪录——藏鼩鼱和甘肃鼩鼱 [J]. 兽类学报，41(3): 352-360.

苏炳银，雍刘军，2016.藏酋猴解剖学[M].北京：科学出版社.

苏伟婷，陈中正，万韬，等，2020.基于核型和分子系统学方法对中国猪尾鼠分类与分布的讨论[J].兽类学报，40 (3)：239-248.

宿兵，王应祥，王岐山，2001.安徽麝线粒体DNA细胞色素b基因全长序列分析[J].动物学研究，3: 169-173.

孙佳欣，李佳琦，万雅琼，等，2018.四川9种有蹄类动物夏秋季活动节律研究[J].生态与农村环境学报，34: 1003-1009.

孙宜然，张泽钧，李林辉，等，2010.秦岭巴山木竹微量元素及营养成分分析[J].兽类学报，30 (2)：223-228.

孙治宇，刘少英，郭延蜀，等.2013.二郎山小型兽类区系与分布格局[J].兽类学报，33(1): 1-10.

孙振国，牛红星，王念伟，等，2006.河南桐柏山区洞穴蝙蝠的初步调查[J].医学动物防制，22 (10)：755-757.

谭邦杰，1955.哺乳动物图鉴[M].北京：科学出版社.

谭邦杰，1992.哺乳动物分类名录[M].北京：中国医药科技出版社.

汤泽生，1960.川北九县的毛皮兽及其利用的初步报告[J].动物学杂志，4 (5)：195.

唐明坤，陈志宏，王新，等，2021.中国森林田鼠族系统分类研究进展 (啮齿目：仓鼠科：䶄亚科)[J].兽类学报，41 (1)：71-81.

唐明坤，索郎夺尔基，王旭明，等，2023.四川白腹鼠属(啮齿目：鼠科)——新分布记录及其形态学研究[J].四川动物(1): 61-74.

唐勇清，张佑祥，胡德夫，2012.湖南省翼手目新纪录大耳菊头蝠形态特征研究[J].现代农业科技，577 (11)：249, 251.

唐卓，杨建，刘雪华，等，2017.基于红外相机技术对四川卧龙国家级自然保护区雪豹 (*Panthera uncia*)的研究[J].生物多样性，25: 62-70.

田成，李俊清，杨旭煜，等，2018.利用红外相机技术对四川王朗国家级自然保护区野生动物物种多样性的初步调查[J].生物多样性，26: 620-626.

田佳，朱淑怡，张晓峰，等，2021.大熊猫国家公园的地栖大中型鸟兽多样性现状：基于红外相机数据的分析[J].生物多样性，29 (11)：1490-1504.

涂飞云，刘少英，刘洋，等，2010.鼩鼱科内6个种的阴茎形态学[J].兽类学报，30(3): 278.

涂飞云，唐明坤，刘洋，等.2012.四川夹金山小型兽类区系与多样性[J].兽类学报，32(4): 287-296.

童永生，1989.中国始新世中、晚期哺乳动物群[J].古生物学报，28 (5)：663-682.

童永生，1992.中国中部种晚始新世仓鼠类一新属——祖仓鼠(Pappocricetodon)[J].古脊椎动物学报，30(1):1-16.

童永生，王景文，1997.山东昌乐早古新世五图组早乏齿兽类 (哺乳纲)[J].古脊椎动物学报，35(2): 110-119.

童永生，王景文，黄学诗，1999.斯氏黄河猴 (哺乳动物纲，灵长目) 完整下颌骨的发现[J].古脊椎动物学报，37(2): 105-119.

万雅琼，李佳琦，杨兴文，等，2020.基于红外相机的中国哺乳动物多样性观测网络建设进展[J].生物多样性，28: 1115-1124.

汪巧云，肖皓云，刘少英，等，2020.利安德水鼩在中国地理分布范围的讨论与修订[J].兽类学报，40 (3)：231-238.

汪松，解焱，王家骏，2001.世界哺乳动物名典[M].长沙：湖南教育出版社：1-542.

汪松，卢长坤，高耀亭，等，1962.广西西南部兽类的研究[J].动物学报，14 (4)：555-568.

汪松，1964.新疆兽类新种及新亚种记述[J].动物分类学报，1 (1)：6-18.

王伴月, 1978. 广东南雄盆地古新世细齿兽科化石 [J]. 古脊椎动物与古人类, 16 (2): 91-96.

王伴月, 邱占祥, 王晓鸣, 等, 2003. 甘肃省党河地区的新生代地层和青藏高原隆升 [J]. 古脊椎动物学报, 41 (2): 88-103.

王伴月, 2007. 内蒙古晚始新世的仓鼠科化石 [J]. 古脊椎动物学报, 45(3): 195-212.

王将克, 1974. 关于大熊猫种的划分、地史分布及其演化历史的探讨 [J]. 动物学报, 20 (2): 191-201.

王静, Tiunov M, 江廷磊, 等, 2009. 吉林省新纪录东方蝙蝠 Vespertilio sinensis (Peters, 1880) 的回声定位声波特征与分析 [J]. 兽类学报, 29 (3): 321-325.

王军建, 陈立奇, 姚松银, 等, 2004. 高档建筑物中黄胸鼠生物学特性初步观察 [J]. 中国媒介生物学及控制杂志 (1): 15-16.

王朗自然保护区大熊猫调查组, 1974. 四川省平武县王朗自然保护区大熊猫的初步调查 [J]. 动物学报, 20 (2): 162-173.

王盼, 李玉杰, 张晋东, 等, 2018. 卧龙国家级自然保护区野生岩羊行为谱及 PAE 编码系统 [J]. 四川动物, 37: 211-218.

王鹏程, 刘高鸣, 朱平芬, 等, 2020. 辽宁省翼手目分布新记录种大耳菊头蝠 [J]. 动物学杂志 (5): 110-113.

王岐山, 1990. 安徽兽类志 [M]. 合肥: 安徽科学技术出版社.

王岐山, 胡小龙, 颜于宏, 1982. 我国原麝一新亚种——安徽亚种 [J]. 兽类学报, 2 (2): 133-138.

王思博, 杨赣源, 1983. 新疆啮齿动物志 [M]. 乌鲁木齐: 新疆人民出版社: 170-210.

王香亭, 1991. 甘肃脊椎动物志 [M]. 兰州: 甘肃科学技术出版社: 930-1308.

王晓, 侯金, 张晋东, 等, 2018. 同域分布的珍稀野生动物对放牧的行为响应策略 [J]. 生态学报, 38: 6484-6492.

王延校, 王芳, 高伶丽, 等, 2012. 山西省菊头蝠科 1 新纪录——大耳菊头蝠 Rhinolophus macrotis [J]. 河南师范大学学报 (自然科学版), 40 (2): 147-148.

王廷正, 许文贤, 1992. 陕西啮齿动物志 [M]. 西安: 陕西师范大学出版社.

王应祥, 1988. 高黎贡山鼠兔一新种 [J]. 动物学研究, 9 (2): 201-207.

王应祥, 2003. 中国哺乳动物种和亚种分类名录与分布大全 [M]. 北京: 中国林业出版社.

王应祥, 李崇云, 陈志平, 1996. 猪尾鼠的分类、分布与分化 [J]. 兽类学报, 16 (1): 54-66.

王酉之, 1966. 四川省发现的几种小型兽类及一新亚种描述 [J]. 动物分类学报, 3 (1): 85-89.

王酉之, 1982. 我国锡金小鼠印支亚种的研究 [J]. 四川动物 (1): 14-16.

王酉之, 1985. 睡鼠科一新属新种——四川毛尾睡鼠 [J]. 兽类学报, 5 (1): 67-73.

王酉之, 1993. 树鼩研究综述 [J]. 四川动物, 12 (3): 36-37.

王酉之, 胡锦矗, 1999. 四川兽类原色图鉴 [M]. 北京: 中国林业出版社.

王酉之, 胡锦矗, 陈克, 1980. 鼠亚科一新种——显孔攀鼠 Vernaya foramena sp. nov. [J]. 动物学报, 26 (4): 393-397.

王酉之, 屠云人, 汪松, 1966. 四川省发现的几种小型兽及一新亚种的记述 [J]. 动物分类学报, 3 (1): 85-90.

王酉之, 张中干, 1997. 四川省食虫目研究 I. 猬科、鼩鼱科 [J]. 四川动物, 16 (2): 78-82.

王渊, 李晟, 刘务林, 等, 2019. 西藏雅鲁藏布大峡谷国家级自然保护区金猫的色型类别与活动节律 [J]. 生物多样性, 27 (6): 638-647.

王延校, 2012. 云南南部洞栖蝙蝠初步调查 [D]. 新乡: 河南师范大学.

魏辅文, 杨奇森, 吴毅, 等, 2022. 中国兽类分类与分布 [M]. 北京: 科学出版社.

魏辅文, 2022. 对青藏高原野生动物保护生物学研究的思考 [J]. 兽类学报, 42 (5): 475-476.

魏辅文, 胡锦矗, 1994. 卧龙自然保护区野生大熊猫繁殖研究 [J]. 兽类学报, 14 (4): 243-248.

魏辅文, 杨奇森, 吴毅, 等, 2021. 中国兽类名录 (2021 版) [J]. 兽类学报, 41 (5), 487-501.

魏辅文,王维,周昂,等,1995.小熊猫对食物的选择和觅食对策的初步研究[J].兽类学报(4):259-266.

吴德林,1982.我国大家鼠(*Rattus norvegicus* Berkenhout)的亚种分化[J].兽类学报(1):107-112.

吴华,张泽均,胡杰,等,2002.四川扭角羚春冬季对栖息地的利用初步研究[J].动物学杂志,37(1):23-27.

吴家炎,高耀亭,1991.中国兽类新种记录——缺齿伶鼬 *Mustela aistoodonnivalis* sp.nov[J].西北大学学报,21(S1):87.

吴家炎,王伟,2006.中国麝类[M].北京:中国林业出版社.

吴攀文,王伟伟,周材权,等,2007.基于毛髓质指数探讨甘肃鼢鼠,高原鼢鼠,秦岭鼢鼠的分类地位[J].动物分类学报,32:502-504.

吴攀文,周材权,王艳妮,等,2004.长尾姬鼠、中华姬鼠毛髓质指数比较及长尾姬鼠分类探讨[J].动物学研究,25(6):534-537.

吴文裕,1995.江苏泗洪下草湾中中新世脊椎动物群——鼠兔科(哺乳纲,兔形目)[J].古脊椎动物学报(1):47-56.

吴文裕,孟津,叶婕,等,2009.准噶尔盆地北缘顶山盐池组中新世哺乳动物化石[J].古脊椎动物学报,47(3):208-233.

吴锡进,1984.黄胸鼠的昼夜活动节律初步观察[J].动物学杂志(3):35-38.

吴毅,胡锦矗,侯万儒,1992.四川省兽类一科的新记录——犬吻蝠科[J].四川动物,11(1):7.

吴毅,胡锦矗,余志伟,等,1993.四川省兽类五新纪录[J].四川师范学院学报(自然科学版),14(4):312-314.

吴毅,胡锦矗,张国修,等,1988.四川省兽类新纪录[J].四川动物,7(3):39.

吴毅,李操,1997.四川省翼手类一新记录——棕果蝠[J].四川动物,16(1):48.

吴毅,李艳红,鲁庆彬,等,1999.四川省蝙蝠科二新纪录[J].四川动物,18(2):88.

吴毅,魏辅文,袁重桂,等,1990.两种纹背鼩鼱鉴别特征的探讨[J].四川动物,9(1):39-41.

吴毅,余志伟,1991.四川省兽类一新纪录——双色蹄蝠[J].四川动物,10(3):19.

吴毅,原田正史,李艳红,2004.四川七种蝙蝠的核型[J].兽类学报,24(2):30-35.

夏武平,1984.中国姬鼠属的研究及与日本种类关系的探讨[J].兽类学报,4(2):93-98.

相雨,杨奇森,夏霖,2004.中国兔属动物的分类现状和分布[J].四川动物(4):391-397.

肖治术,胡力,王翔,等,2014.汶川地震后鸟兽资源现状:以都江堰光光山峡谷区为例[J].生物多样性,22:794-797.

肖治术,王学志,黄小群,2014.青城山森林公园兽类和鸟类资源初步调查:基于红外相机数据[J].生物多样性,22:788-793.

谢菲,万韬,唐刻意,等,2022.中国拟家鼠分类与分布拟定[J].兽类学报,42(3):270-285.

徐龙辉,余斯棉,1985.小泡巨鼠(Edward's Rat)一新亚种——海南小泡巨鼠[J].兽类学报,5(2):131-135.

徐馀瑄,李玉清,薛祥煦,1957.贵州织金县更新世哺乳动物化石[J].古生物学报(2):343-352.

许维岸,陈服官,1989.赤腹松鼠的三个新亚种[J].兽类学报,9(4):289-302.

杨安峰,1992.脊椎动物学[M].北京:北京大学出版社.

杨纬和,陈月龙,邓玥,等,2019.利用红外相机对四川白水河国家级自然保护区鸟兽资源的初步调查[J].生物多样性,27:1012-1015.

杨晓密,2007.中缅树鼩系统发生和遗传多样性的初步研究[D].云南:云南师范大学.

叶晓堤,马勇,张津生,等,2002.绒鼠类系统学研究(啮齿目:仓鼠科:田鼠亚科)[J].动物分类学报,27(1):173-182.

叶智彰,彭燕章,张耀平,1985.猕猴解剖[M].北京:科学出版社.

由玉岩,杜江峰,2011.中国特有蝙蝠大卫鼠耳蝠种群长距离殖民事件[J].应用生态学报,22(3):6.

由玉岩，刘森，王磊，等，2009. 山东省翼手目一新纪录——宽耳犬吻蝠[J]. 动物学杂志，44 (3): 122-126.

于宁，郑昌琳，1992a. 黄河鼠兔 Ochotona huangensis (Matschie, 1907) 的分类研究[J]. 兽类学报，12 (3): 175-182.

于宁，郑昌琳，冯祚建，1992. 中国鼠兔亚属 (Subgenus Ochotona) 种系发生探讨[J]. 兽类学报，12 (4): 255-266.

于宁，郑昌琳，施立明，等，1996. 鼠兔属5个种的分子分类与进化[J]. 中国科学C辑，26 (1): 69-77.

于宁，郑昌琳，1992b. 努布拉克鼠兔 (Ochotona nubrica Thomas, 1922) 的分类订正[J]. 兽类学报，12 (2): 132-138.

余全茂，刘思松，1997. 稻田黄毛鼠种群动态及繁殖特点[J]. 植物保护 (3): 47-49.

余文华，Csorba G，吴毅，2020. 中国管鼻蝠属（翼手目，蝙蝠科）一新种——锦矗管鼻蝠[J]. 动物学研究，41(1): 70-77.

余文华，何锴，范朋飞，等，2021. 中国兽类分类与系统演化研究进展[J]. 兽类学报，41 (5): 502-524.

余燕，马金友，牛红星，2010. 河南省绯鼠耳蝠新纪录[J]. 四川动物，29 (2): 303-305.

余志伟，邓其祥，李洪成，等，1984. 四川省鸟兽新纪录[J]. 四川动物 (1): 12-13.

禹瀚，1958. 陕北农田害兽初步调查及其防治[J]. 西北农林科技大学学报（自然科学版）(2): 15-28.

翟毓沛，1986. 甘肃及邻近地区第三纪地层概要[J]. 中国区域地质 (2): 105-114.

张德丞，和延龙，冯一帆，等，2020. 四川勿角自然保护区野生鸟兽的红外相机初步监测[J]. 四川动物，39: 221-228.

张孚允，杨若莉，1980. 中华鼢鼠种群生态的研究[J]. 兰州大学学报（自然科学版），1: 149-165.

张洁，王宗禕，1963. 青海的兽类区系[J]. 动物学报，15: 125-137.

张晋东，李玉杰，黄金燕，等，2018. 利用红外相机建立野生水鹿行为谱及PAE编码系统[J]. 兽类学报，38: 1-11.

张晋东，李玉杰，李仁贵，2015. 红外相机技术在珍稀兽类活动模式研究中的应用[J]. 四川动物，34: 671-676.

张礼标，张伟，张树义，2007. 印度假吸血蝠捕食鼠耳蝠[J]. 动物学研究，28 (1): 104-105.

张礼标，朱光剑，于冬梅，等，2008. 海南、贵州和四川三省翼手类新纪录—褐扁颅蝠[J]. 兽类学报 (3): 316-320.

张美文，陈安国，王勇，等，2000. 长江流域黄胸鼠生物学特性观察[J]. 兽类学报，20 (3): 200-211.

张明，袁施彬，张泽钧，2013. 大熊猫地史分布变迁初步研究[J]. 西华师范大学学报（自然科学版），34 (4): 323-330.

张明海，肖朝庭，Koh H S，2005. 从分子水平探讨中国东北狍的分类地位[J]. 兽类学报，25 (1): 14-19.

张佩玲，黄太福，吴涛，等，2019. 湖北省五峰县和来凤县发现中华鼠耳蝠 (Myotis chinensis)[J]. 世界生态学，2: 53-56.

张荣组，1997. 中国哺乳动物分布[M]. 北京：中国林业出版社.

张荣祖，2002. 中国灵长类生物地理与自然保护：过去、现在与未来[M]. 北京：中国林业出版社.

张树义，赵辉华，冯江，等，2000. 长尾鼠耳蝠飞行状态下的回声定位叫声[J]. 科学通报，45 (5): 526-528.

张维道，1990. 绒山蝠的核型和C带初步研究[J]. 安徽师大学报（自然科学版）(4): 58-63.

张效武，1960. 青海的鼢鼠[J]. 生物学通报，7: 8.

张鑫，郑雄，吉帅帅，等，2020. 四川九顶山自然保护区兽类多样性的红外相机初步监测[J]. 四川林业科技，41 (4): 129-136.

张燕均，邓柏生，李玉春，等，2010. 西南鼠耳蝠广东新纪录及其核型[J]. 兽类学报，30 (4): 460-464.

张亚平，施立明，1990. 猕猴属五个种mtDNA多态性研究[J]. 遗传学报：英文版，17(1): 23-33.

张颖奇，郑绍华，魏光飚. 2011. 甘肃灵台雷家河剖面中的鼩类化石与中国鼩类生物年代学进展[J]. 第四纪研究，31(4): 622-635.

张泽钧，胡锦矗，吴华，等，2002. 唐家河大熊猫种群生存力分析[J]. 生态学报，22 (7): 990-998.

张桢珍，江廷磊，李振新，等，2008. 吉林省发现长尾鼠耳蝠[J]. 动物学杂志，43 (3): 150-153.

章敬旗，周友兵，徐伟霞，等，2004. 几种麝分类地位的探讨[J]. 西华师范大学学报（自然科学版），25 (3): 251-255.

郑昌琳, 汪松, 1980. 白尾松田鼠分类纪要 [J]. 动物分类学报, 5: 106-112.

郑昌琳, 汪松, 1985. 青藏高原的食虫类区系 [J]. 兽类学报 (1): 35-40.

郑永烈, 徐龙辉, 1983. 我国鼬獾的亚种分类及一新亚种的描述 [J]. 兽类学报, 3: 165-171.

赵娇, 刘奇, 陈毅, 等, 2015. 广东省翼手目新纪录——宽耳犬吻蝠及其回声定位叫声特征 [J]. 四川动物, 34 (5): 695-700.

赵黎明, 2007. 河南省太行山区及桐柏-大别山区洞栖蝙蝠研究 [D]. 新乡: 河南师范大学.

郑绍华, 1993. 川黔地区第四纪啮齿类 [M]. 北京: 科学出版社.

郑生武, 宋世英, 2010. 秦岭兽类志 [M]. 北京: 中国林业出版社.

郑永烈, 徐龙辉, 1983. 我国鼬獾的亚种分类及一新亚种的描述 [J]. 兽类学报, 3(2): 165-171.

中国科学院动物研究所兽类研究组, 1958. 东北兽类调查报告 [M]. 北京: 科学出版社.

中国猫科专家成员组, 2014. 中国猫科动物 [M]. 北京: 中国林业出版社.

钟韦凌, 张欣, 吴毅, 等, 2021. 金毛管鼻蝠在我国模式产地外的再发现——广东、云南和四川新记录 [J]. 四川动物, 40 (6): 702-709.

周材权, 周开亚, 胡锦矗, 2003. 从线粒体细胞色素b基因探讨矮岩羊物种地位的有效性 [J]. 动物学报, 5: 578-584.

周材权, 刘少英, 齐敦武, 等, 2004. 四川兽类新纪录——秦岭鼢鼠 [J]. 西华师范大学学报 (自然科学版), 25(4): 368- 369.

周红伟, 2017. 中国不同地区中华菊头蝠形态及分子序列差异的研究 [D]. 郑州: 河南师范大学.

周明镇, 1964. 陕西蓝田——始新世狐猴类 [J]. 古脊椎动物与古人类, 8(3): 257-260.

周世朗, 吴森章, 李世万, 1974. 梅花鹿在四川的发现与驯养 [J]. 动物学杂志 (4): 8.

周昭敏, 徐伟霞, 吴毅, 等, 2005. 中菊头蝠中国三亚种的形态特征比较 [J]. 动物学研究 (6): 645-651.

朱弘复, 邓国藩, 唐娟傑, 等, 1988. 国际动物命名法规: 原书第三版, 1985 [M]. 北京: 科学出版社: 1-211.

朱靖, 1994. 关于大熊猫分类地位的讨论 [J]. 动物学报 (2): 174-187.

诸葛阳, 1989. 浙江动物志: 兽类 [M]. 杭州: 浙江科学技术出版社.

Philip D G, 2010. 北美西部古新世—始新世极热事件 (PETM) 期间的哺乳动物群序列 [J]. 古脊椎动物学报, 48 (4): 308-327.

Smith A T, 解焱, 2009. 中国兽类野外手册 [M]. 长沙: 湖南教育出版社.

Vaughan T A, Ryan J M, et al., 2017. 哺乳动物学: 原书第六版 [M]. 刘志霄, 译. 北京: 科学出版社.

Abe H, 1988. The phylogenetic relationships of Japanese moles (in Japanese) [J]. Honyurui Kagaku (Mammalian Science), 28: 63-68.

Abe H, Shiraishi S, Arai S, 1991. A new mole from Uotsuri-jima, the Ryukyu Islands[J]. Journal of the Mammalogical Society of Japan, 15: 47-60.

Abramov A V, 2001. Notes on the taxonomy of the Siberian badgers (Mustelidae: *Meles*) [J]. Proceedings of the Zoological Institute Russian Academy of Sciences, Saint-Petersburg, 288: 221-233 (In Russian).

Abramov A V, 2002. Variation of the baculum structure of the Palaearctic badger (Carnivora, Mustelidae, *Meles*). Russian Journal of Theriology, 1: 57-60.

Abramov A V, Balakirev A E, Rozhnov V V, 2014.An enigmatic pygmy dormouse: molecular and morphological evidence for the species taxonomic status of *Typhlomys chapensis* (Rodentia: Platacanthomyidae)[J]. Zoological Studies, 53: 34.

Abramov A V, Bannikova A A, Lebedev V S, et al., 2017. Revision of *Chimarrogale* (Lipotyphla: Soricidae) from Vietnam with comments on taxonomy and biogeography of Asiatic water shrews[J]. Zootaxa, 4232 (2): 216-230.

Abramov A V, Bannikova A A, Rozhnov V V, 2012. White-toothed shrews (Mammalia, Soricomorpha, *Crocidura*) of coastal islands of Vietnam[J]. ZooKeys, 207: 37-47.

Abramov A V, Meschersky I G, Rozhnov V V, 2009. On the taxonomic status of the harvest mouse *Micromys minutus* (Rodentia: Muridae) from Vietnam[J]. Zootaxa, 2199 (1): 58-59.

Abramov A V, Puzachenko A Y, 2005. Sexual dimorphism of craniological characters in Eurasian badgers, *Meles* spp. (Carnivora, Mustelidae)[J]. Zoologischer Anzeiger, 244: 11-29.

Abramov A V, Puzachenko A Y, 2006. Geographical variability of skull and taxonomy of Eurasian badgers (Mustelidae, *Meles*)[J]. Zoologicheskii Zhurnal, 85: 641-655.

Abramson N I, Lebedev V S, bannikova A A, et al., 2009. Radiation events in the subfamily Arvicolinae (Rodentia): evidence from nuclear genes[J]. Doklady Biological Science, 428: 458-461.

Abramson N I, Lissovsky A A, 2012. Subfamily Arvicolinae Gray, 1821[M]// Pavlinov I Y, Lissovsky A A, Eds. The mammals of Russia: a taxonomic and geographic reference. Moscow: KMK Scientific Press Ltd.: 220-276.

Acloque, 1899. Faune de France[J]. Mammalia: 52.

Ade M, 1999. External morphology and evolution of the rhinarium of Lagomorpha with special reference to the Glires hypothesis[J]. Mitteilungen aus dem Museum fur Naturkunde in Berlin, Zoologische Reihe, 75 (2): 191-216.

Agnarsson I, May-Collado L J, 2008.The phylogeny of Cetartiodactyla: the importance of dense taxon sampling, missing data, and the remarkable promise of cytochrome b to provide reliable species—level phylogenies[J]. Molecular of Phylogenetics and Evolution, 48(3): 964 -985.

Aguilar J P, Michaux J, 1989. Un *Lophiomys* (Cricetidae, Rodentia) nouveau dans le Pliocène du Maroc; rapport avec les Lophiomyinae fossiles et actuels[J]. Paleontologia I Evolució,23: 205-211.

Ai H S, He K, Chen Z Z, et al., 2018. Taxonomic revision of the genus *Mesechinus* (Mammalia: Erinaceidae) with description of a new species [J]. Zoological Research, 39 (5): 335-347.

Aksenova T G, Smirnov P K, 1986. Peculiarities of the structure os Genitalia of Lagomorpha[M]. Moscow: IV S'ezd. Vsesoyuz. Teriol. O-va.

Allen G M, 1912. Some Chinese vertebrates Mammalia [J]. Memoirs of the Museum of Comparative Zoology at Harvard College (40): 201-247.

Allen G M, 1923. New Chinese bats[J]. American Museum Novitates, 85: 1-81.

Allen G M, 1925. Squirrels collected by the American Museum Asiatic Expeditions[J]. American Museum Novitates, 163: 15-16.

Allen G M, 1926. Rats (genus *Rattus*) from the Asiatic Expeditions[J]. American Museum Novitates, 217: 1-16.

Allen G M, 1927. Murid rodents from the Asiatic Expeditions[J]. American Museum Novitates, 270: 1-12.

Allen G M, 1928. A new Cricetinae genus from China[J]. Journal of Mammalogy, 9 (3): 242-245.

Allen G M, 1929. Mustelids from Asiatic expeditions[M]. American Museum Novitates, 358: 1-12.

Allen G M, 1938. The Mammals of China and Mongolia [Natural History of Central Asia Vol. 11]: Part 1 [M]. New York: The American Museum of Natural History.

Allen G M, 1940. The mammals of China and Mongolia [Natural History of Central Asia Vol. 11]: part 2 [M]. New York:

The American Museum of Natural History.

Allen J A, 1901. Note on the name of a few South American mammals[J]. Proceedings of the Biological Socirty of Washignton (14): 183-185.

Allen J A, 1903. Report on the mammals collected in northeastern SiberiaI by Jesup North Pacific expedition, with itinerary and filed notes, by N. G. Buxton[J]. Bulletin of the American Museum of Natural History, 19: 179.

Allen J A, Andrews R C, 1913. Mammals collected in Korea[J]. Bull Amer Mus Nat Hist, 32: 427-436.

Allen J A, Owston A, 1906. Mammals from the Island of Hainan, China [J]. Bulletin of the American Museum of Natural History, 22: 487.

Alston E R, 1876. On the Classification of the Order Glires[J]. Proceedings of the Zoological Society of London: 61-98.

Amato G, Egan M G, Schaller G B, et al., 1999. Rediscovery of Roosevelt's barking deer (*Muntiacus* rooseveltorum)[J]. Journal of Mammalogy, 80: 639-643.

Amato G, Egan M G, Rabinowitz A, 1999. A new species of muntjac, *Muntiacus putaoensis* (Artiodactyla: Cervidae) from northern Myanmar[J]. Animal Conservation, 2(1): 1-7.

Amrine-Madsen H, Koepfli K P, Wayne R K, et al., 2003. A new phylogenetic marker, apolipoprotein compelling evidence for eutherian relationships[J]. Molecular phylogenetics and Evolution, 28 (2): 225-240.

Anderson J, 1878. Anatomical and Zoological Researches in Western Yunnan[M]. London: Quaritch.

Andersen K, 1905. On some bats of the genus *Rhinolophus* with remarks on their mutual affinities, and descriptions of twenty-six new forms [J]. Proceedings of the Zoological Society of London, 2: 75-145.

Andersen K, 1905. On the bats of the *Rhinolophus philippinensis* group, with descriptions of five new species [J]. Annals And Magazine of Natural History, 16, 17: 243-257.

Anderson S, Jones J K, 1984. Orders and Families of Recent Mammals of the World (1st ed.) [M]. New York: Wiley.

Anthony H E, 1941. Mammals collected by the Vernay-Cutting Burma expedition[M]. Chicago: Field Museum of Natural History: 1-395.

Appleton B R, McKenzie J A, Christidis L, 2004. Molecular systematics and biogeography of the bent-wing bat complex *Miniopterus schreibersii* (Kuhl, 1817) (Chiroptera: Vespertilionidae) [J]. Molecular Phylogenetics and Evolution, 31 (2): 431-439.

Argiropulo A I, 1939. K rasprostraneniû i èkologii nekotoryh mlekopitajuŝih Armenii [On the distribution and ecology of some mammals in Armenia] (in Russian) [J]. Zoologičeskij Sbornik, 1 (Trudy Zoologičeskogo Instituta) (3): 37-66.

Argiropulo A I, 1948. A review of recent species of the family Lagomyidae Lilljeb, 1886 (Lagomorpha, Mammalia) [J]. Trudy Zoologicheskogo Instituta Akademii Nauk SSSR, 7: 124-128.

Argyropulo A I, 1933. Uber zwei neue palaarktische Wuhmause [J]. Ztschr. f. Sauget. Tierkunde, 8: 180-183.

Armitage P L, 1993. Commensal rats in the New World, 1492-1992 [J]. Biologist, 40 (4): 174-178.

Ärnbäck C L, 1908. A collection of bats from Formosa[J]. The Annals and Magazine of Natural History, 8 (2): 235-238.

Artyushin I V, Bannikova A A, Lebedev V S, el al., 2009. Mitochondrial DNA relationships among North Palaearctic *Eptesicus* (Vespertilionidae, Chiroptera) and past hybridization between common serotine and northern bat [J]. Zootaxa, 2262: 40-52.

Asher R J, Meng J R, Wible M C, et al., 2005. Stem Lagomorpha and the antiquity of Glires [J]. Science, 307: 1091-1094.

Balakirev A E, Abramov A V, Rozhnov V V, 2011. Taxonomic revision of *Niviventer* (Rodentia, Muridae) from Vietnam: a morphological and molecular approach[J]. Russian Journal of Theriology , 10: 1-26.

Balakirev A E, Abramov A V, Rozhnov V V, 2014. Phylogenetic relationships in the *Niviventer-Chiromyscus* complex (Rodentia, Muridae) inferred from molecular data, with description of a new species[J]. ZooKeys, 451: 109-136.

Bannikov A, 1954. Mammals of the Mongolian People's Republic[M]. Moscow: Akademiya Nauk USSR.

Bannikova A A, Abramov A V, Borisenko A V, et al., 2011. Mitochondrial diversity of the white-toothed shrews (Mammalia, Eulipotyphla, *Crocidura*) in Vietnam[J]. Zootaxa, 2812 (1): 1-20.

Bannikova A A, Abramov A V, Lebedev V S, et al., 2017. Unexpectedly high genetic diversity of the Asiatic short-tailed shrews *Blarinella* (Mammalia, Lipotyphla, Soricidae) [J]. Doklady Biological Sciences, 474: 93-97.

Bannikova A A, Chernetskaya D, Raspopova A, et al., 2018. Evolutionary history of the genus *Sorex* (Soricidae, Eulipotyphla) as inferred from multigene data[J]. Zoologica Scripta: 1-21.

Bannikova A A, Dolgov V A, Fedorova L V, et al., 1996. Taxonomic relationships among hedgehogs of the subfamily Erinaceinae (Mammalia, Insectivora) determined basing on the data of restriction endonuclease analysis of total DNA [J]. Zoologicheskii Zhurnal, 74: 95-106.

Bannikova A A, Fedorova L V, Fedorov A N, et al., 1995. Comparison of mammalian repetitive DNA sequences in the family Erinaceidae, based on restriction endonuclease analysis[J]. Genetika, 31: 1498-1506.

Bannikova A A, Jenkins P D, Solovyeva E N, et al., 2019. Who are you, Griselda? A replacement name for a new genus of the Asiatic short-tailed shrews (Mammalia, Eulipotyphla, Soricidae): molecular and morphological analyses with the discussion of tribal affinities[J]. ZooKeys, 888: 133-158.

Bannikova A A, Lebedev V S, Golenishchev F N, 2009. Taxonomic position of Afghan vole (Subgenus *Blanfordimys*) by the Sequence of the Mitochondrial cytb Gene [J]. Russian Journal of Genetics, 45 (1): 91-97.

Bannikova A A, Lebedev V S, Lissovsky A A, et al., 2010. Molecular phylogeny and evolution of the Asian lineage of vole genus *Microtus* (Rodentia: Arvicolinae) inferred from mitochondrial cytochrome b sequence [J]. Biological Journal of the Linnean Society, 99: 595-613.

Bannikova A A, Lebedev V S, Abramov A V, et al., 2014. Contrasting evolutionary history of hedgehogs and gymnures (Mammalia: Erinaceomorpha) as inferred from a multigene study[J]. Biological Journal of the Linnean Society, 112 (3): 499-519.

Bannikova A A, Matveev V A, Kramerov D A, 2002. Using inter-SINE-PCR to study mammalian phylogeny[J]. Russian Journal of Genetics, 38: 714-724.

Bao W, 2010. Eurasian lynx in China - present status and conservation challenges[J]. Cat News Special Issue, 5: 22-25.

Baranova G I, Gureev A A, Strelkov P P, 1981. Catalogue of type specimens in the collection of the Zoological Institute of the USSR, mammals (Mammalia). Part 1. shrews (Insectivora), bats (Chiroptera), hares (Lagomorpha)[M]. Nauka: Leningrad.

Barbiere F, Marivaux L, 2015. Phylogeny and evolutionary history of Hystricognathous rodents from the Old World during the Tertiary: New insight into the emergence of modern "Phiomorph" family[M].//Cox P G, Hautier L, eds. Evolution of Rodents. Cambridge: Cambridge University Press: 87-138.

Barbiere F M, Doherty P F, McDonald M W, 2005. An occupancy modeling approach tp evaluating a Palm Spring ground squirrel habitat model[J]. J.Wildl. Manage,69: 894-904.

Barrett-Hamilton G E H, 1900. On geographical and individual variation in *Mus sylvaticus* and itsallies[J]. Proceedings of the Zoological Society of London: 387-428.

Bates P, Harrison D, 1998. Bats of the Indian subcontinent [J]. Journal of Mammalogy, 79 (4): 1441-1443.

Bates P J J, Nwe T, Pearch M, et al., 2005. A review of the genera *Myotis*, *Ia*, *Pipistrellus*, *Hypsugo*, and *Arielulus* (Chiroptera: Vespertilionidae) from Myanmar (Burma), including three species new to the country[J]. Acta Chiropterologica, 7 (2): 205-236.

Beard B K, Tong Y S, Dawson M R, et al., 1996. Earliest Complete Dentition of an Anthropoid Primate from the Late Middle Eocene of Shanxi Province, China[J]. Science, 272(5258): 82-85.

Beard K, Qi T, Dawson M, et al., 1994. A diverse new primate fauna from middle Eocene fissure-fillings in Southeastern China[J]. Nature, 368: 604-609.

Beintema J J, Breukelman H J, Dubois J Y, et al., 2003. Phylogeny of ruminants secretory ribonuclease gene sequences of pronghorn (Antilocapra americana)[J]. Molecular of Phylogenetics and Evolution, 26(1): 18-25.

Benda P, Dietz C, Andreas M, et al., 2008. Bats (Mammalia: Chiroptera) of the Eastern Mediterranean and Middle East. Part 6. Bats of Sinai (Egypt) with some taxonomic, ecological and echolocation data on that fauna[J]. Acta Societatis Zoologicae Bohemicae, 72: 1-103.

Benda P, Gaisler J, 2015. Bats (Mammalia: Chiroptera) of the Eastern Mediterranean and Middle East. Part 12. Bat fauna of Afghani stan: revision of distribution and taxonomy[J]. Acta Societatis Zoologicae Bohemicae, 79: 267-458.

Blainvilles H M D de, 1816. Prodrome d'une nouvelle distribution systematique du regne amimal [J]. Bulletin de la Société Philomathique de Paris, 3 (3): 105-125.

Blandford W T, 1875. List of Mammalia collected by late Dr. Stoliczka, when attached to the embassy under Sir D. Forsyth in Kashmir, Ladak, Eastern Turkestan, and Wakhdn, with descriptions of new species[J]. Journal of the Asiatic Society of Bengal, XLIV (2) : 105-113.

Blanford W T, 1877. On an apparently undescribed weasel from Yarkand[J]. Journal of the Asiatic Society of Bengal, 46(Part 2): 259-261.

Blanford W T, 1881. On the voles (*Arvicola*) of the Himalayas, Tibet, and Afhanistan [J]. Journal of the Asiatic Society of Bengal, 50 (2): 88-117.

Blanford W T, 1888. The fauna of British India including Ceylon and Burma: Mammalia, Part I [M]. London: Taylor and Francis.

Blyth E, 1851. Notice of a collection of Mammalia, Birds, and Reptiles, procured at or near the station of Chérra Punji in the Khásia hills, north of Sylhet[J]. Journal of the Asiatic Society of Bengal, 20: 519.

Blyth E, 1856a. Report for May meeting[J]. Journal of the Asiatic Society of Bengal, 24: 359-363.

Blyth E, 1856b. Report for October meeting[J]. Journal of the Asiatic Society of Bengal, 24: 721-280.

Blyth E, 1862. Report of Curator, Zoological Department, May and June [J]. Journal of the Asiatic Society of Bengal, 30: 90.

Blyth E, 1863. Report of Curator, Zoological department. No.V. W. Theobald, Esq., Jun., of the India Geological Survey. A small tin of specimens [J]. Journal of the Asiatic Society of Bengal, 32: 89.

Bobrinskii N, Kuznetsov B, Kuzyakin A, 1944. Mammals of USSR[M]. Moscow: Government Publ. Office.

Bobrinskii N A, Kuznetsov B A, Kuzyakin A P, 1965. Opredelitl' mlekopitayushchikh SSSR [Guide to the mammals of the U.S.S.R.] (in Russian) (2nd ed.) [M]. Moscow: Proveshchenie.

Bobrinskoj N A, 1926. Note préliminaire sur les Chiroptères de l'Asie Centrale [J]. Comptes Rendus De l'Académie Des Sciences De l'Urss, 1926: 95-98.

Boddaert P, 1785. Elenchus animalium, volumen 1: Sistens quadrupedia huc usque nota, eorumque varietates[M]. Roterodami: Apud C.R. Hake: 1-174.

Bodrov S Y, Kostygov A Y, Rudneva L V, et al., 2016. Revision of the taxonomic position of the Olkhon mountain vole (Rodentia, Cricetidae) [J]. Biology Bulletin, 43 (2): 136-145.

Bonaparte C L J L, 1838. Synopsis vertebratorum systematis. Nuovi Annali delle Scienze Naturali [J]. Bologna, 1: 105-133.

Bonhomme F, Iskandar D, Thaler L, et al., 1985. Electromorphs and phylogeney in muroid rodents[M]// Evolutionary relationships among rodents, a multidisciplinary analysis (W. P. Luckett and J.-L. Hartenberger, eds.). New York: Plenum Press: 721.

Bonhote I L, 1901. XLV.-On the martens of the *Mustela jlavigula* group[J]. The Annals and Magazine of Natural History, Ser. 7, 7: 348.

Bonhote J L. 1901. On *Sciurus caniceps* and allied species [J]. Annals and Magazine of Natural History, Ser. 7(35): 270-275.

Bonhote M A, 1905. The mammalian fauna of China. Part 1. Murinae[J]. Proceedings of the Zoological Society of London, 2: 384-397.

Borissenko A V, Kruskop S V, 2003. Bats of Vietnam and adjacent territories an identification manual [M]. Moscow: Zoological Museum of Moscow State University.

Brandt J F, 1855. Beitrage zur nahern Kenntniss der Säugethiere Russland's[M]//Kaiserlichen Akademie der Wissenschaften, Saint Petersburg, Mémoires Mathématiques, Physiques et Naturelles, 7. Wien: Aus der Kaiserlich KÖniglichen Hof-und Staatsudruckerei: 1- 365.

Breitenmoser U, Breitenmoser-Würsten C, Lanz T, et al., 2015. *Lynx lynx* (errata version published in 2017)[Z]. The IUCN Red List of Threatened Species 2015: e.T12519A121707666.

Bruijn H, Unay E, 1989. Petauristinae (Mammalia, Rodentia) from the Oligocene of Spain, Belgium, and Turkish Thrace [J]. Natural History Museum of Los Angeles County, Los Angeles: 139-145.

Bu H L, Wang F, McShea W J, et al., 2016. Spatial co-occurrence and activity patterns of mesocarnivores in the temperate forest of SW China[J]. PLoS ONE, 11: e0164271.

Büchner E, 1892a. Über eine neue Sminthus-Art aus China[J]. Bulletin de l'Académie impériale des sciences de St.-Pétersbourg, 35 (3): 107-109.

Büchner E, 1892b. Surune nouvelle espece du genre *Sminthus*, provenant de la Chine[J]. Bull. Sci. Acad. Imp. Sci. St. Petersbourg, 35 (3): 107-111.

Büchner, 1890. Wiss Resulate d. v[M]. Przcwalski Reisen: Saugethiere.

Bugge J, 1985. Systematic Value of the Carotid Arterial Pattern in Rodents[M]//Luckett W P, Hartenberger. Evolutionary relationships among rodents: A mutidisciplinary analysis. New York: Plenum Press.

Bunch T D, Wang S, Zhang Y, et al. 2000. Chromosome evolution of the blue sheep/bharal (*Pseudois nayaur*)[J] . The Journal of Heredity, 91: 168-170.

Butler P M, 1972. The problem of insectivore classification [M]// Joysey K A, Kemp T S, eds. Studies in vertebrate evolution. Edinburgh: Oliver and Boyd: 253-265.

Buzan E V, Krystufek B, Hänfling B, et al., 2008. Mitochondrial phylogeny of Arvicolinae using comprehensive taxonomic sampling yields new insights[J]. Biological Journal of the Linnean Society, 94 (4): 825-835.

Buzzard P, Berger J, 2016. The IUCN Red List of Threatened Species 2016 [R]. Bos mutus: e. T2892A101293528.

Cabrera A, 1925. Genera mammalium: Insectivora, Galeopithecia[M]. Madrid: Museo Nacional de Ciencias Naturales.

Campbell C B G, 1966. Taxonomic status of tree shrew[J]. Science, 153: 436.

Campbell C B G, 1974. On the phyletic relationships of the tree shrew[J]. Mammal review, 4: 125-143.

Cap H, Aulagnier S, Deleporte P, 2002.The phylogeny and behavior of Cervidae (Ruminantia Pecora) [J]. Ethology Ecology & Evolution, 14(3): 199-216.

Carleton M D, Gardner A L, Pavlinov I Y, et al., 2014. The valid generic name for red-backed voles (Muroidea: Cricetidae: Arvicolinae): restatement of the case for Myodes Pallas, 1811[J]. Journal of Mammalogy, 95 (5): 943-959.

Carleton M D, Musser G G, 1993. Family muridae [M]// Wislon E D, Reeder D M, eds. Mammal Species of the World (2nd ed.). London: Smithsonian Instition Press.

Carleton M D, Musser G G. 1984. Muroid rodents[M]//Anderson S, Jones J K, eds. Orders and Families of Recent Mammals of the World. New York: John Wiley and Sons: 289-379.

Castello J R, 2016. Bovids of the World: Antelopes, Gazelles, Cattle, Goats, Sheep and Relatives[M]. Princeton: Princeton University Press.

Catzeflis F, Maddalena T, Hellwing S, et al., 1985. Unexpected findings on the taxonomic status of East Mediterranean *Crocidura russula auct* (Mammalia, Insectivora) [J]. Zeitschrift fur Saugetierkunde, 50: 185-201.

Chaimanee Y, 1998. Plio-Pleistocene Rodents of Thailand [M]// Thai Studies in Biodiversity 3. Biodiversity Research and training program and National Center for Genetic Engineering and Biotechnology. Thailand.

Chaimanee Y, Jaeger J J, 1993. Pleistocene Mammals of Thailand and their use in the reconstruction of the palaeoenvironments of South East Asia[J]. SPAFA J, 3 (2): 4-10.

Chaline J, Mein P, Petter F, 1977. Les grandes lignes d'une classification evolutive des Muroidea[J]. Mammalia, 41: 245-252.

Chan K L, Dhaliwal S S, Yong, et al., 1979. Protein variation and systematics of three subgenera of Malayan rats (Rodentia: Muridae, genus *Rattus* Fischer) [J]. Comparative Biochemistry and Physiology, 64B: 329-337.

Chan K L, S S Dhaliwal, H S Yong, 1979. Protein variation and systematics of three subgenera of Malayan rats (Rodentia: Muridae, genus *Rattus* Fischer)[J]. Comp. Biochem. Physiol., 64B: 329-337.

Chaturvedi Y, 1965. A new house rat (Mammalia: Rodentia: Muridae) from the Andaman and Nicobar Islands[J]. Proceedings of the Zoological Society of Calcutta, 18: 141-144.

Chen S D, Liu S Y, Liu Y, et al., 2012. Molecular phylogeny of Asiatic Short-tailed Shrews, genus *Blarinella* Thomas, 1911

(Mammalia: Soricomorpha: Soricidae) and its taxonomic implications[J]. Zootaxa, 3250: 43-53.

Chen S D, Liu Y, Sun Z Y, et al., 2014. Morphometric and pelage color variation of two sibling species of shrew (Mammalia: Soricomorpha)[J]. Acta Theriologica Sinica, 59: 407-413.

Chen S D, Qing J, Liu Z, et al., 2020. Multilocus phylogeny and cryptic diversity of white-toothed shrews (Mammalia, Eulipotyphla, *Crocidura*) in China[J]. BMC Evolutionary Biology, 20: 29.

Chen S D, Tang K Y, Wang X M, et al., 2022. Multilocus phylogeny and species delimitations of the striped-back shrew group (Eulipotyphla: Soricidae): Implications for cryptic diversity, taxonomy and multiple speciation patterns[J]. Molecular Phylogenetics and Evolution, 177: 107-619.

Chen S D, Sun Z Y, He K, et al., 2015. Molecular phylogenetics and phylogeographic structure of *Sorex bedfordiae* based on mitochondrial and nuclear DNA sequences [J]. Molecular Phylogenetics and Evolution, 84: 245-253.

Chen W C, Hao H B, Liu Y, et al., 2010. Mitochondrail DNA genetic variation and phylogeography of the recently descibed vole species *Proedromys liangshanensis* Liu, Sun, Zeng and Zhao (Rodentia: Arvicolinae) [J]. Journal of Natural History, 44 (43): 2693-2697.

Chen W C, Hao H B, Sun Z Y, 2011. Phylogenetic position of the genus *Proedromys* (Arvicolinae, Rodentia): Evidence from nuclear and mitochondrial DNA, Biochem [J]. Biochemical Systematics and Ecology, 42: 59-68.

Chen W C, Liu S Y, Liu Y, et al., 2010. The phylogeography of large white-bellied rat (Niviventer excelsior) implicate the influence patterns of Pleistocene glaciations in the Hengduan Mountains [J]. Zoological Science, 27: 478-493.

Chen Z Z, He K, Huang C, et al., 2017. Integrative systematic analyses of the genus *Chodsigoa* (Mammalia: Eulipotyphla: Soricidae), with descriptions of new species[J]. Zoological Journal of the Linnean Society, 180: 694-713.

Cheng F, He K, Chen Z Z, et al., 2017. Phylogeny and systematic revision of the genus *Typhlomys* (Rodentia, Platacanthomyidae), with description of a new species[J]. Journal of Mammalogy, DOI: 10.1093/jmammal/gyx016.

Chertilina O V, Simonov E P, Lopatina N W, et al., 2012. Genetic diversity of flat-headed vole [*Alticola strelzowi* (Kastschenko, 1899)] inferred from cytochrome b variation[J]. Russian Journal of Genetics, 48 (3): 302-309.

Chevret P, 1994. Etude évolutive des Murinae (Rogeurs: Mammifères) africains par hybridation AND/AND. Comparaison avec les approches morphologiques et paleontologiques [J]. These de Doctorat, Université des Sciences et Techniques du Languedoc, Montpellier II: 215.

Chevret P, Jenkins P, Catzeflis F, 2003. Evolutionary systematics of the Indian mouse *Mus famulus* Bonhote, 1898: Molecular (DNA/DNA hybridization and 12S rRNA sequences) and morphological evidence[J]. Zoological Journal of the Linnean Society, 137: 385-401.

Chopra S R K,Vasishat R N, 1979. Sivalik fossil tree shrew from Haritalyangar, India[J]. Nature, 281: 213-214.

Choudhury A, 2001. An overview of the status and conservation of the red panda *Ailurus fulgens* in India, with reference to its global status[J]. Oryx, 35 (3): 250-259.

Lydekker I, 1913. Catalogue of the ungulate mammals in the British Museum (Natural History). Vol. [M]. London: Trustees of the British Museum.

Lydekker R, 1915. Catalogue of the Ungulate Mammals in the British Museum (Natural History), Vol. IV [M]. London: Trustees of the British Museum.

Lyon M W, 1904. Classification of the hares and their allies [J]. Smithsonia Miscellaneous Collections, 45.

Conroy C J, Cook J-A, 2000. Molecular systematic of a Holarctic rodent (*Microtus*: Muridae) [J]. Journal of Mammalogy, 81: 344-359.

Cook J A, Runck A M, Conroy C J, 2004. Historical biogeography at the crossroads of the northern continents: Molecular phylogenetics of red-backed voles (Rodentia: Arvicolinae)[J]. Molecular Phylogenetics and Evolution, 30 (3): 767-777.

Corbet G B, 1978. The mammals of the palaearctic region: a taxonomic review. British Museum (Natural History) [M]. London: Cornell University Press.

Corbet G B, 1988. The family Erinaceidae: a synthesis of its taxonomy, phylogeny, ecology and zoogeography [J]. Mammal Review, 18 (3): 117-172.

Corbet G B, 1990. The relevance of metrical, chromosomal and Allozyme variation to the systematics of the genus *Mus*[J]. Biological Jour. Of the Linnean Society, 41: 5-12.

Corbet G B, Hill J E, 1980. A World List of Mammalian Species[M]. New York: Cornell Univ. Press.

Corbet G B, Hill J E, 1986. A world list of mammalian species (Second edition) [M]. London: British Museum (Nature History).

Corbet G B, Hill J E, 1991. A world list of mammalian species (Third edition)[M]. London: British Museum (Natural History).

Corbet G B, Hill J E. 1992. The mammals of the Indo-Malayan region: a systematic review[M]. Oxford: Oxford University Press.

Courant F, Brunet-Lecomte P, Volobouev V, et al., 1999. Karyological and dental identification of *Microtus limnophilus* in a large focus of alveolar echinococcosis (Gansu, China) [J]. Animal Biology and Pathology, 322: 473-480.

Cronin J E, W E Meikle, 1979. The phylogenetic position of *Therophthecus*: Congruence among molecular, morphological, and palaeontological evidence[J]. Systematic Zoology, 28: 259-269.

Csekesz T, Fulop A, Almerekowa S, et al., 2019. Phylogenetic and morphological analysis of birch mice (genus *Sicista*, family Sminthidae, Rodentia) in the Kazak cradle with description of a new species[J]. Journal of Mammalian Evolution (26): 147-163.

Csorba G, 2002. Remarks on some types of the genus *Rhinolophus* (Mammalia, Chiroptera) [J]. Annales Historico-Naturales Musei Nationalis Hungarici, 94: 217-226.

Csorba G, Jenkins P, 1998. First records and a new subspecies of *Rhinolophus stheno* (Chiroptera, Rhinolophidae) from Vietnam [J]. Natural History Museum Zoology Series, 64: 207-211.

Csorba G, Ujhelyi N, Thomas N, 2003. Horseshoe Bats of the World[M].Shropshire: AlanaBooks.

Curletti G, 1998. Notes on metatarsal morphology in the genus *Agrilus* and a proposed redefinition of its subgenera in the Afrotropical region (Coleoptera Buprestidae) [J]. Bollettino Società Entomologica Italiana, 130: 125-134.

Cuvier F G, 1829. Zoologie. Mammalogie[M]//Dictionnaire des sciences naturelles, dan lequel on traite méthodiquement des différens êtres de la nature, considérés soit en eux-mêmes, d'après l'état actuel de nos connoissances, soit relativement a l'utilité qu'en peuvent retirer la médecine, l'agriculture, le commerce et les arts F G. Paris: Levrault: 1-520.

Cuvier F, 1822 [1823]. Examen des especes formation des genres ou sous-genres Acanthion[J]. Eréthizon, Sinéthère et

Sphiggure. Mémoires du Muséum d'Histoire Naturelle (Paris), 9(1822): 413-484.

Cuvier F, 1825. Éléphant d' Afrique. Pp. VI [M]//E. Geoffroy St.-Hilaire, F. Cuvier. Histoire Naturelle Mammifères, 3(52): 2.

Cuvier G, 1800. Lecons d'anatomie comparee vol.1. Paris: Bauduin.

Damm G R, Franco N, 2014. The CIC Caprinae Atlas of the World[M]. Johannesburg: Rowland Ward Publications RSA (Pty) Ltd.

Danilkin A A, 1995. *Capreolus pygargus*[J]. Mammalian Species(512): 1-7.

Dao V T, Cao V S, 1990. Six new Vietnamese rodents[J]. Mammalia, 54: 233-238.

Dawson M R, 2008. Lagomorpha [M]//Janis C M, Gunnell G F, Uhen M D, eds. Evolution of tertiary Mammals of North America, vol.2. Cambridge: Cambridge University Press: 293-301.

Dawson M R, 1961. On two ochotonids (Mammalia, Lagomorpha) from the later tertiary of inner Mongolia[J]. American Museum Novitates, 2061: 1-15.

Dawson M R, 1967. Lagomorph history and the stratigraphic record [J]. Essays in paleontology and stratigraphy (C. teichert and E. l. yochelson, eds.), University of Kansas, Department of Geology, Special Publication, 2: 1-626.

De Winton W, Styan F, 1899. On Chinese mammals, principally from western Sechuen, With notes on Chinese squirrels[J]. Proceeding of Zoological Society, 67: 572-578.

De Bry R W, Sagel R M, 2001. Phylogeny of Rodentia (Mammalia) inferred from the nuclear-encoded gene IRBP[J]. Molecular phylogenetics and evolution, 19: 290-301.

Delson E, 1980. Fossil Macaques, phyletic relationships and a scenario development [J].//Lindburg, D G (ed.). The Macaques: Studies in Ecology, Behaviour and Evolution, Van Nostrand Reinhold. New York: 10-30.

Demboski J R, Cook J A, 2001. Phylogeography of the dusky shrew, *Sorex monticolus* (Insectivora, Soricidae): Insight into deep and shallow history in Northwestern North America[J]. Molecular Ecology, 10: 1277-1240.

Demboski J R, Cook J A, 2003. Phylogenetic diversification within the *Sorex cinereus* group (Soricidae) [J]. Journal of Mammalogy, 84: 144-158.

Demidoff A. Voyage Dans la Russie Méridionale et la Crimée par la Hongrie, la Valachie et la Moldavie Exécuté en 1837[M]. Paris: Ernest Bourdin: 49.

Dene H, Goodman M, Prychodko W, 1978. An immunological examination of the systematics of Tupaioidae[J]. Journal of Mammalogy, 59: 697-706.

Denys C, Winkler A J, 2015. Advance in integrative taxonomy and evolution of Africa murid rodents: how morphological tree hide the molecular forest [M]// Cox P G, Hautier L, eds. Evolution of the rodents: advances in phylogeny, functional morphology and development. Cambridge: Cambridge University Press: 186-220.

Dice L R, 1929. The phylogeny of the Leporidae, with description of a new genus[J]. Journal of Mammalogy, 10: 340-344.

Dobson G E, 1871. Notes on nine new species of Indian and Indo-Chinese Vespertilionidae, with remarks on the synonymy and classification of some other species of the same family[J]. Proceedings of the Asiatic Society of Bengal, 36 (1-2): 11-13.

Dobson G E, 1875. Conspectus of the suborders, families, and genera of Chiroptera arranged according to their natural affinities [J]. Annals Magazine of Natural History, 4 (16): 345-357.

Dobson G E, 1878. Catalogue of the Chiroptera, in the Collection of the British Museum[J]. Nature, 18: 585-586.

Dolgov V A, 1985. Burozubki Starovo Sveta[M]. Moscow: Moscow University.

Douady, C J, Douzery, et al., 2009. Hedgehogs, Shrews, Moles and Solenodons (Eulipotyphla)[M]//S.B, Kumar S(Eds.). The Timetree of Life. Oxford, New York etc: Oxford University Press: 495-498.

Douangboubpha B S, Bumrungsri P, Soisook, et al., 2010. A taxonomic review of the *Hipposideros bicolor* species complex and *H. pomona* (Chiroptera: Hipposideridae) in Thailand[J]. Acta Chiropterologica, 12 (2): 415-438.

Drummond A J, Ho S Y, Phillips M J, et al., 2006. Relaxed phylogenetics and dating with confidence[J]. PLoS Bio, 4 (5): 699.

Drummond A J, Suchard M A, Xie D, et al., 2012. Bayesian phylogenetics with BEAUti and the BEAST 1.7[J]. Molecular Phylogenetics and Evolution, 29 (8): 1969-1973.

Dubey S, Salamin N, Ohdachi S D, et al., 2007. Molecular phylogenetics of shrews (Mammalia: Soricidae) reveal timing of transcontinental colonizations[J]. Molecular Phylogentics and Evolution, 44: 126-137.

Dubey S, Salamin N, Ruedi M, et al., 2008. Biogeographic origin and radiation of the old world Crocidurine shrews (Mammalia: Soricidae) inferred from mitochondrial and nuclear genes[J]. Molecular Phylogenetics and Evolution, 48 (3): 953-963.

Eger J L, Lim B K, 2011. Three new species of Murina from southern China (Chiroptera: Vespertilionidae) [J]. Acta Chiropterologica, 13 (2): 227-243.

Ellerman J R, 1940. The families and genera of living rodents, Volume I. Rodents other than Muridae[M]. London: Printed by Order of the Trustees of the British Museum.

Ellerman J R, 1941. The families and genera of living rodents, Volume II. family Muridae[M]. London: Printed by Order of the Trustees of the British Museum.

Ellerman J R, 1949. The families and genera of living rodents, Volume III. Part I[M]. London: Printed by Order of the Trustees of the British Museum.

Ellerman J R, 1961. The fauna of India, including Pakistan, Burma and Ceylon Mammalia (2nd ed), Vol.3 Rodentia[M]. Calcutta: Baptist Mission Press.

Ellerman J R, Morrison-Scott T C S, 1951. Checklist of Palaearctic and Indian Mammals (1758-1946) [M]. London: British Museum (Natural History), Printed by Order of the Trustees of the British Museum.

Ellerman J R, Morrison-Scott T C S, 1966. Checklist of Palaearctic and Indian Mammals (1758-1946) (Second ed.) [M]. London: British Museum (Natural History).

Elliot D G, 1909. Descriptions of apparently new species and subspecies of monkeys of the genera *Callicebus*, *Lagothrix*, *Papio*, *Pithecus*, *Cercopithecus*, *Erythrocebus* and *Presbytis*[J]. The Annals and Magazine of Natural History, Ser. 8, 4(21): 244-274.

Elliot D G, 1913. Review of the Primates[M]. New York: American Museum of Natural History.

Elliot W, 1839. A catalogue of the species of Mammalia found in the Southern Mahratta country; with their synonyms in the native languages in use there [J]. Madras Journal of Literature and Science, 10: 217.

Elliott O, 1971. Bibliography of the tree shrews 1780-1969[J]. Primates, 12: 323-414.

Engesser B, Jiang X L, 2011. Odontological and craniological comparisons of the recent hedgehog *Neotetracus* with

Hylomys and *Neohylomys* (Erinaceidae, Insectivora, Mammalia) [J]. Vertebr PalAsiat, 49: 406-422.

Erbaeva M A, Ma Y, 2006. A new look at the taxonomic status of *Ochotona argentata* Howell, 1928[J]. Acta Zoologica Cracoviensia, 49A (1-2): 135-149.

Erbajeva M, Flynn L J, Alexeeva N, 2015. Late Cenozoic Asian Ochotonidae: Taxonomic diversity,chronological distribution and biostratigraphy[J].Quaternary International, 355: 18-23.

Erbajeva M A, 1988. Pischukhi kainozoya (taxonomia, systematica, filogenia) (Cenozoic pikas taxonomy, systematics, phylogeny) [M]. Moscow: Nauka.

Erbajeva M A, 1994. Phylogeny and evolution of Ochotonidae with emphasis on Asian Ochotonids[M]// Tomida Y, Li C K, Setoguchi T, eds. Rodent and Lagomorph Families of Asian Origins and Diversification. Tokyo: National Science Museum Monographs: 1-13.

Esselstyn J A, Oliveros C H, 2010. Colonization of the Philippines from Taiwan: a multi-locus test of the biogeographic and phylogenetic relationships of isolated populations of shrews[J]. Journal of Biogeography, 37: 1504-1514.

Esselstyn J A, Timm R M, Brown R M, 2009. Do geological or climatic processes drive speciation in dynamic archipelagos? The tempo and mode of diversification in Southeast Asian shrews[J]. Evolution: International Journal of Organic Evolution, 63 (10): 2595-2610.

Eudey A A, 1980. Pleistocene glacial phenomena and the evolution of Asian macaques[M]. Ibid.

Ezard T, Fujisawa T, Barraclough T G, 2009. SPLITS: species' limits by threshold statistics[J]. R package version, 1.

Fabre P H, Hautier L, Dimitrov D, et al., 2012. A glimpse on the pattern of rodent diversification: A phylogenetic approach[J]. BMC Evolution and Biology, 12: 1-19.

Fabre P H, Jonsson K A, Douzery E P J, 2013. Jumping and gliding rodents: Mitogenomic affinities of Peditdae and Anomaluridae deduced from an RNA-seq approach [J]. Gene, 531: 388-397.

Fahlbusch V, 1966. Cricetidae (Rodentia, Mammalia) aus der millelmiozänen Spaltenfüllung Erkertshofen bei Eichstätt [J]. Mitteilungen der Bayerischen Staatssammlung für Paläontologie und Historische Geologie, 6: 109-131.

Fan Y, Huang Z Y, Cao C C, et al., 2013. Genome of the Chinese treeshrew [J]. Nature Communication (4): 1426.

Fan Z X, Liu S Y, Liu Y, et al., 2009. Molecular phylogeny and taxonomic reconsideration of the subfamily Zapodinae (Rodentia: Dipodidae), with an emphasis on Chinese species [J]. Molecular Phylogenetic and Evolution, 51: 447-453.

Fan Z X, Liu S Y, Liu Y, et al., 2012.Phylogeography of the South China Field Mouse (*Apodemus draco*) on the Southeastern Tibetan Plateau Reveals High Genetic Diversity and Glacial Refugia [J]. PloS One, 7 (5): e35432.

Fang Y P, Lee L L, 2002. Re-evaluation of the Taiwanese white-toothed shrew, *Crocidura tadae* Tokuda and Kano, 1936 (Insectivora: Soricidae) from Taiwan and two offshore islands[J]. Journal of Zoology, 257: 145-154.

Fedosenko A K, Blank D A, 2005. Ovis ammon [J]. Mammalian Species, 773: 1-15.

Fejfar O, Heinrich W D, Pevzner M A, et al., 1997. Late Cenozoic sequence of mammalian sites in Eurasia: An updated correlation [J]. Paleogeography, Paleoclimatology, Paleoecology, 133: 259-288.

Feldhamer G A, Drickamer L C, Vessey S H, et al., 2015. Mammalogy: adaptation, diversity, ecology (4th Edition) [M]. Baltimore: Johns Hopkins University Press.

Feng Q, Li S, Wang Y X, 2008. A new species of bamboo bat (Chiroptera: Vespertilionidae: Tylonycteris) from

Southwestern China [J]. Zoological Science, 25 (2): 225-234.

Fernández M H, Vrba E S. 2005. A complete estimate of the phylogenetic relationships in Ruminantia: A dated species-level supertree of the extant ruminants [J]. Biological Reviews, 80 (2): 269-302.

Filippucci M G, 1992. Allozyme variation and divergence among European, Middle Eastern and North African species of the genus *Apodemus* (Rodentia, Muridae) [J]. Israel Journal of Zoology, 38: 193-218.

Filippucci M G, Simson S, 1996. Allozyme variation and divergence in Erinaceidae (Mammalia, Insectivora) [J]. Israel Journal of Zoology, 42: 335-345.

Fischer G, 1817. Adversaria zoologica[J]. Memoires de la Societe Impe-riale des Naturalistes de Moscou, 5: 357-428.

Fischer G, 1813-1814. Zoognosia tabulis synopticis illustrate 3 vols [M]. Moscow: Nicolai Sergeidis Vsevolozsky.

Fleagle J G, 1999. Primate adaptation and evolution (second edition) [M]. San Diego: Academic press.

Flerov C C, 1952.Mammals: Musk Deer and Deer. Vol. 1, No.2 of Fauna of USSR Mammals[M]. Moscow & Leningrad: Academy of Sciences of the USSR.

Flerov C C, 1930. The white muzzle deer (*Cervus albirostris* Przwe.) as the representative of a new genus *Przewalskium* [J]. Comptes Rendus de l'Academie des Sciences de l'URSS, 1930: 115-120.

Flynn J J, Nedbal M A, Dragoo J W, et al., 2000. Whence the red panda? [J]. Molecular Phylogenetics and Evolution, 17 (2): 190-199.

Flynn L J, 1982. A revision of fossil rhizomyid rodents from northern India and their correlation to a rhizomyid biochronology of Pakistan[J]. Geobios, 15 (4): 583-588.

Flynn L J, 2009. The antiquity of *Rhizomys* and independent acquisition of fossorial traits in subterranean muroids [J]. Bulletin of American Museum of Natural History, 331 (1): 128-156.

Fooden J, 1967. Complementary specialization of male and female reproductive structures in the bear macaque (*M. arctoides*) [J]. Nature, 214: 939-941.

Fooden J, 1971. Female genitalia and taxonomic relationships of *Macaca assamensis*[J]. Primates, 12: 63-73.

Fooden J, 1976. Primates obtained in Peninsular Thailand June-July, 1973, with notes on the distribution of continental Southeast Asian leaf-monkeys (*Presbytis*) [J]. Primates, 17: 95-118.

Fooden J, 1983. Taxonomy and evolution of the Sinica group of macaques, 4 Species account of *Macaca thibetana*[J]. Fieldiana: Zoology, New Series: 17.

Fooden J, Guoqiang Q, Zongren W, et al., 1985. The stumptail macaques of China[J]. Am J Primatol, 8(1): 11-30.

Francis C M, Eger J L, 2012. A review of tube-nosed bats (*Murina*) from Laos with a description of two new species [J]. Acta Chiropterologica, 14 (1): 15-38.

Francis C, 2008. A guide to the mammals of South-East Asia [M]. Princeton: Princeton University Press.

Frey R, Riede T, 2013. The anatomy of vocal divergence in North American elk and European red deer[J]. Journal of Morphology, 274: 307-319.

Fumagalli L, Taberlet P, Stewart D T, et al., 1999. Molecular phylogeny and evolution of *Sorex* shrews (Soricidae: Insectivora) inferred from mitochondrial DNA sequence data[J]. Molecular Phylogenetics and Evolution, 11: 222-235.

Furano A V, Hayward B E, Chevret P, et al., 1994. Amplification of the ancient murine Lx family of long interspersed repeated DNA occurred during the murine radiation[J]. Journal of Molecular Evolution, 38: 18-27.

Furman A, Öztunç T, Çoraman E, 2010. On the phylogeny of *Miniopterus schreibersii schreibersii* and *Miniopterus schreibersii pallidus* from Asia Minor in reference to other *Miniopterus* taxa (Chiroptera: Vespertilionidae) [J]. Acta Chiropterologica, 12 (1): 61-72.

Gadi I, Sharma T, 1983. Cytogenetic relationships in Rattus, *Cremnomys*, *Millardia*, *Nesokia* and *Bandicota* [J]. Genetica, 61: 21-40.

Galewski T, Tilak M, Sanchez S, et al., 2006. The evolutionary radiation of Arvicolinae rodents (voles and lemmings): relative contribution of nuclear and mitochondrial DNA phylogenies [J]. BMC Evolutionary Biology, 6: 80.

Gatesy J, Amato G, Vrba E, et al., 1997. A cladistic analysis of mitochondrial DNA from the Bovidae[J]. Molecular Phylogenetics and Evolution, 7: 303-319.

Gatesy J, Arctander P, 2000a. Hidden morphological support for the phylogenetic placement of *Pseudoryx nghetinhensis* with bovine bovids: a combined analysis of gross anatomical evidence and DNA sequences from five genes[J]. Syst. Biol. 49: 515-538.

Gatesy J, Arctander P, 2000b. Molecular evidence for the phylogenetic affinities of Ruminantia[M]//Vrba E S, Schaller G B (Eds.). Antelopes, Deer, and Relatives. New Haven: Yale University Press: 143-155.

Gaudin T J, Wible J R, 1999. The entotympanic of pangolins and the phylogeny of the Pholidota (Mammalia) [J]. Journal of Mammalian Evolution, 6 (1): 39-65.

Ge B M, Guan T P, Powell D, et al., 2011. Effects of an earthquake on wildlife behavior: A case study of takin (Budorcas taxicolor) in Tangjiahe National Nature Reserve, China [J]. Ecological Research, 26 (1): 217-223.

Ge D, Feijó A, Abramov A V, et al., 2020. Molecular phylogeny and morphological diversity of the *Niviventer fulvescens* species complex with emphasis on species from China [J]. Zoological Journal of the Linnean Society, 191 (2): 528-547.

Ge D, Feijó A, Cheng J L, et al., 2019. Evolutionary history of field mice (Murinae: Apodemus),with emphasis on morphological variation among species in China and description of a new species[J]. Zoological Journal of the Linnean Society, XX: 1-17.

Ge D, Lu L, Alexei V, Abramov, et al., 2018. Coalescence Models Reveal the Rise of the White-Bellied Rat (*Niviventer confucianus*) Following the Loss of Asian Megafauna[J]. Journal of Mammalian Evolution, 26: 423-434.

Ge D, Lu L, Xia L, et al., 2018. Molecular phylogeny, morphological diversity, and systematic revision of a species complex of common wild rat species in China (Rodentia, Murinae)[J]. Journal of Mammalogy, 99 (6): 1350-1374.

Ge D Y, Feijo A, Wen Z X, et al., 2022. Ancient introgression underlying the unusual mito-nuclear discordance and coat phenotypic variation in the Moupin pika[J]. Diversity and Distributions.

Ge D Y, Lissovsky A A, Xia L, et al., 2012. Reevaluation of several taxa of Chinese lagomorphs (Mammalia: Lagomorpha) described on the basis of pelage phenotype variation[J]. Mammal Bio (77): 113-123.

Gebo D, Dagosto M, Wang J, 2000. The oldest known anthropoid postcranial fossils and the early evolution of higher primates [J]. Nature, 404: 276-278.

Geisler J H, Uhen M D, 2005. Phylogenetic relationships of extinct Cetartiodactyls: Results of simultaneous analyses of molecular, morphological and stratigraphic data[J]. Journal of Mammalian Evolution, 12: 145-160.

Geist V, 1991. On the taxonomy of giant sheep (*Ovis ammon*) [J]. Canadian Journal of Zoology, 69(3): 706-723.

Geist V, 1998. Deer of the World: Their Evolution, Behavior, and Ecology[M]. Mechanicsburg: Stackpole Books.

Gemmeke H, J Niethammer, 1984. Zur Taxonomie der Gattung *Rattus* (Rodentia, Muridae)[J]. Zeitschrift für Säugetierkunde, 49: 104-116.

Gentry A W, 1990. Evolution and Dispersal of African Bovidae[M]// Bubenik G A, Bubenik A B. Horns, Pronghorns, and Social Significance. New York: Springer-Verlag: 195-227.

Gentry A W, 1992. The subfamilies and tribes of the family Bovidae[J]. Mammal Rev., 22(1): 1-32.

George S B, 1988. Systematics, historical biogeography, and evolution of the genus Sorex[J]. Journal of Mammalogy, 69: 443-461.

Gerrit S, Miller J, 1907. The families and genera of bats[J]. The American Society of Naturalists, 41: 671-672.

Gidley J M, 1912. The Lagomorpha as an independent order[J]. Science, 36: 285-286.

Gilbert C, Ropiquet A, Hassanin A, 2006. Mitochondrial and nuclear phylogenies of Cervidae (Mammalia, Ruminantia): Systematics, morphology, and biogeography[J]. Molecular Phylogenetics and Evolution, 40 (1): 101-117.

Gill T, 1872. Arrangement of the families of mammals with analytical tables [J]. Smithsonian Miscellaneous Collections, 11: 1-98.

Gingerich P D, Haq M U, Zalmout I S, et al., 2001.Origin of whales from early artiodactyls: Hands and feet of Eocene Protocetidae from Pakistan[J]. Science, 293: 2239-2242.

Ginsburg L, 1982. Sur la position systématique du petit panda, Ailurus fulgens (Carnivora, Mammalia) [J]. Geobios, 15: 247-258.

Gogolevskaya I K, Veniaminova N A, Kramerov D A, 2010. Nucleotide sequences of b1 SINE and 4.5S1 RNA support a close relationship of zokors to blind mole rats (Spalacinae) and bamboo rats (Rhizomyinae)[J]. Gene, 460 (1-2): 30-38.

Gorman M L, Stone R D,1990. The natural history of moles[M]. Ithaca: Comstock.

Gorman M L, Trowbridge B J, 1989. The role of odor in the social lives of carnivores[M]//Carnivore behavior, ecology and evolution. Boston: Springer: 57-88.

Gould G C, 1995. Hedgehog phylogeny (Mammalia, Erinaceidae): The reciprocal illumination of the quick and the dead[J]. American Museum Novitates, 3131: 1-45.

Gray J E, 1821. On the natural arrangement of vertebrose animals[J]. London Medical Repository, 15 (1): 296-310.

Gray J E, 1825. Outline of an attempt at the disposition of the Mammalia into tribes and families with a list of the genera apparently appertaining to each tribe[J]. Annals of Philosophy, 2 (10): 337-344.

Gray J E, 1827. Synopsis of the species of the Class Mammalia, as arranged with reference to their organization, by Cuvier, and other naturalists, with specific characters, synonymy[M]// Griffith E, Smith C H, Pidgeon E, eds. The animal kingdom arranged in conformity with its organization, by the Baron Cuvier, with additional descriptions of all the species hitherto named, and of many not before noticed. London: Whittaker.

Gray J E, 1831a. Characters of three new genera, including two new species of mammals from China[J]. Proceedings of the Committee of Science and Correspondence of the Zoological Society of London, part I., 95: 1830-1831.

Gray J E, 1831b. Characters of three new genera, including two new species of Mammalia from China[J]. Proceedings of the Zoological Society of London, 94.

Gray J E, 1842. Description of some new genera and fifty unrecorded species of Mammalia [J]. The Annals and Magazine of Natural History, 10: 262-263.

Gray J E, 1843. List of the specimens of Mammalia in the collection of the British Museum[M]. London: Natural History Museum Library.

Gray J E, 1865. A revision of the genera and species of viverrine animals (Viverridae) founded on the collection in the British Museum[J]. Proceedings of the Zoological Society of London, 118.

Gray J E, 1866. A revision of the genera of Rhinolophidae, or horseshoe bats[J]. Proceedings of the Zoological Society of London,1866: 81-83.

Gray J E, 1867. Notes on certain species of cats in the collection of the British Museum[J]. Proceedings of the Zoological Society of London, 1867: 394-405.

Gray J E, 1868. Notice of a badger from China (*Meles chinensis*) [J]. Proceedings of the Scientific Meetings of the Zoological Society of London: 206-209.

Gray J E, 1869. Catalogue of carnivorous, pachydermatous and edentate mammals in the British Museum[M]. London: British Museum (Natural History) Publications.

Gray J E, Gray G R, 1843. Catalogue of the Specimens and Drawings of Mammals, Birds, Reptiles and Fishes of Nepal and Tibet [M]. London: Taylor & Francis.

Gray J E, 1868. Notice of *Macacus lasiotus*, a new species of ape from China, in the collection of the society. (Plate VI.) [M]. Proceedings of the Scientific Meetings of the Zoological Society of London: 60.

Gray J E, 1837. A synoptical catalogue of the species of certain tribes or genera of shells contained in the collection of the British Museum and the author's cabinet[J]. Magazine of Natural History and Journal of Zoology, Botany, Mineralogy, Geology and Meteorology, New Series, 2(1): 80.

Gregory W K, 1910. The orders of mammals[J]. Bulletin of American Museum of Natural History, 27: 1-524.

Grenye R, Purvis A, 2003. A composite species-level phylogeny of the "Insectivora" (Mammalia: Order Lipotyphla Haeckel, 1866) [J]. Journal of Zoology, London, 260: 245-257.

Gromov I M, Baranova G I, 1981. Katalog Mlekopitayushchikh SSSR (Pliozen-Sovremennost') Neparnopalye [Catalogue of the USSR Mammals (Pliocene-Present) Perissodactyla] [M]. Leningrad: Nauka.

Gromov I M, Erbajeva M, 1995. The mammals of Russia[M]. St. Petersburg: Russian Academy of Sciences: 520.

Gromov I M, Polyakov I Y, 1977. Fauna of the USSR Mammals, Vol. III No.8. Voles (Microtinae). English Edition: 1992 [M]. Washington D.C D. Siegel-Causey and R. S. Hoffmann: Smithsonian Institution Libraries and The National Science Foundation: 1-701.

Groves C P, 1978. The taxonomic status of the dwarf blue sheep (Artiodactyla: Bovidae)[J]. Saugetierk. Mitt, 26: 177-183.

Groves C P, 2001. Primate taxonomy[M]. Washington: Smithsonian Institution Press.

Groves C P, 2011. The taxonomy and phylogeny of *Ailurus* [M]//Glatston A R, eds. Red panda: Biology and conservation of the first panda. London: Academic Press: 101-124.

Groves C P, Grubb P, 1987. Relationships of Living Deer [M]// Wemmer C M. Biology and Management of the Cervidae.

Washington: Smithsonian Institution Press: 21-59.

Groves C P, Grubb P, 1990. Muntiacidae [M]// Bubenik G, Bubenik A. Horns, Pronghorns, and Antlers. New York: Springer Verlag: 134-168.

Groves C P, Grubb P, 2011. Ungulate Taxonomy [M]. Baltimore: The Johns Hopkins University Press.

Groves C P, Leslie D M, 2011. Family Bovidae (Hollow-horned Ruminants)[M]// Wilson D E & Mittermeier R A. Handbook of the Mammals of the World Vol.2. Hoofed Mammals. Barcelona: Lynx Edicions: 444-779.

Groves C, Grubb P, 2011. Ungulate Taxonomy[M]. Baltimore: The John Hopkins University Press.

Grubb P, 1993. Order Perissodactyla[M]// Wilson D E, Reeder D M, eds. Mammal Species of the World, A taxonomic and geographic reference (2nd ed.). Washington and London: Smithsonian Institute Press: 369-372.

Grubb P, 2005. Order Perissodactyla[M]// Wilson D E, Reeder D M, eds. Mammal Species of the World, A taxonomic and geographic reference (3rd ed.). Baltimore: The Johns Hopkins University Press: 629-636.

Guan T P, Ge B M, McShea W J, et al., 2013. Seasonal migration by a large forest ungulate: a study on takin (*Budorcas taxicolor*) in Sichuan Province, China [J]. European Journal of Wildlife Research, 59 (1): 81-91.

Guan T P, Ge B M, Powell D M, et al., 2012. Does a temperate ungulate that breeds in summer exhibit rut-induced hypophagia? Analysis of time budgets of male takin (*Budorcas taxicolor*) in Sichuan, China[J]. Behavioural Processes, 89 (3): 286-291.

Gureev A A, 1964. Fauna SSSR, Mlekopitayushchie, tom. 3, vyp. 10. Zaitseobraznye (Lagomorpha) (Fauna of the USSR, mammals, Vol. 3, pt. 10, Lagomorpha)[M]. Moscow: Nauka Moscow-Leningrad.

Gureev A A, 1971. Zemleroikii (Soricidae) fauny mira. [Shrews...of the world fauna][M]. Leningrad: Nauka.

Gureev A A, 1979. Fauna SSSR, Mlekopitayutschie, tom. 4, vyp. 2. Nasekomoyadnye [Fauna of the USSR, Mammals, vol. 4, pt. 2, Insectivores (Mammalia, Insectivora)] [M]. Leningrad: Nauka.

Hallstrom B M, Janke A, 2010. Mammlian evolution may not be strictly bifurcating [J]. Molecularbiology and Evolution, 27 (12): 2804-2816.

Hansson L, Nilsson B, 1975. Biocontrol of Rodents [M]. Ecological bulletins, No.19. Swedish Natural Science Research Council. Stockholm: Liber Tryck: 1-306.

Hao H B, Liu S Y, Zhang X Y, et al., 2011. Complete mitochondrial genome of a new vole *Proedromys liangshanensis* (Rodentia: Cricetidae) and phylogenetic analysis with related species: Are there implications for the validity of the genus Proedromys [J]. Mitochondrial DNA, 22 (1-2): 28-34.

Harrington R, 1985. Evolution and Distribution of the Cervidae[C]// Fennessy PF & Drew KR. Biology of Deer Production. The Royal Society of New Zealand.

Harris R B, 2015. *Cervus nippon*. The IUCN Red List of Threatened Species 2015: e.T41788A22155877. http: //dx.doi. org/10.2305/IUCN.UK.2015-2.RLTS.T41788A22155877.en.

Harris R B, Jiang Z G, 2015. *Elaphodus cephalophus*. The IUCN Red List of Threatened Species 2015: e.T7112A22159620. http: //dx.doi.org/10.2305/IUCN.UK.2015-2.RLTS.T7112A22159620.en.

Harris R B, Miller D J, 1995. Overlap in summer habitats and diets of Tibetan Plateau ungulates[J]. Mammalia, 59(2): 197-212.

Harrison R G, Bogdanowicz S M, Hoffmann R S, et al., 2003. Phylogeny and evolutionary history of the ground squirrels (Rodentia, Marmotinae) [J]. Journal of Mammalian Evolution, 10 (3): 249-276.

Hartenberger J L, 1971. Contribution a l'etude des genres Gliravus et Microparamys (Rodentia) de l" eocene d'Europe [J]. Paleovertebrata, 4: 97-135.

Hartenberger J L, 1994. The evolution of the Gliroidea[M]// Tomida Y, Li C K, Setoguchi T, eds. Rodent and Lagomorph Families of Asian Origins and Diversification. Tokyo: National Science Museum Monographs : 9-33.

Hartl G B, Suchentrunk F, Willing R J, et al., 1992. Inconsistency of biochemical evolutionary rates affecting allozyme divergence within the genus *Apodemus* (Muridae: Mammalia) [J]. Biochemical Systematics and Ecology, 20 (4): 363-372.

Hassanin A, Colombo R, Gembu G C, et al., 2018. Multilocus phylogeny and species delimitation within the genus *Glauconycteris* (Chiroptera, Vespertilionidae), with the description of a new bat species from the Tshopo Province of the Democratic Republic of the Congo [J]. Journal of Zoological Systematics and Evolutionary Research, 56 (1): 1-22.

Hassanin A, Delsuc F, Ropiquet A, et al., 2012. Pattern and timing of diversification of Cetartiodactyla (Mammalia, Laurasiatheria), as revealed by a comprehensive analysis of mitochondrial genomes [J]. Comptes Rendus Biologies, 335 (1), 32-50.

Hassanin A, Douzery E J, 2003. Molecular and morphological phylogenies of ruminantia and the alternative position of the Moschidae[J]. Systematic Biology, 52(2): 206-228.

Hassanin A, Douzery J P E, 1999. The tribal radiation of the family Bovidae (Artiodactyla) and the evolution of the mitochondrial cytochrome b gene[J]. Molecular of Phylogenetics and Evolution, 13(2), 227-243.

Hayley C L, Link E O, 2009. Inferring divergence times within pikas (Ochotona spp.) using mtDNA and relaxed molecular dating techniques[J]. Molecular Phylogenetics and Evolution, 53 (1): 1-12.

He K, Chen J H, Gould G C, et al., 2012. An estimation of Erinaceidae phylogeny: A combined analysis approach[J]. PLoS One, 7 (6): e39304.

He K, Chen X, Chen P, et al., 2018. A new genus of Asiatic short-tailed shrew (Soricidae, Eulipotyphla) based on molecular and morphological comparisons[J]. Zoological Research, 39 (5): 321-334.

He K, Jiang X L, 2015. Mitochondrial phylogeny reveals cryptic genetic diversity in the genus *Niviventer* (Rodentia, Muroidea)[J]. Mitochondrial DNA, 26 (1): 48-55.

He K, Li Y J, Brandley M C, et al., 2010. A multi-locus phylogeny of Nectogalini shrews and influences of the paleoclimate on speciation and evolution [J]. Molecular Phylogenetics and Evolution, 56: 734-746.

He K, Liu Q, Xu D M, et al., 2021. Echolocation in soft-furred tree mice[J]. Science, 372: 1305.

He K, Shinohara A, Jiang X L, et al., 2014. Multilocus phylogeny of talpine moles (Talpini, Talpidae, Eulipotyphla) and its implications for systematics [J]. Molecular Phylogenetics and Evolution, 70: 513-521.

He L, Garcia-Perea R, Li M, et al., 2004. Distribution and conservation status of the endemic Chinese mountain cat Felis bieti [J]. Oryx, 38: 55-61.

He Y, Hu S, Ge D, et al., 2020. Evolutionary history of spalacidae inferred from fossil occurrences and molecular phylogeny[J]. Mammal Review, 50 (1): 11-24.

Heller K G, Volleth M, 1984. Taxonomic position of "*Pipistrellus societatis*" Hill, 1972 and the karyological characteristics of the genus *Eptesicus* (Chiroptera: Vespertilionidae) [J]. Zoological Systematics and Evolutionary Research, 22: 65-77.

Hemmer H, 1972. Uncia uncia [J]. Mammalian Species, 20: 1-5.

Hendrichsen D K, 2001. Recent records of bats (Mammalia: Chiroptera) from Vietnam with six new species new to the country [J]. Myotis, 39: 35-122.

Hermann J, 1780. Schreb. Saugeth. Die Säugthiere in Abbildungen nach der Natur [M]//Johann Christian Daniel von Schreber, ed. Mit Beschreibungen.

Herron M D, Waterman J M, Parkinson C L, 2005. Phylogeny and historical biogeography of African ground squirrels: the role of climate change in the evolution of Xerus[J]. Molecular Ecology, 14: 2773-2788.

Heude P M, 1888. Etudes sur les suilliens de I'Asie orientale. Mem. Concern[M]//Mémoires Concernant l'Histoire Naturelle de l'Empire Chinois, 2: 52-64.

Heude P M, 1898. Capricornes de Moupin, etc [M] //Mémoires Concernant l'Histoire Naturelle de l'Empire Chinois.

Heude P M. 1894. Notes sur le genre Capricornis (Ogilby, 1836) [M]//Mémoires Concernant l'Histoire Naturelle de l'Empire Chinois, 2: 222-233.

Hill J E, 1963. A revision of the genus Hipposideros[J]. Bulletin of the British Museum of Natural History (Zoology), 2 (1): 1-129.

Hill J E, Francis C M, 1984. New bats (Mammalia: Chiroptera) and new records of bats from Borneo and Malaya [M]. London: British Museum (Natural History).

Hill J E, Harrison D L, 1987. The baculum in the Vespertilioninae (Chiroptera: Vespertilionidae) with a systematic review, a synopsis of *Pipistrellus* and *Eptesicus*, and the description of a new genus and subgenus [J]. British Museum (Natural History): Zoology Series, 52 (7): 225-305.

Hill J E, Zubaid A, Davison G, 1986. The taxonomy of leaf-nosed bats of the *Hipposideros bicolor* group (Chiroptera: Hipposideridae) from Southeastern Asia[J]. Mammalia, 50: 535-540.

Hinton M A C, 1923. On the voles collected by Mr. G. Forrest in Yunnan; with remarks upon the genera *Eothenomys* and *Neodon* and upon their allies [J]. Annals and Magazine of Natural History, 9 (6): 146-163.

Hinton M A C, 1926. Monograph of the voles and lemmings (Micortinae) living and extinct[M]. London: printed by Order of the Trustees of the British museum.

Hodgson B H, 1838. A classified catalogue of Nepalese Mammalia [J]. Proceedings of Learned Societies. Linnaean Society. Annals and Magazine of Natural History, 11: 152-154.

Hodgson B H, 1841. Classified catalogue of mammals of Nepal [J]. Journal of the Asiatic Society of Bengal, 10: 230, 907-916.

Hodgson B H, 1842. Notice of the mammals of Tibet [J]. Journal of the Asiatic Society of Bengal, 11: 282-283.

Hodgson B H, 1842a. Notice of the mammals of Tibet, with descriptions and plates of some new species[J]. Journal of the Asiatic Society of Bengal, 11: 279.

Hodgson B H, 1842b. Notice of two marmots inhabiting respectively the plains of Tibet and the Himalayan slopes near to the snows and also of *a Rhinolophus* of the central region of Nepal [J]. Journal of the Asiatis Society of Bengal, 12: 409-414.

Hodgson B H, 1847a. On the Tibetan badger, *Taxidia leucurus*[J]. N.S., with plates.Journal of the Asiatic Society of Bengal, 16(Pt.2): 763-771.

Hodgson B H, 1847b. On various genera of the ruminants[J]. Journal of Asiatic Society of Bengal, 16: 685-711.

Hodgson B H, 1849. The polecat of Tibet[J]. Journal of the Asiatic Society of Bengal, 18: 447.

Hodgson B H, 1850. On the takin of the eastern Himalaya: *Budorcas taxicolor mihi* [J]. Journal of Asiatic Society of Bengal, 19: 65-75.

Hoffmann R S, 1985. A review of the genus *Soriculus* (Mammalia: Insectivora) [J]. Journal of the Bombay Natural History Society, 82: 459-481.

Hoffmann R S, 1987. A review of the systematics and distribution of Chinese red-toothed shrews (Mammalia: Soricinae) [J]. Acta Theriologica Sinica, 7: 100-139.

Hoffmann R S, 1993. Family Ochotonidae [M]//Wilson D E, Reeder D M, eds. Mammal Species of the World: A taxonomic and geographic reference (2nd ed.). Washington: Smithsonian Institution Press.

Hoffmann R S, 1996. Noteworthy shrews and voles from the Xizang-Qinghai Plateau[M] // Knox J,ed. Contributions in mammalogy: A memorial volume honoring. Lubbock: The Museum, Texas Tech University.

Hoffmann R S, Anderson C G, Thorington R W, et al., 1993. Family Sciuridae [M]// Wilson D E, Reeder D M, eds. Mammal Species of the World: A taxonomic and geographic reference (2nd ed.). Washington: Smithsonian Institution Press.

Hoffmann R S, Lunde D, 2008. Soricomorpha [M] //Smith A T, Xie Y, eds. A guide to the mammals of China. New Jersey: Princeton University Press.

Hoffmann R S, Smith A T, 2005. Family Ochotonidae [M]//Wilson D E, Reeder D M, eds. Mammal Species of the World: a taxonomic and geographic reference (3rd ed.). Baltimore: The Johns Hopkins Press.

Hollister N, 1912. The names of the Rocky Mountain goat[J]. Proceedings of the Biological Society of Washington, 25: 185-186.

Hollister N, 1913. Mammals collected by the Smithsonian - Harvard Expedition to the Altai Mountains, 1912[J]. Proceedings of the United States National Museum, 45(1900): 507-532.

Honacki J H, K E Kinman, J W Koeppl, 1982. Mammal Species of the World: A taxonomic and geographic reference[M]. Kansas: Allen Press, Inc., and The Association of Systematics Collections.

Hong M S, Wei W, Tang J F, et al., 2021. Positive responses from giant pandas to the Natural Forest Conservation Program based on slope utilization[J]. Global Ecology and Conservation, 27: e01616.

Hooper E T, Hart B S, 1962. a synopsis of Recent North American microtine rodents [J]. Miscellaneous Publications Museum of Zoology, University of Michigan, 120: 1-68.

Hope A G, Panter N, Cook J A, et al., 2014. Multilocus phylogeography and systematic revision of North American water shrews (genus: *Sorex*) [J]. Journal of Mammalogy, 95(4): 722-738.

Hopwood A T, 1947. The generic names of the mandrill and baboons, with notes on some of the genera of Brisson, 1762 [J]. Proceedings of the Zoological Society of London, 117: 533-536.

Horácek I, 1997. The status of *Vesperus sinensis* Peters, 1880 and remarks on the genus *Vespertilio*[J]. Vespertilio, 2: 59-72.

Horsfield T, 1849. Brief notice of several mammals and birds discovered by Hodgson Esq. in Upper India[J]. Annals Magazine of Natural History, 3: 202-210.

Horsfield T, 1851. A catalogue of the Mammalia in the Museum of the Hon. East - India Company[M]. London: Printed by J .& H . Cox : 1-212.

Howell A B, 1926. Three new mammals from China[J]. Proceedings of the Biological Society of Washington, 39: 137-140.

Howell A B, 1927. Five new Chinese squirrels [J]. Journal of the Washington Academy of Sciences, 17: 80-84.

Howell A B, 1928. New Asiatic mammals collected by F. R. Wulsin [J]. Proceedings of the Biological Society of Washington, 41: 115-120.

Howell A B, 1929. Mammals from China in the collections of the United States National Museum[J]. Proceedings of the United States National Museum, 75 (1): 1-82.

Hoyningen-Huene, 1910. Zur.Biol.Estlandisch[M]. Dachses: 63.

Hu J Y, Zhang Y P, Yu L, 2012. Summary of Laurasiatheria (Mammalia) phylogeny[J]. Zoological Research, 33: E65-E74.

Hu T L, Cheng F, Xu Z, et al., 2021. Molecular and morphological evidence for a new species of the genus *Typhlomys* (Rodentia: Platacanthomyidae) [J]. Zoological Research, 42 (1): 100-107.

Hu T L, Xu Z, Zhang H, et al., 2021. Description of a new species of the genus *Uropsilus* (Eulipotyphla: Talpidae: Uropsilinae) from the Dabie Mountains, Anhui, Eastern China[J]. Zoological Research, 42 (3): 294-299.

Hu Y, Thapa A, Fan H, et al., 2020. Genomic evidence for two phylogenetic species and long-term population bottlenecks in red pandas[J]. Science Advances, 6 (9): eaax5751.

Huang C J, Yu W H, Xu Z X, et al., 2014. A cryptic species of the *Tylonycteris pachypus* complex (Chiroptera: Vespertilionidae) and its population genetic structure in Southern China and nearby regions [J]. International Journal of Biological Sciences, 10: 200-211.

Huang Z P, Qi X G, Garber P A, et al., 2014. The use of camera traps to identify the set of scavengers preying on the carcass of a golden snub-nosed monkey (*Rhinopithecus roxellana*) [J]. PLoS ONE, 9: e87318.

Huchon D, Chevret P, Jordan U, et al., 2007. Multiple molecular evidences for a living mammals fossil[J]. Proceedings of the National Academy of Sciences of the United States of America, 104: 7495-7499.

Hugueney M, Mein P, 1993. A comment on the earliest Spalacinae (Rodentia, Muroidea)[J]. Journal of Mammalian Evolution, 1: 215-223.

Hunter J P, Jernvall J, 1995. The hypocone as a key innovation in mammalian evolution [J]. Proceedings of the National Academy of Sciences of the United States of America, 92: 10718-10722.

Hunter L, 2011. Carnivores of the World [M]. Princeton: Princeton University Press.

Hutchison J H, 1968. Fossil Talpidae (Insectivora, Mammalia) from the Later Tertiary of Oregon[J]. Bulletin of the Museum of Natural History Oregon, 11: 1-117.

Hutterer R, 1979. Verbreitung and Systematik von *Sorex minutus* Linnaeus, 1766 (Insectivora; Soricinae) im Nepal-llimalaya and angrenzenden Gebieten[J]. Zeitschrift fur Siugetierkurade, 44:65-80.

Hutterer R, 1985. Anatomical adaptations of shrews[J]. Mammal Review, 15: 43-55.

Hutterer R, 1993. Order Insectivora [M]//Wilson D E, Reeder D M, eds. Mammal Species of the World: A taxonomic and geographic reference (2nd ed.). Washington & London: Smithsonian Institution Press: 69-130.

Hutterer R, 1994. Generic limits among Neomyine and Soriculine shrews (Mammalia: Soricidae)[M]. Poland: Neogene and Quaternary Mammals of the Palaearctic: Conference in Honour of Professor Kazimierz Kowalski, Kraków.

Hutterer R, 2005a. Order Erinaceomorpha[M]//Wilson D E, Reeder D M. Mammal Species of the World: A taxonomic and geographic reference (3rd ed.). Baltimore: The Johns Hopkins University Press: 212-311.

Hutterer R, 2005b. Subfamily Erinaceinae[M] //Wilson D E, Reeder D M, eds. Mammal Species of the World. A taxonomic and geographic reference (3rd ed.). Baltimore: Johns Hopkins University Press.

Illiger C D, 1811. Prodromus systematis mammalium et avium additis terminis zoographicis uttriusque classis[M]. Berlin: Salfeld.

Imaizumi Y, 1956. A new species of Myotis from Japan (Chiroptera) [J]. Bulletin of the National Science Museum, 3: 42-46.

Irwin D M, Kocher T D, Wilson A C, 1991. Evolution of the cytochrome b gene of mammals[J]. Journal of Molecular Evolution, 32: 128-144.

Jaarola M, Martínková N, Gunduz I, et al., 2004. Molecular phylogeny of the speciose vole genus Microtus (Arvicolinae, Rodentia) inferred from mitochondrial DNA sequences[J]. Molecular Phylogenetics and Evolution, 33: 647-663.

Jablonski N G, Gu Y M, 1991. A reassessment of Megamacaca lantianensis, a large monkey from the Pleistocene of North-central China[J]. Journal of Human Evolution, 20: 51-66.

Jablonski N G, Ji X P, Kelley J, et al., 2020. Mesopithecus pentelicus from Zhaotong, China, the easternmost representative of a widespread Miocene cercopithecoid species[J]. Journal of Human Evolution,146: 102851.

Jacobi A, 1923. Zoologische ergebnisse der Walter Stötznerschen expeditionen nach Szetschwan [M]// Weigolds H, eds. Osttibet und Tschili auf Grund der Sammlungen und Beobachtungen. 2. Teil, Aves.

Jameson E W, Jones G S, 1977. The Soricidae of Taiwan[J]. Proceedings of the Biological Society of Washington, 90: 459- 482.

Janecka J E, Zhang Y, Li D, et al., 2017. Range-wide snow leopard phylogeography supports three subspecies [J]. Journal of Heredity, 108 (6): 597-607.

Jansa S A, Giarla T C, Lim B K, 2009. The Phylogenetic position of the rodent genus Typhlomys and the Geographic origin of Muroidae[J]. Journal of Mammalogy, 90 (5): 1083-1094.

Jansa S A, Weksler M, 2004. Phylogeny of muroid rodents: Relationships within and among major lineages as determined by IRBP gene sequences[J]. Molecular Phylogenetics and Evolution, 31: 256-276.

Jass C N, Mead J I. 2004. Capricornis crispus[J]. Mammal Species (750): 1-10.

Jenkins P D, 1976. Variation in Eurasian shrews of the genus Crocidura (Insectivora: Soricidae)[J]. Bulletin of the British Museum (Natural History), 30 (7): 271-309.

Jenkins P D, Lunde D P, Moncrieff C B, 2009. Chapter 10. Descriptions of new species of Crocidura (Soricomorpha: Soricidae) from mainland southeast Asia, with synopses of previously described species and remarks on biogeography[J]. Bulletin of the American Museum of Natural History, 90: 356-405.

Jenkins P D, Robinson M F, 2002. Another variation on the gymnure theme: Description of a new species of Hylomys (Lipotyphla, Erinaceidae, Galericinae) [J]. Bulletin of the Natural History Museum, London (Zoology), 68: 1-11.

Jerdon T, 1867. The Mammals of India: A Natural History of All the Animals Known to Inhabit Continental India[M]. Roorkee: Thomason College Press.

Jernvall J, 1995. Mammalian molar cusp patterns: developmental mechanisms of diversity[J]. Acta Zoologica Fennica, 198: 1-61.

Ji X P, Youlatos D, Jablonski N G, 2020. Oldest colobine calcaneus from East Asia (Zhaotong, Yunnan, China) [J]. Journal of human evolution,147: 1-13.

Jiang X L, Hoffmann R S, 2001. A revision of the white-toothed shrews (*Crocidura*) of Southern China[J]. Journal of Mammalogy, 82: 1059-1079.

Jiang X L, Yang Y X, Hoffmann R S, 2003. A review of the systematics and distribution of Asiatic short-tailed shrews, genus *Blarinella* (Mammalia: Soricidae) [J]. Mammalian Biology, 68: 1-12.

Jing J, Song X H, Yan C C, et al., 2015. Phylogenetic analyses of the harvest mouse, *Micromys minutus* (Rodentia: Muridae) based on the Complete Mitogenome sequences[J]. Biochemical Systematics and Ecology, 62:121-127.

Johnson K G, Schaller G B, Hu J C, 1988. Comparative behavior of red and giant pandas in the Wolong Reserve, China [J]. Journal of Mammalogy, 69 (3): 552-564.

Johnson W E, Eizirik E, Pecon-Slattery J, et al., 2006. The late Miocene radiation of modern Felidae: A genetic assessment [J]. Science, 311: 73-77.

Jones J K, 1956. Comments on the taxonomic status of *Apodemus peninsulae*, with description of a new sub-species from North China[J]. University of Kansas publications, Museum of Natural History, 9: 337-346.

Juste J, Benda P, García-Mudarra J L, et al., 2013. Phylogeny and systematics of Old World serotine bats (genus *Eptesicus*, Vespertilionidae, Chiroptera): An integrative approach [J]. Zoologica Scripta, 42 (5): 441-457.

Kang D W, Li S, Wang X R, et al., 2018. Comparative habitat use by takin in the Wanglang and Xiaohegou Nature Reserves[J]. Environmental Science and Pollution Research, 25 (8): 7860-7865.

Kastschenko N F 1907. *Chodsigoa* subgen.nov. (gen. *Soriculus*, fam. Soricidae) [J]. Annuaire du Musée zoologique de l' Académie de Sciences de St. Pétersbourg, 10: 251-254.

Kastschenko N F, 1902 [1901]. About the sandy badger (Meles arenarius Satunin)and about the Siberian races of badger[J]. Ezhegodnik zoologicheskogo muzeya Imperatorskoi Akademii Nauk, 6: 609-613 (in Russian).

Kastschenko N F, 1905. Observations on mammals from W. Siberia &Turkestan, in Trans[J]. Tomsk University, 27: 93.

Kastschenko W, 1910. Description d ' une collection de mammif è res, provenant de Transbaikalie[J]. Annuaire Musee Zoologique de l'Academie Imperiale des Sciences de Saint P é tersburg, 15: 267-298.

Kaup J J, 1829. Skizzirte Entwickelungs-Geschichte und natürliches system der europäischen Thierwelt: Erster Theil welcher die Vogelsäugethiere und Vögel nebst Andeutung der Entstehung der letzteren aus Amphibien enthält [M]. Darmstadt: In commission bei Carl Wilhelm Leske, 1: 150, 154.

Kawada S, Harada M, Koyasu K, et al., 2002. Karyological note on the short-faced mole, *Scaptochirus moschatus* (Insectivora, Talpidae) [J]. Mammal Study, 27: 91-94.

Kawamura Y, 1989. Quaternary rodent faunas in the Japanese Islands (Part 2) [J]. Memoirs of the Faculty of Science, Kyoto University, Series of Geology and Mineralogy, 54 (1-2): 1-235.

Kimura Y, 2013. Intercontinental dispersals of sicistine rodents (Sicistinae, Dipodidae) between Eurasia and North America[M]// Xiao ming Lawrence J Flynn, Mikael Fortelius. Fossil Mammals of Asia: Neogene Biostratigraphy and Chronolog. New York: Columbia University Press: 656-671.

Kishida K, 1924. Some Japanese bats[J]. Zoological Magazine, 36: 127-139.

Kishida K, Mori T, 1931. On distribution of the Korean land mammals[J]. Zoological Magazine, 43: 379.

Kitchener A C, Breitenmoser-Würsten C, Eizirik E, et al., 2017. A revised taxonomy of the Felidae: The final report of the Cat Classification Task Force of the IUCN Cat Specialist Group[J]. Cat News (Special Issue 11): 21-22.

Kitchener A C, Rees E E, 2009. Modelling the dynamic biogeography of the wildcat: Implications for taxonomy and conservation [J]. Journal of Zoology, 279 (2): 144-155.

Klingener D, 1963. Dental evolution of *Zapus* [J]. Journal of Mammalogy, 44 (2): 248-260.

Kloss C B, 1908. New mammals from the Malay Peninsula region[J]. Journal of the Federated Malay States Museums, 2: 145-146.

Kloss C B, 1917. Description of a new macaque from Siam[J]. Journal of the Natural History Society of Siam, 2: 247-249.

Kloss C B, 1917. On the Mongooses of the Malay Peninsula[J]. Journal of the Federation of Malay States Museum, 7(3): 123-125.

Kloss C B. 1920. Two new *Leggada* mice from Siam[J]. The Journal of the Natural History Society of Siam, 4: 60.

Kohli B A, Speer K A, Kilpatrick C W, et al., 2014. Multilocus systematics and non-punctuated evolution of Holarctic Myodini (Rodentia: Arvicolinae)[J]. Molecular Phylogenetics and Evolution, 76: 18-29.

Koju P, He K, Chalise M K, et al., 2017. Multilocus approaches reveal understanding species diversity and inter-specific gene flow in pikas (*Ochotona*) from Southwestern China[J]. Molecular Phylogenetics and Evolution, 107: 239-245.

Koopman K F, 1993. Order Chiroptera [M]// Wilson D E, Reeder D M, eds. Mammal Species of the World: A taxonomic and geographic reference (2nd ed.). Washington: Smithsonian Institution Press: 137-241.

Koopman K F, 1994. Chioptera: systematics [M]. Handbook of Zoology. Mammalia. part 60. Berlin: Walter de Gruyter: 217.

Korablev V P, Kiriljuk V E, Golovushkin M I, 1996, Study of the karyotype of Daurian hedgehog *Mesechinus dauricus* (Mammalia, Erinaceidae) from its terra typica[J]. Zoologicheskii Zhurnal, 75: 558-564.

Kotlia B S, 2008. A new species of fossil *Mus* (Rodentia, Muridae) from the Indian Himalaya and phylogenetic implications[J]. Palaeoworld, 17: 47-56.

Kowalski K, Hasegawa Y, 1976. Quaternary rodents from Japan[J]. Bulletin of the National Science Museum (Tokyo), Ser. C (Geology and Paleontology), 2 (1): 31-66.

Kretzoi M, 1955. *Dolomys* and *Ondatra*[J]. Acta Geologica Hungarica, 3 (4): 347-355.

Kretzoi M, 1969. Skizze einer Arvicoliden-Philogenie [J]. Vertebrata Hungarica, 11: 155-193.

Kruskop S V, 2013. Bats of Vietnam: Checklist and an identification manual[M]. Moscow: Zoological Museum of Moscow M.V. Lomonosov State University.

Kruskop S V, Kawai K, Tiunov M P, 2019. Taxonomic status of the barbastelles (Chiroptera: Vespertilionidae: *Barbastella*) from the Japanese archipelago and Kunashir Island [J]. Zootaxa, 4567 (3): 461-476.

Krutzsch P H, 1954. North American jumping mice (genus *Zapus*) [J]. University of Kansas Publications, Museum of Natural History, 7 (4): 349-472.

Kuang W M, Ming C, Li H P, et al., 2019. The Origin and Population History of the Endangered golden snub-nosed Monkey (*Rhinopithecus roxellana*)[J]. Molecular biology and evolution, 36 (3): 487-499.

Kuhl H, 1817. Die deutschen Fledermäuse[M]. Hanau: Published privately.

Kuroda N, 1920. On a collection of Japanese and Formosan mammals[J]. Annotationes zoologicae Japonenses, 9: 599-611.

Kuroda N, 1921. On three new mammals from Japan[J]. Journal of Mammalogy, 2: 208-211.

Kuroda N, 1952. Description of three new forms of *Rattus* from Hokkaido and South China[J]. Journal of Mammalogical Society of Japan, 1 (1): 1-4.

Kurtén B, 1968. Pleistocene mammals of Europe[M]. London: Weidenfeld and Nicolson.

Kuznetsov B A. 1965. Ordo Rodentia[M]// Bobrinskii N A, Kuznetsov B A, Kuzyakin A P, eds. Opredelitel' mlekopitayushchikh SSSR [Guide to the mammals of the USSR] (2nd ed.). Moscow: Proveshchenie: 236-346.

Kuznetsova M V, Kholodova M V, Danilkin A A. 2005. Molecular Phylogeny of Deer (Cervidae: Artiodactyla) [J]. Genetika, 41(7): 910-918.

Kuznetsova M V, Kholodova M V, Lushchekina A A, 2002. Phylogenetic analysis of sequences of the 12S and 16S rRNA mitochondrial genes in the Family Bovidae: New evidence[J]. Genetika, 38(8): 1115-1124.

Lacepede B G E, 1799.Tableau des divisions, sous-divisions, ordres et genres des mammiferes [M]. Paris: In Buffon, GLL Histoire naturelle, P Didot L'Aine et Firmin Didot.

Lack J B, Roehrs Z P, Stanley C E, et al., 2010. Molecular phylogenetics of *Myotis* indicate familial-level divergence for the genus *Cistugo* (Chiroptera) [J]. Journal of Mammalogy, 91 (4): 976-992.

Laguardia A, Kamler J F, Li S, et al., 2017. The current distribution and status of leopards *Panthera pardus* in China[J]. Oryx, 51 (1): 153-159.

Landry S O, 1974. The fundamental relationship of the Lagomorpha and Rodentia (abstract) [M]. Moscow: Transactions of the First International Theriological Congress, 2: 202-203.

Lanier H C, Olson L E, 2009. Inferring divergence times within pikas (*Ochotona* spp.) using mtDNA and relaxed molecular dating techniques[J]. Molecular Phylogenetics and Evolution, 53: 1-12.

Lavocat R, Parent J P, 1985. Phylogenetic analysis of middle ear features in fossil and living rodents[M]// Luckett W P, Hartenberger J L, eds. Evolutionary Relationships among Rodents, A Multidisciplinary Analysis. New York: Plenum Press: 333-354.

Lawrence M, 1991. A fossil *Myospalax* cranium (Rodentia, Muridae) from Shanxi, China, with observations on zokor relationships[J]. Bulletin of the American Museum of Natural History: 261-286.

Lazaridis G, Tsoukala E, Rae T C, et al., 2018. Mesopithecus pentelicus from the Turolian locality of Kryopigi (Kassandra, Chalkidiki, Greece) [J]. Journal of Human Evolution, 121: 128-146.

Lebedev S V, Bannikova, et al., 2013.Molecular phylogeny and systematics of Dipodoidea: A test of morphology-based hypotheses[J]. Zoologica Scripta, 42: 231-249.

Lebedev V S, Bannikova A A, Tesakov A S, et al., 2007. Molecular phylogeny of the genus *Alticola* (Cricetidae, Rodentia) as inferred from the sequence of the cytochrome b gene[J]. Zoologica Scripta, 36 (6): 547-563.

Lebedev V, Bannikov A, Neumann K, et al., 2018. Molecular phylogenetics and taxonomy of dwarf hamsters *Cricetulus* Milne-Edwards, 1867 (Cricetidae, Rodentia): description of a new genus and reinstatement of another[J]. Zootaxa, 4387 (2): 331-349.

Lecompte E, Aplin K P, Denys C, et al., 2008. Phylogeny and biogeography of African Murinae based on mitochondrial and nuclear gene sequences, with a new tribal classification of the subfamily[J]. BMC Evolution and Biology, 8: 1-21, 199.

Lei R H, Jian Z G, Hu Z A, et al., 2010. Phylogenetic relationships of Chinese antelopes (subfamily Antilopinae) based on mitochondrial Ribosomal RNA gene sequences[J]. Proceedings of the Zoological Society of London, 261(3): 227-237.

Lekagul B, McNeely B A, 1977. Mammals of Thailand[M]. Bangkok: Association for the Conservation of Wildlife.

Lekagul B, McNeely J, 1988. Mammals of Thailand: Association for the conservation of wildlife[J]. Journal of Mammalogy, 60 (1).

Leslie D M, 2010. *Przewalskium albirostre* (Artiodactyla: Cervidae)[J]. Mammalian Species, 42(849): 7-18.

Leslie D M, 2011. *Rusa unicolor* (Artiodactyla: Cervidae) [J]. Mammalian Species, 43(871): 1-30.

Leslie D M, Lee D N, Dolman R W, 2013. *Elaphodus cephalophus* (Artiodactyla: Cervidae)[J]. Mammalian Species, 45(904): 80-91.

Leslie D M, Schaller G B, 2009. *Bos grunniens* and *Bos mutus* (Artiodactyla: Bovidae)[J]. Mammalian Species, 836: 1-17.

Li C K, Wilson R W, Dawson, et al., 1987.The origin of rodents and Lagomorphs [M]//Genoways H H, eds. Current Mammalogy, Vol. 1. New York: Plenum Publisher Corporation.

Li H T, Kong L M, Wang K Y, et al., 2019. Molecular phylogeographic analyses and species delimitations reveal that *Leopoldamys edwardsi* (Rodentia: Muridae) is a species complex[J]. Integrative Zoology, 14: 494-505.

Li Q, Ni X J, 2016. An early Oligocene fossil demonstrates treeshrews are slowly evolving "Living fossils" [J]. Scientific reports, 6 (6): 1-8.

Li S, 2010. A cladistic phylogeny of the Plain long-nosed squirrels (Sciuridae, Dremomys) from the mainland of southeastern Asia based on morphological data [J]. Acta Theriologica Sinica (in English), 30 (2): 119-126.

Li S, Feng Q, Yang J X, et al., 2006. Differentiation of Subspecies of Asiatic striped squirrels (*Tamiops swinhoei*) in China with description of a new subspecies [J]. Zoological Studies, 45 (2): 180-189.

Li S, He K, Yu F H, Yang Q S, 2013. Molecular phylogeny and biogeography of *Petaurista* inferred from the cytochrome b gene, with implications for the taxonomic status of *P. caniceps*, *P. marica* and *P. sybilla*[J]. PLoS One, 8(7): e70461.

Li S, Liu S Y, 2014.Geographic variation of the large-eared field mouse (*Apodemus latronum* Thomas, 1911) (Rodentia: Muridae) with one new subspecies description verified via cranial morphometric variables and pelage characteristics [J]. Zoological Studies, 53: 23.

Li S, McShea W J, Wang D J, et al., 2012. Gauging the impact of management expertise on the distribution of large mammals across protected areas [J]. Diversity and Distributions, 18: 1166-1176.

Li S, McShea W J, Wang D J, et al., 2020. Retreat of large carnivores across the giant panda distribution range[J]. Nature Ecology & Evolution, 4: 1327-1331.

Li S, Wang D J, Gu X D, et al., 2010. Beyond pandas, the need for a standardized monitoring protocol for large mammals in Chinese nature reserves[J]. Biodiversity and Conservation, 19: 3195-3206.

Li S, Wang D J, Lu Z, et al., 2010. Cats living with pandas: the status of wild felids within giant panda range, China[J]. Cat News, 52: 20-23.

Li S, Yang J X, 2009. Geographic variation of the Anderson's *Niviventer* (*Niviventer andersoni*) (Thomas, 1911) (Rodentia: Muridae) of two new subspecies in China verified with cranial morphometric variables and pelage characteristics [J]. Zootaxa, 6: 48-58.

Li S, Yu F H, 2013. Differentiation in cranial variables among six species of *Hylopetes* (Sciurinae: Pteromyini)[J]. Zoological Research, 34 (E4-E5): E120-E127.

Li S, Yu F H, Yang S, et al., 2008. Molecular phylogeny of five species of *Dremomys* (Rodentia: Sciuridae), inferred from cytochrome b gene sequences [J]. Zoologica Scripta, 37 (4): 349-354.

Li Y C, Li H, Motokawa M, et al., 2019. A revision of the geographical distributions of the shrews *Crocidura tanakae* and *C. attenuata* based on genetic species identification in the Mainland of China[J]. ZooKeys, 869: 147-160.

Li Y C, Wu Y, Harada M, et al., 2008. Karyotypes of three rat species (Mammalia: Rodentia: Muridae) from Hainan Island, China, and the valid specific status of *Niviventer lotipes*[J]. Zoological Science, 25: 686-692.

Li Y X, Swaisgood R R, Wei F W, et al., 2016. Withered on the stem: Is bamboo a seasonally limiting resource for giant pandas? [J]. Environmental Science and Pollution Research, 24: 10537-10546.

Lilljeborg N, 1844. Svenska arten af Myodes och Sorex, Ofversigt af Konsl[J]. Vetenskaps Acad. Forhandl., Stockhom, I: 33.

Lilljeborg W, 1866. Systematisk ofversigt af de gnagande daggdjuren, Glires[M]. Upsala: Konglinga Akademiens Boktryckeriet.

Lin G H, Wang K, Deng X J, et al., 2014. Transcriptome sequencing and phylogenomic resolution within Spalacidae (Rodentia)[J]. BMC Genomics,15: 32.

Lin J, Chen G, Gu L, et al., 2014. Phylogenetic affinity of tree shrews to Glires is attributed to fast evolution rate [J]. Molecular Phylogenetics and Evolution, 71 (1): 193-200.

Link H F, 1795. Ueber die Lebenskräfte in natuhistorischer Rücksicht und die Classfication der Säugethiere[J]. Beiträge Zur Naturgeschichte, 1 (2): 52-74.

Linnaeus C, 1758. Systema Naturae per regna tria naturae, secundum classis, ordines, genera, species cum characteribus, differentiis, synonymis, locis[M]. Stockholm: Laurentii Salvii.

Lissovsky A A, 2014. Taxonomic revision of pikas *Ochotona* (Lagomorpha, Mammalia) at the species level[J]. Mammalia, 78: 199-216.

Lissovsky A A, Ivanova N V, Borisenko A V, et al., 2007. Molecular phylogenetics and taxonomy of the subgenus Pika (*Ochotona*, Lagomorpha)[J]. J Mammal, 88 (5): 1195-1204.

Lissovsky A A, Yang Q S, Pilinikov A, et al., 2008. Taxonomy and distribution of pika (Lagomorpha) af alpine-hyperborea group in Northeastern China and adjacent territories[J]. Russian Journal Theriology, 7 (1): 5-16.

Lissovsky A A, Yatsentyuk S P, Ge D Y, et al., 2016. Phylogeny and taxonomic reassessment of pikas *Ochotona pallasii* and *O. argentata* (Mammalia, Lagomorpha)[J]. Zoologica Scripta, 45: 583-594.

Lissovsky A A, Yatsentyuk S P, Koju N, et al., 2019. Multilocus phylogeny and taxonomy of pikas of the subgenus *Ochotona* (Lagomorpha, Ochotonidae)[J]. Zoologica Scripta, 48: 1-8.

Lissovsky A A, Yatsentyuk S P, Obolenskaya E V, et al., 2022. Diversification in highlands: phylogeny and taxonomy of pikas of the subgenus *Conothoa* (Lagomorpha, Ochonidae)[J]. Zoologica Scripta, 51 (3): 267-287.

Liu S Y, Liu Y, Guo P, et al., 2012. Phylogeny of Oriental voles (Rodentia: muridae: Arvicolinae): Molecular and morphylogical evidences [J]. Zoological Science, 9 (11): 610-622.

Liu S Y, Sun Z Y, Liu Y, et al., 2012. A new vole from Xizang, China and the molecular phylogeny of the genus *Neodon* (Cricetidae: Arvicolinae)[J]. Zootaxa, 3235: 1-22.

Liu S Y, Sun Z Y, Zeng Z Y, et al., 2007. A new species (*Proedromys*: Aricolinae: Murida) from Sichuan Province, China[J]. Journal of Mammalogy, 88: 1170-1178.

Liu S Y, Jin W, Liu Y, et al., 2017.Taxonomic position of Chinese voles of the tribe Arvicolini and the description of 2 new species from Xizang, China [J]. Journal of Mammalogy, 98 (1): 166-182.

Liu J B, Zeng Y F, Yuan C, et al., 2015. The complete mitochondrial genome sequence of the dwarf blue sheep, *Pseudois schaeferi* haltenorth in China[J].Mitochondrial DNA, 27: 1-3.

Liu S Y, Chen S D, He K, et al., 2018. Molecular phylogeny and taxonomy of subgenus *Eothenomys* (Cricetidae: Arvicolinae: Eothenomys) with the description of four new species from Sichuan, China[J]. Zoological Journal of the Linnean Society, xx, 1-30.

Liu S Y, He K, Chen S D, et al., 2018. How many species of *Apodemus* and *Rattus* occur in China? A survey based on mitochondrial cyt b and morphological analyses[J]. Zoological Research, 39(5): 309-320.

Liu S Y, Tang M K, Murphy R W, et al., 2022. A new species of *Tamiops* (Rodentia, Scuridae) from Sichuan, China[J]. Zootaxa, 5116 (3): 301-333.

Liu T, Sun K, Csorba G, et al., 2019. Species delimitation and evolutionary reconstruction within an integrative taxonomic framework: A case study on *Rhinolophus macrotis* complex (Chiroptera: Rhinolophidae) [J]. Molecular Phylogenetics and Evolution, 139: 106544.

Liu X M, Wei F W, Li M, et al., 2004. Molecular phylogeny and taxonomy of wood mice (genus *Apodemus* Kaup, 1829) based on complete mtDNA cytochrome bsequences, with emphasis on Chinese species[J]. Molecular Phylogenetics and Evolution, 33: 1-15.

Liu Y H, Zhang M H, Ma J Z, 2013. Phylogeography of red deer (*Cervus elaphus*) in China based on mtDNA cytochrome B gene[J]. Research Journal of Biotechnology, 8: 34-41.

Liu Y X, Pu Y T, Chen S D, et al., 2023. Revalidation and expanded description of *Mustela aistoodonnivalis* (Mustelidae: Carnivora) based on a multigene phylogeny and morphology[J]. Wiley Ecology and Evolution, DOI: 10.1002/ece3.9944.

Lönnberg E, 1923. XXXXVI.—Notes on Arctonyx[J]. The Annals and Magazine of Natural History, Ser.9, 11(63): 322-326.

Lönnberg E, 1926. Some Remarks on Mole-Rats of the Genus *Myospalax* from Chin[J]. Arkiv for Zoologi, 18A, 21: 1-11.

Lopatin A V, 2006. Early Paleogene insectivore mammals of Asia and establishment of the major groups of Insectivora [J]. Paleontological Journal, 40 (S3): S205-S405.

Lorenzini R, Garofalo L, 2015. Insights into the evolutionary history of (Cervidae, tribe Cerini) based on Bayesian analysis of mitochondrial marker sequences, with first indications for a new species[J]. Journal of Zoological Systematics and Evolutionary Research, 53: 340-349.

Lorenzini R, Garofalo L, Qin X, et al., 2014. Global phylogeography of the genus *Capreolus* (Artiodactyla: Cervidae), a Palaearctic meso-mamma[J]. Zoological Journal of Linnean Society, 170: 209-221.

López-Antoñanzas R, Flynn L J, Knoll F, 2013. A comprehensive phylogeny of extinct and extant Rhizomyinae (Rodentia): Evidence for multiple intercontinental dispersals[J]. Cladistics, 29: 247-273.

López-Antoñanzas R, Knoll F, Maksoud S, et al., 2015. First Miocene rodent from Lebanon provides the'missing link'between Asian and African gundis (Rodentia: Ctenodactylidae)[J]. Scientific reports, 5.

Lu B, Bi K, Fu J, 2014. A phylogeographic evaluation of the *Amolops mantzorum* species group: Cryptic species and plateau uplift[J]. Molecular Phylogenetics and Evolution, 73: 40-52.

Lu J Q, Li X M, 1996. First record and distribution of *Ochotona huangensis in* Henan province[J]. Journal Henan Normal University Press (Natural Science), 24 (1): 18.

Lu L, Chesters D, Zhang W, et al., 2012. Small mammal investigation in spotted fever focus with DNA-barcoding and taxonomic implications on rodents species from Hainan of China[J]. PLoS ONE, 7 (8): e43479.

Lu L, Ge D, Chesters D, et al., 2015. Molecular phylogeny and the underestimated species diversity of the endemic white-bellied rat (Rodentia: Muridae: *Niviventer*) in Southeast Asia and China[J]. Zoologica Scripta, 44: 475-494.

Luckett W P, 1980. Comparative biology and evolutionary relationships of tree shrews[M]. New York: Plenum Press: 1-314.

Luckett W P, Hartenberger J L, 1985. Evolutionary relationships among rodents: A multidisciplinary analysis[M]. New York: Plenum Press.

Lukáĉová L, Zima J, Volobuev V, 1996. Karyotypic Variation in *Sorex tundrensis* (Soricidae, Insectivora)[J]. Hereditas, 125: 233-238.

Lunde D P, Musser G G, Son N T, 2003. A survey of small mammals from Mt. Tay Con Linh II, Vietnam, with the description of a new species of *Chodsigoa* (Insectivora: Soricidae)[J]. Mammal Study, 28: 31-46.

Lunde D P, Musser G G, Ziegler T, 2004. Description of a new species of *Crocidura* (Soricomorpha: Soricidae, Crocidurinae) from Ke Go Nature Reserve, Vietnam[J]. Mammal Study, 29: 27-36.

Luo J, Yang D, Suzuki H, et al., 2004. Molecular phylogeny and biogeography of Oriental voles: Genus *Eothenomys* (Muridae, Mammalia)[J]. Molecular Phylogenetics and Evolution, 33 (2): 349-362.

Luo S, Han S, Song D, et al., 2022. Felis bieti [M]// The IUCN Red List of Threatened Species 2022: e.T8539A213200674.

Lyon M W, 1907. Notes on the porcupines of the Malay Peninsula and Archipelago[J]. Proceedings of United States National Museum, 32: 575-594.

Lyon M W, 1913. Tree shrews: An account of the mammalian family Tupaiidae [J]. Proceedings of the United States National Museum, 45: 1-188.

Maeda K, 1980. Review on the classification of little tube-nosed bats, Murina aurata, group[J]. Mammalia, 44: 531-552.

Mahmoudi A, Darvish J, Aliabadian M, et al., 2017. New insight into the cradle of the grey voles (subgenus *Microtus*) inferred from mitochondrial cytochrome b sequences [J]. Mammalia, 81 (6): 583-593.

Malygin V M, Orlov V N, Yatsenko V N, 1990. Species independence of *Microtus limnophilus*, its relations with *M. oeconomus* and distribution of these species in Mongolia[J]. Zoologicheskii Zhurnal, 69 (4): 115-127.

Mantilla G P W, Chester S G B, Clemens W A, et al., 2021. Earliest Palaeocene purgatoriids and the initial radiation of stem primates[J]. Royal Society Open Science, 8 (2): 210050.

Markov G G. 1985. A comparative population-morphological and genetical analysis of the genus *Capreolus* Gray, 1821. Sofia: Ph. D. Dissertation. (in Bulgarian).

Marshall J T, 1977a. Family Muridae: Rats and Mice[M]// Lekagul B, McNeely J A, eds. Mammals of Thailand. Bangkok: Association for the Conservation of Wildlife: 396-487.

Marshall J T, 1977b. A synopsis of Asian species *of Mus* (Rodentia, Muridae) [J]. Bulletin of the American Museum of Natural History, 158: 173-220.

Marshall J T, Lēkhakun B. 1976. Family Muridae: Rats and Mice[M]. Association for the Conservation of Wildlife Bangkok: Government Printing Office: 485.

Martin R A, 1994. A preliminary review of dental evolution and paleogeography in the zapodid rodents, with emphasis on Pliocene and Pleistocene taxa[M]//Tomida T, Li C K, Setoguchi T, eds. Rodent families of Asian origins and diversification. Monograph No.8. Tokyo: National Science Museum : 1-15.

Martin R L, 1987. Note on the classification and evolution of some North American fossil Microtus (Mammlia: Rodentia) [J]. Journal of Vertebrate Paleontology, 7: 270-283.

Martin T, 2004. Evolution of incisor enamel microstructure of Lagomorpha[J]. Journal of Vertebrates Paleontology, 24 (4): 411-426.

Martin T, 1999. Phylogenetic implications of Glires (Eurymylidae, Mimotonidae, Rodentia, Lagomorpha) incisor enamel microstructure [J]. Mitteilungen aus dem Museum fur Naturkunde in Berlin, Zoologische Reihe, 75 (2): 257-273.

Martin Y, Gerlach G, Schlötterer C, et al., 2000. Molecular phylogenyof European muroid rodents based on complete cytochrome b sequences[J]. Molecular Phylogenetics and Evolution,16 (1): 37-47.

Martínková N, Moravec J, 2012. Multilocus phylogeny of arvicoline voles (Arvicolini, Rodentia) shows small tree terrace size[J]. Folia Zoologica, 61: 254-267.

Mason V C, Li G, Minx P, et al., 2016. Genomic analysis reveals hidden biodiversity within colugos, the sister group to primates[J]. Science Advance, 2: 15.

Matschie P, 1907. Mammalia[J]. Wissenschaftliche Ergebnisse der Expedition Filchner nach China und Tibet, 10 (1): 134-224.

Matthee C A, Vuuren B J V, Bell D, et al., 2004. Amolecular supermatrix of the rabbits and hares (Leporidae)allowsfor the identification of five intercontinental exchanges during the Miocene[J]. Systematic Biology, 53: 433-447.

Matveev V A, Kruskop S V, Kramerov D A, 2005. Revalidation of Myotis petax Hollister, 1912 and its new status in connection with *M. daubentonii* (Kuhl, 1817) (Vespertilionidae, Chiroptera) [J]. Acta Chiropterologica, 7 (1): 23-37.

McCarthy J, Dahal S, Dhendup T, et al., 2015. *Catopuma temminckii* [M/OL]// The IUCN Red List of Threatened Species 2015: e.T4038A97165437. [2021-10-11]. https: //dx.doi.org/10.2305/IUCN.UK.2015-4.RLTS.T4038A50651004.en.

McCarthy T, Mallon D, Jackson R, et al., 2017. *Panthera uncia* [M/OL]// The IUCN Red List of Threatened Species 2017:

e.T22732A50664030. [2021-10-12]. https: //dx.doi.org/10.2305/IUCN.UK.2017-2.RLTS.T22732A50664030.en.

McKenna M C, 1961. A note on the origin of Rodents[J]. American Museum Novitates, 2037: 1-5.

McKenna M C, 1975. Toward a phylogenetic classification of the Mammalia[M]// Luckett W P, Szalay F S, eds. Phylogeny of the primates, A multidisciplinary approach. New York: Plenum Press: 21-46.

McKenna M C, Bell S K, 1997. Classification of mammals above the species level [M]. New York: Columbia University Press.

McKenna M C,1963. New evidence against tupaioid affinities of the Mammalia family Anagalidae[J]. America Museum Novitates (2158): 1-16.

McShea W J, Li S, Shen X, et al., 2018. Guide to the wildlife of Southwest China[M]. Washington: Smithsonian Institution Scholarly Press.

Meegaskumbura S, Meegaskumbura M, Schneider C J, 2015. Phylogenetic Relationships of the Endemic Sri Lankan Shrew Genera: *Solisorex* and *Feroculus* [J]. Ceylon Journal of Science (Biological Sciences), 43(2): 65-71.

Meester J, 1972. Order Philodota [M]// Meester J, Setzer H W, eds. The Mammals of Africa: An identification manual, Part 4. Washington: Smithsonian Institution Press: 1-3.

Meester J A J, Rautenbach I L, Dippenaar N J, et al., 1986. Classification of Southern African mammals[M]. Pretoria: Transvaal Museum.

Mein C A, Barratt B J, Dunn M G, et al., 2000. Evaluation of Single Nucleotide Polymorphism typing with invader on PCR amplicons and its automation[J]. Genome Research, 10: 330-343.

Mein P, 1970. Les Sciuropteres (Mammalia, Rodentia) neogenes d'Europe occidentale[J]. Geobios, 3: 7-77.

Mein P, Ginsburg L, 1997. Les mammifères du gisement miocène inférieur de Li Mae Long, Thailand: Systématique, biostratigraphie et paléoenvironnement[J]. Geodiversitas, 19 (4): 783-844.

Mein P, Pickford M, Senut B, 2004. Late Micoene micromammals from the Harasib Karst Deposits, Namibia. Part 2b- Cricetomyidae, Dendromuridae and Muridae, with an Addendum on the Myocricetodontinae[J]. Communs Geol Surv Namibia, 13: 43-63.

Mein P, Tupinier Y, 1977. Formule dentaire et position systématique du Minioptere (Mammalia, Chiroptera) [J]. Mammalia, 41: 207-211.

Melnick D J, Kidd K K, 1985. Genetic and evolutionary relationships among Asian macaques[J]. Int. J. Primatol, 6: 123-160.

Melo-Ferreira J, Matos A L, Areal H, et al., 2015. The phylogeny of pikas (*Ochotona*) inferred from a multilocus coalescent approach[J]. Molecular Phylogenetics and Evolution, 84: 240-244.

Meng J, Hu Y M, Li C K, 2003. The osteology of *Rhombomylus* (Mammlia, Glires): Implications for phylogeny and evolution of Glires[J]. Bulletin of American Museum of Natural History, 275: 247.

Mercer J, Roth V L, 2003. The effects of Cenozoic global change on squirrel phylogeny[J]. Science, 299: 1568-1572.

Meredith R W, Janecka J E, Gatesy J, et al., 2011. Impacts of the Cretaceous Terrestrial Revolution and KPg extinction on mammal diversification[J]. Science, 334: 521-524.

Meyer M N, Golenishchev F N, Radjably S L,et al., 1996. Voles (Subgenus Microtus Schrank) of Russia and Adjacent

Territories[M]. Saint-Petersburg: Zoological Institue, Russian Academy Science.

Mezhzherin S V, 1991. On specific distinctness of *Apodemus* (*Sylvaemus*) ponticus (Rodentia, Muridae) (in Russian) [J]. Vesnik Zoologii, 6: 34-40.

Mezhzherin S V, A E Zykov, 1991. Genetic divergence and allozyme variability in mice of genus *Apodemus s. lato* (Muridae, Rodentia). Cytology and Genetics, 25: 51-59.

Mezhzherin S V, Kotenkova E V, 1992. Biochemical systematics of house mice from the central Palearctic region[J]. Zeitschrift für Zoologische Systematik und Evolutionsforschung, 30: 180-188.

Michaux J, Catzeflis F, 2000. The bushlike radiation of muroid rodents is exemplified by the molecular phylogeny of the LCAT nuclear gene[J]. Molecular phylogenetics and evolution, 17: 280-293.

Michaux J, Chevret P, Filippucci M G, et al., 2002. Phylogeny of the genus *Apodemus* with a special emphasis on the subgenus *Sylvaemus* using the nuclear IRBP gene and two mitochondrial markers: Cytochrome b and 12S Rrna[J]. Molecular Phylogenetics and Evolution, 23: 123-136.

Michaux J, Reyes A, Catzeflis F, 2001. Evolutionary history of the most speciose mammals: Molecular phylogeny of muroid rodents[J]. Molecular Biology and Evolution, 18: 2017-2031.

Michaux J, Shenbrot G, 2017. Family Dipodidae (Jerboas) [M]// Wilson D E, Lacher T E, Mittermeier R A, eds. Handbook of the Mammals of the World, Vol. 7. Rodents II. Barselonain: Lynx Edicionsin in association with Conservation International and IUCN.

Miller D J, Harris R D, Cai G Q. 1994. Wild yaks and their conservation on the Tibetan Plateau[C]//Zhang R. Proceedings of the First International Congress on Yak. Lanzhou, Gansu, China.

Miller G S, 1896. North American Fauna-Genera and Subgenera of Voles and Lemmings[M]. Washington: Government Printing Office.

Miller G S, 1900. Preliminary revision of the European redbacked mice[M]//Proceedings of the Washington Academy of Sciences. Washington: Washington Academy of Sciences: 83-109.

Miller G S, 1901. Descriptions of three new Asiatic shrews[J]. Proceedings of the Biological Society of Washington, 14: 157-159.

Miller G S, 1902. The mammals of the Andaman and Nicobar Islands [J]. Proceedings of the United States National Museum, 24: 759-771.

Miller G S, 1907. The families and genera of bats (Vol. 57) [M]. Washington: US Government Printing Office.

Miller G S, 1911.Two new shrews from Kashmir[J]. Proceedings of the Institute of Biology, 24: 241-242.

Miller G S, Gidley J, 1918. Synopsis of the supergeneric groups of rodents[J]. Journal of the Washington Academy of Sciences, 8: 431-448.

Miller G S, Jr, 1912. Catalogue of the mammals of Western Europe (Europe exclusive of Russia) in the collection of the British Museum[M]. London: British Museum (Natural History).

Milne-Edwards A, 1868-1874. Recherches pour servir à l'histoire naturelle des mammifères [M]. 2 vols. Masson, Paris.

Milne-Edwards A, 1872. Memoire sur la Faune Mammalogique du Tibet Oriental et principalement de la principaute de Moupin[R]//Recherches pour Servira l' Histoire Naturelle des Mammiferes: 231-379.

Milne-Edwards A, 1892. Observations sur les mammifères du Thibet [M]//Revue générale des sciences pures et appliquées. Tome III. Praris: s. n.

Milne-Edwards A,1875. Recherches pour servir à l'histoire naturelle des Mammifères comprenant des considerations sur la classification de ces animaux [J]. Nature, 11: 253-255.

Misonne X, 1969. African and Indo-Australian Muridae: Evolutionary trends. Annales Musée Royal del'Afrique Centrale, Tervuren, Belgique, Serie IN-8[J]. Sciences Zoologiques, 172: 1-219.

Modi W S, 1996. Phylogenetic history of LINE-1 among arvicolid rodents[J]. Molecular Biology of Evolution, 13: 633-641.

Mohr E, 1961. Schuppentiere. Neue Brehm-Bücherei. A. Ziemsen Verlag [M]. Wittenberg Lutherstadt: s. n.

Montgelard C, Bentz S, Tirard C, et al., 2002. Molecular systematics of Sciurognathi (Rodentia): The mitochondrial cytochrome b and 12S rRNA genes support the Anomaluroidea (Pedetidae and Anomaluridae)[J]. Molecular Phylogenetics and Evolution, 22: 220-233.

Montgelard C, Catzefis F M, Douzery E, 1997. Phylogenetic relationships of artiodactyls and cetaceans as deduced from the comparison of cytochrome b and 12S rRNA mitochondrial sequences[J]. Molecular Biology and Evolution, 14(5): 550-559.

Moore J C, G H H Tate, 1965. A study of the diurnal squirrels, Sciurinae, of the Indian and Indochinese subregions. Fieldiana: Zoology, 48: 1-351.

Mori E, Nerva L and Lovari S. 2019. Reclassification of the serows and gorals: the end of a neverending story? [J] Mammal Review 49(3): 256-262.

Mori T, 1939. Mammalia of Jehol and District north of it[R]//Report of the first scientific expedition to Manchoukuo under the leadership of Shigeyasu Tokunaga, Ser. 5, Div. 2, Pt. 4: 71.

Mori T, Arai S, Shirashi S, et al., 1991. Ultrastructural observations on spermatozoa of the Soricidae, with special attention to a subfamily revision of the Japanese water shrew Chimarrogale himalayica[J]. Journal of the Mammalogical Society of Japan, 16: 1-12.

Moribe J, Li S, Wang Y X, et al., 2007. Karyological notes on the southern short-tailed shrew, Blarinella wardi (Mammalia, Soricidae)[J]. Cytologia, 72: 323-327.

Moribe J, Li S, Wang Y X, et al., 2009. Sorex bedfordiae has the Smallest Diploid Chromosome number of the XY group in the genus Sorex (Mammalia, Soricidae)[J]. Cytologia, 74 (1): 95-99.

Morse P E, Chester G B, Boyer D M, et al., 2019. New fossils, systematics, and biogeography of the oldest known crown primate Teilhardina from the earliest Eocene of Asia, Europe, and North America[J]. Journal of human evolution,128: 103-131.

Motokawa M, 1998. Reevaluation of the Orii's shrew, Crocidura dsinezumi orii Kuroda, 1924 (Insectivora, Soricidae) in the Ryukyu Archipelago, Japan[J]. Mammalia, 62: 259-267.

Motokawa M, Abe H, 1996. On the specific names of the Japanese moles of the genus Mogera (Insectivora, Talpidae) [J]. Mammal Study, 21: 115-123.

Motokawa M, Harada M, Lin L K, et al., 1997. Karyological study of the gray shrew Crocidura attenuata (Mammalia: Insectivora) from Taiwan[J]. Zoological Studies, 36: 70-73.

Motokawa M, Harada M, Lin L K, et al., 2004. Geographic differences in karyotypes of the mole-shew *Anourosorex squamipes* (Insectivora, Soricidae)[J]. Mammalian Biology, 69 (3): 197-201.

Motokawa M, Harada M, Mekada K, et al., 2008. Karyotypes of three shrew species (*Soriculus nigrescens*, *Episoriculus caudatus* and *Episoriculus sacratus*) from Nepal[J]. Integrative Zoology, 3(3): 180-185.

Motokawa M, Harada M, Wu Y, et al., 2001. Chromosomal polymorphism in the gray shrew *Crocidura attenuata* (Mammalia: Insectivora)[J]. Zoological Science, 18: 1153-1160.

Motokawa M, Lin L K, 2002. Geographic variation in the mole-shrew *Anourosorex squamipes*[J]. Mammal Study, 27(2): 113-120.

Motokawa M, Lin L K, 2005. Taxonomic status of *Soriculus baileyi* (Insectivora, Soricidae)[J]. Mammal Study, 30 (2): 117-124.

Motokawa M, Lin L K, Cheng H C, et al., 2001. Taxonomic status of the Senkaku mole, *Nesoscaptor uchidai*, with special reference to variation in *Mogera insularis* from Taiwan (Mammalia: Insectivora) [J]. Zoological Science, 18: 733-740.

Motokawa M, Lin L K, Harada M, et al., 2003. Morphometric Geographic Variation in the Asian lesser white-toothed shrew *Crocidura shantungensis* (Mammalia, Insectivora) in East Asia[J]. Zoological Science, 20 (6): 789-795.

Motokawa M, Wu, et al., 2009. Karyotypes of six Soricomorph species from Emei Shan, Sichuan Province, China[J]. Zoological Science, 26: 791-797.

Motokawa M, Yu H T, Fang Y P, et al., 1997. Re-evaluation of the status of *Chodsigoa sodalis* Thomas, 1913 (Mammalia: Insectivora: Soricidae)[J]. Zoological Studies, 36: 42-47.

Moyers R L, Amador L I, Giannini N P, et al., 2018. Evolution of body mass in bats: Insights from a large supermatrix phylogeny[J]. Journal of Mammalian Evolution, 27: 123-138.

Muller S, 1839. Over de zoogdieren van den Indischen Archipel [M]//Temminck C J, ed. Verhandelingen natuurlijke geschiedenis Nederlandische overzeesche Bezittionen. Leiden: s. n.: 1-8.

Murphy W J, Ezirik W E, Zhang Y P, et al., 2001. Molecular phylogenetics and the origins of placental mammals[J]. Nature, 409: 614-618.

Murray A, 1866. The geographical distribution of mammals[M]. London: Day and Son, Ltd.

Musser G G, 1979. Results of the Archbold Expeditions. No. 102. The species of *Chiropodomys* arboreal mice of Indochina and the Malay Archipelago [J]. Bulletin of the American Museum of Natural History, 162: 377-445.

Musser G G, 1981a. A new genus of arboreal rat from West Java, Indonesia [J]. Zoologische Verhandelingen uitgegeven door het Rijks museum van Natuurlijke Historie te Leiden, 189: 1-35.

Musser G G, 1981b. Results of the Archbold Expeditions. No. 105 Notes on systematics of Indo-Malayan murid rodents, and descriptions of new genera and species from Ceylon, Sulawesi, and the Philippines[J]. Bulletin of the American Museum of Natural History, 168: 225-334.

Musser G G, 1981c. The giant rat of Flores and its relatives East of Borneo and Bali [J]. Bulletin of the American Museum of Natural History, 169: 67-176.

Musser G G, 1982. Results of the Archbold Expeditions. No. 110. *Crunomys* and the small-bodied shrew rats native to the Philippine Islands and Sulawesi (Celebes) [J]. Bulletin of the American Museum of Natural History, 174: 1-95.

Musser G G, Brothers E M, Carleton M D, et al., 1996. Taxonomy and distributional records of Oriental and European *Apodemus*, with a review of the *Apodemus-Sylvaemus* problem[J]. Bonner Zoologische Beiträge, 46 (1-4): 143-190.

Musser G G, Carleton M D, 1993a. Arvicolinae [M]//Wilson D E, Reeder D M, eds. Mammal Species of the World: A taxonomic and geographic reference (2nd ed.). Washington: Smithsonian Institution Press: 501-536.

Musser G G, Carleton M D, 1993b. Family Muridae [M]// Wilson D E, Reeder D M, eds. Mammal Species of the World: A taxonomic and geographic Reference (2nd ed.). Washington: Smithsonian Institution Press: 501-755.

Musser G G, Carleton M D, 2005. Family Cricetidae [M]// Wilson D E, Reeder D M, eds. Mammal Species of the World: A taxonomic and geographic reference (3rd ed.). Baltimore: The Johns Hopkins Press: 1189-1531.

Musser G G, Chiu S, 1979. Notes on taxonomy *of Rattus andersoni* and *R. excelsior*, murids endemic to Western China[J]. Journal of Mammalogy, 60 (3): 581-592.

Musser G G, Heaney L R, 1992. Philippine rodents: definitions of *Tarsomys* and *Limnomys* plus a preliminary assessment of phylogenetic patterns among native Philippine murines (Murinae, Muridae)[J]. Bulletin of the American Museum of Natural History, 211: 1-138.

Musser G G, Newcomb C, 1983. Malaysian murids and the giant rat of Sumatra[J]. Bulletin of the American Museum of Natural History, 174: 327-598.

Napier J R, and Napier P H, 1967. Handbook of Living Primates[M]. Academic Press, London.

Neas J F, Hoffmann R S. 1987. *Budorcas taxicolor*[J]. Mammalian Species, (277): 1-7.

Neumann K, Michaux J, Lebedev V, et al., 2006. Molecular phylogeny of the Cricetinae subfamily based on the mitochondrial cytochrome b and 12S rRNA genes and the nuclear vWF gene. Molecular Phylogenetics and Evolution, 39: 135-148.

Ni X, Gebo D L, Dagosto M, et al., 2013. The oldest known primate skeleton and early haplorhine evolution[J]. Nature, 498 (7452): 60-64.

Ni X, Wang Y, Hu Y, et al., 2004. A euprimate skull from the early Eocene of China[J]. Nature, 427: 65-68.

Nicolas V, Jacquet F, Hutterer R, et al., 2019. Multilocus phylogeny of the *Crocidura poensis* species complex (Mammalia, Eulipotyphla): Influences of the palaeoclimate on its diversification and evolution[J]. Journal of Biogeography, 46 (5): 871-883.

Nie Y G, Speakman J R, Wu Q, et al., 2015. Exceptionally low daily energy expenditure in the bamboo-eating giant panda[J]. Science, 349 (6244): 171-174.

Nie Y G, Swaisgood R, Ronald, et al., 2012. Giant panda scent-marking strategies in the wild: Role of season, sex and marking surface[J]. Animal Behaviour, 84 (1): 39-44.

Niethammer, J. 1977. Versuch der Rekonstruktion der phylogenetischen Beziehungen zwischen einigen zentralasiatischen Muriden. Bonner Zoologische Beiträge, 28: 236-247.

Nilsson S, 1820. Skandinavisk Fauna[M]. Vol. 2. Lund: Berlingska Boktryckeri.

Niu Y D, Wei F W, Li M, et al., 2001.Current status of taxonomy and distribution of subgenus *Pika* in China[J]. Acta Zootaxonomica Sinica, 26 (3): 394-400.

Niu Y D, Wei F W, Li M, et al., 2004. Phylogeny of pikas (Lagomorpha, Ochotona) inferred from mitochondrial cytochrome b sequences[J]. Folia Zoologica, 53 (2): 141-155.

Norris R W, Zhou K, Zhou C, et al., 2004. The phylogenetic position of the zokors (Myospalacinae) and comments on the families of muroids (Rodentia) [J]. Molecular Phylogenetics and Evolution, 31 (3): 972-978.

Nowak E M, Paradiso J L, 1983. Walker's Mammals of the World (4th ed.) [M]. Baltimore and London: The Johns Hopkins University Press: 1-567.

Nowak R M, 1991. Walker's Mammals of the World. Vol. I and II (5th ed.) [M]. Baltimore: Johns Hopkins University Press.

Nowak R M, 1999. Walker's Mammals of the World[J]. Quarterly Review of Biology, 74(1): 161-192.

Nowak R M, 1999. Walker's Mammals of the World. Vol. II (6th ed.) [M]. Baltimore and London: The John Hopkins University Press: 837-1745.

Nozawa K, Sbotake T., Ohkura Y, and Tanabe Y, 1977. Genetic variations within and between species of Asian macaques[J]. Jpn. J. Genet. 52: 13-30.

Nunome M, Yasuda S P, Sato J J, et al., 2007. Phylogenetic relationships and divergence times among dormice (Rodfentia: Gliridae) based onthree unclear genes [J]. Zoological Science, 36: 537-546.

O'Brien S J, Goldman D, Knight J, et al., 1984. Giant panda paternity[J]. Science, 222: 1127-1128.

O'Brien S J, Johnson W E, 2007. The evolution of cats [J]. Scientific American (7): 68-75.

O'Brien S J, Nash W G, Wildt D E, et al., 1985. A molecular solution to the riddle of the giant panda's phylogeny[J]. Nature, 317: 140-144.

O'Leary M A, Gatesy J. 2008. Impact of increased character sampling on the phylogeny of Cetartiodactyla (Mammalia): combined analysis including fossils[J]. Cladistics, 24(4): 397-442.

Ognev S I, 1921. Contribution à la classificaton des mammifères insectivores de la Russie[J]. Annuaire du Musée zoologique de l'Académie des sciences de St. Pétersbourg, 22: 311-350.

Ognev S I, 1927. A synopsis of the Russian bats[J]. Journal of Mammalogy, 8: 140-157.

Ognev S I, 1928. Mammals of eastern Europe and Northern Asia, Vol. I. Insectivora and Chiroptera [M]. Birron A, Cole Z S, translated, 1962. Washington D C; Published for the National Science Foundation.

Ognev S I, 1940. Mammals of the USSR and adjeant counties (Mammals of the Eastern Europe and Northern Asia)[M]. Washington D. C.: National Science Foundation: 3-245.

Ognev S I, 1947. Mammals of the USSR and adjecent countries (Mammals of eastern Europe and northern Asia). Rodents Vol.6[M]. Birron A, Cole Z S, translated. Washington D. C.: National Science Foundation.

Ognev S I, 1950. Mammals of the USSR and adjacent countries, Mammals of eastern Europe and Northern Asia, Vol. VII. Rodentia[M]. Birron A, Cole Z S, translated. Washington D.C.: National Science Foundation.

Ognev S I. 1914. Melkopit ayushchie nizov'ya reki Tuman-Gana [J]. Dne vnik Zoologicheskogo otdela Obshchestva lyubitelei estestvoznaniya, antropologii I etnografii, novaya seriya II, 3: 111-114.

Ohdachi S D, Hasegawa M, Iwasa M A, et al., 2006. Molecular phylogenetics of soricid shrews (Mammalia) based on mitochondrial cytochrome b gene sequences: with special reference to the Soricinae[J]. Journal of Zoology, 270: 177-191.

Ohtaishi N, Gao Y. 1990. A review of the distribution of all species of deer (Tragulidae, Moschidae and Cervidae) in

China[J]. Mammal Rev, 20: 125-144.

Okamoto M, 1999. Phylogeny of Japanese moles inferred from mitochondrial co1 gene sequences [M]// Yokohata Y, Namakura S, eds. Recent advances in the biology of Japanese Insectivora. Shobara: Hiba Society of Natural History: 21-27.

Osgood W H, 1932. Mammals of the Kelley-Roosevelts and Delacour Asiatic expeditions[J]. Zoological Series, 18: 193-339.

Oshida T, Masuda R, 2000. Phylogeny and zoogeography of six squirrel species of the genus *Sciurus* (Mammalia, Rodentia), inferred from cytochrome b gene sequences [J]. Zoological Science, 17: 405-409.

Oshida T, Shafique C M, Barkati S, et al., 2004. A preliminarystudy on molecular phylogeny of giant flying squirrels, genus *Petaurista* (Rodentia, Sciuridae) based on mitochondrial cytochrome b gene sequences [J]. Russian Journal of Theriology, 3 (1): 15-24.

Pagès M, Fabre P H, Chaval Y, et al., 2016. Molecular phylogeny of South-East Asian arboreal murine rodents[J]. Zoologica Scripta, 45 (4): 349-364.

Pallas P S, 1767-1780. Spicilegia zoologica, quibus novae imprimus et obscurae animalium species iconibus, descriptionibus atque commentariis illustrantur cura P.S. Pallas. [M]. Berolini: prostant apud Gottl.

Pallas P S, 1779. Novae species Quadrupedum e Glirium Ordine, cum illustrationibus variis complurium ex hoc ordine animalium. Fasc. II [M]. Erlangen: Wolfgang Walter: 246-252.

Pallas P S, 1811. Zoographia Rosso-Asiatica: sistens omnium Animalium in extenso Imperio Rossico et adjacentibus maribus observatorum recensionem, domicillia, mores et descriptiones, anatomen atque icones plurimorum [M]. Saint Petersburg: Caes, Acadamiae Scientiarum Impress, Petropoli.

Paradis E, Claude J, Strimmer K, 2004. APE: Analyses of Phylogenetics and Evolution in R language[J]. Bioinformatics, 20: 289-290.

Patterson B, 1978. Pholidota and Tubulidentata[M]// Maglio V J, Cooke H B S, eds. Evolution of African mammals. Cambridge MA: Harvard University Press: 268-278.

Pavlinov I Y, Lissovsky A A, 2012. The mammals of Russia: A taxonomic and Geographic references [M]. Moscow: KMK Scientific Press Ltd: 1-602.

Pavlinov I Y, Rossolimo O L, 1987. Sistematika mlekopitayushchikh SSSR [Systematics of the mammals of the USSR] [M]. Moscow: Moscow University Press.

Pavlinov I Y, Yakhontov E L, Agadzhanyan A K, 1995. Mammals of Eurasia. I. Rodentia Taxonomic and Geographic guide [M]. Moscow: Moscow State University: 1-289.

Peters W K H, 1872. Über die Arten der Chiropterengattung Megaderma [J]. Monatsberichte der Königlichen Preussische Akademie des Wissenschaften zu Berlin, 1872: 192-196.

Peters W K H, 1880. Über neue Flederthiere (Vesperus, Vampyrops)[J]. Monatsberichte der Königlichen Preussische Akademie des Wissenschaften zu Berlin, 1880: 258-259.

Peters W K H, Wilhelm C H, 1869. Las Bemerkungen über neue oder weniger bekannte Flederthiere, besonders des Pariser Museums[J]. Monatsberichte der Königlichen Preussische Akademie des Wissenschaften zu Berlin, 1869: 391-406.

Peters W K H, Wilhelm C H, 1871. Bats submitted to W. Peters, who supplied names and descriptions of n.sp [M]//Swinhoe

R. Catalogue of the mammals of China (South of the River Yangtze) and of the Island of Formosa. London: Zoological Society: 615-653.

Petrova T V, Zakharov E S, Samiya R, et al., 2015. Phylogeography of the narrow-headed vole *Lasiopodomys* (*Stenocranius*) *gregalis* (Cricetidae, Rodentia) inferred from mitochondrial cytochrome b sequences: An echo of Pleistocene prosperity[J]. Journal of Zoological Systematics and Evolutionary Research, 53: 97-108.

Petter F, 1963. Un nouvel insectivore du nord de l'Assam: *Anourosorex squamipes schmidi* nov. sbsp. [J]. Mammalia, 27: 444-445.

Phan T D, Nijhawan S, Li S, et al., 2020. *Capricornis sumatraensis*. The IUCN Red List of Threatened Species 2020: e.T162916735A162916910. https: //dx.doi.org/10.2305/IUCN.UK.20202.RLTS.T162916735A162916910.en.

Pilgrim G E, 1932. The Genera *Trochictis*, *Enhydrictis*, and *Trocharion*, with Remarks on the Taxonomy of the Mustelidae[J]. Proceedings of the Zoological Society of London, 102: 845-867.

Pisano J, Condamine F L, Lebedev V, et al., 2015. Out of Himalaya: the impact of past Asian environmental changes on the evolutionary and biogeographical history of Dipodoidea (Rodentia)[J]. Journal of Biogeography, 42: 856-870.

Pocock R I, 1914. On the facial vibrissae of Mammalia [J]. Proceedings of Zoological Society of London, 84: 889-912.

Pocock R I, 1921a. The External Characters and Classification of the Procyonidae [J]. Proceedings of the Zoological Society of London, 91: 389-422.

Pocock R I, 1921b[1922]. On the external characters and classification of the Mustelidae[J]. Proceedings of the Zoological Society of London, 1921: 803-837.

Pocock R I, 1923. The classification of the Sciuridae[J]. Proceedings of Zoological Society of London, 1: 209-246.

Pocock R I, 1936a. The oriental yellow-throated marten (Lamprogale)[J]. Proceedings of the Zoological Society of London, 1936: 531-553.

Pocock R I, 1936b. The polecats of the genera Putorius and Vormela in the British Pocock R I, 1921. On the external characters and classification of the Mustelidae[J]. Proceedings of the Zoological Society of London, 1936(2): 691-723.

Pocock R I, 1939. The Fauna of British India, Including Ceylon and Burma. Mammalia. Vol. I. Primates and Carnivora (in part), Families Felidae and Viverridae[J]. Taylor & Francis: London Museum. Proceedings of the Zoological Society of London, 106(3): 691-724.

Pocock R I, 1941. The fauna of British India, including Ceylon and Burma, Mammals. Vol.I[M]. London: Taylor and Francis: 232.

Pons J, Barraclough T G, Gomez-Zurita J, et al., 2006. Sequence-based species delimitation for the DNA taxonomy of undescribed insects[J]. Systematic Biology, 55 (4): 595-609.

Porter C A, Goodman M, Stanhope M J, 1996. Evidence on mammalian phylogeny from sequence of exon 28 of the von Willebrand factor gene [J]. Molecular Phylogenetics and Evolution (5): 89-101.

Posada D, Buckley T R, 2004. Model selection and model averaging in phylogenetics: Advantages of akaike information criterion and bayesian approaches over likelihood ratio tests[J]. Systematic Biology, 53 (5): 793-808.

Posada D, Crandall K A, 1998. MODELTEST: Testing the model of DNA substitution[J]. Bioinformatics, 14 (9): 817-818.

Pousargues E, 1896. Sur la faune mammalogique du Setchuan et sur une espéce asiatique du genre *Zapus*[J]. Bulletin du

Muséum d'Histoire Naturelle, Paris, 2: 11-13.

Powell D, Speeg B, Li S, et al., 2013.An ethogram and activity budget of captive Sichuan takin (*Budorcas taxicolor tibetana*) with comparisons to other Bovidae[J]. Mammalia, 77(4): 391-401.

Preble E A, 1899. Revision of the jumping mice of the genus *Zapus* [J]. North American Fauna, 15: 1-41.

Prothero D R, Domning D, Fordyce R E, et al., 2022. On the unnecessary and misleading taxon "Cetartiodactyla"[J]. Journal of Mammalian Evolution, 29(1): 93-97.

Przewalski [Przheval'skii] N M, Yule H S, 1876. Mongolia, the Tangut country, and the solitudes of northern Tibet, being a narrative of three years' travel in eastern high Asia[M]. London: Sampson Low, Marston, Searle & Rivington.

Przewalski [Przhevalskii] N M, 1883. Iz Zaisana cherez Khami v Tibetina verkhov'ia Zheltoi rieki [M]. St. Petersburg: V. S.Balasheva.

Pu Y T, Wan T, Fan R H, et al., 2022. A new species of the genus *Typhlomys* Milne-Edwards, 1877 (Rodentia: Platacanthomyidae) from Chongqing, China[J]. Zoological Research, 43 (3): 413-417.

Qi D W, Zhang S N, Zhang Z J,et al., 2011. Different habitat preferences of male and female giant pandas[J]. Journal of Zoology, 285 (3): 205-214.

Qiang L, Ni X J, 2016. An early Oligocene fossil demonstrates treeshrews are slowly evolving "Living fossils" [J]. Scientific reports, 6 (6): 1-8.

Qing J, Yang Z S, He K, et al., 2016. The minimum area requirements (MAR) for giant panda: An empirical study[J]. Scientific Reports, 6: 37715.

Qiu L, Han H, Zhou H, et al., 2019. Disturbance control can effectively restore the habitat of the giant panda (*Ailuropoda melanoleuca*) [J]. Biological Conservation, 238: 108-233.

Qiu Z D, 1987. The Neogene mammalian faunas of Ertemte and Harr Obo in inner Mongolia (Nei Mongol), China. 6 hares and pikas—Lagomorpha: Lepordiae and Ochotonidae[J]. Senekenbergiana Lethaea, 67 (5/6): 375-399.

Rambaut A, Drummond A, 2007. Tracer v1. 4.1: MCMC trace analysis tool[M]. Edinburgh: University of Edinburgh Institute of Evolutionary Biology.

Randi E, Pierpaoli M, Danilkin A, 1998. Mitochondrial DNA polymorphism in populations of Siberian and European roe deer (*Capreolus pygargus* and *C. capreolus*) [J]. Heredity, 80 (4): 429.

Raven H C, Carter T D, Sage Jr D, 1936. Notes on the anatomy of the viscera of the giant panda (*Ailuropoda melanoleuca*)[J]. American Museum Novitates, 877.

Reading R, Michel S, Amgalanbaatar S. 2020. *Ovis ammon*. The IUCN Red List of Threatened Species 2020: e.T15733A22146397. https: //dx.doi.org/10.2305/IUCN.UK.2020-2.RLTS.T15733A22146397.en.

Reid D G, Hu J C, Huang Y, 1991. Ecology of the red panda *Ailurus fulgens* in the Wolong Reserve, China[J]. Journal of Zoology, 225 (3): 347-364.

Reig O A, 1980. A new fossil genus of South American cricetid rodents allied to *Wiedomys*, with an assessment of the Sigmodontinae[J]. Journal of Zoology, 192: 257-281.

Repenning C A, 1967. Subfamilies and genera of the Soricidae[M]. Washington D.C.: United States Government Printing Office.

Repenning C A, 1987. Biochronology of the microtine rodents of United States[M]//Woodburne M O, ed. Cenozoic mammals of North America, geochronology and biostratigraphy. Berkley: University of California Press: 236-268.

Repenning C A, 1990. Of mice and ice in the Late Pliocene of North America[J]. Arctic, 43: 314-323.

Reumer J W F, 1984. Ruscinian and Early Pleistocene Soricidae (Insectivora, Mammalia) from Tegelen (The Netherlands) and Hungary[M]. Leiden: Rijksmuseum van Geologie en Mineralogie.

Reumer J W F, 1989. Speciation and evolution in the Soricidae (Mammalia: Insectivora) in relation with the paleoclimate[M]. Revue suisse de zoologie: annales de la Société zoologique suisse et du Muséum d'histoire naturelle de Genève: 81-90.

Reumer J W F, 1994. Phylogeny and distribution of the Crocidosoricinae (Mammalia: Soricidae)[M] //Merritt J F, Kirkland G L, Rose R K, eds. Advances in the biology of shrews. Pittsburgh Carnegie Museum of Natural History.

Reumer J W F, 1998. A classification of the fossil and recent shrews[M]// Wojcik, J. M, Wolsan M, eds. Evolution of shrews. Bialowieza:Mammal Research Institute: 5-22.

Rhoads S N, 1898. A small collection of mammals from Northeastern China[J]. Proceedings of the Academy of Natural Sciences of Philadelphia: 120-125.

Riordan P, Sanderson J, Bao W, et al., 2015. *Felis bieti* [M/OL]// The IUCN Red List of Threatened Species 2015: e.T8539A50651398.[2020-11-10]. https: //dx.doi.org/10.2305/IUCN.UK.2015-4.RLTS.T8539A50651398.en.

Robert J A, Kristofer M H, 2010. Nomenclature and placental mammal phylogeny[J]. BMC Evolution Biology, 10: 102-111.

Roberts M S, Gittleman J L, 1984. *Ailurus fulgens*[J]. Mammalian Species, 222: 1-8.

Roberts M S. 1982. On the subspecies of red panda *Ailurus fulgens*[J]. The red or lesser panda studbook, 2: 13-24.

Roberts T E, Lanier H C, Sargis E J, et al., 2011. Molecular phylogeny of treeshrews (Mammalia: Scandentia) and the timescale of diversification in Southeast Asia[J]. Molecular Phylogenetics and Evolution, 60: 358-372.

Roberts T E, Sargis E J, Olson L E, 2009. Networks, trees and treeshrews: Assessing support and identifying conflict with multiple loci and a problematic root [J]. Systematic Biology, 58: 257-270.

Robinson M, Catzeflis F, Briolay J, et al., 1997. Molecular phylogeny of rodents with special emphasis on murids: Evidence from nuclear gene lcat [J]. Molecular Phylogenetics and Evolution, 8 (3): 423-434.

Robinson R, 1984. Norway rat[M]//Evolution of domesticated animals (I. L. Mason, ed.). London and New York: Longman Group Limited: 452.

Robovsky J, Ricankova V, Zrzavy J, 2008. Phylogeny of Arvicolinae (Mammalia, Cricetidae): Utility of morphological and molecular data sets in a recently radiating clade[J]. Zoologica Scripta, 37: 571-590.

Roehrs Z P, Lack J B, Van Den Bussche R A, 2010. Tribal phylogenetic relationships within Vespertilioninae (Chiroptera: Vespertilionidae) based on mitochondrial and nuclear sequence data [J]. Journal of Mammalogy, 91 (5): 1073-1092.

Ronquist F, Teslenko M, Mark P, et al., 2012. MrBayes 3.2: Efficient Bayesian phylogenetic inference and model choice across a large model space[J]. Systematic Biology, 61 (3): 539-542.

Rose K D, 2006. The beginning of the age of Mammalia [M]. Baltimore: Johns Hopkins University Press.

Ruedas L A, Kirsch J A W, 1997. Systematics of *Maxomys* Sody, 1936 (Rodentia: Muridae: Murinae): DNA/DNA hybridization studies of some Borneo-Javan species and allied Sundaic and Australo-Papuan genera [J]. Biological Journal of the Linnean Society, 61: 365-408.

Ruedi M, Csorba G, Lin L K., et al., 2015. Molecular phylogeny and morphological revision of *Myotis* bats Chiroptera: Vespertilionidae) from Taiwan and adjacent China[J]. Zootaxa, 3920 (2): 301-342.

Ruedi M, Saikia U, Thabah A, et al., 2021. Molecular and morphological revision of small Myotinae from the Himalayas shed new light on the poorly known genus *Submyotodon* (Chiroptera: Vespertilionidae) [J]. Mammalian Biology,101: 465-480.

Ruedi M, Vogel P, 1995. Chromosomal evolution and zoogeographic origin of Southeast Asian shrews (genus *Crocidura*)[J]. Experientia, 51: 174-178.

Salesa M J, Antón M, Peigné S, et al., 2006. Evidence of a false thumb in a fossil carnivore clarifies the evolution of pandas[J]. Proceedings of the National Academy of Sciences of the United States of America, 103 (2): 379-382.

Sallam H M, Seiffert E R, Steiper M E, et al., 2009. Fossil and molecular evidence constrain scenarios for the early evolutionary and biogeographic history of hysrricognathous rodents[J]. Proceedings of the National Academy of Sciences of the United States of America, 106: 16722-16727.

Sambrook J, Russell W D, 2001. Molecular Cloning: A Laboratory Manual (3rd ed.) [M]. New York: Cold Spring Harbor Laboratory Press.

Sanderson J, Yin Y, Drubgayal N, 2010. Of the only endemic cat species in China[J]. Cat News, Special Issue 5: 18-20.

Santucci F, Emerson B C, Hewitt G M, 1998. Mitochondrial DNA phylogeography of European hedgehogs[J]. Molecular Ecology, 7: 1163-1172.

Sargis E J, Woodman N, Morningstar N C, et al., 2013. Using hand propotions to test taxonomic boundaries within the *Tupaia glis* species complex (Scandentia, Tupaiidae) [J]. Journal of Mammalogy (94): 183-210.

Sargis E J, Woodman N, Morningstar N C, et al., 2017. Skeletal variation and taxonomic boundary among mainland and island populations of the common treeshrew (Mammalia: Scandentia: Tupaiidae) [J]. Biological Journal of the Linnean society (120): 286-312.

Satunin K A, 1902. Neue nagetiere aus centralasien[J]. Annuaire du Musée zoologique de l'Académie des sciences de St. Pétersbourg, 7: 549-587.

Satunin K A, 1907. Uber die hasen centralasiens[J]. Annuaire du Musee Zoologique Academie des Sciences de St. Petersbourg, 11: 155-166.

Schaller G B, 1977. Mountain Monarchs-wild Sheep and Goats of Himalaya[M]. Chicago: University of Chicago Press: 425.

Schaller G B, Teng Q T, Pan W S, et al., 1986. Feeding behavior of Sichuan takin (*Budorcas taxucolor*) [J]. J Mammalia, 50(3): 311-322.

Schaub S, Zapfe H, 1953. Die fauna der miozänen Spaltenfüllung von Neudorf an der Marcch (ESR), Simplicidentata [J]. Sitzungsberichte Österreichische Akademie der Wissenschaften, Mathematisch-Naturwissenschaftliche Klasse, Abteilung I, 162: 181-215.

Schenk J J, Rowe K C, Steppan S J, 2013. Ecological opportunity and incumbency in the diversification of repeated continental colonization by muroid rodents[J]. Systematic Biology, 62: 836-847.

Schinz H R, 1844. Systematisches verzeichniss aller bis jetzt bekamten Sangethiere, oder, Synopsis Mammalium, nach dem Cuvier' schen system. Solothurn[J]. Jent und Gassm Revalidation and expanded description of Mustela aistoodonnivali s (Mustelidae: Carnivora) based on a multigene phylogeny and morphology. Ecol Evol. 2023 Apr 18;13(4): e9944.ann: 1-587.

Seddon J M, Santucci F, Reeve N, et al., 2002. Caucasus Mountains divide postulated postglacial colonization routes in the white-breasted hedgehog, *Erinaceus concolor*[J]. Journal of Evolutionary Biology, 15: 463-467.

Sen S, Sarıca N, 2011. Middle-Late Miocene Spalacidae (Mammalia) from western Anatolia, and the phylogeny of the family[J]. Yerbilimleri 32: 21-50.

Serizawa K, Suzuki H, Tsuchiya K, 2000. A phylogenetic view on species radiation in *Apodemus* inferred from variation of nuclear and mitochondrial genes[J]. Biochemical Genetics, 38 (1/2): 27-40.

Serizawa, K, H Suzuki, K Tsuchiya, 2000. A phylogenetic view on species radiation in *Apodemus* inferred from variation of nuclear and mitochondrial genes[J]. Biochemical Genetics, 38(1/2): 27-40.

Severtzov N A, 1873. Vertical and horizontal distribution od Tuurkestan animals [Vertikal'noe I gorizontal'noe raspredelenie Turkestanskikh zhivotnykh][J]. Izvestiya Obshchestva Lyubitelei Estestvoznaniya, 8 (2): 83-84.

Shackleton D M, Lovari S, 1997. Classification Adopted for the Caprinae Survey[M]//IUCN/SSC Caprinae Specialist Group. Wild Sheep and Goats and Their Relatives. Status Survey and Conservation Action Plan for Caprinae. London: Cambridge.

Shafer A B A, Stewart D T, 2007. Phylogenetic relationships among nearctic shrews of the genus Sorex (Insectivora, Soricidae) inferred from combined cytochrome b and Inter-SINE Fingerprint data using Bayesian Analysis[J]. Molecular Phylogenetics and Evolution, 44: 192-203.

Shamel H H, 1940. Three new mammals from Asia[J]. Journal of Mammalogy, 21 (1): 76-78.

She J X, Bonhomme F, Boursot P, et al., 1990. Molecular phylogenies in the genus *Mus*: Comparative analysis of electrophoretic, scnNDA hybridization, and mtDNA RFLP data[J]. Biological Journal of the Linnean Society, 41: 83-103.

Sheftel B I, Bannikova A A, Fang Y, et al., 2018. Notes on the fauna, systematics, and ecology of small mammals in Southern Gansu, China[J]. Biology Bulletin, 45: 110-124.

Shenbrot G I, Krasnov B R, 2005. An atlas of the geogrphoc distributio of the Arvicolina rodents of the world (Rodentia, Muridae: Arvicolinae)[M]. Sofia-Moscow: Pensoft.

Shenbrot G I, Sokolov V E, Heptner V G, et al., 2008. Jeboas: Mammals of Russia and Adjacent Regions: Dipodoidea[M]. Moscow: Nauka.

Shih C M, 1930. Preliminary report on the mammals from Yaoshan, Kwangsi, collected by the Yaoshan Expedition, Sun Yatsen University, Canton, China[J]. Bulletin of the Department of Biology, College of Science, Sun Yatsen University, 4: 10.

Shinohara A, Campbell K L, Suzuki H, 2003. Molecular phylogenetic relationships of moles, shrew moles and desmans from the new and old worlds[J]. Molecular Phylogenetics and Evolution, 27: 247-258.

Shrinivasulu B, Shrinivasulu C, 2018. In plain sight: Bacular and noseleaf morphology supports distinct specific status of roundleaf bats *Hipposideros pomona* Andersen, 1918 and *Hipposideros gentilis* Andersen (Chiroptera: Hipposideridae) [J]. Journal of Threatened Taxa, 10 (8): 12018-12026.

Sicuro F L, Oliveira L F B, 2011. Skull morphology and functionality of extant Felidae (Mammalia: Carnivora): A phylogenetic and evolutionary perspective[J]. Zoological Journal of the Linnean Society, 161 (2): 414-462.

Simmons N B, 2005. Mammal Species of the World: A taxonomic and geographic reference (3rd ed.) [M]. Maryland: The Johns Hop Kins University Press.

Simpson C D. 1984. Artiodactyls[M]// Anderson S and Jones J K. Orders and Families of Recent Mammals of the World. New York: John Wiley and Sons: 563-587.

Simpson G G, 1945. The principles of classification and a classification of mammals[J]. Bulletin of the American Museum of Natural History, 85: 1-350.

Simpson G G, 1961. Principles of animal taxonomy[M]. New York: Columbia University Press.

Slattery J P, O'Brien S J, 1995. Molecular phylogeny of the red panda (*Ailurus fulgens*) [J]. Journal of Heredity, 86 (6): 413-422.

Smith A T, Johnston C H, Alves P C, et al., 2018. Pikas, rabbits and hare of the world[M]. Baltimore: Johns Hopkins University Press.

Sody H J V, 1941. On a collection of rats from the Indo-Malayan and Indo-Australian regions (with descriptions of 43 new genera, species, and subspecies) [J]. Treubia, 18: 255-325.

Sokolov V E, Danilkin A A, Markov G G, 1992. Taxonomy of *Capreolus* in the Light of Modern Research[M]//Sokolov V E. European and Siberian Roe Deer. Moscow: Nauka Publishers (in Russian).

Sokolov V E, Ivanitskaya E Y, Gruzdev V V, et al., 1994. Lagomorphs: Mammals of Russia and Adjacent Region[M]. New Delhi: Smithsonian Institution Libraries.

Son N T, Csorba G, Tu V T, et al., 2015. A new species of the genus *Murina* (Chiroptera: Vespertilionidae) from the Central Highlands of Vietnam with a review of the subfamily Murininae in Vietnam [J]. Acta Chiropterologica, 17 (2): 201-232.

Song Y L, Smith A T, MacKinnon J, 2008. *Budorcas taxicolor*. The IUCN Red List of Threatened Species 2008: e.T3160A9643719.

Sowerby A C, 1923. The naturalist in Manchuria[M]. Tianjin: Tientsin Press.

Spitzenberger F, Strelkov P P, Winkler H, et al., 2006. A preliminary revision of the genus *Plecotus* (Chiroptera, Vespertilionidae) based on genetic and morphological results [J]. Zoology Scripta, 35: 187-230.

Spradling T A, Hafner M S, Demastes J W, 2001. Differences in rate of cytochromeb evolution among species of rodents [J]. Journal of Mammalogy, 82: 65-80.

Springer M S, Murphy W J, Eizirik E, et al., 2003. Placental mammal diversification and the Cretaceous-Tertiary boundary[J]. Proceedings of the National Academy of Sciences of the United States of America, 100: 1056-1061.

Steppan S J, Adkins R M, Anderson J, 2004. Phylogeny and divergence-date estimates of rapid radiations in muroid rodents based on multiple nuclear genes[J]. Systematic Biology, 53: 533-553.

Steppan S J, Akhverdyan M R, Lyapunova E A, et al., 1999. Molecular phylogeny of the marmots (Rodentia: Sciuridae): Tests of evolutionary and biogeographic hypotheses [J]. Systematic Biology, 48 (4): 715-734.

Steppan S J, Shrenk J J, 2017. Muroid rodent phylogenetics: 900-species tree reveals increasing diversification rates[J]. PLoS ONE, 12 (8): e0183070.

Steppan S J, Storz B L, Hoffmann R S, 2004. Nuclear DNA phylogeny of the squirrels (Mammmlia: Rodentia) and the evolution of arboreality from c-myc and RAG1[J]. Molecular Phylogenetics and Evolution, 30: 703-719.

Storch G, Qiu Z D, 1983. The Neogene mammalian faunas of Ertemte and Harr Obo in Inner Mongolia (Nei Mongol), China. 2. Moles-Insectivora: Talpidae[J]. Senckenbergiana Lethaea, 64: 89-127.

Storch G, Qiu Z D, 1991. Insectivores (Mammalia: Erinaceidae, Soricidae, Talpidae) from the Lufeng hominoid locality, Late Miocene of China[J]. Geobios, 24: 601-621.

Storch G, Qiu Z, Zazhigin V S, 1998. Fossil history of shrews in Europe[M]. Bialowieza: Polish Academy of Sciences Mammal Research Institute.

Storer J E, 1984. Mammals of the Swift Current Creek Local Fauna (Eocene: Uintan), Saskatchewan[M]. Regina: Museum of Natural History.

Strelkov P P, 1986. The Gobi bat (*Eptesicus gobiensis* Bobrinskii, 1926), a new species of chiropteran of the Palearctic fauna [J]. Zoology, 65: 1103-1108.

Stroganov S U, 1952. New species of shrew from the Siberian fauna[J]. Proceedings of the Institute of Biology, West Siberian Branch, Academy of Sciences of the USSR, Zoology, 1: 1-14.

Stroganov S U, 1957. Zveri Sibiri. Nasekomoyadnye[M]. Moscow: Akademiya Nauk USSR.

Stroganov S U, 1958. Review steppe polecat subspecies (Putorius eversmanni Lesson) of Siberian fauna[J]. Izvestiya Sibirskogo otdelenya AN SSSR, 11: 149-155.

Su B, Wang Y X, Lan H, et al., 1999. Phylogenetic study of complete cytochrome b genes in musk deer (Genus *Moschus*) using museum samples[J]. Molecular Phylogenetics and Evolution, 12 (3): 241-249.

Sundevall C I, 1846-1847. Ofversigt af Konigl. Vetenskaps Akademicus Forhandlingar [J]. Tredje argangen, 3: 122.

Suzuki H, Filipucci M G, Chelomina G N, et al., 2008. A biogeographic review of *Apodemus* in Asia and Europe inferred from nuclear and mitochondrial gene sequences[[J]. Biochemical Genetics, 46: 329-346.

Suzuki H, Sato J J, Tsuchiya K, et al., 2003. Molecular phylogeny of wood mice (*Apodemus*, Muridae) in East Asia[J]. Biological Journal of the Linnean Society, 80: 469-481.

Suzuki H, Tsuchiya K, Takezaki N, 2000. A molecular phylogenetic framework for the Ryukyu endemic rodents *Tokudaia osimensis* and *Diplothrix legata* [J]. Molecular Phylogenetics and Evolution, 15 (1): 15-24.

Swinhoe R, 1862. On the mammals of the Island of Formosa (China) [J]. Proceedings of the Zoological Society of London.

Swinhoe R, 1866. Letter to the secretary respecting a monkey from the island of North Lena, near Hongkong[M]. Proceedings of the Scientific Meetings of the Zoological Society of London: 556.

Swinhoe R, 1866. XXXVI.---On a new species of beech-marten from Formosa[J]. The Annals and Magazine of Natural History, Ser. 3, 18: 288.

Suzuki H, Sato J J, Tsuchiya K, et al., 2003. Molecular phylogeny of wood mice (*Apodemus*, Muridae) in East Asia[J]. Biological Journal of the Linnean Society, 80: 469-481.

Swinhoe R, 1870. Catalogue of the mammals of China (South of the River Yangtsze) and of the Island of Formosa

[M]// Proceedings of the scientific meetings of the zoological society of London for the Year 1870. London: Messrs. Longmans, Green, Reader and Dyer: 637.

Swofford D L, 2001. PAUP*: Phylogenetic Analysis Using Parsimony (* and other methods)[M]. Sunderland (MA): Sinauer Associates.

Szalay F S, 1977. Phylogenetic relationships and a classification of the eutherian Mammals[M] // Hecht M K, Goody P G, Hecht B M, eds. Major pattern of vertebrate evolution. New York: Plenum Press.

Szalay F S, 1985. Rodents and lagomorphmorphotype adaptations, origin and relationships: some postcranial attributes analyzed[M]//Luckett W P, Hartenberger J L, eds. Evolution relationships among rodents: A multidisciplinary analysis. New York: Plenum Press.

Tamura K, Stecher G, Peterson D, et al., 2013. MEGA6: Molecular Evolutionary Genetics Analysis version 6.0[J]. Molecular Phylogenetics and Evolution, 30: 2725-2729.

Tan B J, 1985. The status of primates in China[J]. Primate conservation, 5: 63-81.

Tan S, Zou D D, Tang L, et al., 2012. Molecular evidence for the subspecific differentiation of blue sheep (*Pseudois nayaur*) and polyphyletic origion of dwarf blue sheep (*Pseudois schaeferi*) [J]. Genetica, 140: 159-167.

Tang J F, Swaisgood R R, Owen A, et al., 2020. Climate change and landscape-use patterns influence recent past distribution of giant pandas[J]. Proceedings of the Royal Society B (Biological Sciences), 287: 20200358.

Tang K Y, Xie F, Liu H Y, et al., 2020. DNA metabarcoding provides insights into seasonal diet variations in Chinese mole shrew (*Anourosorex squamipes*) with potential implications for evaluating crop impacts[J]. Ecology and Evolution, 11: 376-389.

Tang M K, Jin W, Tang Y, et al., 2018. Reassessment of the taxonomic status of *Craseomys* and three controversial species of *Myodes* and *Alticola* (Rodentia: Arvicolinae). Zootaxa, 4429 (1): 1-52.

Tate G H H, 1941. A review of the genus *Hipposideros* with special reference to Indo- Australian species [J]. Bulletin of the American Museum of Natural History, 78: 353-393.

Tate G H H, 1942. Review of the vespertilionine bats: With special attention to genera and species of the Archbold collections [J]. Bulletin of the American Museum of Natural History, 8 (7): 1-297.

Tate G H H, 1947. Mammals of Eastern Asia [M]. New York: The Macmillan Company.

Tate G H H, Archbold R, 1941. A review of the genus *Myotis* (Chiroptera) of Eurasia, with special reference to species occurring in the East Indies[J]. Bulletin of the American Museum of Natural History, 78: 537-565.

Tedford R H, Gustafson E P, 1977. First North American record of the extinct panda *Parailurus* [J]. Nature, 265 (5595): 621-623.

Teilhard D C P, Leroy P, 1942. Chinese fossil mammals: A complete bibliography[M].[S.l.]: Inst. de Géo-Biologie.

Teilhard D C P, Young C, 1931. Fossil mammals from the late Cenozoic of Nothern China[J]. Paleontologia sinica: 30-32.

Temminck C J, 1841. Monographies de Mammalogie, ou description de quelques genres de mammifères, dont les espèces ont été observées dans les différens musées de l'Europe [M]. Paris: G. Dufour et Ed. d'Ocagne.

Temminck C J. 1842-1844. Apercu general et specifique surles mammiferes qui habitant le Japon et les iles qui en dependent[M]// Fauna Japonica sive descriptio animalium, quae in itinere per Japoniam, jussu et auspiciis superiorum, qui summum in India Batava imperium tenent, suscepto, annis 1823-1830: collegit, notis observationibus et adumbrationibus illustravit Ph. Fr. De Siebold. Conjunctis studiis C J. Temminck et H. Schlegel pro vertebrates atque W De Haan pro invertebrates elaborate. Regis auspiciis edita. Lugduni Batavorum 1842. Leiden: A. Arnz et Socios.

Teng L W, Liu Z S, Song Y L, et al., 2004. Forage and bed sites characteristics of Indian muntjac (*Muntiacus muntjak*) in Hainan Island, China[J]. Ecological Research, 19(6): 675-681.

Teng L W, Liu Z S, Song Y L, et al., 2005. Population size and characteristics of Indian Muntjac (*Muntiacus muntjak*) at Hainan Datian National Nature Reserve[J]. Acta Theriologica Sinica, 25(2): 138-142.

Theodor J M, Foss S E, 2005. Deciduous dentitions of Eocene cebochoerid artiodactyls and cetartiodactyl relationships[J]. Journal of Mammalian Evolution, 13(2): 161-181.

Thomas N M, 2000. Morphological and mitochondrial-DNA variation in *Rhinolophus rouxii* (Chiroptera) [J]. Bonner Zoologisches Beitragen, 49 (1): 1-18.

Thomas O, 1880. Description of a new species from Northern India [J]. Annals and Magazine of Natural History, 6 (15): 322-323.

Thomas O, 1890. Description of a new squirrel from Borneo [J]. Annals and Magazine of. Natural History, 6: 171-172.

Thomas O, 1891. Diagnoses of three new mammals collected by Signor L. Fea in the Carin Hills Burma [J]. Annali del Museo Civico di Storia Naturale di Genova, 30 (2): 10.

Thomas O, 1894. Description of a new species of *Vespertilio* from China [J]. Annals and Magazine of Natural History, 6(14): 300-301.

Thomas O, 1896. On the genera of rodents: An attempt to bring up to date the current arrangement of the order[J]. Proceedings of the Zoological Society of London, 1896: 1012-1028.

Thomas O, 1902. On two mammals from China[J]. The Annals and Magazine of Natural History, 10 (56): 163-166.

Thomas O, 1905. On some new Japanese mammals presented to the British Museum by Mr. R. Gordon Smith [J]. The Annals and Magazine of Natural History, 7 (15): 487-495.

Thomas O, 1907. A new flying-squirrel from Formosa [J]. The Annals and Magazine of Natural History, 20: 522-523.

Thomas O, 1908a. The Duke of Bedford's zoological exploration in Eastern Asia- XI. On mammals from the Provinces of Shan-si and Shen-si, Northern China [J]. Proceedings of the Zoological Society of London, 78 (4): 963-983.

Thomas O, 1908b. List of mammals from the Provinces of Chih-li and Shan-si, Northern China[J]. Proceedings of the Zoological Society of London, 1908: 635-647.

Thomas O, 1908c. *Microtus inez*, sp. n. [M]//Woodward H. Abstract (No. 63) of the Proceedings of the Zoological Society of London.[S.l.]: s. n. : 43-46.

Thomas O, 1908d. On the generic position of the groups of squirrels typified by "*Sciurus*" *berdmorei* and *pernyi* [J]. Journal of the Bombay natural History Society, 18: 246.

Thomas O, 1908e. The genera and subgenera of the sciuropterus group [J]. The Annals and Magazine of Natural History, 1: 1-8.

Thomas O, 1911a. *Microtus eva* sp. n.[M]//Minchin E A. Abstract (No. 90) of the Proceedings of the Zoological Society of London. [S.l.]: s. n. : 1-5.

Thomas O, 1911b. New Rodents from Sze-Chwan Western China, Collected by Capt. F. M. Bailey[J]. The Annals and Magazine of Natural History, 8 (48): 727-728.

Thomas O, 1911c. The Duke of Bedford's zoological expedition in Eastern Asia—XIV, On mammals from Southern Shen-si, central China[J]. Proceeding of Zoological Society of London (2): 687-696.

Thomas O, 1911d. The Duke of Bedford's Zoological Exploration of Eastern Asia. -XIII. On mammals from the provinces of Gan-su and Sze-chwan, western, China [J]. Proceedings of the Zoological Society of London. 158-180.

Thomas O, 1911e. The Duke of Bedford's zoological exploration of Eastern Asia.--XIII. On mammals from the provinces of Kan-su and Sze-chwan, Western China[J]. Proceedings of the Zoological Society of London, 1911: 158-180.

Thomas O, 1908f. The Duke of Bedford's Zoological Exploration of Eastern Asia. -X. List of Mammals from the provinces of Chih-li and Shan -si, N. China[J]. Proceedings of the Zoological Society of London. 634-646.

Thomas O, 1912a. On a collection of small mammals from the Tsin-ling Mountains, Central China, presented by Mr. G. Fenwick Owen to the National Museum[J]. Annals and Magazine of Natural History: 395-403.

Thomas O, 1912b. New species of *Crocidura* and *Petaurista* from Yunnan[J]. Annals and Magazine of Natural History, 9: 686- 688.

Thomas O, 1912c. *Diplogale*[J]. Abstracts of the Proceedings of the Zoological Society of London, 1912: 18.

Thomas O, 1912d. Two new Asiatic vole [J]. Annals and Magazine of Natural History, 8 (9): 348-350.

Thomas O, 1912e. On mammals collected in the Provinces of Szechwan and Yunnan, W. China, of Eastern Asia. -XV. [J]. Proceedings of the Zoological Society of London: 127-141.

Thomas O, 1915a. A new shrew of the genus *Blarinella* from Upper Burma[J]. Annals and Magazine of Natural History, 15 (87): 335-336.

Thomas O, 1915b. A special genus for the Himalayan bat known as *Murina grisea* [J]. Annals Magazine of Natural History, 16 (94): 309-310.

Thomas O, 1915c. LVI.—List of mammals (exclusive of Ungulata) collected on the Upper Congo by Dr. Christy for the Congo Museum, Tervueren[J]. Journal of Natural History, 16: 465-481.

Thomas O, 1915d. On bat of the genera *Nyctalus*, *Tylonycteris* and *Pipistrellus* [J]. The Annals and Magazine of Natural History, 17: 225-232.

Thomas O, 1916a. Scientific results from the mammal survey. No. XII. A. On Muridae from Darjiling and the Chin Hills [J]. Bombay Natural History Society, 24: 404-415.

Thomas O, 1916b. L.— A new bamboo-rat from perak [J]. Journal of Natural History, 8, 18 (107): 445-446.

Thomas O, 1916c. The porcupine of Tenasserim and southern Siam [J]. The Annals and Magazine of Natural History, 8 (17) (97): 139.

Thomas O, 1921a. The geographical races of *Scotomanes ornatus* [J]. J Journal of the Bombay Natural History Society, 27: 772.

Thomas O, 1921b. On small mammals from the Kachin Province, Northern Burma[J]. Journal of the Bombay Natural History Society, 27: 504.

Thomas O, 1921c. Scientific results from the mammal survey, No. 25 (A). On Jungle-mice from Assam [J]. Journal of the Bombay Natural History, Society, 956-959.

Thomas O, 1922a. On mammals from the Yunnan Highlands[J]. The Annals and Magazine of Natural History, 10: 391-406.

Thomas O, 1922b. On some new forms of *Ochotona*[J]. The Annals and Magazine of Natural History, 9 (9): 187-193.

Thomas O, 1922c. XXXII—Scientific results of the mammal survey[J]. The Journal of the Bombay Natural History Society, 28 (1-2): 428-432.

Thomas O, 1923a. On mammals from the Li-kiang range, Yunnan, Being a further collection obtained by Mr. Georoge Forrest[J]. The Annals and Magazine of Natural History, 9 (11): 655-663.

Thomas O, 1923b. On the large squirrels of the *Ratufa gigantea* group[J]. Journal of the Bombay natural History Society, 29: 85-86.

Thomas O, 1923c. Geograhical races of *Petaurista alborufus*[J]. The Annals and Magazine of Natural History, 12: 171-172.

Thomas O, 1925. The Spedan Lewis South American exploration I: On mammals from Southern Bolivia [J]. The Annals and Magazine of Natural History, 9 (25): 575-582.

Thomas O, 1926. On mammals from Ovamboland and the Cunene River, obtained during Capt. Shortridge's third Percy Sladen and Kaffrarian Museum Expedition into South-West Africa [J]. Proceedings of The Zoological Society of London, 92 (1): 285-312.

Thomas O, Wroughton R C, 1916a. Scientific results from the mammal survey. No. XII. A.— On the squirrels obtained by Messrs. Shortridge and Macmillan on the Chindwin River, Upper Burma [J]. Journal of the Bombay Natural History Society, 24: 224-239.

Thomas O, Wroughton R C, 1916b. A new flying squirrel from the Chin Hills [J]. Journal of the Bombay Natural History Society, 24: 424.

Thompson J D, Gibson T J, Plewniak F, et al., 1997. The CLUSTAL_X windows interface: Flexible strategies for multiple sequence alignment aided by quality analysis tools[J]. Nucleic Acids Research, 25: 4876-4882.

Thorington R W, Hoffmann R S, 2005. Family Sciuridae [M]//Wilson D E, Reeder D M, eds. Mammal Species of the World: A taxonomic and geographic reference (3nd ed.). Washington: The Johns Hopkins University Press.

Thorington R W, Koprowski J L, Steele M A, et al., 2012. Squirrels of the world[M]. Baltimore: Johns Hopkins University Press.

Thorington R W, Musante A L, Anderson C G, et al., 1996. Validity of three genera of flying squirrels: Eoglaucomys, Glaucomys, and Hylopetes[J]. Journal of Mammalogy, 77 (1): 69-83.

Thorington R W, Pitassy D, Jansa S A, 2002. Phylogenies of flying squirrels (Pteromyinae)[J]. Journal of Mammalian Evolution, 9: 99-135.

Timmins R, Kawanishi K, Giman B, et al., 2015. *Rusa unicolor*. The IUCN Red List of Threatened Species 2015: e.T41790A85628124. http: //dx.doi.org/10.2305/IUCN.UK.2015-2.RLTS.T41790A22156247.en.

Tiunov A V, Dobrovol'skaya T G, Polyanskaya L M, 1997. Microbial community of the Lumbricus terrestris L. earthworm burrow walls [J]. Microbiology, 66 (3): 349-353.

Tokuda K, 1936. (Insectivora: Soricidae) from Taiwan and two offshore islands[J]. Journal of Zoology, 257: 145-154.

Tomes R F, 1858. On the characters of four species of bat inhabiting Europe and Asia, and the description of a new species of *Vespertilio* inhabiting Madagascar[J]. Proceedings of the Zoological Society of London, 26 (1): 78-90.

Topachevskii V A, 1976. Fauna of the USSR: Mammals: Mole rats, Spalacidae vol. 3, No. 3. [M]. Pittsburgh: American Publishing Corporation.

Topál G, 1970. The first record of *Ia io* Thomas, 1902 in Vietnam and India, and some remarks on the taxonomic position of *Parascotomanes beaulieui* Bourret, 1942, *Ia longimana* Pen, 1962, and the genus *Ia* Thomas, 1902 (Chiroptera: Vespertilionidae) [J]. Opuscula Zoologica Budapest, 10: 341-347.

Trouessart, 1880. Catalogue des mammiferes vivants et fossils. Ordre des Qongeurs [M]. Bull. Soc. Angers: Etudes Sci.

Troughton C, 1944. Trimetric Projection Drawing Instrument [J]. Journal of Scientific Instruments, 21 (8): 147.

True F W, 1894. Note on mammals of Baltistan and the Vole of Kashmir, presented to the National Museum by Dr. W. L. Abbott [J]. Proceedings of the United States National History, 976: 1-16.

Tserenbataa T, Ramey R R, Ryder OA, et al., 2004. A Population genetic comparison of argali sheep (*Ovis ammon*) in Mongolia Using the ND5 Gene of mtDNA; Implications for conservation[J]. Molecular Ecology, 13(5): 1333-1339.

Tsuchiya K, Suzuki H, Shinohara A, et al., 2000. Molecular phylogeny of East Asian moles inferred from the sequence variation of the mitochondrial cytochrome b gene[J]. Genes and Genetic Systems, 75: 17-24.

Tsytsulina K, Strelkov P, 2001.Taxonomy of the *Myotis fater* species group (Vespertilionidae, Chiroptera) [J]. Bonner zoologische Beiträge, 50 (1-2): 15-26.

Tu F Y, Liu S Y, Liu Y, et al., 2010. Phallic morphology of six species of Soricid shrew[J]. 兽类学报, 30 (3): 278-282.

Tu V T, Csorba G, Ruedi M, et al., 2017. Comparative phylogeography of bamboo bats of the genus *Tylonycteris* (Chiroptera, Vespertilionidae) in Southeast Asia [J]. European Journal of Taxonomy, 274: 13.

Tullberg T, 1899. Ueber das System der Nagetiere: Eine Phylogenetische Studie[J]. Akad Buchdr Uppsala, 18: 1-514.

Tumlison R, 1987. *Felis lynx* [J]. Mammalian Species, 269: 1-8.

Turner H N, J R, 1850. On the generic subdivision of the Bovidae, or hollow-horned ruminants[J]. Proceedings of the Zoological Society of London, 1850: 164-178.

Usdin K, Chevret P, Catzeflis F M, et al.,1995. L1 (LINE-1) retrotransposable elements provide a "fossil" record of the phylogenetic history of murid rodents[J]. Molecular Biology and Evolution, 12 (1): 73-82.

Valdez R, 1982. The Wild Sheep of the World[M]. Mesilla: Wild Sheep and Goat International.

Van Der Made J, Morales J, Sen S, et al., 2002. The first camel from the Upper Miocene of Turkey and the dispersal of the camels into the Old World[J]. Comptes Rendus Palevol, 1(2): 117-122.

van der Meulen A J, Musser G G, 1999. New paleontological data from the continental Plio-Pleistocene of Java[M] // Reumer J W F, Vos J D, eds. Elephants have a snorkel! Deinsea: Papers in honour of Paul Y. Sondaar: 361-368.

Van Valen L, 1967. New Paleocene insectivores and insectivore classification[J]. Bulletin of the American Museum of Natural History, 135: 217-284.

van Weers D J, 1977. Notes on southeast Asian porcupines (Hystricidae, Rodentia) II. On the taxonomy of the genus *Atherurus* F. Cuvier [J]. Beaufortia (University of Amsterdam), 26 (336): 205-230.

Vaughan T A, Ryan J M, Czaplewski N J, 2015. Mammalogy (Sixth Edition)[M]. Burlington: Jones and Bartlett Learning.

Verneau O, Catzeflis F, Furano A V, 1997. Determination of the evolutionary relationships in *Rattus* sensu lato (Rodentia: Muridae) using L1 (LINE-1) amplification events[J]. Journal of Molecular Evolution, 45: 424-436.

Verneau O, Catzeflis F, Furano A V, 1998. Determining and dating recent rodent speciation events by using L1 (LINE-1) retrotransposons[J]. Proceedings of the National Academy of Sciences, 95: 11284-11289.

Vianey-Liaud M, 1994. La radiation des Gliridae (Rodentia) a l'Eocene superieur en Europe Occidentale, et sa descendance Oligocene [J]. Muncher Geowissenschaftlichen Abhandlungen, A, 26: 117-160.

Vinogradov B S, 1925. On the structure of the external genitalia in Dipodidae and Zapodidae (Rodentia) as a classificatory character[J]. Proceedings of the Zoological Society of London (1): 572-585.

Vogel P, Besançon F, 1979. A propos de la position systématique des genres *Nectogale* et *Chimarrogale* (Mammalia, Insectivora)[J]. Revue Suisse de Zoologie, 86: 335-338.

Volf J 1976. Some remarks on the taxonomy of the genus *Nemorhaedus* H. Smith, 1827 (Bovidae: Rupicaprinae)[J]. Vest. Ceskoslovenske Spol. Zool., 40: 75-80.

Volleth M, Son N T, Wu Y, et al., 2017. Comparative chromosomal studies in Rhinolophus formosae and R. luctus from China and Vietnam: Elevation of R. l. lanosus to species rank[J]. Acta Chiropterol, 19 (1): 41-50.

Vorontsov N, Malygina N, 1973. Karyological studies in jerboas and birch mice (Dipodoidea, Rodentia, Mammalia) [J]. Caryologia, 26 (2) : 193-212.

Vorontsov N N, Ivanitskaya E J, 1973. Comparative karyology of North Palaearctic pikas (*Ochotona*, Ochotonidae, Lagomorpha)[J]. Caryologia, 26: 213-223.

Vorontsov N N, Ivanitskaya E Y, 1973. Comparative karyology of pikas (Lagomorpha, Ochotonidae) of the Northern Palaearctic[J]. Caryologia, 52 (4): 584-588.

Vrba E, Schaller G B. 2000. Phylogeny of Bovidae based on behavior, glands, skulls, and Postcrania [M]// Vrba E S. Antelopes, Deer, and Relatives: Fossil Record, Behavioral. New Haven: Yale University Press.

Waddell P J, Okada N, Hasegawa M, 1999. Toward resolve the inter-ordinal relationship of placental mammals[J]. Systematic Biology, 48: 1-5.

Waddell P J, S Shelley, 2003. Evaluating placental inter-ordinal phylogenies with novel sequences including RAG1, gamma-fibrinogen, ND6, and mt-tRNA, plus MCMC-driven nucleotide, amino acid, and codon models. Molecular Phylogenetics and Evolution, 28: 197-224.

Wahlert J H, 1993. The fossil record [M]//Genoways H H, Brown J H, eds. Biology of the Heteromyidae. [s. l.]: The American Society of Mammalogists: 1-37.

Walker E P, Warnick F, Hamlet S E, et al., 1975. Mammals of the world (3rd ed.) [M]. Baltimore: Johns Hopkins University Press.

Wallace S C, Wang X, 2004. Two new carnivores from an unusual late Tertiary forest biota in Eastern North America[J]. Nature, 431 (7008): 556-559.

Wallin L, 1963. Notes on *Vespertilio namiyei* (Chiroptera) [J]. Zoologiska Bidrag, 35: 397-416.

Wallin L, 1969. The Japanese bat fauna[J]. Zoologiska Bidrag, 37: 223-440.

Walker E P, 1964. Mammals of the world (1st ed.). [M]. Baltimore: Johns Hopkins University Press.

Wan Q H, Wu H, Fang S G, 2005. A new subspecies of giant panda (*Ailuropoda melanoleuca*) from Shaanxi, China[J]. Journal of Mammalogy, 86: 397-402.

Wan T, He K, Jiang X L, 2013. Multilocus phylogeny and cryptic diversity in Asian shrew-like moles (*Uropsilus*, Talpidae): implications for taxonomy and conservation[J]. BMC Evolutionary Biology, 13: 232-244.

Wan T, He K, Jin W, et al., 2018, Climate niche conservatism and complex topography illuminate the cryptic diversification of Asian shrew like moles[J]. Wiley Journal of Biogeography.

Wang D J, Li S, McShea W J, et al., 2006. Use of remote-trip cameras for wildlife surveys and evaluating the effectiveness of conservation activities at a nature reserve in Sichuan Province, China [J]. Environmental Management, 38: 942-951.

Wang X Y, Liang D, Wang X M, et al., 2022. Phylogenomics reveals the evolution, biogeography, and diversification history of voles in the Hengduan Mountains[J]. Communications Biology, 5: 1124.

Wang X, 1997. New cranial material of *Simocyon* from China, and its implications for phylogenetic relationship to the red panda (*Ailurus*)[J]. Journal of Vertebrate Paleontology, 17 (1), 184-198.

Wang X Y, Liang D, Jin W, et al., 2020. Out of Tibet: Genomic Perspectives on the Evolutionary History of Extant Pikas[J]. Molecular Phylogenetics and Evolution, 37 (6): 1577-1592.

Wanger J A, 1855. Die Affen, Zahnlucher, Beutelthiere, Hufthiere, Insektenfresser and Handflugler[M]. Erlangen: Commission der Palm'schen.

Waterhouse G R, 1839. Observations on the Rodentia with a view to point out groups as indicated by the structure of the crania in this order of mammals[J]. Magazine of Natural History, 2 (3): 90-96.

Watts C H S, Baverstock P R, 1994a. Evolution in New Guinean Muridae (Rodentia) assessed by microcomplement fixation of albumin[J]. Australian Journal of Zoology, 42: 295-306.

Watts C H S, Baverstock P R, 1994b. Evolution in some South-east Asian Murinae (Rodentia), as assessed by microcomplement fixation of albumin, and their relationship to Australian murines[J]. Australian Journal of Zoology, 42: 711-722.

Watts C H S, Baverstock P R, 1995. Evolution in the Murinae (Rodentia) assessed by microcomplement fixation of albumin[J]. Australian Journal of Zoology, 43: 105-118.

Webb S D, 2000. Evolutionary history of new world deer [M]// Vrba E S, Schaller G B, eds. Antelopes, Deer, and Relatives: Fossil record, behavioral ecology, systematic, and conservation. New Haven: Yale University Press.

Weber M, 1904.Die sugetiere. Einführung in die anatomie und systematik der recenten und fossilen Mammalia [M].Jena: G. Fischer.

Weber M, 1928. Die Saugetiere. Jena, Gustav Fischer, Vol. 2 [M]// Systematischer Teil.[s. l.]: s. n.: 1-898.

Wei F W, Feng Z J, Wang Z W, et al., 1999a. Current distribution, status and conservation of wild red pandas *Ailurus fulgens* in China[J]. Biological Conservation, 89 (3): 285-291.

Wei F W, Feng Z J, Wang Z W, et al., 1999b. Use of the nutrients in bamboo by the red panda (*Ailurus fulgens*)[J]. Journal of Zoology, 248: 535-541.

Wei F W, Feng Z J, Wang Z W, et al., 2000. Habitat use and separation between the giant panda and the red panda[J]. Journal of Mammalogy, 81 (2): 448-455.

Wei F W, Zhang Z J, 2011. Red panda ecology[M]. Oxford: William Andrew Publishing : 193-212.

Wei W, Swaisgood R R, Dai Q, et al., 2018. Giant panda distributional and habitat-use shifts in a changing landscape[J]. Conservation Letters, 11: e12575.

Wei W, Swaisgood R R, Owen A M, et al., 2019. The role of den quality in giant panda conservation[J]. Biological Conservation, 231: 189-196.

Wei W, Swaisgood R R, Pilfold W N, et al., 2020. Assessing the effectiveness of China's panda protection System[J]. Current Biology, 30: 1-7.

Wei W, Zeng J J, Han H, et al., 2017. Diet and foraging-site selection by giant pandas in Foping National Nature Reserve, China[J]. Animal Biology, 67: 53-67.

Weigel I, 1969. Systematische übersicht über die insektenfresser und nager Nepals nebst bemerkungen zur tiergeographie[J]. Khumbu Himal, 3 (2): 149-196.

Werhahn G, Liu Y J, Yao M, et al., 2020. Himalayan wolf distribution and admixture based on multiple genetic markers[J]. Journal of Biogeography, 47 (6): 1272-1285.

Wible J, 2007.On the cranial osteology of the Lagomorpha[J]. Bulletin of the Carnegie Museum of Natural History, 39: 213-234.

Wilson D E, Lacher T E, Mittermeier R A, 2016. Handbook of the Mammals of the World. Vol. 6. Lagomorphs and Rodents I[M]. Barcelona: Lynx Edicions.

Wilson D E, Lacher T E, Mittermeier R A, 2017. Handbook of the Mammals of the World. Vol. 7. Rodents II [M]. Barcelona: Lynx Edicions.

Wilson D E, Mittermeier R A, 2013. Handbook of the Mammals of the World. Vol. 3. Primates[M]. Barcelona: Lynx Edition.

Wilson D E, Mittermeier R A, 2009. Handbook of the Mammals of the World. Vol. 1. Carnivores [M]. Barcelona: Lynx Edicions.

Wilson D E, Mittermeier R A, 2011. Handbook of the Mammals of the World. Vol. 2. Hoofed Mammals[M]. Barcelona: Lynx Edicions.

Wilson D E, Mittermeier R A, 2014. Handbook of the Mammals of the World. Vol. 4. Sea Mammals[M]. Barcelona: Lynx Edition.

Wilson D E, Mittermeier R A, 2018. Handbook of the Mammals of the World. Vol. 8. Insectivores, Sloths and Colugos[M]. Barcelona: Lynx Edition.

Wilson D E, Mittermeier R A, 2019. Handbook of the Mammals of the World. Vol. 9. Bats [M]. Barcelona: Lynx Edicions.

Wilson D E, Reeder D M, 1993. Mammal Species of the World: A taxonomic and geographic reference (2nd ed.) [M]. Washington: Smithsonian Institution Press.

Wilson D E, Reeder D M, 2005. Mammal Species of the World: A taxonomic and geographic reference (3rd ed.) [M]. Baltimore: The Johns Hopkins University Press.

Wilson M G P, Chester S G B, Clemens W A, et al., 2021. Earliest Palaeocene purgatoriids and the initial radiation of stem primates[J]. Royal society open science, 8 (2): 210050.

Winge H, 1941. The interrelationships of the mammalian genera[M]. Copenhagen: C. A.Reitzels Forlag.

Winkler A J, Denys C, Avery M, 2010. Fossil rodents of Africa [M]//Werdelin L, Sanders L W. Fossil mammals of Africa. Berkley: California University Press: 263-304.

Wood A E, 1965. Grades and clades among rodents[J]. Evolution, 19: 115-130.

Wroughton R C, 1916. Scientific results from the mammal survey, No. XIII. G. — New rodents from Sikkim[J]. Journal of the Bombay Natural History Society, 24: 424-430.

Wu H, Zhang X J, Yan L, et al., 2008. Isolation and characterization of 14 Microsatellite loci for stripped field mouse (*Apodemus agrarius*) [J]. Conservation Genetics, 9 (6): 1691-1693.

Wu P W, Zhou C Q, Wang Y N, et al., 2004. Comparison between the Medullary Indexes of Hairs from *Apodemus orestes* and *A. draco*, with discussion about the taxonomic status of *A. orestes*[J]. Zoological Research, 25 (6): 534-537.

Wu Y, Harada M, Li Y H, 2004. Karyology of seven species bats from Sichuan [J]. Acta Theriologica Sinica, 24: 30-35.

Xiao C T, Zhang M H, Fu Y, et al., 2007. Mitochondrial DNA distinction of Northeastern China roe deer, Siberian roe deer, and European roe deer, to clarify the taxonomic status of Northeastern China roe deer [J]. Biochemical Genetics, 45: 93-102.

Xiong M, Shao X, Long Y, et al., 2016. Molecular analysis of vertebrates and plants in scats of leopard cats (*Prionailurus bengalensis*) in Southwest China [J]. Journal of Mammalogy, 97: 1054-1064.

Xiong M, Wang D, Bu H, et al., 2017. Molecular dietary analysis of two sympatric felids in the Mountains of Southwest China biodiversity hotspot and conservation implications [J]. Scientific Reports, 7: 41909.

Yalden D, 1999. The history of British mammals[M]. London: Academic Press.

Yang L, Wei F W, Zhang X J, et al., 2022. Evolutionary conservation genomics reveals recent speciation and local adaptation in threatened takins[J]. Molecular Biology and Evolution, 39(6):msac111.

Yang L, Zhang H, Zhang C L, et al., 2020. A new species of the genus *Crocidura* (Mammalia: Eulipotyphla: Soricidae) from Mount Huang, China[J]. Zoological Systematics, 45 (1): 1-14.

Yasuda S P, Vogel P, Tsuchiya K, et al., 2005. Phylogeographic patterning of mtDNA in the widely distributed harvest mouse (*Micromys minutus*) suggests dramatic cycles of range contraction and expansion during the mid-to-late Pleistocene[J]. Canadian Journal of Zoology, 83: 1411-1420.

Yates T L, 1984. Insectivores, elephant shrews, tree shrews, and dermopterans [M]// Anderson S, Jones, J K, eds. Orders and families of recent mammals of the world. New York: John Wiley and Sons: 117-144.

Yates T L, Moore D W, 1990. Speciation and evolution in the family Talpidae (Mammalia: Insectivora) [M]//Nevo E, Reig O A, eds. Evolution of subterranean mammals at the organismal and molecular levels. New York: Alan R. Liss.: 1-22.

Yates T L, Schmidly D J, 1975. Karyotype of the eastern mole (*Scalopus aquaticus*), with comments on the karyology of the family Talpidae[J]. Journal of Mammalogy, 56: 902-905.

Yates, T L, Greenbaum I F, 1982. Biochemical systematics of North American moles (Insectivora: Talpidae) [J]. Journal of Mammalogy, 63: 368-374.

Ye J, Biltueva L, Huang L, et al., 2006. Cross-species chromosome painting unveils cytogenetic signatures for the Eulipotyphla and evidence for the polyphyly of Insectivora[J]. Chromosome Research, 14: 151-159.

Yoshiyuki, 1989. A systematic study of the Japanese Chiroptera [J]. National Science Museum Monographs, 7: 1-242.

Young C C, 1927. Fossile Nageiteer aus Nord-China[J]. Palaeontologia Sinica, New Ser. C, 5 (3): l-82.

Young T Z, 1981. The life of Vertebrates[M]. London: s.n.

Yu F R, Yu F H, Pang J F, et al., 2006. Phylogenyand biogeography of the *Petaurista philippensis* complex (Rodentia: Sciuridae), inter- and intraspecific relationships inferred from molecular and morphometric analysis [J]. Molecular Phylogenetics and Evolution, 38: 755-766.

Yu H, Xing Y T, Meng H, et al., 2021. Genomic evidence for the Chinese mountain cat as a wildcat conspecific (*Felis silvestris bieti*) and its introgression to domestic cats [J]. Science Advances, 7: eabg0221.

Yu N, Zhang C L, Zhang Y P, et al., 2000. Molecular Systematics of Pikas (Genus: *Ochotona*) inferred from mitochondrial DNA sequences[J]. Molecular Phylogenetics and Evolution, 16 (1): 85-95.

Yu N, Zheng C L, Shi L M, 1997. Mitochondrial DNA variation and phylogeny of six species of pika (genus *Ochotona*) [J]. Journal of Mammalogy, 78: 387-396.

Yu W H, Csorba G, Wu Y, 2020. Tube-nosed variations-a new species of the genus *Murina* (Chiroptera: Vespertilionidae) from China [J]. Zoological Research, 41: 70-77.

Yuan S L, Jiang X L, Li Z J, et al., 2013. A mitochondrial phylogeny and biogeographical scenario for Asiatic water shrews of the genus *Chimarrogale*: Implications for taxonomy and low-latitude migration routes[J]. PloS ONE, 8 (10): e77156.

Yudin B S, 1989. Nasekomoyadnye mlekopitayushchie Sibiri [Insectivorous mammals of Siberia] [M]. Novosibirsk: Nauka, Sibirskoe Otdelenie.

Zagorodnyuk I V, 1990. Karyotypic variability and systematices of the gray voles (Rodentia, Arvicolini). Communication 1. Species composition and chromosomal numbers [J]. Vestnik Zoologii, 2: 26-37.

Zagorodnyuk I V, 1991. Kariotipicheskaya izmenchivost'46-khromosomnykh form polevok gruppy *Microtus arvalis* (Rodentia): Taksonomicheskaya otsenka [Karyotypic varation of 46-chromosome forms of voles of *Microtus arvalis* group (Rodentia): Taxonomic evolution] [J]. Vestnik Zoologii, 3: 26-35.

Zaitsev M V, 1988. On the nomenclature of red-toothed shrews of the genus *Sorex* in the fauna of the USSR[J]. Zoologicheskii Zhurnal, 67: 1878-1888.

Zeller U A, 1986. Ontogeny and cranial morphology of the tympanic region of the Tupaiidae, with special reference to Ptilocercus [J]. Folia primatologica, international journal of primatology, 47 (2-3): 61-80.

Zeng B, Xu L, Yue B S, et al., 2008. Molecular Phylogeography and genetic differentiation of blue sheep *Pseudois nayaur szechuanensis* and in China[J]. Molecular Phylogenetics and Evolution, 48(2): 387-395.

Zeng T, Jin W, Sun Z Y, et al., 2013. Taxonomic position of *Eothenomys wardi* (Arvicolinae: Cricetidae) based on morphological and molecular analyses with a detailed description of the species. Zootaxa, 3682 (1): 85-104.

Zeng Z G, Song Y L, Ma Y T, 2007. Faunal characteristics and ecological distribution of Carnivora and Artiodactyla in Niubeiliang National Nature Reserve, China[J]. Frontiers of Biology in China, 2: 92-99.

Zeng Z Y, Yang Y M, Luo M S, et al., 1999. Population ecology of *Rattus nitidus* in the Western Sichuan plain III: reproduction[J]. 兽类学报, 19 (3): 183-196.

Zhan X J, Zhang Z J, Wu H, et al., 2007. Molecular analysis of dispersal in giant pandas[J]. Molecular Ecology, 16 (18): 3792-3800.

Zhang B, He K, Wan T, et al., 2016. Multi-locus phylogeny using topotype specimens sheds light on the systematics of *Niviventer* (Rodentia, Muridae) in China[J]. BMC Evolutionary Biology, 16 (1): 261.

Zhang B W, Li M, Zhang Z J, et al., 2007. Genetic viability and population history of the giant panda, putting an end to the "evolutionary dead end"? [J]. Molecular Biology and Evolution, 24 (8): 1801-1810.

Zhang H, Wu G Y, Wu Y Q, et al., 2019. A new species of the genus *Crocidura* from China based on molecular and morphological data (Eulipotyphla: Soricidae) [J]. Zoological Systematics, 44 (4): 279-293.

Zhang J D, Hull V, Ouyang Z Y, et al., 2017. Modeling activity patterns of wildlife using time-series analysis[J]. Ecology and Evolution, 7 (8): 2575-2584.

Zhang L, Sun K, Liu T, et al., 2018. Multilocus phylogeny and species delimitation within the philippinensis group (Chiroptera: Rhinolophidae) [J]. Zoologica Scripta, 47 (1): 1-18.

Zhang Q, Xia L, Kimura Y, et al., 2013. Tracing the origin and diversification of Dipodoidea (Order: Rodentia): Evidence from fossil record and molecular phylogeny[J]. Evolutionary Biology, 40: 32-44.

Zhang T, Lei M L, Zhou H, et al., 2022. Phylogenetic relationships of the zokor genus *Eospalax* (Mammalia, Rodentia, Spalacidae) inferred from whole genome analyses, with description of a new species endemic to Hengduan Mountains[J]. Zoological Research, 43 (3): 331-342.

Zhang W Q, Zhang M H, 2012. Phylogeny and evolution of Cervidae based on complete mitochondrial genomes [J]. Genetics and Molecular Research, 11 (1): 628-635.

Zhang Z J, Sheppard J K, Swaisgood R R,et al., 2014. Ecological scale and seasonal heterogeneity in the spatial behaviors of giant pandas[J]. Integrative Zoology, 9: 47-61.

Zhang Z J, Swaisgood R R, Zhang S N, et al., 2011. Old-growth forest is what giant pandas really need[J]. Biology Letters, 7: 403-406.

Zhang Z J, Zhan X J, Yan L, et al., 2009. What determines selection and abandonment of a foraging patch by wild giant pandas (*Ailuropoda melenoleuca*) in winter? [J]. Environmental Science and Pollution Research, 16: 79-84.

Zhang Z, Wei F, Li M, et al., 2004. Microhabitat separation during winter among sympatric giant pandas, red pandas, and tufted deer: the effects of diet, body size, and energy metabolism[J]. Canadian Journal of Zoology, 82 (9): 1451-1458.

Zhang Z, Wei F, Li M, et al.,2006. Winter microhabitat separation between giant and red pandas in *Bashania faberi* bamboo forest in Fengtongzhai Nature Reserve[J]. The Journal of wildlife management, 70 (1): 231-235.

Zhao C, Hu J, Li Y H, et al., 2014. Habitat use of Sichuan sika deer in forest, bush and meadows in the Tiebu Nature Reserve, Sichuan, China[J]. Pakistan J. Zool., 46(4): 941-951.

Zhao C, Li Y H, Li D Y, et al., 2014. Habitat suitability assessment of Sichuan sika deer in Tiebu Nature Reserve during periods of green and dry grass[J]. Acta Ecologica Sinica, 34(2014): 135-140.

Zhao S C, Zheng P P, Dong S S, et al., 2013. Whole-genome sequencing of giant pandas provides insights into demographic history and local adaptation[J]. Nature Genetics, 45 (1): 67-71.

Zheng S H, 1994. Classification and evolution of the Siphneidae [M]// Tomida Y, Li C K, Setoguchi T, eds. Rodent and Lagomorph Families of Asian Origins and Diversification. Tokyo: National Science Museum Monographs: 57-76.

Zhou C Q, Zhou K Y, 2008. The validity of different zokor species and the genus *Eospalax* inferred from mitochondrial gene sequences [J]. Integrative Zoology, 3 (4): 290-298.

Zhu L F, Wu Q, Dai J Y, et al., 2011. Evidence of cellulose metabolism by the giant panda gut microbiome[J]. Proceedings of the National Academy of Sciences of the United States of America, 108 (43): 17714-17719.

Ziegler A C, 1971. Dental homologies and possible relationships of recent Talpidae[J]. Journal of Mammalogy, 52: 50-68.

Ziegler R, 2003. Bats (Chiroptera, Mammalia) from Middle Miocene karstic fissure fillings of Petersbuch near Eichstätt,

Southern Franconian Alb (Bavaria) Chauves-souris (chiroptères, mammifères) des remplissages karstiques du Miocène moyen de Petersbuch près d'Eichstätt, Jura Franconien (Bavière) [J]. Geobios, 36 (4): 447-490.

Zima J, Lukácová L, Macholán M, 1998. Chromosomal evolution in shrews[M]// Wójcik J M, Wolsan M, eds. Evolution of Shrews. Bialowieza: Mammal Research Institute of the Polish Academy of Science: 175- 218.

Zimmermann K, 1962. Die Untergattungen der Gattung *Apodemus* Kaup[J]. Bonner Zoologische Beiträge,13: 198-208.

Строганов С У, 1962 Звери Сибири, Хищные. Изд АН СССР Москва

Новиков Г А, 1956. Хищные Млекопитающие фауна СССР изд. АН СССР Москва.

后记

Preface

　　30多年前，我研究生毕业来到成都，当时我还是四川人；1997年，重庆直辖市成立，我在成都就成了外省人。高中时，受生物老师"21世纪是生物学的世纪"的"蛊惑"，我立志研究生物。本科、研究生、博士所学、所研均和生物有关，尤其在立志考研究生时，被《脊椎动物学》所吸引，敬仰杨安峰先生的盛名，误打误撞地学了兽类学。毕业后也是机缘巧合到了四川省林业科学研究院。未曾想，中国整个林业系统都没有从事兽类分类学研究方向的，该学科在林业系统是偏门。但不谙世事的我，由于学的是这个专业，其他的不懂，硬是开始了我的兽类分类学之路。

　　这是一条荆棘丛生之路！四川省林业科学研究院以前没有兽类分类学这个研究方向，没有1号标本，没有课题支撑，前20年，也几乎没有纵向经费投入。我一开始跟着一位长辈做森林鼠害防治，2年后我自己作为主持人继续做森林鼠害研究，靠为各县林业局防治森林鼠害获得一些经费，这些经费被我全部用于标本采集、制作与收藏。项目组人员也从最初的2人，逐渐增多，最多时达到10余人。研究项目也从最初的森林鼠害防治扩展到保护区的本底调查、总体规划、生物多样性调查与评价等横向协作。直到工作17年后的2007年，我发表了中国哺乳动物的第一个新种（凉山沟牙田鼠 *Proedromys liangshanensis*），并获得第一个国家自然科学基金资助，从此，我的哺乳动物分类学之路才初露曙光——标本采集范围扩大到全国。此后国家自然科学基金一个接一个，文章越发越多、越发越有影响力，新种发表一个接一个。到目前为止，我和我的团队采集了全国25个省份的标本，标本数量3万多号，全国排名第3。我用30多年时间，带领团队超过了很多百年老校的标本收藏量，为中国哺乳动物研究积累了一笔巨大的财富。2007年以来，我们团队发表了中国哺乳动物新种25个，处于全国前列，修订了无数中国哺乳动物的分类地位；主编出版兽类学有相关专著5部，主持项目2次获得省科技进步一等奖。看到这些积累，回望艰苦岁月，一路筚路蓝缕，常以欣慰之心笑对一生辛劳！

　　漫漫征途，需要感谢的人很多，感谢带我入门的恩师杨安峰先生；感谢让我各方面得到提升的恩师赵尔宓院士；感谢我的博士后导师张亚平院士，让我接触到分子系统学研究；感谢在我最困难时给我工作机会的四川省原林业厅保护处处长邓祥遂先生、已故四川野生动物调查保护管理站站长邵开清先生；感谢著名生物学家、国际生物联合会前中方主席、国家濒危物种科学委员会原主任、中国科学院动物研究所汪松教授把一生积累的兽类学专著、文章资料全部捐献给我的团队，打开了我了解世界哺乳动物研究的方便之门，汪先生还多次到实验室指导我的研究，提出宝贵意见；感谢我的同门师姐，著名保护生物学家、北京大学的教授吕植以及师弟王昊博士，多次邀请我参与他们主持的项目，使我能够在早期就有机会去探索省外一些区域的兽类多样性之美；感谢四川大学岳碧松教授，给予我长期无私的支持；感谢一路陪伴我在全国最艰苦的区域摸爬滚打的兄弟们。最要感谢的是四川省林业科学研究院，该院自由的学术氛围，没有强行要求学术指标的管理体制给了我自由的研究环境，天马行空的想法任我去探索，才成就了我们团队今天的成绩。

　　四川是我国兽类最丰富的省份之一，研究基础在全国也算雄厚，因为四川有全国著名的老一辈兽类学家胡锦矗和王酉之先生。他们先后出版了《四川资源动物志　第二卷　兽类》《四川兽类原色图鉴》等著作，为我们后辈的研究起到了奠基作用。但科学是不断进步的，兽类分类学也一样。现有名录已经不能满足四川省生物多样性保护工作的需要，加上四川还没有出版过"兽类志"，且四川省林业科学研究院的标本积累也到了能够支撑《四川兽类志》的出版了，本书应运而生。

　　《四川兽类志》于2020年开始筹备，仅仅2年多的时间就基本完成，速度是惊人的。在编写过程中得到了两位前辈——胡锦矗和王酉之两位先生的大力支持，并出任本书的荣誉主编，并未本书作序。著名兽类学家魏辅文院士和吴毅教授给予了具体指导，并出任本书科学顾问，魏辅文院士还亲自为本书作序。多位在国内一线工作的知名分类学家应邀欣然同意参与《四川兽类志》编写，他们是绵阳师范学院的石红艳教授、中国科学院昆明动物所的李松研究员、四川师范大学的陈顺德教授、四川农业大学的徐怀亮教授、西华师范大学的胡杰教授、四川省林业科学研究院的刘洋研究员、广州大学的余文华教授、四川省林业科学研究院的孙治宇研究员、北京大学的李晟教授。另外，西华师范大学副校长张泽钧教授、西华师范大学周材权教授、四川省林业和草原局科技处处长靳伟博士等在百忙之中也抽出时间参与《四川兽类志》的编写工作并承担了具体任务。参加编写的还有四川省林业科学研究院的王新高级工程师、唐明坤副研究员、符建荣研究员等。非常感谢上述专家的支持，否则，《四川兽类志》难以在如此短的时间内完成。

　　该书的出版还要感谢四川省林业和草原局的很多领导的关心与项目经费上的支持：局党组

书记、局长李天满先生多次亲自过问《四川兽类志》的编写情况；副局长宾军宜先生多次组织研究落实经费；局总工程师白史且先生多次听取汇报；副局长王景弘、局一级巡视员包建华也给予了很大的关心与支持。除此之外，野生动植物保护处处长郭祥兴、办公室主任张革成、野生动植物保护总站站长顾海军博士、科技处处长靳伟博士多次参与具体规划。还要感谢四川省林业科学研究院的各位领导的大力支持，院长慕长龙、书记马茂江、副院长邓东周、孙治宇多次听取汇报并协助解决经费用问题，其他院领导也从不同角度给予了关心与支持。

需要感谢的人和机构还有很多。在标本查阅过程中，中国科学院昆明动物研究所博物馆、重庆自然博物馆、西华师范大学标本馆、四川省疾病预防控制中心标本室、四川农业大学博物馆、中国科学院动物研究所博物馆、中国科学院西北高原生物研究所博物馆、四川大学博物馆等都提供了优质服务，无私地把所需要的标本全部向我们开放。尤其要感谢新疆的蒋可威先生，他是一位著名民间收藏家，收藏了中国食肉目几乎所有种的头骨，他把我们需要的所有种无偿提供给我们进行描述和拍摄，为本书头骨的完善提供了很大的支持。

最后要感谢我的夫人范丽虹女士，几十年如一日支持我的工作，甘于清贫。退休后又到我的实验室当志愿者，免费为我提供支持；本书她也功不可没，查阅和录入了原始文献、帮助整理参考文献、校正文本错误、对标本库的标本进行了重新登记入库，做了很多工作。另外，我的学生刘莹洵博士和他的师弟、师妹在头骨拍摄、制作工作中付出了艰辛的努力，该项工作任务十分繁重，制作非常麻烦，质量要求高，准时完成任务实属不易！还有，北京大学的李晟教授、四川甘孜州林业科学研究所所长周华明等20多位专家为本书提供了精彩的生态图片，一并致以感谢。

掩卷之余，我深切怀念我的恩师赵尔宓院士，是他带我走进更高台阶的科学殿堂；深切怀念胡锦矗先生，他在本书出版前夕溘然长逝，他的人格魅力永远激励我奋力前行。

需要说明的是，由于时间匆忙，很多写作都是专家们在业余时间内完成。难免有不少错误，恳请广大读者批评指正。

刘少英
2023年初夏于成都